运筹优化常用模型、算法及案例实战

Python+Java实现

刘兴禄 主编

熊望祺 臧永森 段宏达 曾文佳 陈伟坚 编著

U0252869

清华大学出版社

北京

内 容 简 介

本书主要讲述运筹优化领域常用的数学模型、精确算法以及相应的代码实现。首先简要介绍基本理论，然后用丰富的配套案例讲解多个经典的精确算法框架，最后结合常用的优化求解器（CPLEX 和 Gurobi）说明如何用 Python 和 Java 语言实现书中提到的所有精确算法。

全书共分 3 部分。第 I 部分（第 1~4 章）为运筹优化常用模型及建模技巧。该部分着重介绍整数规划的建模技巧和常见的经典模型。第 II 部分（第 5~7 章）为常用优化求解器 API 详解及应用案例。该部分主要介绍两款常用的商业求解器（CPLEX 和 Gurobi）的使用方法，包括 Python 和 Java 的 API 详解、简单案例以及复杂案例。第 III 部分（第 8~17 章）为运筹优化常用算法及实战。该部分详细介绍几个经典的精确算法的理论、相关案例、伪代码以及相应的代码实现。

本书适合作为高等院校工业工程、管理科学与工程、信息管理与信息系统、数学与应用数学、物流工程、物流管理、控制科学与工程等开设运筹学相关课程的高年级本科生、研究生教材，同时也可供在物流与供应链、交通、互联网、制造业、医疗、金融、能源等领域从事有关运筹优化的开发人员以及广大科技工作者和研究人员参考。

图书在版编目（CIP）数据

运筹优化常用模型、算法及案例实战：Python+Java 实现/刘兴禄主编. —北京：清华大学出版社，2022.9（2024.11 重印）

ISBN 978-7-302-60014-5

I . ①运… II . ①刘… III . ①人工智能 IV . ①TP18

中国版本图书馆 CIP 数据核字(2022)第 028166 号

责任编辑：刘向威　常晓敏
封面设计：文　静
责任校对：郝美丽
责任印制：丛怀宇

出版发行：清华大学出版社
　　　　　网　　　址：https://www.tup.com.cn, https://www.wqxuetang.com
　　　　　地　　　址：北京清华大学学研大厦 A 座　　　　　邮　　编：100084
　　　　　社 总 机：010-83470000　　　　　　　　　　　邮　　购：010-62786544
　　　　　投稿与读者服务：010-62776969, c-service@tup.tsinghua.edu.cn
　　　　　质 量 反 馈：010-62772015, zhiliang@tup.tsinghua.edu.cn
　　　　　课 件 下 载：https://www.tup.com.cn, 010-83470236
印 装 者：三河市龙大印装有限公司
经　　销：全国新华书店
开　　本：185mm×260mm　　　　　印　张：35.25　　　　　字　数：839 千字
版　　次：2022 年 10 月第 1 版　　　　　　　　　　　印　次：2024 年 11 月第 7 次印刷
印　　数：6201~7400
定　　价：128.00 元

产品编号：091090-01

编　委　会

运筹学（Operations Research）和最优化（Optimization）理论分别植根于管理学和应用数学，都是致力于用数学模型来追求问题的最优决策。工业工程学科追求的也是"复杂系统的系统性最优"，因此，运筹优化也是工业工程的核心理论基础。除了管理学、应用数学、工业工程、系统工程之外，运筹优化也是计算机科学、控制科学、交通运输工程、军事后勤等学科本科或研究生阶段的重要基础理论课程。

运筹优化在生产制造、交通物流、医疗卫生、电力系统、公共服务等生产与服务领域具有广泛的应用价值。以本人所研究的物流工程与管理领域为例，无论是运输，还是仓储，或是生产制造，都离不开运筹优化方法的应用。例如，在物流运输领域，最优决策问题包括设施选址、网络规划、路径规划，以及运输工具的配置等；在仓储领域，可支持仓库布局规划、货位分配、订单拣选、库存优化、机器人调度等决策问题；在生产制造领域，可解决生产设施布局、高级生产排程、机器调度、物料供应优化等问题。同时，在决策层次上，无论是长期的战略层决策、中期的战术层决策，还是短期的操作层决策，都需要用到运筹优化的方法。

本人从事多年的教学、科研和研究生指导工作，在与学生们的交流和共事中发现，即使是专业背景很好的学生，由于在本科阶段所学深度不够，对一些基础概念的掌握不牢固，或者学习理论知识之后缺乏足够的实践，在对实际问题进行建模与求解时，对一些经典问题的编程求解需要较长的时间来熟悉，一些同学甚至到临近毕业时才真正摸索实现了所研究问题的编程求解。而目前已有的教材和参考书，大多偏重运筹优化的基础理论，缺乏具体的编程指导，参考文献则浩如烟海，知识点分散，学习曲线的增长非常缓慢。

本书作者中的很多人都曾和我一起工作过，他们是一群善于思考、具有追本溯源科学精神的年轻人，有些已经走上了工作岗位，继续从事算法研发工作。他们对初学者的困惑感同身受，因而写出了这本非常系统、实用的运筹优化工具书。本书内容覆盖了运筹学基础理论、常见经典问题的数学模型和建模方法、常用求解器的使用指导，以及常用的整数规划算法和分解算法的基础版代码，如分支切割、分支定价、Dantzig-Wolfe 分解、Benders 分解、拉格朗日松弛方法等，并提供了多种语言代码供参考。值得一提的是，书中涵盖了作者在科研学习中日积月累的很多处理模型的小技巧，例如整数规划中各种非线性项的处理方法。相信这本书一定能为相关领域的学生、科研工作者和产业界研发人员提供非常"解渴"的帮助。

戚铭尧

清华大学深圳国际研究生院物流与交通学部

教授　博士生导师

2022 年 3 月

伴随着"新基建"的持续升温，智能决策系统与技术正成为数字时代的通用基础设施，将充分激发传统行业的潜在活力，赋能新模式、新业态，推动经济社会的发展转型。运筹优化作为智能决策的推进器，旨在为决策者提供各种系统的优化途径及解决方案，近年来已受到学术界和产业界的高度关注。我坚信在未来几年或十几年，运筹优化将会迎来最好的发展机遇，通过与制造、物流、交通、零售、航空、金融、能源等多个行业实际运营场景的深度融合，将会有更多激动人心的理论和方法创新，也会有更大范围、更深层次的实际应用落地。

运筹优化涵盖的知识体系较广，对数学建模和算法设计要求较高，需要长时间的研究和实际项目经验积累。目前运筹优化算法类人才培养的痛点在于缺少适合初学者系统学习优化模型和算法的书籍。尽管面向本科生的优质教材较多，但均以讲授经典理论为主，聚焦于晦涩难懂的理论推导和数学证明，缺少面向研究生和企业运筹优化算法工程师的实战类教材。运筹优化是一个十分讲究实战的领域，目前的人才培养体系与企业实践脱节较为严重，这也促使我创办了微信公众号"数据魔术师"，长期专注于运筹优化理论和方法的普及，并努力架设学术界和产业界之间的桥梁。

我因"数据魔术师"结识了清华大学的刘兴禄博士。作为志同道合的朋友，我非常荣幸地推荐他的新书《运筹优化常用模型、算法及案例实战》。本书不但能够通俗易懂地介绍基本理论，而且辅以非常详细的案例和配套的代码，使读者能够真正掌握数学模型和优化算法的精髓，适于从事科研工作的研究生和业界的算法工程师参考。运筹优化方法与技术正处于蓬勃发展的时期，在许多传统和新兴的领域都展现出强大的生命力，希望更多的读者通过阅读本书，成为运筹优化领域更好的算法科学家和实践者。

秦　虎

华中科技大学管理学院　教授　博士生导师

运筹优化领域知名微信公众号"数据魔术师"创始人、负责人

2021 年 4 月

序3

运筹学本质上具有较强的学科交叉属性,其理论基础依赖于高等数学、高等代数和数理统计,而实践应用依托于计算机学科,需要编程实现相关的求解算法。理论和实践的双重门槛,使得运筹学的发展受到了一定程度的滞后。运筹学虽然是许多专业的必修课程,但现有教材和教学往往只侧重于理论方面,但当真正应用到实际问题的求解时,系统的参考资料却非常少,学生和从业者们只能借助零散的网上资料不断摸索提升。因此,如何快速实现所需要的算法,往往让初学者无从下手,甚至望而却步。另一方面,随着国内企业的快速发展,面临的问题规模增长迅猛,智能化的调度与决策需求倍增,正迎来国内运筹学的黄金时代,必然将对从业者的动手实践能力提出更高的要求。

《运筹优化常用模型、算法及案例实战》这本书,从运筹学基本概念、模型到算法,循循善诱,用大量的案例分析来解释运筹学中的常用理论。不管是模型还是算法,都采用比较详细的步骤进行阐述,让读者一目了然,尤其对于初学者来说,更加容易领略到所解释模型的精髓。比如列生成方法,是求解许多复杂问题的高效算法,但却不易理解,算法实现更是难上加难。大部分参考书中一般只给出一种例子,但这本书分别用 Cutting Stock、TSP、VRP、UFTP、TP 等问题从多个角度进行了建模、算法设计的分析,理论剖析不可谓不透彻明了。

与此同时,本书不以深挖理论分析为主,而是清晰分析了基础理论之后,用经典案例进行实战分析,给读者清楚明白的代码以帮助理解问题。不论是求解器的调用求解,还是设计算法求解,都难能可贵地给出了完整代码,基于这些框架,读者便可以快速实现自己所研究问题的代码。这对于编程基础薄弱的运筹学学习者来说,是莫大的福音。此外,这本书并没有只局限于比较简单的算法讲解,像复杂的 Branch and Price 和 Dantzig-Wolfe 等分解算法,也进行了分析和实战演示,对于运筹学进阶读者,相信也能够有所收获。

综上,对于这本书,我个人认为其弥补了国内运筹学领域在实战教学方面的教材空白,不论是对于初学者,还是进阶者,都有较大的参考价值,同时相信其对于运筹学的科普也将具有一定作用。

同济大学经济与管理学院管理科学与工程系

副教授 博士生导师

2021 年 12 月

序4

2017 年，还在海德堡大学离散与组合优化实验室读博的我在知乎写下第一篇运筹学综述的文章，当时这个专业在行业外还比较"小众"。全网几乎没有专门针对运筹学的自媒体平台和有影响力的科普社区，相关的业界招聘岗位须知里，对口专业有统计学、计算机，却唯独少了运筹学。几个月后，"运筹 OR 帷幄"应运而生。

运筹学被广泛应用于互联网、供应链、交通、金融、能源等多个行业和领域。2022 年的今天，伴随着人工智能、大数据、物联网、智能制造和智慧交通的"东风"，各行各业的数据（库），这一运筹优化的基本要素，正在逐步通过政府、企业的管理信息系统建立和完善。只有通过数字化将多方数据打通，运筹优化才有其用武之地，方得运筹帷幄。正是得益于数字化这一"新基建"，运筹优化作为机构和企业智能决策的"大脑"，近年来受到了学术界和产业界越来越多的关注，迎来了最好的发展时期。

运筹优化是一门高度交叉的学科，"散落"在数学、工业工程、管理科学、交通工程、物流工程、计算机等院系，涵盖的知识体系广，对数学建模、算法设计和编程能力要求较高。运筹优化是一门"实战出真知"的学科，虽然面向学生教研用的优质教材较多，但它们大都聚焦于晦涩难懂的优化理论和数学证明，缺少面向实际应用的教材，也使得高校培养体系与企业实际需求脱节。

2019 年，在深圳举办的一次"运筹 OR 帷幄"线下活动中，我结识了清华大学的刘兴禄博士。他热爱科普创作，在"运筹 OR 帷幄"发表了几篇质量不错的算法实战类文章。作为志同道合的朋友，我很荣幸推荐他的这本新书《运筹优化常用模型、算法及案例实战》。本书不但用通俗易懂的语言介绍运筹优化，特别是整数规划方向的基本理论，还辅以详尽的案例和代码，使读者能够掌握解决一个实际问题从数学建模、设计到算法实现的全流程，适合应用类学科的研究生和业界运筹优化工程师选用。运筹学正处于蓬勃发展的时期，希望更多的读者通过阅读本书学以致用，为各行各业撒播运筹优化的种子。

沈若冰

海德堡大学数学博士、欧盟玛丽·居里学者、德国无人驾驶资深研发工程师

知乎等多个平台签约自媒体人、B 站视频 UP 主，"运筹 OR 帷幄"技术社区、

"全球留学 DIY 飞跃计划"留学科研社区、

"DeepMatch 火柴交友"硕博交友社区创始人

2021 年 7 月

前　言

1. 为什么要写这本书

近年来，国内从事运筹优化学术研究的科研人员和工业界的运筹优化算法工程师日益增多，运筹优化逐渐得到国内各行各业的重视，这也是为广大运筹从业者所喜闻乐见的。物流、交通、供应链、电商、零售业、制造业、航空、金融、能源、定价与收益管理等各个领域，都有大量运筹优化的应用场景，同时，也有不少复杂的实际问题亟待解决。这对于国内从事运筹学研究的学者和算法工程师而言，无疑是巨大的挑战和机遇，对于该领域的在校博士研究生、硕士研究生，甚至本科生而言，亦是如此。

"问渠那得清如许？为有源头活水来。"一个行业要想长期欣欣向荣，就需要源源不断地涌入优质的行业人才，而行业人才最重要的来源，就是在校博士研究生、硕士研究生和本科生。拥有高水平的运筹优化领域的研究生、本科生教育，是培养出优质行业人才的重要条件。打造丰富多样的优质教材是提高一个领域的教育水平的重要举措。我在硕士研究生阶段，一直留心调研国内运筹优化教材的现状，发现到目前为止，市面上面向本科生教育的优质教材比较多，这些教材在基础理论的讲解上做得非常到位。但是，国内市面上面向研究生，甚至是已经从业的运筹优化算法工程师的优质教材并不多见，至于聚焦在有针对性地、详细地介绍运筹优化常用算法及其编程实战的教材，更是屈指可数。目前国内运筹优化领域的研究生教育所采用的高级运筹学教材，也大多使用国外的课本，这些课本虽然在基本理论讲解方面详尽透彻，但往往在实战方面却少有涉及。大部分现有的教材都聚焦在讲解基本概念、基本理论、公式推导等方面，而不涉及具体代码实现层面的细节和技巧。国内的很多教材，也都聚焦在一些晦涩的理论推导及证明上，这让很多初学者望而却步。作为一名已经掌握了一些本科生阶段运筹优化知识的学生或从业者而言，要找到一本合适的进阶版中文教材，以满足科研或者工作的需要，是非常困难的。本书就是一本同时能满足本科生课外拓展、研究生科研需要和从业人员实战需要的教材。

"纸上得来终觉浅，绝知此事要躬行。"算法是一个非常讲究实战的领域，仅仅了解理论，而不能动手将其实现，很多时候并不能真正地掌握算法的精髓，达到融会贯通的境界。对于从事科研工作的硕士研究生和博士研究生，以及业界算法工程师而言，不能编程实现算法，意味着科研工作或者企业项目不能被推进。因此，我认为编写一本既能简洁清楚地讲解基本理论，又能提供非常详细的案例和配套代码的运筹优化算法教材，是非常有必要的。我在硕士研究生阶段的初期，研究课题为车辆路径规划（VRP）。为了推进这个研究，我阅读了大量的文献和教材，找到了论文的创新点，然后自以为可以较快地推进研究。但是，真正着手做研究的时候，发现还需要掌握多方面的知识和技能，包括：第一，熟练掌握至少一种编程语言，这是为了能实现涉及的算法；第二，懂得并且熟练使用整数规划的各种高级建模技巧；第三，掌握一些常用的精确算法或者启发式算法；第四，掌握至少一个优化求解器的使用方法；第五，将所选算法应用到自己课题的模型中去，并将其完整地实现。这还只是完整地复现一遍，不包括模型创新和算法创新的部分。

整个过程听起来似乎并不很困难，但是执行起来让我倍觉吃力。阅读文献、理解论文主旨和其中的算法原理，这部分比较轻松。可是到了算法实现方面，我遇到了一系列的困难，包括算法细节、数据结构、编程语言等，尤其是后两部分，让我不知所措。虽然我在本科阶段也学过一些编程，但是由于学习并不深入，缺乏针对性的练习，编程能力非常薄弱。正因为如此，我在独立实现这些算法的过程中困难重重。于是我去 github 等平台到处搜集资料，希望能得到一些非常对口的代码或文档，但是在 2016 年和 2017 年，平台上并没有非常相关的高质量参考资料，同类平台上也是类似的情况，资料零零散散，逐个筛选非常费时费力。

一个偶然的机会，我在朋友圈看到了一个微信公众号发布的技术科普文章，名为《分支定界法解带时间窗的车辆路径规划问题》，我滑到文章顶部一看，这个公众号叫"数据魔术师"。令我兴奋的是，该文章提供了完整的代码（源代码作者为华中科技大学黄楠博士）。我兴高采烈地下载了这篇文章的详细代码，如获至宝。之后我仔细研读，反复学习，最终找到了常见的精确算法实现的窍门。

随后的一段时间，我就接连开始攻关分支定界算法、分支定价算法等精确算法，并在课题组组会上展示和交流。我读硕士研究生阶段的导师，清华大学深圳国际研究生院物流与交通学部副教授戚铭尧老师也非常高兴，非常支持我钻研这些算法，在理论和实践层面都给予了我很多指导。尤其是关于算法的一些细节方面，老师跟我有多次深入的讨论，很多困惑也是在这个过程中得到解决的。另外，戚老师课题组内研究物流网络规划、车辆路径规划、智能仓储系统等方向的师兄师姐发表的论文中，也在频繁地使用分支定界算法、分支定价算法和列生成算法等精确算法。总之，经过长时间的认真钻研，我终于大致掌握了上述算法。

后来，在研究 Dantzig-Wolfe 分解和拉格朗日松弛时，我已经快要硕士毕业了。当时我照例去 github 寻找参考资料，并且发现了一段非常高质量的代码。非常幸运，我联系到了这个代码的作者，他叫伍健，是西安交通大学毕业的硕士，现在是杉数科技的算法工程师。在这个高质量代码的帮助下，我很快按照自己的理解完成了上述两个算法的实现。另外，在实现的过程中，他也解答了我在算法细节方面的诸多问题。由于他的代码框架远胜于我的代码框架，所以这部分的代码我就参照他原来代码的大框架重新写了一版，放在本书相应章节。不久前我开始撰写这两章，联系他阐明此事，他欣然同意，并且非常支持我，这让我非常感动。在这里，我也代表本书的作者们以及将来的读者们向伍健表示感谢！

在整个算法的学习过程中，我和同课题组的熊望祺（也是本书的作者之一）经常探讨，从零开始学习这些算法，然后一一实现它们，难度究竟如何？我们的观点非常一致：实属不易，参考资料很少很杂，质量不高！我们不止一次地感叹，为什么没有一本能解决我们大部分疑惑的资料呢？当我们学习理论时，可以很轻松地找到好的参考资料，但是在尝试去实现这些算法时，却难以获取详细的资料。要么就只能钻研数百页的较为复杂的用户手册，自己慢慢筛选有用信息。要么就只能找到一些零散的代码资料和文档，大部分时候这些代码甚至没有任何注释，就连代码实现的具体模型、具体算法都没有做解释说明，更不用说细节方面的解释了。通常的情况是，读者看懂了 A 模型的算法，经过筛选大量资料，却搜集到了 B 模型的代码，而 B 模型的代码对应的算法、注释很不齐全，每个函数的具体功能也没有提供有用的文档。如果读者要硬着头皮研读，可能会花费大量时间，并且很有可能做无用功。相信经常编程的同行都了解，阅读别人的代码是多么痛苦的事，更何况是没有伪代码、没有注释、没有 README 的代码。

在读博以后，我和本书的另外两名作者（臧永森和段宏达）在闲聊时，常常聊到运筹优化方向参考资料匮乏这件事。慢慢地，我萌生了把这些资料整理成书出版，供想要入门和进阶的博士生、硕士生、本科生或者业界的算法工程师学习、查阅的想法。我也将这个想法告诉了熊望祺，他非常赞成，并表示愿意一起合作将这本书整理出版，于是他将平时完成的部分精确算法的代码提供给了我，并将这些内容整合在本书相应章节中。之后，我也向臧永森和段宏达表达了合作意愿，他们也都认为这是一件有价值的事。不久后，他们也正式加入了编写团队，为本书做出了非常重要的贡献。

读博期间写书需要花费大量时间，个别时候会耽误一点科研进度，因此我非常担心导师不同意我做这件事。但是当我向导师清华-伯克利深圳学院副院长陈伟坚老师表明了我写书的计划以后，陈老师非常支持，并鼓励我多做调研，明确本书的受众，构思好书的脉络，要坚持做完整，不要半途而废。然后多次和我讨论如何设计本书的框架，如何编排各个章节，一些细节相关的内容如何取舍，以及针对不同受众如何侧重，还对本书未来的拓展方向、需要改进完善的资源提出了很多非常有帮助的建设性意见。这些意见对本书的顺利完成起到了不可或缺的作用。

目前正在攻读博士的我，虽然对运筹优化有极大的热情，但是回想起过去两三年前的"小白"阶段的学习过程，仍觉得比较痛苦。很多次，我都心力交瘁，濒临放弃的边缘。我个人觉得，像我一样有同样困惑的同行，兴许有不少吧。我不希望每个像我一样的运筹优化爱好者（初学者），都去经历那样的过程，把大量时间浪费在甄别杂乱、不系统的资料中。我认为，国内应当有一些完整的、系统的资料，帮助运筹优化爱好者们突破入门，走上进阶，把主要精力放在探索更新的理论中，或者将这些理论应用于解决新的问题上，真正创造价值。这也是我们花了大量时间和精力，将一些常用技巧、模型、算法原理、算法的伪代码以及算法的完整代码实现通过系统的整理，以通俗易懂的语言串联在一起，最后编成这本书的初衷。

"不积跬步，无以至千里；不积小流，无以成江海。"我从硕士一年级就开始慢慢探索积累，直到博士三年级，终于完成了全书的撰写。如今这本书得以面世，心中又喜又忧。喜自不必说，忧在怕自己只是一个博士在读生，见解浅薄，功夫远不到家，并且书中一定存在一些自己还没发现的错误，不够完美，影响读者阅读……总之，走过整个过程，才越来越深入理解厚积薄发的含义。回想过去几年，真是感慨万千。我曾一次次在实验室 debug 到凌晨，直到逮到 bug，代码调通，紧锁的眉头顿时舒展。然后我潇洒地将笔记本合上，慢悠悠插上耳机，听着自己喜欢的歌，撒着欢儿，披着学术长廊的灯光，傍着我的影子就溜达回宿舍了。那种成就感和幸福感，着实是一种享受。虽然那段时间我经常宿舍、食堂、实验室三点一线，听起来这种生活似乎毫无亮点，枯燥乏味，但是我每天都在快速进步，我很喜欢这样的状态。这种状态很像陶渊明先生在《五柳先生传》中的描述："好读书，不求甚解；每有会意，便欣然忘食"。不求甚解在这里不必纠结其具体观点，单就欣然忘食这种喜悦感，我认为是相通的。当自己真正有收获时，内心的快乐是油然而生的。也正由于那段时间的积累，才有了现在这本书。博观约取，厚积薄发，希望低年级的同学们坚持积累，不断提升，最终达到梦想的顶峰！

2. 本书内容安排

为了能够让读者系统地学习运筹优化算法，我们将本书分成以下 3 部分：运筹优化常用模型及建模技巧、常用优化求解器 API 详解及应用案例、运筹优化常用算法及实战。

运筹优化常用模型及建模技巧部分不需要读者有任何的编程基础，只需要掌握本科的运筹学线性规划相关理论和基本的对偶理论以及整数规划基础知识即可顺利读懂。本部分分为 4 章。第 1 章介绍了一些数学规划模型的分类和后面章节的精确算法会涉及的一些凸优化领域的概念，包括凸集、凸包等。由于本书的重点不在于此，因此本章介绍得比较简略。第 2 章介绍了一些非常常见的运筹学问题，如指派问题、旅行商问题、车辆路径规划问题和多商品网络流问题。这些问题非常经典，并且具有代表性，当下很多实际问题都可以转化为这些问题的变种和拓展。第 3 章讲解了整数规划中常用的建模技巧，包括逻辑约束的用法、非线性项的线性化方法等，这些技巧频繁地出现在业内顶级期刊发表的论文中，因此本书专门设置了一章介绍这些内容。第 4 章讲解了运筹优化中一个非常重要的理论——对偶理论。不同于其他教材，本书中这一章主要聚焦如何写出大规模线性规划的对偶问题，是作者通过自己探索总结出的方法，目前国内外的各种教材和网站，鲜有看到类似的方法介绍。

第 I 部分旨在为后续的算法部分做铺垫，之后章节中会多次用到这部分介绍的概念和模型。

常用优化求解器 API 详解及应用案例部分分为 3 章，主要是介绍常用优化求解器（CPLEX 和 Gurobi）及其应用案例。这部分将为之后的算法实战做好技术铺垫，本书第 III 部分的章节，都需要用到这一部分的内容。要顺利读懂这一部分，需要读者有一定的编程基础，至少需要掌握 Java 或者 Python 中的一门语言。第 5 章详细地介绍了 CPLEX 的 Java 接口的用法。这一章的主要内容是根据 CPLEX 提供的用户手册整理而来，包括基本的类、callback 以及例子库中部分例子代码的解读。该章能够帮助读者快速地掌握 CPLEX 的 Java 接口的使用，读者无须去研读厚厚的英文版用户手册。第 6 章系统地介绍了 Gurobi 的算法框架及其 Python 接口的用法。包括常用类、Python 调用 Gurobi 的完整建模过程、日志信息、callback 等内容。最后还附以简单的案例帮助读者理解。第 7 章提供了带时间窗的车辆路径规划（VRPTW）的代码实现。详细地给出了如何调用求解器建立 VRPTW 的模型并求解。这个案例略微复杂，掌握了这个案例，其余更高难度的案例也就迎刃而解。本章的案例都是直接调用求解器得到模型的解，并没有涉及自己实现精确算法的内容。

运筹优化常用算法及实战部分是本书最为重要、干货最多的部分。该部分全面、系统地将运筹优化中常用的精确算法以通俗易懂的方式讲解给读者，尽量避免晦涩的解读。为了方便读者自己实现算法，我们为每一个算法都提供了详细完整的伪代码，这些伪代码可以帮助读者从 0 到 1 动手实现相应的算法。在第 8 章，我们简要回顾了单纯形法，并给出了伪代码和 Python 代码实现。在第 9 章，我们介绍了求解最短路问题的 Dijkstra 算法及其实现。Dijkstra 算法也是一个非常常用的基础算法。第 10~17 章，我们以理论＋详细小案例＋伪代码＋复杂大案例＋完整代码实现的方式，为读者介绍了分支定界算法、分支切割算法、列生成算法、动态规划算法、分支定价算法、Dantzig-Wolfe 分解算法、Benders 分解算法、拉格朗日松弛 8 个经典且常用的精确算法。这些算法经常出现在运筹学领域各个期刊的文章中以及工业界的具体项目之中。为了便于读者理解，我们尽量避免复杂的数学推导，着重讲解基本原理和算法迭代步骤，真正意义上帮助读者从理论到实践，一步到位，无须到处寻找零散资料，做重复性的整合工作。

相信认真研读这本教材的读者，一定会大有收获。尤其是刚入门的硕士生和博士生，可以凭借这本教材，系统地了解本领域的精确算法，更好地胜任自己的科研工作。对于已经从业的运筹优化算法工程师，本书也可以作为一本非常详尽的学习工具书。

这里需要做一点特别说明，本书不同章节代码的继承性不大，大部分章节的代码都是针对该章节独立编写的。这种做法是为了方便初学者较快地理解每一章的代码，更好地消化每个单独的算法。但是这种编排也有一些弊端，即不利于拓展和改进。实际上，大部分精确算法之间都是有联系的，科研过程中也经常将它们组合使用，如果将所有章节的代码做成一个集成的算法包，既方便管理，又便于拓展。但是，集成性较好的代码，其结构一般都很复杂，初学者面对这样的代码，往往不知所措。复杂的函数调用关系，众多的类和属性，难免会让初学者望而生畏。基于此，本书各个章节的代码还是保持了较高的独立性，今后如果有机会，我会考虑提供两个版本的代码，即独立版本和集成版本，前者主要面向初学者，后者主要面向较为熟练的读者。

为了方便读者更容易地对照本领域内的英文文献，本书对涉及的专业名词（概念、问题名称和算法名称等）给出了中英文对照表。代码手册可到清华大学出版社官网下载。

由于作者水平和时间有限，书稿在编写的过程中，难免有疏漏和错误，一些源自网络的参考资料也由于时间久远不能找到出处，希望涉及的原作者看到以后，及时与作者联系。再版之际，我们将会做出修改。也希望广大热心读者为本书提出宝贵的改进意见。

3. 本书内容的先修课

运筹优化常用模型及建模技巧部分：先修课程为"运筹学"。另外，最好修过"凸优化"这门课（没有选修这门课也不影响阅读学习）。

常用优化求解器 API 详解及应用案例部分：先修课程为"Java 编程基础"或者"Python 编程基础"。

运筹优化常用算法及实战部分：修过以上两部分先修课程的同学，可以无障碍阅读学习。如果还修过"高级运筹学"或者"整数规划"，学习会更加轻松。如果没有修过上述课程，也不影响学习，我们的教材内容非常通俗易懂。

4. 致谢

非常感谢我读博士研究生阶段的指导老师，即清华大学清华-伯克利深圳学院陈伟坚教授。陈老师对本书整体框架、章节安排等方面提出了诸多建设性意见，也参与了本书的校对、完善等工作。而且，陈老师从读者角度出发，对全书内容的精炼等方面提出了若干宝贵修改意见，有效地提升了本书的可读性和可拓展性。另外，陈老师对本书后续的完善以及图书习题部分的补充也给出了明确方向。

感谢我读硕士研究生阶段的指导老师，即清华大学深圳国际研究生院物流与交通学部戚铭尧副教授。戚老师对本书算法理论介绍部分以及内容完整性方面提出了诸多宝贵的修改意见。

感谢清华大学深圳国际研究生院物流与交通学部张灿荣教授。张教授是我读硕士研究生阶段的高级运筹学老师，他妙趣横生的讲解激发了我对运筹优化浓厚的学习兴趣。

感谢运筹优化领域微信公众号"数据魔术师"给予我的莫大帮助。该公众号发布的优化算法介绍文章以及完整代码资料为我实现精确算法提供了非常有用的参考。特别地，在Branch and Bound 的实现过程中，我参考了该公众号分享的部分代码。由衷感谢该公众号的运营者：华中科技大学管理学院秦虎教授以及他的团队。秦虎老师的团队发布的算法科普文章以及举办的精确算法系列讲座，犹如雪中送炭，为很多运筹优化领域的初学者提供了巨大帮助。同时非常感谢华中科技大学的黄楠博士，他提供的源代码帮助笔者克服了诸多困难。

感谢 Mschyns 在 github 上开源的 Branch and Price 求解 VRPTW 的代码，以及华中科技大学邓发珩同学做的修改。该版本的 Java 代码可以为读者自行实现 Branch and Price 算法提供重要参考。

感谢伍健在 DW-分解算法、拉格朗日松弛算法方面提供的资源。非常感激在算法实现过程中，伍健对我诸多疑惑的耐心解答。也非常感谢伍健对这本书出版的大力支持。

此外，我还很荣幸地邀请到了我的老师、师兄、师姐、师弟、师妹们参与了本书后期的读稿和校对工作。他（她）们是陈名华（香港城市大学教授，我的老师）、张莹、黄一潇、陈锐、王祖健、游锦涛、何彦东、王美芹、王梦彤、段淇耀、贺静、张文修、周鹏翔、王丹、夏旸、李怡、郝欣茹、朱泉、修宇璇、王涵民、张祎、梁伯田、陈琰钰、王基光、徐璐、左齐茹仪、张婷、李良涛、赖克凡、曹可欣、金广、席好宁、俞佳莉、陈梦玄。非常感谢他（她）们宝贵的意见和建议。

感谢运筹优化领域公众号"运筹 OR 帷幄"。该公众号发布的高质量的理论介绍文章、讲座预告等给予了我大量的信息，在拓宽视野、了解运筹领域交叉学科的发展现状等方面给了我莫大的帮助。

感谢本书所有参考文献的作者，是你们的研究成果让我学到了许多新的知识，获得了不少新的启发。本书部分内容参考或者翻译自这些文献，在此向这些研究者们致以崇高的敬意。

感谢清华大学出版社对本书出版给予的支持，以及参与本书编校工作的编辑们的辛勤付出。

最后，感谢我的父亲和母亲对我的鼓励和培养，以及对我完成学业的无条件支持和理解。

希望本书能得到广大读者的喜爱，为大家提供有效的帮助。

刘兴禄

2020 年 12 月于清华大学深圳国际研究生院

作 者 贡 献

本书所有章节的贡献者如下。

表 0.1 作者贡献

章 节	贡 献
第 1 章：运筹优化算法相关概念	**段宏达**：凸集、极点、多面体、超平面与半平面等概念介绍 (刘兴禄修改) **刘兴禄**：几类常见的数学规划模型概念介绍
第 2 章：运筹优化经典问题数学模型	**刘兴禄、陈伟坚**
第 3 章：整数规划建模技巧	**段宏达**：逻辑约束、线性化部分 **刘兴禄**：分段函数线性化部分及整章修改
第 4 章：大规模线性规划的对偶	**刘兴禄**
第 5 章：CPLEX 的 Java API 详解及简单案例	**熊望祺**：全章撰写 **臧永森**：全章修改 **刘兴禄**：全章修改
第 6 章：Gurobi 的 Python API 详解及简单案例	**刘兴禄**：2.1 节 ∼ 2.8 节, 2.10 节、2.11 节及整章修改 **臧永森**：2.9 节 **曾文佳**：Python 调用 Gurobi 可以求解的问题类型部分的代码和 Gurobi 算法介绍部分
第 7 章：调用 CPLEX 和 Gurobi 求解 MIP 的复杂案例：VRPTW 和 TSP	**刘兴禄**
第 8 章：单纯形法	**刘兴禄、陈伟坚**
第 9 章：Dijkstra 算法	**刘兴禄**
第 10 章：分支定界算法	**刘兴禄**：理论介绍、算法伪代码及 Branch and Bound 代码 (手动实现分支版本) 及整章修改 **熊望祺**：Branch and Bound 代码 (callback 实现版本)
第 11 章：分支切割算法	**刘兴禄**：Cutting plane、Branch and Cut 理论介绍伪代码和 Branch and cut 求解 VRPTW 的 Java 代码，Branch-and-cut 部分内容撰写，以及整章修改 **曾文佳**：Branch and cut 求解 CVRP 和 VRPTW 的理论介绍和 Java+callback 实现
第 12 章：拉格朗日松弛	**刘兴禄**：理论介绍、伪代码以及修改版本的 Lagrangian Relaxation 求解 Location Transport Problem 的 Python 代码及整章的修改 **伍健**：Lagrangian Relaxation 求解 Location Transport Problem 的 Python 代码 (代码原作者)
第 13 章：列生成算法	**刘兴禄**：理论介绍及相应 Column Generation 的 Java 、Python 版本的代码及整章修改 **熊望祺**：Column Generation 的版本 2 的 Java 代码

续表

章　节	贡　献
第 14 章：动态规划	**臧永森**：第一节理论介绍及相应案例的 Java 代码 **刘兴禄**：Dynamic Programming 求解 TSP 的理论介绍、伪代码和 Python 代码及整章修改 **刘兴禄**：SPPRC 的 Labelling algorithm 的理论介绍、伪代码和 Python 代码 **刘兴禄**：Python 实现用 SPPRC 的 Labelling Algorithm 加 Column Generation 求解 VRPTW 的理论介绍和代码 **熊望祺**：Java 实现大规模 SPPRC 的 Labelling Algorithm 的代码
第 15 章：分支定价算法	**刘兴禄**：理论介绍、算法框架及伪代码及整章修改 **熊望祺**：Java 实现 Branch and Price 的代码
第 16 章：Dantzig-Wolfe 分解算法	**段宏达**：理论介绍、具体案例和相应伪代码 **刘兴禄**：部分理论介绍、简单案例的 Python 代码和 CG 结合 D-W Decomposition 的 Python 代码及整章修改 **伍健**：Dantzig-Wolfe Decomposition 求解 Multicommodity Network Flow 问题的 Python 代码 (代码原作者)
第 17 章：Benders 分解算法	**刘兴禄**：理论介绍，伪代码、第一个版本的 Benders Decomposition 的 Java 代码，以及修改版本的 Benders Decomposition 求解 Fixed Charge Transportation Problem 的 Python 代码及整章的修改 **熊望祺**：Fixed Charge Transportation Problem 和 Uncapacitated Facility Location Problem 的 Benders Decomposition 部分的 Java 代码 **伍健**：Benders Decomposition 求解 Fixed Charge Transportation Problem 的 Python 代码 (代码原作者)，Benders Decomposition 求解 Uncapacitated Facility Location Problem 的 Python 代码 (代码原作者)
全书框架、章节安排、内容精炼	**陈伟坚**

术语缩写对照表

LP	Linear Programming, 线性规划
IP	Integer Programming, 整数规划
Pure Integer Programming	纯整数规划
MIP	Mixed Integer Programming, 混合整数规划
MILP	Mixed Integer Linear Programming, 混合整数线性规划
QP	Quadratic Programming, 二次规划
MIQP	Mixed Integer Quadratic Programming, 混合整数二次规划
QCP	Quadratically Constrained Programming, 二次约束规划
MIQCP	Mixed Integer Quadratically Constrained Programming, 混合整数二次约束规划
QCQP	Quadratically Constrained Quadratic Programming, 二次约束二次规划
MIQCQP	Mixed Integer Quadratically Constrained Quadratic Programming, 混合整数二次约束二次规划
SOCP	Second-Order Cone Programming, 二阶锥规划
Second-Order Cone Constraint	二阶锥约束
MISOCP	Mixed Integer Second-Order Cone Programming, 混合整数二阶锥规划
SDP	Semi-Definite Programming, 半正定规划
Convex Set	凸集
Extreme Point	极点
Polyhedron	多面体
Hyperplane	超平面
Halfspace	半空间
Corner Point	角点（极点）
Convex Combination	凸组合
Convex Hull	凸包
Conv(S)	集合 S 的凸包
AP	Assignment Problem, 指派问题
Bipartite Matching	二部图匹配
Hungarian Algorithm	匈牙利算法, 也叫 Kuhn-Munkres Algorithm
Ford-Fulkerson Algorithm	Ford-Fulkerson 算法, 也叫 Edmonds-Karp Algorithm
Hopcroft-Karp Algorithm	Hopcroft-Karp 算法, 也叫 Hopcroft-Karp-Karzanov Algorithm
SPP	Shortest Path Problem, 最短路问题
Maximum Flow Problem	最大流问题
MCNFP	Minimum Cost Network Flow Problem, 最小费用网络流问题
Unimodular Matrix	幺模矩阵
Integer Matrix	全整数矩阵
Totally Unimodular Matrix	全幺模矩阵
TSP	Traveling Salesman Problem, 旅行商问题或货郎担问题
Subtour	子环路
SECs	Subtour Elimination Constraints, 子环路消除约束
MTZ	Miller-Tucker-Zemlin 约束

续表

STSP	Symmetric Traveling Salesman Problem，对称旅行商问题
1-tree	具有入射到点 1 的两条边和在点集 $\{2, 3, \cdots, n\}$ 上的一个树
Column Generation	列生成
VRP	Vehicle Routing Problem，车辆路径规划问题
CVRP	Capacitated Vehicle Routing Problem，带容量的车辆路径规划问题
VRPTW	Vehicle Routing Problem with Time Windows，带时间窗的车辆路径规划问题
Capacitated VRP with Pick-up and Deliveries and Time Windows	带取送货和时间窗的车辆路径规划问题
Multiple Depot VRP	多车场车辆路径规划问题
Multiple Depot VRP with Time Windows	带时间窗的多车场车辆路径规划问题
Periodic VRP	周期性车辆路径规划问题
Periodic VRP with Time Windows	带时间窗的周期性车辆路径规划问题
Vehicle Routing Problem with Pick-up and Deliveries	同时取送货的车辆路径规划问题
NP-hard	NP 难问题
NP-complete	NPC，即 NP 完全问题，NP 问题中最困难的问题
Branch and Bound	分支定界算法
Branch and Price	分支定价算法
Branch and Cut	分支切割算法
Branch Price and Cut	分支定价切割算法
MCNF	Multicommodity Network Flow Problem，多商品流网络流问题
Either-Or Constraints	二选一约束条件
If-Then Constraints	假设约束条件
Duality Theory	对偶理论
Robust Optimization	鲁棒优化
Multilevel Programming	多层规划
Inner Level	内层
Bi-Level	双层
Single Level	单阶段
Benders Decomposition	Benders 分解
Reduced Cost	检验数
Binding	边界
Basic Feasible Solution	基可行解
Original Variable	初始变量
Slack Variable	松弛变量
Surplus Variable	剩余变量
Complementary Basic Solutions Property	互补基解
Complementary Optimal Basic Solutions Property	互补最优基解
CPF	Corner Point Feasible，角点 (极点) 可行
Duality Theorem	对偶定理
Weak Duality Property	弱对偶性
Strong Duality Property	强对偶性
Complementary Slackness Property	互补松弛性
Dual variable	对偶变量

RHS	Right-Hand-Side，右端项
LHS	Left-Hand-Side，左端项
Free	无约束
Commodity	商品流
Gomory Cuts	Chvátal-Gomory Cut，Gomory 割
Maximal Cliques Cuts	最大团割
Minimal Cover Cuts	最小覆盖割
MIR Cuts	Mixed Integer Rounding Cut，MIR 割
Zero-half cuts	零半割
Flow Cover Cuts	流覆盖割
Flow Path Cuts	流程割
Global Implied Bounds Cuts	全局隐界割
Lift and Project Cuts	提升与投影割
Chvátal-Gomory Inequality	Gomory 不等式
Gap	（相对）间隙，差距
Callback	回调
Legacy Callback	传统回调
Informational Callback	参考回调
Query or Diagnostic Callbacks	查询或诊断回调
Generic Callback	通用回调
Continuous Problems	连续问题
LP based Branch and Bound	基于线性规划的分支定界
Cutting Plane	割平面
Heuristic	启发式
Presolving	预求解，也叫预优化
LP Relaxation	线性松弛
Prune	剪枝
Node Selection	节点选择
Branching	分支
Model Cleanup and Removal of Redundant Constraints	清理模型，删除冗余约束
Bound Strengthening	界限加强
Coefficient Strengthening	不等式约束的 Chvatal-Gomory 加强
Removal of Fixed Variables	固定变量的去除
Rounding Bounds of Integer Variables	整数变量的圆整界限
Strengthen Semi-continuous and Semi-integer Bounds	加强半连续和半整数界限
Redundancy Detection	冗余检测
Parallel and Nearly Parallel Rows	平行和近平行行
Parallel Columns	平行列
Dominated Columns	优超列
Aggregate Pairs of Symmetric Variables	对称变量的聚合对
Probing	探测
Preferred Branch Direction	分支偏好参数
DFS	Depth-First Search，深度优先搜索

BFS	Breadth-First-Search，广度优先搜索
Node	节点
Current Node	当前节点
Leaf Node	叶子节点
Greedy Algorithm	贪婪算法
LP-Based Greedy Algorithm	基于线性规划的贪婪算法
DP	Dynamic Programming，动态规划
Minimum Spanning Tree	最小生成树
Rounding	圆整
Blind Heuristics	盲目启发式
Reformulation	模型改建
RINS	Relaxation Induced Neighborhood Search，松弛诱导邻域搜索
Sub MIP & Recursive Solve	子混合整数规划和递归方法
Feasibility Pump Heuristic	泵式缩减启发式方法
Pump Reduce	泵式缩减
Max Fractional Value	最大分数值
Shadow Costs	影子成本，类似 Pseudo Costs
Pseudo Costs	伪成本
Strong Branching	强分支
Pseudo-Cost Branching for SOS Sets	SOS 集合的伪成本分支
Objective Bounds	目标值界限
Bound	界限
UB	Upper Bound，上界
LB	Lower Bound，下界
SOS	Special Ordered Set，特殊顺序集
General Constraints	广义约束
Overloaded Operators	重载运算符
IIS	Irreducible Inconsistent Subsystem，不可约不相容子方程组
Lazy Updates	惰性更新
Simplex Algorithm	单纯形法
Minimum Ratio Test	最小比值准则
Primal Problem	原问题
Primal Simplex	原始单纯形法
Dual Simplex	对偶单纯形法
Primal-Dual Algorithm	原对偶法
Complementary Slackness Condition	互补松弛条件
Dantzig-Wolfe Decomposition	Dantzig-Wolfe 分解，简称 D-W 分解
Dijkstra Algorithm	Dijkstra 算法
Label Algorithm	标签算法
Label Setting Algorithm	标签设定算法
Label Correction Algorithm	标签修正算法，也称标签校正算法
Bellman-Ford Algorithm	Bellman-Ford 算法
Divide and Conquer	分而治之
Subproblem	子问题，简写为 SP
Branch and Bound Tree	分支树，简称为 BB Tree，或者 B&B Tree，或者 BnB Tree
Branches	分支

Fathomed	查明或洞悉
Prune by Optimality	根据最优性剪枝
Prune by Bound	根据界限剪枝
Prune by Feasibility/Infeasibility	根据是否可行剪枝
Incumbent	迄今为止获得的最好可行解，作为最紧的下界（对于最大化问题）或上界（对于最小化问题）
Root Node	根节点
Branching Rule	分支法则
Subtree	子树
Bounding	定界
Best-First-Search	最好解优先
FIFO	First in First Out，先进先出
LIFO	Last in First Out，后进先出
Dominance Relations	优超关系
Valid Inequality	有效不等式
Cutting Plane Algorithm	割平面法
Gomory's Fractional Cutting Plane Algorithm	Gomory 割平面法
BQP Cut	Boolean Quadric Polytope Cut，BQP 割
GUB Cover Cut	Generalized Upper Bound Cover Cuts，广义上界覆盖割平面
Implied Bound Cut	隐界割
MIP Separation Cut	混合整数规划分割割平面
Mod-k Cut	k-模割平面
Network Cut	网络割平面
Projected Implied Bound Cut	投影界割平面
Relax-and-Lift Cut	松弛提升割平面
RLT Cut	Reformulation Linearization Technique Cut，重构线性技术割平面
Strong-CG Cut	Strong Chvátal-Gomory cut，强 Gomory 割平面
Sub-MIP Cut	子混合整数规划割平面
Branch-and-Cut Tree	分支切割树
Cut Pool	割平面池
Robust Cuts	鲁棒割平面
K-path Cuts	K 路径割平面
Rounded Capacity Cuts	容量圆整割平面
Non-robust Cuts	非鲁棒割平面
SRCs	Subset Row Cuts，子集行割平面
Limited-memory SRCs	有限记忆子集行割平面
Elementary Cuts	Strengthened Capacity Cuts, 容量增强割平面
k-cycle Elimination Cuts	k 环消除割平面
Strong Degree Cuts	强度割平面
Lazy Constraint	惰性约束
User Cut	用户自定义割平面
Cutting Stock Problem	下料问题，简称 CSP
Master Problem	主问题，可简写为 MP
Pricing Problem	定价问题，又称定价子问题，子问题
RMP	Restricted Master Problem，限制性主问题
Degree	度
Set Partitioning Problem	集分割问题

Set Covering Problem	集覆盖问题
Cycle	环
SPPRC	Shortest Path Problem with Resource Constraints，带资源约束的最短路问题
ESPPRC	Elementary Shortest Path Problem with Resource Constraints，带资源约束的基本最短路问题
Dominance Rule	优超准则
Source	起点，同 origin
Origin	起点，同 source
Sink	终点，同 destination
Destination	终点，同 sink
SPPTW	Shortest Path Problem with Time Windows，带时间窗和资源约束的最短路问题
REFs	Resource Extension Functions，资源扩展函数
Resource Feasible Paths	资源可行路径
Resource Intervals	资源间隔，也叫资源上下限，资源窗口等
Resource Windows	资源窗口，即资源间隔
Path-structural Constraints	路径结构约束
Elementary Path	基本路径，即路径中无环路
Acyclic Graphs	无环图
SPPRC-k-Cyc	SPPRC with k-cycle Elimination，k 环消除约束的 SPPRC
SPPRCFP	SPPRC with Forbidden Paths，带禁止路径的 SPPRC
Precedence Constraints and Pairing Constraints	针对送取货的路径结构约束
Underlying Network	基础网络
Acyclic Time-Space Network	无环时空网络
Pareto-Optimal	帕累托最优
Dominance Algorithms	优超算法
Nearest Neighbor Algorithm	最近邻居法，简称 NN
Saving Heuristic	节约算法
I1	Solomon 提出的插入算法 I1
I2	Solomon 提出的插入算法 I2
Block-angular Model	块角模型
Minkowski's Representation Theorem	Minkowski's 表示定理
Phase I/II Algorithm	两阶段法
Central Constraint	中央约束
Convex Constraint	凸约束
Coefficient	系数
Node-arc Model	点弧模型
MCTP	Multi-Commodity Transportation Problem，多商品流运输问题
Convex Combination Constraints	凸组合约束
Row Generation	行生成
CCG	Column and Constraint Generation，列与约束生成
Benders feasibility cut	Benders 问题可行的必要条件
Benders optimality cut	Benders 基于子问题的最优性条件
FCTP	Fixed Charge Transportation Problem，固定费用运输问题
UFLP	Uncapacitated Facility Location Problem，无容量限制的设施选址问题
Lagrangian Relaxation	拉格朗日松弛

Relaxation	松弛
Optimality	最优性
COP	Combinatorial Optimization Problem，组合优化
Primal Bounds	原始边界
Dual Bounds	对偶边界
Weak-Dual Pair	弱对偶对
Strong-Dual Pair	强对偶对
Lagrangian Dual Problem	拉格朗日对偶问题
Lagrangian Relaxation Sub-problem	拉格朗日松弛子问题
Lagrange Multiplier	拉格朗日乘子
Shadow Price	影子价格
Dual Price	对偶价格，即边际收益或影子价格
Gradient	梯度，即导数
Subgradient	次梯度
Subgradient Algorithm	次梯度算法
GAP	Generalized Assignment Problem，广义指派问题
Location Transport Problem	选址-运输问题

目　录

第 I 部分　运筹优化常用模型及建模技巧

第 II 部分　常用优化求解器 API 详解及应用案例

第 III 部分　运筹优化常用算法及实战

PART ONE

运筹优化常用模型及建模技巧

第1章　运筹优化算法相关概念

本章主要介绍一些运筹优化相关的概念，包括常见的数学规划模型以及凸集、极点、多面体、超平面与半空间等。本章旨在为后续章节做铺垫，因此仅对涉及的概念做简要介绍，需要深入了解的读者请参考文献（Boyd et al.，2004）。

1.1　几类常见的数学规划模型

本书探讨的优化问题均是约束最优化问题，其通式为

$$\min \ (\text{or} \max) \quad f(x) \tag{1.1}$$

$$\text{s.t.} \quad \begin{cases} g(x) \leqslant 0 & (1.2) \\ x \in X & (1.3) \end{cases}$$

其中，式 (1.1) 为目标函数，可以为线性或者非线性表达式。式 (1.2) 和式 (1.3) 共同构成该优化问题的约束条件。其中约束 (1.2) 也可以为线性或者非线性表达式。式（1.3）为决策变量的取值范围和类型的约束，X 为决策变量 x 的取值要求（范围和类型）；如果 x 是连续变量，且 $g(x)$ 为线性表达式，则 X 是一个多面体；如果 x 是整数变量（离散变量），则 X 是一系列离散的点集。

根据 $f(x), g(x), X$ 的不同类型，可以将上述约束优化问题分成多种不同种类的优化问题模型，其中，比较常见的有以下几种。

1.1.1　线性规划

线性规划（Linear Programming, LP）是指目标函数和约束条件均为线性的数学规划，它是数学规划的基础，同时也是关键。线性规划的标准型形式如下：

$$\min \quad c^{\mathrm{T}} x \tag{LP}$$

$$\text{s.t.} \quad A x \leqslant b, \quad x \in \mathbb{R}^{n \times 1}$$

其中，$c \in \mathbb{R}^{n \times 1}$，是 n 维的行向量，$A \in \mathbb{R}^{m \times n}$，$b \in \mathbb{R}^{m \times 1}$，$c, A, b$ 均为已知参数，x 是 $n \times 1$ 维的列向量。

1.1.2　混合整数规划

当线性规划的所有决策变量都要求取值为整数时，该线性规划就变成了一个整数规划（Integer Programming, IP），或者纯整数规划（Pure Integer Programming）。但是当只

有一部分决策变量要求取值为整数时，该线性规划就变为混合整数规划（Mixed Integer Programming, MIP）。混合整数规划也是本书重点讨论的内容，其一般形式为

$$\min \quad \boldsymbol{m}^{\mathrm{T}}\boldsymbol{x} + \boldsymbol{n}^{\mathrm{T}}\boldsymbol{y} \tag{MIP}$$
$$\text{s.t.} \quad \boldsymbol{A}\boldsymbol{x} + \boldsymbol{C}\boldsymbol{y} \leqslant \boldsymbol{b}$$
$$\boldsymbol{x} \in \mathbb{R}^n, \boldsymbol{y} \in \mathbb{Z}^n$$

1.1.3　二次规划

二次规划（Quadratic Programming, QP）是指目标函数含有二次项、约束为线性约束的数学规划，其一般形式为

$$\min \quad \frac{1}{2}\boldsymbol{x}^{\mathrm{T}}\boldsymbol{P}\boldsymbol{x} + \boldsymbol{q}^{\mathrm{T}}\boldsymbol{x} + r \tag{QP}$$
$$\text{s.t.} \quad \begin{cases} \boldsymbol{G}\boldsymbol{x} \leqslant \boldsymbol{h} \\ \boldsymbol{A}\boldsymbol{x} = \boldsymbol{b} \end{cases}$$

其中，目标函数 $\frac{1}{2}\boldsymbol{x}^{\mathrm{T}}\boldsymbol{P}\boldsymbol{x} + \boldsymbol{q}^{\mathrm{T}}\boldsymbol{x} + r$ 为二次表达式，但是约束为线性约束。如果要求一部分决策变量为整数，则 QP 变为混合整数二次规划（Mixed Integer Quadratic Programming, MIQP）。

1.1.4　二次约束规划

二次约束规划（Quadratically Constrained Programming, QCP）是指目标函数为线性表达式、约束含有二次项的数学规划，其一般形式为

$$\min \quad \boldsymbol{c}^{\mathrm{T}}\boldsymbol{x} \tag{QCP}$$
$$\text{s.t.} \quad \begin{cases} \dfrac{1}{2}\boldsymbol{x}^{\mathrm{T}}\boldsymbol{P}_i\boldsymbol{x} + \boldsymbol{q}_i^{\mathrm{T}}\boldsymbol{x} + r_i \leqslant 0, & \forall i = 1, 2, \cdots, m \\ \boldsymbol{A}\boldsymbol{x} = \boldsymbol{b} \end{cases}$$

其中，第一个约束的左端项 $\frac{1}{2}\boldsymbol{x}^{\mathrm{T}}\boldsymbol{P}\boldsymbol{x} + \boldsymbol{q}^{\mathrm{T}}\boldsymbol{x} + r$ 为二次表达式，目标函数 $\boldsymbol{c}\boldsymbol{x}$ 为线性表达式。如果要求一部分决策变量为整数，则 QCP 变为混合整数二次约束规划（Mixed Integer Quadratically Constrained Programming, MIQCP）。

1.1.5　二次约束二次规划

二次约束二次规划（Quadratically Constrained Quadratic Programming, QCQP）是指目标函数为二次表达式、约束也为二次约束的数学规划。

当 QCP 中的目标函数也是二次表达式时，QCP 就变成了 QCQP，其一般形式为

$$\min \quad \frac{1}{2}\boldsymbol{x}^{\mathrm{T}}\boldsymbol{P}_0\boldsymbol{x} + \boldsymbol{q}_0^{\mathrm{T}}\boldsymbol{x} + r_0 \tag{QCQP}$$

$$\text{s.t.} \quad \begin{cases} \dfrac{1}{2}\boldsymbol{x}^{\mathrm{T}}\boldsymbol{P}_i\boldsymbol{x} + \boldsymbol{q}_i^{\mathrm{T}}\boldsymbol{x} + r_i \leqslant 0, & \forall i = 1,2,\cdots,m \\ \boldsymbol{Ax} = \boldsymbol{b} \end{cases}$$

如果要求一部分决策变量为整数，则 QCQP 变为混合整数二次约束二次规划（Mixed Integer Quadratically Constrained Quadratic Programming, MIQCQP）。

1.1.6　二阶锥规划

二阶锥规划（Second-Order Cone Programming, SOCP）是指约束中含有二阶锥约束、但是目标函数为线性表达式的数学规划，其一般形式为

$$\begin{aligned} \min \quad & \boldsymbol{f}^{\mathrm{T}}\boldsymbol{x} & \text{(SOCP)}\\ \text{s.t.} \quad & \|\boldsymbol{A}_i\boldsymbol{x} + \boldsymbol{b}_i\|_2 \leqslant \boldsymbol{c}_i^{\mathrm{T}}\boldsymbol{x} + d_i, & \forall i = 1,2,\cdots,m \\ & \boldsymbol{Fx} = \boldsymbol{g} \end{aligned}$$

其中，$\boldsymbol{x} \in \mathbb{R}^n$，$\boldsymbol{A}_i \in \mathbb{R}^{n_i \times n}$，$\boldsymbol{b}_i \in \mathbb{R}^{n_i}$，$\boldsymbol{c}_i \in \mathbb{R}^n$，$d_i \in \mathbb{R}$，$\boldsymbol{F} \in \mathbb{R}^{p \times n}$，$\boldsymbol{g} \in \mathbb{R}^p$。形如

$$\|\boldsymbol{Ax} + \boldsymbol{b}\|_2 \leqslant \boldsymbol{c}^{\mathrm{T}}\boldsymbol{x} + d$$

的约束称为二阶锥约束（Second-Order Cone Constraint）。例如：

$$\sqrt{x_1^2 + x_2^2} \leqslant 4y + 6$$

SOCP 可以使用内点法高效求解，很多求解器也可以直接求解 SOCP（如 Gurobi、CPLEX 等）。现实中，大量问题都能转化为 SOCP 来求解。如果 SOCP 中要求一部分决策变量为整数，则 SOCP 变为混合整数二阶锥规划（Mixed Integer Second-Order Cone Programming, MISOCP）。

SOCP 和 LP、QCP 是有一定关系的。当 $\boldsymbol{A}_i = 0, \forall i = 1,2,\cdots,m$ 时，SOCP 退化为 LP。当 $\boldsymbol{c}_i = 0, \forall i = 1,2,\cdots,m$ 时，SOCP 等价于 QCP，因为此时，二阶锥约束可以通过平方转化成二次约束。比如约束

$$\sqrt{x_1^2 + x_2^2} \leqslant 6$$

可以通过两边同时平方转化成

$$x_1^2 + x_2^2 \leqslant 36$$

下面我们用一个示意图形象地理解二阶锥约束。设三维空间 $\mathbb{R}^3$ 中的二阶锥（基向量为 (x_1, x_2, y)）

$$y \geqslant \sqrt{x_1^2 + x_2^2}$$

被平面 $y = 1$ 切割以后的部分如图 1.1 所示。可以看到，其形状就是一个锥。由于约束表达式采用的是二范数，所以叫作二阶锥。

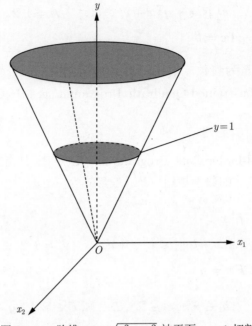

图 1.1　二阶锥 $y \geqslant \sqrt{x_1^2 + x_2^2}$ 被平面 $y = 1$ 切割

当然，除了上述几种数学规划模型，还有半正定规划（Semi-Definite Programming, SDP）等，在此我们不做详细介绍，感兴趣的读者可以参阅文献（Boyd et al., 2004）。

1.2　凸集和极点

1.2.1　凸集

当连接点集 S 中任意两点的线段完全包含在 S 中时，则称 S 为凸集（Convex Set）（Boyd et al., 2004）。可用数学表达式表示为：对于集合 S，取任意两个点 $x, y \in S$，如果对于任意的 $\lambda \in [0, 1]$，有 $\lambda x + (1 - \lambda)y \in S$，那么集合 S 是凸集。

我们通过如下四个图来进一步理解凸集的含义。对于图 1.2(a) 和图 1.2(b) 来说，连接集合 S 中任意两个点的每条线段，都只包含 S 中的点，因此在这两个图中，S 是凸集。而对于图 1.2(c) 和图 1.2(d) 来说，S 不是凸集。在这两个图中，点 A 和点 B 在集合 S 中，但是线段 AB 上的某些点不在集合 S 中。

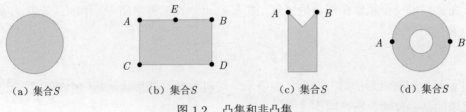

图 1.2　凸集和非凸集

1.2.2 极点

对于任意凸集 S，当完全在 S 中并且包含点 P 的每条线段都以 P 作为线段的端点时，则称 S 中的点 P 为极点（Extreme Point）。

我们通过图 1.2(a) 和图 1.2(b) 来理解极点含义。对于图 1.2(a) 来说，实心圆周上的每个点都是这个实心圆的极点。对于图 1.2(b) 来说，点 A、B、C 和 D 是 S 的极点。虽然点 E 在 S 的边界上，但是因为点 E 在线段 AB 上（AB 完全在 S 中）而点 E 却不是线段 AB 的端点，所以点 E 不是 S 的极点。

极点有时也称作角点（Corner Point），因为当集合 S 是一个多边形时，S 的极点是这个多边形的顶点或者角点。

1.3 多面体、超平面与半空间

1.3.1 多面体

多面体（Polyhedron）是一个集合，其形式可以描述为 $\{x \in \mathbb{R}^n | Ax \geqslant b\}$，$A$ 是 $m \times n$ 的矩阵，b 是 m 维列向量（Boyd et al., 2004）。多面体是有限个超平面和半空间的交集，如图 1.3(a) 和图 1.3(b) 所示。

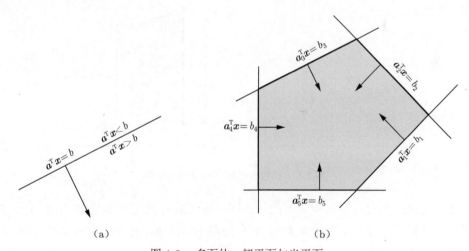

图 1.3 多面体、超平面与半平面

对于线性规划而言，其可行域可以描述成不等式约束 $Ax \leqslant b$ 的形式，因此也是一个多面体。

1.3.2 超平面与半空间

设 a 是一个 $\mathbb{R}^n$ 非零向量，b 是一个标量，则：（1）集合 $\{x \in \mathbb{R}^n | a_1^T x = b\}$ 称作超平面（Hyperplane, Boyd et al., 2004）；（2）集合 $\{x \in \mathbb{R}^n | a_2^T x \geqslant b\}$ 称作半空间（Halfspace, Boyd et al., 2004）。

可以发现，超平面是相应半空间的边界。此外，向量 $\boldsymbol{a}$ 在超平面的定义中是垂直于自身对应的超平面的。我们可以通过图 1.3(a) 和图 1.3(b) 得到一些直观的理解。

如图 1.3 所示，图 1.3(a) 展示了一个超平面与两个半空间，图 1.3(b) 展示了由五个半空间围起来的多面体 $\{\boldsymbol{x}|\boldsymbol{a}_i^{\mathrm{T}}\boldsymbol{x} \geqslant b_i, i = 1, 2, \cdots, 5\}$。同时每一个向量 $\boldsymbol{a}_i$ 都垂直于相应的超平面 $\{\boldsymbol{x}|\boldsymbol{a}_i^{\mathrm{T}}\boldsymbol{x} = b_i\}$。

1.4 凸组合和凸包

1.4.1 凸组合和凸包的概念

设 $\boldsymbol{x}^1, \boldsymbol{x}^2, \cdots, \boldsymbol{x}^k$ 是 k 个 n 维向量，即 $\boldsymbol{x}^i \in \mathbb{R}^n, \forall i = 1, 2, \cdots, k$。$\lambda_1, \lambda_2, \cdots, \lambda_k$ 是 k 个非负标量，满足 $\sum\limits_{i=1}^{k} \lambda_i = 1$，则：（1）向量 $\sum\limits_{i=1}^{k} \lambda_i \boldsymbol{x}^i$ 是向量 $\boldsymbol{x}^1, \cdots, \boldsymbol{x}^k$ 的凸组合（Convex Combination）（Boyd et al., 2004）；（2）向量 $\boldsymbol{x}^1, \boldsymbol{x}^2, \cdots, \boldsymbol{x}^k$ 的凸包（Convex Hull）是这些向量的所有凸组合组成的集合（Boyd et al., 2004）。

凸包是整数规划相关的重要概念，我们通过图 1.4 来直观认识一下凸包。

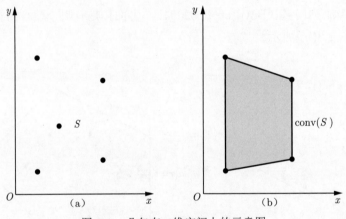

图 1.4　凸包在二维空间上的示意图

图 1.4 展示了凸包在二维空间上的示意图。图 1.4(a) 展示了集合 S 是由 5 个点组成的集合，那么集合 S 的凸包就是包含集合 S 的最小的凸集，如图 1.4(b) 的阴影区域所示。我们将集合 S 的凸包记作 conv(S)。

1.4.2 一些结论

下面我们不加证明地给出下面的结论。

（1）凸集的交集仍是凸集。

（2）每一个多面体都是一个凸集。

（3）一个凸集中的有限个元素组成的凸组合仍然属于该集合。

（4）由有限向量组成的凸包是一个凸集。

详细证明参见文献（Boyd et al., 2004）。

第2章 运筹优化经典问题数学模型

2.1 指派问题

指派问题（Assignment Problem）是一类非常常见的运筹学问题。例如，某公司有 N 项必须完成的任务和 N 个可以完成这些任务的员工，假设每个员工都可以胜任所有的 N 项任务，只是效率有所不同。为了以最快的效率完成这 N 项任务，公司需要为每一位员工分配一项任务，并且每一项任务只能由一个员工承担。这就是典型的指派问题，这类问题在实际中应用非常广泛。

以时下非常受关注的出行服务为例（代表企业有 Uber、滴滴、Lyft 等）。假设在某一时间段内，出行服务平台的派单系统内可被分配的司机和订单数目均为 N，为了区分，假设司机的集合为 D，乘客的集合为 R，且 $|D| = |R| = N$。出行服务平台需要为每一位乘客 $i \in R$ 分配一个司机 $j \in D$，每一个分配都会对应一个成本 c_{ij}（可以认为是这个订单的距离），而出行服务平台的目标是找到总距离最小的指派策略（实际中，还有可能是最大化平台的收益等）。

为了解决这个问题，可以引入一组 0-1 决策变量 x_{ij}，含义为

$$x_{ij} = \begin{cases} 1, & \text{如果乘客 } i \text{ 被分配给司机 } j \\ 0, & \text{其他} \end{cases}$$

那么，该指派问题可以被建模为下面的整数规划模型：

$$\min \sum_{i \in R} \sum_{j \in D} x_{ij} c_{ij} \tag{2.1}$$

$$\text{s.t.} \sum_{j \in D} x_{ij} = 1, \quad \forall i \in R \tag{2.2}$$

$$\sum_{i \in R} x_{ij} = 1, \quad \forall j \in D \tag{2.3}$$

$$x_{ij} \in \{0, 1\}, \quad \forall i \in R, j \in D \tag{2.4}$$

该问题是一种特殊的二部图匹配（Bipartite Matching）问题，可以表示为图 2.1 的形式。其中，$D_i \ (i = 1, 2, 3, 4)$ 表示司机，$R_i \ (i = 1, 2, 3, 4)$ 表示乘客。虚线连接的司机和乘客表示我们可以将该司机和乘客进行匹配，实线表示最优指派方案。具体应用案例参见文献（Xu et al., 2018）。

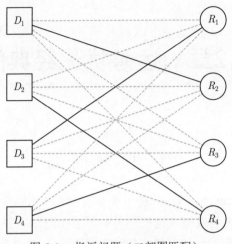

图 2.1　指派问题（二部图匹配）

虽然该问题可以通过建立整数规划模型，然后调用优化求解器（CPLEX、Gurobi 等）快速求解，但是该算法也存在更为高效的多项式时间精确解法，包括匈牙利算法（Hungarian Algorithm，也叫 Kuhn-Munkres Algorithm，（Kuhn 1955；Munkres 1957））、Ford-Fulkerson 算法（也叫 Edmonds-Karp Algorithm，（Edmonds and Karp 1972））、Hopcroft-Karp 算法（也叫 Hopcroft-Karp-Karzanov Algorithm，（Hopcroft and Karp 1973））。这些算法都是由赫赫有名的科学家提出，感兴趣的读者可以去详细了解。匈牙利算法的原始版本的复杂度为 $\mathcal{O}(n^4)$，后来有研究者将该算法进行了提升，其复杂度降低到 $\mathcal{O}(n^3)$。Ford-Fulkerson 算法和 Hopcroft-Karp 算法的算法复杂度分别为 $\mathcal{O}(Ef)$ 和 $\mathcal{O}(E\sqrt{V})$，其中 E 是二部图中边（或者弧）的个数，f 是最大流的值，V 是二部图中节点的个数。Ford-Fulkerson 算法和 Hopcroft-Karp 算法都是基于将二部图匹配转化成最大流问题（见图 2.2）的思想而提出的算法。本节对此不再做详细展开。

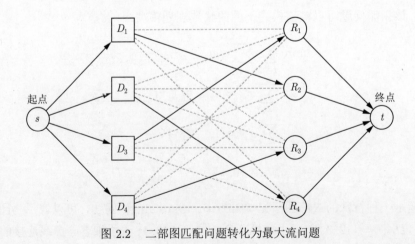

图 2.2　二部图匹配问题转化为最大流问题

2.2　最短路问题

最短路问题（Shortest Path Problem, SPP）是一类非常经典的问题。最短路问题可以描述为：给定一个有向图（或无向图）$G = (V, E)$，V 是图中点的集合，E 是图中边的集合。图中的每条边 $(i, j) \in E$ 都对应一个权重 c_{ij}。给定一个起点 $s(s \in V)$ 和一个终点 $t(t \in V)$，最短路问题就是去找到一条从 s 出发，到达 t 的距离或者成本最小的路径。最基本的最短路问题并不是 NP-hard 问题，可以用 Dijkstra 等算法在多项式时间内求解到最优解（Dijkstra et al., 1959），Dijkstra 算法的复杂度为 $\mathcal{O}(|V|^2)$，并且在不同数据结构下，复杂度略有不同。

我们首先来看一个示例网络，如图 2.3 所示（该例子来自文献 Cappanera and Scaparra 2011），图中每条边上的数字代表该条边的权重（或者成本、行驶距离等）。图中最短路径为 $1 \to 2 \to 4 \to 3 \to 6 \to 7$，总长度为 45。

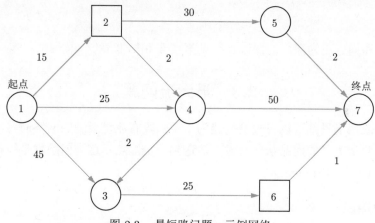

图 2.3　最短路问题：示例网络

最短路问题可以建模为一个整数规划问题。我们首先引入 0-1 决策变量 x_{ij} 如下：

$$x_{ij} = \begin{cases} 1, & \text{如果边 } (i, j) \text{ 在最优解中被选中} \\ 0, & \text{其他} \end{cases}$$

然后，最短路问题的数学模型可以表示为

$$\min \quad \sum_{e \in E} d_e x_e \tag{2.5}$$

$$\text{s.t.} \quad \sum_{e \in \text{out}(i)} x_e - \sum_{e \in \text{in}(i)} x_e = \begin{cases} 1, & \text{如果 } i = s \\ -1, & \text{如果 } i = t, \forall i \in V \\ 0, & \text{其他} \end{cases} \tag{2.6}$$

$$x_e \in \{0, 1\}, \quad \forall e \in E \tag{2.7}$$

其中，out(i) 表示离开点 i 的边的集合，in(i) 表示进入点 i 的边的集合。上述模型中，约束 (2.6) 还可以写为

$$\sum_{e\in\text{out}(i)} x_e - \sum_{e\in\text{in}(i)} x_e = b_i, \qquad \forall i \in V \tag{2.8}$$

其中，当 $i = s$ 时，$b_i = 1$；当 $i = t$ 时，$b_i = -1$；否则 $b_i = 0$。两种写法都比较常见。

该问题具有整数最优解特性，也就是说，即使把变量 x_{ij} 松弛成 $0 \leqslant x_{ij} \leqslant 1$，原问题变成线性规划，也同样存在整数最优解，关于该性质更为详细的介绍，见第 2.4 节。另外，在一些高水平期刊中，也不乏该性质的身影，参见文献（Cappanera and Scaparra, 2011）。根据上述介绍，最短路问题的整数规划模型等价于下面的线性规划：

$$\min \quad \sum_{e\in E} d_e x_e \tag{2.9}$$

$$\text{s.t.} \quad \sum_{e\in\text{out}(i)} x_e - \sum_{e\in\text{in}(i)} x_e = b_i, \qquad \forall i \in V \tag{2.10}$$

$$0 \leqslant x_e \leqslant 1, \qquad \forall e \in E \tag{2.11}$$

关于最短路问题更为深入的探讨，参见第 4 章和第 9 章。

2.3 最大流问题

很多生产应用场景都可以将模型构建为一个弧段有流量限制的网络问题，在这个网络中，通常需要将最大量的商品从一个源点运送到一个汇点，这类问题就是经典的最大流问题（Maximum Flow Problem）。

2.3.1 问题描述

下面用一个例子解释如何将最大流问题转化为线性规划问题（Winston and Goldberg, 2004）。

某油气加工公司要进行油料输送，输送网络是具有源点 (so) 和汇点 (si) 的管道网络，如图 2.4 所示。油料从源点到汇点要途经站点 1、2、3。不同站点之间的管道弧段具有不同的管道直径，不同管道的最大输送容量如表 2.1 所示，表中每个数表示弧段容量（百万桶/时）。构建线性规划求解该网络的最大输送能力，比如每小时输送几百万桶。

表 2.1 石油运输问题的弧容量

弧	容量
(so, 1)	2
(so, 2)	3
(1, 2)	3
(1, 3)	4
(3, si)	1
(2, si)	2

将每个弧段的输送容量标注到图 2.4 中。

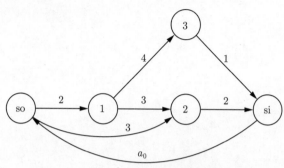

图 2.4　石油运输网络图

2.3.2　问题建模及最优解

为了方便建模，我们人工添加一个从汇点到源点的弧段，其容量设定为 a_0，这个弧段实际不进行油料输送，只是方便建模时保证流量平衡。我们设定 x_{ij} 为决策变量，表示在弧段 (i,j) 上每小时通过的油料量（百万桶）。其中一个可行的方案是如下配置：$x_{so,1} = 2, x_{13} = 0, x_{12} = 2, x_{3,si} = 0, x_{2,si} = 2, x_{si,so} = 2, x_{so,2} = 0$。该方案展示如图 2.5 所示，括号中的数字表示 x_{ij} 的值，此时网络的最大流量为 2 百万桶/时。

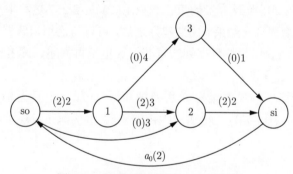

图 2.5　石油运输问题的一个可行解

容易分析得到，对于一个可行的流量设定，它必须满足容量约束

$$0 \leqslant x_{ij} \leqslant 弧\ (i,j)\ 的容量, \quad \forall (i,j) \tag{2.12}$$

和流平衡约束

$$流入点\ i\ 的流量 = 流出点\ i\ 的流量, \quad \forall i \tag{2.13}$$

人工弧 (si, so) 和人工变量 a_0 的添加就是为了保证源点和汇点的流量平衡。

下面构建最大流问题的线性规划模型：设 x_0 表示从人工弧段 (si, so) 上流通的流量，根据流平衡约束可得 x_0 等于所有进入汇点 si 的流量，也就是网络中流通的最大流量。油气加工公司目标是最大化网络流量，也就是最大化 x_0，其模型可以表示如下：

$$\max \quad z = x_0 \tag{2.14}$$

$$\text{s.t.} \quad x_{\text{so},1} \leqslant 2 \tag{2.15}$$

$$x_{\text{so},2} \leqslant 3 \tag{2.16}$$

$$x_{12} \leqslant 3 \tag{2.17}$$

$$x_{2,\text{si}} \leqslant 2 \tag{2.18}$$

$$x_{13} \leqslant 4 \tag{2.19}$$

$$x_{3,\text{si}} \leqslant 1 \tag{2.20}$$

$$x_0 = x_{\text{so},1} + x_{\text{so},2} \tag{2.21}$$

$$x_{\text{so},1} = x_{12} + x_{13} \tag{2.22}$$

$$x_{\text{so},2} + x_{12} = x_{2,\text{si}} \tag{2.23}$$

$$x_{13} = x_{3,\text{si}} \tag{2.24}$$

$$x_{3,\text{si}} + x_{2,\text{si}} = x_0 \tag{2.25}$$

$$x_{ij} \geqslant 0, \quad \forall i, j \in \{\text{so}, 1, 2, 3, \text{si}\} \tag{2.26}$$

其中，约束 (2.15)~(2.20) 是弧容量约束，约束 (2.21)~(2.25) 是流平衡约束，最后的约束 (2.26) 是变量非负的物理含义约束。模型建好之后，可以考虑用求解器进行求解，本书有专门介绍求解器求解线性规划和整数规划的章节，这里不再赘述，读者请参见相关章节。模型求解后的最优解为 $z = 3, x_{\text{so},1} = 2, x_{13} = 1, x_{12} = 1, x_{3,\text{si}} = 1, x_{2,\text{si}} = 2, x_{\text{so},2} = 1, x_0 = x_{\text{si,so}} = 3$。因此，网络中的最大流为 3 百万桶/时，分别以 1 百万桶/时的流量经过线路：$\text{so} \rightarrow 1 \rightarrow 2 \rightarrow \text{si}$、$\text{so} \rightarrow 1 \rightarrow 3 \rightarrow \text{si}$ 和 $\text{so} \rightarrow 2 \rightarrow \text{si}$。最优流量分配情况如图 2.6 所示。

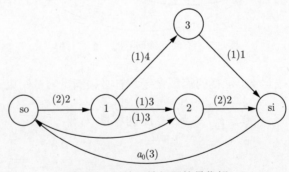

图 2.6 石油运输问题的最优解

2.3.3 最大流问题的一般模型

在前面的章节中，用一个非常小的例子介绍了最大流问题数学模型，这里给出最大流问题的一般模型。给定一个有向图 $G = (V, E)$，其中 V 是图中点的集合，E 是图中边的集合。图中的每条边 $(i,j) \in E$ 都对应一个最大容量 u_{ij}。点 so 和 si 分别代表起点和终点。
我们引入如下两个决策变量：

（1）x_e：边 $e \in E$ 上的流量；

（2）f：网络的最大流量；

则最大流问题的一般模型可以写为

$$\max \quad f \tag{2.27}$$

$$\text{s.t.} \quad \sum_{e \in \text{out}(i)} x_e - \sum_{e \in \text{in}(i)} x_e = b_i, \qquad \forall i \in V \tag{2.28}$$

$$0 \leqslant x_e \leqslant u_{ij}, \qquad \forall e \in E \tag{2.29}$$

其中，当 $i = \text{so}$ 时，$b_i = f$；当 $i = \text{si}$ 时，$b_i = -f$；否则 $b_i = 0$。

2.3.4　Ford-Fulkerson 算法求解最大流问题

本章分析的最大流问题是最小费用网络流问题（Minimum-cost Network Flow Problem，MCNFP）的一个特例，对于更为一般的网络流问题，已有多种求解算法。2.3.3 节所讲的线性规划是较为通用的方法，接下来介绍另外一种求解网络流问题的方法：Ford-Fulkerson 算法（Edmonds and Karp, 1972）。

首先定义两个重要工具：残存网络（Residual Network）和增广路径（Augment Path）。

残存网络指的是具有残存容量的图。残存容量用下式表示：

$$a_f(i,j) = \begin{cases} a(i,j) - f(i,j), & \text{如果 } (i,j) \in E, \text{即 } (i,j) \text{ 是前向弧} \\ f(j,i), & \text{如果 } (j,i) \in E, \text{即 } (i,j) \text{ 是后向弧} \\ 0, & \text{其他} \end{cases}$$

残存容量解释为：当两点的连边就是原网络图的边时，其残存容量等于该边的运载上限减去已有流量；当两点的连边是原图边的反向时，其残存容量等于该边的已有流量；此外其他情况下，残存容量等于 0。

增广路径指的是残存网络中从起点到终点的一条简单路径 L，记为 C。增广路径中每条边可增加流量的最大值可表示为该路径中各边残存容量的最小值：$k = \min\{a_f(i,j) : (i,j) \in C\}$。

接下来我们讲解 Ford-Fulkerson 算法：首先将流量设置为 0，生成残存网络，寻找增广路径，计算可增加流量的最小值，更新图中的流量，然后再次生成残存网络，循环上述过程，直到无法找到增广路径，当前网络中的流就是最大流。下面是 Ford-Fulkerson 算法的具体解释。

Step 1：找到一个初始可行解，方便起见可以直接设置每个弧的流量为 0，此时残存网络就是原图。

Step 2：如果与汇点相连的所有弧段都已经标记过且无法找到增广路径了，那么当前的可行流量就是网络中的最大流量；如果与汇点相连的某些弧段 $(i, \mathrm{si}), (\forall i)$ 还没被标记，那就标记该弧段和汇点，生成残存网络并从源点标记到该弧段和汇点，即寻找增广路径，记作 C，并跳转至 Step 3。

Step 3：分两种情况。

Case 1：如果 C 中的弧段全部为前向弧，对于 C 中的每个弧段 (i, j)，记 $a(i, j)$ 为该弧上可以增加的流量（满足容量约束的条件下），因此新标记出的这个线路上可增加的流量（整个网络中可增加的流量）为

$$k = \min_{(i,j) \in C} a(i, j) \tag{2.30}$$

如果 $k > 0$，那么网络中可以增加 k 的流量，同时又不违背容量约束和流平衡约束。

Case 2：如果 C 中的弧段既包含前向弧，也包括后向弧，对于 C 中的每个后向弧 (i, j)，记 $r(i, j)$ 为该弧上可以减少的流量，又记

$$k_1 = \min_{(i,j) \in C} a(i, j), \qquad k_2 = \min_{(i,j) \in C} r(i, j) \tag{2.31}$$

如果 $k_1 > 0$ 且 $k_2 > 0$，那么前向弧中将增加流量 $\min(k_1, k_2)$，后向弧中将减少流量 $\min(k_1, k_2)$，整体上网络中从源点到汇点将增加 $\min(k_1, k_2)$。其中 k_1 与 Case 1 情况一致，因为是所有弧中可增加的最小者，因此不会违背容量约束；k_2 是所有可以减少流量的后向弧中的最小者，因此每个后向弧的流量都不会减成负值，同时被减掉的流量经此弧段的上游节点流去其他弧段，也就保持了流平衡约束。最终增加的流量汇入了汇点，因此流量增加了。

调整整个网络中的流量后，返回 Step 2 继续执行该算法。

下面我们用第 2.3.2 节的例子解释 Ford-Fulkerson 算法的执行过程：首先我们给定一个初始解，将所有弧段中的流量设定为 0，如图 2.7 所示。

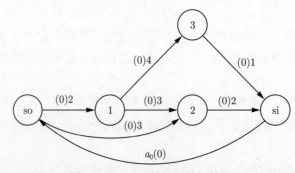

图 2.7　石油运输问题的初始解

然后进行弧段标记并进行流量调整，选取与汇点 si 相连的没有被标记的弧段 $(2, \mathrm{si})$，并从源点 so 进行标记，生成增广路径：$C = (\mathrm{so}, 1) - (1, 2) - (2, \mathrm{si})$，$C$ 中的弧段全部为前向弧段，于是有 $k = \min\{a(\mathrm{so}, 1), a(1, 2), a(2, \mathrm{si})\} = \min\{2, 3, 2\} = 2$，即可以在网络中增加 2 单位流量，如图 2.8 所示。

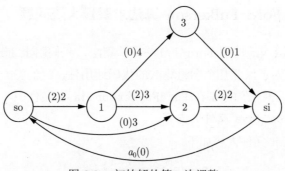

图 2.8 初始解的第一次调整

接下来继续寻找没有被标记的弧段并进行流量调整,生成残存网络,然后选取与汇点 si 相连的没有被标记的弧段 (3, si),并从源点 so 进行标记,生成增广路径:$C = (\text{so}, 2) - (1, 2) - (1, 3) - (3, \text{si})$,$C$ 中的弧段既有前向弧也有后向弧,于是有 $k_1 = \min\{a(\text{so}, 2), a(1, 3), a(3, \text{si})\} = \min\{3, 4, 1\} = 1$,即可以在前向弧段中增加 1 单位流量,$k_2 = \min\{f(1, 2)\} = \min\{2\} = 2$,即可以在后向弧中减少 2 单位流量,$k = \min\{k_1, k_2\} = 1$,整体来看在网络中可以增加 1 单位流量,如图 2.9 所示。

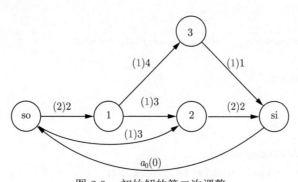

图 2.9 初始解的第二次调整

继续算法过程,发现没有弧段可以继续标记了,无法生成增广路径,结束算法,获得最优解,最大流量为 3 百万桶/时,如图 2.10 所示,与第 2.3.2 节得到的最优解一致。

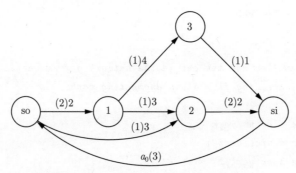

图 2.10 Ford-Fulkerson 算法求得的最优解

2.3.5 Java 实现 Ford-Fulkerson 算法求解最大流问题

为了方便读者更深入地理解 Ford-Fulkerson 算法,我们附上 Ford-Fulkerson 算法的 Java 实现完整代码。为了保证几个图论算法的代码通用性,我们将一些跟图的属性相关的部分单独写成类文件。算法部分都在 FordFulkerson.java 文件中。由于篇幅限制,本章只展示 FordFulkerson.java 文件的内容。

FordFulkerson.java 文件内容如下:

FordFulkerson.java

```java
package maxflow;

import java.io.IOException;
import java.util.LinkedList;
import java.util.Queue;

import graph.FlowEdge;
import graph.FlowNetwork;

/**
 * Ford-Fulkerson algorithm to compute max-flow/min-cut.
 *
 * @author Xiong Wangqi
 * @version V1.0
 * @since JDK1.8
 */
public class FordFulkerson {
    private static final double EPS = 1e-10;
    /** marked[v] = true iff s->v path in residual graph. */
    private boolean[] marked;
    /** edgeTo[v] = last edge on shortest residual s->v path. */
    private FlowEdge[] edgeTo;
    /** current value of max flow. */
    private double value;

    /**
     * Compute a max flow and min cut in the network g from vertex s to t: <br>
     * The key is increasing flow along augmenting paths.
     *
     * @param g the flow network
     * @param s the source vertex
     * @param t the sink vertex
     */
```

```java
34    public FordFulkerson(FlowNetwork g, int s, int t) {
35        validate(s, g.getVertexNum());
36        validate(t, g.getVertexNum());
37
38        if (s == t) {
39            throw new IllegalArgumentException("Source equals sink");
40        }
41
42        if (!isFeasible(g, s, t)) {
43            throw new IllegalArgumentException("Initial flow is infeasible
   ");
44        }
45
46        // While there exists an augmenting path, use it(the value).
47        value = excess(g, s);
48        while (hasAugmentingPath(g, s, t)) {
49            // 1 compute bottleneck capacity
50            double bottleneck = Double.POSITIVE_INFINITY;
51            for (int v = t; v != s; v = edgeTo[v].other(v)) {
52                bottleneck = Math.min(bottleneck, edgeTo[v].
   residualCapacityTo(v));
53            }
54
55            // 2 update the flow on the augment path
56            for (int v = t; v != s; v = edgeTo[v].other(v)) {
57                edgeTo[v].addResidualFlowTo(v, bottleneck);
58            }
59
60            // 3 update current "max-flow"
61            value += bottleneck;
62        }
63        // If there is no augmenting path, then the max-flow/min-cut is found.
64    }
65
66 /**
67  * Is v in the s side of the min s-t cut?/Is v reachable from s in residual network?
68  *
69  * @param v the vertex
70  * @return true if vertex is on the side of mincut, false otherwise
71  */
72    public boolean inCut(int v) {
73        validate(v, marked.length);
```

```java
74          return marked[v];
75      }
76
77      /**
78       * Return the value of the max flow.
79       *
80       * @return the value of the max flow
81       */
82      public double value() {
83          return value;
84      }
85
86      /**
87       * Is there an augmenting path? <br>
88       * If so, upon termination edgeTo[] will contain a parent-link representation of
         such a path <br>
89       * this implementation finds a shortest augmenting path (fewest number of
         edges), <br>
90       * which performs well both in theory and in practice <br>
91       * The augmenting path: <br>
92       * 1 can increase flow on forward edges (not full) <br>
93       * 2 can decrease flow on backward edge (not empty).
94       *
95       * @param g the flow network
96       * @param s the source vertex
97       * @param t the sink vertex
98       * @return true if there is an augmenting path, false otherwise
99       */
100     private boolean hasAugmentingPath(FlowNetwork g, int s, int t) {
101         int vertexNum = g.getVertexNum();
102         edgeTo = new FlowEdge[vertexNum];
103         marked = new boolean[vertexNum];
104
105         // breadth-first search
106         Queue<Integer> queue = new LinkedList<>();
107         queue.add(s);
108         marked[s] = true;
109         while (!queue.isEmpty() && !marked[t]) {
110             int v = queue.poll();
111
112             for (FlowEdge e: g.adj(v)) {
113                 int w = e.other(v);
114                 if (e.residualCapacityTo(w) > 0) {
```

```
115             if (!marked[w]) {
116                 edgeTo[w] = e;
117                 marked[w] = true;
118                 queue.add(w);
119             }
120         }
121     }
122 }
123
124     // Is there an augmenting path?
125     return marked[t];
126 }
127
128 private boolean isFeasible(FlowNetwork g, int s, int t) {
129     // check that capacity constraints are satisfied
130     int vertexNum = g.getVertexNum();
131     for (int v = 0; v < vertexNum; v++) {
132         for (FlowEdge e: g.adj(v)) {
133             if (e.getFlow() < -EPS || e.getFlow() > e.getCapacity()) {
134                 System.err.println("Edge does not satisfy capacity
    constraints: " + e);
135                 return false;
136             }
137         }
138     }
139
140     // check that net flow into a vertex equals zero, except at source and sink
141     if (Math.abs(value + excess(g, s)) > EPS) {
142         System.err.println("Excess at source = " + excess(g, s));
143         System.err.println("Max flow       = " + value);
144         return false;
145     }
146     if (Math.abs(value - excess(g, t)) > EPS) {
147         System.err.println("Excess at sink = " + excess(g, t));
148         System.err.println("Max flow       = " + value);
149         return false;
150     }
151     for (int v = 0; v < vertexNum; v++) {
152         if (v == s || v == t) {
153             continue;
154         }
155
```

```java
156            if (Math.abs(excess(g, v))> EPS) {
157                return false;
158            }
159        }
160
161        return true;
162    }
163
164    /**
165     * Return excess flow(in flow - out flow) at vertex v.
166     *
167     * @param g the flow network
168     * @param v the vertex
169     * @return excess flow at vertex v
170     */
171    private double excess(FlowNetwork g, int v) {
172        double excess = 0.0;
173        for (FlowEdge e: g.adj(v)) {
174            if (v == e.from()) {
175                // out-flow
176                excess -= e.getFlow();
177            } else {
178                // in-flow
179                excess += e.getFlow();
180            }
181        }
182
183        return excess;
184    }
185
186    private void validate(int v, int n)  {
187        if (v < 0 || v >= n) {
188            throw new IndexOutOfBoundsException("vertex " + v + " is not
       between 0 and " + (n - 1));
189        }
190    }
191
192    public static void main(String[] args) {
193        // filename of the graph
194        String filename = "./data/tinyFN.txt";
195
196        FlowNetwork g = null;
```

```
197    try {
198        g = new FlowNetwork(filename);
199    } catch (IOException e) {
200        e.printStackTrace();
201    }
202
203    int s = 0;
204    int vertexNum = g.getVertexNum();
205    int t = vertexNum - 1;
206    FordFulkerson maxFlow = new FordFulkerson(g, s, t);
207
208    StringBuilder sb = new StringBuilder(String.format("Max flow from
       %d to %d:\n", s, t));
209    for (int v = 0; v < vertexNum; v++) {
210        for (FlowEdge e: g.adj(v)) {
211            if ((v == e.from()) && e.getFlow() > 0) {
212                sb.append(e);
213                sb.append('\n');
214            }
215        }
216    }
217
218    // print min-cut
219    sb.append("Min cut: ");
220    for (int v = 0; v < vertexNum; v++) {
221        if (maxFlow.inCut(v)) {
222            sb.append(v + " ");
223        }
224    }
225    sb.append('\n');
226    sb.append("Max flow value = " +  maxFlow.value());
227
228    System.out.print(sb.toString());
229    }
230
231 }
```

2.4 最优整数解特性和幺模矩阵

在本章最短路问题的介绍中，我们提到，最短路问题（Shortest Path Problem，SPP）具有整数最优解特性，将模型的 0-1 变量约束松弛掉得到的线性松弛的最优解仍然是整数。

不仅是最短路问题，指派问题（Assignment Problem，AP）也具有相同的特性。本节我们就对这一特性进行稍微深入的解释。

首先我们来看指派问题的数学模型：

$$\min \sum_{i \in R} \sum_{j \in D} x_{ij} c_{ij} \tag{AP}$$

$$\text{s.t.} \sum_{j \in D} x_{ij} = 1, \quad \forall i \in R \tag{2.32}$$

$$\sum_{i \in R} x_{ij} = 1, \quad \forall j \in D \tag{2.33}$$

$$x_{ij} \in \{0, 1\}, \quad \forall i \in R, j \in D \tag{2.34}$$

然后是最短路问题的数学模型：

$$\min \sum_{e \in E} d_e x_e \tag{SPP}$$

$$\text{s.t.} \sum_{e \in \text{out}(i)} x_e - \sum_{e \in \text{in}(i)} x_e = \begin{cases} 1, & i = s \\ -1, & i = t \\ 0, & \text{其他} \end{cases} \tag{2.35}$$

$$x_e \in \{0, 1\}, \quad \forall e \in E \tag{2.36}$$

我们先用 Python 调用 Gurobi 验证 AP 和 SPP 的整数最优解特性，然后给出整数最优解特性成立的条件。

2.4.1 指派问题的最优解特性验证

我们用 Python 调用 Gurobi 建立指派问题的 0-1 整数规划模型，代码如下。

AP.py

```python
from gurobipy import *
import pandas as pd
import numpy as np
import random

# generate matching value matrix
employee_num = job_num = 5
cost_matrix = np.zeros((employee_num, job_num))
for i in range(employee_num):
    for j in range(job_num):
        random.seed(i * employee_num + j)
        cost_matrix[i][j] = round(10 * random.random() + 5, 0)

# construct model object
```

```
15 model = Model('Assignment_Problem')
16
17 # introduce decision variable by cycling
18 x = [[[] for i in range(employee_num)] for j in range(job_num)]
19 for i in range(employee_num):
20     for j in range(job_num):
21         x[i][j] = model.addVar(vtype = GRB.BINARY # decision variable type
22                              ,name = "x_" + str(i) + "_" + str(j)
23                              )
24
25 # objective function
26 obj = LinExpr(0)
27
28 for i in range(employee_num):
29     for j in range(job_num):
30         obj.addTerms(cost_matrix[i][j], x[i][j])
31
32 model.setObjective(obj, GRB.MINIMIZE)
33
34 # Constraint 1
35 for j in range(employee_num):
36     expr = LinExpr(0)
37     for i in range(job_num):
38         expr.addTerms(1, x[i][j])
39     model.addConstr(expr == 1, name="D_" + str(j))
40
41 # Constraint 2
42 for i in range(employee_num):
43     expr = LinExpr(0)
44     for j in range(job_num):
45         expr.addTerms(1, x[i][j])
46     model.addConstr(expr == 1, name="R_" + str(i))
47
48 # solve the constructed model
49 model.write('model.lp')
50 model.optimize()
51
52 # print optimal solution
53 for var in model.getVars():
54     if(var.x > 0):
55         print(var.varName, '\t', var.x)
56 print('objective : ', model.ObjVal)
```

上述代码设置了任务数量和员工数量均为 5，最优解如下。

Result

```
1  Root relaxation: objective 4.000000e+01, 9 iterations, 0.00 seconds
2
3      Nodes    |    Current Node    |     Objective Bounds      |     Work
4   Expl Unexpl |  Obj  Depth IntInf | Incumbent    BestBd   Gap | It/Node
           Time
5
6  *    0     0               0     40.0000000   40.00000  0.00%      -    0s
7
8  Explored 0 nodes (9 simplex iterations) in 0.04 seconds
9  Thread count was 8 (of 8 available processors)
10
11 Solution count 2: 40 55
12
13 Optimal solution found (tolerance 1.00e-04)
14 Best objective 4.000000000000e+01, best bound 4.000000000000e+01, gap
        0.0000%
15 x_0_4     1.0
16 x_1_2     1.0
17 x_2_0     1.0
18 x_3_3     1.0
19 x_4_1     1.0
20 objective :  40.0
```

可以看到，上述代码将指派问题建模成为 0-1 整数规划，但是在求解日志中，我们发现整数规划在根节点就得到了最优解，并没有进行任何分支。

接下来修改上述代码，将决策变量 x_{ij} 的整数约束松弛掉，变成线性规划，也就是将约束 (2.34) 松弛为

$$0 \leqslant x_{ij} \leqslant 1, \quad \forall i \in R, j \in D \tag{2.37}$$

相应地，将代码中添加变量的部分修改成如下形式：

AP.py

```python
1  # introduce decision variable by cycling
2  x = [[[] for i in range(employee_num)] for j in range(job_num)]
3  for i in range(employee_num):
4      for j in range(job_num):
5          x[i][j] = model.addVar(lb = 0
```

```
6                              ,ub = 1
7                              ,vtype = GRB.CONTINUOUS    # decision
        variable type
8                              ,name = "x_" + str(i) + "_" + str(j)
9                              )
```

再次求解，结果如下：

Result

```
1  Gurobi Optimizer version 9.0.1 build v9.0.1rc0 (win64)
2  Optimize a model with 10 rows, 25 columns and 50 nonzeros
3  Model fingerprint: 0x59b89d6e
4  Coefficient statistics:
5    Matrix range     [1e+00, 1e+00]
6    Objective range  [6e+00, 2e+01]
7    Bounds range     [1e+00, 1e+00]
8    RHS range        [1e+00, 1e+00]
9  Presolve time: 0.01s
10 Presolved: 10 rows, 25 columns, 50 nonzeros
11
12 Iteration    Objective        Primal Inf.     Dual Inf.        Time
13       0    3.8000000e+01    2.000000e+00    0.000000e+00        0s
14       3    4.0000000e+01    0.000000e+00    0.000000e+00        0s
15
16 Solved in 3 iterations and 0.01 seconds
17 Optimal objective  4.000000000e+01
18 x_0_4     1.0
19 x_1_2     1.0
20 x_2_0     1.0
21 x_3_3     1.0
22 x_4_1     1.0
23 objective :   40.0
```

求解结果和将变量 x_{ij} 设置成 0-1 变量完全相同。可以尝试多个不同的算例，会发现不论是哪个算例，上述两种不同的决策变量设置，得到的最优解都是相同的。

2.4.2　最短路问题的整数最优解特性验证

我们继续用第 2.2 节的例子作为测试算例测试最短路问题（Shortest Path Problem）的最优整数特性。

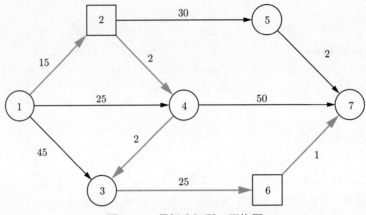

图 2.11　最短路问题：网络图

使用 Python 调用 Gurobi 建立最短路问题的 0-1 整数规划模型。具体代码如下：

SPPExample.py

```
1  from gurobipy import *
2  import pandas as pd
3  import numpy as np
4
5  Nodes = ['1', '2', '3', '4', '5', '6', '7']
6
7  Arcs = {('1','2'): 15
8          ,('1','4'): 25
9          ,('1','3'): 45
10         ,('2','5'): 30
11         ,('2','4'): 2
12         ,('4','7'): 50
13         ,('4','3'): 2
14         ,('3','6'): 25
15         ,('5','7'): 2
16         ,('6','7'): 1
17         }
18
19 model = Model('dual problem')
20
21 # add decision variables
22 X = {}
23 for key in Arcs.keys():
24     index = 'x_' + key[0] + ',' + key[1]
25     X[key] = model.addVar(vtype=GRB.BINARY
26                          , name= index
27                          )
```

```
28
29 # add objective function
30 obj = LinExpr(0)
31 for key in Arcs.keys():
32     obj.addTerms(Arcs[key], X[key])
33
34 model.setObjective(obj, GRB.MINIMIZE)
35
36 # constraint1 1 and constraint 2
37 lhs_1 = LinExpr(0)
38 lhs_2 = LinExpr(0)
39 for key in Arcs.keys():
40     if(key[0] == '1'):
41         lhs_1.addTerms(1, X[key])
42     elif(key[1] == '7'):
43         lhs_2.addTerms(1, X[key])
44 model.addConstr(lhs_1 == 1, name = 'start flow')
45 model.addConstr(lhs_2 == 1, name = 'end flow')
46
47 # constraints 3
48 for node in Nodes:
49     lhs = LinExpr(0)
50     if(node != '1' and node != '7'):
51         for key in Arcs.keys():
52             if(key[1] == node):
53                 lhs.addTerms(1, X[key])
54             elif(key[0] == node):
55                 lhs.addTerms(-1, X[key])
56     model.addConstr(lhs == 0, name = 'flow conservation')
57
58 model.write('model_spp.lp')
59 model.optimize()
60
61 print('Objective : ', model.ObjVal)
62 for var in model.getVars():
63     if(var.x > 0):
64         print(var.varName, '\t', var.x)
```

最优解如下:

Result

```
1 Variable types: 0 continuous, 10 integer (10 binary)
2 Coefficient statistics:
```

```
3     Matrix range     [1e+00, 1e+00]
4     Objective range  [1e+00, 5e+01]
5     Bounds range     [1e+00, 1e+00]
6     RHS range        [1e+00, 1e+00]
7  Presolve removed 9 rows and 10 columns
8  Presolve time: 0.00s
9  Presolve: All rows and columns removed
10
11 Explored 0 nodes (0 simplex iterations) in 0.01 seconds
12 Thread count was 1 (of 8 available processors)
13
14 Solution count 1: 45
15
16 Optimal solution found (tolerance 1.00e-04)
17 Best objective 4.500000000000e+01, best bound 4.500000000000e+01, gap
        0.0000%
18 Objective :  45.0
19 x_1,2     1.0
20 x_2,4     1.0
21 x_4,3     1.0
22 x_3,6     1.0
23 x_6,7     1.0
```

可以看到并没有分支，最优解为整数解。我们将变量的整数约束松弛，也就是将约束 (2.36) 松弛为

$$0 \leqslant x_e \leqslant 1, \quad \forall e \in E \tag{2.38}$$

在代码中将添加变量的部分修改如下：

SPP.py

```
1 # add decision variables
2 X = {}
3 for key in Arcs.keys():
4     index = 'x_' + key[0] + ',' + key[1]
5     X[key] = model.addVar(lb = 0
6                           ,ub = 1
7                           ,vtype = GRB.CONTINUOUS # decision variable type
8                           ,name = index
9                           )
```

再次求解，结果如下：

Result

```
 1  Coefficient statistics:
 2    Matrix range      [1e+00, 1e+00]
 3    Objective range   [1e+00, 5e+01]
 4    Bounds range      [1e+00, 1e+00]
 5    RHS range         [1e+00, 1e+00]
 6  Presolve removed 6 rows and 7 columns
 7  Presolve time: 0.01s
 8  Presolved: 3 rows, 3 columns, 6 nonzeros
 9
10  Iteration    Objective      Primal Inf.      Dual Inf.      Time
11       0    4.3000000e+01   2.000000e+00    0.000000e+00      0s
12       1    4.5000000e+01   0.000000e+00    0.000000e+00      0s
13
14  Solved in 1 iterations and 0.02 seconds
15  Optimal objective  4.500000000e+01
16  Objective :   45.0
17  x_1,2    1.0
18  x_2,4    1.0
19  x_4,3    1.0
20  x_3,6    1.0
21  x_6,7    1.0
```

松弛后的线性规划的解和原来整数规划的解也是完全相同的。同样地，测试多个其他算例，发现也都符合这一结果。

2.4.3 最优整数解特性的理解

最短路问题和指派问题是满足最优解特性的，也就是其线性松弛模型的最优解一定同时也是整数解。下面详细解释其中的原因。

考虑下面的具有 2 个决策变量的整数规划：

$$
\begin{aligned}
\max \quad & z = 2x_1 + x_2 \\
\text{s.t.} \quad & x_1 + x_2 \leqslant 4 \\
& x_1 \leqslant 2 \\
& x_2 \leqslant 4 \\
& x_1, x_2 \in \mathbb{Z}
\end{aligned}
\tag{2.39}
$$

及其线性松弛问题：

$$
\max \quad z = 2x_1 + x_2
$$

$$\text{s.t.} \quad x_1 + x_2 \leqslant 4$$
$$x_1 \leqslant 2 \qquad\qquad (2.40)$$
$$x_2 \leqslant 4$$
$$x_1, x_2 \geqslant 0$$

我们在坐标系中分别画出这两个问题的可行解和可行域，如图 2.12 所示。

容易观察到，整数规划的所有可行解围成的凸包与线性松弛问题的可行域完全相同。因此，即使我们将整数规划的整数约束松弛掉，仍然可以得到整数最优解。首先，线性规划的最优解一定是出现在极点上，并且此时线性规划的可行域等价于整数规划的可行解围成的凸包。所以，线性规划可行域的所有极点，都一定是整数规划的可行解。综合上面几点，就很容易得出，如果一个整数规划问题的所有可行解构成的凸包正好等价于其线性松弛问题的可行域，则线性松弛问题的最优解一定也同时是整数规划的最优解。

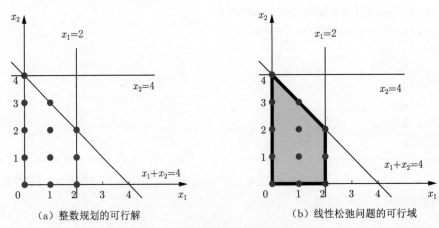

（a）整数规划的可行解　　　　　　　　（b）线性松弛问题的可行域

图 2.12　整数规划可行解围成的凸包

2.4.4　幺模矩阵和整数最优解特性

最短路问题和指派问题具有整数最优解特性，这是已经被证明的。但是对于任意一个整数规划，我们如何去判断该模型是否具有整数最优解特性呢？

在探讨这个问题之前，我们首先给出一些相关概念。本节内容参考自文献（陈景良，陈向晖，2010；Shapiro，1979）。

定义 2.4.1　整数矩阵（Integer Matrix）：如果矩阵 $A \in \mathbb{R}^{m \times n}$ 的所有元素都是整数，则矩阵 A 被称为整数矩阵。

定义 2.4.2　幺模矩阵（Unimodular Matrix）：如果矩阵 $A \in \mathbb{R}^{m \times n}$ 是整数矩阵，有 $r = \text{rank } A = \min\{m, n\}$，而且 A 的所有非零 $r \times r$ 子式等于 1 或 -1，则 A 被称为幺模矩阵。

定义 2.4.3　全幺模矩阵（Totally Unimodular Matrix）：如果 A 是幺模矩阵，而且其各阶子式均等于 0、1 或 -1，则称 A 为全幺模矩阵。

特别地，当 $m = n$ 时，如果 $\det \boldsymbol{A} = 1$ 或者 $\det \boldsymbol{A} = -1$，那么整数矩阵 $\boldsymbol{A}$ 是幺模矩阵。

不难得出下面的结论。

（1）全幺模矩阵的所有元素均为 0、1 或 -1；

（2）两个维度为 $n \times n$ 的幺模矩阵之积仍是幺模矩阵。

接下来是 3 个非常重要的定理。

定理 2.4.1 设 $m \leqslant n$，则对于任何整数向量 $\boldsymbol{b}$，方程组

$$\boldsymbol{A}\boldsymbol{x} = \boldsymbol{b} \tag{2.41}$$

的所有基本解为整数向量的充分必要条件是 $\boldsymbol{A}$ 为幺模矩阵。

定理 2.4.2 设 $\boldsymbol{A} \in \mathbb{R}^{m \times n}$ 是整数矩阵，如果对于任何整数向量 $\boldsymbol{b}$，线性不等式组

$$\boldsymbol{A}\boldsymbol{x} \leqslant \boldsymbol{b} \tag{2.42}$$

的所有基本解是整数向量，那么 $\boldsymbol{A}$ 必是全幺模矩阵。

定理 2.4.3 设 $\boldsymbol{A} = [b_{ij}] \in \mathbb{R}^{m \times n}$ 是全幺模矩阵，则对 $\boldsymbol{A}$ 执行如下任一操作均不改变全幺模性。

（1）行置换或列置换。

（2）转置。

（3）任一行或列乘以 -1。

（4）增添只有一个元素或 1 或 -1 的行和列。

上述定理阐明了，如果线性方程组 $\boldsymbol{A}\boldsymbol{x} = \boldsymbol{b}$ 或者不等式组 $\boldsymbol{A}\boldsymbol{x} \leqslant \boldsymbol{b}$ 的约束系数矩阵 $\boldsymbol{A}$ 在满足特定条件的情况下，方程组的基本解向量是整数向量，也就是方程组的解是整数解。

下面以 3 个任务和 3 个员工的指派问题为例，写出该模型的具体形式为

$$
\begin{aligned}
\min \quad & z = x_{11} + x_{12} + x_{13} + x_{21} + x_{22} + x_{23} + x_{31} + x_{32} + x_{33} \\
\text{s.t.} \quad & x_{11} + x_{12} + x_{13} = 1 \\
& x_{21} + x_{22} + x_{23} = 1 \\
& x_{31} + x_{32} + x_{33} = 1 \\
& x_{11} + x_{21} + x_{31} = 1 \\
& x_{12} + x_{22} + x_{32} = 1 \\
& x_{13} + x_{23} + x_{33} = 1 \\
& 0 \leqslant x_{11},\ x_{12},\ x_{13},\ x_{21},\ x_{22},\ x_{23},\ x_{31},\ x_{32},\ x_{33} \leqslant 1
\end{aligned}
$$

我们提取出该模型的约束矩阵为

$$A = \begin{bmatrix} 1 & 1 & 1 & 0 & 0 & 0 & 0 & 0 & 0 \\ 0 & 0 & 0 & 1 & 1 & 1 & 0 & 0 & 0 \\ 0 & 0 & 0 & 0 & 0 & 0 & 1 & 1 & 1 \\ 1 & 0 & 0 & 1 & 0 & 0 & 1 & 0 & 0 \\ 0 & 1 & 0 & 0 & 1 & 0 & 0 & 1 & 0 \\ 0 & 0 & 1 & 0 & 0 & 1 & 0 & 0 & 1 \end{bmatrix}$$

根据幺模矩阵的定义，我们取 $r = \mathrm{rank}\, A = \min\{m,n\} = \min\{6,9\} = 6$，通过检验矩阵 A 所有非 0 的 6×6 子式，无一例外，全部是 1 或者 -1，因此 A 为幺模矩阵。所以指派问题具有整数最优解特性。

当然，指派问题和最短路问题并不是 NP-hard 问题，可以用已有的多项式时间算法很快地求解，如指派问题可以用匈牙利算法、Ford-Fulkerson 算法和 Hopcroft-Karp 算法求解。最短路问题可以用 Dijkstra 等算法求解。但是这些问题也可以通过调用求解器构建模型，直接将整数规划松弛成线性规划，从而让求解器调用单纯形法很快地求解，非常大规模的算例也可以很快地得到最优解。

2.5　多商品网络流问题

多商品网络流（Multicommodity Network Flow，MCNF）问题，或多物网络流问题，是指在一个网络中，多种商品从各自源点经过网络流向各自终点的网络流问题。该问题在实际生产生活中有着广泛的应用场景，如服务网络设计、通信网络、物流网络设计等。

MCNF 问题可以定义为下面的形式。

给定网络 $G = (V, A)$ 以及下面的参数：

K：表示商品流的集合，商品流的个数为 $|K|$；$|K|$ 个商品流的起点-终点-需求元组对分别为 $(s_1, t_1, d_1), (s_2, t_2, d_2), \cdots, (s_k, t_k, d_k)$；

d_k：商品流 $k \in K$ 的需求量，也就是需要从 s_k 运往 t_k 点的量；

u_{ij}：弧段 $(i,j) \in A$ 的容量，所有流经该弧段的流量总和不得超过该容量；

c_{ij}^k：在弧段 $(i,j) \in A$ 上运送单位商品 k 所需要的成本。

MCNF 的目标就是为每个商品流设计出最优的路径，使得其从起始点到达相应的终点满足所有的需求，并且使得产生的总成本最小。

为了更直观地理解 MCNF 问题，我们使用文献（Cappanera and Scaparra, 2011）中的例子作为示例网络来引入我们的介绍。示例网络如图 2.13 所示。其中，每条弧上第一个数字表示单位流量的成本，第二个数字表示弧的容量。

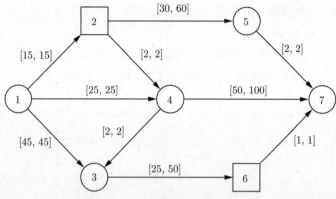

图 2.13 多商品网络流：示例网络

假设我们考虑 2 个商品流，分别表示如下：

（1）commodity 1：[1, 7, 25]；

（2）commodity 2：[2, 6, 2]；

其中，[1, 7, 25] 表示起点为 1、终点为 7、需求是 25 单位。那么该问题的最优解如图 2.14 所示，总成本为 1873。

下面我们给出 MCNF 的数学模型。首先，引入决策变量 x_{ij}^k，表示在弧 (i,j) 上商品流 k 的流量，则 MCNF 的模型为

$$\min \quad \sum_{(i,j)\in A} \sum_k c_{ij}^k x_{ij}^k \tag{2.43}$$

$$\text{s.t.} \quad \sum_j x_{ij}^k - \sum_j x_{ji}^k = \begin{cases} d_k, & \text{如果 } i = s_k, \ \forall k \in K \\ -d_k, & \text{如果 } i = t_k, \ \forall k \in K \\ 0, & \text{其他}, \ \forall i \in V, \ \forall k \in K, \ i \neq s_k, \ i \neq t_k \end{cases} \tag{2.44}$$

$$\sum_k x_{ij}^k \leqslant u_{ij}, \qquad \forall (i,j) \in A \tag{2.45}$$

$$x_{ij}^k \geqslant 0, \qquad \forall (i,j) \in A, \forall k \in K \tag{2.46}$$

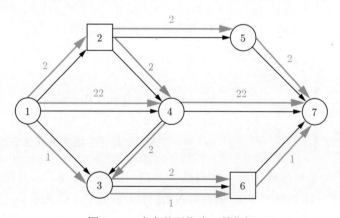

图 2.14 多商品网络流：最优解

在 MCNF 中，决策变量 x_{ij}^k 是连续变量，但是在一些场景中，该决策变量也有可能是整数变量。在本章不做展开。

MCNF 的模型还能有另外一种形式（Wang, 2018）。为了更为方便地查看，我们将上述算例的具体形式写在 Excel 表格里。如图 2.15 所示。

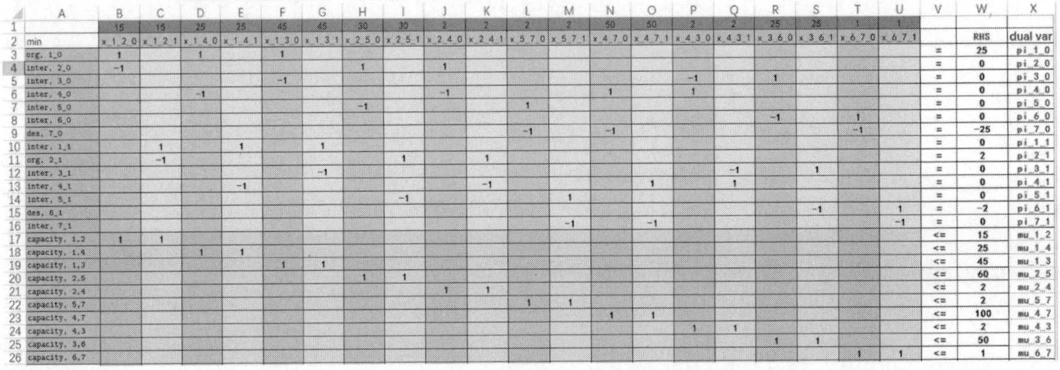

	A	B	C	D	E	F	G	H	I	J	K	L	M	N	O	P	Q	R	S	T	U	V	W	X
1		15	15	25	25	45	45	30	30	2	2	2	2	50	50	2	2	25	25	1	1			
2	min	x_1_2_0	x_1_2_1	x_1_4_0	x_1_4_1	x_1_3_0	x_1_3_1	x_2_5_0	x_2_5_1	x_2_4_0	x_2_4_1	x_5_7_0	x_5_7_1	x_4_7_0	x_4_7_1	x_4_3_0	x_4_3_1	x_3_6_0	x_3_6_1	x_6_7_0	x_6_7_1		RHS	dual var
3	org, 1_0	1		1		1																=	25	pi_1_0
4	inter, 2_0	−1						1		1												=	0	pi_2_0
5	inter, 3_0					−1										−1		1				=	0	pi_3_0
6	inter, 4_0			−1						−1				1		1						=	0	pi_4_0
7	inter, 5_0							−1				1										=	0	pi_5_0
8	inter, 6_0																	−1		1		=	0	pi_6_0
9	des, 7_0											−1		−1						−1		=	−25	pi_7_0
10	inter, 1_1		1		1		1															=	0	pi_1_1
11	org, 2_1		−1						1		1											=	2	pi_2_1
12	inter, 3_1						−1										−1		1			=	0	pi_3_1
13	inter, 4_1				−1						−1				1		1					=	0	pi_4_1
14	inter, 5_1								−1				1									=	0	pi_5_1
15	des, 6_1																		−1		1	=	−2	pi_6_1
16	inter, 7_1												−1		−1						−1	=	0	pi_7_1
17	capacity, 1,2	1	1																			<=	15	mu_1_2
18	capacity, 1,4			1	1																	<=	25	mu_1_4
19	capacity, 1,3					1	1															<=	45	mu_1_3
20	capacity, 2,5							1	1													<=	60	mu_2_5
21	capacity, 2,4									1	1											<=	2	mu_2_4
22	capacity, 5,7											1	1									<=	2	mu_5_7
23	capacity, 4,7													1	1							<=	100	mu_4_7
24	capacity, 4,3															1	1					<=	2	mu_4_3
25	capacity, 3,6																	1	1			<=	50	mu_3_6
26	capacity, 6,7																			1	1	<=	1	mu_6_7

图 2.15　MCNF 模型的表格形式

由于约束 (2.44) 是满足 $\forall i \in V, k \in K$ 条件的，因此我们可以按照商品流（commodity）的序号 k，将约束矩阵分解成 K 个方块，依次重新排列开。也就是将图 2.15 中的表格按照商品流 k 把上面的表格整一下，变成更直观的形式，如图 2.16 所示。

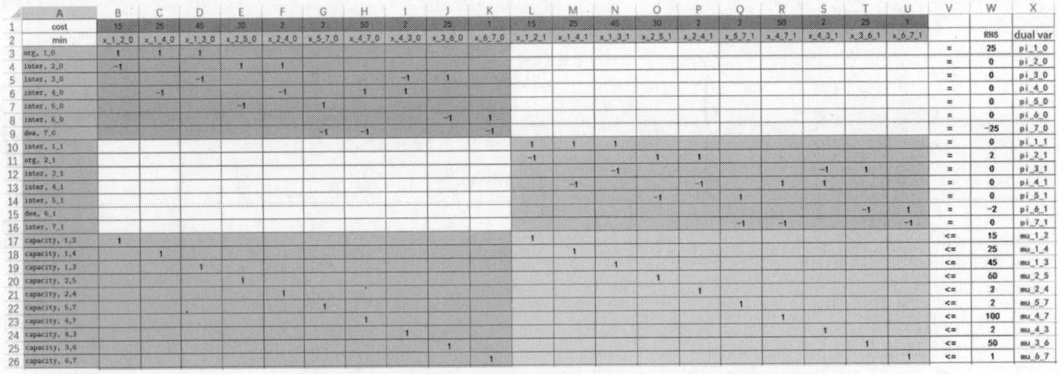

	A	B	C	D	E	F	G	H	I	J	K	L	M	N	O	P	Q	R	S	T	U	V	W	X
1	cost	15	25	45	30	2	2	50	2	25	1	15	25	45	30	2	2	50	2	25	1			
2	min	x_1_2_0	x_1_4_0	x_1_3_0	x_2_5_0	x_2_4_0	x_5_7_0	x_4_7_0	x_4_3_0	x_3_6_0	x_6_7_0	x_1_2_1	x_1_4_1	x_1_3_1	x_2_5_1	x_2_4_1	x_5_7_1	x_4_7_1	x_4_3_1	x_3_6_1	x_6_7_1		RHS	dual var
3	org, 1_0	1	1	1																		=	25	pi_1_0
4	inter, 2_0	−1			1	1																=	0	pi_2_0
5	inter, 3_0			−1					−1	1												=	0	pi_3_0
6	inter, 4_0		−1			−1		1	1													=	0	pi_4_0
7	inter, 5_0				−1		1															=	0	pi_5_0
8	inter, 6_0									−1	1											=	0	pi_6_0
9	des, 7_0						−1	−1			−1											=	−25	pi_7_0
10	inter, 1_1											1	1	1								=	0	pi_1_1
11	org, 2_1											−1			1	1						=	2	pi_2_1
12	inter, 3_1													−1					−1	1		=	0	pi_3_1
13	inter, 4_1												−1			−1		1	1			=	0	pi_4_1
14	inter, 5_1														−1		1					=	0	pi_5_1
15	des, 6_1																			−1	1	=	−2	pi_6_1
16	inter, 7_1																−1	−1			−1	=	0	pi_7_1
17	capacity, 1,2	1										1										<=	15	mu_1_2
18	capacity, 1,4		1										1									<=	25	mu_1_4
19	capacity, 1,3			1										1								<=	45	mu_1_3
20	capacity, 2,5				1										1							<=	60	mu_2_5
21	capacity, 2,4					1										1						<=	2	mu_2_4
22	capacity, 5,7						1										1					<=	2	mu_5_7
23	capacity, 4,7							1										1				<=	100	mu_4_7
24	capacity, 4,3								1										1			<=	2	mu_4_3
25	capacity, 3,6									1										1		<=	50	mu_3_6
26	capacity, 6,7										1										1	<=	1	mu_6_7

图 2.16　MCNF 模型的表格形式（排序后）

上面的模型符合如下形式：

$$
\begin{bmatrix} \widetilde{\boldsymbol{N}} & \\ & \widetilde{\boldsymbol{N}} \\ \boldsymbol{I} & \boldsymbol{I} \end{bmatrix} \cdot \begin{bmatrix} \boldsymbol{X}^1 \\ \boldsymbol{X}^2 \end{bmatrix} \begin{array}{ccl} = & \boldsymbol{b}_1 = & [25,0,0,0,0,0,-25]^{\mathrm{T}} \\ = & \boldsymbol{b}_2 = & [0,2,0,0,0,-2,0]^{\mathrm{T}} \\ \leqslant & \boldsymbol{u} = & [15,25,45,60,2,2,100,2,50,1]^{\mathrm{T}} \end{array}
$$

其中，$\boldsymbol{X}^1$ 和 $\boldsymbol{X}^2$ 分别代表商品流 1 和商品流 2 对应的决策变量。结合图 2.16，由于约束 (2.44) 中有 $\forall i \in V$，因此每一个分块矩阵 $\widetilde{\boldsymbol{N}}$ 就对应 $\forall i \in V$，也就是 $|V|$ 行。而最后的关于容量（capacity）的约束中，约束是针对 $\forall (i,j) \in A$ 的，而且每一行都是流经这一条弧

上的所有流量的总和，因此矩阵的元素全是 1，所以约束矩阵就对应一个单位矩阵 $\boldsymbol{I}$，而且每个商品流都对应一个单位矩阵 $\boldsymbol{I}$。

综合以上，我们可以给出 MCNF 的另外一种建模方法，叫作无 OD 对的建模（formulation without OD pairs）。具体模型为

$$\min \sum_k (\boldsymbol{c}^k)^{\mathrm{T}} \boldsymbol{x}^k \tag{2.47}$$

$$\text{s.t.} \sum_k x_{ij}^k \leqslant u_{ij}, \qquad \forall\, (i,j) \in A \tag{2.48}$$

$$\boldsymbol{N}\boldsymbol{x}^k = \boldsymbol{b}^k, \qquad \forall\, k \in K \tag{2.49}$$

$$x_{ij}^k \geqslant 0, \qquad \forall\, (i,j) \in A, k \in K \tag{2.50}$$

在上述的建模方式中，约束 (2.49) 其实做了简化，即令 $\boldsymbol{x}_{ij}^k = \boldsymbol{x}^k, \forall (i,j) \in A, k \in K$ 这一步省去了流平衡的约束，但是实质上模型是没有任何变化的，只是从形式上来讲，更直观一些。

当流量可以为小数时，MCNF 不是 NP-hard 问题。因为流量可以为小数时，MCNF 的模型是一个线性规划，可以用求解器直接很快地求解。另外，流量可以为小数的 MCNF，也存在一些复杂度非常低的、高效的多项式时间近似算法，这里列举一篇参考文献（Garg and Könemann, 1998），更详细的文献请读者自行查找学习。

但是当流量必须为整数时，MCNF 就变成了 NP-complete 问题（当然也是 NP-hard 问题）[①]。即使只有 2 个商品流、边的容量都为 1 的情况下，MCNF 都是 NP-complete 问题，因此该问题被标记为强 NP-complete 问题（Even et al., 1975）。

2.6　多商品流运输问题

在 MCNF 中，若商品流要求直接从出发点配送到目的地时，MCNF 就退化成多商品流运输问题（Multi-commodity Transportation Problem, MCTP）。换句话说，MCNF 和 MCTP 的区别在于，MCTP 中商品流（货物）并没有网络中间节点间的转运，而是直接从供应商点运输到客户点。

MCTP 可以描述为如下问题。假设供应商的集合为 S，客户点的集合为 C，网络中的弧段的集合为 $A = \{(i,j) | i \in S, j \in C\}$，商品流的集合为 K，供应商 $i \in S$ 供应商品 k 的量为 s_i^k，客户 $j \in C$ 对商品 k 的需求量为 d_j^k，将商品 k 从供应商 i 运输到客户 j 的成本为 c_{ij}^k，网络中弧段 (i,j) 的容量为 u_{ij}。MCTP 的目标就是以最小的成本，将货物从供应商点配送给顾客，以满足所有客户的需求，同时满足供需关系和容量约束。基于上述描述，我们引入决策变量 x_{ij}^k，表示网络中弧段 (i,j) 上商品流 k 的流量。则 MCTP 可以建模为下面的线性规划：

[①] https://en.wikipedia.org/wiki/Multi-commodity_flow_problem.

$$\min \quad \sum_{k \in K} \sum_{(i,j) \in A} c_{ij}^k x_{ij}^k \tag{2.51}$$

$$\text{s.t.} \quad \sum_{j \in C} x_{ij}^k = s_i^k \qquad \forall i \in S, \ \forall k \in K \tag{2.52}$$

$$\sum_{i \in S} x_{ij}^k = d_j^k, \qquad \forall j \in C, \ \forall k \in K \tag{2.53}$$

$$\sum_{k \in K} x_{ij}^k \leqslant u_{ij}, \qquad \forall (i,j) \in A \tag{2.54}$$

$$x_{ij}^k \geqslant 0, \qquad \forall (i,j) \in A, \ \forall k \in K \tag{2.55}$$

关于 MCTP，本书会在 Dantzig-Wolfe 分解算法部分再做详细探讨，本节仅给出其数学模型。

当不考虑容量约束，即去掉约束 (2.54)，并且仅有一种商品时，MCTP 就退化成了运输问题（Transportation Problem, TP）。运输问题的线性规划模型为

$$\min \quad \sum_{(i,j) \in A} c_{ij} x_{ij} \tag{2.56}$$

$$\text{s.t.} \quad \sum_{j \in C} x_{ij} = s_i, \qquad \forall i \in S \tag{2.57}$$

$$\sum_{i \in S} x_{ij} = d_j, \qquad \forall j \in C \tag{2.58}$$

$$x_{ij} \geqslant 0, \qquad \forall (i,j) \in A \tag{2.59}$$

关于运输问题，还有一种拓展，即固定费用运输问题（Fixed-charge Transportation Problem, FCTP）。在固定费用运输问题中，每条弧段如果有货物运输，即视为开通。开通每条弧段都会产生相应的一次性固定成本。关于该问题更详细的探讨，见 Benders 分解算法相关章节。

2.7　设施选址问题

设施选址问题（Facility Location Problem, FLP）是一类非常重要的运筹优化问题。在实际生产中，企业面临的主要战略决策之一就是设施的数量和位置，如仓库、零售店或其他实体设施等。这些相关问题称为设施选址问题。其关键就是如何在建造设施的成本和顾客的服务质量之间做好权衡（Snyder and Shen, 2019）。如果开通很多设施，如图 2.17(a) 所示，则会产生高昂的设施成本（建造成本和维护成本），但我们可以提供高质量的服务，因为大多数客户都靠近工厂。如果我们仅开通少量的设施，如图 2.17(b) 所示，则会大幅降低设施成本，但顾客距离工厂较远。大多数选址问题都需要做两组相关的决策：① 在哪里建造设施？② 将哪些客户分配给哪些设施去服务？因此，设施选址问题有时也称为选址-分配问题（Location-allocation Problem）。

（a）开通大量设施   （b）开通少量设施

注：方块代表设施，圆点代表顾客（Snyder and Shen, 2019）

图 2.17 不同设施选址决策

设施选址问题的一个最基础的版本就是无容量限制的设施选址问题（Uncapacitated Facility Location Problem, UFLP）。首先，我们给出 UFLP 的问题描述：给定一个可选设施点的集合 $N = \{1, 2, \cdots, n\}$ 和一个客户点的集合 $M = \{1, 2, \cdots, m\}$。假设每一个设施点都对应固定成本 f_j，即如果设施 j 被开通，则会产生固定成本 f_j。并且，如果顾客 i 的需求被设施 j 满足，则会产生相应的运输成本 c_{ij}。UFLP 就是要决策开通哪些设施点，使得所有客户的需求都被满足，并且要最小化总的设施建设成本和服务成本（Wolsey, 1998）。

注意：如果不考虑运输成本，UFLP 与覆盖问题（Covering Problem）就非常相似。

基于上述描述，引入下面的决策变量：

（1）y_j：如果设施 $j \in N$ 被开通，则 $y_j = 1$，否则 $y_j = 0$；

（2）x_{ij}：顾客点 i 的需求被设施 j 满足的比例。

下面我们给出 UFLP 的模型：

$$\min \ z = \sum_{i \in M} \sum_{j \in N} c_{ij} x_{ij} + \sum_{j \in N} f_j y_j \tag{2.60}$$

$$\text{s.t.} \ \sum_{j \in N} x_{ij} = 1, \qquad\qquad \forall i \in M \tag{2.61}$$

$$x_{ij} \leqslant y_j, \qquad\qquad \forall i \in M, \forall j \in N \tag{2.62}$$

$$\boldsymbol{x} \in \mathbb{R}^{|M| \times |N|}, \boldsymbol{y} \in \mathbb{B}^{|N|} \tag{2.63}$$

关于 UFLP，还有另外一种提法，即 Uncapacitated Fixed-charge Location Problem。为了方便起见，本书中统一使用第一种提法。

UFLP 可以使用拉格朗日松弛算法提高求解效率，详见本书拉格朗日松弛相关章节。另外，文献（Snyder and Shen, 2019）第 8 章给出了使用拉格朗日松弛求解 UFLP 的更多细节，感兴趣的读者可以前往阅读。

2.8 旅行商问题

旅行商问题或者货郎担问题（Traveling Salesman Problem 或者 Traveling Salesperson Problem, TSP），是一个著名的 NP-hard 问题。TSP 的描述如下：给定一个有向图 $G =$

(V, E), 其中 V 是图中节点集合（$|V| = N$），E 为图中边的集合（当从点 i 到点 j 和从点 j 到点 i 的距离相等时我们将其称为 Symmetric TSP）。一般我们考虑图 G 是完全图（也就是任意两个点是可以直接到达的）。TSP 的目标就是，找到一条从起点出发（起点可以是任意点），依次不重复地经过所有其他节点，最终返回到起点的最短路径，如图 2.18(a) 所示。

也就是说，TSP 的输入是一系列坐标点的集合，输出是一个访问序列。该序列需要满足下面几个要求：

（1）每一个点都被访问且只被访问一次；

（2）每一个点都被离开且只被离开一次；

也就是说，每一个点都被访问一次，并且，经过一个点就必须离开这个点。最终，我们需要得到如图 2.18(b) 中展示的一条依次不重复经过所有节点的封闭的完美路径。

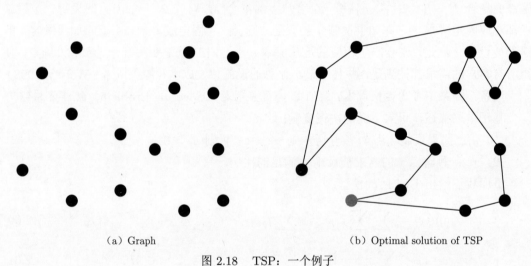

(a) Graph　　　　　　　　　　　　　　　(b) Optimal solution of TSP

图 2.18　TSP：一个例子

下面我们给出 TSP 的数学模型。同样地，我们首先引入如下 0-1 决策变量 x_{ij}：

$$x_{ij} = \begin{cases} 1, & \text{如果边 } (i, j) \text{ 在最优解中被选中} \\ 0, & \text{其他} \end{cases}$$

直觉上，我们可以将 TSP 建模为下面的整数规划模型：

$$\min \quad \sum_i \sum_j c_{ij} x_{ij} \tag{2.64}$$

$$\text{s.t.} \quad \sum_{i \in V} x_{ij} = 1, \qquad \forall j \in V, i \neq j \tag{2.65}$$

$$\sum_{j \in V} x_{ij} = 1, \qquad \forall i \in V, i \neq j \tag{2.66}$$

$$x_{ij} \in \{0, 1\}, \qquad \forall i, j \in V, i \neq j \tag{2.67}$$

在上面的模型中，满足以下要求：

（1）约束 (2.65)：保证了每一个点都被访问且只被访问一次；

（2）约束 (2.66)：保证了每一个点都被离开且只被离开一次。

也就是说，上面的两个约束联合起来，可以保证，获得的解一定满足每个点都被访问一次，并且，经过一个点就会离开一个点。直觉上是可以得到一条图 2.18 中展示的路径的，即依次不重复经过所有节点的封闭的完美路径。但是不然。

也就是说，上述模型并不正确，会导致一个叫作子环路（subtour）的问题出现，如图 2.19 所示。

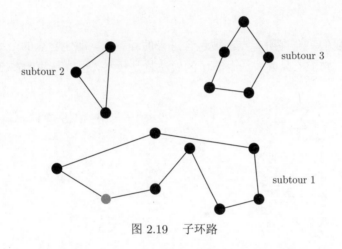

图 2.19 子环路

所谓子环路，就是没有包含所有节点 V 的一条闭环。子环路首先是一个封闭的环；其次，这个环中被访问的节点集合（假设为 S）是所有节点集合 V 的一个真子集，即 $S \subseteq V$，或 $S \subset V$ 且 $|V| < N$。如果上述模型的解出现了子环路，那么为了满足模型的约束 (2.65) 和约束 (2.66)，解中必然至少存在一个其他环路。这就导致与 TSP 想要得到的单环的解矛盾。如图 2.19 所示的情况中，图中出现了 3 个子环路。

可以看到，子环路也完美地满足：（1）每个点只被访问一次；（2）经过一个点就离开那个点。但是这样的解会导致解中含有多个相离的环。而我们需要的解是一个单个的经过所有点的大环。为了得到一个大环，就要添加消除子环路的约束来完善 TSP 的模型。

这里比较常见的消除子环路的办法有以下 2 种：

（1）加入 subtour-elimination 约束；

（2）使用 Miller-Tucker-Zemlin（MTZ）建模方法。

2.8.1 TSP 建模方法 1：子环路消除约束

之前，我们的问题描述中提到，有向图 G 中点的个数为 N，即 $|V| = N$。subtour-elimination 的思路比较直观，主要想法就是，根据子环路的特点，在模型中添加相应的约束，将其破开，通俗地讲，就是破圈。

举个例子，假如考虑一个由图中 3 个点 A, B, C 组成的子点集 $S = \{A, B, C\}$，假定它们构成了一个环 $A \to B \to C \to A$。那么这个环出现，就导致问题的"解"必须要满足：

$$x_{AB} = x_{BC} = x_{CA} = 1$$

换句话说，对于点 A, B, C 组成的节点子集合 $S = \{A, B, C\}$ 而言，必须有

$$x_{AB} + x_{BC} + x_{CA} \geqslant 3$$

只有上面这个条件成立，才会导致子环路的出现。那么这个子环路不存在的条件（即破圈的方法）就是加入下面的约束：

$$x_{AB} + x_{BC} + x_{CA} < 3$$

也就是说，我们只允许所有点都被包含进来的环存在，即包含点的个数为 N 的环，删除其余所有的环。那怎么做呢？一个简单的做法就是枚举，也就是我们在 TSP 中经常看到的约束：

$$\sum_{i,j \in S} x_{ij} \leqslant |S| - 1, \qquad 2 \leqslant |S| \leqslant n - 1, S \subseteq V \tag{2.68}$$

因此，完整的 TSP 模型为

$$\min \quad \sum_i \sum_j c_{ij} x_{ij} \tag{2.69}$$

$$\text{s.t.} \quad \sum_{i \in V} x_{ij} = 1, \qquad\qquad \forall j \in V, i \neq j \tag{2.70}$$

$$\sum_{j \in V} x_{ij} = 1, \qquad\qquad \forall i \in V, i \neq j \tag{2.71}$$

$$\sum_{i,j \in S} x_{ij} \leqslant |S| - 1, \qquad 2 \leqslant |S| \leqslant N - 1, \quad S \subseteq V \tag{2.72}$$

$$x_{ij} \in \{0,1\}, \qquad\qquad \forall i,j \in V, i \neq j \tag{2.73}$$

subtour-elimination 的建模虽然直观且便于理解，但是对应的约束 (2.72) 其实至多有 2^N 量级的约束，略显繁杂，如果说在模型建立时就去穷举所有的约束，显然不现实。因此，在实际的代码实现中，一般是借用求解器的 callback 函数，以惰性（lazy）的方式去添加这一条约束的。

第 7 章提供了使用 Python 调用 Gurobi 求解 TSP，并用 callback 函数消除子环路的完整代码。

2.8.2　TSP 建模方法 2：MTZ 约束消除子环路

子环路的消除，除了上面的方法，还有另一种更为简捷的方法，这种写法在实战中可以避免使用 callback 函数，并且求解效率也非常不错，那就是使用著名的 Miller-Tucker-Zemlin（MTZ）约束（Miller et al., 1960）。该方法是引入一个决策变量 μ_i，满足如下要求：

（1）每个节点都对应一个决策变量 μ_i；

（2）利用 μ_i 构造 Miller-Tucker-Zemlin 约束，加入 TSP 的数学模型中。

这样就可以完美地解决子环路的问题。

具体来讲，就是引入 N 个辅助决策变量 $\mu_i, \forall i \in V, \mu_i \geqslant 0$，然后对于每条边 $(i,j) \in E$，构造下面的 MTZ 约束：

$$\mu_i - \mu_j + Mx_{ij} \leqslant M - 1, \quad \forall i,j \in V, i,j \neq 0, i \neq j \tag{2.74}$$

其中，M 是一个很大的正数。

> μ_i 可以理解为点 $i \in V$ 被访问的次序。比如 $\mu_1 = 5$，可以理解为点 1 是从出发点开始第 5 个被访问到的点。很多最近的论文里也是这么解释的。μ_i 的取值范围一般设置成 $\mu_i \geqslant 0$。

理论上讲，M 应当是 $\mu_i - \mu_j + 1$ 的一个上界就可以，有文献指出，取最紧的上界，效果会好一些，参见文献（Desaulniers et al., 2006），因此我们取 $M = N$。这样一来，上述约束可以拉紧为

$$\mu_i - \mu_j + Nx_{ij} \leqslant N - 1, \quad \forall i,j \in V, i,j \neq 0, i \neq j \tag{2.75}$$

我们还是整理成逻辑约束的形式：

$$\mu_i - \mu_j + 1 - N(1 - x_{ij}) \leqslant 0, \quad \forall i,j \in V, i,j \neq 0, i \neq j \tag{2.76}$$

其中，N 为节点的个数，也就是算例的大小。因此，TSP 问题的第二种最终版模型可以表示为

$$\min \quad \sum_i \sum_j c_{ij}x_{ij} \tag{2.77}$$

$$\text{s.t.} \quad \sum_{i \in V} x_{ij} = 1, \qquad \forall j \in V, i \neq j \tag{2.78}$$

$$\sum_{j \in V} x_{ij} = 1, \qquad \forall i \in V, i \neq j \tag{2.79}$$

$$\mu_i - \mu_j + Nx_{ij} \leqslant N - 1, \qquad \forall i,j \in V, i,j \neq 0, i \neq j \tag{2.80}$$

$$x_{ij} \in \{0,1\}, \mu_i \geqslant 0, \mu_i \in \mathbb{R}, \qquad \forall i,j \in V, i \neq j \tag{2.81}$$

MTZ 约束的加入，使得原问题增加了 N 个连续变量和 N^2 复杂度个逻辑约束，从代码实现上来讲是非常方便的，比起 subtour-elimination 的实现要容易得多。

接下来，在这里列几个在代码实战中可能遇到的问题。

实现这段代码时需要注意，由于 μ_i 表示访问顺序，而且 TSP 的起点和终点是一致的，如果不做处理，就会出现不可行（infeasible）的情况。为此，我们加入一个虚拟点，也就是将起始点 s 复制一份，标记为点 t，作为终止点，实际上点 s 和点 t 位置是一样的。这样处理之后，就不会存在上面介绍的不可行的情况了。另外，在代码实现的过程中，要注意在添加决策变量时判断 i 和 j 是否相等，只有当 $i \neq j$ 时，才加入决策变量。如果不做这一步判断，很可能会导致最优解出现 $x_{ii} = 1, \forall i \in V$，而其余决策变量均为 0 的情形。

根据上面的注意事项，我们将模型修正一下，变成点集为 $V' = \{1, 2, \cdots, N, N+1\}$，一共有 $N+1$ 个点，其中点 1 和点 $N+1$ 是同一个点，点 1 表示起点，点 $N+1$ 表示终点。模型修正为

$$\min \quad \sum_i \sum_j c_{ij} x_{ij} \tag{2.82}$$

$$\text{s.t.} \quad \sum_{i \in V} x_{ij} = 1, \qquad \forall j \in \{2, 3, \cdots, N+1\}, i \neq j \tag{2.83}$$

$$\sum_{j \in V} x_{ij} = 1, \qquad \forall i \in \{1, 2, \cdots, N\}, i \neq j \tag{2.84}$$

$$\mu_i - \mu_j + N x_{ij} \leqslant N - 1, \qquad \forall i \in \{1, 2, \cdots, N\}, j \in \{2, 3, \cdots, N+1\}, i \neq j \tag{2.85}$$

$$x_{ij} \in \{0,1\}, \mu_i \geqslant 0, \mu_i \in \mathbb{R}, \qquad \forall i \in \{i, 2, \cdots, N\}, j \in \{2, 3, \cdots, N+1\}, i \neq j \tag{2.86}$$

请仔细琢磨上面的约束 (2.83)、(2.84) 和 (2.85) 后面的限制条件部分的细微变化，这些都是为之后写代码打基础，以避免出现差错。

接下来，我们解释为什么 MTZ 约束有消除子环路的效果。

MTZ 这个约束为什么能够消除子环路呢？将 MTZ 约束做一个变换，得

$$\mu_i - \mu_j + 1 + N(x_{ij} - 1) \leqslant 0, \quad \forall i \in \{1, 2, \cdots, N\}, j \in \{2, 3, \cdots, N+1\}, i \neq j$$

在上式中，$(x_{ij} - 1)$ 并不是 0-1 变量，而 $(1 - x_{ij})$ 才是 0-1 变量，因此该式变为

$$\mu_i - \mu_j + 1 - N(1 - x_{ij}) \leqslant 0, \quad \forall i \in \{1, 2, \cdots, N\}, j \in \{2, 3, \cdots, N+1\}, i \neq j$$

这个约束保证了，当 $x_{ij} = 1$ 时，$\mu_i - \mu_j + 1 \leqslant 0$。

任取 n $(n \leqslant N)$ 个点，它们之间被选择的总数小于或等于 $n-1$，即消除了子环路。举例来说，任取 3 个点 i, j, k，如果出现子环路，则有

$$x_{ij} = x_{jk} = x_{ki} = 1$$

$$x_{ij} + x_{jk} + x_{ki} = 3$$

也就是说，根据 MTZ 约束，如果上述情况成立，则必有

$$\mu_i - \mu_j + 1 \leqslant 0$$
$$\mu_j - \mu_k + 1 \leqslant 0$$
$$\mu_k - \mu_i + 1 \leqslant 0$$

将以上 3 个式子相加，得

$$3 \leqslant 0$$

上面不等式显然不成立，说明这个子环路不可能出现，这也就用反证法证明了，任一满足 MTZ 的点集，都不存在环路。

注意：我们的约束后的限制条件是 $\forall i \in \{1, 2, \cdots, N\}, j \in \{2, 3, \cdots, N+1\}, i \neq j$。这一点在代码实现部分是需要特意关注的。

对其他情况，任意取 n 个点，都是同样的原理。根据上述论述，容易得出，MTZ 约束可以成功地避免子环路的产生。

2.8.3 TSP 建模方法 3：1-tree 建模方法

TSP 还有一种从图论的角度建模的方式。这种建模方式，需要将原有假设加强为给定无向图 $G = (V, E)$，也就是假设一条边的往返距离是相等的。这一类的 TSP 称为对称旅行商问题（Symmetric Travelling Salesman Problem，STSP）。但是该方法需要用到一个概念：1-tree。在介绍模型之前，先来介绍这个概念。

1. 1-tree 的概念

给定一个无向图 $G = (V, E)$，$V = \{1, 2, 3, \cdots, n\}$ 代表图中所有点的集合，E 代表图中所有边的集合。1-tree 的定义如下。

定义 2.8.1 （Wolsey, 1998）1-tree 是在点集 $\{2, 3, \cdots, n\}$ 和两条入射到点 1 的边上的一棵树，它是图 G 的一个子图。

我们来解读一下，一个 1-tree 由下面 2 部分组成（假设以点 1 为基准）：

（1）入射到点 1 的两条边；

（2）在点集 $\{2, 3, \cdots, n\}$ 上的一个 tree。

图 2.20 是一个 1-tree 的几个例子。

根据上面的例子，我们可知 1-tree 具有下面的特点：

（1）有且仅有一个环；

（2）图中每个点的度 degree$\geqslant 1$；

（3）一共有 $|V|$ 条边。

2. TSP 的 1-tree 建模

在图 2.18(b) 所示的 TSP 的解中，所有点的 degree 都为 2。我们可以很容易得到，如果这个图中的边满足下面的条件，就一定是 STSP 的一个解：

$$d_i = 2, \quad \forall i \in V \tag{2.87}$$

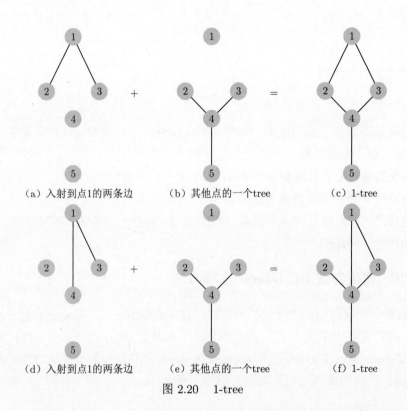

$$(a) \text{ 入射到点1的两条边} \qquad (b) \text{ 其他点的一个tree} \qquad (c) \text{ 1-tree}$$

$$(d) \text{ 入射到点1的两条边} \qquad (e) \text{ 其他点的一个tree} \qquad (f) \text{ 1-tree}$$

图 2.20   1-tree

而我们从此前的描述可知，1-tree 中有且仅有一个环，那么 STSP 的解就是一个特殊的 1-tree，因此我们可以利用这一点来对 STSP 进行建模。

我们利用列生成算法的思想来建模（列生成算法的理论介绍见第 13 章）。首先，我们生成一系列的 1-tree，然后我们在这些 1-tree 里面选择一个总距离最小的特殊的 1-tree（其实就是一个环），使之满足每个点的度均为 2，即 $d_i = 2, \forall i \in V$。

因此模型如下：

$$\min \quad \sum_{e \in E} c_e x_e \tag{2.88}$$

$$\text{s.t.} \quad \sum_{e \in E(i)} x_e = 2, \qquad \forall i \in V \tag{2.89}$$

$$\sum_{e \in E(S)} x_e \leqslant |S| - 1, \qquad 2 \leqslant |S| \leqslant n-1, S \subseteq V \tag{2.90}$$

$$x_e \in \{0,1\}, \qquad \forall e \in E \tag{2.91}$$

上面的模型可以再加强一些，把第一组 $|V|$ 个约束 $\sum_{e \in E(i)} x_e = 2, \forall i \in V$ 全部加起来，然后除以 2，得

$$\sum_{e \in E} x_e = |V|$$

这个约束可以加强约束模型，因此加强后的模型为

$$\min \quad \sum_{e \in E} c_e x_e \tag{2.92}$$

$$\text{s.t.} \quad \sum_{e \in E(i)} x_e = 2, \qquad \forall i \in V \tag{2.93}$$

$$\sum_{e \in E(S)} x_e \leqslant |S| - 1, \qquad 2 \leqslant |S| \leqslant n - 1, S \subseteq V \tag{2.94}$$

$$\sum_{e \in E} x_e = |V| \tag{2.95}$$

$$x_e \in \{0, 1\}, \qquad \forall e \in E \tag{2.96}$$

其中，$E(i)$ 表示经过点 i 的边的集合；$E(S)$ 表示起点和终点都在点集 S 中的边的集合。

在之后的章节我们还会用列生成的方法对 TSP 的 1-tree 角度建模进行进一步探讨。本节仅探讨基本的建模思路。

2.9　车辆路径规划问题

2.9.1　概述

车辆路径规划问题（Vehicle Routing Problem，VRP）是运筹学中一个非常重要的问题。该问题由单纯形法的发明人，著名的 G. B. Dantzig 于 1959 年提出（Dantzig and Ramser, 1959），几十年来一直是运筹优化领域一个经久不衰的热点问题。其定义如下。

给定一个有向图 $G = (V, A)$，其中 $V = \{0, 1, 2, \cdots\}$ 为图中的节点，其中 0 点表示仓库，C 为客户点的集合，且 $V = C \cup \{0\}$。A 为图中弧的集合。给定一个车的集合 K，每辆车的最大容量为 Q，在每个节点 $i \in V$ 处，都对应一个需求 q_i，且对于仓库点 $q_0 = 0$，其余点需求均为正。VRP 的目标就是设计一系列路径，使得每辆车均从起始点出发，满足所有客户点的需求，并且最终返回起始点。每个客户点能且仅能被一辆车访问一次。

图 2.21 为一个简单的 VRP 的例子。

VRP 发展至今，已经有非常多的变体。最基本的 VRP 叫作带容量的车辆路径规划问题（Capacitated Vehicle Routing Problem，CVRP）。在 CVRP 中，需要考虑每辆车的容量约束、车辆的路径约束和装载量的约束。而为了考虑配送的时间要求，带时间窗的车辆路径规划问题（Vehicle Routing Problem with Time Windows，VRPTW）应运而生。VRPTW 不仅考虑 CVRP 的所有约束，而且还考虑了时间窗约束。也就是每个顾客点都

对应一个时间窗 $[e_i, l_i]$，其中 e_i 和 l_i 分别代表该点的最早到达时间和最晚到达时间。顾客点 $i \in V$ 的需求必须要在其时间窗内被送达。

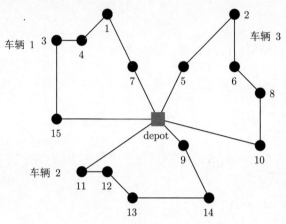

图 2.21　一个简单的 VRP 的例子

当然，在实际物流配送中，还有很多其他因素，也因此引申出了很多 VRP 的其他变体，例如：

（1）带取货和送货时间窗的 CVRP；

（2）多车场 VRP；

（3）带时间窗约束的多车场 VRP；

（4）周期性 VRP；

（5）带时间窗的周期性 VRP；

（6）考虑存取货的 VRP。

本节中，我们主要探讨考虑时间窗的车辆路径规划问题（VRPTW）。关于 VRPTW 的资源非常多，这里介绍一个质量比较高的工具，就是 Google 公司开发的 OR Tools，参见网址 https://developers.google.com/optimization/routing/cvrp，该网站可以很方便地查看各种 VRP 的介绍和相应的基础代码。另外，关于 VRP 问题的各种变种问题的模型、文献综述以及理论的详细介绍，参见教材 *Vehicle Routing: Problems, Methods, and Applications*（Toth and Vigo, 2014）。

此外，也有很多 VRP 相关的标杆算例资源，比如从事 VRP 相关研究的 Marius M. Solomon 在 1987 年发表在 *Operations Research* 上的文章中采用的算例就是一个非常经典的算例集合（Solomon and Marius, 1987）。关于该 VRP 标杆算例（benchmark）的下载网址和已知最优解等信息，可以去网址 https://www.sintef.no/projectweb/top/vrptw/solomon-benchmark/100-customers/进行查看，如图 2.22 所示。

2.9.2　VRPTW 的一般模型

VRPTW 可以建模为一个混合整数规划（MIP）。在给出完整数学模型之前，我们首先引入下面的决策变量：

$$x_{ijk} = \begin{cases} 1, & \text{如果在最优解中，弧 } (i,j) \text{ 被车辆 } k \text{ 选中} \\ 0, & \text{其他} \end{cases}$$

$$s_{ik} = \text{车辆 } k \text{ 到达 } i \text{ 的时间}$$

模型中涉及的其他参数为：t_{ij} 表示车辆在弧 (i,j) 上的行驶时间，M 为一个足够大的正数。

图 2.22　Solomon VRP 标杆算例最优解信息（部分）

注：参见 https://www.sintef.no/projectweb/top/vrptw/solomon-benchmark/100-customers/.

我们参考文献（Desaulniers et al., 2006）给出 VRPTW 的标准模型如下：

$$\min \quad \sum_{k \in K} \sum_{i \in V} \sum_{j \in V} c_{ij} x_{ijk} \tag{2.97}$$

$$\text{s.t.} \quad \sum_{k \in K} \sum_{j \in V} x_{ijk} = 1, \qquad\qquad \forall i \in C \tag{2.98}$$

$$\sum_{j \in V} x_{0jk} = 1, \qquad\qquad \forall k \in K \tag{2.99}$$

$$\sum_{i \in V} x_{ihk} - \sum_{j \in V} x_{hjk} = 0, \qquad\qquad \forall h \in C, \forall k \in K \qquad (2.100)$$

$$\sum_{i \in V} x_{i,n+1,k} = 1, \qquad\qquad \forall k \in K \qquad (2.101)$$

$$\sum_{i \in C} q_i \sum_{j \in V} x_{ijk} \leqslant Q, \qquad\qquad \forall k \in K \qquad (2.102)$$

$$s_{ik} + t_{ij} - M\left(1 - x_{ijk}\right) \leqslant s_{jk}, \qquad\qquad \forall (i,j) \in A, \forall k \in K \qquad (2.103)$$

$$e_i \leqslant s_{ik} \leqslant l_i, \qquad\qquad \forall i \in V, \forall k \in K \qquad (2.104)$$

$$x_{ijk} \in \{0,1\}, \qquad\qquad \forall (i,j) \in A, \forall k \in K \qquad (2.105)$$

其中，目标函数 (2.97) 为最小化所有车辆的总行驶距离；约束 (2.98)~(2.101) 保证了每辆车必须从仓库出发，经过一个点就离开那个点，最终返回到仓库。约束 (2.102) 为车辆的容量约束。约束 (2.103) 和 (2.104) 是时间窗约束，保证了车辆到达每个顾客点的时间均在时间窗内，点 $n+1$ 是点 o 的一个备份，是为了方便实现。

关于 M 的取值，实际上可以取非常大的正数。但是为了提高求解效率，拉紧约束，我们采用下面的取值方法（Desaulniers et al., 2006）：

$$M = \max\{b_i + t_{ij} - a_j\}, \quad \forall (i,j) \in A \qquad (2.106)$$

VRPTW 已经被证明是 NP-hard 问题，其求解复杂度随着问题规模的增加急剧增加，求解较为困难。目前为止，求解 VRPTW 比较高效的精确算法是分支定价算法以及分支定价切割算法。第 15 章有对分支定价算法的详细讲解。

第3章 整数规划建模技巧

整数规划的建模是非常有技巧性的。基础的关系，如和、差等，比较容易建模。但是一些复杂的关系，如互斥关系、并列关系等，就需要借助一些建模技巧才能完成。除此之外，还有一些非线性模型，也可以通过线性化的手段将其等价转化为线性模型，从而更高效地求解。建立正确、紧凑的模型是解决运筹优化问题非常重要和基础的部分，也是该领域从业者必须具备的能力。本章主要介绍逻辑约束和线性化两大部分。其中逻辑约束部分可以帮助读者准确地用数学语言刻画出实际问题，线性化部分可以用于模型重构和转化。

3.1 逻 辑 约 束

在使用运筹学建模过程中，我们经常会遇到逻辑约束问题。那到底什么是逻辑约束呢？我们以投资组合为例进行说明。假如某商人考虑从若干种投资组合中选择投资，他目前对于每一项的投资的净收益和购买价格是已知的。在进行投资决策时，除了要满足总购买价格小于可用于投资的总资产外，该商人还要考虑一些约束，如：最多可以投资两项；如果选择投资 A，那么就必须选择投资 B；如果选择投资 C，那么就无法再选择投资 D；等等。这些约束就属于逻辑约束。对逻辑约束进行数学建模，通常需要灵活使用如下两个命题和两个条件。

3.1.1 两个命题

在对逻辑约束条件建模时，通常需要使用如下两个命题。

（1）如果 0-1 型变量 $y = 0$，那么变量 $x \leqslant 0$（x 不一定是 0-1 型变量，还可以是一个线性表达式）。

我们通常把该关系约束表示成：$x - My \leqslant 0$，其中 M 是变量 x 的一个上界。

（2）逆否命题。

如果满足约束 A，那么就需要满足约束 B。 $\iff$ 如果不满足约束 B，那么就不满足约束 A。

3.1.2 二选一约束条件

在数学规划问题中，经常会出现如下情况：

$$f(x_1, x_2, \cdots, x_n) \leqslant 0 \tag{3.1}$$

$$g(x_1, x_2, \cdots, x_n) \leqslant 0 \tag{3.2}$$

如果我们希望保证至少满足 (3.1) 和 (3.2) 中的一个约束条件，则它被称作二选一约束条件（Either-Or）。

对于这种逻辑约束条件，通常引入 0-1 型变量。此逻辑约束条件可表示如下：

$$f(x_1, x_2, \cdots, x_n) \leqslant My \tag{3.3}$$

$$g(x_1, x_2, \cdots, x_n) \leqslant M(1-y) \tag{3.4}$$

在 (3.3) 和 (3.4) 中，y 是 0-1 型变量，M 是一个足够大的数。这两条约束可以至少满足 (3.1) 和 (3.2) 中的一个约束条件。

我们可以这样理解，如果 $y=0$，那么 (3.3) 和 (3.4) 将变成 $f \leqslant 0$ 和 $g \leqslant M$，必定满足 (3.1)，也许还满足 (3.2)。类似地，如果 $y=1$，那么 (3.3) 和 (3.4) 将变成 $f \leqslant M$ 和 $g \leqslant 0$，必定满足 (3.2)，也许还满足 (3.1)。因此，无论 $y=0$ 还是 $y=1$，(3.3) 和 (3.4) 都将保证至少满足 (3.1) 和 (3.2) 中的一个约束条件。

在 Gurobi 中，这类约束可以通过构建 And 和 Or 约束实现。相应的函数为 addGenConstrAnd (resvar, vars, name="") 和 addGenConstrOr(resvar, vars, name="")。

首先来看 And 约束。假设有一系列 0-1 变量 $y, x_1, x_2, \cdots, x_n$，考虑下面的关系。

$$y = \text{and}\{x_1, x_2, \cdots, x_n\}$$

式中，当且仅当所有 $x_1, x_2, \cdots, x_n$ 的取值均为 1 时，$y=1$，否则 $y=0$。如果 $x_1, x_2, \cdots, x_n$ 为一般变量（即连续型变量），上面的约束依然可以运行成功，但是 Gurobi 会在内部自动将参与 And 约束的变量强制转换成 0-1 变量。下面为代码示例。

And constraints

```
1  # define variables
2  x_1 = model.addVar(vtype = GRB.BINARY)
3  x_2 = model.addVar(vtype = GRB.BINARY)
4  x_3 = model.addVar(vtype = GRB.BINARY)
5  y = model.addVar(vtype = GRB.BINARY)
6  # 也可以将其定义为连续变量
7  # x_1 = model.addVar(lb = -GRB.INFINITY, ub = GRB.INFINITY, vtype = GRB.
        # CONTINUOUS)
8  # x_2 = model.addVar(lb = -GRB.INFINITY, ub = GRB.INFINITY, vtype = GRB.
        # CONTINUOUS)
9  # x_3 = model.addVar(lb = -GRB.INFINITY, ub = GRB.INFINITY, vtype = GRB.
        # CONTINUOUS)
10 # y = model.addVar(lb = 0, ub = GRB.INFINITY, vtype = GRB.CONTINUOUS)
11
12 # y = and(x_1, x_2, x_3)
13 model.addGenConstrAnd(y, [x_1, x_2, x_3], "andconstr")
14 # overloaded forms
```

```
15  model.addConstr(y == and_([x_1, x_2, x_3]), "andconstr")
16  model.addConstr(y == and_(x_1, x_2, x_3), "andconstr")
```

然后来看 Or 约束。假设有一系列 0-1 变量 $y, x_1, x_2, \cdots, x_n$，考虑下面的关系。

$$y = \text{or}\{x_1, x_2, \cdots, x_n\}$$

式中，当且仅当存在 $x_i, i = 1, 2, \cdots, n$ 的取值为 1 时，$y = 1$；当 $x_1, x_2, \cdots, x_n$ 的取值均为 0 时，$y = 0$。下面为代码示例。

Or constraints

```
1   # define variables
2   x_1 = model.addVar(vtype = GRB.BINARY)
3   x_2 = model.addVar(vtype = GRB.BINARY)
4   x_3 = model.addVar(vtype = GRB.BINARY)
5   y = model.addVar(vtype = GRB.BINARY)
6
7   # y = or(x_1, x_2, x_3)
8   model.addGenConstrOr(y, [x_1, x_2, x_3], "orconstr")
9   # overloaded forms
10  model.addConstr(y == or_([x_1, x_2, x_3]), "orconstr")
11  model.addConstr(y == or_(x_1, x_2, x_3), "orconstr")
```

同样地，参与 Or 约束的所有决策变量将被自动强制转换成 0-1 变量。

3.1.3 指示约束条件

在很多情况下，我们希望保证，如果满足约束条件 $f(x_1, x_2, \cdots, x_n) > 0$，那么必须满足约束条件 $g(x_1, x_2, \cdots, x_n) \geqslant 0$；如果没有满足 $f(x_1, x_2, \cdots, x_n) > 0$，那么可以满足也可以不满足约束条件 $g(x_1, x_2, \cdots, x_n) \geqslant 0$。

为了保证这个约束，我们引入 0-1 型变量 y，加入如下约束条件：

$$-g(x_1, x_2, \cdots, x_n) \leqslant My \tag{3.5}$$

$$f(x_1, x_2, \cdots, x_n) \leqslant M(1-y) \tag{3.6}$$

通常，M 是一个足够大的正数，使得 $f \leqslant M$ 和 $-g \leqslant M$ 对于满足问题中其他约束条件中的 $x_1, x_2, \cdots, x_n$ 所有值都成立。

可以看到，如果 $f > 0$，那么只有当 $y = 0$ 时才满足 (3.6)，当 $y = 0$ 时，由 (3.5) 可知，$g \geqslant 0$，这是我们需要满足的逻辑约束条件。此外，如果没有满足 $f > 0$，那么 (3.6) 允许 $y = 0$ 或 $y = 1$，$g < 0$ 和 $g \geqslant 0$ 的情况都可能出现。而选择 $y = 1$ 将满足 (3.5)。

指示约束条件在 Gurobi 中可以通过调用函数 addGenConstrIndicator(binvar, binval, lhs, sense=None, rhs=None, name="") 实现。该函数各个参数的含义如下。

- `binvar`: 0-1 指示变量对象；
- `binval`: 0-1 指示变量的取值（True 或者 False）；
- `lhs (float, Var, LinExpr, or TempConstr)`：与 0-1 指示变量相关联的线性约束的左端项表达式；
- `sense (char)`：线性约束的符号，可选值为 GRB.LESS_EQUAL, GRB.EQUAL, GRB.GREATER_EQUAL；
- `rhs (float)`：线性约束的右端项；
- `name (string, optional)`：约束的名称。

例如，我们想实现如果 $y = 1$，则 $x_1 + 2x_2 + x_3 = 1$，此类约束可以通过下面的代码实现。

Indicator constraints

```
1  # y = 1 → x_1 + 2 x_2 + x_3 = 1
2  model.addGenConstrIndicator(y, True, x_1 + 2*x_2 + x_3, GRB.EQUAL, 1.0)
3  # alternative form
4  model.addGenConstrIndicator(y, True, x_1 + 2*x_2 + x_3 == 1.0)
5  # overloaded form
6  model.addConstr((y == 1) >> (x_1 + 2*x_2 + x_3 == 1.0))
```

3.2 线 性 化

3.2.1 分段线性函数线性化

下面将介绍如何使用 0-1 型变量建立涉及分段线性函数的最优化问题模型。

分段线性函数由几条直线段组成，分段线性函数斜率发生变化（或者函数的定义范围结束）的点称作函数的间断点。

如图 3.1 所示，该分段线性函数由 4 条直线段组成，横坐标 x 为 0、10、30、40、50 的点都是这个函数的间断点（Winston，2004）。

分段线性函数不是线性函数，一般不能使用线性规划直接对涉及线性分段函数的最优化问题进行求解。但是我们可以利用 0-1 型变量，把分段线性函数表示成线性形式。

假设一个分段线性函数 $f(x)$ 在 x 为 $b_1, b_2, \cdots, b_n$ 处有分段点。对于某个 $k(k = 1, 2, \cdots, n-1)$，有 $b_k \leqslant x \leqslant b_{k+1}$。因此对于某个数 $z_k(0 \leqslant z_k \leqslant 1)$，可以把 x 记作

$$x = z_k b_k + (1 - z_k)b_{k+1} \tag{3.7}$$

由于 $f(x)$ 对于 $b_k \leqslant x \leqslant b_{k+1}$ 是线性的，所以我们可以把 $f(x)$ 记作

$$f(x) = z_k f(b_k) + (1 - z_k)f(b_{k+1}) \tag{3.8}$$

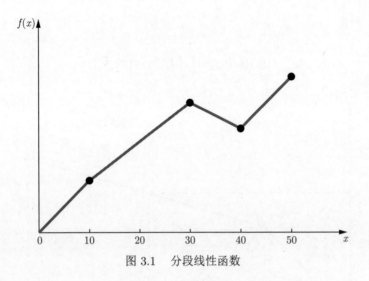

图 3.1 分段线性函数

接下来介绍利用线性约束条件和 0-1 型变量表示分段线性函数的方法。

（1）第 1 步：在最优化问题中出现 $f(x)$ 的地方，用 $z_1 f(b_1) + z_2 f(b_2) + \cdots + z_n f(b_n)$ 代替 $f(x)$。

（2）第 2 步：在问题中添加如下约束条件：

$$z_1 \leqslant y_1$$
$$z_2 \leqslant y_1 + y_2$$
$$z_3 \leqslant y_2 + y_3$$
$$\vdots$$
$$z_{n-1} \leqslant y_{n-2} + y_{n-1}$$
$$z_n \leqslant y_{n-1}$$
$$y_1 + y_2 + \cdots + y_{n-1} = 1$$
$$z_1 + z_2 + \cdots + z_n = 1$$
$$x = z_1 b_1 + z_2 b_2 + \cdots + z_n b_n$$
$$y_i \in \{0, 1\}, \qquad\qquad \forall i = 1, 2, \cdots, n-1$$
$$z_i \geqslant 0, \qquad\qquad \forall i = 1, 2, \cdots, n$$

针对分段函数线性化，我们还有另一种形式的描述。

假如有如图 3.2 所示的分段线性函数。

该分段线性函数 x 轴和 y 轴的分段区间为

$$x \text{ 轴：} [0, a_1), [a_1, a_2), [a_2, a_3]$$
$$y \text{ 轴：} [0, b_1), [b_1, b_2), [b_2, b_3]$$

间断点则为

$$(0,0),(a_1,b_1),(a_2,b_2),(a_3,b_3)$$

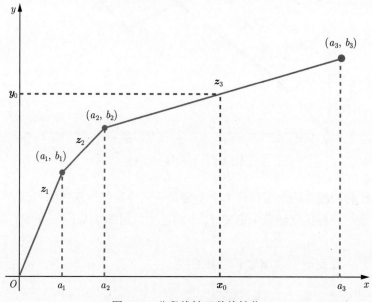

图 3.2   分段线性函数线性化

这里的目的是给定一个 x_0，通过约束，使其获得相应的 y_0。为此，引入一个辅助变量 $z \in \{0,1\}$，该变量的取值与 x 所在的横轴区间有关，即

$$z_i = \begin{cases} 1, & x \text{ 落在第 } i \text{ 个分段区间内} \\ 0, & \text{其他} \end{cases}$$

下面不加证明地给出一个结论。

点 $X^{(1)}(x_1,y_1)$ 和 $X^{(2)}(x_2,y_2)$ 为平面内两点，则 $X^{(1)}$ 和 $X^{(2)}$ 连线上任意一点 X 可以表示为

$$X = (1-\alpha)X^{(1)} + \alpha X^{(2)} \tag{3.9}$$

且 $X^{(1)}X = \alpha X^{(1)}X^{(2)}$。

这一点很容易得到，因为只看横坐标，当 $X^{(1)}X = \alpha X^{(1)}X^{(2)}$ 时，有

$$x = x_1 + \alpha(x_2 - x_1) = (1-\alpha)x_1 + \alpha x_2$$

因此，对于曲线上任何一个点 (x,y)，均可被表示为如下的形式：

$$x = \beta_0 a_0 + \beta_1 a_1 + \beta_2 a_2 + \beta_3 a_3 = \sum_{k \in K} \beta_k a_k \tag{3.10}$$

$$y = \beta_0 b_0 + \beta_1 b_1 + \beta_2 b_2 + \beta_3 b_3 = \sum_{k \in K} \beta_k b_k \tag{3.11}$$

并且，$\beta_0, \beta_1, \beta_2, \beta_3$ 中只能有 1 个或者 2 个大于 0，其余均等于 0，并且满足

$$\beta_0 + \beta_1 + \beta_2 + \beta_3 = 1 \tag{3.12}$$

下面来看如何将分段线性函数转化成约束（这里假设 $a_0 = 0$，但是 β_0 是不能忽略的，必须有，也就是 β 比 z 多 1 个），假设一共有 $K(K \geqslant 1)$ 个区间段。

（1）对于第 1 个区间段，因为都是左闭右开区间，如果 $z_1 = 1$，则必然有 $\beta_0 > 0, \beta_1 \geqslant 0$。因为是左闭右开区间，左边一定能取到，也有可能取到左边区间端点。但是右边断点一定取不到，因此 $\beta_1 < 1$，故有 $\beta_0 > 0$，并且 β_0 也可能取到 1，取到 1 时，说明刚好落在区间左端点。如果 $z_1 = 0$，则 $\beta_0 \geqslant 0, \beta_1 \geqslant 0$。因此，$z$ 的取值在这个层面没有必然联系。

（2）对于前 $K-1$ 个区间，均与上述同理。

（3）先看第一段，$z_1 = 0$，必有 $\beta_0 = 0, \beta_1 \geqslant 0 \Rightarrow \beta_0 - Mz_1 \leqslant 0$。

（4）再看最后一段，如果 $z_K = 0$，必有 $\beta_K = 0, \beta_{K-1} \geqslant 0 \Rightarrow \beta_K - Mz_K \leqslant 0$。

（5）最后看中间的区间段，当 $z_{k-1} = 0$ 且 $z_k = 0$ 时，必有 $\beta_{k-1} = 0 \Rightarrow \beta_{k-1} - M(z_{k-1} + z_k) \leqslant 0$。

由于 M 是 z 的一个上界，这里取 $M = 1$，因此只需要添加如下的约束：

$$x = \sum_{k=0}^{K} \beta_k a_k \tag{3.13}$$

$$y = \sum_{k=0}^{K} \beta_k b_k \tag{3.14}$$

$$\sum_{k=0}^{K} \beta_k = 1 \tag{3.15}$$

$$\sum_{k=0}^{K} z_k = 1 \tag{3.16}$$

$$\beta_0 - z_1 \leqslant 0 \tag{3.17}$$

$$\beta_K - z_K \leqslant 0 \tag{3.18}$$

$$\beta_{k-1} - (z_{k-1} + z_k) \leqslant 0, \quad \forall k \in K, k \neq 0, k \neq K \tag{3.19}$$

$$z_0 = 0 \tag{3.20}$$

$$0 \leqslant \beta_k \leqslant 1, z_k \in \{0, 1\}, \quad \forall k \in K \tag{3.21}$$

此外，对于 $\ln x, \log x, \sin x, \cos x, \tan x, e^x, a^x, x^a$ 等形式的非线性函数，均可通过分段线性近似，进而用分段函数线性化的方法将其线性化。Gurobi 中也提供了相应的函数，可以很方便地实现这些非线性函数的分段函数线性近似，具体介绍见第 7 章。

在 Gurobi 中,分段函数的线性化是可以自动完成的,不用像上面描述的那样复杂。如果是 Python 调用 Gurobi,则对应的函数为 addGenConstrPWL(xvar, yvar, xpts, ypts, name="")。其中各个参数的意义如下。

- xvar: 决策变量 x;
- yvar: 决策变量 y;
- xpts (list of float): 分段函数 $y = f(x)$ 的 x 轴分段点;
- ypts (list of float): 分段函数 $y = f(x)$ 的 y 轴分段点;
- name (string, optional): 该约束的名称。

接下来展示一个具体例子。

Piecewise-linear function

```
1 # define Piecewise-linear constraints
2 PWL_cons = model.addGenConstrPWL(x, y, [0, 2, 3], [1, 4, 3], "PWLConstr")
```

上文中提到的 $\ln x, \log x, \sin x, \cos x, \tan x, e^x, a^x, x^a$ 等形式的非线性函数,虽然不能直接调用 addGenConstrPWL() 函数完成分段函数线性化,但是可以通过调用下面的函数间接完成线性化。

- addGenConstrExp(xvar, yvar, name="", options=""): $y = e^x$;
- addGenConstrExpA(xvar, yvar, a, name="", options=""): $y = a^x$;
- addGenConstrLog(xvar, yvar, name="", options=""): $y = \ln x$;
- addGenConstrLogA(xvar, yvar, a, name="", options=""): $y = \log_a x$;
- addGenConstrPow(xvar, yvar, a, name="", options=""): $y = x^a$;
- addGenConstrSin(xvar, yvar, name="", options=""): $y = \sin(x)$;
- addGenConstrCos(xvar, yvar, name="", options=""): $y = \cos(x)$;
- addGenConstrTan(xvar, yvar, name="", options=""): $y = \tan(x)$。

3.2.2 含绝对值形式的线性化

对于目标函数含有绝对值的情况,如 $\min |x|$,可以通过引入辅助变量进行线性化。考虑下面的含有绝对值的非线性规划。

$$\min \quad |x_1| + |x_2|$$
$$x_1, x_2 \in \mathbb{R}$$

首先我们引入辅助变量,令

$$x_1^+ = \max\{0, x_1\}, \quad x_1^- = \max\{0, -x_1\}$$

$$x_2^+ = \max\{0, x_2\}, \quad x_2^- = \max\{0, -x_2\}$$

可以得出：

$$|x_1| = x_1^+ + x_1^-, \quad x_1 = x_1^+ - x_1^-$$
$$|x_2| = x_2^+ + x_2^-, \quad x_2 = x_2^+ - x_2^-$$

因此，原问题等价于：

$$
\begin{aligned}
\min \quad & x_1^+ + x_1^- + x_2^+ + x_2^- \\
\text{s.t.} \quad & x_1 = x_1^+ - x_1^- \\
& x_2 = x_2^+ - x_2^- \\
& x_1, x_2 \in \mathbb{R}, x_1^+, x_1^-, x_2^+, x_2^- \geqslant 0
\end{aligned}
$$

这就完成了线性化。对于目标函数为 max 的情况，需要加入额外的约束 $\{x_i^+, x_i^-\} \in SOS1$，$\forall i \in \{1, 2\}$，以保证 x_i^+ 和 x_i^- 中至多只有一个为正。

在 Gurobi 中，可以通过调用函数 addGenConstrAbs(resvar, argvar, name="") 或者函数 abs_() 很容易实现绝对值的线性化。比如，我们要实现上述模型的线性化，只需要编写下面的代码即可。

Abs constraints

```
1  model = Model()
2  x_1 = model.addVar(lb = -GRB.INFINITY, ub = GRB.INFINITY, vtype = GRB.
       CONTINUOUS)
3  x_2 = model.addVar(lb = -GRB.INFINITY, ub = GRB.INFINITY, vtype = GRB.
       CONTINUOUS)
4  y_1 = model.addVar(lb = 0, ub = GRB.INFINITY, vtype = GRB.CONTINUOUS)
5  y_2 = model.addVar(lb = 0, ub = GRB.INFINITY, vtype = GRB.CONTINUOUS)
6  # method 1
7  model.addGenConstrAbs(y_1, x_1)   # y_1 = abs(x_1)
8  model.addGenConstrAbs(y_2, x_2)   # y_2 = abs(x_2)
9  # method 2：使用重载过的函数 abs_()   (overloaded form)
10 # model.addConstr(y_1 == abs_(x_1) )  # y_1 = abs(x_1)
11 # model.addConstr(y_2 == abs_(x_2) )  # y_2 = abs(x_2)
12 model.setObjective(y_1 + y_2, GRB.MINIMIZE)  # min abs(x_1) + abs(x_2)
```

上述例子中，我们通过引入两个非负的辅助变量 y_1, y_2，并且令 $y_1 = |x_1|, y_2 = |x_2|$，然后将目标函数设置为 $\min y_1 + y_2$，从而实现了线性化。

之后的内容部分参考自 Gurobi 的教程和用户手册。

3.2.3 含乘积形式的线性化

若目标函数含有两个变量乘积形式，则可以通过引入变量 y 进行线性化。由于变量有可能是 0-1 变量或者整数变量，所以分如下 4 种情况进行讨论。

第 1 种情况：

$$\min \quad x_1 x_2$$
$$\text{s.t.} \quad x_1 \in \{0,1\}$$
$$x_2 \in \{0,1\}$$

令 $y = x_1 x_2$，则上述非线性项可以通过添加下面的约束实现线性化：

$$\min \quad y$$
$$\text{s.t.} \quad y \leqslant x_1$$
$$y \leqslant x_2$$
$$y \geqslant x_1 + x_2 - 1$$
$$x_1, x_2, y \in \{0,1\}$$

第 2 种情况：

$$\min \quad x_1 x_2$$
$$\text{s.t.} \quad x_1 \in \{0,1\}$$
$$x_2 \in [0, u]$$

同样地，令 $y = x_1 x_2$，则上述非线性项可以通过添加下面的约束实现线性化：

$$\min \quad y$$
$$\text{s.t.} \quad y \leqslant u x_1$$
$$y \leqslant x_2$$
$$y \geqslant x_2 - u(1 - x_1)$$
$$x_1 \in \{0,1\}, x_2, y \in [0, u]$$

第 3 种情况：

$$\min \quad x_1 x_2$$
$$\text{s.t.} \quad x_1 \in \{0,1\}$$
$$x_2 \in [l, u]$$

令 $y = x_1 x_2$，则上述非线性项可以通过添加下面的约束实现线性化：

$$\min \quad y$$

$$\text{s.t.} \quad y \leqslant x_2$$

$$y \geqslant x_2 - u(1 - x_1)$$

$$lx_1 \leqslant y \leqslant ux_1$$

$$x_1 \in \{0, 1\}$$

$$x_2 \in [l, u]$$

$$y \in [0, u]$$

第 4 种情况:

当 x_1 和 x_2 都是连续变量时,是不能等价线性化的,只能给出一个较紧的近似。对于具体细节,读者可以参考文献 (Sherali and Alameddine, 1992)。

3.2.4 含分式形式的线性化

本部分参考自 gurobi 的教学文档。若目标函数是如下分式形式:

$$\min \quad \frac{\sum\limits_{i}(c_i x_i + \alpha)}{\sum\limits_{i}(d_i x_i + \beta)} \tag{3.22}$$

$$\text{s.t.} \quad \sum_i a_{ij} x_i \leqslant b_j, \qquad \forall j \in J$$

$$\sum_i d_i x_i + \beta > 0$$

$$x_i \geqslant 0, \qquad \forall i \in I$$

可以通过引入如下变量 y 进行线性化。令

$$y = \frac{1}{\sum\limits_{i}(d_i x_i + \beta)} > 0$$

代入式 (3.22) 得

$$\min \quad \sum_i (c_i x_i y + \alpha y)$$

$$\text{s.t.} \quad \sum_i a_{ij} x_i \leqslant b_j, \qquad \forall j \in J$$

$$\sum_i d_i x_i y + \beta y = 1$$

$$y > 0, x_i \geqslant 0, \qquad \forall i \in I$$

令

$$z_i = x_i y$$

得线性化最终形式为

$$
\begin{aligned}
\min \quad & \sum_i \left(c_i z_i + \alpha y\right) \\
\text{s.t.} \quad & \sum_i a_{ij} z_i \leqslant b_j y, \qquad \forall j \in J \\
& \sum_i d_i z_i + \beta y = 1 \\
& y > 0, z_i \geqslant 0, \qquad \forall i \in I
\end{aligned}
$$

3.2.5 含 max/min 形式的线性化

对于含有 max 形式的约束，如下式所示：

$$
z = \max \left\{x, y, 3\right\}
$$

可以通过如下方式进行线性化 (其中，M 为一个足够大的正数，下同)

$$
\begin{aligned}
& x \leqslant z, y \leqslant z, 3 \leqslant z \\
& x \geqslant z - M\left(1 - u_1\right) \\
& y \geqslant z - M\left(1 - u_2\right) \\
& 3 \geqslant z - M\left(1 - u_3\right) \\
& u_1 + u_2 + u_3 \geqslant 1 \\
& u_1, u_2, u_3 \in \{0, 1\}
\end{aligned}
$$

对于含有 min 形式的约束，如下式所示：

$$
z = \min \left\{x, y, 3\right\}
$$

可以通过如下方式进行线性化：

$$
\begin{aligned}
& x \geqslant z, y \geqslant z, 3 \geqslant z \\
& x \leqslant z + M\left(1 - u_1\right) \\
& y \leqslant z + M\left(1 - u_2\right) \\
& 3 \leqslant z + M\left(1 - u_3\right) \\
& u_1 + u_2 + u_3 \geqslant 1 \\
& u_1, u_2, u_3 \in \{0, 1\}
\end{aligned}
$$

对于含有 max 和 min 的情形，在 Gurobi 中可以通过调用函数
`addGenConstrMax(resvar, vars, constant=None, name="")` 和 `addGenConstrMin`
`(resvar, vars, constant=None, name="")` 实现。

例如，我们考虑下面的表达式：

$$y = \max\{x_1, x_2, \cdots, x_n, c\}$$

其中，$x_1, x_2, \cdots, x_n$ 为决策变量，c 为常数。则相应的代码如下：

Max constraints

```
1  # y = max(x_1, x_2, x_3, 10.0)
2  model.addGenConstrMax(y, [x_1, x_2, x_3], 10.0, "maxconstr")
3
4  # alternative form
5  model.addGenConstrMax(y, [x_1, x_2, x_3, 10.0], name="maxconstr")
6
7  # overloaded forms
8  model.addConstr(y == max_([x_1, x_2, x_3, 10.0]), name="maxconstr")
9  model.addConstr(y == max_(x_1, x_2, x_3, 10.0), name="maxconstr")
```

对于 min 的情形，处理方法类似。考虑下面的表达式。

$$y = \min\{x_1, x_2, \cdots, x_n, c\}$$

其中，$x_1, x_2, \cdots, x_n$ 为决策变量，c 为常数。相应的代码如下：

Min constraints

```
1  # y = min(x_1, x_2, x_3, 10.0)
2  model.addGenConstrMin(y, [x_1, x_2, x_3], 10.0, "minconstr")
3
4  # alternative form
5  model.addGenConstrMin(y, [x_1, x_2, x_3, 10.0], name="minconstr")
6
7  # overloaded forms
8  model.addConstr(y == min_([x_1, x_2, x_3, 10.0]), name="minconstr")
9  model.addConstr(y == min_(x_1, x_2, x_3, 10.0), name="minconstr")
```

第4章 大规模线性规划的对偶

4.1 对偶理论概述

对偶理论（Duality Theory）在运筹学数学规划部分占据着举足轻重的地位，也属于比较高阶的理论。

本书着重讲解对偶理论的一些应用，以及如何写出一些大规模线性规划的对偶。对于对偶理论的非常深层次的内容，我们暂时不涉及。首先我们来介绍一下掌握对偶理论的重要性。在实际的研究工作中，对偶理论在精确算法设计中经常被用到；在鲁棒优化（Robust Optimization）等涉及多层规划（Multilevel Programming）的问题中，也有非常广泛的应用，很多时候可以化腐朽为神奇。尤其在鲁棒优化中，有些问题可以巧妙地将内层（inner level）的模型转化成 LP，从而可以通过对偶，将双层（bi-level）的模型转化成单阶段（single level）的模型，进而用单层模型的相关算法求解鲁棒优化问题。

本书主要探讨在实际的科研当中遇到的一些稍微复杂一点的 LP，如何写出其对偶问题？实际上在一些学术期刊中，例如 *Operations Research, Transportation Science* 等期刊上比较近期的文章，也时不时会看到这样的操作。这个操作其实并不是抬手就能实现的，很多时候需要反复修改，才能将对偶问题正确地写出来。

先来看一个比较容易的线性规划问题：

$$\text{max} \quad Z = 2x_1 + 3x_2 \tag{4.1}$$

$$\text{s.t.} \quad 5x_1 + 4x_2 \leqslant 170 \quad \rightarrow \quad y_1 \tag{4.2}$$

$$\quad 2x_1 + 3x_2 \leqslant 100 \quad \rightarrow \quad y_2 \tag{4.3}$$

$$\quad x_1, x_2 \geqslant 0 \tag{4.4}$$

其对偶问题比较容易写出：

$$\text{min} \quad W = 170y_1 + 100y_2 \tag{4.5}$$

$$\text{s.t.} \quad 5y_1 + 2y_2 \geqslant 2 \tag{4.6}$$

$$\quad 4y_1 + 3y_2 \geqslant 3 \tag{4.7}$$

$$\quad y_1, y_2 \geqslant 0 \tag{4.8}$$

关于对偶问题的理解

假设上述原问题和对偶问题中，原问题中 x_1 和 x_2 分别代表一个家具生产公司生产桌子和椅子的数量，目标函数系数为出售桌子和椅子获得的利润。两条约束分别是某两种生产原材料的当前可用量。

原问题就是，自己利用这些生产原材料，制造桌子和椅子，决策出生产多少张桌子和多少把椅子，使得总利润最大化。

而对偶问题的思路就完全是另一个角度。如果该厂决定不自己生产，而是将原材料卖给其他生产商生产。此时，该厂需要决策，每一种原材料卖多少钱合适？卖得太高，可能不会有人买，卖得太低，还不如自己生产获得的利润高。那么能不能找到一个最低的定价标准，使得卖了这些原材料获得的钱，正好与自己生产能够赚的利润一样多？这样，该厂只需要参照这个最低定价标准来定价，就能保证自己不吃亏。

该问题中，原问题为 max，而对偶问题为 min，如果原问题和对偶问题都是可行的，那么对偶问题的目标函数一定是大于或等于原问题的。也就是说，以很高的价格卖出原材料，获得的利润会比自己生产获得的利润高。但是当不断降低卖出原材料的价格，最终会找到一个原材料的定价方案，使得卖出原材料和自己生产获得的利润一样高。这也正是对偶问题的解。很多其他问题，也可以用类似的方法去理解，比如最短路问题等。用这种方法更容易理解对偶问题的含义。

4.2　原问题与对偶问题之间的关系

当原问题不是标准形时，可以借助表 4.1 写出原问题的对偶（《运筹学》教材编写组，2012），或者可以转成标准形再写对偶。

表 4.1　原问题和对偶问题的关系

原问题（对偶问题）	对偶问题（原问题）
目标函数为 max	目标函数为 min
变量 $\begin{cases} n\text{个} \\ \geqslant 0 \\ \leqslant 0 \\ \text{无约束} \end{cases}$	$\begin{cases} n\text{个} \\ \geqslant \\ \leqslant \\ = \end{cases}$ 约束条件
目标函数中变量的系数	约束条件的右端项
约束条件 $\begin{cases} m\text{个} \\ \leqslant \\ \geqslant \\ = \end{cases}$	$\begin{cases} m\text{个} \\ \geqslant 0 \\ \leqslant 0 \\ \text{无约束} \end{cases}$ 变量
约束条件右端项	目标函数中变量的系数

表 4.1 用于检查比较方便，但是用于写对偶问题可能有些烦琐。因此，可以首先把原问题全部化成统一的形式。如下：

（1）max 问题，变量都 $\geqslant 0$，约束都 $\leqslant 0$（粗略理解为：资源都是有限的）。

（2）min 问题，变量都 $\geqslant 0$，约束都 $\geqslant 0$（粗略理解为：需求至少要被满足）。

这样 max 问题和 min 问题就可以比较容易对应，当然也可以更容易写出对偶问题。上面的小例子就是一个这样的示范。

在化简成标准形式时，我们可以用线性规划的矩阵形式更方便地记忆原问题和对偶问题之间的关系。

原问题为

$$\max \quad Z = \boldsymbol{c}^{\mathrm{T}}\boldsymbol{x} \tag{4.9}$$

$$\text{s.t.} \qquad \boldsymbol{A}\boldsymbol{x} \leqslant \boldsymbol{b} \tag{4.10}$$

$$\boldsymbol{x} \geqslant \boldsymbol{0} \tag{4.11}$$

其中 $\boldsymbol{c}$ 是一个 n 维列向量，$\boldsymbol{c}^{\mathrm{T}} = (c_1, c_2, \cdots, c_n)$，$\boldsymbol{x}$ 是一个 n 维列向量，$\boldsymbol{x}^{\mathrm{T}} = (x_1, x_2, \cdots, x_n)$。且 $\boldsymbol{c}, \boldsymbol{x} \in \mathbb{R}^n$，$\boldsymbol{A} \in \mathbb{R}^{m \times n}$，是上述线性规划的约束系数矩阵（$m$ 个约束，n 个决策变量）。$\boldsymbol{b} \in \mathbb{R}^m$ 也是一个列向量，是约束的右端项。

注意：一般来讲，决策变量 $\boldsymbol{x}$ 都用列向量来表示。

以上面的两个变量的线性规划为例，我们有

$$\boldsymbol{c} = \begin{bmatrix} 2 \\ 3 \end{bmatrix}, \boldsymbol{x} = \begin{bmatrix} x_1 \\ x_2 \end{bmatrix}, \boldsymbol{A} = \begin{bmatrix} 5 & 4 \\ 2 & 3 \end{bmatrix}, \boldsymbol{b} = \begin{bmatrix} 170 \\ 100 \end{bmatrix}$$

上面线性规划的对偶问题的矩阵形式为

$$\min \quad W = \boldsymbol{b}^{\mathrm{T}}\boldsymbol{y} \tag{4.12}$$

$$\text{s.t.} \qquad \boldsymbol{A}^{\mathrm{T}}\boldsymbol{y} \geqslant \boldsymbol{c} \tag{4.13}$$

$$\boldsymbol{y} \geqslant \boldsymbol{0} \tag{4.14}$$

我们来验证一下，在对偶问题中，确实是一一对应的。$\boldsymbol{b}^{\mathrm{T}}\boldsymbol{y} = 170y_1 + 100y_2$，约束系数矩阵恰好为 $\boldsymbol{A}^{\mathrm{T}}$。矩阵形式可以更方便我们理解对偶问题和原问题之间的关系。

关于对偶理论，有一些相关定理，如对偶定理、强对偶定理等。对于这些内容，我们在之后的 Benders 分解算法等部分会频繁用到。接下来，我们就对这些相关理论略作介绍。

4.3 对偶理论相关重要定理

首先用矩阵的形式给出线性规划的解的一些重要公式。

$$\max \quad z = \begin{bmatrix} \boldsymbol{c}_B^{\mathrm{T}} & \boldsymbol{c}_N^{\mathrm{T}} \end{bmatrix} \begin{bmatrix} \boldsymbol{x}_B \\ \boldsymbol{x}_N \end{bmatrix} \tag{4.15}$$

$$\text{s.t.} \quad \begin{bmatrix} \boldsymbol{B} & \boldsymbol{N} \end{bmatrix} \begin{bmatrix} \boldsymbol{x}_B \\ \boldsymbol{x}_N \end{bmatrix} = b \tag{4.16}$$

对于模型的约束 (4.16)，我们有

$$\boldsymbol{B}\boldsymbol{x}_B + \boldsymbol{N}\boldsymbol{x}_N = b$$

两边左乘 $\boldsymbol{B}^{-1}$ 有

$$\boldsymbol{B}^{-1}\boldsymbol{B}\boldsymbol{x}_B + \boldsymbol{B}^{-1}\boldsymbol{N}\boldsymbol{x}_N = \boldsymbol{B}^{-1}b$$
$$\boldsymbol{x}_B = \boldsymbol{B}^{-1}b - \boldsymbol{B}^{-1}\boldsymbol{N}\boldsymbol{x}_N$$

在解中，令所有非基变量均为 0，即

$$\boldsymbol{x}_N = \boldsymbol{0}$$

其中，$\boldsymbol{0}$ 是一个维数为非基变量个数的零向量。因此根据上述表达式，可以得到模型的解。

接下来，模型的目标函数值为

$$\begin{aligned} z &= \begin{bmatrix} \boldsymbol{c}_B^{\mathrm{T}} & \boldsymbol{c}_N^{\mathrm{T}} \end{bmatrix} \begin{bmatrix} \boldsymbol{x}_B \\ \boldsymbol{x}_N \end{bmatrix} \\ &= \boldsymbol{c}_B^{\mathrm{T}}\boldsymbol{x}_B + \boldsymbol{c}_N^{\mathrm{T}}\boldsymbol{x}_N \\ &= \boldsymbol{c}_B^{\mathrm{T}}\left(\boldsymbol{B}^{-1}b - \boldsymbol{B}^{-1}\boldsymbol{N}\boldsymbol{x}_N\right) + \boldsymbol{c}_N^{\mathrm{T}}\boldsymbol{x}_N \\ &= \boldsymbol{c}_B^{\mathrm{T}}\boldsymbol{B}^{-1}b + \left(\boldsymbol{c}_N^{\mathrm{T}} - \boldsymbol{c}_B^{\mathrm{T}}\boldsymbol{B}^{-1}\boldsymbol{N}\right)\boldsymbol{x}_N \end{aligned}$$

上面的表达式中，$\boldsymbol{c}_N^{\mathrm{T}} - \boldsymbol{c}_B^{\mathrm{T}}\boldsymbol{B}^{-1}\boldsymbol{N}$ 就是检验数（reduced cost）。

然后考虑下面的主问题和对偶问题。

表 4.2　原问题与对偶问题

原 问 题		对 偶 问 题	
max	$Z = \sum\limits_{j=1}^{n} c_j x_j$	min	$W = \sum\limits_{i=1}^{m} b_i y_i$
s.t.	$\sum\limits_{j=1}^{n} a_{ij}x_j \leqslant b_i, \quad \forall i=1,2,\cdots,m$	s.t.	$\sum\limits_{i=1}^{m} a_{ij}y_i \geqslant c_j \quad \forall j=1,2,\cdots,n$
	$x_j \geqslant 0, \quad \forall j=1,2,\cdots,n$		$y_i \geqslant 0, \quad \forall i=1,2,\cdots,m$
原问题（矩阵形式）		对偶问题（矩阵形式）	
max	$Z = \boldsymbol{c}^{\mathrm{T}}\boldsymbol{x}$	min	$W = \boldsymbol{y}^{\mathrm{T}}\boldsymbol{b}$
s.t.	$\boldsymbol{A}\boldsymbol{x} \leqslant \boldsymbol{b}$	s.t.	$\boldsymbol{A}^{\mathrm{T}}\boldsymbol{y} \geqslant \boldsymbol{c}$
	$\boldsymbol{x} \geqslant \boldsymbol{0}$		$\boldsymbol{y} \geqslant \boldsymbol{0}$

其中，$\boldsymbol{c},\boldsymbol{y},\boldsymbol{x}$ 均是列向量。并且在任一次的单纯形表迭代中，单纯形表的第 0 行（row 0）都是下面的形式。

表 4.3 任意一次单纯形算法迭代中单纯形表中的第 0 行

Iter	Basic var	Eq.	Coefficient of								RHS
			Z	x_1	x_2	$\cdots$	x_n	x_{n+1}	x_{n+2}	$\cdots$	x_{n+m}	
Any	Z	(0)	1	z_1-c_1	z_2-c_2	$\cdots$	z_n-c_n	y_1	y_2	$\cdots$	y_m	W

注意：这里有一点很重要，原问题表的 row 0 中，初始变量（original variable）的系数 $z_j - c_j$ 相当于对偶问题的剩余变量（具体解释见下文）。当原问题没有达到最优时，row 0 中一定有检验数为正（也就是 $z_j - c_j < 0$）的情况，也就是对偶问题的剩余变量为负，这说明此时对偶问题不可行。

另外，需要明确下面几点对应关系。

（1）变量 x_i 的检验数和 row 0 中信息的对应关系为

$$\text{reduced cost}_j = -(z_j - c_j) \tag{4.17}$$

（2）$z_j - c_j$ 的值就对应对偶问题第 j 条约束的剩余变量（surplus variable）（或者松弛变量（slack variable），对应 min 问题）。

对于第（2）条对应关系，可以用下面的方法来理解，将检验数的相反数的表达式改写为

$$z_j - c_j = \sum_{i=1}^{m} a_{ij} y_i - c_j \tag{4.18}$$

$$= -\left(c_j - \sum_{i=1}^{m} a_{ij} y_i \right), \quad \forall j = 1, 2, \cdots, n \tag{4.19}$$

可以清楚地看到，$\sum_{i=1}^{m} a_{ij} y_i - c_j$ 就是对偶问题的第 j 条约束，$\sum_{i=1}^{m} a_{ij} y_i \geqslant c_j$ 对应的剩余变量。而

$$c_j - \sum_{i=1}^{m} a_{ij} y_i, \qquad \forall j = 1, 2, \cdots, n \tag{4.20}$$

就正好是变量 x_j 的检验数（reduced cost）。

因此，对偶问题的每一个 corner-point 解 $(y_1, y_2, \cdots, y_m)$ 以及 $z_j - c_j$ 都会产生一个对偶问题的基解 $(y_1, y_2, \cdots, y_m, z_1 - c_1, z_2 - c_2, \cdots, z_n - c_n)$。根据对偶问题的标准型，对偶问题有 n 个约束和 $n + m$ 个变量（其中有 n 个剩余变量）。因此，对偶问题的一个基解含有 n 个基变量和 m 个非基变量。

下面给出几个性质。

定理 4.3.1 **互补基解性质**（**Complementary basic solutions property**）（Hillier，2012）：原问题的一个基解，都对应产生对偶问题的一个互补的基解。且这两个基解对应的目标函数是一样的（$Z = W$，但这两个基解并不一定是可行的）。在给定了单纯形表 row 0 的信息之后，可以得到互补的对偶问题的基解为 $(\boldsymbol{y}, \boldsymbol{z} - \boldsymbol{c})$。

定理 4.3.2 互补最优基解性质（**Complementary optimal basic solutions property**）（Hillier，2012）：原问题的一个最优基解，对应产生对偶问题的一个最优基解。且这两个最优基解对应的目标函数是一样的（$Z = W$）。在给定了单纯形表 row 0 的信息之后，可以得到互补的对偶问题的最优基解为 $(\boldsymbol{y}^*, \boldsymbol{z}^* - \boldsymbol{c})$。

下面给出原问题的最优性条件。

引理 4.3.1（Hillier，2012） 原问题的最优性条件（也就是原问题存在最优解的条件）为

$$z_j - c_j \geqslant 0, \quad \forall j = 1, 2, \cdots, n \tag{4.21}$$

$$y_i \geqslant 0, \quad \forall i = 1, 2, \cdots, m \tag{4.22}$$

（1）条件 (4.21) 表示，在 max 问题的 row 0 中，初始变量的检验数为负，已经没有可以提升的空间；另外，也说明对偶问题的所有约束的松弛变量取值均大于或等于 0。

（2）条件 (4.22) 中，y_i 其实就是对偶问题的解，这表示，对偶问题的解也必须可行（即满足非负性，且 $z_j - c_j \geqslant 0$ 保证了对偶问题的约束也被满足）。

另外还有几个相关的定理。

定理 4.3.3 弱对偶性（**Weak duality property**）（Hillier，2012）：如果 $\boldsymbol{x}$ 是原问题（最大化问题）的一个可行解，并且 $\boldsymbol{y}$ 是对偶问题的一个可行解，则

$$\boldsymbol{c}^{\mathrm{T}} \boldsymbol{x} \leqslant \boldsymbol{y}^{\mathrm{T}} \boldsymbol{b} \tag{4.23}$$

证明： 对于表 4.2中原问题的约束 $\boldsymbol{Ax} \leqslant \boldsymbol{b}$，左乘向量 $\boldsymbol{y}^{\mathrm{T}}$，则有

$$\boldsymbol{y}^{\mathrm{T}} \boldsymbol{Ax} \leqslant \boldsymbol{y}^{\mathrm{T}} \boldsymbol{b} \tag{4.24}$$

对于对偶问题的约束 $\boldsymbol{y}^{\mathrm{T}} \boldsymbol{A} \geqslant \boldsymbol{c}^{\mathrm{T}}$，右乘 $\boldsymbol{x}$，则有

$$\boldsymbol{y}^{\mathrm{T}} \boldsymbol{Ax} \geqslant \boldsymbol{c}^{\mathrm{T}} \boldsymbol{x} \tag{4.25}$$

综合以上，有

$$z_{\mathrm{Primal}} = \boldsymbol{c}^{\mathrm{T}} \boldsymbol{x} \leqslant \boldsymbol{y}^{\mathrm{T}} \boldsymbol{Ax} \leqslant \boldsymbol{y}^{\mathrm{T}} \boldsymbol{b} = z_{\mathrm{Dual}} \tag{4.26}$$

因此，命题得证。

定理 4.3.4 强对偶性（**Strong duality property**）（Hillier，2012）：如果 $\boldsymbol{x}^*$ 是原问题（最大化问题）的一个最优解，并且 $\boldsymbol{y}^*$ 是对偶问题的一个最优解，则

$$\boldsymbol{c}^{\mathrm{T}} \boldsymbol{x}^* = (\boldsymbol{y}^*)^{\mathrm{T}} \boldsymbol{b} \tag{4.27}$$

证明： 由之前的推导，可以得到原问题的最优值为

$$z = \boldsymbol{c}_B^{\mathrm{T}} \boldsymbol{B}^{-1} \boldsymbol{b} + \left(\boldsymbol{c}_N^{\mathrm{T}} - \boldsymbol{c}_B^{\mathrm{T}} \boldsymbol{B}^{-1} \boldsymbol{N} \right) \boldsymbol{x}_N$$

如果原问题的解达到了最优，则所有非基变量的检验数都小于或等于 0。也就是对于所有的非基变量，都满足：

$$c_N^{\mathrm{T}} - c_B^{\mathrm{T}} B^{-1} N \leqslant 0 \Longrightarrow c_B^{\mathrm{T}} B^{-1} N \geqslant c_N^{\mathrm{T}}$$

另外，有

$$c_B^{\mathrm{T}} B^{-1} B = c_B^{\mathrm{T}}$$

综合以上，有

$$c_B^{\mathrm{T}} B^{-1} \begin{bmatrix} B & N \end{bmatrix} \geqslant \begin{bmatrix} c_B^{\mathrm{T}} & c_N^{\mathrm{T}} \end{bmatrix}$$

即

$$c_B^{\mathrm{T}} B^{-1} A \geqslant c^{\mathrm{T}}$$

等价于

$$y^{\mathrm{T}} A \geqslant c^{\mathrm{T}}$$

这说明，当原问题达到最优解时，对应的对偶问题的解 y^* 同时是对偶问题的可行解。

接下来只需要证明此时原问题的目标函数和对偶问题的目标函数值相同。

由 $z = c_B^{\mathrm{T}} B^{-1} b + \left(c_N^{\mathrm{T}} - c_B^{\mathrm{T}} B^{-1} N \right) x_N$ 可得，原问题得到最优解时，非基变量 x_N 取值均为 0，因此原问题的目标值为

$$\begin{aligned} z_{\mathrm{Primal}} &= c_B^{\mathrm{T}} B^{-1} b \\ &= y^{\mathrm{T}} b \\ &= z_{\mathrm{Dual}} \end{aligned}$$

综上，原问题取得最优解时，对应的对偶问题的解是可行解。并且此时原问题的目标函数和对偶问题的目标函数相同。因此强对偶定理得证。

定理 4.3.5 互补松弛性（**Complementary slackness property**）（Hillier, 2012）：如果 x^* 是原问题的一个最优解，对应的松弛变量值为 x_s；并且 y^* 是对偶问题的一个最优解，对应的松弛变量值为 y_s；则

$$x_s^{\mathrm{T}} y^* = 0 \tag{4.28}$$

$$(x^*)^{\mathrm{T}} y_s = 0 \tag{4.29}$$

证明： 我们分情况讨论。

第 1 种情况，如果最优解中松弛变量 $x_{s_i} > 0$，则 x_{s_i} 是基变量，其检验数一定为 0，即

$$\mathrm{reduced\ cost}_{s_i} = 0 - c_B^{\mathrm{T}} B^{-1} \begin{bmatrix} 1 \\ 0 \\ \vdots \\ 0 \end{bmatrix}$$

$$= -\boldsymbol{y}^{\mathrm{T}} \begin{bmatrix} 1 \\ 0 \\ \vdots \\ 0 \end{bmatrix}$$

$$= 0$$

其中，最右端的列向量是最优单纯形表中松弛变量 x_{s_i} 对应的列。由于 x_{s_i} 是基变量，因此该列的系数组成的向量一定是单位向量。不失一般性，我们假设第一个元素为 1。其他位置为 1 的情况也相同。

由上式，有 $(\boldsymbol{c}_B^{\mathrm{T}} \boldsymbol{B}^{-1})_i \times 1 = 0$，即 $y_i = 0$。

第 2 种情况，如果最优解中松弛变量 $x_{s_i} \leqslant 0$，而松弛变量又为非负数，因此 $x_{s_i} = 0$。

综合上述 2 种情况，均有 $x_{s_i} \cdot y_i = 0$。同理，对于对偶问题，该结论也成立。因此，互补松弛性定理得证。

关于互补松弛性的理解

对偶变量，或者影子价格，其实反映了增加一个单位的资源导致目标函数能够增加或减少的量。如果说一条约束对应的松弛变量为正数，这说明该资源非常充足，甚至有剩余。此时，增加一个单位该资源的供应，也不会使目标函数得到改善，因此，其影子价格（对偶变量）取值一定为 0，原问题的松弛变量和约束对应的对偶变量乘积为 0。如果原问题一个约束的松弛变量为 0，说明该资源紧缺，已经全部用完，增加该资源的供应，很有希望会使得目标函数得到改善，因此对偶变量（影子价格）大于或等于 0。

综合两种情况，原问题的松弛变量和约束对应的对偶变量的乘积为 0。

定理 4.3.6 互补解性质（**Complementary solutions property**）（Hillier, 2012）：在每次单纯形算法迭代中，单纯形算法都会同时找到一个原问题的 CPF（corner point feasible）的解 $\boldsymbol{x}$，以及一个对偶问题的互补解 $\boldsymbol{y}$（就是 row 0 中，原问题松弛变量的系数），并且满足此时根据二者的值计算出的原问题和对偶问题的目标函数值相等，即

$$\boldsymbol{c}^{\mathrm{T}} \boldsymbol{x} = \boldsymbol{y}^{\mathrm{T}} \boldsymbol{b} \tag{4.30}$$

如果此时，$\boldsymbol{x}$ 不是原问题的最优解，则 $\boldsymbol{y}$ 也不是对偶问题的可行解。

也就是说，只有当 $\boldsymbol{x}$ 是原问题的最优解时，$\boldsymbol{y}$ 才是对偶问题的可行解，当然同时也是对偶问题的最优解。

定理 4.3.7 互补最优解性质（**Complementary optimal solutions property**）（Hillier, 2012）：在最后一次的迭代中，单纯形算法同时得到了原问题的一个最优解 $\boldsymbol{x}^*$ 以及对偶问题的一个互补最优解 $\boldsymbol{y}^*$（就是 row 0 中，原问题松弛变量的系数），并且有

$$c^{\mathrm{T}} x^* = (y^*)^{\mathrm{T}} b \tag{4.31}$$

此时 y^* 其实就是原问题对应约束的影子价格（shadow price）。

下面是对偶理论的内容。

定理 4.3.8 对偶定理（**Duality theorem**）（Hillier, 2012）：原问题和对偶问题解之间的关系只有下面的几种可能。

（1）如果一个问题有可行解，并且目标函数是有界的（因此也有最优解），那么另一个问题也有可行解和有界的目标函数以及最优解，此时强对偶理论和弱对偶理论都是成立的。

（2）如果一个问题有可行解但是目标函数无界（也就是没有最优解），那么另一个问题无可行解（即原问题无界，对偶问题无可行解）。

（3）如果一个问题没有可行解，那么另一个问题要么无可行解，要么无界（原问题无可行解，对偶问题无可行解或者无界）。

对于定理中的第（2）点，目标函数无界，就说明永远存在一个变量的检验数为正（max问题），使得算法结束不了。原问题表的 row 0 中，初始变量的系数 $z_j - c_j$ 相当于对偶问题的剩余变量（surplus variable）。根据上述论述，对于 max 问题，当原问题没有达到最优解时，row 0 中一定有检验数为正（也就是 $z_j - c_j < 0$ 的情况），也就是对偶问题的剩余变量为负，这说明此时对偶问题不可行。

对于定理中的第（3）点，我们在之后的部分再进行解释。

下面是对偶理论的进一步分析理解。

（1）原问题无界，则对偶问题无可行解。

假设原问题为 max 问题，根据上面的理论，原问题的最优性条件为

$$z_j - c_j \geqslant 0, \qquad \forall j = 1, 2, \cdots n$$
$$y_i \geqslant 0, \qquad \forall i = 1, 2, \cdots m$$

如果原问题无界，则说明总存在一个 $z_j - c_j < 0$，使得目标函数可以增加，因此单纯形表迭代停不下来，因此对偶问题无解。因为对偶问题的约束就是

$$\min \quad W = \sum_{i=1}^{m} b_i y_i = y^{\mathrm{T}} b \tag{4.32}$$

$$\sum_{i=1}^{m} a_{ij} y_i \geqslant c_j, \quad \forall j = 1, 2, \cdots, n \tag{4.33}$$

$$y_i \geqslant 0, \qquad \forall i = 1, 2, \cdots, m \tag{4.34}$$

由于约束 i 限制 $\sum_i y_i a_{ij} \geqslant c_j$，我们可以得出

$$\sum_i a_{ij} y_i - c_j = y^{\mathrm{T}} A_j - c_j = c_B^{\mathrm{T}} B^{-1} A_j - c_j = z_j - c_j \geqslant 0$$

因此，就可以按照下面的逻辑推理：原问题无界，从而得到总存在 $z_j - c_j < 0$，从而总存在一些约束应该是对 i 求和 $\sum_i y_i a_{ij} \geqslant c_j$ 不能被满足，因此对偶问题非可行。

（2）原问题无可行解，则对偶问题或者无可行解，或者无界。

根据对偶问题和原问题的对称性，若原问题无界，则对偶问题无可行解。由此可知，若原问题无可行解，则对偶问题可能是无界（有可行解）的。

另外一种情况就是原问题和对偶问题都非可行。

因此原问题无可行解，则对偶问题无界或者非可行。

4.4　最短路问题的对偶

对于比较简单的线性规划问题，我们不难写出其对偶问题，但是对于形式稍微复杂一些的线性规划，写出其对偶问题就不是很容易了。本节我们就以最短路问题（SPP）和多商品网络流问题（MCNF）为例，讲解一种比较方便地写出大规模线性规划对偶的方法：Excel+具体小算例。

首先我们来看 SPP 的模型

$$\min \quad \sum_{e \in A} d_e x_e \tag{4.35}$$

$$\text{s.t.} \quad \sum_{e \in \text{out}(i)} x_e - \sum_{e \in \text{in}(i)} x_e = \begin{cases} 1, & \text{如果 } i = s \\ -1, & \text{如果 } i = t, \forall i \in V \\ 0, & \text{其他} \end{cases} \tag{4.36}$$

$$0 \leqslant x_e \leqslant 1, \qquad\qquad \forall e \in A \tag{4.37}$$

这里花括号里有几个条件判断，直接通过观察就写出该问题的对偶有些困难。

注意：最短路问题即使将整数约束松弛掉，仍然存在最优整数解，因此最短路问题可以转化成等价的线性规划，只有线性规划才可以用本节介绍的方法进行对偶。实际上还存在其他对偶方法，但本书不再进行详细介绍。

4.4.1　借助 Excel 和具体小算例写出大规模 SPP 的对偶

首先我们来看一个比较小的算例。该算例来自文献（Cappanera and Scaparra，2011）。网络结构图和参数如图 4.1所示。

我们根据最短路问题的模型，将上面的小算例的具体形式写到 Excel 表格中，如图 4.2所示。

我们把这个表起个名字，叫原问题表（Primal tabular）。其中，每一列代表一个决策变量 $x_{ij}, \forall (i,j) \in A$。表中其余的部分分别如下：

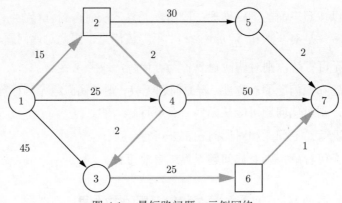

图 4.1　最短路问题：示例网络

	A	B	C	D	E	F	G	H	I	J	K	L	M	N
1	distance	15	25	45	30	2	2	50	2	25	1			
2	min	x_1_2	x_1_4	x_1_3	x_2_5	x_2_4	x_5_7	x_4_7	x_4_3	x_3_6	x_6_7		RHS	Dual Var
3	org, 1	1	1	1								=	1	pi_1
4	inter, 2	-1			1	1						=	0	pi_2
5	inter, 3			-1					-1	1		=	0	pi_3
6	inter, 4		-1			-1		1	1			=	0	pi_4
7	inter, 5				-1		1					=	0	pi_5
8	inter, 6									-1	1	=	0	pi_6
9	des, 7						-1	-1			-1	=	-1	pi_7

图 4.2　SPP 模型：表格形式

（1）第 1 行代表该条 (i,j) 的距离；

（2）第 2 行代表变量 $x_{ij}, \forall (i,j) \in A$；

（3）第 1 行和第 2 行就组成了目标函数 $\sum_{e \in A} d_e x_e$；

（4）第 3~9 行代表每个节点 $\forall i \in V$ 的约束；

（5）最后 1 列代表每个约束的对偶变量（Dual variable）。

完成上面的工作以后，接下来就是最关键的部分。按照对偶的方法，进行下面的操作：

（1）将原问题表的 RHS 列和对偶变量列复制，转置成 2 行，放在一个新表格（我们给它起名叫对偶问题表（Dual tabular））的头 2 行；

（2）然后将原问题表的整个约束系数矩阵复制，转置到对偶问题表头 2 行下面；

（3）再把原问题表的 distance 行和 min 行复制，转置，放在对偶问题表的最右面 2 列；

（4）最后把对偶问题表中改成 max；

（5）为了明确对偶问题中各个变量的符号（正负性）以及每个约束的符号（relation），在对偶问题表中加入 1 行（就是第 3 行），表示变量的符号。同时在对偶问题表约束矩阵后加入 1 列，表示约束的符号。

完成上面的所有操作后，对偶问题表就是如图 4.3所示的样式。

	A	B	C	D	E	F	G	H	I	J
1	RHS	1	0	0	0	0	0	-1		
2	Dual Var	pi_1	pi_2	pi_3	pi_4	pi_5	pi_6	pi_7		
3	max	=	=	=	=	=	=	=		
4	x_1_2	1	-1						<=	15
5	x_1_4	1			-1				<=	25
6	x_1_3	1		-1					<=	45
7	x_2_5		1			-1			<=	30
8	x_2_4		1		-1				<=	2
9	x_5_7					1		-1	<=	2
10	x_4_7				1			-1	<=	50
11	x_4_3			-1	1				<=	2
12	x_3_6			1			-1		<=	25
13	x_6_7						1	-1	<=	1

图 4.3　SPP 模型的对偶问题：表格形式

按照上面关系图中的信息，我们可以确定，对偶变量 π_i 都是无约束的，我们用 = 表示，对偶问题中的约束都是 $\leqslant$ 的。这样，对偶就完成了。

但是，这还是一个具体算例的对偶，需要将这个具体的算例通过提取信息并整理，将其写成一个通用的公式形式。

观察图 4.3，每行都对应一条弧 $(i,j) \in A$，例如第 1 行是 $(1,2)$，第 2 行是 $(1,4)$ 等。可以看到，对应出发点的变量系数全是 1，对应终点的系数全是 -1，无一例外，因此可以断定，这个约束可以写为如下形式：

$$\pi_i - \pi_j \leqslant d_{ij}, \quad \forall (i,j) \in A$$

结合目标函数以及变量的符号，可以写出 SPP 的对偶问题的数学表达式形式如下：

$$\max \quad \pi_s - \pi_t \tag{4.38}$$
$$\text{s.t.} \quad \pi_i - \pi_j \leqslant d_{ij}, \quad \forall (i,j) \in A \tag{4.39}$$
$$\pi_i \ \text{free}, \quad \forall i \in V \tag{4.40}$$

此时，SPP 的对偶问题就完成了。但是还有一些小的地方需要注意，根据文献（Cappanera and Scaparra, 2011），我们还能稍微做一些小拓展。

首先把所有对偶变量取相反数，等价转化为

$$\max \quad \pi_t - \pi_s \tag{4.41}$$
$$\text{s.t.} \quad \pi_j - \pi_i \leqslant d_{ij}, \quad \forall (i,j) \in A \tag{4.42}$$
$$\pi_i \ \text{free}, \quad \forall i \in V \tag{4.43}$$

因为 π_i 是无约束（free）的，因此上述转化是等价的。也正由于 π_i 是无约束的，且是最大化 $\pi_s - \pi_t$，因此可以直接把 π_s 设置成 0，也就是约束 $\pi_s = 0$，这样并不会改变最优解。当然，仍然保持目标函数为 max，就可以把模型等价转化为

$$\max \quad \pi_t \tag{SPP-Dual}$$

$$\text{s.t.} \qquad \pi_j - \pi_i \leqslant d_{ij}, \qquad \forall (i,j) \in A \tag{4.44}$$

$$\pi_s = 0 \tag{4.45}$$

$$\pi_i \text{ free}, \qquad \forall i \neq s, i \in V \tag{4.46}$$

这样就能保证所有的对偶变量 π_i 都是非负的,这个模型与原模型完全等价,而且问题复杂度相同。

依据这个模型,可以对对偶问题进行一个比较直观的理解了。

> 就像生产计划问题的对偶问题,可以按照出租的逻辑来理解一样,SPP 问题的原问题是一个客户要在网络上从起点到终点走一条最短路线,花销最少。那么 SPP 的对偶问题就可以理解为,从网络运营者的角度,就是要通过在每个节点设置收费金额,来看看能获得的收益的下限。即运营者要获得利润,就需要在每个节点设置收费金额(或者惩罚金额),并且设置完成后,运营者想要知道该种设置方案最低能获得多少收益(即使用者走最短路的情况下,运营者的收益是多少。当然,使用者不走最短路,运营者的收益会更大)。关于惩罚的设置也有一个硬性要求,即在一条边连接的两个节点上,惩罚的差值不能超过这条边的权重。在每个节点上的惩罚金额,实际上就可以看作到达该点的最小费用。最终通过考查终点 t 的惩罚金额 π_t,我们就可以得知该网络的最少收益是多少了(即 π_t 的取值)。

4.4.2　SPP 中存在负环的特例

根据上面的例子,这里写出了 SPP 的对偶问题,但是还有一些情况需要注意,就是如果 SPP 的网络中存在负环,其对偶问题就会无解。看下面这个带有负环的例子,如图 4.4 所示。

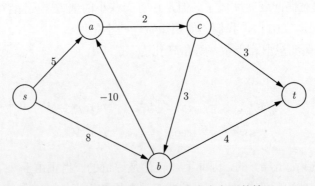

图 4.4　最短路问题:网络中存在负环的情况

这里用 Python 调用 Gurobi 求解该算例的最优解,代码如下:

SPPExampleNegativeCycle.py

```
1  from gurobipy import *
2  import pandas as pd
3  import numpy as np
4
5  Nodes = ['s', 'a', 'b', 'c', 't']
6
7  Arcs = {('s','a'): 5
8         ,('s','b'): 8
9         ,('a','c'): 2
10        ,('b','a'): -10
11        ,('c','b'): 3
12        ,('b','t'): 4
13        ,('c','t'): 3
14        }
15
16 model = Model('dual problem')
17
18 # add decision variables
19 X = {}
20 for key in Arcs.keys():
21     index = 'x_' + key[0] + ',' + key[1]
22     X[key] = model.addVar(vtype=GRB.BINARY
23                          , name= index
24                          )
25
26 # add objective function
27 obj = LinExpr(0)
28 for key in Arcs.keys():
29     obj.addTerms(Arcs[key], X[key])
30
31 model.setObjective(obj, GRB.MINIMIZE)
32
33 # constraint 1 and constraint 2
34 lhs_1 = LinExpr(0)
35 lhs_2 = LinExpr(0)
36 for key in Arcs.keys():
37     if(key[0] == 's'):
38         lhs_1.addTerms(1, X[key])
39     elif(key[1] == 't'):
40         lhs_2.addTerms(1, X[key])
41 model.addConstr(lhs_1 == 1, name = 'start flow')
```

```
42  model.addConstr(lhs_2 == 1, name = 'end flow')
43
44  # constraints 3
45  for node in Nodes:
46      lhs = LinExpr(0)
47      if(node != 's' and node != 't'):
48          for key in Arcs.keys():
49              if(key[1] == node):
50                  lhs.addTerms(1, X[key])
51              elif(key[0] == node):
52                  lhs.addTerms(-1, X[key])
53      model.addConstr(lhs == 0, name = 'flow conservation')
54
55  model.write('model_spp.lp')
56  model.optimize()
57
58  print(model.ObjVal)
59  for var in model.getVars():
60      if(var.x > 0):
61          print(var.varName, '\t', var.x)
```

求解结果如下：

SPPExampleNegativeCycle.py

```
1  Solution count 1: 3
2
3  Optimal solution found (tolerance 1.00e-04)
4  Best objective 3.000000000000e+00, best bound 3.000000000000e+00, gap
         0.0000%
5  3.0
6  x_s,b    1.0
7  x_a,c    1.0
8  x_b,a    1.0
9  x_c,t    1.0
```

可以看到，最短路为 $s \to b \to a \to c \to t$，路径长度为3。

但是如果我们用求解器求解其对偶问题，根据模型 (SPP-Dual) 写出代码如下：

SPPExampleNegativeCycle.py

```
1  model = Model('dual problem')
2
3  pi_a = model.addVar(lb=-1000, ub=1000, vtype=GRB.CONTINUOUS, name= "pi_a")
4  pi_b = model.addVar(lb=-1000, ub=1000, vtype=GRB.CONTINUOUS, name= "pi_b")
```

```
5   pi_c = model.addVar(lb=-1000, ub=1000, vtype=GRB.CONTINUOUS, name= "pi_c")
6   pi_s = model.addVar(lb=0, ub=0, vtype=GRB.CONTINUOUS, name= "pi_s")
7   pi_t = model.addVar(lb=-1000, ub=1000, vtype=GRB.CONTINUOUS, name= "pi_t")
8
9   obj = LinExpr(0)
10  obj.addTerms(1 , pi_t)
11  model.setObjective(obj, GRB.MAXIMIZE)
12
13  # lhs relation , rhs
14  model.addConstr(pi_a - pi_s <= 5)
15  model.addConstr(pi_b - pi_s <= 8)
16  model.addConstr(pi_t - pi_c <= 3)
17  model.addConstr(pi_t - pi_b <= 4)
18  model.addConstr(pi_a - pi_b <= -10)
19  model.addConstr(pi_c - pi_a <= 2)
20  model.addConstr(pi_b - pi_c <= 3)
21
22  model.write('model2.lp')
23  model.optimize()
24
25  print(model.ObjVal)
26  for var in model.getVars():
27      print(var.varName, '\t', var.x)
```

求解结果如下:

SPPExampleNegativeCycle.py

```
1   Gurobi Optimizer version 9.0.1 build v9.0.1rc0 (win64)
2   Optimize a model with 7 rows, 5 columns and 14 nonzeros
3   Model fingerprint: 0xd51f0a26
4   Coefficient statistics:
5     Matrix range      [1e+00, 1e+00]
6     Objective range   [1e+00, 1e+00]
7     Bounds range      [1e+03, 1e+03]
8     RHS range         [2e+00, 1e+01]
9   Presolve time: 0.00s
10  Presolved: 7 rows, 5 columns, 14 nonzeros
11
12  Iteration    Objective        Primal Inf.      Dual Inf.       Time
13       0     2.0100000e+03    5.026250e+02    0.000000e+00       0s
14
15  Solved in 2 iterations and 0.01 seconds
16  Infeasible model
```

可以看到结果为不可行。这是因为到一个点 i 的最小费用为 π_i，同一条弧 (i,j) 上的两个点的费用差值必须满足 $\pi_j - \pi_i \leqslant d_{ij}$，如果 d_{ij} 为负，会导致同一个点 i 对应多个最小费用 π_i，问题当然会变得不可行。

如果将 (b,a) 的权重修改为 10，如图 4.5 所示。

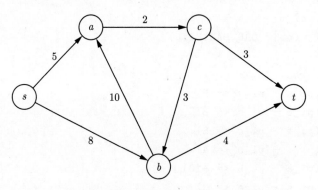

图 4.5　最短路问题：通过修改边的权重，将负环删去

相应地将代码中的对应约束改成如下形式：

SPPExampleNegativeCycle.py

```
1  # model.addConstr(pi_a - pi_b <= -10)
2  model.addConstr(pi_a - pi_b <= 10)
```

重新求解模型，可以得到结果如下：

SPPExampleNegativeCycle.py

```
1  Iteration     Objective        Primal Inf.     Dual Inf.      Time
2       0      1.0000000e+01    2.501250e+02    0.000000e+00     0s
3       2      1.0000000e+01    0.000000e+00    0.000000e+00     0s
4
5  Solved in 2 iterations and 0.02 seconds
6  Optimal objective  1.000000000e+01
7  10.0
8  pi_s      0.0
9  pi_a      5.0
10 pi_b      6.0
11 pi_c      7.0
12 pi_t      10.0
```

这次的最优解为 $s \rightarrow a \rightarrow c \rightarrow t$，路径长度为 10。

我们也发现，当设置 $\pi_s = 0$ 时，$\pi_i, i \in \{s, a, b, d, t\}$ 的取值，正好是从起点 s 出发到达点 i 的最短距离。这正好印证了之前的解释，即 π_i 就代表从起始点 s 出发到达点 i 的最短距离。

4.5　多商品网络流问题的对偶

之前章节探讨了 SPP 的对偶，接下来看一个更困难的例子，多商品网络流（Multicom-modity Network Flow，MCNF）问题的对偶。首先给出该问题的数学模型如下：

$$\min \quad \sum_{(i,j)\in A} \sum_k c_{ij}^k x_{ij}^k \qquad\qquad (\text{MCNF})$$

$$\text{s.t.} \quad \sum_j x_{ij}^k - \sum_j x_{ji}^k = \begin{cases} d_k, & \text{如果 } i = s_k \\ -d_k, & \text{如果 } i = t_k, \forall i \in V, \forall k \in K \\ 0, & \text{其他} \end{cases} \qquad (4.47)$$

$$\sum_k x_{ij}^k \leqslant u_{ij}, \qquad \forall (i,j) \in A \qquad\qquad (4.48)$$

$$x_{ij}^k \geqslant 0, \qquad \forall (i,j) \in A, k \in K \qquad\qquad (4.49)$$

上述模型中，有几个判断条件，比如 $i = s_k$，另外，决策变量 x_{ij}^k 比 SPP 复杂。

4.5.1　借助 Excel 和具体小算例写出大规模 MCNF 的对偶

同样，下面以文献（Cappanera and Scaparra，2011）中的算例为例子。具体网络和参数如图 4.6 所示。

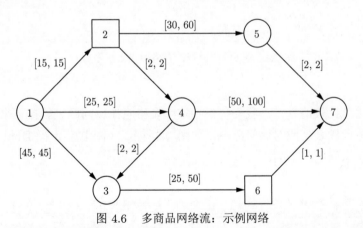

图 4.6　多商品网络流：示例网络

假设这里考虑有 2 个商品流，分别表示如下：

（1）commodity 1：[1, 7, 25]

（2）commodity 2：[2, 6, 2]

其中，[1, 7, 25] 表示起点为 1、终点为 7、需求是 25 单位。

然后按照模型和算例网络结构，把具体模型写出来，如图 4.7所示。

	A	B	C	D	E	F	G	H	I	J	K	L	M	N	O	P	Q	R	S	T	U	V	W	X
1		15	15	25	25	45	45	30	30	2	2	2	2	50	50	2	2	25	25	1	1			
2	min	x_1_2_0	x_1_2_1	x_1_4_0	x_1_4_1	x_1_3_0	x_1_3_1	x_2_5_0	x_2_5_1	x_2_4_0	x_2_4_1	x_5_7_0	x_5_7_1	x_4_7_0	x_4_7_1	x_4_3_0	x_4_3_1	x_3_6_0	x_3_6_1	x_6_7_0	x_6_7_1		RHS	dual var
3	org, 1_0	1		1		1																=	25	pi_1_0
4	inter, 2_0	−1						1		1												=	0	pi_2_0
5	inter, 3_0					−1										−1		1				=	0	pi_3_0
6	inter, 4_0			−1						−1				1		1						=	0	pi_4_0
7	inter, 5_0							−1				1										=	0	pi_5_0
8	inter, 6_0																	−1		1		=	0	pi_6_0
9	des, 7_0											−1		−1						−1		=	−25	pi_7_0
10	inter, 1_1		1		1		1															=	0	pi_1_1
11	org, 2_1		−1						1		1											=	2	pi_2_1
12	inter, 3_1						−1										−1		1			=	0	pi_3_1
13	inter, 4_1				−1						−1				1		1					=	0	pi_4_1
14	inter, 5_1								−1				1									=	0	pi_5_1
15	des, 6_1																		−1		1	=	−2	pi_6_1
16	inter, 7_1												−1		−1						−1	=	0	pi_7_1
17	capacity, 1,2	1	1																			<=	15	mu_1_2
18	capacity, 1,4			1	1																	<=	25	mu_1_4
19	capacity, 1,3					1	1															<=	45	mu_1_3
20	capacity, 2,5							1	1													<=	60	mu_2_5
21	capacity, 2,4									1	1											<=	2	mu_2_4
22	capacity, 5,7											1	1									<=	2	mu_5_7
23	capacity, 4,7													1	1							<=	100	mu_4_7
24	capacity, 4,3															1	1					<=	2	mu_4_3
25	capacity, 3,6																	1	1			<=	50	mu_3_6
26	capacity, 6,7																			1	1	<=	1	mu_6_7

图 4.7　MCNF 模型：表格形式

这里 $x_1_2_0$ 就对应 x_{12}^0，其余变量的对应关系类似。

这个看上去不太有规律，我们按照商品流（commodity）k 把上面的表格整理一下，变成下面更直观的形式。

	A	B	C	D	E	F	G	H	I	J	K	L	M	N	O	P	Q	R	S	T	U	V	W	X
1	cost	15	25	45	30	2	2	50	2	25	1	15	25	45	30	2	2	50	2	25	1			
2	min	x_1_2_0	x_1_4_0	x_1_3_0	x_2_5_0	x_2_4_0	x_5_7_0	x_4_7_0	x_4_3_0	x_3_6_0	x_6_7_0	x_1_2_1	x_1_4_1	x_1_3_1	x_2_5_1	x_2_4_1	x_5_7_1	x_4_7_1	x_4_3_1	x_3_6_1	x_6_7_1		RHS	dual var
3	org, 1_0	1	1	1																		=	25	pi_1_0
4	inter, 2_0	−1			1	1																=	0	pi_2_0
5	inter, 3_0			−1					−1	1												=	0	pi_3_0
6	inter, 4_0		−1			−1		1	1													=	0	pi_4_0
7	inter, 5_0				−1		1															=	0	pi_5_0
8	inter, 6_0									−1	1											=	0	pi_6_0
9	des, 7_0						−1	−1			−1											=	−25	pi_7_0
10	inter, 1_1											1	1	1								=	0	pi_1_1
11	org, 2_1											−1			1	1						=	2	pi_2_1
12	inter, 3_1													−1					−1	1		=	0	pi_3_1
13	inter, 4_1												−1			−1		1	1			=	0	pi_4_1
14	inter, 5_1														−1		1					=	0	pi_5_1
15	des, 6_1																			−1	1	=	−2	pi_6_1
16	inter, 7_1																−1	−1			−1	=	0	pi_7_1
17	capacity, 1,2	1										1										<=	15	mu_1_2
18	capacity, 1,4		1										1									<=	25	mu_1_4
19	capacity, 1,3			1										1								<=	45	mu_1_3
20	capacity, 2,5				1										1							<=	60	mu_2_5
21	capacity, 2,4					1										1						<=	2	mu_2_4
22	capacity, 5,7						1										1					<=	2	mu_5_7
23	capacity, 4,7							1										1				<=	100	mu_4_7
24	capacity, 4,3								1										1			<=	2	mu_4_3
25	capacity, 3,6									1										1		<=	50	mu_3_6
26	capacity, 6,7										1										1	<=	1	mu_6_7

图 4.8　MCNF 模型：表格形式（排序后）

现在看上去就比较清楚了。我们仍然把这个表格叫作原问题表。接下来我们按照同样的方法，根据原问题表生成对偶问题表，如图 4.9所示。（图中第 3 行 Dual 是对偶问题的解，是通过求解原问题得来的。）

	A	B	C	D	E	F	G	H	I	J	K	L	M	N	O	P	Q	R	S	T	U	V	W	X	Y	Z	AA
1	RHS	25	0	0	0	0	0	−25	0	2	0	0	0	−2	0	15	25	45	60	2	2	100	2	50	1		
2	dual va	pi_1_0	pi_2_0	pi_3_0	pi_4_0	pi_5_0	pi_6_0	pi_7_0	pi_1_1	pi_2_1	pi_3_1	pi_4_1	pi_5_1	pi_6_1	pi_7_1	mu_1_2	mu_1_4	mu_1_3	mu_2_5	mu_2_4	mu_5_7	mu_4_7	mu_4_3	mu_3_6	mu_6_7		
3	Dual	75	60	30	50	20	5	0	0	10	−20	0	0	−45	0	0	0	0	0	−8	0	0	−18	0	0		
4		=	=	=	=	=	=	=	=	=	=	=	=	=	=	<=	<=	<=	<=	<=	<=	<=	<=	<=	<=		
5	x_1_2_0	1	−1													1										<=	15
6	x_1_4_0	1			−1												1									<=	25
7	x_1_3_0	1		−1														1								<=	45
8	x_2_5_0		1			−1													1							<=	30
9	x_2_4_0		1		−1															1						<=	2
10	x_5_7_0					1		−1													1					<=	2
11	x_4_7_0				1			−1														1				<=	50
12	x_4_3_0			−1	1																		1			<=	2
13	x_3_6_0			1			−1																	1		<=	25
14	x_6_7_0						1	−1																	1	<=	1
15	x_1_2_1								1	−1						1										<=	15
16	x_1_4_1								1			−1					1									<=	25
17	x_1_3_1								1		−1							1								<=	45
18	x_2_5_1									1			−1						1							<=	30
19	x_2_4_1									1		−1								1						<=	2
20	x_5_7_1												1		−1						1					<=	2
21	x_4_7_1											1			−1							1				<=	50
22	x_4_3_1										−1	1											1			<=	2
23	x_3_6_1										1			−1										1		<=	25
24	x_6_7_1													1	−1										1	<=	1

图 4.9　MCNF 模型：Dual tabular

4.5.2　将 Excel 中的对偶问题表转化成公式形式

为了区分 u 和 μ，对表格中的 mu，我们就用 λ 进行替换，如下：

$$\max \quad \sum_{k \in K} d_k \left(\pi_{i=s_k}^k - \pi_{i=t_k}^k \right) + \sum_{(i,j) \in A} u_{ij} \lambda_{ij} \tag{4.50}$$

$$\text{s.t.} \quad \pi_i^k - \pi_j^k + \lambda_{ij} \leqslant c_{ij}^k, \qquad \forall k \in K, \forall (i,j) \in A \tag{4.51}$$

$$\pi_i^k \ \text{free}, \qquad \forall k \in K, \forall i \in V \tag{4.52}$$

$$\lambda_{ij} \leqslant 0, \qquad \forall (i,j) \in A \tag{4.53}$$

当然了，按照运筹学学者的习惯，还是跟之前章节 SPP 的对偶中一样做同样的操作如下：

（1）将所有对偶变量 π_i^k 取相反数；

（2）把原约束中 $\pi_i^k - \pi_j^k$ 改成 $\pi_j^k - \pi_i^k$；

（3）将 $\pi_{i=s_k}^k$ 设置成 0，也就是 $\pi_{i=s_k}^k = 0$。

这 3 个隐含小动作，很多论文不会明显提及，如果不细心钻研，有可能会非常困惑。最终 MCNF 模型的对偶问题就变成了下面的形式：

$$\max \quad \sum_{k \in K} d_k \pi_{i=t_k}^k + \sum_{(i,j) \in A} u_{ij} \lambda_{ij} \tag{4.54}$$

$$\text{s.t.} \quad \pi_j^k - \pi_i^k + \lambda_{ij} \leqslant c_{ij}^k, \qquad \forall k \in K, \forall (i,j) \in A \tag{4.55}$$

$$\pi_{s_k}^k = 0, \tag{4.56}$$

$$\pi_i^k \ \text{free}, \qquad \forall k \in K, \forall i \in V \tag{4.57}$$

$$\lambda_{ij} \leqslant 0, \qquad \forall (i,j) \in A \tag{4.58}$$

4.5.3　Python 调用 Gurobi 求解 MCNF

下面给出 Python 调用 Gurobi 求解 MCNF 的代码：

MCNFGurobi.py

```python
from gurobipy import *
import pandas as pd
import numpy as np
from pandas import Series, DataFrame
import math

Arcs = {'1,2': [15, 15]     # cost flow
        ,'1,4': [25, 25]
        ,'1,3': [45, 45]
        ,'2,5': [30, 60]
```

```
11              ,'2,4': [2, 2]
12              ,'5,7': [2, 2]
13              ,'4,7': [50, 100]
14              ,'4,3': [2, 2]
15              ,'3,6': [25, 50]
16              ,'6,7': [1, 1]
17          }
18
19  Nodes = [1, 2, 3, 4, 5, 6, 7]
20
21  commodity = [[1, 7, 25],  # s_i, d_i, demand
22               [2, 6, 2] ]
23
24  model = Model('MultiCommodity')
25
26  # add variables
27  X = {}
28  for key in Arcs.keys():
29      for k in range(len(commodity)):
30          key_x = key + ',' + str(k)
31          X[key_x] = model.addVar(lb=0
32                                  ,ub=Arcs[key][1]
33                                  ,vtype=GRB.CONTINUOUS
34                                  ,name= 'x_' + key_x
35                                  )
36  # add objective function
37  obj = LinExpr(0)
38  for key in Arcs.keys():
39      for k in range(len(commodity)):
40          key_x = key + ',' + str(k)
41          obj.addTerms(Arcs[key][0], X[key_x])
42  model.setObjective(obj, GRB.MINIMIZE)
43
44  # constraint 1
45  for k in range(len(commodity)):
46      for i in Nodes:
47          lhs = LinExpr(0)
48          for key_x in X.keys():
49  #             nodes = key_x.split(',')
50              if(i == (int)(key_x.split(',')[0]) and k == (int)(key_x.split
        (',')[2])):
51                  lhs.addTerms(1, X[key_x])
```

```python
52              if(i == (int)(key_x.split(',')[1]) and k == (int)(key_x.split
        (',')[2])):
53                  lhs.addTerms(-1, X[key_x])
54          if(i == commodity[k][0]):
55              model.addConstr(lhs == commodity[k][2], name='org_, ' + str(i) +
        '_' + str(k))
56          elif(i == commodity[k][1]):
57              model.addConstr(lhs == -commodity[k][2], name='des_, ' + str(i)
        + '_' + str(k))
58          else:
59              model.addConstr(lhs == 0, name='inter_, ' + str(i) + '_' + str
        (k))
60
61 # constraint 2
62 for key in Arcs.keys():
63     lhs = LinExpr(0)
64     for k in range(len(commodity)):
65         key_x = key + ',' + str(k)
66         lhs.addTerms(1, X[key_x])
67     model.addConstr(lhs <= Arcs[key][1], name = 'capacity_, ' + key)
68
69 model.write('Multicommodity_model.lp')
70 model.optimize()
71
72 for var in model.getVars():
73     if(var.x > 0):
74         print(var.varName, '\t', var.x)
75 dual = model.getAttr("Pi", model.getConstrs())
76 print('duals = ', dual)
```

求解结果如下：

MCNFGurobiResult.py

```
1 Solved in 0 iterations and 0.01 seconds
2 Optimal objective  1.873000000e+03
3 x_1,2,0          2.0
4 x_1,4,0          22.0
5 x_1,3,0          1.0
6 x_2,5,0          2.0
7 x_2,4,1          2.0
8 x_5,7,0          2.0
9 x_4,7,0          22.0
10 x_4,3,1          2.0
```

```
11  x_3,6,0          1.0
12  x_3,6,1          2.0
13  x_6,7,0          1.0
14
15  duals =  [75.0, 60.0, 30.0, 50.0, 30.0, 5.0, 0.0, 0.0, 10.0, -20.0, 0.0,
            0.0, -45.0, 0.0, 0.0, 0.0, 0.0, 0.0, -8.0, 0.0, 0.0, -18.0, 0.0, 0.0]
```

接下来继续用 Python 调用 Gurobi 建立 MCNF 的对偶问题的模型并求解，来验证模型的正确性。具体代码如下：

MCNFGurobiDualModel.py

```python
1  from gurobipy import *
2  import pandas as pd
3  import numpy as np
4  from pandas import Series, DataFrame
5  import math
6
7  Arcs = {'1,2': [15, 15]      # cost flow
8          ,'1,4': [25, 25]
9          ,'1,3': [45, 45]
10          ,'2,5': [30, 60]
11          ,'2,4': [2, 2]
12          ,'5,7': [2, 2]
13          ,'4,7': [50, 100]
14          ,'4,3': [2, 2]
15          ,'3,6': [25, 50]
16          ,'6,7': [1, 1]
17          }
18
19  Nodes = [1, 2, 3, 4, 5, 6, 7]
20
21  commodity = [[1, 7, 25],   # s_i, d_i, demand
22               [2, 6, 2] ]
23
24  DualModel = Model('MultiCommodity Dual')
25
26  # add variables
27  pi = {}
28  lam = {}
29
30  for i in Nodes:
31      for k in range(len(commodity)):
32          key = str(i) + ',' + str(k)
```

```
33              pi[key] = DualModel.addVar(lb=-1000
34                                  ,ub=1000
35                                  ,vtype=GRB.CONTINUOUS
36                                  ,name= 'pi_' + str(i) + '_' + str(k)
37                                  )
38  for key in Arcs.keys():
39      lam[key] = DualModel.addVar(lb=-10000
40                                  ,ub=0
41                                  ,vtype=GRB.CONTINUOUS
42                                  ,name= 'lam_' + key
43                                  )
44
45  # add objective function
46  obj = LinExpr(0)
47  for key in Arcs.keys():
48      obj.addTerms(Arcs[key][1], lam[key])
49  for k in range(len(commodity)):
50      for i in Nodes:
51          if(i == commodity[k][1]):
52              key = str(i) + ',' + str(k)
53              obj.addTerms(commodity[k][2], pi[key])
54
55  DualModel.setObjective(obj, GRB.MAXIMIZE)
56
57  # constraint 1
58  for k in range(len(commodity)):
59      for arc in Arcs.keys():
60          i = (int)(arc.split(',')[0])
61          j = (int)(arc.split(',')[1])
62          key_pi_i = str(i) + ',' + str(k)
63          key_pi_j = str(j) + ',' + str(k)
64          DualModel.addConstr(pi[key_pi_j] - pi[key_pi_i] + lam[arc] <= Arcs
            [arc][0], name='cons1_, ' + str(i) + '_' + str(j) + '_' + str(k))
65
66  # constraint 2 : set pi_sk_k = 0
67  for k in range(len(commodity)):
68      key = str(commodity[k][0]) + ',' + str(k)
69      DualModel.addConstr(pi[key] == 0, name='pi_, ' +  str(commodity[k][0]) +
            ',' + str(k))
70
71
72  DualModel.write('Multicommodity_model_Dual.lp')
```

```
73  DualModel.optimize()
74
75  print('obj = ', DualModel.ObjVal)
76  for var in DualModel.getVars():
77      if(var.x > 0):
78          print(var.varName, '\t', var.x)
79  dual = DualModel.getAttr("Pi", DualModel.getConstrs())
80  print('duals = ', dual)
```

求解结果如下:

MCNFGurobiDualResult.py

```
1   Iteration      Objective        Primal Inf.      Dual Inf.        Time
2        0      2.8204000e+04    1.133125e+03     0.000000e+00      0s
3       16      1.8730000e+03    0.000000e+00     0.000000e+00      0s
4
5   Solved in 16 iterations and 0.01 seconds
6   Optimal objective   1.873000000e+03
7
8   # 目标函数 $\sum\limits_{k \in K} d_k \pi_{i=t_k}^k + \sum\limits_{(i,j) \in A} u_{ij} \lambda_{ij}$
9   obj =   1873.0
10
11  # $\pi_i^k$ 的取值
12  pi_1_0    0.0
13  pi_1_1    1000.0
14  pi_2_0    15.0
15  pi_2_1    0.0
16  pi_3_0    45.0
17  pi_3_1    975.0
18  pi_4_0    25.0
19  pi_4_1    955.0
20  pi_5_0    45.0
21  pi_5_1    -1000.0
22  pi_6_0    70.0
23  pi_6_1    1000.0
24  pi_7_0    75.0
25  pi_7_1    -1000.0
26
27  # $\lambda_{ij}$ 的取值
28  lam_1,2          0.0
29  lam_1,4          0.0
30  lam_1,3          0.0
```

```
31  lam_2,5          0.0
32  lam_2,4          -953.0
33  lam_5,7          -28.0
34  lam_4,7          0.0
35  lam_4,3          -18.0
36  lam_3,6          0.0
37  lam_6,7          -4.0
38
39  duals = [2.0, 22.0, 1.0, 2.0, 0.0, 2.0, 22.0, -0.0, 1.0, 1.0, 0.0, 0.0,
            0.0, 0.0, 2.0, 0.0, 0.0, 2.0, 2.0, 0.0, 25.0, 2.0]
```

可以看到，该解与原模型的解是相同的，且对偶问题的对偶变量，也和原问题的最优解是相同的。

到这里，相信大家已经对上面的方法有了比较全面的理解，在之后的科研工作中遇到类似的问题，也可以更得心应手。

PART TWO

常用优化求解器API详解及应用案例

第5章 CPLEX的Java API详解及简单案例

本章主要介绍 Java 调用 CPLEX 的 API,以 Eclipse 作为集成开发环境(IDE)为例,讲解 CPLEX Java 的安装与配置,然后分析建模过程以及其中用到的变量与函数,并通过实例演示帮助读者深入理解。本章大量内容参考自 CPLEX 官方用户手册(参见网址https://www.ibm.com/support/knowledgecenter),为方便阅读起见,我们对具体参考位置不做特殊标注。

5.1 基于 Eclipse 的 CPLEX Java API 的安装与配置: 适用于 macOs

CPLEX 官方实例的功能说明参见网址 https://www.ibm.com/support/knowledgecenter/zh/SSSA5P_12.8.0/ilog.odms.cplex.help/CPLEX/Examples/topics/exampleJava.html。

(1)下载安装 CPLEX,并记住安装目录。

(2)导入 Cplex.jar 包。

① 第 1 步如图 5.1 所示。

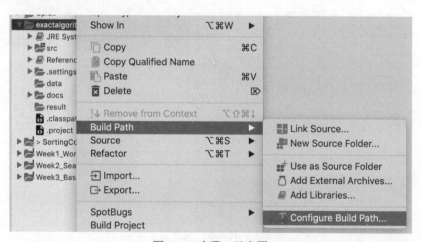

图 5.1　步骤一示意图

② 第 2 步如图 5.2 所示。

③ 第 3 步如图 5.3 所示。

(3)设置 Javadoc。

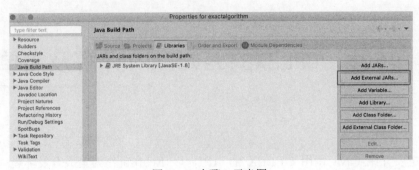

图 5.2　步骤二示意图

① 设置。

第 1 步如图 5.4 所示。

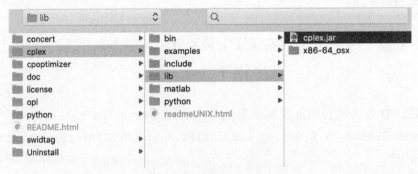

图 5.3　步骤三示意图

图 5.4　Javadoc 设置第 1 步

第 2 步如图 5.5 所示。

② 效果。

悬停查看类、方法、属性等的说明如图 5.6 所示。

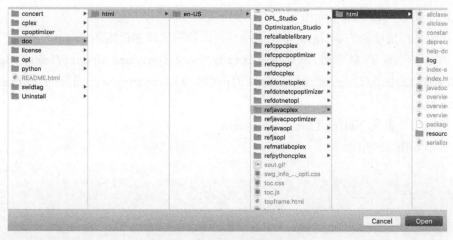

图 5.5　Javadoc 设置第 2 步

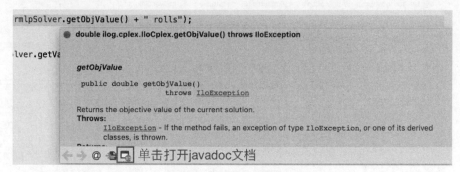

图 5.6　Javadoc 效果 1

在 Eclipse 中直接打开 Javadoc 文件，如图 5.7 所示。

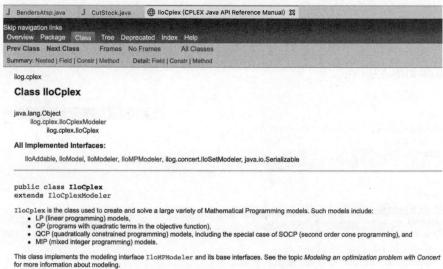

图 5.7　Javadoc 效果 2

（4）设置 Djava.library.path。

该功能是指定依赖的非 Java 库文件路径，比如用来添加指定的 *.so、*.dll。

① 方法 1：设置 JVM 参数，参见网址 https://www.ibm.com/support/knowledgecen-ter/SSSA5P_12.5.0/ilog.odms.cplex.help/CPLEX/GettingStarted/topics/set_up/Eclipse.html。

② 方法 2：设置 Native Library Location。

第 1 步如图 5.8 所示。

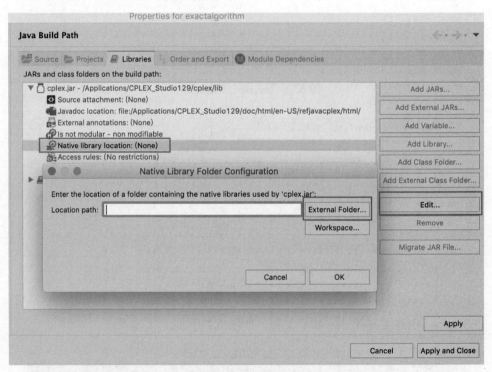

图 5.8　Djava.library.path1

第 2 步如图 5.9 所示。

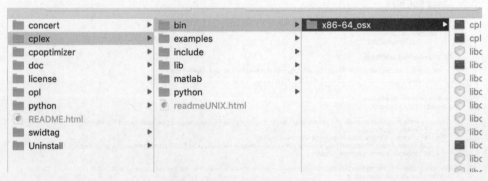

图 5.9　Djava.library.path2

（5）完成，如图 5.10 所示。

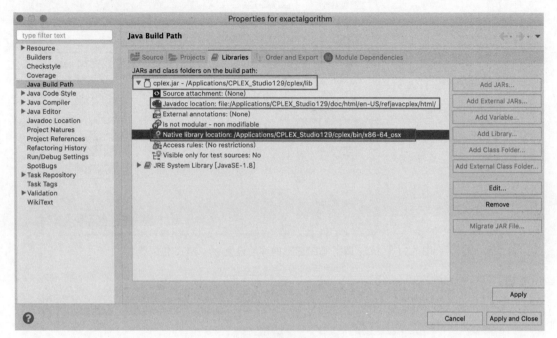

图 5.10 完成

5.2 基于 Eclipse 的 CPLEX Java API 的安装与配置：适用于 Windows

5.2.1 基本环境配置

Java 调用 CPLEX 之前首先需要安装 JDK 和 CPLEX。这里选用比较常用的 Eclipse 作为编辑器，以此实现 Java 调用 CPLEX。

安装完 JDK 和 CPLEX 之后，还需要把 CPLEX 提供的 JAR 包 cplex.jar 添加到 Java 项目的路径中去，才能实现 Java 对 CPLEX 的调用。

具体设置方法如下。

（1）新建一个 Java 的 Project；

（2）右击 Project，选中 Build Path；

（3）选择 Libries -> Add External JARs；

（4）找到 CPLEX 的安装目录下的 C:\Develop\CPLEX128\cplex\lib 目录下的 cplex.jar 即可；

（5）单击 Apply and Close 按钮。

具体实现过程分别如图 5.11 和图 5.12 所示。

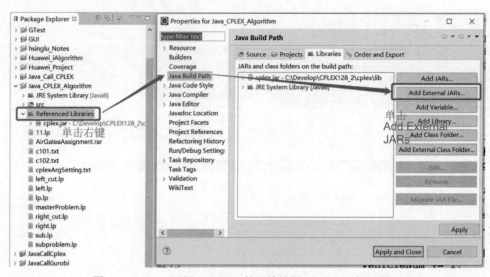

图 5.11   Java 调用 CPLEX 的环境设置——JAR 包配置 1

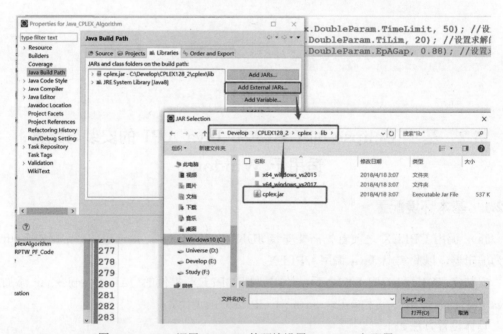

图 5.12   Java 调用 CPLEX 的环境设置——JAR 包配置 2

5.2.2   环境设置中 java.library.path 的问题

完成 JAR 包的设置以后，在运行代码时还有可能会出现如图 5.13 所示的问题。

如果出现以上的报错信息 no cplex in java.library.path，提示说 try invoking java with java -Djava.library.path = ...，我们可以做以下处理：选择 Run –> Run configurations –> Arguments –> VM Arguments，在其中输入-Djava.library.path=C:\Develop\CPLEX128 \cplex\bin\x64_win64，然后运行即可。也就是把-Djava.library.path 设置成 CPLEX 的安装目录即可。

具体操作如图 5.14 所示。

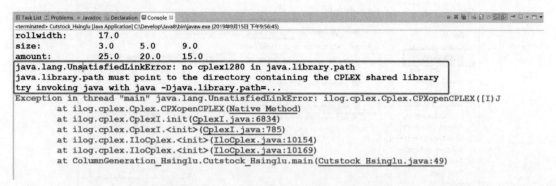

图 5.13 运行代码时可能会有的报错信息

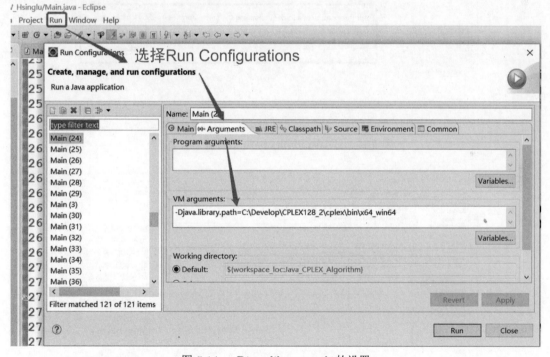

图 5.14 -Djava.library.path 的设置

第 2 种解决办法如下。

（1）右击 Java Project，选中 Build Path 选项；

（2）选择 Libries –> cplex.jar 选项；

（3）打开 cplex.jar 的下拉菜单，选择 Native library location 选项；

（4）将 Native library location 设置成 C:\Develop\CPLEX128\cplex\bin\x64_win64
即可；

（5）单击 Apply and Close 按钮。

具体的操作界面分别如图 5.15 和图 5.16 所示。

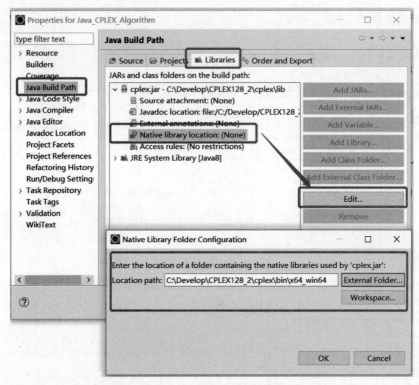

图 5.15 -Djava.library.path 的设置方法 2-1

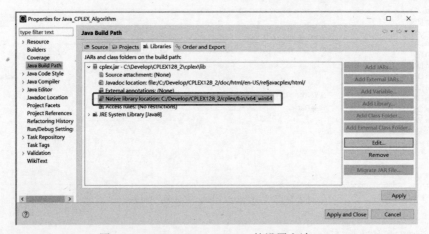

图 5.16 -Djava.library.path 的设置方法 2-2

5.2.3 Javadoc 的设置

为了更好地查看 CPLEX 的 Java 接口相关信息，如类、函数、属性等，我们可以在 Eclipse 中配置 Javadoc。

设置方法如下。

（1）新建一个 Java 的 Project；

（2）右击 Project，选中 Build Path 选项；

（3）选择 Libries -> cplex.jar -> 打开下拉可选菜单；

（4）找到 Javadoc location，选择 Javadoc location 选项，单击 Edit 按钮，之后跳出文件系统；

（5）选择 CPLEX 的安装目录下的 C:\Develop\CPLEX128\doc\html\en-US\refjava-cplex\html\；

（6）单击 Apply and Close 按钮。

设置的具体界面分别如图 5.17 和图 5.18 所示。

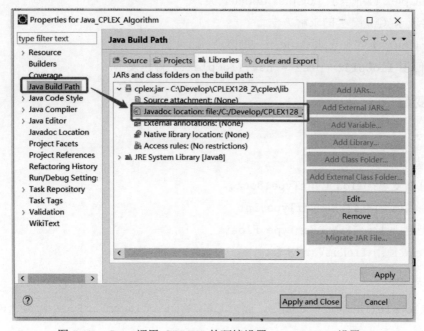

图 5.17　Java 调用 CPLEX 的环境设置——Javadoc 设置 1

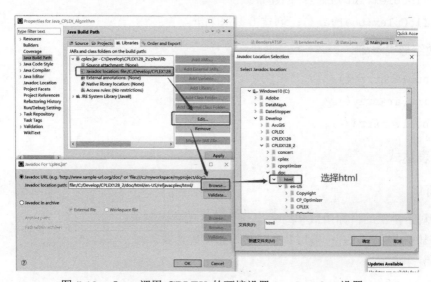

图 5.18　Java 调用 CPLEX 的环境设置——Javadoc 设置 2

5.3 CPLEX 建模

5.3.1 类与接口

（1）IloCplexModeler 类。

（2）IloModeler 接口。

（3）IloCplexs 类。

① IloCplex 类继承了 IloCplexModeler 类。

② 实现 IloCplex 类的求解方法。

③ IloCplex 类实现了 IloModeler 接口。

一般使用 IloCplex cplex = new IloCplex() 新建模型。

5.3.2 变量

1. 简介

变量类型如下。

（1）0-1 变量：IloNumVarType.Bool。

（2）整型变量：IloNumVarType.Int。

（3）连续变量：IloNumVarType.Float。

变量一般使用 IloNumVar 对象。

2. 常用函数

（1）IloCplex.numVar (double lb, double ub, IloNumVarType type, String name)。

（2）IloCplex.intVar()：创建整数决策量。

（3）IloCplex.boolVar()：创建 0-1 决策量。

3. 数组形式添加

（1）numVarArray()。

（2）intVarArray()。

（3）boolVarArray()。

5.3.3 表达式

1. 简介

（1）对于模型的目标函数和约束，基于表达式进行定义。

（2）基于 IloNumExpr 接口及其子接口定义表达式。

（3）方法如下。

① IloModeler.sum。

② IloModeler.prod：常用于一个表达式 (变量) 与常数的乘积。

仓库容量限制：IloModeler.prod(capacity, opened[j])。

③ IloModeler.scalProd：常用于变量数组与系数数组的点积。

仓库开通成本计算：IloModeler.scalProd(cost[c], supply[c])。

④ 仓库开通成本计算：IloModeler.diff 表示相减。

⑤ 仓库开通成本计算：IloModeler.negative 表示乘 −1。

⑥ 仓库开通成本计算：IloModeler.square。

（4）常用的场景。

① 当表达式由多个常数项、多个系数与变量的乘积组成，采用 IloNumExpr 接口。

② 当表达式由多个系数和变量的乘积组成，采用 IloLinearNumExpr 接口。

③ IloLinearNumExpr 接口在初始化时可以指定常数部分，因此对于第一种场景也可先通过 double 类型进行求和然后在初始化的时候作为常数项一次性添加，至于剩下的多个系数与变量的乘积可使用 addTerm 方法添加。

2. 子类 IloLinearNumExpr 常用函数

常用函数如图 5.19 所示。

函数返回类型	函数表达式
void	add(IloLinearNumExpr sc)
void	addTerm(double coef, IloNumVar var)
void	addTerm(IloNumVar var, double coef)
void	addTerms(double[] coef, IloNumVar[] var)
void	addTerms(double[] coef, IloNumVar[] var, int start, int num)
void	addTerms(IloNumVar[] var, double[] coef)
void	addTerms(IloNumVar[] var, double[] coef, int start, int num)
void	clear()
double	getConstant()
IloLinearNumExprIterator	linearIterator()
void	remove(IloNumVar var)
void	remove(IloNumVar[] var)
void	remove(IloNumVar[] var, int start, int num)
void	setConstant(double val)

图 5.19 常用函数表达式

5.3.4　范围约束

（1）使用 IloRange 对象。

（2）表示形如 lb <= expression <= ub 的约束。

1. 添加约束

1）lb <= expression <= ub

IloRange rng = cplex.range(lb, expr, ub, name)。

（1）lb 和 ub 是 double 类型的值。

（2）expr 是 IloNumExpr 类型的实例。

（3）name 是 string 类型。

2）expression <= ub

（1）IloRange le = IloCplex.le(expr, ub, name)。

（2）IloCplex.addLe(expr, ub, name)。

（3）相比第 1 种，第 2 种会把约束加入当前模型中。

3）expression >= lb

（1）IloRange ge = IloCplex.le(expr, lb, name)。

（2）IloCplexModeler.addGe(expr, lb, name)。

（3）相比第 1 种，第 2 种会把约束加入当前模型中。

2. IloRange 的常用函数

常用函数如图 5.20 所示。

函数返回类型	函数表达式
void	clearExpr()
IloNumExpr	getExpr()
double	getLB()
double	getUB()
void	setBounds(double lb, double ub)
void	setExpr(IloNumExpr expr)
void	setLB(double lb)
void	setUB(double ub)

图 5.20　IloRange 的常用函数

5.3.5　目标函数

（1）使用 IloObjective 对象。

（2）三要素如下。

① sense：最大化或者最小化。

② expression：目标函数表达式。

③ name：目标函数名称 (可选参数)。

（3）常用函数如下。

① IloObjective obj = IloCplexModeler.addMaximize(expr)。

② IloObjective obj = IloCplexModeler.add(cplex.maximize(expr))。

③ setExpr(expr)：可用于更新目标函数，如列生成中的定价问题。

5.3.6　建模方式

1. 按行建模

1）参数输入（Input Data）

foodMin[j]：食物 j 被启用的最小数量。

foodMax[j]：食物 j 被启用的最大数量。

foodCost[j]：食物 j 的单位成本。

nutrMin[i]：营养成分 i 的最小数量。

nutrMax[i]：营养成分 i 的最大数量。

nutrPerFood[i][j]：食物 j 中含有营养成分 i 的数量。

2）决策变量（Modeling Variables）

buy[j]：购买食物 j 的数量。

3）目标函数（Objective）

minimize sum(j) buy[j] * foodCost[j]。

4）约束（Constraints）

forall foods i:nutrMin[i]<=sum(j)buy[j]*nutrPer[i][j]<= nutrMax[j]。

按行建模代码如下。

populateByRow.java

```
1  static void buildModelByRow(IloModeler model, Data data, IloNumVar[] buy,
       IloObjective cost, IloNumVarType type)
2       throws IloException {
3    int nFoods = data.nFoods;
4    int nNutrs = data.nNutrs;
5
6    // 以循环方式新建变量
7    for (int j = 0; j < nFoods; j++) {
8        buy[j] = model.numVar(data.foodMin[j], data.foodMax[j], type);
9    }
10
```

```
11    // 设置目标函数
12    cost.setExpr(model.scalProd(data.foodCost, buy));
13
14    // 按行添加约束
15    for (int i = 0; i < nNutrs; i++) {
16        model.addRange(data.nutrMin[i], model.scalProd(data.nutrPerFood[i],
          buy), data.nutrMax[i]);
17    }
18 }
```

2. 按列建模

按列添加本质上是添加变量，需要考虑如下因素。

（1）对目标函数的影响。

（2）对约束的影响。

1）过程

（1）假设模型为 IloMPModeler 模型。

（2）取出目标函数（引用），得到 IloObjective objective。

（3）设置约束的下界和上界，得到 IloRange[] constraint。

（4）对每个变量，执行以下操作。

① 与该变量对应的系数一起添加到目标函数中，并返回一个新的列对象 IloColumn col = model.column(objective, coefficient)。

② 对每个约束，执行以下操作。

使用 model.column(IloRange constraint[i], double val) 为变量添加在该约束中的系数，并返回一个列对象 IloColumn col2。

使用 IloColumn.and() 函数将 col 与 col2 进行 "连接"，即 col = col.and(col2)。完成对目标函数以及约束的更新。

③ 使用 model.numVar(IloColumn col, double lb, double ub, IloNum-VarType type) 为新的列设置对应的变量（包括上下界、类型）。

2）代码示例

代码示例如下。

populateByColumn.java

```
1 static void buildModelByColumn(IloMPModeler model, Data data, IloNumVar[]
      buy, IloObjective cost,
2     IloNumVarType type) throws IloException {
3     int nFoods = data.nFoods;
4     int nNutrs = data.nNutrs;
5
6     IloRange[] constraint = new IloRange[nNutrs];
```

```
7
8    // 设置约束的下界和上界
9    for (int i = 0; i < nNutrs; i++) {
10       constraint[i] = model.addRange(data.nutrMin[i], data.nutrMax[i]);
11   }
12
13   for (int j = 0; j < nFoods; j++) {
14       // 与该变量对应的系数一起添加到目标函数中，并返回一个新的列对象
15       IloColumn col = model.column(cost, data.foodCost[j]);
16       for (int i = 0; i < nNutrs; i++) {
17           // 为变量添加在该约束中的系数，并返回一个列对象，使用IloColumn.
         //and()"连接"两列
18           col = col.and(model.column(constraint[i], data.nutrPerFood[i][j
         ]));
19       }
20       // 为新的列设置对应的变量(包括上下界、类型)
21       buy[j] = model.numVar(col, data.foodMin[j], data.foodMax[j], type);
22   }
23 }
```

3. 按非零建模

一个简单的模型（Example: LPex1.java）。

该方法是根据数据创建了如下线性规划模型：

$$\max \quad x_1 + 2x_2 + 3x_3 \tag{5.1}$$

$$\text{s.t.} \quad -x_1 + x_2 + x_3 \leqslant 20 \tag{5.2}$$

$$x_1 - 3x_2 + x_3 \leqslant 30 \tag{5.3}$$

$$0 \leqslant x_1 \leqslant 40, x_2, x_3 \geqslant 0 \tag{5.4}$$

代码示例如下。

populateByNonzero.java

```
1 static void populateByNonzero(IloMPModeler model, IloNumVar[][] var,
       IloRange[][] rng) throws IloException {
2   double[] lb = { 0.0, 0.0, 0.0 };
3   double[] ub = { 40.0, Double.MAX_VALUE, Double.MAX_VALUE };
4   IloNumVar[] x = model.numVarArray(3, lb, ub);
5   var[0] = x;
6
7   double[] objvals = { 1.0, 2.0, 3.0 };
8   model.add(model.maximize(model.scalProd(x, objvals)));
```

```
 9
10    rng[0] = new IloRange[2];
11    rng[0][0] = model.addRange(-Double.MAX_VALUE, 20.0);
12    rng[0][1] = model.addRange(-Double.MAX_VALUE, 30.0);
13
14    rng[0][0].setExpr(model.sum(model.prod(-1.0, x[0]), model.prod(1.0, x
         [1]), model.prod(1.0, x[2])));
15    rng[0][1].setExpr(model.sum(model.prod(1.0, x[0]), model.prod(-3.0, x
         [1]), model.prod(1.0, x[2])));
16
17    x[0].setName("x1");
18    x[1].setName("x2");
19    x[2].setName("x3");
20    rng[0][0].setName("c1");
21    rng[0][1].setName("c2");
22  }
```

5.3.7 模型求解

（1）调用 IloCplex.solve()。

（2）解的类型分类 IloCplex.Status 如下。

① 有界（Bounded）。

② 无界（Unbounded）。

③ 可行（Feasible）。

④ 不可行（Infeasible）。

⑤ 不可行或无界（InfeasibleOrUnbounded）。

⑥ 错误（Error）。

⑦ 未知（Unknown）。

⑧ 最优（Optimal）。

（3）可结合参数部分，在求解前进行相关设置。

5.3.8 获取解的信息

1）目标函数

IloCplex.getObjValue()。

2）变量

① 获取单个变量值 double IloCplex.getValue(var)。

② 获取变量数组的值 double[] IloCplex.getValues(vars)。

③ IloCplex.getReducedCost(ivar)。

④ IloCplex.getReducedCosts(vars)。

3）约束

（1）松弛变量如下。

① IloCplex.getSlack(IloRange rng)。

② IloCplex.getSlacks(IloRange[] rng)。

③ IloCplex.getSlacks(IloLPMatrix matrix)。

（2）对偶变量如下。

① IloCplex.getDual(IloRange rng)。

② IloCplex.getDuals(IloRange[] rng)。

③ IloCplex.getDuals(IloLPMatrix matrix)。

4）极射线

IloCplex.getRay()。

5.3.9　模型导出与模型导入

（1）模型导出。

IloCplex.exportModel（"diet.lp"）。

（2）模型导入。

IloCplex.importModel()。

5.3.10　参数

官方介绍参见网址 https://www.ibm.com/support/knowledgecenter/zh/SSSA5P_
12.8.0/ilog.odms.cplex.help/CPLEX/Parameters/topics/introListAlpha.html。

常用参数如下。

1. 运行时间

IloCplex.Param.TimeLimit。

2. Random seed

设置随机种子，IloCplex.setParam(IloCplex.Param.RandomSeed, seed)。

3. Presolve

（1）关闭预求解，IloCplex.setParam(IloCplex.Param.Preprocessing. Presolve,
false)。

（2）关闭预求解缩减，IloCplex. setParam (IloCplex. Param. Preprocessing.
Reduce, 0)。

4. RootAlgorithm

（1）使用单纯形算法求解第一个 LP 问题，IloCplex.setParam(IloCplex.Param.
RootAlgorithm, IloCplex.Algorithm.Primal)，也可以调用如下算法。

① IloCplex.Algorithm.Auto：自动选择。

② IloCplex.Algorithm.Dual：对偶单纯形法。

③ IloCplex.Algorithm.Network：网络单纯形算法。

④ IloCplex.Algorithm.Barrier：障碍算法（内点法的一种）。

⑤ IloCplex.Algorithm.Sifting：启用 sifting 算法。

⑥ IloCplex.Algorithm.Concurrent：在多进程中启用多个算法并发。

（2）可参考示例文件 LPex7.java。

5. NodeAlgorithm

IloCplex.Param.NodeAlgorithm，可选算法如下。

① IloCplex.Algorithm.Auto：自动选择。

② IloCplex.Algorithm.Primal：单纯形法。

③ IloCplex.Algorithm.Dual：对偶单纯形法。

④ IloCplex.Algorithm.Network：网络单纯形算法。

⑤ IloCplex.Algorithm.Barrier：障碍算法（内点法的一种）。

⑥ IloCplex.Algorithm.Sifting：启用 sifting 算法。

6. Benders Strategy

IloCplex.Param.Benders.Strategy，可选策略如下。

（1）IloCplex.BendersStrategy.Auto，有两种情况。

① 情况 1：用户未向模型提供注释，此时 CPLEX 执行传统分支定界算法。

② 情况 2：用户提供了注释，此时 CPLEX 根据注释分解成主问题和子问题，并且尝试能否进一步分解子问题。

（2）IloCplex.BendersStrategy.Off：执行传统分支和界限；忽略任何 Benders 注释，也不使用 Benders 算法。

（3）IloCplex.BendersStrategy.Workers：CPLEX 根据注释确定主问题，并尝试将剩余的变量分解成不相关的子问题并交给不同的 Worker。

（4）IloCplex.BendersStrategy.Full：CPLEX 自动分解模型，忽略可能提供的任何注释。

① 将所有整数变量放入主问题。

② 将所有连续变量放入子问题。

③ 进一步分解此子问题 (如果可能)。

（5）IloCplex.BendersStrategy.User：CPLEX 严格根据注释分解模型。

注意：如果用户注释错误，CPLEX 会抛出错误，即使 Auto 也不是完全"智能"的。Benders 注释分解示例如下。

Benders comment.java

```
1  // Create an annotation and you can set a default value here.
```

```java
IloCplex.LongAnnotation benders = cplex.newLongAnnotation(IloCplex.CPX_
    BENDERS_ANNOTATION);

// Put the binary "use" variables in the master problem, 0 represents master problem.
for (IloNumVar u : use) {
    cplex.setAnnotation(benders, u, 0);
}

/*
 * The LP portion does not decompose into smaller problems,
 * so we put all the "ship" variables in subproblem 1.
 * If the LP portion can be decomposed, wen can assign 2, 3, 4... to the variables.
 */
for (IloNumVar[] s : ship) {
    for (IloNumVar s0 : s) {
        cplex.setAnnotation(benders, s0, 1);
    }
}
// Set the default Benders strategy to be adherence to our design.
cplex.setParam(IloCplex.Param.Benders.Strategy,
                IloCplex.BendersStrategy.User);
```

7. Search Strategy

IloCplex.Param.MIP.Strategy.Search，可选策略如下。

（1）IloCplex.MIPSearch.Auto 默认自动选择。

（2）IloCplex.MIPSearch.Traditional 使用分支定界策略。

（3）IloCplex.MIPSearch.Dynamic 使用动态搜索策略。

8. MIP 割平面开关

1）Gomory 割（Gomory Cuts）

IloCplex.Param.MIP.Cuts.Gomory。

2）最大团割（Maximal Cliques Cuts）

（1）IloCplex.Param.MIP.Cuts.Cliques。

（2）如果一组 0-1 变量满足任意可行解，至多只有一个变量取值为正，那么这种关系叫作团。在优化之前，CPLEX 首先会构建一个图表示这些关系，并且找到该图中的最大团。

3）最小覆盖割（Minimal Cover Cuts）

（1）IloCplex.Param.MIP.Cuts.Covers。

（2）如果一个约束是背包形式的约束 (即一系列 0-1 变量通过与非负系数相乘再相加，且小于或等于右端项)，那么该约束对应一个最小覆盖。一个最小覆盖指的是不等式包含的变量的子集满足如下条件：如果子集中的决策变量取值均为 1，则该背包约束会被违背；但是，如果排除一个子集，则约束会被满足。CPLEX 会针对此条件产生一个约束，并且该割平面被称为覆盖割。

4）MIR 割（MIR Cuts）

（1）IloCplex.Param.MIP.Cuts.MIRCut。

（2）MIR 割平面是通过对决策变量的约束系数和约束的右端项进行整数圆整而生成的。

5）零半割（Zero-half Cuts）

（1）IloCplex.Param.MIP.Cuts.ZeroHalfCut。

（2）零半割基于一个不等式由整数变量和整数约束系数组成，因此可以对右端项进行向下取整。

6）流覆盖割（Flow Cover Cuts）

（1）IloCplex.Param.MIP.Cuts.FlowCovers。

（2）流覆盖是根据包含连续变量的约束生成的。要使连续变量的变量上限为零或正数，取决于相关的 0-1 变量的设置。流覆盖的想法来自将包含连续变量的约束定义为网络中的单个节点，其中连续变量分为流入和流出。流量打开或关闭，取决于 0-1 变量上界的相关设置。单节点上的流量和需求实际上相当于背包约束。因此，可以使用背包约束生成流覆盖割（即根据连续变量及其变量的上界来生成流覆盖割）。

7）流路径割（Flow Path Cuts）

（1）IloCplex.Param.MIP.Cuts.PathCut。

（2）流路径割是通过考虑一组约束条件生成的，通过一些连续变量定义网络中路径结构。其中，约束代表节点；连续变量是流入和流出；流的开启或关闭取决于相关 0-1 变量的取值。

8）全局隐界割（Global Implied Bounds Cuts）

（1）IloCplex.Param.MIP.Cuts.Implied。

（2）在一些模型中，0-1 变量会对非 0-1 变量（即一般整型变量和连续型变量）的界限起到暗示作用。CPLEX 会根据这些关系产生相应的割平面。

（3）CPLEX 将会利用全局的有效界限，针对模型中的连续型变量产生全局隐界割。在 CPLEX 中，也有控制该行为的参数。具体见 CPLEX 用户手册中的参数部分。

9）提升与投影割（Lift and Project Cuts）

（1）IloCplex.Param.MIP.Cuts.LiftProj。

（2）参见网址 https://www.ibm.com/support/knowledgecenter/en/SSSA5P_12.6.3/ilog.odms.cplex.help/CPLEX/UsrMan/topics/discr_optim/mip/cuts/35_liftproj.html。

9. MIP 分支方向

IloCplex.Param.MIP.Strategy.Branch，分支方向可选如下。

（1）IloCplex.BranchDirection.Auto。

（2）IloCplex.BranchDirection.Down。

（3）IloCplex.BranchDirection.Up。

（4）一般结合 makeBranch(IloNumVar var, double bound, BranchDirection dir, double objestimate) 使用。

10. MIP 解池中的目标值允许 Gap

IloCplex.Param.MIP.Pool.RelGap，用于判断是否保留解到解池中，例如，如果将此参数设置为 0.01，那么将丢弃与目标值的差大于或等于 1% 的解。

11. MIP 节点数量限制

IloCplex.Param.MIP.Limits.Nodes，用于设置在算法终止而未达到最优性之前求解的最大节点数。

12. MIP 强调参数

IloCplex.Param.Emphasis.MIP，用于控制 MIP 中速度、可行性、最优性和移动界限之间的折衷，可选参数如下。

（1）0：在使用默认设置 BALANCED 时，CPLEX 致力于快速证明最优性，但要在快速证明最优性和在优化早期找到高质量可行解法之间作均衡。

（2）1：在将此参数设置为 FEASIBILITY 时，CPLEX 将在优化问题时频繁生成更多可行的解法，牺牲一部分最优性证明速度。

（3）2：在设置为 OPTIMALITY 时，早期阶段用于查找可行的解法的工作量较少。

（4）3：使用设置 BESTBOUND 时，将通过移动最佳界限值来更着重强调证明最优性，因此顺便检测可行的解法几乎成为偶然。

（5）4：在参数设置为 HIDDENFEAS 时，MIP 优化器更努力查找非常难于找到的高质量可行的解法，因此在 FEASIBILITY 设置难以找到可接受质量的解法时考虑此设置。

13. MIP 节点日志显示信息

IloCplex.Param.MIP.Display，控制在混合整数优化（MIP）期间 CPLEX 报告到屏幕并记录在日志中的内容，可选信息如下。

（1）0：找到最佳解法之后才显示。

（2）1：显示整数可行解。

（3）2：默认值，以 MIP 节点日志区间设置的频率显示整数可行解法以及条目。

（4）3：显示自先前显示以来添加的割平面数；关于每个成功的 MIP 开始的处理的信息；整数可行解法的耗用时间（以秒为单位）和耗用时间（以确定性标记为单位）。

（5）4：显示从先前选项提供的信息以及关于根处的 LP 子问题的信息。

（6）5：显示从先前选项提供的信息以及关于根和节点处的 LP 子问题的信息。

14. MIP 节点日志间隔

IloCplex.Param.MIP.Interval，可选值如下。

（1）$n < 0$：显示新当前项，并在求解开始时频繁显示日志行，在求解进行时显示的频率降低。

（2）0：让 CPLEX 决定记录节点的频率（缺省值）。

（3）$n > 0$：显示新当前项，并每隔 n 个节点显示一行日志。

15. MIP 启发式频率

IloCplex.Param.MIP.Strategy.HeuristicFreq，用于控制使用启发式算法的频率，可选值如下。

（1）-1：关闭启发式算法。

（2）0：自动：让 CPLEX 选择；且为默认选项。

（3）正整数：以该频率周期性地使用启发式算法。

5.3.11 其他

逻辑约束如下。

（1）IloCplexModeler.and。

（2）IloCplexModeler.or。

（3）IloCplexModeler.not。

（4）IloCplexModeler.ifThen。

例如：IloCplexModeler.ifThen (cplex.eq (varUsed[i],0), cplex.eq (buy[i], 0.0))。

（5）IloCplexModeler.min。

（6）IloCplexModeler.max。

5.4 传 统 回 调

IloCplex.Callback 类定义了支持所有 Callback 操作的接口。Callback 对象需要用户实现 main 方法，该 main 方法在 CLPEX 优化过程的相应"节点"被自动调用。要实现 Callback 需遵循以下原则。

（1）选择并继承相应的 Callback 类。

（2）实现 main 方法，自定义的 main 方法可以使用父类的方法。

（3）如果默认的 clone 函数功能不全面，并且回调函数用于并行优化，那么该函数还需要用户自己实现。默认的 clone 函数执行的是表的复制，因此通常用户需要在同一线程中执行对象的深拷贝，或在多线程中，当需要同步化（synchronization）时，必须使用关键词 synchronize。

（4）新建自定义 Callback 类的实例，使用 `IloCplex.use(callback 实例)` 添加，之后 `IloCplex object` 进行求解时，会在相应的"节点"调用用户定义的 callback 方法。可能会用到 `(IloLPMatrix)cplex.LPMatrixIterator().next()` 方法，其中 CPLEX 为 `IloCplex` 实例。

① `IloCplex.use`。

② `IloCplex.setParam`。

③ `IloCplex.solve`。

④ `IloCplex.end`。

（5）main 方法是 Protected 类，是为了确保该方法只被用于产生用户定义的回调函数，或者去实现其中的主函数。

5.4.1　参考回调

1. 简介

参考回调（Informational callback）是用户编写的例程，具有如下特性。

（1）使应用程序能够访问关于当前混合整数规划（MIP）优化的信息而不牺牲性能。

（2）不会干扰解空间的搜索。

（3）参考回调还可以使应用程序能够终止优化。

（4）与 MIP 动态搜索兼容。对于许多模型，MIP 动态搜索可以比常规 MIP 算法的分支和剪枝更快，因此可以更快找到可行解和最优解。

（5）与并行优化的所有方式兼容。

（6）CPLEX 确保以线程安全方式并以确定性顺序调用参考回调。

2. 涉及的类

涉及的类为 `ilog.cplex.IloCplex.MIPInfoCallback`（可查看可返回的信息）。子类如下。

① `IloCplex.DisjunctiveCutInfoCallback`。

② `IloCplex.FlowMIRCutInfoCallback`。

③ `IloCplex.FractionalCutInfoCallback`。

④ `IloCplex.ProbingInfoCallback`。

3. 示例文件 MIPex4.java

1）功能一：基于求解时间和 gap 控制程序是否终止

（1）`getMIPRelativeGap()`。

（2）`getCplexTime()`。

2）功能二：打印日志

（1）搜寻到了更好的解。

① `hasIncumbent()`。

② getIncumbentObjValue()。

③ getIncumbentValues()。

（2）每隔 100 个 Node 打印一次。

getNremainingNodes64()。

5.4.2 查询或诊断回调

1. 简介

查询回调或诊断回调（Query or Diagnostic callback）可以监视正在进行的优化，具有如下特点。

（1）可选择性地终止程序。

（2）与执行参考回调相比，查询回调访问关于当前优化的更详细信息。副作用是，可能会减慢进度。

（3）与动态搜索不兼容。

（4）就常规分支切割树的横越进行假设；在动态搜索期间或者在并行优化中的确定性搜索期间，关于混合整数规划（MIP）的这些假设可能出现错误。

2. 调用位置

（1）在从内点解到单纯形法基底的转换期间，将定期调用转换查询回调。

IloCplex.CrossoverCallback。

（2）在网络单纯形法算法期间，将定期调用网络查询回调。

IloCplex.NetworkCallback。

（3）在内点法算法期间的每次迭代中，将调用内点查询回调。

① IloCplex.BarrierCallback。

② IloCplex.ContinuousCallback。

（4）在单纯形法算法期间的每次迭代中，将调用单纯形法查询回调。

① IloCplex.SimplexCallback。

② IloCplex.ContinuousCallback。

（5）在分支切割搜索期间，将定期调用 MIP 查询回调。

IloCplex.MIPCallback。

（6）在探测期间，将定期调用探测查询回调。

IloCplex.ProbingCallback。

（7）在生成小数割平面期间，将定期调用小数割平面查询回调。

IloCplex.FractionalCutCallback。

（8）在生成分离式割平面期间，将定期调用分离式割平面查询回调。

IloCplex.DisjunctiveCutCallback。

（9）在生成流和混合整数舍入（MIR）割平面期间，将定期调用流和 MIR 割平面查询回调。

`IloCplex.FlowMIRCutCallback`。

5.4.3　控制回调

1. 简介

控制回调允许您控制 MIP 问题优化期间执行的分支切割搜索。具有如下特点。

（1）控制回调会干预搜索，会使得 CPLEX 关闭动态搜索。

（2）缺省情况下（CPLEX 不以并行方式运行），并行 MIP 求解也处于关闭状态。

（3）可以通过将线程参数设置为非零正值来启用并行求解，但必须特别注意采用回调函数才能实现确定性搜索过程。

2. 调用位置

1）节点回调

（1）`IloCplex.NodeCallback`。

（2）在分支切割搜索期间查询 CPLEX 将要处理的下一个节点并选择性地加以覆盖。

2）求解回调

（1）`IloCplex.SolveCallback`。

（2）指定和配置用于在各个节点处求解 LP 的优化器选项。

（3）特有函数，如图 5.21 所示。

函数返回类型	函数表达式
protected IloCplex.CplexStatus	getCplexStatus()
protected IloCplex.Status	getStatus()
boolean	isDualFeasible()
boolean	isPrimalFeasible()
protected void	setStart(double[] x, IloNumVar[] var, double[] pi, IloRange[] rng)
protected void	setStart(double[] x, IloNumVar[] var, int xstart, int xnum, double[] pi, IloRange[] rng, int cstart, int cnum)
protected boolean	solve()
protected boolean	solve(int alg)
protected void	useSolution()

图 5.21　特有函数

3）用户割平面回调

（1）`IloCplex.UserCutCallback`。

（2）在每个节点处添加针对特定问题的用户定义割平面。

（3）当希望 CPLEX 的所有割平面添加完毕之后再添加自定义的 Cut，判断 `isAfter-CutLoop()` 为 Ture，再执行代码即可。

（4）特有函数。

用户割平面回调的相关函数信息如图 5.22 所示。

函数返回类型	函数表达式
protected void	abortCutLoop()
protected IloRange	add(IloRange cut, int cutmanagement)
protected IloRange	addLocal(IloRange cut)
protected boolean	isAfterCutLoop()

图 5.22　用户割平面回调

4）惰性约束回调

（1）IloCplex.LazyConstraintCallback。

（2）添加惰性约束（除非违反，否则不会进行评估的约束）。

（3）特有函数。

惰性约束回调的相关函数信息如图 5.23 所示。

函数返回类型	函数表达式
protected IloRange	add(IloRange cut)
protected IloRange	add(IloRange cut, int cutmanagement)
protected IloRange	addLocal(IloRange cut)
protected int	getSolutionSource()
protected boolean	isUnboundedNode()

图 5.23　惰性约束回调

5）探试回调

（1）IloCplex.HeuristicCallback。

（2）实现探试，该探试将尝试根据每个节点处的 LP 松弛解生成新的现任解。

6）分支回调

（1）IloCplex.BranchCallback。

（2）查询 CPLEX 在每个节点处进行分支的方式并选择性地加以覆盖。

7）现任解回调

（1）IloCplex.IncumbentCallback。

（2）检查 CPLEX 在搜索期间找到的现任解并选择性地予以拒绝。

5.4.4　回调的终止

将类 IloCplex.Aborter 的实例传递给 IloCplex 的实例。然后，调用 IloCplex.Aborter.abort 方法以终止优化。

5.4.5 传统回调示例

1. AdMIPex1: node and branch callbacks

（1）继承 IloCplex.BranchCallback 生成自己的分支类，并设置属性及构造方法 IloNumVar[]_vars。

（2）实现 main 方法，可能用到的方法如下。

① 判断分支策略：getBranchType() 和 IloCplex.BranchType.BranchOnVariable。

② 选择分支变量：getFeasibilities() 和 IloCplex.IntegerFeasibilityStatus.Infeasibles。

③ 构造分支：makeBranch() 和 IloCplex.BranchDirection.Up/Down。

④ 调用自定义的 BranchCallback 子类。

（3）node callbacks。

① 继承 IloCplex.NodeCallback 生成自己的分支类。

② 实现 main 方法，可能用到的方法：getInfeasibilitySum() 和 selectNode()。

③ 调用自定义的 NodeCallback 子类。

2. AdMIPex3: Special Ordered Sets Type 1

（1）继承 IloCplex.BranchCallback 生成自己的分支类，并设置属性（IloSOS1）及构造方法 IloSOS1[] _sos。

（2）实现 main 方法，可能用到的方法如下。

① 选择分支变量：getFeasibilities()、IloCplex.IntegerFeasibilityStatus.Infeasible 和 getNumVars。

② 构造分支：makeBranch() 和 IloCplex.BranchDirection。

（3）调用自定义的 BranchCallback 子类。

3. AdMIPex2: HeuristicCallback

（1）继承 IloCplex.HeuristicCallback 生成自己的启发式类，并设置属性及构造方法 IloNumVar[]_vars。

（2）实现 main 方法，可能用到的方法如下。

① 变量处理：getFeasibilities() 和 IloCplex.IntegerFeasibilityStatus.Infeasible。

② 构造新的解：setSolution()。

（3）调用自定义的 HeuristicCallback 子类,可能会用到的方法:IloCplex.getNSOS1() 和 IloCplex.SOS1iterator()。

4. AdMIPex4: UserCutCallback and LazyConstraintCallback

（1）直接定义 makeCuts 方法，生成新的割约束，返回 IloRange 对象。

（2）添加 Cuts，方法为 cplex.addUserCuts() 和 cplex.addLazyConstraints()。

5. AdMIPex5: UserCutCallback and LazyConstraintCallback

1）UserCutCallback

将线性松弛中的一些可能会被违背的约束动态地分离出去。

（1）继承 `IloCplex.UserCutCallback` 生成自己的 `UserCut` 类，并设置属性及构造方法为 `IloModeler modeler` 和 `IloNumVar[]_vars`。

（2）实现 main 方法，可能用到的方法为添加 Cut，可采用 `add()` 和 `IloCplex.CutManagement.UseCutPurge`（如果这个 Cut 是无效的，CPLEX 可能会将其清除）。

（3）调用自定义的 `UserCutCallback` 子类。

2）UserCutCallback

在算法的每次迭代中都会被查看的 Cuts。

（1）继承 `IloCplex.UserCutCallback` 生成自己的 `UserCut` 类。

（2）实现 main 方法，可能用到的方法为添加 Cut，可采用 `(IloRange)cut.getLB()` 和 `(IloRange)cut.getUB()`。

（3）调用自定义的 `UserCutCallback` 子类。

3）LazyConstraintCallback

（1）继承 `IloCplex.LazyConstraintCallback` 生成自己的 `LazyCut` 类，采用方法为 `IloModeler modeler` 和 `IloNumVar[]_vars`。

（2）实现 main 方法，可能用到的方法如下。

① 约束处理：`IloLinearNumExpr sum = modeler.linearNumExpr()`、`sum.addTerm(1.0, supply[c][j])` 和 `IloCplex.IntegerFeasibilityStatus.Infeasible`。

② 添加 Cut：`add(modeler.le(sum, 0.0))`。

（3）调用自定义的 `LazyConstraintCallback` 子类。

6. AdMIPex6: SolveCallback：在根节点给模型传递一个解

（1）继承 `IloCplex.SolveCallback` 生成自己的启发式类，并设置属性及构造方法 `IloNumVar[]_vars`。

（2）实现 main 方法，可能用到的方法为设置解，可采用 `setStart()`。

（3）调用自定义的 SolveCallback 子类，可能会用到的方法如下。

① `IloConversion relax = IloCplex.conversion(lp.getNumVars(), IloNumVarType.Float)`。

② `cplex.add(relax)`。

③ `cplex.delete(relax)`。

5.5　通　用　回　调

5.5.1　简介

通用（Generic）回调是搜索解期间在许多不同位置调用的回调。基于 `IloCplex.Callback.Function` 接口实现（需要覆盖 invoke 方法）具有如下特点。

（1）与动态搜索兼容。

（2）无须禁用任何 MIP 功能。

（3）监视进度以及引导搜索。

（4）几乎专门处理原始模型；即，除某些情况以外，无权访问预求解模型和有关预求解模型的可用信息。

（5）不会隐式更改 CPLEX 使用的线程数。

（6）不会隐式序列化多线程求解中回调的执行。

（7）提供比旧回调更高的灵活性，可在调用时根据回调的上下文（Context）定义相应的操作。

5.5.2　功能

（1）查询有关当前求解状态和进度的信息。

（2）插入探试解。

（3）插入整数可行解作为候选值。

（4）获取当前松弛解。

（5）添加用户割平面。

（6）强制终止。

注意：通用回调暂时不支持以下功能。

（1）自定义的分支，节点选择，在节点处由用户提供的解。

（2）不能与传统回调混用。

（3）不适用于连续型问题。

（4）需要用户确保线程安全。

5.5.3　通用回调的上下文

CPLEX 调用通用回调时所处的上下文确定可从该调用回调合理执行的操作。

1. IloCplex.Callback.Context.Id 中的上下文常量

1）线程开启（ThreadUp）

当 CPLEX 开启一个线程后，该常数用于指定 CPLEX 的通用回调。

2）线程关闭（ThreadDown）

当 CPLEX 关闭一个线程后，该常数用于指定 CPLEX 的通用回调。

3）本地进程（LocalProgress）

（1）CPLEX 在进行线程本地进度时，会在此上下文中调用通用回调。

（2）线程局部进度是在 CPLEX 使用的线程之上发生的进度，但尚未提交给全局解的结构。从该上下文中调用的回调查询的信息仅在调用线程中有效。

（3）当前解的进程的信息可以通过 getIntInfo()、getLongInfo() 和 getIncumbent() 方法获得。

4）全局进程（GlobalProgress）

（1）当 CPLEX 开启全局进行之后（也就是说，当新的信息被提交给全局解的结构时），它将会启用通用回调。

（2）当前解的进程的全局有效信息可以通过 getIntInfo()、getLongInfo() 和 getIncumbent() 方法获得。

5）候选解（Candidate）

当 CPLEX 找到整数可行解的新候选解或遇到无界的线性松弛模型时，CPLEX 会调用通用回调。CPLEX 为回调提供了拒绝候选解或无界的线性松弛模型的机会。

（1）如果 isCandidatePoint() 函数表明 CPLEX 已经找到了一个候选可行点，那么可以通过调用 getCandidatePoint() 函数查询该点。

（2）如果 isCandidateRay() 函数表明 CPLEX 遇到一个无界的线性松弛模型，那么可以通过调用 getCandidateRay() 函数查询该无界射线。

（3）无论哪种情况，用户都可以通过函数 rejectCandidate() 拒绝可行的点或无界的方向。

（4）使用参数 candidate 有如下两种不同的方法。

① 作为传递给通用回调函数的值，用于指定在哪个上下文中调用通用回调。

② 与函数 CPXXcallbacksetfunc 的 where 参数进行按位"或"运算和函数 CPXcallbacksetfunc 指定在什么情况下 CPLEX 应该调用通用回调。

6）松弛（Relaxation）

（1）当发现可用的松弛解时，CPLEX 会在此上下文中调用通用回调。松弛解通常不是整数可行解。

（2）可以通过调用 getRelaxationPoint() 函数查询松弛解。

2. 使用方法

1）定义"上下文掩码"

（1）long contextMask = IloCplex.Callback.Context.Id.Relaxation。

（2）可以进行按位"或"操作：contextMask |= IloCplex.Callback.Context.Id.Candidate。

2）IloCplex.use(IloCplex.Callback.Function, contextMask)

3）常用方法总结

常用方法总结如图 5.24 所示。

	getID()	获得回调的上下文
	inThreadUp() inThreadDown() inLocalProgress() inGlobalProgress() inCandidate() inRelaxation()	验证回调函数是否已经被一个特定的上下文调用
	postHeuristicSolution ($variables, valeurs, objective, strategic$)	为CPLEX提供一个新的整数解
I N T E G E R	isCandidatePoint() isCandidateRay()	测试回调函数是否在整数(点)或者无界(射线)解处被调用
	getCandidatePoint($variables, valeurs$) getCandidatePoint($variable$)	获得当前整数解对应的变量取值
	getCandidateValue($expression$)	获得表达式的当前值
	getCandidateObjective()	获得当前的目标函数值
	rejectCandidate($contraintes$) rejectCandidate($contrainte=0$)	通过添加约束(惰性约束)拒绝当前整数解。如果当前整数解为NULL，则CP-LEX会自动添加割平面
R E L A X E D	getRelaxationPoint($variables, valeurs$) getRelaxationPoint($variable$)	获得当前松弛解的值
	getRelaxationValue($expression$)	获得表达式的当前值
	getRelaxationObjective()	获得当前的目标函数值
	addUserCut($contrainte,$ $cutManagementFlag, localFlag$)	添加一个局部或者全局用户自定义割平面
	getIncumbent($variable$) getIncumbent($variables, valeurs$)	获得当前最优可行解的值
	getIncumbentValue($expression$)	获得当前最优可行解表达式的值
	getIncumbentObjective()	获得当前最优可行解的目标值

图 5.24　常用方法总结

5.5.4　通用回调示例

1. AdMIPex8: Cut

（1）继承 IloCplex.Callback.Function 接口生成通用回调类，并设置属性及构造方法。

（2）contextMask = IloCplex.Callback.Context.Id.Relaxation | IloCplex.Callback.Context.Id.Candidate。

（3）分别实现几种不同场景的对应函数。

① disaggregate()。

针对 Id = Relaxation 的情况。

目的：添加分解约束，将客户和设施位置的决策耦合起来。

context.addUserCut() 添加 Cut，使用 IloCplex.CutManagement.UseCutPurge。

② cutsFromTable() 函数。

针对 Id = Relaxation 的情况。

目的：用一个 cuts 的静态表来查看被违背的 cuts。

context.addUserCut() 添加 Cut，使用 IloCplex.CutManagement.UseCutPurge。

③ lazyCapacity()。

针对 Id = Candidate 的情况。

借助 isCandidatePoint() 判断。

添加约束。

context.rejectCandidate()。

（4）覆盖 invoke 方法，根据 context 值采取相应的操作。

（5）使用 IloCplex.use(Function callback, long contextMask) 将通用回调添加到 CPLEX 中。

2. AdMIPex9: HeuristicCallback

（1）继承 IloCplex.Callback.Function 接口生成通用回调类，并设置属性及构造方法。

（2）contextMask = IloCplex.Callback.Context.Id.Relaxation | IloCplex. Callback.Context.Id.Candidate。

（3）启发式算法函数设计，这里用 roundDown 取整示意。采用 context.postHeuristicSolution() 添加启发式解到队列中。

（4）覆盖 invoke 方法，根据 context 值采取相应的操作。

（5）添加通用回调到 CPLEX 中。

① 关闭 CPLEX 的启发式算法，cplex.setParam(IloCplex.Param.MIP. Strategy. HeuristicFreq, -1)。

② 使用 IloCplex.use(Function callback, long contextMask) 将通用回调添加到 CPLEX 中。

5.6 Java 调用 CPLEX 求解整数规划的小例子

5.6.1 书架生产问题

一个图书馆需要搭建一些书架来放置 200 本 4 英寸（1 英寸 =2.54 厘米）高的书籍、100 本 8 英寸高的书籍和 80 本 12 英寸高的书籍，每本书厚 0.5 英寸。图书馆有下面几种摆放书籍的方式：第 1 种，可以搭建一个 8 英寸高的架子，以存储所有高度小于或等于 8 英寸的书，并且可以为 12 英寸高的书建立一个 12 英寸的高架子；第 2 种，可以搭建一个 12 英寸高的架子存储所有书籍。已知每搭建一个书架的成本为 2300 美元，存放每平方英寸的书籍需要花费 5 美元的成本。（假设存储书籍所需的面积等于存储区域的高度 × 书的厚度。）

请建立模型并求解该问题，以帮助图书馆确定如何搭建书架才能以最小的成本放置所有书籍。

我们引入下面的决策变量。

y_i：0-1 变量；如果搭建第 i 种书架，$y_i = 1$，否则，$y_i = 0$。

x_{ij}：整数变量；在第 j 个书架上放置第 i 种书的数量。

其中 $i \in B$，$j \in S$，$S = \{1, 2, 3\} = B$，B 是书的种类的集合，S 是书架的种类的集合。

另外，我们引入下面的参数。

c_i：第 i 种书籍放置在一个书架上的存储成本，$\forall i \in S$。

即 $c_1 = (4 \times 0.5) \times 5 = 10$ 美元，$c_2 = (8 \times 0.5) \times 5 = 20$ 美元，$c_3 = (12 \times 0.5) \times 5 = 30$ 美元。

根据上面的信息，我们给出该问题的模型如下：

$$\min \quad \sum_{i \in B} \sum_{j \in S} x_{ij} c_i + 2300 \sum_{j \in S} y_j \tag{5.5}$$

$$\text{s.t.} \quad \sum_{j \in S} x_{1j} = 200 \tag{5.6}$$

$$\sum_{j \in S} x_{2j} = 100 \tag{5.7}$$

$$\sum_{j \in S} x_{3j} = 80 \tag{5.8}$$

$$\sum_{i \in B} x_{ij} - M y_j \leqslant 0, \qquad \forall j \in S \tag{5.9}$$

$$y_j \in \{0, 1\}, x_{ij} \in \mathbb{Z}, \forall i \in B, \forall j \in S \tag{5.10}$$

其中，M 是一个很大的正数。

我们用 Java 调用 CPLEX 来求解上面的问题。代码如下：

CPLEX Java Interface

```
1  package Example;
2
3  import ilog.concert.*;
4  import ilog.cplex.*;
5  import java.util.*;
6
7  public class Main {
8
```

```
9       public static void main(String[] args) throws IOException,
     IloException {
10
11           double[] cost = {10, 20, 30};
12           IloCplex Cplex = new IloCplex();
13
14           IloNumVar[][] X = new IloNumVar[3][3];
15           IloNumVar[] Y = new IloNumVar[3];
16           for(int i = 0; i < 3; i++){
17               Y[i] = Cplex.boolVar("Y" + i);
18               for(int j = 0; j < 3; j++){
19                   X[i][j] = Cplex.intVar(0, 200, "X" + i + j);
20               }
21           }
22
23           IloNumExpr obj = Cplex.numExpr();
24           for (int i = 0; i < 3; i++) {
25               obj = Cplex.sum(obj, Cplex.prod(2300, Y[i]));
26               for (int j = 0; j < 3; j++) {
27                   obj = Cplex.sum(obj, Cplex.prod(cost[i],
     X[i][j]));
28               }
29           }
30
31           Cplex.addMinimize(obj);
32
33
34           //Linear expression
35           IloNumExpr expr = Cplex.numExpr();
36           //Constraint 1:
37           expr = Cplex.numExpr();
38           for(int j = 0; j < 3; j++){
39               expr = Cplex.sum(expr, X[0][j]);
40           }
41           Cplex.addEq(expr, 200);
42
43           //Constraint 2:
44           expr = Cplex.numExpr();
45           for(int j = 0; j < 3; j++){
46               expr = Cplex.sum(expr, X[1][j]);
47           }
48           Cplex.addEq(expr, 100);
```

```
49
50          //Constraint 3:
51          expr = Cplex.numExpr();
52          for(int j = 0; j < 3; j++){
53                  expr = Cplex.sum(expr, X[2][j]);
54          }
55          Cplex.addEq(expr, 80);
56
57          //Constraint 4:
58          for(int j = 0; j < 3; j++){
59                  expr = Cplex.numExpr();
60                  expr = Cplex.sum(expr, Cplex.prod(-100000, Y[j]));
61                  for(int i = 0; i < 3; i++) {
62                          expr = Cplex.sum(expr, X[i][j]);
63                  }
64                  Cplex.addLe(expr, 0);
65          }
66
67          //Solve the model
68          Cplex.solve();
69
70
71          //-----------------Solution-------------------------
72          System.out.println("\n\n----------Solution is ---------\n");
73          System.out.println("Objective\t\t:" + Cplex.getObjValue());
74          for (int i = 0; i < 3; i++) {
75                  for (int j = 0; j < 3; j++) {
76                          if(Cplex.getValue(X[i][j]) > 0) {
77                                  System.out.println("x[" + i + "," +
j + "] = " + Cplex.getValue(X[i][j]) );
78                          }
79                  }
80          }
81
82          for (int i = 0; i < 3; i++) {
83                  if(Cplex.getValue(Y[i]) > 0) {
84                          System.out.println("y[" + i + "] = " + Cplex
.getValue(Y[i]));
85                  }
86          }
87      }
88 }
```

运行结果如下：

Results

```
1  ----------The solution----------
2
3  Objective              :8700.0
4  x[0,2] = 200.0
5  x[1,2] = 100.0
6  x[2,2] = 80.0
7  y[2] = 1.0
```

根据结果，我们知道，图书馆应该搭建一个 12 英寸高规格的书架，总成本为 8700 美元。

5.6.2 包装盒选择问题

一家公司销售 7 种类型的包装盒，体积从 17 到 33 立方英尺不等。下面的需求表列出了每个盒子的体积。生产每盒产品的可变成本等于盒子的体积。生产任何特定盒子的固定成本为 1000 美元。如果公司要求一个盒子装的物体的体积必须小于盒子的体积，那么公司应该如何制定包装盒的生产计划，使得以最小的成本满足所有的需求？

包装盒类型	1	2	3	4	5	6	7
容量（V）	33	30	26	24	19	18	17
需求量（d）	400	300	500	700	200	400	200

我们引入下面的变量。

y_i：0-1 变量；如果生产第 i 种盒子，$y_i = 1$，否则，$y_i = 0$。

x_i：整数变量；第 i 种盒子的生产数量。

模型如下：

$$\min \quad 1000 \sum_{i=1}^{7} y_i + \sum_{i=1}^{7} V_i x_i \tag{5.11}$$

$$\text{s.t.} \quad \sum_{i=1}^{j} V_i x_i \geqslant \sum_{i=1}^{j} d_i, \quad \forall j \in \{1, 2, \cdots, 7\} \tag{5.12}$$

$$x_i - M y_i \leqslant 0, \quad \forall i \in \{1, 2, \cdots, 7\} \tag{5.13}$$

$$x_i \geqslant 0, x_i \in \mathbb{Z}, \quad y_i \in \{0, 1\} \tag{5.14}$$

其中，M 是一个很大的正数。

我们用 Java 调用 CPLEX 来求解上面的问题。代码如下：

CPLEX Java Interface

```java
package Example2;

import ilog.concert.*;
import ilog.cplex.*;

import java.io.*;
import java.util.*;

public class Main {

    public static void main(String[] args) throws IOException,
    IloException {

            double[] cost = {33, 30, 26, 24, 19, 18, 17};
            double[] demand = {400, 300, 500, 700, 200, 400, 200};
            IloCplex Cplex = new IloCplex();   //这里需要抛异常

            IloNumVar[] X = new IloNumVar[cost.length];
            IloNumVar[] Y = new IloNumVar[cost.length];
            for(int i = 0; i < cost.length; i++){
                    Y[i] = Cplex.boolVar("Y" + i);
                    X[i] = Cplex.intVar(0, 1000, "X" + i);
            }

            IloNumExpr obj = Cplex.numExpr();
            for (int i = 0; i < cost.length; i++) {
                    obj = Cplex.sum(obj, Cplex.prod(1000, Y[i]));
                    obj = Cplex.sum(obj, Cplex.prod(cost[i], X[i]));
            }

            Cplex.addMinimize(obj);

            IloNumExpr expr = Cplex.numExpr();
            //Constraint 1:
            double totaldemand = 0;
            for(int j = 0; j < cost.length; j++){
                    expr = Cplex.numExpr();
                    totaldemand = totaldemand + demand[j];
                    for(int i = 0; i <= j; i++) {
                        expr = Cplex.sum (expr, Cplex. prod (cost[i],
    X[i]));
```

```
40                          }
41                          Cplex.addGe(expr, totaldemand);
42                  }
43
44
45                  //Constraint 2:
46                  expr = Cplex.numExpr();
47                  for(int i = 0; i < cost.length; i++){
48                          expr = Cplex.sum(expr, X[i]);
49                          expr = Cplex.sum(expr, Cplex.prod(-100000, Y[i]));
50                          Cplex.addLe(expr, 0);
51                          expr = Cplex.numExpr();
52                  }
53
54
55                  //Solve the model
56                  Cplex.exportModel("SPP.lp");
57                  Cplex.solve();
58
59
60                  //------------------Solution------------------------
61                  System.out.println("\n\n----------Solution---------\n");
62                  System.out.println("Objective\t\t:" + Cplex.getObjValue());
63                  for (int i = 0; i < cost.length; i++) {
64                          if(Cplex.getValue(X[i]) > 0) {
65                                  System.out.println("x[" + i + "] = " + Cplex
    .getValue(X[i]) );
66                          }
67                  }
68
69                  for (int i = 0; i < cost.length; i++) {
70                          if(Cplex.getValue(Y[i]) > 0) {
71                                  System.out.println("y[" + i + "] = " + Cplex
    .getValue(Y[i]));
72                          }
73                  }
74          }
75 }
```

得到的最优解如下：

Results

```
1  ----------The solution----------
2
3  Objective                 :3706.0
4  x[0] = 82.0
5  y[0] = 1.0
```

也就是说，该公司需要生产 82 个体积为 33 立方英寸的盒子，总成本为 3706 美元。

第6章 Gurobi的Python API详解及简单案例

本章主要介绍 Gurobi 的 Python 接口的使用方法以及 Gurobi 的算法框架。其中大量内容参考自 Gurobi 官方用户手册和官方教程资料（参见网址https://www.gurobi.com），为方便阅读起见，我们对具体参考位置不做特殊标注。

6.1 Python 调用 Gurobi 环境配置

6.1.1 完整步骤

首先，需要安装 Gurobi 和 Python。但是需要注意以下几点。

（1）Gurobi 的版本和 Python 的版本须一致，即都是 64 bit 或者都是 32 bit，否则不能成功。

（2）如果用 PyDev，则需要 Eclipse、Gurobi 和 Python 三者版本是一样的，都是 64 bit 或者 32 bit。

以下是详细步骤。

1. Step 1

找到 gurobi 安装目录 C:\Develop\Gurobi81\win64\python27\lib 中的文件夹 gurobipy（注意是文件夹），如图 6.1 所示。

2. Step 2

将 gurobipy 文件夹复制到 Python 的安装目录下，即 C:\Develop\Python27_64\Lib，如图 6.2 所示。（注意：这是笔者自己的路径，如果是读者的，读者需要查看自己的安装目录。）

6.1.2 相关问题

如果出现问题，可能是如下原因。

一是 Gurobi 的 License 期限到了，需要重新申请。

二是环境变量或者版本的问题。

1. License 到期

若 License 到期,则需要重新申请 License,此时要填写一个申请表格发送给 `help@gurobi.cn`。

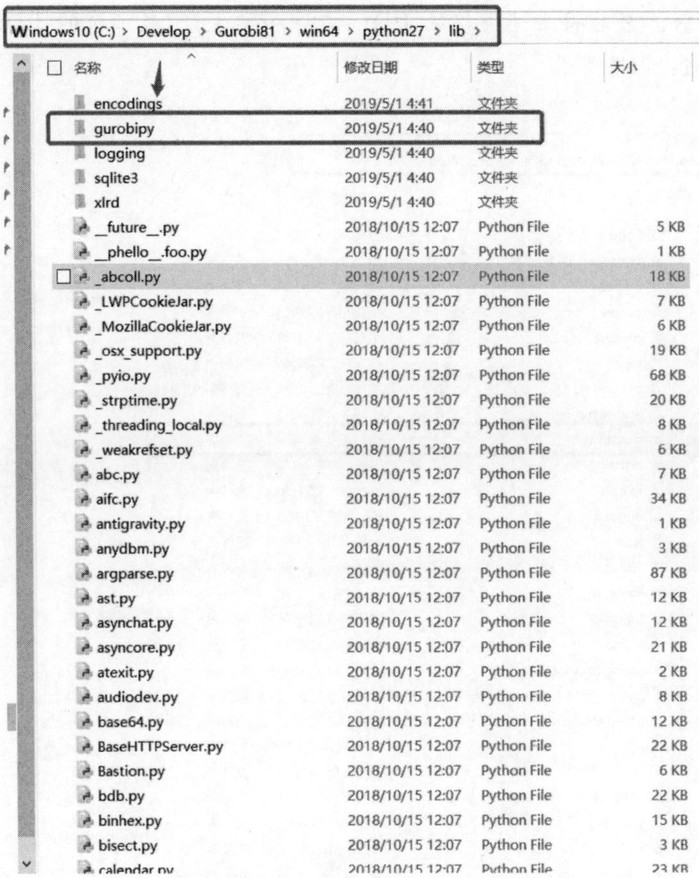

图 6.1　gurobipy 文件夹的完整路径

　　申请要求如下：高校教师或者在校学生可以申请 Gurobi 一年的免费使用权，到期后可以继续申请。但是仅对教师和学生开放，并且不能用于商业用途。

　　申请步骤如下。

　　（1）下载申请表格。

　　（2）请用英文填写申请表，签字后以 PDF 格式保存。命名为 XXX Form.pdf，其中 XXX 是申请人姓名的汉语拼音。（文件大小不要超过 1 MB）

　　（3）以 PDF 格式保存学生证/教师证扫描件。命名为 XXX ID.pdf, 其中 XXX 是申请人姓名的汉语拼音。（文件大小不要超过 1 MB）

　　（4）需要由本人提出申请。如果联系邮箱和申请人姓名不一致，或者无法证明提供的资料和申请人是同一个人，将要求申请表格由系或者学院盖章证明。

　　（5）将申请表和身份扫描件通过邮件发到 help@gurobi.cn。

　　（6）处理时间为收到完整资料后 2 个工作日（一般工作日上午申请，下午就可以得到License）。

　　注意：除了图 6.3 中方框内的签名，其他信息首先在电子版内填写完毕，然后打印出来。接下来在纸质版中对应红框位置处手写姓名的拼音，然后扫描（推荐使用扫描全能王

App）得到 PDF 版。最后将上述表格的 PDF 文件和学生证/教师证的 PDF 文件一起发送至 help@gurobi.cn 即可。

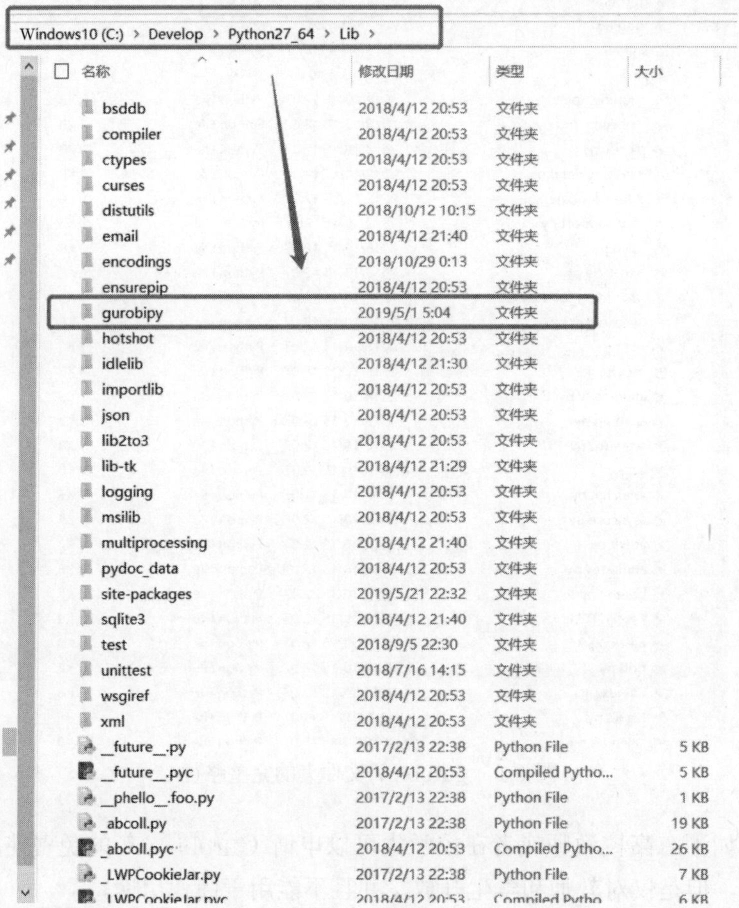

图 6.2　将 gurobipy 文件夹复制到 Python 的安装目录下

表格的图片如图 6.3 所示。

2. 环境变量或者版本的问题

如果是环境变量或者版本的问题，可能会报如图 6.4 所示的错误。如果报以上错误，可以通过下面的方法解决。

（1）在高级系统设置中找到环境变量 Path，如图 6.5 所示。

（2）在 Path 中添加 Gurobi 和 Python 的安装路径，如图 6.6 所示。

但是上述问题一般不会存在。

2019 年 4 月 30 日，笔者曾遇见这样的问题，笔者的解决方法如下。

Step1：卸载原来的 Gurobi 8.1。

Step2：重新安装 Gurobi 8.1。

Personal Information

Full name:	填你名字拼音
Email address:	填你的邮箱号
Phone number:	填你的手机号

Address:	Graduate School at ShenZhen, Tsinghua University, Tsinghua Campus, The University Town, Shenzhen, P. R. China
City:	Shenzhen
State/Province:	Guangdong
Zip/Postal Code:	518055
Country:	China

Academic Information

Academic institution:	Graduate School at ShenZhen, Tsinghua University.
Website address:	www.sz.tsinghua.edu.cn

Program or Department Information

Classification:　● Student
　　　　　　　　○ Faculty
　　　　　　　　○ Research Staff
　　　　　　　　○ Administrative Staff

Department name:	Industrial Engineering
Department phone:	86-0755-2603
If student: graduation date:	填你的毕业日期

Please note that the email address above must match the address used to create your account on www.gurobi.com.

By signing below you attest that you are eligible to receive a free academic license, will only use it for research or academic purposes, and understand that it will expire twelve months after the date the license is generated.

填你名字拼音

Printed Name　　　　　　　　Signature

图 6.3　申请学术 License 的表格

图 6.4　Eclipse 中用 PyDev 实现 Python 调用 Gurobi 的报错

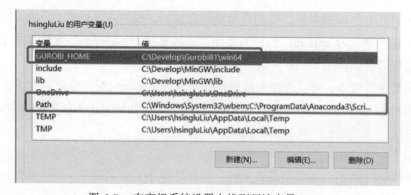

图 6.5　在高级系统设置中找到环境变量 Path

图 6.6　在 Path 中添加 Gurobi 和 Python 的安装路径

Step3：将 Gurobi 的安装目录，即 C:\Develop\Gurobi\win64\python27\lib 中的文件夹 gurobipy（注意是文件夹），复制到 Python 的安装路径的 Lib 文件夹中，即 C:\Develop\Python27_64\Lib。

Step4：重启 Eclipse，就可以了。

这种情况下，一般是 Gurobi 的 License 出了问题，所以需要重新安装一下，更新 License。

3. License 的获取以及更新 Gurobi 的版本

填完表格并发送出去以后，我们会得到一封邮件，运行一小段代码，然后就会在特定的目录下生成一个名为 gurobi.lic 的文件，将其复制到 Gurobi 的安装目录下即可。

具体流程分别如图 6.7～ 图 6.10 所示。

如果需要更新版本，可以选择先把原来版本卸载，重新安装，然后再重新运行 License 口令，生成新的 gurobi.lic 文件，然后在命令行窗口输入 gurobi 查看版本信息，如图 6.11 所示。

步骤如下。

（1）先卸载原版 gurobi（不是必须的，但是这样不会出问题）。

（2）重新运行 License 口令。

图 6.7　Gurobi 的 License 的安装：邮件

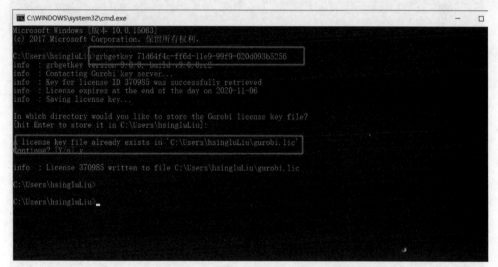

图 6.8　Gurobi 的 License 的安装：命令行窗口运行口令

图 6.9　Gurobi 的 License 的安装：生成 gurobi.lic 文件

图 6.10　Gurobi 的 License 的安装：将 gurobi.lic 文件复制至 Gurobi 的安装目录

图 6.11　Gurobi 的 License 的安装：更新 Gurobi 版本成功后的效果查看

6.2　Gurobi 算法框架介绍

6.2.1　Gurobi MIP Algorithms

我们首先看一下 Gurobi 的 MIP 算法框架，如图 6.12 所示。

Gurobi 与 CPLEX 一样，算法的主体框架都是分支切割，如图 6.12所示。在求解模型之前，首先根据一些预处理的方法，将模型中的冗余变量和冗余约束删除，以精简模型，这个过程叫作 Presolve（预求解），具体的理论见 Tobias Achterberg, Robert E. Bixby, Zonghao Gu Edward Rothberg, Dieter Weninger 在 2020 年发表在 *INFORMS Journal on Computing* 上题为 *Presolve Reductions in Mixed Integer Programming* 的文章（Achterberg

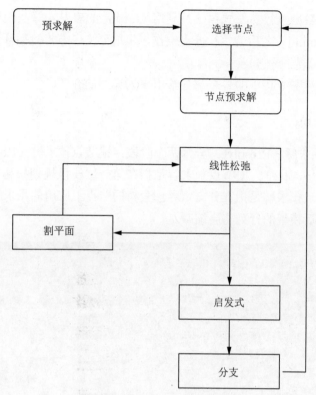

图 6.12　Gurobi MIP 算法框架

et al., 2020)。特别地，Tobias Achterberg，Robert E. Bixby，Zonghao Gu Edward Rothberg 均是 Gurobi 团队成员，同时，后 3 位还是 Gurobi 的联合创始人。此外，上述 4 位曾经都是 CPLEX 团队成员，其中，Tobias Achterberg 还是目前最好的开源求解器——SCIP 的创始人。

　　回到算法框架部分。Presolve 之后，就是整个 Branch and Cut 的主体部分。该部分主要分为基于线性规划的分支定界（LP based Branch and Bound）、割平面（Cutting Plane）和启发式算法（Heuristic）。基于线性规划的分支定界是只基于 LP 模型自身的变量去做分支，不依赖具体问题特性。Gurobi 是面向通用模型设计的求解器，不能实现自动按照问题特性构造特定的分支规则（例如 VRPTW 中根据资源窗口进行分支的操作，Gurobi 等求解器是不能自动做到的）。割平面是为了在每个节点加快逼近该节点的凸包，从而加快求解速度。启发式算法是在求解完节点的线性松弛（LP Relaxation）之后，利用启发式算法快速找到较好的可行解，以提升 Bound，进而提高剪枝（Prune）效率。

　　下面是分支切割算法框架的完整过程。首先是选择当前需要处理的节点（Node Selection），同样地，在被选中的节点处执行预求解操作（Node Presolve）。接下来就是分支切割算法的主体部分。首先是将节点的模型做线性松弛，求解该线性松弛并得到相应的解。此时，Gurobi 会调用割平面算法生成一系列的 Cuts，并将这些 Cuts 加回到当前节点的线性松弛中，再次求解加入 Cuts 的线性松弛，得到相应的解，如果该解为整数，则执行剪枝操

作；如果该解为小数则执行启发式算法，利用 Gurobi 的启发式算法快速找到一些可行整
数解，辅助更新 Bound。之后就执行分支操作，生成分支子节点。循环该过程，直到算法
终止。

接下来，我们对图 6.12中的各个部分给出更为详细的介绍。

6.2.2　Presolving

Gurobi 中的预求解（Presolve）分为两个阶段：根节点预求解（Root Presolve）和节
点预求解（Node Presolve）。根节点预求解是指在第一次线性规划松弛的求解之前应用的
预求解操作，而节点预求解是指在分支定界搜索树的节点上应用的预求解操作。如图 6.13
所示，每次预求解后模型的行列将会缩减。

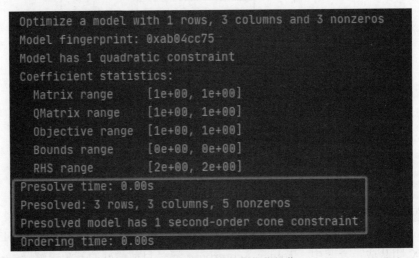

```
Optimize a model with 1 rows, 3 columns and 3 nonzeros
Model fingerprint: 0xab04cc75
Model has 1 quadratic constraint
Coefficient statistics:
  Matrix range     [1e+00, 1e+00]
  QMatrix range    [1e+00, 1e+00]
  Objective range  [1e+00, 1e+00]
  Bounds range     [0e+00, 0e+00]
  RHS range        [2e+00, 2e+00]
Presolve time: 0.00s
Presolved: 3 rows, 3 columns, 5 nonzeros
Presolved model has 1 second-order cone constraint
Ordering time: 0.00s
```

图 6.13　Gurobi 中的预优化操作

预求解操作主要包括以下几项。

（1）单个约束的约简。其中包括清理模型，删除冗余约束（Model Cleanup and Removal
of Redundant Constraints）；加强 Bound（Bound Strengthening）；加强系数（Coefficient
Strengthening）；不等式约束的 Chvatal-Gomory 加强（Chvatal-Gomory Strengthening of
Inequalities）等。

（2）单个变量的约简。其中包括固定变量的去除（Removal of Fixed Variables）、整数变
量的圆整 Bounds（Rounding Bounds of Integer Variables）、加强半连续和半整数 Bounds
（Strengthen Semi-continuous and Semi-integer Bounds）等。

（3）同时考虑多个约束的约简。其中包括冗余检测（Redundancy Detection）、平行和
近平行行（Parallel and Nearly Parallel Rows）等。

（4）同时考虑多个变量的化简。其中包括平行列（Parallel Columns）、主导列（Dom-
inated Columns）等。

（5）考虑整个问题的化简。其中包括对称变量的聚合对（Aggregate Pairs of Symmetric

Variables）和 Probing 等。

6.2.3　Node Selection

Gurobi 求解器中节点选择的步骤就是确定分支树中节点遍历顺序的过程，如图 6.14 所示[①]。

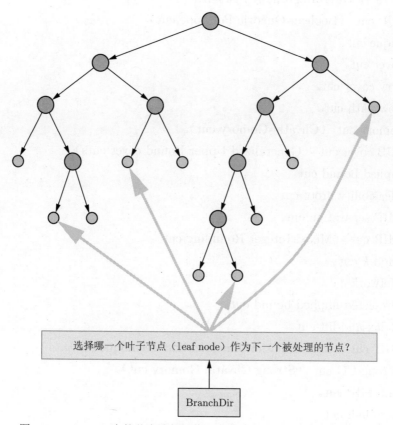

图 6.14　Gurobi 中的节点选择操作，灰色为 leaf node（叶子节点）

图中 **BranchDir** 是分支偏好参数（Preferred branch direction）。其实就是决定下一个被处理的节点（node）在分支切割树（Branch and cut tree）当中的位置。该值默认为 0，其他可选值为 –1 和 1。当该值为默认值时，表示 Gurobi 自动选择。当该值为 –1 时，表示选择分支切割树最下层的节点作为下一个要处理的节点，也就是所谓的深度优先（DFS）；当该值为 1 时，表示选择分支切割树最上层的节点作为下一个要处理的节点，也就是所谓的广度优先（BFS）。

分支切割树中被存储下来的，一定都是目前为止的树中的叶子节点（leaf node）。选好了下一个要被处理的节点之后，就可以选择该节点中的解中取值为小数的变量中的某一个进行分支，继续迭代算法。或者是选择某几个，根据其他分支策略进行分支。

---

① 本图参考自 Gurobi 官方教程，见网址http://www.gurobi.cn/download/gu20180713.pdf。

6.2.4 Cutting Planes

Gurobi 求解器公布的割平面一共有下面 19 种。在求解整数规划或者混合整数规划等模型时，只要有整数变量，Gurobi 就会自动调用下面的割平面算法，并且在求解结果输出的时候输出每一种割平面算法使用的次数。

下面是 19 种 Gurobi 使用的割平面算法。

（1）BQP cut （Boolean Quadric Polytope cut）。

（2）Clique cut。

（3）Cover cut。

（4）Flow cover cut。

（5）Flow path cut。

（6）Gomory cut （Chvátal-Gomory cut）。

（7）GUB cover cut （Generalized Upper Bound cover cuts）。

（8）Implied bound cut。

（9）Infeasibility proof cut。

（10）MIP separation cut。

（11）MIR cut （Mixed Integer Rounding cut）。

（12）Mod-k cut。

（13）Network cut。

（14）Projected implied bound cut。

（15）Relax-and-lift cut。

（16）RLT cut （Reformulation Linearization Technique cut）。

（17）Strong-CG cut （Strong Chvátal-Gomory cut）。

（18）Sub-MIP cut。

（19）Zero-half cut。

具体每种算法的原理在这里不做展开。这里仅给出一个整数规划的求解结果输出示例，如下所示：

```
                          Gurobi MIP Output
1  H    0    0                     28.1409947   28.64016   1.77%    -   1s
2       0    0   28.61517   0   66  28.14099   28.61517   1.69%    -   1s
3       0    0   28.61517   0   95  28.14099   28.61517   1.69%    -   1s
4       0    0   28.61517   0   90  28.14099   28.61517   1.69%    -   1s
5       0    0   28.61517   0   98  28.14099   28.61517   1.69%    -   1s
6       0    0   28.61517   0   99  28.14099   28.61517   1.69%    -   1s
7       0    0   28.60396   0  102  28.14099   28.60396   1.65%    -   2s
8       0    0   28.60396   0  101  28.14099   28.60396   1.65%    -   2s
9       0    2   28.57160   0  101  28.14099   28.57160   1.53%    -   2s
10
```

```
11  Cutting planes:
12     Gomory: 2
13     Cover: 6
14     Implied bound: 34
15     Clique: 1
16     MIR: 74
17     Flow cover: 48
18     GUB cover: 6
19     Zero half: 1
20     RLT: 9
21     Relax-and-lift: 15
22
23  Explored 121 nodes (12969 simplex iterations) in 2.97 seconds
24  Thread count was 8 (of 8 available processors)
```

可以从上述输出信息中看出哪些割平面算法被调用了，以及调用了多少次。

6.2.5 Heuristics

Gurobi 集成了 30 多种启发式算法。有些启发式算法是基于线性规划设计的，有些是独立于线性规划设计的，还有一些其他的启发式算法。这里我们做简要介绍。

1. Not based on LP

独立于线性规划的启发式算法有贪婪算法（Greedy Algorithm）、动态规划（Dynamic Programming）、最短路径（Shortest Path）、最小生成树（Minimum Spanning Tree）和一些 Gurobi 的 blind heuristics（盲目启发式），blind 的意思是不启用 LP relaxation 的解。这些不依赖于线性规划的启发式算法的目的是快速地找到一个可行解。

2. Based on LP

另外一些基于线性规划的启发式算法有：圆整（Rounding，一般来讲不是很有效，很难对方程进行圆整）；基于 LP 的贪婪算法等。

3. Reformulation

模型重构（解决可行性问题）：删除目标并更改约束条件，例如：

$$Ax - r \leqslant b \Rightarrow Ax + s - t = b$$

设置目标函数为

$$\min \quad s + t$$

4. RINS

松弛诱导邻域搜索（Relaxation Induced Neighborhood Search，RINS）是一种改进型启发式算法，是 Gurobi 中最有效的启发式算法。

给定现任整数解和节点松弛的当前分数解，如果变量的整数解值和松弛解值一致，则固定变量，将部分固定的模型作为子 MIP 去解。

5. 子 MIP 和递归方法

子 MIP 和递归方法通常非常有效，可迅速找到可行解。

6. 泵式缩减启发式

详见 gurobi 用户手册。

7. 泵式缩减

详见 gurobi 用户手册。

6.2.6 设置启发式的参数

根据经验设置启发式的频率。

有三种参数类型：（1）MIP parameters；（2）Main heuristic parameters；（3）Some heuristic parameters。

有三种 MIPFocus：（1）good feasible solution；（2）optimal solution；（3）bound。

上述 3 个 MIPFocus 值分别对应 MIP 求解的 3 个侧重点：侧重快速找到可行解；侧重证明最优；侧重界的提升（发现界提升缓慢）。可以通过 `Model.Params.MIPFocus` 设定 MIP 求解的侧重点。

默认：5% 的算法使用启发式。

6.2.7 Branching

Gurobi 求解器中的分支操作就是根据当前松弛问题的小数解选择分支变量。分支变量的选择是限制搜索树大小的关键。图 6.15 中的 IntInf 展示了 Gurobi 在当前节点的线性松弛模型的解中，整数决策变量取了小数值的变量的个数。

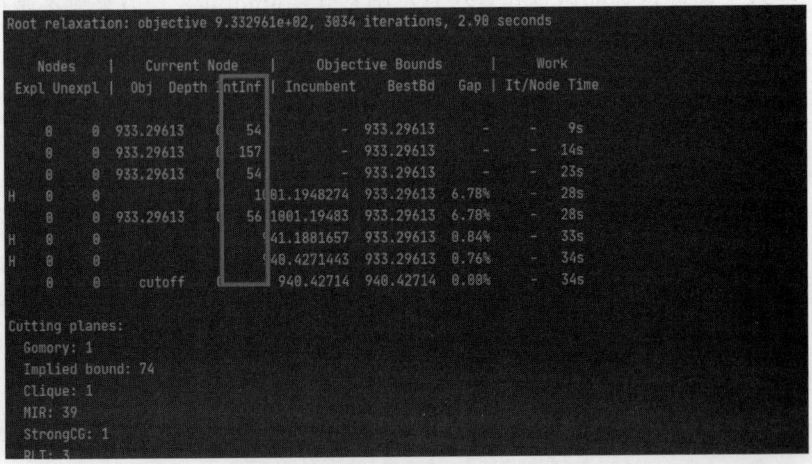

图 6.15　Gurobi 分支输出信息

分支操作主要如下。

1. 变量分支

（1）Max fractional value：取分数部分最大的变量作为分支变量。该方法效果不佳，甚至比随机选取还差。

（2）Shadow costs（similar to pseudo costs）：影子成本。将变量向上分支和向下分支，并重新求解分支后的线性松弛，评估分支对目标值的单位影响，计算出影子成本。最后选择影子成本最大的变量进行分支。

（3）Strong branching：强分支。首先求解分支变量对应的子节点的线性松弛，然后选择引起目标函数变化最大的变量作为分支变量。

（4）"Modern" pseudo costs：对于分支变量对目标的影响做持续估计。使用强分支做初始化来改进，并多次运用强分支做进一步改进（可靠性分支）。

2. SOS 分支

Pseudo-cost branching for SOS sets：通过固定为零并求解 LP 来计算可变伪成本；为松弛解为 x^* 的不可行 SOS 集合 $x_1, x_2, \cdots, x_k$ 找到一个分割；分别计算左右两个集合的伪成本，$\text{sumpcost}[i] \times x[i]$，然后相加；找到相加之和最大的集合。

6.3 Gurobi 能够求解的模型类别

6.3.1 线性规划

线性规划（Linear Programming，LP）是 Gurobi 能求解的最基本的数学规划。其一般形式如下：

$$\begin{aligned} \min \quad & \boldsymbol{c}^{\mathrm{T}}\boldsymbol{x} \\ \text{s.t.} \quad & \boldsymbol{A}\boldsymbol{x} \leqslant \boldsymbol{b} \\ & \boldsymbol{x} \in \mathbb{R}^n \end{aligned} \tag{6.1}$$

下面是 Gurobi 求解线性规划的一个简单代码案例：

LinearProblem.lp

```
1  \ Model LinearProblem
2  \ LP format - for model browsing. Use MPS format to capture full model
       detail.
3  Maximize
4  3 x + 5 y + 4 z
5  Subject To
6  c0: 2 x + 3 y <= 15
7  c1: 2 y + 4 z <= 8
8  c2: 3 x + 2 y + 5 z >= 2
9  Bounds
10 End
```

Gurobi Python Interface

```python
from gurobipy import *

try:

    # Create a new model
    m = Model("LinearProblem")

    # Create variables
    x = m.addVar(vtype=GRB.CONTINUOUS, name="x")
    y = m.addVar(vtype=GRB.CONTINUOUS, name="y")
    z = m.addVar(vtype=GRB.CONTINUOUS, name="z")

    # Set objective
    m.setObjective(3 * x + 5 * y + 4 * z, GRB.MAXIMIZE)

    # Add constraint
    m.addConstr(2 * x + 3 * y <= 15, "c0")
    m.addConstr(2 * y + 4 * z <= 8, "c1")
    m.addConstr(3 * x + 2 * y + 5 * z >= 2, "c2")

    # Write model to file
    m.write("LinearProblem.lp")

    # Solve the model
    m.optimize()

    print('Optimal solution', end = "   ")
    for i in m.getVars():
        print('%s = %g' % (i.varName, i.x), end = " ")

except GurobiError as e:
    print('Error code ' + str(e.errno) + ": " + str(e))

except AttributeError:
    print('Encountered an attribute error')
```

求解结果如下:

Gurobi Python Interface

```
Optimal objective   3.050000000e+01
Optimal solution    x = 7.5 y = 0 z = 2
```

6.3.2 混合整数规划

Gurobi 也可以求解混合整数规划（Mixted Integer Programming，MIP），其一般模型为

$$\begin{aligned} \min \quad & \boldsymbol{m}^{\mathrm{T}}\boldsymbol{x} + \boldsymbol{n}^{\mathrm{T}}\boldsymbol{y} \\ \text{s.t.} \quad & \boldsymbol{Ax} \leqslant \boldsymbol{b} \\ & \boldsymbol{Cy} \leqslant \boldsymbol{d} \\ & \boldsymbol{x} \in \mathbb{R}^n, \boldsymbol{y} \in \mathbb{Z}^n \end{aligned} \qquad (6.2)$$

下面是一个 Gurobi 求解混合整数规划的简单代码案例：

IntegerProblem.lp

```
1   \ Model IntegerProblem
2   \ LP format - for model browsing. Use MPS format to capture full model
        detail.
3   Maximize
4   3 x + 5 y + 4 z
5   Subject To
6   c0: 2 x + 3 y <= 15
7   c1: 2 y + 4 z <= 8
8   c2: 3 x + 2 y + 5 z >= 2
9   Bounds
10  Generals
11  x y z
12  End
```

Gurobi Python Interface

```
1   from gurobipy import *
2
3   try:
4
5       # Create a new model
6       m = Model("IntegerProblem")
7
8       # Create variables
9       x = m.addVar(vtype=GRB.INTEGER, name="x")
10      y = m.addVar(vtype=GRB.INTEGER, name="y")
11      z = m.addVar(vtype=GRB.INTEGER, name="z")
12
13      # Set objective
14      m.setObjective(3 * x + 5 * y + 4 * z, GRB.MAXIMIZE)
```

```
15
16      # Add constraints
17      m.addConstr(2 * x + 3 * y <= 15, "c0")
18      m.addConstr(2 * y + 4 * z <= 8, "c1")
19      m.addConstr(3 * x + 2 * y + 5 * z >= 2, "c2")
20
21      # Write model to file
22      m.write("IntegerProblem.lp")
23
24      # Solve the model
25      m.optimize()
26
27      print('Optimal solution', end = "    ")
28      for i in m.getVars():
29          print('%s = %g' % (i.varName, i.x), end = " ")
30
31  except GurobiError as e:
32      print('Error code ' + str(e.errno) + ": " + str(e))
33
34  except AttributeError:
35      print('Encountered an attribute error')
```

求解结果如下：

Gurobi Python Interface

```
1  Best objective 2.900000000000e+01, best bound 2.900000000000e+01, gap
       0.0000%
2  Optimal solution    x = 7 y = -0 z = 2
```

6.3.3 二次规划

Gurobi 也可以用于求解二次规划（Quadratic Programming，QP），其一般形式为

$$\min \; \frac{1}{2}\boldsymbol{x}^{\mathrm{T}}\boldsymbol{P}\boldsymbol{x} + \boldsymbol{q}^{\mathrm{T}}\boldsymbol{x} + r$$

$$\mathrm{s.t.} \; \boldsymbol{G}\boldsymbol{x} \leqslant \boldsymbol{h}$$

$$\boldsymbol{A}\boldsymbol{x} = \boldsymbol{b} \tag{6.3}$$

下面是一个 Gurobi 求解二次规划的简单代码案例：

QuadraticProblem.lp

```
1  \ Model QuadraticProblem
2  \ LP format - for model browsing. Use MPS format to capture full model
       detail.
```

```
3   Minimize
4   - 2 x - 6 y + [ x ^2 - 2 x * y + 2 y ^2 ] / 2
5   Subject To
6    c0: - x + 2 y <= 2
7    c1: x + y <= 2
8    c2: 2 x + y <= 3
9   Bounds
10  End
```

Gurobi Python Interface

```python
1   from gurobipy import *
2
3   try:
4
5       # Create a new model
6       m = Model("QuadraticProblem")
7
8       # Create variables
9       x = m.addVar(lb = 0, vtype=GRB.CONTINUOUS, name="x")
10      y = m.addVar(lb = 0, vtype=GRB.CONTINUOUS, name="y")
11
12      # Set objective
13      m.setObjective(1/2 * x * x + y * y - x * y - 2 * x - 6 * y, GRB.
        MINIMIZE)
14
15      # Add constraints
16      m.addConstr(-x + 2 * y <= 2, "c0")
17      m.addConstr(x + y <= 2, "c1")
18      m.addConstr(2 * x + y <= 3, "c2")
19
20      # Write model to file
21      m.write("QuadraticProblem.lp")
22
23      # Solve the model
24      m.optimize()
25
26      print('Optimal solution', end = "    ")
27      for i in m.getVars():
28          print('%s = %g' % (i.varName, i.x), end = " ")
29
30  except GurobiError as e:
31      print('Error code ' + str(e.errno) + ": " + str(e))
```

```
32
33  except AttributeError:
34      print('Encountered an attribute error')
```

或者说可以用 QuadExpr 来创建目标函数（当然也可以创建约束）。即目标函数部分的代码改成如下形式：

Gurobi Python Interface

```
1   # creat objective
2   obj = QuadExpr(0)
3   obj.addTerms(-2, x)
4   obj.addTerms(-6, y)
5   obj.addTerms(0.5, x, x)
6   obj.addTerms(1, y, y)
7   obj.addTerms(-1, x, y)
8
9   # Set objective
10  m.setObjective(obj, GRB.MINIMIZE)
11
12  # 等价于
13  # m.setObjective(1/2 * x * x + y * y - x * y - 2 * x - 6 * y, GRB.MINIMIZE)
```

如果说规模比较大的问题，就可以使用循环来拼接表达式，完成复杂表达式或者约束的创建。

上述问题的求解结果如下：

Gurobi Python Interface

```
1   Optimal objective -8.22222222e+00
2   Optimal solution    x = 0.666667 y = 1.33333
```

6.3.4　二次约束二次规划

二次约束二次规划（Quadratically Constrained Quadratic Programming，QCQP）也可以用 Gurobi 进行求解。其一般形式为

$$\min \ \frac{1}{2}\boldsymbol{x}^{\mathrm{T}}\boldsymbol{P}_0\boldsymbol{x} + \boldsymbol{q}_0^{\mathrm{T}}\boldsymbol{x} + r_0$$

$$\mathrm{s.t.} \ \frac{1}{2}\boldsymbol{x}^{\mathrm{T}}\boldsymbol{P}_i\boldsymbol{x} + \boldsymbol{q}_i^{\mathrm{T}}\boldsymbol{x} + r_i \leqslant 0, \ \forall i = 1, 2, \cdots, m$$

$$\boldsymbol{A}\boldsymbol{x} = \boldsymbol{b} \tag{6.4}$$

下面是一个 Gurobi 求解二次约束二次规划的简单代码案例：

QCQP.lp

```
1   \ Model QCQP
2   \ LP format - for model browsing. Use MPS format to capture full model
        detail.
3   Minimize
4   - 2 x - 6 y + [ x ^2 - 2 x * y + 2 y ^2 ] / 2
5   Subject To
6   c0: - x + 2 y <= 2
7   c2: 2 x + y <= 3
8   c1: 0.5 y + [ x ^2 ] <= 2
9   Bounds
10  End
```

Gurobi Python Interface

```
1   from gurobipy import *
2
3   try:
4
5       # Create a new model
6       m = Model("QCQP")
7
8       # Create variables
9       x = m.addVar(lb = 0, vtype=GRB.CONTINUOUS, name="x")
10      y = m.addVar(lb = 0, vtype=GRB.CONTINUOUS, name="y")
11
12      # Set objective
13      m.setObjective(1/2*x*x+y*y-x*y-2*x-6*y, GRB.MINIMIZE)
14
15      # Add constraints
16      m.addConstr(-x + 2 * y <= 2, "c0")
17      m.addConstr(x * x + 1/2 * y <= 2, "c1")
18      m.addConstr(2 * x + y <= 3, "c2")
19
20      # Write model to file
21      m.write("QCQP.lp")
22
23      # Solve the model
24      m.optimize()
25
26      print('Optimal solution', end = "    ")
27      for i in m.getVars():
28          print('%s = %g' % (i.varName, i.x), end = " ")
```

```
29
30  except GurobiError as e:
31      print('Error code ' + str(e.errno) + ": " + str(e))
32
33  except AttributeError:
34      print('Encountered an attribute error')
```

当然，仍然可以用前面介绍过的 **QuadExpr** 来创建目标函数、约束等。

上述问题的求解结果如下：

Gurobi Python Interface

```
1  Optimal objective -8.83999672e+00
2  Optimal solution   x = 0.8 y = 1.4
```

6.3.5　二阶锥规划

二阶锥规划（Second-Order Cone Programming，SOCP）也可以用 Gurobi 进行求解，其一般形式为

$$\min \; \boldsymbol{f}^{\mathrm{T}}\boldsymbol{x}$$
$$\text{s.t.} \; \|\boldsymbol{A}_i\boldsymbol{x}+\boldsymbol{b}_i\|_2 \leqslant \boldsymbol{c}_i^{\mathrm{T}}\boldsymbol{x}+d_i, i=1,2,\cdots,m$$
$$\boldsymbol{F}\boldsymbol{x}=\boldsymbol{g} \tag{6.5}$$

下面是一个 Gurobi 求解二阶锥规划的简单代码案例：

SOCP.lp

```
1  \ Model SOCP
2  \ LP format - for model browsing. Use MPS format to capture full model
       detail.
3  Maximize
4  x
5  Subject To
6  c0: x + y + z = 2
7  c1: [ x ^2 + y ^2 - z ^2 ] <= 0
8  Bounds
9  End
```

Gurobi Python Interface

```
1  from gurobipy import *
2
3  try:
```

```
 4
 5      # Create a new model
 6      m = Model("SOCP")
 7
 8      # Create variables
 9      x = m.addVar(vtype=GRB.CONTINUOUS, name="x")
10      y = m.addVar(vtype=GRB.CONTINUOUS, name="y")
11      z = m.addVar(vtype=GRB.CONTINUOUS, name="z")
12
13      # Set objectives
14      m.setObjective(x, GRB.MAXIMIZE)
15
16      # Add constraints
17      m.addConstr(x + y + z == 2, "c0")
18      # Add second-order cone
19      m.addConstr(x * x + y * y <= z * z, "c1")
20
21      # Write model to file
22      m.write("SOCP.lp")
23
24      # Solve the model
25      m.optimize()
26
27      print('Optimal solution', end = "    ")
28      for i in m.getVars():
29          print('%s = %g' % (i.varName, i.x), end = " ")
30
31  except GurobiError as e:
32      print('Error code ' + str(e.errno) + ": " + str(e))
33
34  except AttributeError:
35      print('Encountered an attribute error')
```

　　对于规模比较大的 SOCP，可以使用 QuadExpr 来循环创建表达式，完成 SOCP 模型的建立和求解。

　　上述问题的求解结果如下：

Gurobi Python Interface

```
1  Optimal objective 9.99999978e-01
2  Optimal solution    x = 1 y = 3.07692e-09 z = 1
```

6.4 Python 调用 Gurobi 总体流程

首先给出下面这个网约车订单分配问题的模型，R 为乘客的集合，D 为司机的集合，且 $|R| = |D|$。具体模型不做详细阐述，仅从该模型作为例子。

$$\min \quad \sum_{i \in R} \sum_{j \in D} c_{ij} x_{ij} \tag{6.6}$$

$$\text{s.t.} \quad \sum_{j \in D} x_{ij} = 1, \quad \forall i \in R \tag{6.7}$$

$$\sum_{i \in R} x_{ij} = 1, \quad \forall j \in D \tag{6.8}$$

$$x_{ij} \in \{0, 1\}, \quad \forall i \in R, \forall j \in D \tag{6.9}$$

那么如何用 Python 调用 Gurobi 来求解上述模型呢？首先，给出 Gurobi 建模求解最优化问题的一般过程。整个建模过程包含下面的步骤，如图 6.16 所示。

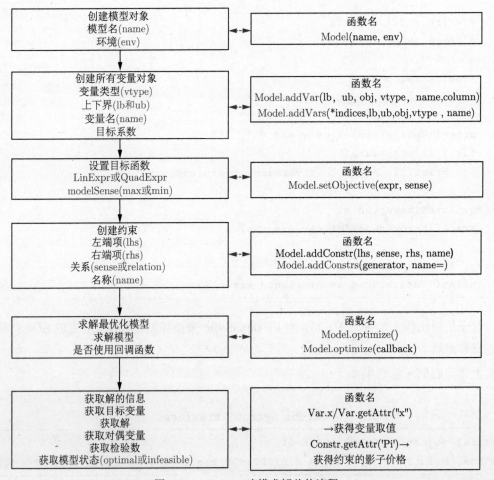

图 6.16 Gurobi 建模求解总体流程

图 6.16 很清楚地描述了 Python 调用 Gurobi 求解混合整数规划以及其他类型规划的总体步骤。

（1）创建模型对象。首先需要创建一个 Model 对象来存放该整数规划模型的所有信息，包括变量、约束等。利用函数 Model(name, env) 来创建模型对象。其中 name 是指定模型的名称，是字符串类型，而 env 是指定该模型所在的环境。使用 env 参数会使得程序更复杂，所以一般不用该参数。一般我们就用 name 参数。

（2）创建所有变量对象。创建完模型之后，需要调用 Gurobi 的 Python 接口中的 Model.addVar() 函数或者 Model.addVars() 函数，创建所有的决策变量对象，也就是 x_{ij}。创建时，我们可以对变量的取值范围（上界和下界），变量的类型（整数、0-1、连续），变量的名称（字符串）进行设定。当然有些参数是可以不设定的，此时 Gurobi 会给这些参数设置默认值。另外，Model.addVar() 函数一次只能创建一个变量，而 Model.addVars() 可以创建多个变量。Model.addVar() 和 Model.addVars() 函数做了下面的动作：首先，创建了变量对象，并将变量对象返回给接收的自定义变量，例如 x_{ij}；其次，将创建的变量添加到了已有的模型变量中。

另外，注意到 Model.addVar() 函数还有一个参数 column，这一点非常重要。我们除了按行建模的方式，还有一种按列建模的方式。在按列建模的方式中，就需要用到 column 参数。该参数一般在列生成算法等场景用得较多。

（3）设置目标函数。创建完变量，下一步就是设置目标函数。目标函数由两部分组成。第 1 部分就是要声明问题是 max 还是 min，这个在英文中称为 sense。第 2 部分就是目标函数的具体表达式。

目标函数的表达式有 2 种，一种是线性表达式（LinExpr），另一种是二次表达式（QuadExpr）。这些表达式都可以通过相应的构建方式去构建，在之后的部分会详细讲解。

构建完表达式，使用 Model.setObjective(expr, sense) 函数，给定模型名和最大化还是最小化，就可以成功设定目标函数了。

（4）创建约束。目标函数设定完成，下一步就是构建约束。约束由左端项（lhs）、符号（sense，也就是 $=, \geqslant, \leqslant$）、右端项（rhs）和约束名称（name）构成。这里需要特别注意，Gurobi 是不接受 $>$、$<$ 约束的，只接受带等号的约束。其中左端项和右端项都可以是线性表达式（LinExpr）、二次表达式（QuadExpr）或者常数这 3 种类型中的一种。

我们首先构建好线性或者二次表达式，然后利用 Model.addConstr() 函数或者 Model.addConstrs() 函数将约束添加到模型对象中去。或者说我们可以在调用 Model.addConstr() 或 Model.addConstrs() 函数时，在函数内部构建约束表达式。

（5）求解最优化模型。完成上述步骤，就可以运行 Gurobi 的求解算法了。此时，如果说我们设计了 callback 函数，我们可以将 callback 传给模型对象。如果没有的话，就可以直接用函数 Model.optimize() 来求解模型了。

（6）获取解和模型的其他信息。求解完模型，需要将最优解等信息提取出来。常用的信息包括最优解、最优值、对偶变量的值、变量的检验数（reduced cost）、模型的状态（最优还是无解等）等。这里很多信息都属于之前创建对象的属性，比如，最优值是 Model 对象的属性，最优解和检验数是变量的属性，对偶变量的值是约束的属性等。我们需要用相应的对象，调用相应的函数去获取这些信息。

6.5 Gurobi 求解 MIP 输出的日志信息解释

6.5.1 MIP 日志示例

下面是一个 MIP 的求解日志示例：

MIP log information

```
1  Gurobi Optimizer version 9.0.1 build v9.0.1rc0 (win64)
2  Optimize a model with 8165 rows, 8268 columns and 54774 nonzeros
3  Model fingerprint: 0x67f12515
4  Variable types: 156 continuous, 8112 integer (8112 binary)
5  Coefficient statistics:
6    Matrix range      [1e+00, 1e+04]
7    Objective range   [1e+00, 6e+01]
8    Bounds range      [1e+00, 1e+03]
9    RHS range         [1e+00, 1e+04]
10 Presolve removed 6588 rows and 3609 columns
11 Presolve time: 0.10s
12 Presolved: 1577 rows, 4659 columns, 21210 nonzeros
13 Variable types: 156 continuous, 4503 integer (4503 binary)
14
15 Root relaxation: objective 3.604485e+02, 389 iterations, 0.02 seconds
16
```

	Nodes			Current Node				Objective Bounds					Work	
17	Nodes			Current Node				Objective Bounds					Work	
18	Expl	Unexpl		Obj	Depth	IntInf		Incumbent	BestBd	Gap		It/Node	Time	
19														
20	0	0	360.44848	0	31		-	360.44848	-	-	0s			
21	0	0	360.47836	0	89		-	360.47836	-	-	0s			
22	0	0	361.01718	0	84		-	361.01718	-	-	0s			
23	0	0	361.58588	0	89		-	361.58588	-	-	0s			
24	0	0	361.58588	0	89		-	361.58588	-	-	0s			
25	0	0	361.58588	0	98		-	361.58588	-	-	0s			
26	0	0	361.58588	0	90		-	361.58588	-	-	0s			
27	0	0	361.58588	0	69		-	361.58588	-	-	0s			
28	0	0	361.58588	0	128		-	361.58588	-	-	0s			
29	0	0	361.58588	0	58		-	361.58588	-	-	0s			
30	0	0	361.58588	0	58		-	361.58588	-	-	0s			
31	0	0	361.58588	0	40		-	361.58588	-	-	0s			

	Expl	Unexpl	Obj	Depth	IntInf	Incumbent	BestBd	Gap	It/Node	Time
32	0	0	361.58588	0	57	-	361.58588	-	-	0s
33	0	0	361.58588	0	54	-	361.58588	-	-	0s
34	0	0	361.58588	0	53	-	361.58588	-	-	1s
35	0	2	362.68097	0	53	-	362.68097	-	-	1s
36	711	593	486.71118	30	44	-	362.92398	-	39.5	5s
37	1119	880	564.12876	76	77	-	362.97104	-	36.8	10s
38	1482	1105	401.12086	31	104	-	363.96123	-	19.4	15s
39	* 1592	1084			95	729.1649068	363.96123	50.1%	22.2	15s
40	H 1618	968				639.7685028	363.96123	43.1%	22.2	15s
41	H 1635	922				639.7684334	363.96123	43.1%	22.7	15s
42	H 1679	920				639.7683863	363.96123	43.1%	23.8	16s
43	H 1776	901				592.6892696	364.20195	38.6%	24.9	16s
44	H 1826	890				589.4353011	364.20195	38.2%	25.9	17s
45	1944	909	366.00212	26	122	589.43530	364.25205	38.2%	26.3	21s
46	2927	1387	559.28751	94	55	589.43530	365.01407	38.1%	33.0	26s
47	H 3032	1301				567.4746422	365.01407	35.7%	33.7	26s
48	4014	2169	379.11163	29	86	567.47464	366.47900	35.4%	35.2	30s
49	5383	3100	464.98648	29	102	567.47464	366.96994	35.3%	35.6	35s
50	7371	4744	452.71205	78	98	567.47464	368.06609	35.1%	35.5	40s
51	9226	5626	475.34346	39	126	567.47464	369.05981	35.0%	36.5	46s
52	H 9298	5521				554.7597868	369.13750	33.5%	36.5	46s
53	10035	6131	infeasible	46		554.75979	369.55583	33.4%	38.0	50s
54	10805	6509	438.51009	40	55	554.75979	370.29060	33.3%	38.2	55s
55	*11466	7008			68	553.4898109	370.58697	33.0%	38.3	57s
56	11891	7454	485.38397	42	81	553.48981	370.99281	33.0%	38.6	60s
57	13974	8716	436.92752	35	61	553.48981	372.13287	32.8%	39.2	65s
58	15797	9584	390.88867	45	104	553.48981	373.22982	32.6%	40.1	70s

MIP 的日志信息可以分为 3 部分。

（1）预求解部分（presolve section）。

（2）求解进程部分（progress section）。

（3）汇总部分（summary section）。

6.5.2 预求解部分

上述日志信息的例子中，presolve section 如下：

MIP log information

```
1 Gurobi Optimizer version 9.0.1 build v9.0.1rc0 (win64)
2 Optimize a model with 8165 rows, 8268 columns and 54774 nonzeros
3 Model fingerprint: 0x67f12515
4 Variable types: 156 continuous, 8112 integer (8112 binary)
5 Coefficient statistics:
```

```
6   Matrix range       [1e+00, 1e+04]
7   Objective range    [1e+00, 6e+01]
8   Bounds range       [1e+00, 1e+03]
9   RHS range          [1e+00, 1e+04]
10  Presolve removed 6588 rows and 3609 columns
11  Presolve time: 0.10s
12  Presolved: 1577 rows, 4659 columns, 21210 nonzeros
13  Variable types: 156 continuous, 4503 integer (4503 binary)
```

在该例子中，presolve 部分删去了 6588 行和 3609 列，行代表约束，列代表决策变量。然后传给分支切割算法（branch-and-cut algorithm），预求解后的模型的大小发生了变化，其中含有 1577 行和 4659 列。

6.5.3　求解进程部分

Presolve 部分结束以后，就是 branch-and-cut 算法的搜索过程日志。Branch-and-cut 算法的日志信息包括了很多不同的迭代步骤和相应的信息。例如，MIPLIB 模型 mas76 例子中，首先会观察到下面的日志信息：

MIP log information

```
1  Found heuristic solution: objective 157344.61033
2  Found heuristic solution: objective 157344.61033
```

这表示 Gurobi 的启发式算法在求解根节点的线性松弛模型之前，首先通过启发式算法得到了 2 个整数可行解。

接下来就是根节点的线性松弛模型的求解日志信息。如果根节点的线性松弛模型可以很快地求解，则这个求解信息会总结成一行，如下所示：

log information

```
1  Root relaxation: objective 3.889390e+04, 50 iterations, 0.00 seconds
```

如果这个根节点的线性松弛模型求解比较困难，则会消耗较长时间（例如 MIPLIB 模型 dano3mip），此时 Gurobi 就会自动地将单纯形法日志信息（simplex log）显示出来。如下所示：

log information

```
1  Root simplex log...
2  Iteration Objective Primal Inf. Dual Inf. Time
3  15338 5.7472018e+02 6.953458e+04 0.000000e+00 5s
4  19787 5.7623162e+02 0.000000e+00 0.000000e+00 7s
5
6  Root relaxation: objective 5.762316e+02, 19787 iterations, 6.18 seconds
```

更准确地说，这个单纯形法日志信息在求解时间超过参数 `DisplayInterval` 的值之后，会自动启动（`DisplayInterval` 默认值为 5 秒）。

接下来的部分就是分支切割搜索树的详细过程日志信息，如下所示：

MIP log information

Nodes		Current Node			Objective Bounds			Work	
Expl	Unexpl	Obj	Depth	IntInf	Incumbent	BestBd	Gap	It/Node	Time
0	0	360.44848	0	31	-	360.44848	-	-	0s
0	0	360.47836	0	89	-	360.47836	-	-	0s
0	0	361.01718	0	84	-	361.01718	-	-	0s
0	0	361.58588	0	89	-	361.58588	-	-	0s
0	0	361.58588	0	89	-	361.58588	-	-	0s
0	0	361.58588	0	98	-	361.58588	-	-	0s
0	0	361.58588	0	90	-	361.58588	-	-	0s
0	0	361.58588	0	69	-	361.58588	-	-	0s
0	0	361.58588	0	128	-	361.58588	-	-	0s
0	0	361.58588	0	58	-	361.58588	-	-	0s
0	0	361.58588	0	58	-	361.58588	-	-	0s
0	0	361.58588	0	40	-	361.58588	-	-	0s
0	0	361.58588	0	57	-	361.58588	-	-	0s
0	0	361.58588	0	54	-	361.58588	-	-	0s
0	0	361.58588	0	53	-	361.58588	-	-	1s
0	2	362.68097	0	53	-	362.68097	-	-	1s
711	593	486.71118	30	44	-	362.92398	-	39.5	5s
1119	880	564.12876	76	77	-	362.97104	-	36.8	10s
1482	1105	401.12086	31	104	-	363.96123	-	19.4	15s
* 1592	1084		95		729.1649068	363.96123	50.1%	22.2	15s
H 1618	968				639.7685028	363.96123	43.1%	22.2	15s
H 1635	922				639.7684334	363.96123	43.1%	22.7	15s
H 1679	920				639.7683863	363.96123	43.1%	23.8	16s
H 1776	901				592.6892696	364.20195	38.6%	24.9	16s
H 1826	890				589.4353011	364.20195	38.2%	25.9	17s
1944	909	366.00212	26	122	589.43530	364.25205	38.2%	26.3	21s
2927	1387	559.28751	94	55	589.43530	365.01407	38.1%	33.0	26s
H 3032	1301				567.4746422	365.01407	35.7%	33.7	26s
4014	2169	379.11163	29	86	567.47464	366.47900	35.4%	35.2	30s
5383	3100	464.98648	29	102	567.47464	366.96994	35.3%	35.6	35s
7371	4744	452.71205	78	98	567.47464	368.06609	35.1%	35.5	40s
9226	5626	475.34346	39	126	567.47464	369.05981	35.0%	36.5	46s
H 9298	5521				554.7597868	369.13750	33.5%	36.5	46s
10035	6131	infeasible	46		554.75979	369.55583	33.4%	38.0	50s
10805	6509	438.51009	40	55	554.75979	370.29060	33.3%	38.2	55s

39	*11466	7008		68		553.4898109	370.58697	33.0%	38.3	57s
40	11891	7454	485.38397	42	81	553.48981	370.99281	33.0%	38.6	60s
41	13974	8716	436.92752	35	61	553.48981	372.13287	32.8%	39.2	65s
42	15797	9584	390.88867	45	104	553.48981	373.22982	32.6%	40.1	70s
43	....									
44	....									

MIP 的 branch-and-cut 求解日志信息会非常多，但是每一列的信息都比较清楚地反映了求解的进度。

（1）Nodes 部分：包括前 2 列 Expl 和 Unexpl。第 1 列 Expl 是分支切割树已经探索到的节点（也就是已经探明的节点，或者说已经被剪枝的节点）。第 2 列 Unexpl 表示还没被探明的叶子节点（leaf nodes），也就是还可以继续分支的节点。

注意：有时会在日志信息开头有 H 或者 * 的字样，其中 H 表示 Gurobi 内部的启发式找到了一个可行解，* 表示由分支操作得到了一个可行解。

（2）Current Node 部分：该部分提供了分支切割树中当前正在探索的节点的信息。Obj 是当前节点线性松弛模型的目标函数。Depth 表示当前节点在分支切割树中的深度。IntInf 表示在当前节点的线性松弛模型的解中，整数决策变量取了小数值的变量的个数。

（3）Objective Bounds 部分：该部分中 Incumbent 展示的是到目前为止已经获得的最好的可行解（也就是整数解）的目标函数（也就是当前最优解 current incumbent 对应的目标函数）。BestBd 是分支切割算法搜索树中的叶子节点（leaf nodes）提供的目标函数的当前最好界限（Bound）。MIP 的最优值一定介于 Incumbent 和 BestBd 之间。Gap 指的是 Incumbent 和 BestBd 之间的相对间隙（Gap）。即

$$\text{Gap} = \frac{\text{Incumbent} - \text{BestBd}}{\text{Incumbent}} \times 100\%$$

注意：Gap 是以当前最好的整数可行解（incumbent）的值为基准计算的相对间隙。当间隙比参数 MIPGap 的值小时，算法终止。按照 Gurobi 中 Gap 的计算公式，Gap 可能为负值。不同求解器中，Gap 的计算方法不同。

（4）Work 部分：该部分展示了到该节点处所进行的工作量信息。第 1 列 It/Node 表示在分支切割树中，平均每个节点处单纯形法迭代的次数。Time 是到目前为止分支切割算法执行的累计时间。

6.5.4 汇总部分

第 3 部分的日志信息就是对 MIP 求解器已经完成的所有求解过程的汇总信息，如下所示：

log information

```
1  Cutting planes:
2       Gomory: 2
```

```
 3       MIR: 14
 4  Explored 241338 nodes (1336406 simplex iterations) in 6.57 seconds
 5  Thread count was 4 (of 4 available processors)
 6
 7  Solution count 7: 40005.1 40697.1 41203.6 ... 157345
 8  Optimal solution found (tolerance 1.00e-04)
 9  Best objective 4.000505414200e+04, best bound 4.000505414200e+04, gap
        0.0000%
```

在本例中，只用了 6.57 秒就得到了最优状态。且有 `tolerance 1.00e-04` 的字样，因此最优整数可行解与最优界限（bound）之间的 gap 小于 0.01%。并且程序最终的求解状态为 `Optimal`，因为最终的间隙为 0.0000%，小于 `MIPGap` 的值。

6.6 Python 接口概述

6.6.1 模型概述

Gurobi 的 Python 接口中的大多数动作都可以通过直接调用 Gurobi 中的对象实现。最常用的对象就是 Model 对象。一个模型包含一系列决策变量（Var 或者 MVar 类的对象）、一个关于这些变量的线性或者二次的目标函数（用 Model.setObjective 设置）、一系列关于这些变量的约束（Constr, QConstr, SOS, GenConstr 类的对象），每一个变量有对应的上界、下界、变量类型（连续、0-1、整数）、名称。每一个线性约束或者二次约束都有相应的符号（$\geqslant$、$\leqslant$、$=$）和右端项。

一个模型对象可以一次性通过读入模型文件创建。也可以首先创建一个空的 Model 对象，然后调用 Model.addVar，Model.addVars，Model.addMVar 去逐渐添加变量，然后调用 Model.addConstr，Model.addConstrs，Model.addLConstr，Model.addQConstr，Model.addSOS 或者任意一个 Model.addGenConstrXxx 函数来添加约束。

线性约束可以通过创建线性表达式来添加。首先创建线性表达式对象（class LinExpr 或者 MLinExpr 的对象），然后声明这些线性表达式之间的关系（$\geqslant$、$=$、$\leqslant$）。二次约束也采用相似的方法，但是需要创建二次表达式（class QuadExpr 或者 MQuadExpr 的对象）。广义约束（General Constraints）需要创建一系列的专用函数（dedicated methods），或者一系列的广义约束帮助函数（general constraint helper functions）和相应的重载运算符（overloaded operators）。

模型（class Model）对象是动态的实体，可以对其动态地增加或者删除决策变量或者约束。一个模型（model），如果目标函数是线性的，且约束是线性的，所有决策变量都是连续型的，该模型是线性规划（Linear Program，LP）。如果目标函数的二次的，则该模型是一个二次规划（Quadratic Program，QP）。如果模型中任意约束是二次的，则该模型是一个二次约束规划（Quadratically-Constrained Program，QCP）。有时 QCP 中有一些特例：约束为凸的 QCP，约束为非凸的 QCP，bilinear 规划（二次项都是 0-1 变量相乘）和二阶锥规划

（Second-Order Cone Program，SOCP）。如果模型中任意变量是整数变量或半连续变量、半整数变量，或者 Special Ordered Set（SOS）约束或某些广义约束（General Constraints），则该模型为混合整数规划（Mixed Integer Programming，MIP）。MIP 中又包含一些特例，包括混合整数线性规划（Mixed Integer Linear Programming，MILP），混合整数二次规划（Mixed Integer Quadratic Programming，MIQP），混合整数二次约束规划（Mixed Integer Quadratically-Constrained Programming，MIQCP）和混合整数二阶锥规划（Mixed Integer Second-Order Cone Programming，MISOCP）。对这些类别的模型，Gurobi 都可以求解。

6.6.2 求解模型

在创建完模型以后，可以调用 `Model.optimize` 函数求解模型。默认情况下，`optimize` 函数将会使用并发求解器（Concurrent Optimizer）求解线性规划模型，用内点法（the barrier algorithm）求解目标函数为凸的二次规划（QP）和约束为凸的二次约束规划（QCP），对于其余情况下的模型均使用 branch-and-cut 算法进行求解。

Gurobi 求解器将会把模型的求解状态都存储在模型对象内，因此调用求解函数 `Model.optimize` 求解模型之后，模型的求解状态等相关信息也会发生相应的变化。如果想要清除之前求解的结果信息，而不对模型的约束和变量等信息做任何改变，然后重新对模型进行求解，则可以调用 `Model.reset` 函数重置模型对象。

求解完一个 MIP 模型之后，我们可以调用函数 `Model.fixed` 计算相应的固定的模型（fixed model）。这个被固定的模型和原来的模型是相同的，只是所有的整数变量都被固定成了 MIP 模型的解中的值。如果模型中包含 SOS 约束，此时一些出现在 SOS 约束中的连续变量也有可能被固定。有时这些固定操作会有助于计算一些被固定的模型的信息（如对偶变量的值、敏感性分析的信息等）。

6.6.3 多个解、目标函数和场景

默认情况下，Gurobi 优化器假设用户的目的就是为了找到一个具有单一目标函数的模型的最优解。但是 Gurobi 也提供了下面的特征，以便用户来修改这些假设。

（1）`Solution Pool`：允许用户找到更多的解。

（2）`Multiple Scenarios`：允许用户找到多个相关模型的解。

（3）`Multiple Objectives`：允许用户声明多个目标函数，并且控制这些目标函数之间的权衡。

6.6.4 不可行的模型

如果一个模型是不可行的，用户也可以进行一些相应的操作。此时用户可以尝试去诊断导致模型不可行的原因，或者试图去修复模型的不可行性。为了得到模型不可行的原因的诊断信息，可以调用函数 `Model.computeIIS` 计算不可约不相容子方程组（Irreducible Inconsistent Subsystem，IIS）。该方法既可以用于线性规划模型，也可以用于混合整数规划模型，当然，混合整数规划模型将会花费较长的时间。该方法将会产生一系列的 IIS 属性。

如果想尝试去修复不可行性，我们可以调用 `Model.feasRelaxS` 函数或者 `Model.feasRelax` 函数计算一个原模型的可行的松弛版本模型。这个松弛的模型会得到一个约束违背程度最小的解。

6.6.5　查询和修改模型属性

大多数与 Gurobi 模型相关的信息都存储在一组属性中。有些属性与模型的变量相关联，有些与模型的约束相关，还有一些与模型本身有关。举一个简单的例子，求解模型会生成变量的 x 属性（也就是变量在解中的对应取值）。由 Gurobi 计算的，像 x 这样的属性，用户是无法直接修改的，而其他的属性，例如变量的上界（`ub` 属性），则可以直接被用户修改。

在 Python 接口中，属性可以通过 2 种方法获得。第 1 种就是调用 `getAttr()` 和 `setAttr()` 方法，更具体地说，这些方法可以用于获得变量的属性（`Var.getAttr/Var.setAttr`）、线性约束的属性（`Constr.getAttr/Constr.setAttr`）、二次约束的属性（`QConstr.getAttr/QConstr.setAttr`）、SOS 的属性（`SOS.getAttr`）、广义约束的属性（`GenConstr.getAttr/GenConstr.setAttr`）和模型的属性（`Model.getAttr/Model.setAttr`）。调用这些函数时，都是将属性名作为第一个传入参数的，例如 `var.getAttr("x")` 和 `constr.setAttr("rhs", 0.0)`。全部的属性名见 Gurobi 用户手册 `Attributes` 部分。

属性也可以通过更直接的方法获得。也就是对象后跟属性名就可以直接获得。例如 `b = constr.rhs` 和 `b = constr.getAttr("rhs")` 就是等价的。类似地，`constr.rhs = 0.0` 和 `constr.setAttr("rhs", 0.0)` 也是等价的。

注意：属性名可以忽略大小写。比如 `model.objval` 和 `model.ObjVal` 都是可以的。

6.6.6　其他修改模型信息的方法

大多数修改现有模型的操作都可以通过属性名接口进行修改（如修改变量的上下界、约束的右端项等）。但是也有一些特例，例如修改约束矩阵和改变目标函数等，就不能通过属性接口来修改。

约束矩阵可以通过多种方法来修改。第 1 种就是调用 `Model.chgCoeff` 函数。该函数可用于修改一个已经存在的非零系数的值，或者设置一个已经存在的非零系数为 0，或者创建一个新的非零系数。约束矩阵同样也会随着变量的移除、约束的移除而改变。当用户调用 `Model.remove` 函数移除变量或者约束时，约束矩阵会随之自动改变。

目标函数也可以通过其他方法来修改。最开始的时候，用户可以通过建立表达式来创建目标函数（`LinExpr`，`MLinExpr`，`QuadExpr` 或者 `MQuadExpr` 对象），然后将其传给设置目标函数的函数 `Model.setObjective` 即可完成目标函数的设置。如果用户想修改目标函数，可以通过重新创建新的 `LinExpr` 或者 `QuadExpr` 对象，然后再次调用 `Model.setObjective` 函数即可。

当然，对于线性的目标函数而言，也可以在调用 `Model.addVar()` 函数创建变量时，设置其中的参数 `Obj` 的值来改变目标函数系数，或者通过修改变量 `Var` 的 `Obj` 属性来修改目标函数。

如果目标函数是分段线性的，用户可以调用 `Model.setPWLObj` 函数来声明。对每一个相关的决策变量都调用一次该函数即可。

Gurobi 的单纯形求解器包含了对凸的分段线性目标函数的算法支持，因此对于连续型模型用此功能，将会有非常好的性能优势。如果要清除先前指定的分段线性目标函数，只需设置相应变量的 `Obj` 属性为 0 即可。

6.6.7 惰性更新

惰性更新是关于模型修改的一个概念。也就是以惰性的形式来对模型进行修改，这些惰性的修改不会立即对模型产生影响，而是首先将它们放入一个队列，等待之后再被运行生效。简单地创建模型并求解，是不会涉及这个部分的，但是如果用户想在模型被修改之前，获取未被修改的模型的信息，那就需要知道惰性更新的事情。

模型的修改信息（如变量上下界的修改、约束右端项的修改、目标函数的修改等）会被放在一个队列中，这个队列中的修改会在下面 3 种情况下被真正执行。第 1 种情况就是直接明了地调用函数 `Model.update`。第 2 种就是调用求解函数 `Model.optimize`。第 3 种就是调用函数 `Model.write` 将模型导出成本地模型文件。第一种方法是非常细微精准的操作，可以随时根据需要更新模型。后两种是用户在求解模型之前，想把所有的修改信息一并执行而进行的操作。

为什么 Gurobi 接口会以这种方式运行？有几个原因。首先是这种方法使对模型进行多次修改变得容易得多，因为在不同的模型修改操作之间，模型是保持不变的。二是处理模型修改信息可能是很耗时间的，尤其是在处理服务器环境中机器之间的通信问题时。通常，如果用户的程序需要进行多次修改，用户可以分阶段进行修改，首先进行一组修改，然后更新，然后进行更多修改，然后再次更新，等等。每次单个的修改操作都去调用一次 `Model.update` 可能会很耗时。

如果用户忘记了调用更新函数，用户的程序也不会崩溃。程序会返回最近一次更新后的模型的信息。如果模型对象已经不存在了，程序会返回一个 `NOT_IN_MODEL` 异常。

6.6.8 参数管理

Gurobi 提供了非常多的参数来满足用户控制求解进程的需求。这些控制因素包括可行性、最优容差、算法选择、MIP 搜索树搜索策略等。这些参数都可以在求解模型之前通过相应的方法进行修改。这些参数都可以通过调用函数 `Model.setParam` 进行修改。模型当前的参数可以通过函数 `Model.getParamInfo` 获得，用户也可以通过 `Model.Params` 类更直接地获得参数的值。例如，用户需要设置模型 m 的 MIPGap，可以用 `m.setParam('MIPGap', 0)` 或者 `m.Params.MIPGap=0`。

用户也可以通过调用 `Model.read` 函数，从文件中读取一系列的参数设置信息，或者调用 `Model.write` 函数将修改好的参数信息写入一个文件中。

用户也可以用参数调优工具来自动探索不同参数组合，以提升求解的效率。可以调用函数 `Model.tune` 去激活模型中的调优工具。具体信息可以看 Gurobi 用户手册中的 `parameter tuning tool` 部分。

另外需要注意的是，用户对一个模型的参数修改操作不会影响另一个模型的参数。如果想要对所有的模型都进行统一的参数修改操作，可以用全局 `setParam` 方法实现。

模型的参数列表见 Gurobi 用户手册的 `Parameters` 部分。

6.6.9 管理求解进程：日志和回调

用户可以通过 Gurobi 的日志来管理 Gurobi 的优化进程。默认情况下，Gurobi 会将日志打印在屏幕上。但是也有一些修改日志行为的控制接口。用户可以通过设置 `LogFile` 参数来导出日志文件。日志文件的打印频率可以通过修改参数 `DisplayInterval` 来控制。如果想要关闭日志文件的显示，可以设置输出参数 `OutputFlag` 的值为 0。

更详细的日志信息可以通过 callback 函数获得。如果用户为求解函数 `Model.optimize` 传入一个 callback 函数，参数为 `model` 和 `where`，这个 callback 函数将会周期性的被优化程序调用。用户的 callback 函数之后会调用 `Model.cbGet` 以获取优化程序的额外信息。

6.6.10 修改求解器的行为：回调

函数 callback 也可以修改求解器的行为。最简单的控制 callback 是 `Model.terminate`，它要求优化器在最早的方便的时间点终止程序。函数 `Model.cbSetSolution` 可以用来在 MIP 的求解过程中为模型设置一个可行解（或者解的一部分）。函数 `Model.cbCut` 和 `Model.cbLazy` 可以用来在 MIP 求解过程中添加割平面和惰性约束（lazy constraint）。

6.7 Python 调用 Gurobi 常用类和函数

6.7.1 全局函数

Gurobi 的 Python 接口的部分全局函数如表 6.1 所示。

表 6.1 全局函数

函 数 名	功 能
paramHelp (paramname)	获得参数的帮助信息
quicksum (data)	对列表中的元素进行快速求和
read (filename)	从文件读入模型
readParams (filename)	从文件读入参数设置
setParam (paramname)	设置参数的值
writeParams (filename)	将模型的参数设置写成文件

6.7.2　Model 类

Model 类是 Gurobi 最重要的类，其中包含建模，添加决策变量和约束、求解等相关函数。Model 类的部分函数如表 6.2 所示。

表 6.2　Model 类的部分函数

函 数 名	功 能
Model(name="", env=defaultEnv)	建立模型对象
Model.addConstr (lhs, sense=None, rhs=None, name="")	在模型对象中添加一条约束
Model.addConstrs (generator, name="")	在模型对象中添加多条约束
Model.addGenConstrXxx ()	向模型对象中添加广义约束（具体函数名如下）
addGenConstrMax	添加约束 $y = \max\{x_1, x_2, \cdots, c\}$
addGenConstrMin	添加约束 $y = \min\{x_1, x_2, \cdots, c\}$
addGenConstrAbs	添加约束 $y = |x|$
addGenConstrAnd	添加约束 $y = x_1 \wedge x_2 \wedge \cdots$
addGenConstrOr	添加约束 $y = x_1 \vee x_2 \vee \cdots$
addGenConstrIndicator	添加约束 $y = 1 \rightarrow ax \leqslant b$（an indicator constraint）
addGenConstrPWL	添加约束 $y = \mathrm{PWL}(x)$（一个由若干分段点定义的分段线性函数）
addGenConstrPoly	添加约束 $y = p_0 x^d + p_1 x^{d-1} + \cdots + p_{d-1} x + p_d$
addGenConstrExp	添加约束 $y = e^x$
addGenConstrExpA	添加约束 $y = a^x$
addGenConstrLog	添加约束 $y = \ln x$
addGenConstrLogA	添加约束 $y = \log_a x$
addGenConstrPow	添加约束 $y = x^a$
addGenConstrSin	添加约束 $y = \sin x$
addGenConstrCos	添加约束 $y = \cos x$
addGenConstrTan	添加约束 $y = \tan x$
Model.addLConstr (lhs, sense=None, rhs=None, name="")	在模型对象中添加一个线性约束（addLConstr() 比 addConstr() 快很多）
Model.addMConstrs (A, x, sense, b, names="")	以矩阵形式向模型中添加多个线性约束
Model.addMQConstr (Q, c, sense, rhs, xQ_L=None, xQ_R=None, xc=None, name="")	以矩阵形式向模型中添加多个二次约束
Model.addMVar (shape, lb=0.0, ub=GRB.INFINITY, obj=0.0, vtype=GRB.CONTINUOUS, name="")	在模型中添加一个 MVar 对象
Model.addQConstr (lhs, sense=None, rhs=None, name="")	在模型中添加一个二次约束

续表

函 数 名	功 能
Model.addRange (expr, lower, upper, name="")	在模型中添加一个范围约束 lb ⩽ expr ⩽ ub
Model.addVar (lb=0.0, ub=GRB. INFINITY, obj=0.0, vtype= GRB.CONTINUOUS, name="", column=None)	在模型中添加一个决策变量
Model.addVars (*indices, lb=0.0, ub=GRB.INFINITY, obj=0.0, vtype=GRB.CONTINUOUS, name="")	在模型中添加多个决策变量
Model.cbCut (lhs, sense, rhs)	在 callback 函数中向 MIP 中添加一个割平面。（注意：该函数只能在 callback 函数中的 where 参数等于 GRB.Callback.MIPNODE 时才会被调用）
Model.cbGet (what)	在 user callback 函数中查询优化器相关信息
Model.cbGetNodeRel (vars)	在 callback 函数中获取当前节点的线性松弛的解中决策变量的取值
Model.cbGetSolution (vars)	在 callback 函数中获取 MIP 的当前解（整数解）
Model.cbLazy (lhs, sense, rhs)	在 callback 函数中向 MIP 模型中添加一个 lazy 约束（惰性约束）
Model.cbSetSolution (vars, solution)	将一个已知解或者已知的部分解传给当前模型
Model.cbUseSolution ( )	当使用 cbSetSolution 导入一个解之后，可以调用 cbUseSolution 来计算这个解对应的目标函数
Model.chgCoeff (constr, var, newvalue)	改变模型中一个约束中的一个变量的系数
Model.computeIIS (void)	计算一个 IIS
Model.copy ()	复制模型。注意，由于程序汇总可能使用了 lazy 更新，因此，调用该函数前，最好先调用 update 函数
Model.feasRelaxS (relaxobjtype, minrelax, vrelax, crelax)	修改模型对象以获得一个可行的松弛模型
Model.feasRelax (relaxobjtype, minrelax, vars, lbpen, ubpen, constrs, rhspen)	修改模型对象以获得一个可行的松弛模型
Model.fixed ()	创建一个固定的 MIP 模型。在该固定的模型中，整数变量被固定为其在 MIP 解中的值，并且连续变量也被固定，以满足 SOS 约束和广义约束。被固定的模型中，没有任何整数约束、SOS 约束和广义约束
Model.getA ()	查询模型的线性约束矩阵
Model.getAttr (attrname, objs= None)	查询属性的值

续表

函 数 名	功 能
Model.getCoeff (constr, var)	查询一个变量 var 在线性约束 constr 中的系数
Model.getCol (var)	提取决策变量 var 对应的列，包括目标函数系数和对应列的约束系数，返回一个 Column 对象
Model.getConstrByName (name)	根据约束名提取约束。如果多个约束有相同的名字，则该方法将会任意选择一个返回
Model.getConstrs ()	提取多个约束
Model.getGenConstrXxx (genconstr)	提取广义约束的数据（其中 Xxx 是所有广义约束的类型，调用时对应到相应的类型即可，可选类型与之前添加约束的部分的类型相同）
Model.getGenConstrs ()	提取模型中的所有广义约束
Model.getJSONSolution ()	在调用 optimize 函数后，调用该函数提取得到的解和相关的模型属性，返回成一个 JSON 字符串
Model.getObjective (index=None)	提取模型的目标函数（多个目标函数返回多个目标值）
Model.getParamInfo (paramname)	提取模型的参数信息，包括类型、当前值、最大最小允许值和默认值
Model.getPWLObj (var)	提取一个变量 var 的分段线性目标函数值
Model.getQConstrs ()	提取模型中的所有二次约束
Model.getQCRow (qconstr)	提取二次约束的左端项表达式，返回一个 QuadExpr 对象
Model.getRow (constr)	提取约束 constr 的左端项表达式，返回一个 LinExpr 对象
Model.getSOS (sos)	提取 SOS 约束 sos 的信息，返回结果为一个 tuple，包含 SOS 类型（1 或 2）、参与 SOS 的变量对象以及对应的 SOS 权重
Model.getSOSs ()	提取模型中的所有 SOS 约束
Model.getTuneResult ()	提取之前调用 tune 之后的调优结果
Model.getVarByName (name)	根据变量名提取变量
Model.getVars ()	提取模型中的所有变量
Model.message (msg)	向 Gurobi 的日志文件中添加一个字符串
Model.optimize (callback=None)	求解模型。如果是连续型模型，则调用单纯形法或者内点法进行求解；如果是 MIP 模型，则调用 branch-and-cut 算法求解
Model.presolve ()	对模型实行预求解
Model.printAttr (attrs, filter='*')	打印出一个或者多个模型的属性值
Model.printQuality ()	打印出解的质量统计信息，包括约束违反、整数违反信息等
Model.printStats ()	打印出模型的统计信息（包括约束和变量、非 0 约束系数的个数和最小与最大的约束系数等）
Model.read (filename)	从文件读入数据，导入给模型，包括模型数据和参数数据等
Model.relax ()	创建一个 MIP 模型的松弛模型

续表

函 数 名	功　　能
Model.remove (items)	从模型中移除决策变量、线性约束、二次约束、SOS 约束或者广义约束等
Model.reset (clearall=0)	重置模型至未求解的状态，删除所有之前计算遗留的解的信息
Model.resetParams ()	重置模型的所有参数至默认值
Model.setAttr (attrname, objects, newvalues)	更改一个属性的值
Model.setMObjective (Q, c, constant, xQ_L=None, xQ_R=None, xc=None, sense=None)	用矩阵的形式设置模型的目标函数为二次表达式或者线性表达式
Model.setObjective (expr, sense=None)	设置模型的目标函数为二次表达式或者线性表达式
Model.setObjectiveN (expr, index, priority=0, weight=1, abstol=0, reltol=0, name="")	设置模型的其中一个目标函数为一个线性表达式（适用于多个目标函数的情况）
Model.setPWLObj (var, x, y)	为变量设置分段线性目标函数
Model.setParam (paramname, newvalue)	为参数设置新值
Model.terminate ()	生成一个终止当前优化程序的请求，也就是终止优化程序。当优化程序被终止后，模型的求解状态属性值会相应地变成 GRB_INTERRUPTED
Model.tune ()	自动对模型求解进行调优，寻找能够提升效率的参数设置
Model.update ()	更新模型，执行对模型的修改操作
Model.write (filename)	将模型写成一个文件

6.7.3　Var 类和 MVar 类

Var 类和 MVar 类主要用于添加决策变量，其部分函数如表 6.3 所示。

表 6.3　Var 类和 MVar 类的部分函数

函 数 名	功　　能
Var.getAttr (attrname)	查询变量的属性值
Var.sameAs (var2)	检查两个变量对象是不是同一个变量
Var.index (var2)	返回变量在模型约束矩阵中的下标。返回 -2 表示变量被移除了，-1 表示该变量不在模型中，如果是大于或等于 0 的值，就是变量的下标
Var.setAttr (attrname, newvalue)	设置变量的属性值
MVar (vars)	MVar 构建器。该函数创建了一系列的 Var 的对象
MVar.copy ()	复制 MVar 对象

函 数 名	功 能
MVar.getAttr (attrname)	获取一个矩阵变量对象的属性值
MVar.setAttr (attrname, newvalue)	设置矩阵变量的属性值
MVar.sum ()	对 MVar 对象中的变量求和，返回一个 MLinExpr 对象

6.7.4 Column 类

一个 Column 对象（列对象）包含一系列的系数以及相应的约束集合。也就是一个变量参与了哪些约束，以及在约束中的系数是多少和在目标函数中的系数是多少。列对象往往都是临时的，为了构建模型临时创建，配合列生成算法等算法来控制求解过程。Column 类的函数如表 6.4 所示。

表 6.4 Column 类的函数

函 数 名	功 能
Column (coeffs=None, constrs=None)	列构造器
Column.addTerms (coeffs, constrs)	向 Column 对象中添加新项（一项或者多项）
Column.clear ()	移除 Column 对象中的所有项
Column.copy ()	复制 Column 对象
Column.getCoeff (i)	提取 Column 对象中下标为 i 的项的系数
Column.getConstr (i)	根据 Column 中下标为 i 的项，提取其所在的约束。也就是提取第 i 行的约束
Column.remove (item)	从 Column 中移除一项
Column.size ()	提取 Column 对象中的项的数量

6.7.5 目标函数

模型目标函数的相关函数如表 6.5 所示。

表 6.5 模型目标函数的相关函数

函 数 名	功 能
Model.getObjective (index=None)	提取模型的目标函数（多个目标函数返回多个目标）
Model.getPWLObj (var)	提取一个变量 var 的分段线性目标函数
Model.setMObjective (Q, c, constant, xQ_L=None, xQ_R=None, xc=None, sense=None)	用矩阵的形式设置模型的目标函数为二次表达式或者线性表达式
Model.setObjective (expr, sense=None)	设置模型的目标函数为二次表达式或者线性表达式

续表

函 数 名	功 能
Model.setObjectiveN (expr, index, priority=0, weight=1, abstol=0, reltol=0, name="")	设置模型的其中一个目标函数为一个线性表达式（适用于多个目标函数的情况）
Model.setPWLObj (var, x, y)	为变量设置分段线性目标函数

6.7.6 表达式

表达式对象中，重载了运算符 >=、<= 和 ==，在表示 ≥、≤ 和 = 时，直接用上述相应的简单的运算符即可连接对象之间的关系。当然，也可以使用 GRB.LESS_EQUAL、GRB.EQUAL 或 GRB.GREATER_EQUAL 来表示不等关系。两种方法都是可以的。

1. 线性表达式

线性表达式的相关函数主要用于构建目标函数和约束，其相关函数如表 6.6 所示。

表 6.6　线性表达式的相关函数

函 数 名	功 能
LinExpr (arg1=0.0, arg2=None)	线性表达式构建器
LinExpr.add (expr, mult=1.0)	将一个线性表达式对象 expr 添加到另一个线性表达式中
LinExpr.addConstant (c)	在线性表达式中添加一个常数
LinExpr.addTerms (coeffs, vars)	向线性表达式中添加新项。可以添加一个或多个
LinExpr.clear ()	清除线性表达式中的所有元素，也就是设置线性表达式为 0
LinExpr.copy ()	复制线性表达式
LinExpr.getConstant ()	从线性表达式中提取常数项
LinExpr.getCoeff (i)	提取线性表达式中第 i 个下标对应的变量的系数
LinExpr.getValue ()	用当前的解计算线性表达式的值
LinExpr.getVar (i)	提取当前线性表达式中下标 i 对应的决策变量
LinExpr.remove (item)	从线性表达式中移除一项
LinExpr.size ()	提取线性表达式中线性项的数量（不包括常数项）
MLinExpr.copy ()	获得线性矩阵表达式的一个副本
MLinExpr.getValue ()	用当前解计算线性矩阵表达式的值

2. 二次表达式

二次表达式与线性表达式的函数有所不同，其相关函数如表 6.7 所示。

3. 广义表达式

广义表达式属于 GenExpr 类，如取最大值、最小值等广义表达式。

表 6.7 二次表达式的相关函数

函 数 名	功 能
QuadExpr (expr = None)	二次表达式构建器
QuadExpr.add (expr, mult=1.0)	向二次表达式 expr 中添加一个表达式
QuadExpr.addConstant (c)	在二次表达式中添加一个常数
QuadExpr.addTerms (coeffs, vars, vars2=None)	向二次表达式中添加一个线性项或者二次项
QuadExpr.clear ()	清除二次表达式中的所有元素，也就是设置二次表达式为 0
QuadExpr.copy ()	复制二次表达式
QuadExpr.getCoeff (i)	提取二次表达式中第 i 个项对应的系数
QuadExpr.getLinExpr ()	提取二次表达式中的线性表达式的部分。一个二次表达式是由一个线性表达式加上一系列的二次项，因此可以只提取线性的部分
QuadExpr.getValue ()	根据当前解计算二次表达式的值
QuadExpr.getVar1 (i)	提取二次表达式中一项的第 1 个变量。例如一项为 $2xy$，则提取 x
QuadExpr.getVar2 (i)	提取二次表达式中一项的第 2 个变量。例如一项为 $2xy$，则提取 y
QuadExpr.remove (item)	从二次表达式中移除一项
MQuadExpr.copy ()	获得二次矩阵表达式的一个副本
MQuadExpr.getValue ()	用当前解计算二次矩阵表达式的值

6.7.7 约束类

1. Model 类中有关约束的函数

约束是运筹优化模型中非常重要的组成部分，Gurobi 中约束相关的函数如表 6.8 所示。

表 6.8 约束相关的函数

函 数 名	功 能
Model.addConstr (lhs, sense=None, rhs=None, name="")	在模型对象中添加一条约束
Model.addConstrs (generator, name="")	在模型对象中添加多条约束
Model.addGenConstrXxx ()	向模型对象中添加广义约束（具体函数名如下）
addGenConstrMax	添加约束 $y = \max\{x_1, x_2, \cdots, c\}$
addGenConstrMin	添加约束 $y = \min\{x_1, x_2, \cdots, c\}$
addGenConstrAbs	添加约束 $y = |x|$
addGenConstrAnd	添加约束 $y = x_1 \wedge x_2 \wedge \cdots$
addGenConstrOr	添加约束 $y = x_1 \vee x_2 \vee \cdots$
addGenConstrIndicator	添加约束 $y = 1 \rightarrow ax \leqslant b$ （an indicator constraint）
addGenConstrPWL	添加约束 $y = \mathrm{PWL}(x)$ （a piecewise-linear function, specified using breakpoints）

续表

函 数 名	功 能
addGenConstrPoly	添加约束 $y = p_0 x^d + p_1 x^{d-1} + \cdots + p_{d-1} x + p_d$
addGenConstrExp	添加约束 $y = e^x$
addGenConstrExpA	添加约束 $y = a^x$
addGenConstrLog	添加约束 $y = \ln x$
addGenConstrLogA	添加约束 $y = \log_a x$
addGenConstrPow	添加约束 $y = x^a$
addGenConstrSin	添加约束 $y = \sin x$
addGenConstrCos	添加约束 $y = \cos x$
addGenConstrTan	添加约束 $y = \tan x$
Model.addLConstr (lhs, sense=None, rhs=None, name="")	在模型对象中添加一个线性约束（addLConstr() 比 addConstr() 快很多）
Model.addMConstrs (A, x, sense, b, names="")	以矩阵形式向模型中添加多个线性约束
Model.addMQConstr (Q, c, sense, rhs, xQ_L=None, xQ_R=None, xc=None, name="")	以矩阵形式向模型中添加多个二次约束
Model.addQConstr (lhs, sense=None, rhs=None, name="")	在模型中添加一个二次约束
Model.addRange (expr, lower, upper, name="")	在模型中添加一个范围约束 $\text{lb} \leqslant \text{expr} \leqslant \text{ub}$
Model.cbCut (lhs, sense, rhs)	在 callback 函数中，向 MIP 中添加一个割平面。（注意：该函数只能在 callback 函数中的 where 参数等于 GRB.Callback.MIPNODE 时才会被激发）
Model.cbLazy (lhs, sense, rhs)	在 callback 函数中向 MIP 模型中加入一个 lazy 约束（惰性约束）
Model.chgCoeff (constr, var, newvalue)	改变模型中一个约束中的一个变量的系数
Model.getCoeff (constr, var)	查询一个变量 var 在线性约束 constr 中的系数
Model.getCol (var)	提取决策变量 var 对应的列，包括目标函数系数和对应列的约束系数，返回一个 Column 对象
Model.getConstrByName (name)	根据约束名提取约束。如果多个约束有相同的名字，则该方法将会任意选择一个返回
Model.getConstrs ()	提取多个约束
Model.getGenConstrXxx (genconstr)	提取广义约束的数据（其中 Xxx 是所有广义约束的类型，调用的时候对应到相应的类型即可，可选类型与之前添加约束的部分的类型相同）
Model.getGenConstrs ()	提取模型中的所有广义约束
Model.getPWLObj (var)	提取一个变量 var 的分段线性目标函数值
Model.getQConstrs ()	提取模型中的所有二次约束

续表

函 数 名	功 能
Model.getQCRow (qconstr)	提取二次约束的左端项表达式，返回一个 QuadExpr 对象
Model.getRow (constr)	提取约束 constr 的左端项表达式，返回一个 LinExpr 对象
Model.getSOS (sos)	提取 SOS 约束 sos 的信息，返回结果为一个 tuple，包含 SOS 类型（1 或 2）、参与 SOS 的变量对象以及对应的 SOS 权重
Model.getSOSs ()	提取模型中的所有 SOS 约束

2. Constr, QConstr, SOS 类中的函数

Gurobi 中与约束相关的类主要包括 Constr，QConstr 和 SOS，其相关函数如表 6.9 所示。

表 6.9   Constr, QConstr, SOS 类中的相关函数

函 数 名	功 能
Constr.getAttr (attrname)	查询约束的属性值
Constr.index	获得一个约束的下标
Constr.sameAs (constr2)	检查两个约束对象是不是同一个约束
Constr.setAttr (attrname, newvalue)	设置一个约束的属性值
QConstr.getAttr (attrname)	获得二次约束的属性值
QConstr.setAttr (attrname, newvalue)	设置二次约束的属性值
SOS.getAttr (attrname)	查询 SOS 约束的属性值
GenConstr.getAttr (attrname)	查询广义约束的属性值
GenConstr.setAttr (attrname, newvalue)	设置广义约束的属性值
LinExpr.getVar (i)	提取当前线性表达式中下标 i 对应的决策变量
LinExpr.remove (item)	从线性表达式中移除一项
LinExpr.size ()	提取线性表达式中线性项的数量（不包括常数项）
MLinExpr.copy ()	获得线性矩阵表达式的一个副本
MLinExpr.getValue ()	用当前解计算线性矩阵表达式的值

3. 广义约束帮助函数

Gurobi 中的广义约束包括 And，Abs，Or，Max 和 Min。这些约束可以通过 Model 类中的 addGenConstrXxx() 来构建，也可以用广义约束帮助函数来构建。广义约束帮助函数如表 6.10 所示。

表 6.10 广义约束帮助函数

函 数 名	功 能
abs_ (variable)	用来设置一个变量的取值是另一个变量取值的绝对值
and_ (variables)	用来设置一个 0-1 决策变量等于一系列 0-1 变量的 AND 逻辑约束
or_ (variables)	用来设置一个 0-1 决策变量等于一系列 0-1 变量的 OR 逻辑约束
max_ (variables)	用来设置一个决策变量等于一系列决策变量或者常数项中的最大值
min_ (variables)	用来设置一个决策变量等于一系列决策变量或者常数项中的最小值

6.7.8 求解

在构建完模型以后，我们就可以调用函数 model.optimize(callback = None) 求解模型。如果用户自己设置了 callback 函数，则需要将 callback 函数名传给 model.optimize (callback) 函数。

另外，在求解过程中，可以通过设置求解信息来加速求解。相关函数如表 6.11 所示。

表 6.11 模型求解相关函数

函 数 名	功 能
Model.cbCut (lhs, sense, rhs)	在 callback 函数中向 MIP 中添加一个割平面。（注意：该函数只能在 callback 函数中的 where 参数等于 GRB.Callback.MIPNODE 时才会被调用）
Model.cbGet (what)	在 user callback 函数中查询优化器相关信息
Model.cbGetNodeRel (vars)	在 callback 函数中获取当前节点的线性松弛的解中决策变量的取值
Model.cbGetSolution (vars)	在 callback 函数中获取 MIP 的当前解（整数解）
Model.cbLazy (lhs, sense, rhs)	在 callback 函数中向 MIP 模型中加入一个 lazy 约束（惰性约束）
Model.cbSetSolution (vars, solution)	将一个已知解或者已知的部分解传给当前模型
Model.cbUseSolution ( )	当使用 cbSetSolution 导入一个解之后，可以调用 cbUseSolution 来计算这个解对应的目标函数
Model.chgCoeff (constr, var, newvalue)	改变模型中一个约束中的一个变量的系数
Model.computeIIS (void)	计算一个 IIS
Model.feasRelaxS (relaxobjtype, minrelax, vrelax, crelax)	修改模型对象以获得一个可行的松弛模型
Model.feasRelax (relaxobjtype, minrelax, vars, lbpen, ubpen, constrs, rhspen)	修改模型对象以获得一个可行的松弛模型

函 数 名	功 能
Model.fixed ()	创建一个固定的 MIP 模型。在该固定的模型中，整数变量被固定为其在 MIP 解中的值，并且连续变量也被固定，以满足 SOS 约束和广义约束。被固定的模型中，没有任何整数约束、SOS 约束和广义约束
Model.getTuneResult ()	提取之前调用 tune 之后的调优结果
Model.optimize (callback=None)	求解模型。如果是连续型模型，则调用单纯形法或者内点法进行求解；如果是 MIP 模型，则调用分支切割算法求解
Model.presolve ()	对模型实行预求解
Model.printQuality ()	打印出解的质量统计信息，包括约束违反、整数违反信息等
Model.printStats ()	打印出模型的统计信息（包括约束和变量、非 0 约束系数的个数和最小及最大的约束系数等）
Model.relax ()	创建一个 MIP 模型的松弛模型
Model.reset (clearall=0)	重置模型至未求解的状态，删除所有之前计算遗留的解的信息
Model.resetParams ()	重置模型的所有参数至默认值
Model.setParam (paramname, newvalue)	为参数设置新值
Model.terminate ()	生成一个终止当前优化程序的请求，也就是终止优化程序。当优化程序被终止后，模型的求解状态属性值会相应地变成 GRB_INTERRUPTED
Model.tune ()	自动对模型求解进行调优，寻找能够提升效率的参数设置

6.7.9　解的输出

求解的结果是作为模型中各个对象的属性存储的。模型的目标函数值是 Model 对象的属性，决策变量的取值是 Var 对象的属性，约束的松弛变量和对偶变量是 Constr 对象的属性。模型的求解状态也是 Model 对象的属性。用户只需要清楚自己需要的属性都是哪些对象的属性，就可以用相应的方法获得。

具体的属性列表见本书 6.8.2 节中属性部分的详细介绍。

6.8　Python 接口中的 GRB 类

6.8.1　GRB 类中的常量

下面的常量在引用时只需要加上前缀 GRB. 即可，如 GRB.OPTIMAL，即可获得相应的值。

Gurobi Constants

```
1   # Status codes
2          LOADED = 1
3          OPTIMAL = 2
4          INFEASIBLE = 3
5          INF_OR_UNBD = 4
6          UNBOUNDED = 5
7          CUTOFF = 6
8          ITERATION_LIMIT = 7
9          NODE_LIMIT = 8
10         TIME_LIMIT = 9
11         SOLUTION_LIMIT = 10
12         INTERRUPTED = 11
13         NUMERIC = 12
14         SUBOPTIMAL = 13
15         INPROGRESS = 14
16         USER_OBJ_LIMIT = 15
17
18  # Batch status codes
19         BATCH_CREATED = 1
20         BATCH_SUBMITTED = 2
21         BATCH_ABORTED = 3
22         BATCH_FAILED = 4
23         BATCH_COMPLETED = 5
24
25  # Version number
26         VERSION_MAJOR = 9
27         VERSION_MINOR = 0
28         VERSION_TECHNICAL = 1
29
30  # Basis status
31         BASIC = 0
32         NONBASIC_LOWER = -1
33         NONBASIC_UPPER = -2
34         SUPERBASIC = -3
35
36  # Constraint senses
37         LESS_EQUAL = '<'
38         GREATER_EQUAL = '>'
39         EQUAL = '='
40
41  # Variable types
```

```
42        CONTINUOUS = 'C'
43        BINARY = 'B'
44        INTEGER = 'I'
45        SEMICONT = 'S'
46        SEMIINT = 'N'
47
48 # Objective sense
49        MINIMIZE = 1
50        MAXIMIZE = -1
51
52 # SOS types
53        SOS_TYPE1 = 1
54        SOS_TYPE2 = 2
55
56 # General constraint types
57        GENCONSTR_MAX = 0
58        GENCONSTR_MIN = 1
59        GENCONSTR_ABS = 2
60        GENCONSTR_AND = 3
61        GENCONSTR_OR = 4
62        GENCONSTR_INDICATOR = 5
63        GENCONSTR_PWL = 6
64        GENCONSTR_POLY = 7
65        GENCONSTR_EXP = 8
66        GENCONSTR_EXPA = 9
67        GENCONSTR_LOG = 10
68        GENCONSTR_LOGA = 11
69        GENCONSTR_POW = 12
70        GENCONSTR_SIN = 13
71        GENCONSTR_COS = 14
72        GENCONSTR_TAN = 15
73
74 # Numeric constants
75        INFINITY = 1 e100
76        UNDEFINED = 1 e101
77        MAXINT = 2000000000
78
79 # Limits
80        MAX_NAMELEN = 255
81        MAX_STRLEN = 512
82        MAX_TAGLEN = 10240
83        MAX_CONCURRENT = 64
```

```
84
85  # Other constants
86          DEFAULT_CS_PORT = 61000
87
88  # Errors
89          ERROR_OUT_OF_MEMORY = 10001
90          ERROR_NULL_ARGUMENT = 10002
91          ERROR_INVALID_ARGUMENT = 10003
92          ERROR_UNKNOWN_ATTRIBUTE = 10004
93          ERROR_DATA_NOT_AVAILABLE = 10005
94          ERROR_INDEX_OUT_OF_RANGE = 10006
95          ERROR_UNKNOWN_PARAMETER = 10007
96          ERROR_VALUE_OUT_OF_RANGE = 10008
97          ERROR_NO_LICENSE = 10009
98          ERROR_SIZE_LIMIT_EXCEEDED = 10010
99          ERROR_CALLBACK = 10011
100         ERROR_FILE_READ = 10012
101         ERROR_FILE_WRITE = 10013
102         ERROR_NUMERIC = 10014
103         ERROR_IIS_NOT_INFEASIBLE = 10015
104         ERROR_NOT_FOR_MIP = 10016
105         ERROR_OPTIMIZATION_IN_PROGRESS = 10017
106         ERROR_DUPLICATES = 10018
107         ERROR_NODEFILE = 10019
108         ERROR_Q_NOT_PSD = 10020
109         ERROR_QCP_EQUALITY_CONSTRAINT = 10021
110         ERROR_NETWORK = 10022
111         ERROR_JOB_REJECTED = 10023
112         ERROR_NOT_SUPPORTED = 10024
113         ERROR_EXCEED_2B_NONZEROS = 10025
114         ERROR_INVALID_PIECEWISE_OBJ = 10026
115         ERROR_UPDATEMODE_CHANGE = 10027
116         ERROR_CLOUD = 10028
117         ERROR_MODEL_MODIFICATION = 10029
118         ERROR_CSWORKER = 10030
119         ERROR_TUNE_MODEL_TYPES = 10031
120         ERROR_SECURITY = 10032
121         ERROR_NOT_IN_MODEL = 20001
122         ERROR_FAILED_TO_CREATE_MODEL = 20002
123         ERROR_INTERNAL = 20003
```

6.8.2 GRB 类中的属性：GRB.Attr

1. Model 对象的属性

Gurobi 中 Model 对象的属性包含模型的所有信息，可以通过属性名获取相应属性的值，从而提取模型的信息。模型对象的属性如表 6.12 所示。

表 6.12　模型对象的属性

属 性 名	属 性 描 述
NumVars	变量的个数
NumConstrs	线性约束的个数
NumSOS	SOS 约束的个数
NumQConstrs	二次约束的个数
NumGenConstrs	广义约束的数量
NumNZs	约束矩阵中非 0 系数的个数
DNumNZs	约束矩阵中非 0 系数的个数（double 类型）
NumQNZs	二次目标函数中，非零项的个数
NumQCNZs	二次约束中，非零项的个数
NumIntVars	整数变量的个数
NumBinVars	0-1 变量的个数
NumPWLObjVars	具有分段线性目标函数的变量的个数
ModelName	模型名称
ModelSense	模型符号（最大化还是最小化）
ObjCon	目标函数中的常数项取值
ObjVal	当前解对应的目标函数值
ObjBound	当前最好的目标函数界限（最小化问题是下界，最大化问题是上界）
ObjBoundC	当前最好的未经圆整的目标函数界限（最小化问题是下界，最大化问题是上界）
PoolObjBound	不在解池中的最好的目标函数界限（最小化问题是下界，最大化问题是上界）
PoolObjVal	在求解过程中存储的所有解中最好的目标函数值
MIPGap	当前的最优 MIP 间隙，也就是当前 gap
Runtime	最近求解的模型的求解时间
Status	当前的模型求解状态
SolCount	存储的解的数量
SolCount	求解过程中存储的解的数量
IterCount	最近求解的模型中，单纯形法迭代的次数
BarIterCount	最近求解的模型中，内点法迭代的次数
NodeCount	最近求解的模型中，branch-and-cut 算法中探索的节点的个数
IsMIP	标识该模型是否是 MIP
IsQP	标识该模型是否是 QP
IsQCP	标识该模型是否是 QCP

续表

属 性 名	属 性 描 述
IsMultiObj	标识该模型是否有多个目标函数
IISMinimal	标识当前的 IIS 是否是最小的
MaxCoeff	约束矩阵中最大的系数（绝对值）
MinCoeff	约束矩阵中最小的非零系数（绝对值）
MaxBound	取值有限的变量中的最大的变量界限值
MinBound	取值有限的变量中的最小的变量界限值
MaxObjCoeff	最大的线性目标函数系数（绝对值）
MinObjCoeff	最小的非零线性目标函数系数（绝对值）
MaxRHS	约束右端常数项的最大值（绝对值）
MinRHS	约束右端常数项的最小非零值（绝对值）
MaxQCCoeff	二次约束的二次部分中，最大的二次约束矩阵系数（绝对值）
MinQCCoeff	二次约束的二次部分中，最小的二次约束矩阵非零系数（绝对值）
MaxQCLCoeff	二次约束的线性部分中，最大的约束矩阵系数（绝对值）
MinQCLCoeff	二次约束的线性部分中，最小的约束矩阵非零系数（绝对值）
MaxQCRHS	最大的二次约束右端项（绝对值）
MinQCRHS	最小的二次约束非零右端项（绝对值）
MaxQObjCoeff	最大的二次目标函数系数（绝对值）
MinQObjCoeff	最小的二次目标函数非零系数（绝对值）
Kappa	近似条件的数量
KappaExact	精确条件的数量
FarkasProof	在 Farkas 不可行证明中的不可行程度
TuneResultCount	用调优工具找到可以提升的参数集
NumStart	MIP 初始解的个数
LicenseExpiration	序列号过期的时间
Server	服务器的名称

2. Var 对象的属性

Var 对象的属性主要包括变量的上界、下界、目标系数、变量类型等。变量对象的属性如表 6.13 所示。

表 6.13　变量对象的属性

属 性 名	属 性 描 述
LB	变量的下界
UB	变量的上界
Obj	变量在线性目标函数中的系数
VType	变量的类型（连续型、0-1 型、整数型等）
VarName	变量名
VTag	变量标签

续表

属　性　名	属　性　描　述
X	变量在当前解中的取值
Xn	变量在次优 MIP 解中的取值
RC	变量的检验数
BarX	变量在最好的内点法迭代中的取值（在 crossover 之前）
Start	MIP 的开始值（为了构建一个初始的 MIP 解）
VarHintVal	MIP 提示值
VarHintPri	MIP 提示优先级
BranchPriority	分支优先级
Partition	可变分区（动态分区）
VBasis	基的状态
PStart	单纯形的开始向量
IISLB	标识在 IIS 中，上界是否有参与
IISUB	标识在 IIS 中，下界是否有参与
PWLObjCvx	标识一个变量是否有凸的分段线性目标函数
SAObjLow	目标函数系数敏感性分析信息（Low）
SAObjUp	目标函数系数敏感性分析信息（Up）
SALBLow	下界敏感性分析信息（Low）
SALBUp	下界敏感性分析信息（Up）
SAUBLow	上界敏感性分析信息（Low）
SAUBUp	上界敏感性分析信息（Up）
UnbdRay	无界射线或极射线

3. LinExpr 对象的属性

LinExpr 对象的线性约束的属性如表 6.14 所示。

表 6.14　线性约束的属性

属　性　名	属　性　描　述
Sense	约束的符号（<, >, =）
RHS	约束的右端项值
ConstrName	约束的名称
CTag	约束的标签
Pi	约束的对偶变量（也就是影子价格）
Slack	针对当前解，该约束对应的松弛变量
CBasis	约束的基状态
DStart	单纯形法开始向量
Lazy	决定一个约束是否要被作为惰性约束
IISConstr	标识在 IIS 中，该约束是否有参与
SARHSLow	右端项的敏感性分析信息（Low）

续表

属　性　名	属　性　描　述
SARHSUp	右端项的敏感性分析信息（Up）
FarkasDual	Farkas 不可行性证明，可作为对偶问题的极射线

4. SOS 对象的属性

SOS 对象的属性如表 6.15 所示。

表 6.15　SOS 对象的属性

属　性　名	属　性　描　述
IISSOS	标识在 IIS 中，该 SOS 约束是否有参与

5. 二次约束对象的属性

二次约束对象的属性如表 6.16 所示。

表 6.16　二次约束对象的属性

属　性　名	属　性　描　述
QCSense	约束的符号（<,>,=）
QCRHS	二次约束的右端项
QCName	二次约束的约束名
QCPi	二次约束的对偶变量值
QCSlack	二次约束针对当前解的松弛变量
QCTag	二次约束的标签
IISQConstr	标识在 IIS 中，该二次约束是否有参与

6. 广义约束对象的属性

广义约束对象的属性如表 6.17 所示。

表 6.17　广义约束对象的属性

属　性　名	属　性　描　述
FuncPieceError	分段线性转化的误差允许值
FuncPieceLength	分段线性转化的分段长度
FuncPieceRatio	控制分段线性转化过程中，采取过低评估策略还是过高评估策略
FuncPieces	分段线性转化的逼近策略
GenConstrType	广义约束的类型
GenConstrName	广义约束的名称
IISGenConstr	标识在 IIS 中，该广义约束是否有参与

7. 解的质量的属性

解的质量的属性如表 6.18 所示。

表 6.18　解的质量的属性

属 性 名	属 性 描 述
BoundVio	最大界限违背（未处理的）
BoundSVio	最大界限违背（处理后的）
BoundVioIndex	违背界限程度最大的变量的索引（未处理的）
BoundSVioIndex	违背界限程度最大的变量的索引（处理后的）
BoundVioSum	界限违背的和（未处理的）
BoundSVioSum	界限违背的和（处理后的）
ConstrVio	最大约束违背（未处理的）
ConstrSVio	最大约束违背（处理后的）
ConstrVioIndex	违背程度最大的约束的索引（未处理的）
ConstrSVioIndex	违背程度最大的约束的索引（处理后的）
ConstrVioSum	约束违背的和（未处理的）
ConstrSVioSum	约束违背的和（处理后的）
ConstrResidual	最大原约束误差（未处理的）
ConstrSResidual	最大原约束误差（处理后的）
ConstrResidualIndex	原约束误差最大的约束的索引（未处理的）
ConstrSResidualIndex	原约束误差最大的约束的索引（处理后的）
ConstrResidualSum	原约束误差的和（未处理的）
ConstrSResidualSum	原约束误差的和（处理后的）
DualVio	最大检验数违背（未处理的）
DualSVio	最大检验数违背（处理后的）
DualVioIndex	检验数违背最大的变量的索引（未处理的）
DualSVioIndex	检验数违背最大的变量的索引（处理后的）
DualVioSum	检验数违背之和（未处理的）
DualSVioSum	检验数违背之和（处理后的）
DualResidual	最大对偶约束误差（未处理的）
DualSResidual	最大对偶约束误差（处理后的）
DualResidualIndex	对偶约束误差最大的变量的索引（未处理的）
DualSResidualIndex	对偶约束误差最大的变量的索引（处理后的）
DualResidualSum	对偶约束误差之和（未处理的）
DualSResidualSum	对偶约束误差之和（处理后的）
ComplVio	最大互补违背
ComplVioIndex	互补违背最大的变量的索引
ComplVioSum	互补违背之和

续表

属 性 名	属 性 描 述
IntVio	最大整数违背
IntVioIndex	最大整数违背的变量的索引
IntVioSum	整数违背之和

8. 多目标函数的属性

多目标函数的属性如表 6.19 所示。

表 6.19　多目标函数的属性

属 性 名	属 性 描 述
ObjN	多目标的目标函数
ObjNCon	多目标的常数项
ObjNPriority	多目标的优先级
ObjNWeight	多目标的权重
ObjNRelTol	多目标的相对容差
ObjNAbsTol	多目标的绝对容差
ObjNVal	多目标目标函数的值
ObjNName	多目标目标函数的名称
NumObj	多目标目标函数的个数

6.8.3　GRB 类中的参数：GRB.Param

1. 模型终止参数

模型终止参数可以控制模型求解的终止。如果在算法的进程中，任意一个参数超过了设定的限制，优化程序将会终止，并且返回一个非最优的求解状态，关于状态的详细解释，见 Gurobi 用户手册的 Status Code 部分。另外，算法终止时，不一定会达到设定的参数限制。模型终止参数如表 6.20 所示。

表 6.20　模型终止参数

参 数 名	功　　能
BarIterLimit	内点法迭代次数限制
BestBdStop	最好的停止求解的目标函数界限
BestObjStop	最好的停止求解的目标函数值
Cutoff	目标函数剪枝值，坏于该值的解都将被剪枝
IterationLimit	单纯形法迭代次数限制
NodeLimit	MIP 分支节点数量限制
SolutionLimit	MIP 可行解数量限制
TimeLimit	求解时间限制

2. 容差参数

容差参数是控制当前解与最优解之间的 gap 的边界值，如表 6.21 所示。

表 6.21 容差参数

参　数　名	功　　能
BarConvTol	内点法收敛容差
BarQCPConvTol	QCP 内点法收敛容差
FeasibilityTol	原问题可行性容差
IntFeasTol	整数可行性容差
MarkowitzTol	主元阈值容差
MIPGap	MIP 最优性相对间隙
MIPGapAbs	MIP 最优性绝对间隙
OptimalityTol	对偶可行性容差
PSDTol	半正定性容差

3. 单纯形法参数

单纯形法参数用来控制单纯形算法的运算，如表 6.22 所示。

表 6.22 单纯形法参数

参　数　名	功　　能
InfUnbdInfo	生成非可行/无界模型的额外信息
NormAdjust	单纯形法 pricing 范数
ObjScale	目标函数处理
PerturbValue	单纯形法扰动程度
Quad	单纯形法中的二次精确度
ScaleFlag	模型处理
Sifting	对偶单纯形法中的筛选
SiftMethod	筛选求解子问题的线性规划方法
SimplexPricing	单纯形法中决策变量的 pricing 策略

4. 内点法参数

内点法参数如表 6.23 所示。

表 6.23 内点法参数

参　数　名	功　　能
BarCorrectors	中央校正限制
BarHomogeneous	障碍同质算法
BarOrder	障碍排序算法

续表

参 数 名	功 能
Crossover	障碍交叉策略
CrossoverBasis	交叉初始基构建策略
QCPDual	计算二次约束规划模型的对偶变量

5. MIP 参数

MIP 参数如表 6.24 所示。

表 6.24 MIP 参数

参 数 名	功 能
BranchDir	分支方向预设值
ConcurrentJobs	启用分布式并发求解器
ConcurrentMIP	启用并发 MIP 求解器
ConcurrentSettings	逗号分隔.prm 文件列表，用于创建并发
ConcurrentSettings	逗号分隔.prm 文件列表，用于创建并发环境
DegenMoves	单纯形法退化移动
Disconnected	断开组件连接策略
DistributedMIPJobs	启用分布式 MIP 求解器
Heuristics	打开或者关闭 MIP 启发式
ImproveStartGap	解改进开关，开始间隙
ImproveStartNodes	解改进开关，开始节点
ImproveStartTime	解改进开关，开始时间
LazyConstraints	添加惰性约束必须要设置的参数
MinRelNodes	最小松弛启发式控制
MIPFocus	设置 MIP 求解器的侧重点
MIQCPMethod	求解 MIQCP 的算法
NodefileDir	MIP 节点文件的文件目录
NodefileStart	导出 MIP 分支树信息到硬盘的内存阈值
NodeMethod	求解 MIP 节点线性松弛问题的算法
NonConvex	控制如何处理非凸二次规划问题
PartitionPlace	控制分割启发式运行的时机
PumpPasses	可行性泵启发式控制
RINS	松弛诱导的邻域搜索
SolFiles	存储中间解的文件位置
SolutionNumber	次优 MIP 解的提取
StartNodeLimit	MIP 开始解的子 MIP 的节点数量
StartNumber	设置 MIP 开始解的索引
SubMIPNodes	子 MIP 启发式探索的节点

参 数 名	功 能
Symmetry	MIP 对称检测
VarBranch	分支变量选择策略
ZeroObjNodes	零目标函数启发式控制

6. 预求解参数

预求解参数控制的是预求解算法的运算，如表 6.25 所示。

表 6.25   预求解参数

参 数 名	功 能
AggFill	预处理聚合过程中允许填充
Aggregate	预处理聚合控制
DualReductions	在预处理过程中禁用对偶缩减
PreCrush	允许预处理将原始模型上的约束转换为对预处理模型上的等效约束
PreDepRow	预处理依赖行减少
PreDual	预处理对偶
PreMIQCPForm	预处理的 MIQCP 模型格式
PrePasses	预处理传参限制
PreQLinearize	预处理 Q 矩阵线性化
Presolve	预处理的等级
PreSOS1BigM	控制 SOS1 转换为二进制形式
PreSOS2BigM	控制 SOS2 转换为二进制形式
PreSparsify	控制预处理稀疏性的缩减

7. 调优参数

Gurobi 的调优参数如表 6.26 所示。

表 6.26   调优参数

参 数 名	功 能
TuneCriterion	指定调参准则
TuneJobs	指定分布式调优的工作的数量
TuneOutput	调整输出水平
TuneResults	返回改进参数集的数量
TuneTimeLimit	调参时间限制
TuneTrials	对每个参数集运行多次以限制随机噪声的影响

8. 多个解的参数

多个解的参数如表 6.27 所示。

表 6.27 多个解的参数

参 数 名	功 能
PoolGap	在指定调整标准下池中解的差距
PoolSearchMode	选择用于查找其他解的方法
PoolSolutions	保留在池中的解的数量

9. MIP 割参数

Gurobi 的割平面的相关参数如表 6.28 所示，调整这些参数可以控制 Gurobi 在求解 MIP 过程中是否使用相应的割平面。

表 6.28 MIP 割参数

参 数 名	功 能
BQPCuts	布尔二次曲面割生成
Cuts	全局割生成控制
CliqueCuts	团割生成
CoverCuts	覆盖割生成
CutAggPasses	割生成期间执行的约束聚合传参
CutPasses	根割平面传参次数限制
FlowCoverCuts	流覆盖割生成
FlowPathCuts	流路径割生成
GomoryPasses	根 Gomory 割传参次数限制
GUBCoverCuts	广义上界覆盖割生成
ImpliedCuts	隐边界切割生成
InfProofCuts	不可行证明割生成
MIPSepCuts	MIP 分离割生成
MIRCuts	混合整数圆整割生成
ModKCuts	Mod-k 割生成
NetworkCuts	网络割生成
ProjImpliedCuts	投影边界割生成
RelaxLiftCuts	松弛-提升割生成
RLTCuts	重构线性化技巧割生成
StrongCGCuts	强 Chvátal-Gomory 割生成
SubMIPCuts	子 MIP 割生成
ZeroHalfCuts	零-半割生成

10. 其他参数

Gurobi 的一些其他参数,包括求解信息展示参数、随机数种子参数等,具体如表 6.29 所示。

表 6.29　其他参数

参　数　名	功　　能
DisplayInterval	打印日志行的频率
FeasRelaxBigM	保证可行松弛的大 M 数值
FuncPieceError	函数约束的分段线性函数转换所允许的误差
FuncPieceLength	函数约束的分段线性函数转换的片段长度
FuncPieceRatio	控制在分段线性函数近似中是低估还是高估函数值
FuncPieces	设置分段线性近似函数逼近的策略
FuncMaxVal	函数约束中 x 和 y 变量的最大值
IgnoreNames	指示是否忽略用户提供的名称
IISMethod	IIS 方法
InputFile	优化开始之前要读取的文件
JSONSolDetail	控制存储在生成的 JSON 解中的详细程度
LogFile	日志文件名
LogToConsole	控制台记录
Method	用于求解连续模型的算法
MultiObjMethod	热启动方法以解决后续目标函数
MultiObjPre	初步预处理多目标模型
NumericFocus	设定数值侧重点
ObjNumber	设置多目标索引
OutputFlag	求解器输出控制
Record	启用 API 调用记录
ResultFile	完成优化后写入结果文件
ScenarioNumber	在多场景模型中设置场景索引
Seed	修改随机数种子
Threads	要启用的并行线程数
UpdateMode	更改惰性更新

6.9　Gurobi 的回调函数

6.9.1　什么是 Gurobi 的回调函数

callback 函数是 Gurobi 为用户提供的高级控制功能,它使得用户在 Gurobi 对问题求解过程中可以进行信息获取、加入新约束或自己开发的算法、终止求解过程等操作,也就是说 Gurobi Callback 可以用来对问题的优化过程进行查询或改变优化过程。简言之，callback 是 Gurobi 为用户提供的用来监控、修改优化状态的函数。

Gurobi Callback 提供了两个重要的参数：where 和 what。where 是回调函数触发点，表明了用户在哪里进行 callback 的调用。what 是要进行的操作，即能够获取什么信息，这里注意获取的信息类型取决于 where。参数 where 的取值如表 6.30所示。

表 6.30　参数 where 的取值

where	数　值	优化器状态
POLLING	0	周期性轮询回调
PRESOLVE	1	预处理
SIMPLEX	2	单纯形
MIP	3	当前 MIP
MIPSOL	4	发现新的 MIP 解
MIPNODE	5	当前探索节点
MESSAGE	6	打印出日志信息
BARRIER	7	当前内点法
MULTIOBJ	8	当前多目标

由于 what 取值取决于 where 取值，因此使用时要注意正确对应两者的关系，否则将会出错。比如当 where=MIP 时，what 取值如表 6.31所示。

表 6.31　当参数 where=MIP 时，参数 what 的可选取值

what	类　型	描　述
MIP_OBJBST	double	当前最优目标值
MIP_OBJBND	double	当前最优界
MIP_NODCNT	double	当前已搜索的节点数
MIP_SOLCNT	int	当前发现可行解的数量
MIP_CUTCNT	int	当前割平面使用次数
MIP_NODLFT	double	当前未搜索的节点数
MIP_ITRCNT	double	当前单纯形迭代步数

再如当 where=MIPSOL 时，what 的取值如表 6.32所示。

表 6.32　当参数 where=MIPSOL 时，参数 what 的取值

what	类　型	描　述
MIPSOL_SOL	double	当前解的具体取值
MIPSOL_OBJ	double	新解的目标值

续表

what	类　型	描　　述
MIPSOL_OBJBST	double	当前最优目标值
MIPSOL_OBJBND	double	当前最优界
MIPSOL_NODCNT	double	当前已搜索的节点数
MIPSOL_SOLCNT	int	当前发现可行解的数量

6.9.2　Gurobi 回调函数的用法

一般通过 model 对象给 callback 函数传递数据，当使用多个线程求解一个模型时，callback 只会从一个线程中调用，所以不需要担心回调的线程安全问题。此外，Gurobi 不支持在 callback 内更改参数，这样做可能会导致未定义的行为。Python 调用 Gurobi Callback 的例子在 Gurobi 文件的 callback.py 文件中，详细例子请读者自行查阅，本节只介绍几种常用的用法，主要参考文献为 Gurobi 官方文档。

callback 函数查询信息：可以查询目标值、节点数等。比如查询当前单纯形的目标函数值（where==SIMPLEX），代码如下。

CallbackQueryObj.py

```
1   /**
2    * @author: Yongsen Zang
3    * @School: Tsinghua University
4    * @操作说明: 代码参考文献为Gurobi官方文档
5    *
6    */
7   def mycallback(model, where):
8    if where == GRB.Callback.SIMPLEX:
9       print(model.cbGet(GRB.Callback.SPX_OBJVAL))
10  model.optimize(mycallback)
```

再比如查询当前节点的松弛解（where=MIPNODE），代码如下。

CallbackQueryNodeStatus.py

```
1   def mycallback(model, where):
2       if where == GRB.Callback.MIPNODE and model.cbGet(GRB.Callback.MIPNODE_
        STATUS)== GRB.OPTIMAL :
3           print model.cbGetNodeRel(model._vars)
4   model._vars = model.getVars()
5   model.optimize(mycallback)
```

再比如查询可行解的取值（where=MIPSOL），代码如下。注意，这里一定要在调用 callback 函数之前为模型定义外部变量，否则在 callback 函数中可能会出现不能识别变量的情况。

CallbackQuerySOL.py

```
1  def mycallback(model, where):
2   if where == GRB.Callback.MIPSOL:
3      print (model.cbGetSolution(model._vars))
4  model._vars = model.getVars()
5  model.optimize(mycallback)
```

再诸如通过节点的松弛解信息构造割平面（where=MIPNODE），代码如下。这里一定要注意设置模型参数 PreCrush 的值为 1，否则无法成功添加用户自定义割平面。

CallbackQueryNodeStatus.py

```
1   def mycallback(model, where):
2    if where == GRB.Callback.MIPNODE:
3       status = model.cbGet(GRB.Callback.MIPNODE_STATUS)
4       if status == GRB.OPTIMAL:
5          rel = model.cbGetNodeRel([model._vars[0], model._vars[1]])
6             if rel[0] + rel[1] > 1.1:
7                model.cbCut(model._vars[0] + model._vars[1] <= 1)
8   model._vars = model.getVars()
9   model.Params.PreCrush = 1
10  model.optimize(mycallback)
```

通过可行解的信息构造 Lazy Cut（where=MIPSOL），代码如下。注意这里一定要先打开惰性约束，然后再求解模型，否则会报错。

CallbackQueryNodeStatus.py

```
1  def mycallback(model, where):
2    if where == GRB.Callback.MIPSOL:
3       sol = model.cbGetSolution([model._vars[0], model._vars[1]])
4          if sol[0] + sol[1] > 1.1:
5             model.cbLazy(model._vars[0] + model._vars[1] <= 1)
6  model._vars = model.getVars()
7  model.Params.lazyConstraints = 1
8  model.optimize(mycallback)
```

6.10　Python 调用 Gurobi 的参数调优

在 Gurobi 中可以通过参数调优的工具来探索不同的参数组合，以提升求解效率。详细操作可参考http://www.gurobi.cn/。调用自动参数调优的方法有以下两种。

（1）通过命令行 grbtune TuneTimeLimit=100 C:\gurobi801\win64\examples\data \misc07.mps 进行。

（2）通过 API 进行：首先使用 `Model.resetParams()` 清除已设参数；然后设置自动调优时间 `Model.Params.TuneTimeLimit` 等调优的参数；最后运行调优工具 `Model.tune()`，Gurobi 就会在调优时间内搜索并显示较好的参数组合。

自动调优参数如表 6.33 所示。

表 6.33　自动调优参数

参 数 名	作　用	取　值
`TuneCriterion`	调整参数的准则	−1：默认，缩短发现最优解所需的时间；1：最优的 Gap；2：最好的可行解；3：最好的 bound
`TuneJobs`	分布式并行调参	0：默认
`TuneOutput`	控制输出结果的量	0：没有输出；1：发现最好的参数组合时输出；2：默认，输出试过的参数组合；3：试过的参数组合和详细的求解器输出
`TuneResults`	返回最优参数组合的数量	−1：默认，按照调整参数的个数返回调参结果
`TuneTimeLimit`	调参时间	−1：默认，自动选择时间，以秒为单位
`TuneTrials`	每组参数组合的运行次数	主要目的是减小随机因素的影响

6.11　Python 调用 Gurobi 求解整数规划的简单例子

假设有下面的整数规划问题：

$$\min \sum_{i=1}^{10} \left(5x_i^1 + 4x_i^2 + 3x_i^3 + 2x_i^4 + x_i^5\right) \tag{6.10}$$

$$10x_i^1 + 7x_i^2 + 5x_i^3 + 4x_i^4 + x_i^5 = D_i \tag{6.11}$$

$$x_i^1 + x_i^2 + x_i^3 + x_i^4 + x_i^5 \leqslant D_i \tag{6.12}$$

$$x_i^1 + 2x_i^2 + 3x_i^3 + 6x_i^4 + 10x_i^5 \leqslant \text{INC}_i \tag{6.13}$$

$$x_i^1, x_i^2, x_i^3, x_i^4, x_i^5 \geqslant 0 \text{ and integer}, \forall i \in \{1, 2, \cdots, 10\} \tag{6.14}$$

下面我们用 Python 调用 Gurobi 求解该问题。具体参数 D_i, INC_i 见如下代码：

Gurobi Python Interface

```
1  # coding: utf-8
2
3  # import these packages before coding
4  from gurobipy import *
5  import pandas as pd
6  import numpy as np
7
```

```
8   # These input parameters can be obtained by reading. txt file etc.
9   D = [60, 60, 60, 72, 72, 82, 60, 80, 80, 90]
10  INC = [10, 20, 30, 60, 80, 50, 60, 70, 90, 80]
11  obj_coef = [5, 4, 3, 2, 1]
12
13  coef = [[10, 7, 5, 4, 1],
14          [1, 1, 1, 1, 1],
15          [1, 2, 3, 6, 10]]
16
17
18  # construct model object
19  model = Model('IP_example')
20
21  # introduce decision variable by cycle
22  x = [[[] for i in range(5)] for j in range(len(D))]
23  for i in range(len(D)):
24      for j in range(5):
25          x[i][j] = model.addVar(lb = 0.0      # lower bound
26                          ,ub = 100000         #upper bound
27                          ,vtype = GRB.INTEGER #decision variable type
28                          ,name = "x_" + str(i) + "_" + str(j)
29                          )
30
31  # objective function
32  obj = LinExpr(0)
33
34  for i in range(len(D)):
35      for j in range(5):
36          obj.addTerms(obj_coef[j], x[i][j])
37
38  model.setObjective(obj, GRB.MINIMIZE)
39
40  # Constraint 1
41  for i in range(len(D)):
42      expr = LinExpr(0)
43      for j in range(5):
44          expr.addTerms(coef[0][j], x[i][j])
45      model.addConstr(expr == D[i], name="D_" + str(i))
46
47  # Constraint 2
48  for i in range(len(D)):
49      expr = LinExpr(0)
```

```
50    for j in range(5):
51        expr.addTerms(coef[1][j], x[i][j])
52    model.addConstr(expr <= T[i], name="D_2" + str(i))
53
54 # Constraint 3
55 for i in range(len(D)):
56    expr = LinExpr(0)
57    for j in range(5):
58        expr.addTerms(coef[2][j], x[i][j])
59    model.addConstr(expr <= INC[i], name="INC_" + str(i))
60
61
62
63 # solve the constructed model
64 model.write('model.lp')
65 model.optimize()
66
67 for var in model.getVars():
68    if(var.x > 0):
69        print(var.varName, '\t', var.x)
```

求解结果如下:

Gurobi Python Interface

```
1 Optimal solution found (tolerance 1.00e-04)
2 Best objective 3.580000000000e+02, best bound 3.580000000000e+02, gap
       0.0000%
3 x_0_0      6.0
4 x_1_0      6.0
5 x_2_0      6.0
6 x_3_0      4.0
7 x_3_3      8.0
8 x_4_0      2.0
9 x_4_3      13.0
10 x_5_0     7.0
11 x_5_3     3.0
12 x_6_0     6.0
13 x_7_0     8.0
14 x_8_0     8.0
15 x_9_0     9.0
```

第7章 调用CPLEX和Gurobi求解MIP的复杂案例：VRPTW和TSP

前面两章我们介绍了优化求解器的 API 以及一些简单的案例。但是在实际的生产和科研中，问题都比较复杂，决策变量的个数和约束的个数都成千上万，对于这种大规模的复杂模型，如何用求解器实现建模及求解？本章就以 VRPTW 为例，讲解一些比较复杂的模型的建模和求解。

TSP 的部分主要展现求解器的高级用法：callback 的使用。特别地，后续章节要介绍的 Branch-and-Cut 等算法的代码实现中也用到了 callback，因此熟练掌握 callback 的使用方法对之后的学习非常有帮助。

7.1 调用 CPLEX 和 Gurobi 求解 VRPTW

7.1.1 VRPTW 的一般模型

前面的章节我们已经给出了 VRPTW 的标准模型，具体如下：

$$\min \sum_{k \in K} \sum_{i \in V} \sum_{j \in V} c_{ij} x_{ijk} \tag{7.1}$$

$$\sum_{k \in K} \sum_{j \in V} x_{ijk} = 1, \qquad\qquad \forall i \in C \tag{7.2}$$

$$\sum_{j \in V} x_{0jk} = 1, \qquad\qquad \forall k \in K \tag{7.3}$$

$$\sum_{i \in V} x_{ihk} - \sum_{j \in V} x_{hjk} = 0, \qquad\qquad \forall h \in C, \forall k \in K \tag{7.4}$$

$$\sum_{i \in V} x_{i,n+1,k} = 1, \qquad\qquad \forall k \in K \tag{7.5}$$

$$\sum_{i \in C} q_i \sum_{j \in V} x_{ijk} \leqslant Q, \qquad\qquad \forall k \in K \tag{7.6}$$

$$s_{ik} + t_{ij} - M\left(1 - x_{ijk}\right) \leqslant s_{jk}, \qquad\qquad \forall (i,j) \in A, \forall k \in K \tag{7.7}$$

$$e_i \leqslant s_{ik} \leqslant l_i, \qquad\qquad \forall i \in V, \forall k \in K \tag{7.8}$$

$$x_{ijk} \in \{0,1\}, \qquad\qquad \forall (i,j) \in A, \forall k \in K \tag{7.9}$$

其中每个约束的含义见本书第 2 章。

7.1.2 Java 调用 CPLEX 求解 VRPTW

本部分代码主要包含 4 个类：Main、Instance、Node 和 Result。

- Main 类：主函数所在的类。包含读取数据、模型建立及模型求解。Main 类中的函数 double_truncate(double v) 用于截断小数，例如将四位小数 3.6546 截断为 2 位小数 3.65。该函数参考自微信公众号"数据魔术师"共享的代码；

- Instance 类：存储算例数据；

- Node 类：存储每个客户点的各项数据；

- Result 类：存储最优解。

1. Main 类

Main 类代码如下：

Main.java

```java
1  package VRPTW_Hsinglu;
2
3  import ilog.concert.IloColumn;
4
5  /**
6   * @author: Hsinglu Liu
7   * @School: Tsinghua University
8   * @操作说明：修改读取文件的文件名，求解C101和R101两个算例，
9   *          修改customerNum来截取100个客户点中前customerNum个客户点，求解不同规
        模的VRPTW
10  * 算例来源：Solomon于1987年发表在OR上的论文
11  *
12  */
13
14 import ilog.concert.IloException;
15 import ilog.concert.IloLinearNumExpr;
16 import ilog.concert.IloNumExpr;
17 import ilog.concert.IloNumVar;
18 import ilog.concert.IloNumVarType;
19 import ilog.concert.IloObjective;
20 import ilog.concert.IloRange;
21 import ilog.cplex.IloCplex;
22
23 import java.io.BufferedReader;
24 import java.io.FileReader;
25 import java.io.IOException;
```

```java
26  import java.util.ArrayList;
27  import java.util.List;
28
29  public class Main {
30
31      //算例截取参数
32      //customerNum = 30，表示截取c101中100个顾客点的前30个顾客点作为测试数据
33      static final int customerNum = 25;
34      static final int nodeNum = customerNum + 2;  //节点的数量=客户点的数量
             //+2
35      static final int vehicleNum = 25;
36      static double gap = 1e-8;
37      public static void main(String[] args) throws IOException, IloException
          {
38          //首先写入算例的路径
39          String path = "E:\\MyCode\\JavaCode\\JavaCallCplex\\src\\VRPTW_
            Hsinglu\\c101.txt";
40
41          //根据算例路径，读取算例数据
42          Instance instance = readData(path);
43
44          //打印出算例数据信息
45          printInstance(instance);
46
47          //调用CPLEX构建VRPTW模型
48          //          IloCplex Cplex = CPLEX.buildModel(instance);
49          //          Cplex.setParam(IloCplex.DoubleParam.TimeLimit,20);
50
51          //================= 1. 定义CPLEX对象 =======================
52          //只有1步：创建CPLEX模型对象
53          /*
54           * CPLEX对象包含了模型的所有信息，包括：
55           *      决策变量（类型、上界、下界）
56           *      约束（类型、系数、左端项、>=/<=/=，右端项）
57           *
58           * 只需要一步一步循环添加到CPLEX类之中就可以了，最后调用
            cplex.solve()方法进行求解即可
59           */
60          IloCplex Cplex = new IloCplex();  //这里需要抛异常
61
62          //================= 2. 定义决策变量 =======================
63          //包含2步：（1）创建决策变量对象；（2）设置决策变量的类型和上下界
```

```java
64      /*
65       * ilog.concert包中包含了一些跟表达式和数值有关的类
66       * 跟决策变量有关的class主要有以下几个
67       *              IloIntVar: getMax(), getMin(), setMax(int), setMin(int)
68       *              IloNumVar: getLB(), getName(), gettype(), getUB(),
        setLB(), setName(), setUB()
69       *
70       */
71
72      IloNumVar[][][]X = new IloNumVar[instance.nodeNum][instance.nodeNum]
        [instance.vehicleNum];
73      IloNumVar[][] S = new IloNumVar[instance.nodeNum][instance.
        vehicleNum];
74      for(int i = 0; i < instance.nodeNum; i++){
75          for(int j = 0; j < instance.nodeNum; j++){
76              for(int k = 0; k < instance.vehicleNum; k++){
77                  if(i == j){
78                      //******************************
79                      /*
80                       * 注意: 这一步很重要，i和j相等时可以置null，当然也
                         * 可以不置空
81                       *      或者是X[i][j][k] = null;
82                       *      或者是X[i][j] = null;
83                       */
84                      X[i][j][k] = null;      //可有可无
85                      //X[i][j] = null;
86                  }else{
87                      X[i][j][k] = Cplex.boolVar("X" + i + j + k);
88                      //S[i][k] = Cplex.numVar(0, Integer.MAX_VALUE);
89                      S[i][k] = Cplex.intVar(0, Integer.MAX_VALUE, "S" + i
                         + k);
90                  }
91              }
92          }
93      }
94
95      // ================= 3. 定义目标函数 =========================
96      //本函数的目的是: 建立目标函数表达式，并且将其添加到CPLEX模型中
97      /*
98       * 首先需要新建一个IloLinearNumExpr类的对象，然后对其赋值，最后添加到
         * CPLEX模型中
99       */
```

```
100
101     //IloLinearNumExpr obj = new IloLinearNumExpr();      注意：这种方法是错误的
102     /*
103      * 创建表达式的函数有以下几个
104      * IloLinearNumExpr: add(IloLinearNumExpr)
105      *                addTerm(double, IloNumVar), addTerm(IloNumVar, double)
106      *                addTerms(double[], IloNumVar[]), addTerms(IloNumVar[],
                          *double[])
107      *
108      */
109     IloNumExpr obj = Cplex.numExpr();
110     for (int i = 0; i < instance.nodeNum; i++) {
111         for (int j = 0; j < instance.nodeNum; j++) {
112             if (i != j) {
113                 System.out.println("i = " + i + ", \t j = " + j);
114                 int x1 = instance.Nodes.get(i).Xcoor;
115                 int y1 = instance.Nodes.get(i).Ycoor;
116                 int x2 = instance.Nodes.get(j).Xcoor;
117                 int y2 = instance.Nodes.get(j).Ycoor;
118                 double arcDistance = Math.sqrt((x2 - x1) *
119                 (x2 - x1) + (y2 - y1) * (y2 - y1));
120                 arcDistance = double_truncate(arcDistance);
121                 System.out.println(i + "\t" + j + "\t" + arcDistance);
122
123                 for (int k = 0; k < instance.vehicleNum; k++) {
124                     //构建目标函数
125                     obj = Cplex.sum(obj,
126                         Cplex.prod(arcDistance, X[i][j][k]));
127                     //obj.addTerm(arcDistance, X[i][j][k]); //即 Cij * Xijk
128                 }
129             }
130         }
131     }
132     Cplex.addMinimize(obj);
133
134     // ================= 4. 定义约束条件 =========================
135     //包括2步：（1）构建线性数值表达式IloLinearNumExpr；(2)加入右端常数和
        //大/小于号 addEq/addGe/addLe
136     /*
137      * 添加约束的3个函数：
138      *     addEq():添加等式约束
139      *  addEq(double arg0, IloNumExpr arg1): 例如：  1 = y1
```

```
140       *   addEq(IloNumExpr arg0, double arg1): 例如:  y1 = 1
141       *   addEq(IloNumExpr arg0, IloNumExpr arg1): 例如:  y1 = x1
142       *   addEq(double arg0, IloNumExpr arg1, String arg2): 例如: 1 = y1," 约束 1"
143       *   addEq(IloNumExpr arg0, double arg1, String arg2): 例如: y1 = 1," 约束 1"
144       *   addEq(IloNumExpr arg0,IloNumExpr arg1, String arg2): 例如: y1=x1, " 约束 1"
145       *
146       *    addGe():添加 >=约束
147       *
148       *    addLe():添加 <=约束
149       */
150
151      //首先引入两个线性表达式
152      IloNumExpr expr = Cplex.numExpr();
153      IloNumExpr expr1 = Cplex.numExpr();
154      IloNumExpr expr2 = Cplex.numExpr();
155      //约束1
156      for(int i = 1; i < instance.nodeNum - 1; i++){
157          expr = Cplex.numExpr();
158          for(int j = 0; j < instance.nodeNum; j++){
159              for(int k = 0; k < instance.vehicleNum; k++){
160                  if(i != j){  //注意, 这里一定要判断i!=j这一项, 否则求解
     //不出来
161                      expr = Cplex.sum(expr, X[i][j][k]);
162                  }
163              }
164          }
165          Cplex.addEq(expr, 1.0);
166      }
167
168      //约束2
169      for (int k = 0; k < instance.vehicleNum; k++) {
170          expr = Cplex.numExpr();
171          for (int i = 1; i <= instance.customerNum; i++) {
172              for (int j = 0; j < instance.nodeNum; j++) {
173                  if (i != j) { //注意, 这里一定要判断i!=j这一项, 否则求解
     //不出来
174                      expr = Cplex.sum(expr, Cplex.prod(
175                          instance.Nodes.get(i).demand, X[i][j][k]));
176                  }
177              }
178          }
179          Cplex.addLe(expr, instance.vehicleCapacity);
```

```
180            }
181
182            //约束3
183            for(int k = 0; k < instance.vehicleNum; k++){
184                expr = Cplex.numExpr();
185                for(int j = 1; j < instance.nodeNum; j++){
186                    expr = Cplex.sum(expr, X[0][j][k]);
187                }
188                Cplex.addEq(expr, 1);
189            }
190
191            //约束4
192            for(int k = 0; k < instance.vehicleNum; k++){
193                for(int h = 1; h < instance.nodeNum - 1; h++){
194                    expr1 = Cplex.numExpr();
195                    expr2 = Cplex.numExpr();
196                    for(int i = 0; i < instance.nodeNum; i++){
197                        if(i != h){ //注意，这里一定要判断 i!=h 这一项，否则求解
            //不出来
198                            expr1 = Cplex.sum(expr1, X[i][h][k]);
199                        }
200                    }
201                    for(int j = 0; j < instance.nodeNum; j++){
202                        if(h != j){ //注意，这里一定要判断 h!=j 这一项，否则求解
            //不出来
203                            expr2 = Cplex.sum(expr2, X[h][j][k]);
204                        }
205                    }
206                    Cplex.addEq(expr1, expr2);
207                }
208            }
209
210            //约束5
211            for(int k = 0; k < instance.vehicleNum; k++){
212                expr = Cplex.numExpr();
213                for(int i = 0; i < instance.nodeNum - 1; i++){  //注意这里的序号
            //问题
214                    expr = Cplex.sum(expr, X[i][instance.nodeNum - 1][k]);
215                }
216                Cplex.addEq(expr, 1.0);
217            }
218
```

```
219    //约束6
220    int M = Integer.MAX_VALUE;
221    for(int i = 0; i < instance.nodeNum; i++){
222        for(int j = 0; j < instance.nodeNum; j++){
223            for(int k = 0; k < instance.vehicleNum; k++){
224                if(i != j){
225                    int x1 = instance.Nodes.get(i).Xcoor;
226                    int y1 = instance.Nodes.get(i).Ycoor;
227                    int x2 = instance.Nodes.get(j).Xcoor;
228                    int y2 = instance.Nodes.get(j).Ycoor;
229                    double arcDistance = Math.sqrt((x2 - x1) * (x2 - x1)
       + (y2 - y1) * (y2 - y1));
230                    arcDistance = double_truncate(arcDistance);
231
232                    expr = Cplex.numExpr();
233                    expr = Cplex.sum(expr, S[i][k]);
234                    expr = Cplex.sum(expr, arcDistance);
235                    expr = Cplex.diff(expr, S[j][k]);
236                    expr = Cplex.diff(expr, M);     //diff就是减法的意思
237                    expr = Cplex.sum(expr, Cplex.prod(M, X[i][j][k]));
238                    Cplex.addLe(expr, 0);
239                }
240            }
241        }
242
243    }
244
245    //约束7
246    for(int i = 0; i < instance.nodeNum; i++){
247        for(int k = 0; k < instance.vehicleNum; k++){
248            expr = Cplex.numExpr();
249            expr = Cplex.sum(expr1, S[i][k]);
250            Cplex.addGe(expr, instance.Nodes.get(i).readyTime);
251            Cplex.addLe(expr, instance.Nodes.get(i).dueTime);
252        }
253    }
254
255    //设置求解时间
256    //Cplex.setParam(IloCplex.DoubleParam.TimeLimit, 50);
       //设置求解的时间限制
257    //Cplex.setParam(IloCplex.DoubleParam.TiLim, 20); //设置求解的时间限制
258    //Cplex.setParam(IloCplex.DoubleParam.EpAGap, 0.88); //设置求解的绝对Gap
```

```
259
260        //求解模型
261        Cplex.solve();
262
263
264        //-------------输出结果----------------------------
265        System.out.println("\n\n----------以下是求解结果---------\n");
266        System.out.println("Objective\t\t:" + Cplex.getObjValue());
267        int vehicleNum = 0;
268        for (int k = 0; k < instance.vehicleNum; k++) {
269            //System.out.printf("第%5d 辆车: ", k + 1);
270            wc:for (int i = 0; i < instance.nodeNum; i++) {
271                nc:for (int j = 0; j < instance.nodeNum; j++) {
272                    if (i != j) {
273                        if (Cplex.getValue(X[i][j][k]) != 0 && i != 0 && j !
   = instance.nodeNum - 1) {
274                            vehicleNum += 1;
275                            break wc;
276                        }
277                    }
278                }
279            }
280
281        }
282        System.out.println("vehicle number\t\t:" + vehicleNum);
283
284        int count = 1;
285        int nextNode = 0;
286        for (int k = 0; k < instance.vehicleNum; k++) {
287            //System.out.print(" 第" + count +
288            //" 辆车");
289            double load = 0;
290            double distance = 0;
291            w:while (nextNode != instance.nodeNum - 1) {
292                int i = nextNode;
293                wc: for (; i < instance.nodeNum; i++) {
294                    nc: for (int j = 0; j < instance.nodeNum; j++) {
295                        if (i != j && Cplex.getValue(X[i][j][k]) != 0) {
296                            if (i == 0 && j == instance.nodeNum - 1) {
297                                break w;
298                            } else if (i != 0 || j != instance.nodeNum - 1)
   {
```

```java
299                            System.out.print(nextNode + "-");
300                            load += instance.Nodes.get(j).demand;
301
302                            int x1 = instance.Nodes.get(i).Xcoor;
303                            int y1 = instance.Nodes.get(i).Ycoor;
304                            int x2 = instance.Nodes.get(j).Xcoor;
305                            int y2 = instance.Nodes.get(j).Ycoor;
306                            double arcDistance = Math.sqrt((x2 - x1) *
     (x2 - x1) + (y2 - y1) * (y2 - y1));
307                            arcDistance = double_truncate(arcDistance);
308
309                            distance += arcDistance; //计算该条路径的
     //距离
310                            nextNode = j;
311                            i = nextNode - 1;
312                            if(nextNode == instance.nodeNum - 1){
313                                System.out.print(0 + "\t\tCap: " + load
     + "\t" + "distance: "  + distance + ↪ "\n");
314                                nextNode = 0;
315                                break w;
316                            }
317                            break nc;
318                        }
319                    }
320                }
321            }
322        }
323    // System.out.println();
324    }
325
326    //粗略输出的效果
327    //      for(int k = 0; k < instance.vehicleNum; k++){
328    //          System.out.println("------第" + k + " 车-------");
329    //          for(int i = 0; i < instance.nodeNum; i++){
330    //              for(int j = 0; j < instance.nodeNum; j++){
331    //                  if(i != j && Cplex.getValue(X[i][j][k]) != 0){
332    //                  System.out.println("X["+i+","+j+","+k+"]="+1);
333    //                  }
334    //              }
335    //          }
336    //      }
337    }
```

```
338
339    //读取算例数据的方法
340    public static Instance readData(String path) throws IOException {
341        //首先创建存放所有节点的数据的列表
342
343        Instance instance = new Instance();
344        List<Node> Nodes = new ArrayList<Node>();
345
346        //创建文件读入对象
347        BufferedReader br = new BufferedReader(new FileReader(path));
           //这里需要抛异常
348
349        //进行读取操作
350        String line = null;
351        int count = 0;
352        while((line = br.readLine()) != null){
353            count += 1;
354            System.out.println(line + count);
355            if(count == 5){
356                String[] str = line.split("\\s+");
357                instance.customerNum = customerNum;   //顾客的数量
358                instance.nodeNum = nodeNum;
359                instance.vehicleNum = Integer.parseInt(str[1]);
360                instance.vehicleCapacity = Integer.parseInt(str[2]);
361            }else if(count >= 10 && count <= 10 + customerNum ){
           //读取一部分数据
362                //读取全部数据就只是count >= 10
363                //读取部分数据就是count >= 10 && count <= 10 + customerNum
364                String[] str = line.split("\\s+");
365                Node node = new Node();
366                node.ID = Integer.parseInt(str[1]);
367                node.Xcoor = Integer.parseInt(str[2]);
368                node.Ycoor = Integer.parseInt(str[3]);
369                node.demand = Integer.parseInt(str[4]);
370                node.readyTime = Integer.parseInt(str[5]);
371                node.dueTime = Integer.parseInt(str[6]);
372                node.serviceTime = Integer.parseInt(str[7]);
373                Nodes.add(node);   //将node加入列表Nodes中
374            }
375        }
376        //按照Solomon的模型，将起始点复制一份加入Nodes列表当中
377        Node node1 = new Node();
```

```
378         node1.ID = instance.customerNum + 1;
379         node1.Xcoor = Nodes.get(0).Xcoor;
380         node1.Ycoor = Nodes.get(0).Ycoor;
381         node1.demand = Nodes.get(0).demand;
382         node1.readyTime = Nodes.get(0).readyTime;
383         node1.dueTime = Nodes.get(0).dueTime;
384         node1.serviceTime = Nodes.get(0).serviceTime;
385         Nodes.add(node1);
386
387         instance.Nodes = Nodes;    //将Nodes的集合添加到instance中
388         br.close();    //关闭资源
389
390         return instance;
391     }
392
393     public static void printInstance(Instance instance){
394         System.out.println("vehicleNum" + "\t\t: " + instance.vehicleNum);
395         System.out.println("vehicleCapacity" + "\t\t: " + instance.
    vehicleCapacity);
396         for(Node node : instance.Nodes){   //这里用了增强for
397             System.out.print(node.ID + "\t");
398             System.out.print(node.Xcoor + "\t");
399             System.out.print(node.Ycoor + "\t");
400             System.out.print(node.demand + "\t");
401             System.out.print(node.readyTime + "\t");
402             System.out.print(node.dueTime + "\t");
403             System.out.print(node.serviceTime + "\n");
404         }
405
406     }
407
408     //截断小数3.26434-->3.2
409     public static double double_truncate(double v){
410         int iv = (int) v;
411         if(iv+1 - v <= gap)
412             return iv+1;
413         double dv = (v - iv) * 10;
414         int idv = (int) dv;
415         double rv = iv + idv / 10.0;
416         return rv;
417     }
418 }
```

2. Instance 类

Instance 类代码如下：

Instance.java

```java
package VRPTW_Hsinglu;

import java.io.BufferedReader;
import java.io.FileNotFoundException;
import java.io.FileReader;
import java.io.IOException;
import java.util.ArrayList;
import java.util.List;

public class Instance {
    int customerNum;
    int nodeNum;
    int vehicleCapacity;
    int vehicleNum;
    List<Node> Nodes;

}
```

3. Node 类

Node 类代码如下：

Node.java

```java
package VRPTW_Hsinglu;

public class Node {
    int ID;
    int Xcoor;
    int Ycoor;
    int demand;
    int readyTime;
    int dueTime;
    int serviceTime;
}
```

4. Result 类

Result 类代码如下：

Result.java

```
1  package VRPTW_Hsinglu;
2
3  public class Result {
4      double objective;
5      double[][][] X;
6      double[][] S;
7  }
```

5. 算例格式

算例格式如下:

算例 1

```
1   C101
2
3   VEHICLE
4   NUMBER      CAPACITY
5    25          200
6
7   CUSTOMER
8   CUST NO.  XCOORD.  YCOORD.    DEMAND   READY TIME   DUE DATE    SERVICE
            TIME
```

CUST NO.	XCOORD.	YCOORD.	DEMAND	READY TIME	DUE DATE	SERVICE TIME
0	40	50	0	0	1236	0
1	45	68	10	912	967	90
2	45	70	30	825	870	90
3	42	66	10	65	146	90
4	42	68	10	727	782	90
5	42	65	10	15	67	90
6	40	69	20	621	702	90
7	40	66	20	170	225	90
8	38	68	20	255	324	90
9	38	70	10	534	605	90
10	35	66	10	357	410	90
11	35	69	10	448	505	90
12	25	85	20	652	721	90
13	22	75	30	30	92	90
14	22	85	10	567	620	90
15	20	80	40	384	429	90
16	20	85	40	475	528	90
17	18	75	20	99	148	90
18	15	75	20	179	254	90

29	19	15	80	10	278	345	90
30	20	30	50	10	10	73	90
31	21	30	52	20	914	965	90
32	22	28	52	20	812	883	90
33	23	28	55	10	732	777	90
34	24	25	50	10	65	144	90
35	25	25	52	40	169	224	90
36	26	25	55	10	622	701	90
37	27	23	52	10	261	316	90
38	28	23	55	20	546	593	90
39	29	20	50	10	358	405	90
40	30	20	55	10	449	504	90
41	31	10	35	20	200	237	90
42	32	10	40	30	31	100	90
43	33	8	40	40	87	158	90
44	34	8	45	20	751	816	90
45	35	5	35	10	283	344	90
46	36	5	45	10	665	716	90
47	37	2	40	20	383	434	90
48	38	0	40	30	479	522	90
49	39	0	45	20	567	624	90
50	40	35	30	10	264	321	90
51	41	35	32	10	166	235	90
52	42	33	32	20	68	149	90
53	43	33	35	10	16	80	90
54	44	32	30	10	359	412	90
55	45	30	30	10	541	600	90
56	46	30	32	30	448	509	90
57	47	30	35	10	1054	1127	90
58	48	28	30	10	632	693	90
59	49	28	35	10	1001	1066	90
60	50	26	32	10	815	880	90
61	51	25	30	10	725	786	90
62	52	25	35	10	912	969	90
63	53	44	5	20	286	347	90
64	54	42	10	40	186	257	90
65	55	42	15	10	95	158	90
66	56	40	5	30	385	436	90
67	57	40	15	40	35	87	90
68	58	38	5	30	471	534	90
69	59	38	15	10	651	740	90
70	60	35	5	20	562	629	90

71	61	50	30	10	531	610	90
72	62	50	35	20	262	317	90
73	63	50	40	50	171	218	90
74	64	48	30	10	632	693	90
75	65	48	40	10	76	129	90
76	66	47	35	10	826	875	90
77	67	47	40	10	12	77	90
78	68	45	30	10	734	777	90
79	69	45	35	10	916	969	90
80	70	95	30	30	387	456	90
81	71	95	35	20	293	360	90
82	72	53	30	10	450	505	90
83	73	92	30	10	478	551	90
84	74	53	35	50	353	412	90
85	75	45	65	20	997	1068	90
86	76	90	35	10	203	260	90
87	77	88	30	10	574	643	90
88	78	88	35	20	109	170	90
89	79	87	30	10	668	731	90
90	80	85	25	10	769	820	90
91	81	85	35	30	47	124	90
92	82	75	55	20	369	420	90
93	83	72	55	10	265	338	90
94	84	70	58	20	458	523	90
95	85	68	60	30	555	612	90
96	86	66	55	10	173	238	90
97	87	65	55	20	85	144	90
98	88	65	60	30	645	708	90
99	89	63	58	10	737	802	90
100	90	60	55	10	20	84	90
101	91	60	60	10	836	889	90
102	92	67	85	20	368	441	90
103	93	65	85	40	475	518	90
104	94	65	82	10	285	336	90
105	95	62	80	30	196	239	90
106	96	60	80	10	95	156	90
107	97	60	85	30	561	622	90
108	98	58	75	20	30	84	90
109	99	55	80	10	743	820	90
110	100	55	85	20	647	726	90

7.1.3 Java 调用 Gurobi 求解 VRPTW

下面代码中类的功能和 Java 调用 CPLEX 的代码基本相同。

1. Main 类

Main 类代码如下：

Main.java

```java
package VRPTW_Hsinglu;

/**
 * @author: Hsinglu Liu
 * @School: Tsinghua University
 * @操作说明: 修改读取文件的文件名, 求解C101和R101两个算例,
 *           修改customerNum来截取100个客户点中前customerNum个客户点, 求解不同规
 *           模的VRPTW
 * 算例来源: Solomon于1987年发表在OR上的论文
 *
 */
import gurobi.*;

import java.io.BufferedReader;
import java.io.FileReader;
import java.io.IOException;
import java.util.ArrayList;
import java.util.List;

public class Main {

    //算例截取参数
    //customerNum = 30, 表示截取 C101 中 100 个顾客点的前 30 个顾客点作为测试数据
    static final int customerNum = 100;
    static final int nodeNum = customerNum + 2;     //节点的数量=客户点的数量
        //+2
    static final int vehicleNum = 25;
    static final int big_M = 10000;
    public static void main(String[] args) throws IOException, GRBException
        {
        //首先写入算例的路径
        String path = "E:\\MyCode\\JavaCode\\JavaCallGurobi\\src\\r101.txt";

        //根据算例路径, 读取算例数据
        Instance instance = readData(path);
```

```java
33
34          //打印出算例数据信息
35          printInstance(instance);
36
37
38          //调用Gurobi构建VRPTW模型
39          GRBEnv env = new GRBEnv("mip1.log");
40          GRBModel model = new GRBModel(env);
41
42          //创建变量
43          GRBVar X[][][] = new GRBVar[instance.nodeNum][instance.nodeNum]
             [instance.vehicleNum];
44          GRBVar S[][] = new GRBVar[instance.nodeNum][instance.vehicleNum];
45
46          //设置变量类型    instance.Nodes.get(i).dueTime
47          for(int i = 0; i < instance.nodeNum; i++) {
48              for(int k = 0; k < instance.vehicleNum; k++) {
49                  S[i][k] = model.addVar(instance.Nodes.get(i).readyTime,
      instance.Nodes.get(i).dueTime, 0.0, GRB.CONTINUOUS, "S_"+i+"_"+k);
50                  //System.out.println(instance.Nodes.get(i).readyTime + "---" +
      //instance.Nodes.get(i).dueTime);
51                  for(int j = 0; j < instance.nodeNum; j++) {
52                      X[i][j][k] = model.addVar(0, 1, 0.0, GRB.BINARY, "X_" +
      i + "_" + j + "_" + k);
53                  }
54              }
55          }
56
57          //建立目标函数
58          GRBLinExpr obj = new GRBLinExpr();
59          for(int i = 0; i < instance.nodeNum; i++) {
60              for(int j = 0; j < instance.nodeNum; j++) {
61                  for(int k = 0; k < instance.vehicleNum; k++) {
62                      if(i != j) {
63                          obj.addTerm(instance.disMatrix[i][j], X[i][j][k]);
64                      }
65                  }
66              }
67          }
68          model.setObjective(obj, GRB.MINIMIZE);
69
70          //约束(7.2)
```

```
71      for(int i = 1; i < instance.nodeNum - 1; i++) {
72          GRBLinExpr expr = new GRBLinExpr();
73          for(int j = 0; j < instance.nodeNum; j++) {
74              if(i != j) {
75                  for(int k = 0; k < instance.vehicleNum; k++) {
76                      expr.addTerm(1.0, X[i][j][k]);
77                  }
78              }
79          }
80          model.addConstr(expr, GRB.EQUAL, 1, "c2");
81      }
82
83      //约束（7.3）
84      for(int k = 0; k < instance.vehicleNum; k++) {
85          GRBLinExpr expr = new GRBLinExpr();
86          for(int i = 1; i < instance.nodeNum - 1; i++) {
87              for(int j = 0; j < instance.nodeNum; j++) {
88                  if(i != j) {
89                      expr.addTerm(instance.Nodes.get(i).demand, X[i][j][k
]);
90                  }
91              }
92          }
93          model.addConstr(expr, GRB.LESS_EQUAL, instance.vehicleCapacity,
"c3");
94      }
95
96      //约束（7.4）
97      for(int k = 0; k < instance.vehicleNum; k++) {
98          GRBLinExpr expr = new GRBLinExpr();
99          for(int j = 1; j < instance.nodeNum; j++) {
100             expr.addTerm(1, X[0][j][k]);
101         }
102         model.addConstr(expr, GRB.EQUAL, 1, "c4");
103     }
104
105     //约束（7.5）
106     for(int h = 1; h < instance.nodeNum - 1; h++) {
107         for(int k = 0; k < instance.vehicleNum; k++) {
108             GRBLinExpr expr = new GRBLinExpr();
109             for(int i = 0; i < instance.nodeNum; i++) {
110                 if(i != h) {
```

```
111                     expr.addTerm(1, X[i][h][k]);
112                 }
113             }
114             for(int j = 0; j < instance.nodeNum; j++) {
115                 if(h != j) {
116                     expr.addTerm(-1, X[h][j][k]);
117                 }
118             }
119             model.addConstr(expr, GRB.EQUAL, 0, "c5");
120         }
121     }
122
123     //约束（7.6）
124     for(int k = 0; k < instance.vehicleNum; k++) {
125         GRBLinExpr expr = new GRBLinExpr();
126         for(int i = 0; i < instance.nodeNum - 1; i++) {
127             expr.addTerm(1, X[i][instance.nodeNum - 1][k]);
128         }
129         model.addConstr(expr, GRB.EQUAL, 1, "c6");
130     }
131
132     //约束（7.7）
133     for(int i = 0; i < instance.nodeNum; i++) {
134         for(int j = 0; j < instance.nodeNum; j++) {
135             if(i != j) {
136                 for(int k = 0; k < instance.vehicleNum; k++) {
137                     GRBLinExpr expr = new GRBLinExpr();
138                     // S_ik - S_jk + M * X_ijk <= M - T_ij
139                     expr.addTerm(1, S[i][k]);
140                     expr.addTerm(-1, S[j][k]);
141                     expr.addTerm(big_M, X[i][j][k]);
142                     model.addConstr(expr, GRB.LESS_EQUAL, big_M -
    instance.disMatrix[i][j], "c7");
143                 }
144             }
145         }
146     }
147
148     //约束
149     for(int i = 0; i < instance.nodeNum; i++) {
150         for(int k = 0; k < instance.vehicleNum; k++) {
151             model.addConstr(X[i][i][k], GRB.EQUAL, 0, "c78");
```

```
152                }
153            }
154
155            //求解模型
156            model.optimize();
157            //得到解
158            ArrayList<ArrayList<Integer>> routes = new ArrayList<ArrayList<
               Integer>>();
159            for(int k = 0; k < instance.vehicleNum; k++) {
160                System.out.println();
161                ArrayList<Integer> tour = new ArrayList<Integer>();
162                int j = 0;
163                for(int i = 0; i < instance.nodeNum; i++) {
164                    i = j;
165                    for(j = 0; j < instance.nodeNum; j++) {
166                        if(X[i][j][k].get(GRB.DoubleAttr.X) > 0) {
167                            System.out.println(i + "-" + j);
168                            tour.add(i);
169                            break;
170                        }
171                    }
172                }
173                System.out.print("0");
174                tour.add(0);
175                routes.add(tour);
176            }
177            for(int i = 0; i < routes.size(); i++) {
178                if(routes.get(i).size() <= 2) {
179                    routes.remove(i);
180                    i = i - 1;
181                }
182            }
183
184            System.out.println("\n\n----以下是路径------");
185            for(int i = 0; i < routes.size(); i++) {
186                for(int j = 0; j < routes.get(i).size(); j++) {
187                    if(j != routes.get(i).size() - 1) {
188                        System.out.print(routes.get(i).get(j) + "-");
189                    }else {
190                        System.out.print(routes.get(i).get(j));
191                    }
192
```

```
193            }
194            System.out.println();
195        }
196
197
198        model.dispose();
199        env.dispose();
200
201    }
202
203    //读取算例数据的方法
204    public static Instance readData(String path) throws IOException {
205        //首先创建存放所有节点的数据的列表
206
207        Instance instance = new Instance();
208        List<Node> Nodes = new ArrayList<Node>();
209
210        //创建文件读入对象
211        BufferedReader br = new BufferedReader(new FileReader(path));
           //这里需要抛异常
212
213        //进行读取操作
214        String line = null;
215        int count = 0;
216        while((line = br.readLine()) != null){
217            count += 1;
218            System.out.println(line + count);
219            if(count == 5){
220                String[] str = line.split("\\s+");
221                instance.customerNum = customerNum;   //顾客的数量
222                instance.nodeNum = nodeNum;
223                instance.vehicleNum = Integer.parseInt(str[1]);
224                instance.vehicleCapacity = Integer.parseInt(str[2]);
225            }else if(count >= 10 && count <= 10 + customerNum ){
           //读取一部分数据
226                //读取全部数据就只是 count >= 10
227                //读取部分数据就是 count >= 10 && count <= 10 + customerNum
228                String[] str = line.split("\\s+");
229                Node node = new Node();
230                node.ID = Integer.parseInt(str[1]);
231                node.Xcoor = Integer.parseInt(str[2]);
232                node.Ycoor = Integer.parseInt(str[3]);
```

```java
            node.demand = Integer.parseInt(str[4]);
            node.readyTime = Integer.parseInt(str[5]);
            node.dueTime = Integer.parseInt(str[6]);
            node.serviceTime = Integer.parseInt(str[7]);
            Nodes.add(node);    //将node加入列表Nodes中
        }
    }
    //按照Solomon的模型，将起始点复制一份加入Nodes列表当中
    Node node1 = new Node();
    node1.ID = instance.customerNum + 1;
    node1.Xcoor = Nodes.get(0).Xcoor;
    node1.Ycoor = Nodes.get(0).Ycoor;
    node1.demand = Nodes.get(0).demand;
    node1.readyTime = Nodes.get(0).readyTime;
    node1.dueTime = Nodes.get(0).dueTime;
    node1.serviceTime = Nodes.get(0).serviceTime;
    Nodes.add(node1);

    instance.Nodes = Nodes;    //将Nodes的集合添加到instance中
    br.close();    //关闭资源

    //下面计算距离矩阵
    instance.disMatrix = new double[instance.nodeNum][instance.nodeNum];
    for(int i = 0; i < instance.nodeNum; i++) {
        for(int j = 0; j < instance.nodeNum; j++) {
            double x1 = instance.Nodes.get(i).Xcoor;
            double y1 = instance.Nodes.get(i).Ycoor;
            double x2 = instance.Nodes.get(j).Xcoor;
            double y2 = instance.Nodes.get(j).Ycoor;
            instance.disMatrix[i][j] = Math.sqrt((x1 - x2)*(x1 - x2) +
    (y1 - y2)*(y1 - y2));
        }
    }

    return instance;
}

public static void printInstance(Instance instance){
    System.out.println("vehicleNum" + "\t\t: " + instance.vehicleNum);
    System.out.println("vehicleCapacity" + "\t\t: " + instance.
    vehicleCapacity);
    for(Node node : instance.Nodes){  //这里用了增强for
```

```
273        System.out.print(node.ID + "\t");
274        System.out.print(node.Xcoor + "\t");
275        System.out.print(node.Ycoor + "\t");
276        System.out.print(node.demand + "\t");
277        System.out.print(node.readyTime + "\t");
278        System.out.print(node.dueTime + "\t");
279        System.out.print(node.serviceTime + "\n");
280      }
281
282   }
283 }
```

2. Node 类

Node 类代码如下：

Node.java

```
1 package VRPTW_Hsinglu;
2
3 public class Node {
4     int ID;
5     int Xcoor;
6     int Ycoor;
7     int demand;
8     int readyTime;
9     int dueTime;
10    int serviceTime;
11
12 }
```

3. Instance 类

Instance 类代码如下：

Instance.java

```
1 package VRPTW_Hsinglu;
2
3 import java.io.BufferedReader;
4 import java.io.FileNotFoundException;
5 import java.io.FileReader;
6 import java.io.IOException;
7 import java.util.ArrayList;
8 import java.util.List;
```

```java
 9
10  public class Instance {
11      int customerNum;
12      int nodeNum;
13      int vehicleCapacity;
14      int vehicleNum;
15      List<Node> Nodes;
16      double[][] disMatrix;
17  }
```

4. 算例格式

算例格式同 7.1.2 节，均为 Solomon 的 VRP 标杆算例。

7.1.4　Python 调用 Gurobi 求解 VRPTW

1. Main.py

Main.py 代码如下：

Main.py

```python
 1  # _*_coding:utf-8 _*_
 2  from __future__ import print_function
 3  from gurobipy import *
 4  import re
 5  import math
 6  import matplotlib.pyplot as plt
 7  import numpy
 8  import pandas as pd
 9
10  class Data:
11      customerNum = 0
12      nodeNum     = 0
13      vehicleNum  = 0
14      capacity    = 0
15      cor_X       = []
16      cor_Y       = []
17      demand      = []
18      serviceTime = []
19      readyTime   = []
20      dueTime     = []
21      disMatrix   = [[]]    # 读取数据
22
23  class Solution:
```

```
24      ObjVal = 0
25      X = [[[]]]
26      S = [[]]
27      routes = [[]]
28      routeNum = 0
29
30      def __init__(self):
31          self.ObjVal = model.ObjVal
32          # X_ijk
33          self.X = [[([0] * data.vehicleNum) for i in range(data.nodeNum)]
            for j in range(data.nodeNum)]
34          # S_ik
35          self.S = [([0] * data.nodeNum) for j in range(data.vehicleNum)]
36          # routes
37          self.routes = [[]]
38
39      def getSolution(self, data, model):
40          solution = Solution()
41          solution.ObjVal = model.ObjVal
42          # X_ijk
43          solution.X = [[([0] * data.vehicleNum) for i in range(data.nodeNum)]
             for j in range(data.nodeNum)]
44          # S_ik
45          solution.S = [([0] * data.nodeNum) for j in range(data.vehicleNum)]
46          # routes
47          solution.routes = [[]]
48
49          # get the solutions of decision variables
50          print("\n\n-------------这个是最优解----------------")
51          for m in model.getVars():
52              str = re.split(r"_", m.VarName)
53              if(str[0] == "X" and m.x == 1)
54                  print("str[1] = %d" % int(str[1]))
55                  print("str[2] = %d" % int(str[2]))
56                  print("str[3] = %d" % int(str[3]))
57                  print("m.x = ", end = "" )
58                  print(m.x)
59                  solution.X[int(str[1])][int(str[2])][int(str[3])] = m.x
60                  print(str, end = "")
61                  print(" = %d" % m.x)
62              elif(str[0] == "S" and m.x == 1):
63                  solution.S[int(str[1])][int(str[2])] = m.x
```

```
64
65      print("-----solution = ------")
66      for k in range(data.vehicleNum):
67          for i in range(data.nodeNum):
68              for j in range(data.nodeNum):
69                  if(solution.X[i][j][k] > 0 and (not(i == 0 and j == data
        .nodeNum - 1))):
70                      print("x[{0},{1},{2}] = {3}" .format(i, j, k,
        solution.X[i][j][k]))
71
72      print(solution.X)
73      # get the route of vehicles from the value of decision variables
74      for k in range(data.vehicleNum):
75          i = 0
76          subRoute = []
77          subRoute.append(i)
78          finish = False
79          while(not finish):
80              for j in range(data.nodeNum):
81                  if(solution.X[i][j][k] > 0):
82                      subRoute.append(j)
83                      i = j
84                      if(j == data.nodeNum - 1):
85                          finish = True
86
87          if(len(subRoute) >= 3):
88              subRoute[len(subRoute) - 1] = 0
89              solution.routes.append(subRoute)
90              solution.routeNum = solution.routeNum + 1
91
92  print("\n\n ------Route of Vehicles ------- ")
93  print(solution.routes)
94
95  print("\n\n ------Drawing the Graph ------- ")
96  # draw the route graph
97  # draw all the nodes first
98  # data1 = Data()
99  # readData(data1, path, 100)
100 fig = plt.figure(0)
101 plt.xlabel('x')
102 plt.ylabel('y')
103 plt.title('All Customers')
```

```
104      # '''
105      # marker='o'
106      # marker=','
107      # marker='.'
108      # marker=(9, 3, 30)
109      # marker='+'
110      # marker='v'
111      # marker='^'
112      # marker='<'
113      # marker='>'
114      # marker='1'
115      # marker='2'
116      # marker='3'
117      # 'magenta'
118      # red          blue          green
119      # '''
120      plt.scatter(data.cor_X[0], data.cor_Y[0], c='blue', alpha=1, marker=
         ',', linewidths=3, label='depot')
121      plt.scatter(data.cor_X[1:-1], data.cor_Y[1:-1], c='black', alpha=1,
         marker='o', linewidths=3, label='customer')
         # c='red'定义为红色，alpha是透明度，marker是绘制的样式
122
123      # draw the route
124      for k in range(solution.routeNum):
125          for i in range(len(solution.routes[k]) - 1):
126              a = solution.routes[k][i]
127              b = solution.routes[k][i+1]
128              x = [data.cor_X[a], data.cor_X[b]]
129              y = [data.cor_Y[a], data.cor_Y[b]]
130              plt.plot(x, y, 'k', linewidth = 1)   # r--
131
132      # plt.grid(True)
133      plt.grid(False)
134      plt.legend(loc='best')
135      plt.show()
136
137      # print(solution.route_UAV)
138
139      return solution
140
141  # function to read data from .txt files
142  def readData(data, path, customerNum):
```

```
143    data.customerNum = customerNum
144    data.nodeNum = customerNum + 2
145    f = open(path, 'r')
146    lines = f.readlines()
147    count = 0
148    # read the info
149    for line in lines:
150        count = count + 1
151        if(count == 3):
152            line = line[:-1]
153            str = re.split(r" +", line)
154            data.vehicleNum = int(str[0])
155            data.capacity = float(str[1])
156        elif(count >= 7 and count <= 7 + customerNum):
157            line = line[:-1]
158            str = re.split(r" +", line)
159            data.cor_X.append(float(str[2]))
160            data.cor_Y.append(float(str[3]))
161            data.demand.append(float(str[4]))
162            data.readyTime.append(float(str[5]))
163            data.dueTime.append(float(str[6]))
164            data.serviceTime.append(float(str[7]))
165
166    data.cor_X.append(data.cor_X[0])
167    data.cor_Y.append(data.cor_Y[0])
168    data.demand.append(data.demand[0])
169    data.readyTime.append(data.readyTime[0])
170    data.dueTime.append(data.dueTime[0])
171    data.serviceTime.append(data.serviceTime[0])
172
173    # compute the distance matrix
174    data.disMatrix = [([0] * data.nodeNum) for p in range(data.nodeNum)]
           # 初始化距离矩阵的维度,防止浅拷贝
175    # data.disMatrix = [[0] * nodeNum] * nodeNum] 这个是浅拷贝, 容易重复
176    for i in range(0, data.nodeNum):
177        for j in range(0, data.nodeNum):
178            temp = (data.cor_X[i] - data.cor_X[j])**2 + (data.cor_Y[i] -
    data.cor_Y[j])**2
179            data.disMatrix[i][j] = math.sqrt(temp)
180            # print("%6.2f" % (math.sqrt(temp)), end = " ")
181            temp = 0
182
```

```python
183        return data
184
185  def printData(data, customerNum):
186        print("下面打印数据\n")
187        print("vehicle number = %4d" % data.vehicleNum)
188        print("vehicle capacity = %4d" % data.capacity)
189        for i in range(len(data.demand)):
190            print('{0}\t{1}\t{2}\t{3}'.format(data.demand[i], data.readyTime[i],
                  data.dueTime[i],  data.serviceTime[i]))
191
192        print("-------距离矩阵-------\n")
193        for i in range(data.nodeNum):
194            for j in range(data.nodeNum):
195                #print("%d    %d" % (i, j))
196                print("%6.2f" % (data.disMatrix[i][j]), end = " ")
197            print()
198
199  # reading data
200  data = Data()
201
202  path = 'C:\Users\hsingluLiu\eclipse-workspace\PythonCallGurobi_Applications\
          VRPTW\R101.txt'
203  customerNum = 100
204  readData(data, path, customerNum)
205  printData(data, customerNum)
206
207  # =========build the model===========
208  big_M = 10000
209  # construct the model object
210  model = Model("VRPYW")
211
212  # Initialize variables
213  # create variables: Muiti-dimension vector: from inner to outer
214  # X_ijk
215  X = [[[[] for k in range(data.vehicleNum)] for j in range(data.nodeNum)] for
          i in range(data.nodeNum)]
216
217  # S_ik
218  S = [[[] for k in range(data.vehicleNum)] for i in range(data.nodeNum)]
219
220  for i in range(data.nodeNum):
221        for k in range(data.vehicleNum):
```

```
222            name1 = 's_' + str(i) +'_' + str(k)
223            S[i][k] = model.addVar(data.readyTime[i], data.dueTime[i], vtype =
          GRB.CONTINUOUS, name = name1)
224            for j in range(data.nodeNum):
225                    #if(i != j):
226                        name2 = 'X_' + str(i) + "_" + str(j) + "_"  + str(k)
227                        X[i][j][k] = model.addVar(0, 1, vtype = GRB.BINARY, name =
          name2)
228
229 # Add constraints
230 # create the objective expression
231 obj = LinExpr(0)
232 for i in range(data.nodeNum):
233     for j in range(data.nodeNum):
234         if(i != j):
235             for k in range(data.vehicleNum):
236                 obj.addTerms(data.disMatrix[i][j], X[i][j][k])
237 #print(model.getObjective()) #这个可以打印出目标函数
238
239 # add the objective function into the model
240 model.setObjective(obj, GRB.MINIMIZE)
241
242 # constraint (1)
243 for i in range(1, data.nodeNum - 1): # 这里需要注意i的取值范围，否则可能会加
              # 入空约束
244     expr = LinExpr(0)
245     for j in range(data.nodeNum):
246         if(i != j):
247             for k in range(data.vehicleNum):
248                 if(i != 0 and i != data.nodeNum - 1):
249                     expr.addTerms(1, X[i][j][k])
250
251     model.addConstr(expr == 1, "c1")
252     expr.clear()
253
254 # constraint (2)
255 for k in range(data.vehicleNum):
256     expr = LinExpr(0)
257     for i in range(1, data.nodeNum - 1):
258         for j in range(data.nodeNum):
259             if(i != 0 and i != data.nodeNum - 1 and i != j):
260                 expr.addTerms(data.demand[i], X[i][j][k])
```

```
261     model.addConstr(expr <= data.capacity, "c2")
262     expr.clear()
263
264 # constraint (3)
265 for k in range(data.vehicleNum):
266     expr = LinExpr(0)
267     for j in range(1, data.nodeNum): # 此处注意，不能有i == j的情况出现
268         expr.addTerms(1.0, X[0][j][k])
269     model.addConstr(expr == 1.0, "c3")
270     expr.clear()
271
272 # constraint (4)
273 for k in range(data.vehicleNum):
274     for h in range(1, data.nodeNum - 1):
275         expr1 = LinExpr(0)
276         expr2 = LinExpr(0)
277         for i in range(data.nodeNum):
278             if(h != i):
279                 expr1.addTerms(1, X[i][h][k])
280
281         for j in range(data.nodeNum):
282             if(h != j):
283                 expr2.addTerms(1, X[h][j][k])
284
285         model.addConstr(expr1 == expr2, "c4")
286         expr1.clear()
287         expr2.clear()
288
289 # constraint (5)
290 for k in range(data.vehicleNum):
291     expr = LinExpr(0)
292     for i in range(data.nodeNum - 1): #这个地方也要注意，是data.nodeNum - 1,
                                          # 不是data.nodeNum
293         expr.addTerms(1, X[i][data.nodeNum - 1][k])
294     model.addConstr(expr == 1, "c5")
295     expr.clear()
296
297 # constraint (6)
298 for k in range(data.vehicleNum):
299     for i in range(data.nodeNum):
300         for j in range(data.nodeNum):
301             if(i != j):
```

```
302                   model.addConstr(S[i][k] + data.disMatrix[i][j] - S[j][k] <=
        big_M   - big_M * X[i][j][k], "c6")
303
304  # solve the problem
305  # model.setAttr("ub", model.getVarByName('X_0_2_3'), 0)
306  # model.setAttr("modelSense", -1)
307
308  model.write('a.lp')
309  model.optimize()
310  print("\n\n-----optimal value-----")
311  print(model.ObjVal)
312
313  for m in model.getVars():
314      if(m.x == 1):
315          print("%s \t %d" % (m.varName, m.x))
316
317  # fig = plt.figure(0)
318  # plt.xlabel('x')
319  # plt.ylabel('y')
320  # plt.title('All Customers')
321  # plt.scatter(data.cor_X[0], data.cor_Y[0], c='red', alpha=1, marker=',',
        # linewidths=10, label='depot')
322  # plt.text(data.cor_X[0]+1, data.cor_Y[0]+1, 'Depot', color = 'r', fontsize
        # =30)
323  # plt.scatter(data.cor_X[1:-1], data.cor_Y[1:-1], c='black', alpha=1, marker
        # ='o', linewidths=3, label='customer')
         # c='red'定义为红色，alpha是透明度，marker是绘制的样式
324  # plt.text(data.cor_X[34]-6, data.cor_Y[34]+4, 'Customers', color = 'r',
        # fontsize=30)
325
326  # # plt.grid(True)
327  # plt.grid(False)
328  # plt.legend(loc='best')
329  # plt.show()
330
331  # get the solution info
332  # solution = Solution()
333  # solution = solution.getSolution(data, model)
```

2. 结果展示

Solomon 算例 C101 的最优解路径图如图 7.1 所示。

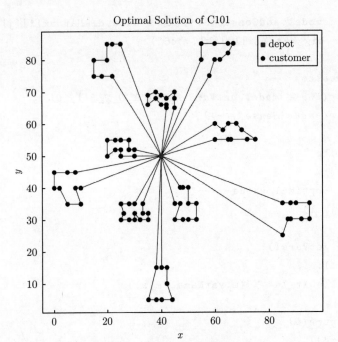

图 7.1　C101 最优解路径图

C101 的最优解如下：

C101 的最优解

```
1  Problem Set: C101
2  Route: 1, 13-17-18-19-15-16-14-12-0
3  Route: 2, 43-42-41-40-44-46-45-48-51-50-52-49-47-0
4  Route: 3, 90-87-86-83-82-84-85-88-89-91-0
5  Route: 4, 67-65-63-62-74-72-61-64-68-66-69-0
6  Route: 5, 98-96-95-94-92-93-97-100-99-0
7  Route: 6, 5-3-7-8-10-11-9-6-4-2-1-75-0
8  Route: 7, 20-24-25-27-29-30-28-26-23-22-21-0
9  Route: 8, 81-78-76-71-70-73-77-79-80-0
10 Route: 9, 57-55-54-53-56-58-60-59-0
11 Route: 10, 32-33-31-35-37-38-39-36-34-0
12 Vehicle capacity: 200.00
13 Routes: 10
14 Total travel distance: 828.93664000
15 Route: 1, length: 8, distance:      95.88470000, max load: 190.00
16 Route: 2, length: 13, distance:     64.80744000, max load: 160.00
17 Route: 3, length: 10, distance:     76.06953000, max load: 170.00
18 Route: 4, length: 11, distance:     59.40309000, max load: 200.00
19 Route: 5, length: 9, distance:      95.94311000, max load: 190.00
20 Route: 6, length: 12, distance:     59.61803000, max load: 180.00
```

```
21  Route: 7, lengthen: 11, distance:          50.80358000, max load:  170.00
22  Route: 8, length: 9, distance:           127.29747000, max load:  150.00
23  Route: 9, length: 8, distance:           101.88255000, max load:  200.00
24  Route: 10, length: 9, distance:           97.22714000, max load:  200.00
```

Solomon 算例 R101 的最优解路径图如图 7.2 所示。

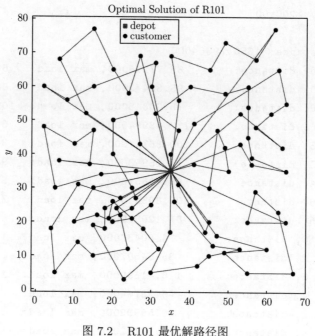

图 7.2　R101 最优解路径图

R101 的最优解如下：

R101 的最优解

```
1  Problem Set: R101
2  Route: 1, 92-42-15-87-57-97-0
3  Route: 2, 27-69-76-79-3-54-24-80-0
4  Route: 3, 95-98-16-86-91-100-0
5  Route: 4, 36-47-19-8-46-17-0
6  Route: 5, 14-44-38-43-13-0
7  Route: 6, 39-23-67-55-25-0
8  Route: 7, 31-88-7-10-0
9  Route: 8, 62-11-90-20-32-70-0
10 Route: 9, 2-21-73-41-56-4-0
11 Route: 10, 5-83-61-85-37-93-0
12 Route: 11, 52-6-0
13 Route: 12, 65-71-81-50-68-0
```

```
14  Route: 13, 59-99-94-96-0
15  Route: 14, 72-75-22-74-58-0
16  Route: 15, 33-29-78-34-35-77-0
17  Route: 16, 30-51-9-66-1-0
18  Route: 17, 45-82-18-84-60-89-0
19  Route: 18, 28-12-40-53-26-0
20  Route: 19, 63-64-49-48-0
21  Vehicle capacity: 200.00
22  Routes: 19
23  Total travel distance: 1650.79864000
24  Route: 1, len: 6, distance:       86.77278000, max load:    60.00
25  Route: 2, len: 8, distance:       95.32472000, max load:    98.00
26  Route: 3, len: 6, distance:       75.20345000, max load:   102.00
27  Route: 4, len: 6, distance:      132.48994000, max load:    61.00
28  Route: 5, len: 5, distance:      100.86701000, max load:    84.00
29  Route: 6, len: 5, distance:      110.15853000, max load:    93.00
30  Route: 7, len: 4, distance:       68.42601000, max load:    57.00
31  Route: 8, len: 6, distance:      103.89808000, max load:    71.00
32  Route: 9, len: 6, distance:       87.12985000, max load:    57.00
33  Route: 10, len: 6, distance:      74.50436000, max load:   121.00
34  Route: 11, len: 2, distance:      35.64697000, max load:    12.00
35  Route: 12, len: 5, distance:     118.41699000, max load:   110.00
36  Route: 13, len: 4, distance:      45.38764000, max load:    75.00
37  Route: 14, len: 5, distance:      60.59932000, max load:    87.00
38  Route: 15, len: 6, distance:     109.12702000, max load:    59.00
39  Route: 16, len: 5, distance:      95.88676000, max load:    82.00
40  Route: 17, len: 6, distance:      87.97649000, max load:    69.00
41  Route: 18, len: 5, distance:      55.63700000, max load:    75.00
42  Route: 19, len: 4, distance:     107.34572000, max load:    85.00
```

7.2 Python 调用 Gurobi 求解 TSP

首先，我们给出读取数据、打印数据、获得最终路径的函数。

- readData(path, nodeNum)：读取 txt 文件中的算例数据；

- reportMIP(model, Routes)：获得并打印最优解信息；

- getValue(var_dict, nodeNum)：获得决策变量的值，并存储到 np.array() 数组中；

- getRoute(x_value)：根据解 x_value 得到该解对应的路径。

functions.py

```python
# _*_coding:utf-8 _*_
'''
@author: Hsinglu Liu
@version: 1.0
@Date: 2019.5.5
'''

from __future__ import print_function
from __future__ import division, print_function
from gurobipy import *
import re;
import math;
import matplotlib.pyplot as plt
import numpy as np
import pandas as pd
import copy
from matplotlib.lines import lineStyles
import time

starttime = time.time()

# function to read data from .txt files
def readData(path, nodeNum):
    nodeNum = nodeNum;
    cor_X = []
    cor_Y = []

    f = open(path, 'r');
    lines = f.readlines();
    count = 0;
    # read the info
    for line in lines:
        count = count + 1;
        if(count >= 10 and count <= 10 + nodeNum):
            line = line[:-1]
            str = re.split(r" +", line)
            cor_X.append(float(str[2]))
            cor_Y.append(float(str[3]))

    # compute the distance matrix
    disMatrix = [([0] * nodeNum) for p in range(nodeNum)]; # 初始化距离矩阵
```

```
            # 的维度,防止浅拷贝
42    # data.disMatrix = [[0] * nodeNum] * nodeNum];  这个是浅拷贝,容易重复
43    for i in range(0, nodeNum):
44        for j in range(0, nodeNum):
45            temp = (cor_X[i] - cor_X[j])**2 + (cor_Y[i] - cor_Y[j])**2;
46            disMatrix[i][j] = (int)(math.sqrt(temp));
47            temp = 0;
48
49    return disMatrix;
50
51 def printData(disMatrix):
52    print("-------cost matrix-------\n");
53    for i in range(len(disMatrix)):
54        for j in range(len(disMatrix)):
55            #print("%d    %d" % (i, j));
56            print("%6.1f" % (disMatrix[i][j]), end = " ");
57             #print(disMatrix[i][j], end = " ");
58        print();
59
60 def reportMIP(model, Routes):
61    if model.status == GRB.OPTIMAL:
62        print("Best MIP Solution: ", model.objVal, "\n")
63        var = model.getVars()
64        for i in range(model.numVars):
65            if(var[i].x > 0):
66                print(var[i].varName, " = ", var[i].x)
67                print("Optimal route:", Routes[i])
68
69 def getValue(var_dict, nodeNum):
70    x_value = np.zeros([nodeNum + 1, nodeNum + 1])
71    for key in var_dict.keys():
72        a = key[0]
73        b = key[1]
74        x_value[a][b] = var_dict[key].x
75
76    return x_value
77
78 def getRoute(x_value):
79    '''
80    input: x_value的矩阵
81    output:一条路径, [0, 4, 3, 7, 1, 2, 5, 8, 9, 6, 0], 像这样
82    '''
```

```
83      # 假如是5个点的算例，路径会是1-4-2-3-5-6这样的，因为加入了一个虚拟点
84      # 也就是当路径长度为6时，停止，这个长度和x_value的长度相同
85      x = copy.deepcopy(x_value)
86      previousPoint = 0
87      route_temp = [previousPoint]
88      count = 0
89      while(len(route_temp) < len(x)):
90          #print('previousPoint: ', previousPoint )
91          if(x[previousPoint][count] > 0):
92              previousPoint = count
93              route_temp.append(previousPoint)
94              count = 0
95              continue
96          else:
97              count += 1
98      route_temp.append(0)
99      return route_temp
```

7.2.1　TSP 的 MTZ 建模及调用 Gurobi 求解

第 2 章已经详细介绍了 TSP 的 MTZ 建模。这里直接给出其模型。

$$\min \quad \sum_i \sum_j c_{ij} x_{ij} \tag{7.10}$$

$$\text{s.t.} \quad \sum_{i \in V} x_{ij} = 1, \qquad \forall j \in \{2, 3, \cdots N+1\}, i \neq j \tag{7.11}$$

$$\sum_{j \in V} x_{ij} = 1, \qquad \forall i \in \{1, 2, \cdots N\}, i \neq j \tag{7.12}$$

$$\mu_i - \mu_j + N x_{ij} \leqslant N - 1, \qquad \forall i \in \{1, 2, \cdots N\}, j \in \{2, 3, \cdots N+1\}, i \neq j \tag{7.13}$$

$$x_{ij} \in \{0,1\}, \mu_i \geqslant 0, \mu_i \in \mathbb{R}, \qquad \forall i \in \{1, 2, \cdots N\}, j \in \{2, 3, \cdots N+1\}, i \neq j \tag{7.14}$$

其中每个约束的含义见第 2 章。

下面给出 Python 调用 Gurobi 求解上述模型的代码。测试算例仍然为 Solomon 的 VRP 标杆算例。

TSP MTZ.py

```
1   # nodeNum = 5
2   nodeNum = 10
3   path = 'solomon-100/in/c101.txt';
4   cost = readData(path, nodeNum)
5   printData(cost)
6
```

```
7  model = Model('TSP')
8
9  # creat decision variables
10 X = {}
11 mu = {}
12 for i in range(nodeNum + 1):
13     mu[i] = model.addVar(lb = 0.0
14                            , ub = 100 #GRB.INFINITY
15                            # , obj = distance_initial
16                            , vtype = GRB.CONTINUOUS
17                            , name = "mu_" + str(i)
18                            )
19
20     for j in range(nodeNum + 1):
21         if(i != j):
22             X[i, j] = model.addVar(vtype = GRB.BINARY
23                              , name = 'x_' + str(i) + '_' + str(j)
24                              )
25
26 # set objective function
27 obj = LinExpr(0)
28 for key in X.keys():
29     i = key[0]
30     j = key[1]
31     if(i < nodeNum and j < nodeNum):
32         obj.addTerms(cost[key[0]][key[1]], X[key])
33     elif(i == nodeNum):
34         obj.addTerms(cost[0][key[1]], X[key])
35     elif(j == nodeNum):
36         obj.addTerms(cost[key[0]][0], X[key])
37
38 model.setObjective(obj, GRB.MINIMIZE)
39
40 # add constraints 1
41 for j in range(1, nodeNum + 1):
42     lhs = LinExpr(0)
43     for i in range(0, nodeNum):
44         if(i != j):
45             lhs.addTerms(1, X[i, j])
46     model.addConstr(lhs == 1, name = 'visit_' + str(j))
47
48 # add constraints 2
```

```
49  for i in range(0, nodeNum):
50      lhs = LinExpr(0)
51      for j in range(1, nodeNum + 1):
52          if(i != j):
53              lhs.addTerms(1, X[i, j])
54      model.addConstr(lhs == 1, name = 'visit_' + str(j))
55
56  # add MTZ constraints
57  for i in range(0, nodeNum):
58      for j in range(1, nodeNum + 1):
59          if(i != j):
60              model.addConstr(mu[i] - mu[j] + 100 * X[i, j] <= 100 - 1)
61
62  model.write('model.lp')
63  model.optimize()
64
65  print('Obj:', model.ObjVal)
66  x_value = getValue(X, nodeNum)
67  route = getRoute(x_value)
68  print('optimal route:', route)
```

我们取前 10 个点来测试，运行结果如下：

TSP MTZ.py

```
1  Explored 129556 nodes (574360 simplex iterations) in 2.25 seconds
2  Optimal solution found (tolerance 1.00e-04)
3  Best objective 4.800000000000e+01, best bound 4.800000000000e+01, gap
       0.0000%
4  Obj: 48.0
5  optimal route: [0, 7, 8, 9, 6, 4, 2, 1, 3, 5, 10, 0]
```

7.2.2　TSP：Python 调用 Gurobi 实现 callback 添加消除子环路约束

我们已经在第 2 章对该模型做了详细介绍，这里直接给出完整模型。

$$\min \quad \sum_i \sum_j c_{ij} x_{ij} \tag{7.15}$$

$$\text{s.t.} \quad \sum_{i \in V} x_{ij} = 1, \qquad\qquad \forall j \in V, i \neq j \tag{7.16}$$

$$\sum_{j \in V} x_{ij} = 1, \qquad\qquad \forall i \in V, i \neq j \tag{7.17}$$

$$\sum_{i,j \in S} x_{ij} \leqslant |S| - 1, \qquad\qquad 2 \leqslant |S| \leqslant N - 1, S \subseteq V \tag{7.18}$$

$$x_{ij} \in \{0,1\}, \qquad\qquad \forall i,j \in V \qquad\qquad (7.19)$$

约束 (7.18) 可以起到消除子环路的作用。但是由于点集 V 的元素个数为 $2 \sim N-1$ 的子集非常多，有 $2^N - N - 1$ 个，呈指数增长。如果要在建模一开始就直接将 (7.18) 全部列举出来，是非常耗时的，也许列举该约束的时间都要比求解 TSP 本身的时间长。

为了解决这个问题，求解器（Gurobi 和 CPLEX）提供了一种特殊的添加约束的方法，叫作惰性约束（lazy constraints），这种约束可以通过 callback 实现。惰性约束就是不在一开始构建模型时就将约束加入，而是先加入一部分约束之后就尝试求解模型并获得求解的结果，根据结果判断其是否违背了惰性约束，如果违背了，则将该条约束以 lazy 的方式添加到模型中。再次尝试求解，直到求解的结果不违背任意一条惰性约束为止。容易得知，惰性约束是在算法迭代的过程中，动态地在分支定界算法的分支节点处加入的为了剔除不可行解的约束（消除子环路就是一种剔除不可行解的方式）。

callback 的功能非常强大，我们可以通过 callback 函数控制求解器的求解进程。即首先识别分支定界树中节点的解是否满足特定的条件，如果满足，我们就可以创建相应的约束，这些约束可以通过惰性约束的形式构建并被添加到当前正在求解的模型中。只要我们将实现惰性约束的 callback 函数的函数名作为参数传给模型求解函数 optimize()，Gurobi 就可以自动识别 callback，并调用 callback 函数，然后按照用户的要求在求解过程中动态识别违反约束的情况，并将被违反的约束以 lazy 的形式动态添加到正在求解的模型中。这种方法在分支切割算法、benders 分解及行生成算法（row generation）中用得比较多，想要进阶的读者一般都需要掌握该部分内容。

使用 callback 的步骤（仅针对本问题，其他问题中 callback 的使用方法与该问题类似）

- **第一步**：利用 Gurobi 构建数学模型，只加入前两组约束 (7.16) 和 (7.17)；

- **第二步**：构建一个用来识别当前解中的子环路，并且根据该子环路构建相应的消除子环路的约束表达式的函数 `subtourelim(model,where)`（注意，这个函数的参数 `model`，`where` 是求解器规定好的）。这个函数用于拿到整数规划分支定界迭代过程中当前节点的解的信息，并根据当前节点的解，识别该解中是否存在子环路，如过存在则将消除子环路的约束返回给正在求解的模型，并将其添加到当前模型中；如果不存在子环路，则不进行任何干扰当前模型求解的操作；

- **第三步**：设置当前模型参数 `model.Params.lazyConstraints` 的值为 1，即使用 lazyConstraints。之后，就可以将添加 lazyConstraints 的 callback 函数作为参数，启动算法，求解模型，即 `model.optimize(subtourelim)`。这里，求解器要求必须要将 callback 函数 `subtourelim(model,where)` 作为参数传给 `optimize()` 函数。

具体代码如下。

lazyConstraints.py

```
1  model._vars = X           # 设置model的外部变量为TSP的决策变量字典X
2  model.Params.lazyConstraints = 1        # 设置使用lazyConstraints
3  model.optimize(subtourelim)             # use callback function when executing
       # branch and bound algorithm
```

接下来给出 Python 调用 Gurobi 实现 callback 添加惰性约束的方式求解 TSP 的完整代码。

首先，我们定义以下四个函数，来完成子环路的识别和 callback 添加 lazy Constraints 的实现。

- subtourelim(model, where)：callback 函数，用于为 model 对象动态添加 subtour-elimination 约束；

- computeDegree(graph)：给定一个 graph（二维数组形式，即给定一个邻接矩阵），计算出每个节点的 degree（degree= 每个节点被进入次数 + 被离开的次数）；

- findEdges(graph)：给定一个 graph（二维数组形式，即给定一个邻接矩阵），找到该图中所有的边，例如 $[(1,2),(2,4),(2,5)]$；

- subtour(graph)：给定一个 graph（二维数组形式，即给定一个邻接矩阵），找到该图中包含节点数目最少的子环路，例如 $[2,3,5]$。

以上函数的完整代码如下。其中，函数 subtourelim(model,where) 中调用了函数 computeDegree(graph)、findEdges(graph) 和 subtour(graph)。

TSP Callback lazyConstraints.py

```
1  # Callback - use lazy constraints to eliminate sub-tours
2
3  def subtourelim(model, where):
4      if (where == GRB.Callback.MIPSOL):
5          # make a list of edges selected in the solution
6          print('model._vars', model._vars)
7          #          vals = model.cbGetSolution(model._vars)
8          x_value = np.zeros([nodeNum + 1, nodeNum + 1])
9          for m in model.getVars():
10             if (m.varName.startswith('x')):
11                 #                    print(var[i].varName)
12                 #                    print(var[i].varName.split('_'))
13                 a = (int)(m.varName.split('_')[1])
```

```
14          b = (int)(m.varName.split('_')[2])
15          x_value[a][b] = model.cbGetSolution(m)
16      print("solution = ", x_value)
17      # find the shortest cycle in the selected edge list
18      tour = subtour(x_value)
19      print('tour = ', tour)
20      if (len(tour) < nodeNum + 1):
21          # add subtour elimination constraint for every pair of cities in
            # tour
22          print("---add sub tour elimination constraint--")
23          for i, j in itertools.combinations(tour, 2):
24              print(i, j)
25
26          model.cbLazy(quicksum(model._vars[i, j]
27                                for i, j in itertools.permutations(tour,
            2))
28                      <= len(tour) - 1)
29          LinExpr = quicksum(model._vars[i, j]
30                             for i, j in itertools.permutations(tour, 2))
31          print('LinExpr = ', LinExpr)
32          print('RHS = ', len(tour) - 1)
33
34      # compute the degree of each node in given graph
35
36  def computeDegree(graph):
37      degree = np.zeros(len(graph))
38      for i in range(len(graph)):
39          for j in range(len(graph)):
40              if (graph[i][j] > 0.5):
41                  degree[i] = degree[i] + 1
42                  degree[j] = degree[j] + 1
43      print('degree', degree)
44      return degree
45
46  # given a graph, get the edges of this graph
47  def findEdges(graph):
48      edges = []
49      for i in range(1, len(graph)):
50          for j in range(1, len(graph)):
51              if (graph[i][j] > 0.5):
52                  edges.append((i, j))
53
```

```python
54      return edges
55
56  # Given a tuplelist of edges, find the shortest subtour
57  def subtour(graph):
58      # compute degree of each node
59      degree = computeDegree(graph)
60      unvisited = []
61      for i in range(1, len(degree)):
62          if (degree[i] >= 2):
63              unvisited.append(i)
64      cycle = range(0, nodeNum + 1)   # initial length has 1 more city
65
66      edges = findEdges(graph)
67      edges = tuplelist(edges)
68      print(edges)
69      while unvisited:   # true if list is non-empty
70          thiscycle = []
71          neighbors = unvisited
72          while neighbors:   # true if neighbors is non-empty
73              current = neighbors[0]
74              thiscycle.append(current)
75              unvisited.remove(current)
76              neighbors = [j for i, j in edges.select(current, '*') if j in
    unvisited]
77              neighbors2 = [i for i, j in edges.select('*', current) if i in
    unvisited]
78              if (neighbors2):
79                  neighbors.extend(neighbors2)
80
81          isLink = ((thiscycle[0], thiscycle[-1]) in edges) or ((thiscycle
    [-1], thiscycle[0]) in edges)    # 注意这里需要考虑[(1,2),(2,1)]这两种
    # 情况
82          if (len(cycle) > len(thiscycle) and len(thiscycle) >= 3 and isLink):
83              cycle = thiscycle
84              return cycle
85      return cycle
```

完成上述准备之后，我们调用上述函数，读取数据并建模求解。完整代码如下：

Solve TSP using callback .py

```python
1  # Solve TSP using callback
2  nodeNum = 10
3  path = 'c101.txt'
```

```
 4  cost = readData(path, nodeNum)
 5  printData(cost)
 6
 7  model = Model('TSP')
 8
 9  # creat decision variables
10  X = {}
11  mu = {}
12  for i in range(nodeNum + 1):
13      mu[i] = model.addVar(lb=0.0
14                          , ub=100   # GRB.INFINITY
15                          # , obj = distance_initial
16                          , vtype=GRB.CONTINUOUS
17                          , name="mu_" + str(i)
18                          )
19
20      for j in range(nodeNum + 1):
21          if (i != j):
22              X[i, j] = model.addVar(vtype=GRB.BINARY
23                                  , name='x_' + str(i) + '_' + str(j)
24                                  )
25  # set objective function
26  obj = LinExpr(0)
27  for key in X.keys():
28      i = key[0]
29      j = key[1]
30      if (i < nodeNum and j < nodeNum):
31          obj.addTerms(cost[key[0]][key[1]], X[key])
32      elif (i == nodeNum):
33          obj.addTerms(cost[0][key[1]], X[key])
34      elif (j == nodeNum):
35          obj.addTerms(cost[key[0]][0], X[key])
36
37  model.setObjective(obj, GRB.MINIMIZE)
38
39  # add constraints 1
40  for j in range(1, nodeNum + 1):
41      lhs = LinExpr(0)
42      for i in range(0, nodeNum):
43          if (i != j):
44              lhs.addTerms(1, X[i, j])
45      model.addConstr(lhs == 1, name='in_visit_' + str(j))
```

```
46
47 # add constraints 2
48 for i in range(0, nodeNum):
49     lhs = LinExpr(0)
50     for j in range(1, nodeNum + 1):
51         if (i != j):
52             lhs.addTerms(1, X[i, j])
53     model.addConstr(lhs == 1, name='out_visit_' + str(i))
54
55 # add constraints 3
56 for i in range(0,nodeNum):
57     for j in range(i+1,nodeNum):
58         lhs = LinExpr(0)
59         lhs.addTerms(1, X[i,j])
60         lhs.addTerms(1, X[j,i])
61         model.addConstr(lhs <= 1 ,name='avoid_length2_cycle_' + str(i) + '_'
           + str(j))
62
63 # set lazy constraints
64 model._vars = X
65 model.Params.lazyConstraints = 1
66 model.optimize(subtourelim)
67 # subProblem.optimize()
68 x_value = getValue(X, nodeNum)
69 route = getRoute(x_value)
70 print('optimal route:', route)
71 reportMIP(model,route)
72
73 # record the Running time
74 end_time = time.time()
75
76 print('Running time:', round(end_time - start_time, 4), ' seconds')
```

下面用算例 C101 的前 20 个点作为测试算例，求解结果如下：

Solve TSP using callback .py

```
1 optimal route: [0, 7, 8, 9, 6, 4, 2, 1, 3, 5, 10, 0]
2 Best MIP Solution:   48.0
3
4 Running time: 0.0857   seconds
```

观察 MTZ 建模和 callback 添加惰性这两种方法，后者的运行速度有非常显著的提高。读者可以自行改变算例大小进行测试。

PART THREE

运筹优化常用算法及实战

在介绍具体的算法之前，我们首先对本书涉及的算法做一个整体介绍，方便读者厘清各个算法之间的联系。

本书所介绍的算法主要是针对（线性或双线性）混合整数规划问题的精确算法，以最基本的线性规划单纯形算法引入，让初学读者有最基本的感官认知，然后用最短路的经典算法——Dijkstra 算法开启运筹优化算法大门。分支定界算法作为求解混合整数规划的基石算法，我们首先对其进行讲解；割平面算法能够有效提升分支定界的效率，将各种有效不等式构建割平面的算法融合到分支定界算法中，就构成了分支切割算法。这之后我们引入了拉格朗日松弛算法，该算法在运筹学、自动化、计算机等各领域被广泛应用，其原理和实现都比较简单，在运筹优化领域，该算法常常用来提供更好的上界或者下界。然后是能够有效应对较大规模问题的列生成算法，该算法用于求解具有特殊结构的可分解的问题。这之后我们考虑到列生成算法的子问题通常需要设计高效算法求解，所以我们介绍了常用的动态规划算法，作为列生成算法的补充。接下来就是运筹优化算法的进阶算法，包括分支定价算法、Dantzig-Wolfe 分解算法和 Benders 分解算法。这 3 种高阶算法可以应对较为复杂的问题，它们的思路都是将复杂模型拆分为几个简单模型进行迭代求解，这些方法往往可以有效提升问题的求解效率。特别地，Benders 分解算法在两阶段鲁棒优化领域也有不俗表现。

由于本书主要面向初学者和具备一定基础的从业者，加之篇幅有限，所以一些更加复杂的算法并没有涉及。实际上，在本书涉及的这些算法之外还有更加复杂的算法，比如近几年应用比较广的分支定价与切割算法。该算法能够求解更大规模的混合整数规划问题，但本质上还是上述几种算法的综合，只要掌握了分支定价算法和分支切割算法，通过组合，就可以比较顺利地掌握分支定价与切割算法。总之，虽然还有很多本书没有涉及的更加复杂的运筹优化算法，但是在读懂本书之后，想要进行更加深入地学习，是比较容易上手的。

此外，在实际科研和学习中，很多问题都可以用（元）启发式算法（如邻域搜索（Neighborhood Search，NS）、变邻域搜索 (Variable Neighborhood Search，VNS)、大规模自适应邻域搜索（Adaptive Large Neighbor Search，ALNS）、遗传算法（Genetic Algorithm，GA）、禁忌搜索（Tabu Search，TS）、模拟退火（Simulated Annealing，SA）等）快速求解，但本书主要介绍精确算法，所以不涉及这些启发式算法，感兴趣的读者可参考相应的书籍（例如 Burke et al., 2005）。本书涉及算法的整体框架如下图所示。

这些算法之间的联系如下。

（1）单纯形算法是分支定界算法和列生成算法的基础。

（2）分支定界算法 + 割平面算法 → 分支切割算法。

（3）分支定界算法 + 列生成算法 → 分支定价算法。

（4）DW 分解算法常常和列生成算法配合使用。

（5）Benders 分解算法属于行生成算法，也可用于处理随机、鲁棒相关问题。

（6）列生成算法 + 行生成算法 → 列与约束生成算法。

（7）分支定界算法 + 列生成算法 + 割平面算法 → 分支定价与切割算法。

（8）拉格朗日松弛算法常常用来为分支切割、分支定价算法提供较好的上界或者下界。

（9）Dijkstra 算法本质上属于动态规划算法，但是有其局限性。

（10）动态规划算法常常和分支定价算法结合使用，用以高效地求解子问题。

（11）（元）启发式算法用于求解规模较大的问题，可以与精确算法结合使用（比如在精确算法迭代的过程中，快速找到可行解，从而更新上界或者下界，加快算法收敛），也可以单独使用，某些启发式算法还常常用于快速生成初始解（例如 Solomon I1、I2 等）。

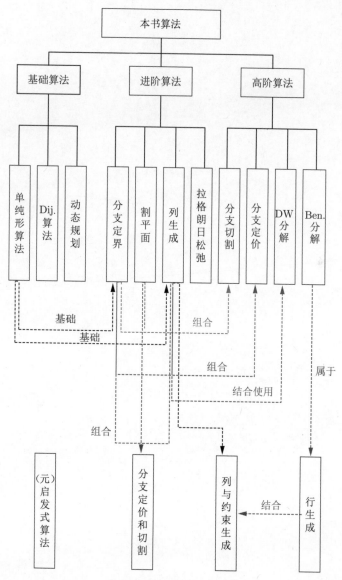

本书涉及算法的整体框架

注：Dij. 算法：Dijkstra 算法；DW 分解：Dantzig-Wolfe 分解；Ben. 分解：Benders 分解

如前所述，本书对分支定价与切割算法、列与约束生成算法及启发式算法不做介绍，感兴趣的读者请阅读相关资料自行学习。

第8章 单纯形法

在本章，主要讲述运筹学中常用的算法，包括单纯形法、Dijkstra 算法、分支定界算法、分支切割算法、列生成算法、动态规划算法、分支定价算法、Dantzig-Wolfe 分解算法、Benders 分解算法和拉格朗日松弛算法。

为顺利理解本章内容，需要读者对本科的运筹学课程中线性规划部分有基本的了解。我们先从最基本的单纯形法（Simplex Algorithm）开始。后续章节，例如 Dantzig-Wolfe 分解部分，也用到了这一章的内容。

我们不会像本科运筹学教材那样，从零基础开始讲解单纯形法。假设读者已对单纯形法有了一定的了解，基于此，这里以一个具体的小例子，先来完整地展示一遍单纯形法的迭代过程，然后给出基本的单纯形法的算法伪代码。最后给出了 Python 版本的代码实现。

我们考虑一个目标函数为最大化的线性规划问题，如下：

$$\max \quad \boldsymbol{c}^{\mathrm{T}}\boldsymbol{x} \qquad\qquad \text{(LP)}$$
$$\text{s.t.} \quad \boldsymbol{A}\boldsymbol{x} \leqslant \boldsymbol{b}$$
$$\boldsymbol{x} \geqslant \boldsymbol{0}$$

其中，目标函数系数 $\boldsymbol{c}$、右端常数项（Right Hand Side）$\boldsymbol{b}$ 都是列向量，并且 $\boldsymbol{c} \in \mathbb{R}^{m \times 1}$，$\boldsymbol{x} \in \mathbb{R}^{m \times 1}$，$\boldsymbol{A} \in \mathbb{R}^{m \times n}$，$\boldsymbol{b} \in \mathbb{R}^{m \times 1}$，$m$ 是约束的个数，n 是变量的个数，并且 $m \leqslant n$。本章不考虑退化的情况，我们聚焦于单纯形法的基本步骤。

8.1 线性规划问题的标准形式

在算法迭代之前，首先需要将模型 (LP) 加入松弛变量（Slack Variable）或者剩余变量（Surplus Variable）变成标准形式。所谓标准形式，即满足如下形式：

（1）目标函数为 max 或者 min；

（2）约束条件全部为等于约束；

（3）决策变量取值均为非负；

（4）右端常数均为非负值。

例如，如果约束为

$$x_1 + x_2 \leqslant 4$$

那我们可以加入一个松弛变量 $x_3 \geqslant 0$，将该约束变成

$$x_1 + x_2 + x_3 = 4$$

我们用 x_s 表示松弛变量，则模型 (LP) 就可以写成下面的标准形式：

$$\max \quad \boldsymbol{c}^{\mathrm{T}}\boldsymbol{x} \qquad\qquad \text{(Standard Form)}$$
$$\text{s.t.} \quad \boldsymbol{Ax} + \boldsymbol{I}\boldsymbol{x}_s = \boldsymbol{b}$$
$$\boldsymbol{x}, \boldsymbol{x}_s \geqslant \boldsymbol{0}$$

这个标准形式中，$\boldsymbol{x}_s$ 就可以作为单纯形法的初始可行基，进行算法迭代。

但是很多模型中会有大于或等于约束，例如下面的约束：

$$x_1 + x_2 \geqslant 4$$

这种情况下，我们可以加入一个剩余变量 $x_4 \geqslant 0$，将该约束变成

$$x_1 + x_2 - x_4 = 4$$

还有一些模型中会出现有些变量无约束的情况。如果一个变量 x 是无约束的，也是可以变为标准形式的。方法是引入两个非负变量 $x', x'' \geqslant 0$，并令 $x = x' - x''$，就可以成功用 x' 和 x'' 将变量 x 完美替换，将原问题转化成标准形式。

对于上面这两种情况，加入剩余变量或者两个辅助变量以后，初始可行基就不易直接观察得出。此时，我们就可以采用加入人工变量的方法将其变成标准形式。比如下面的例子：

$$
\begin{aligned}
\max \quad & z = x_1 + 2x_2 + 3x_3 \\
\text{s.t.} \quad & x_1 + x_2 + x_3 \leqslant 8 \\
& x_1 - x_2 + x_3 \geqslant 1 \\
& 2x_1 + x_2 + 2x_3 = 6 \\
& x_1, \quad x_2 \qquad\quad \geqslant 0 \\
& x_3 \text{ free}
\end{aligned}
$$

我们为第 1 个约束加入松弛变量，为第 2 个约束加入剩余变量，并且引入 2 个非负变量，处理 x_3 无约束的情况。进行上述操作以后，模型变为

$$
\begin{aligned}
\max \quad & z = x_1 + 2x_2 + 3x_4 - 3x_5 + 0x_6 + 0x_7 \\
\text{s.t.} \quad & x_1 + x_2 + x_4 - x_5 + x_6 = 8 \\
& x_1 - x_2 + x_4 - x_5 - x_7 = 1 \\
& 2x_1 - x_2 + 2x_4 - 2x_5 = 6 \\
& x_1, \quad x_2, \quad x_4, \quad x_5, \quad x_6, \quad x_7 \geqslant 0
\end{aligned}
$$

但是上述标准形式就没有很明显的初始可行基。为了构造初始可行基，我们可以为每个约束都人为添加 1 个人工变量，也就是

$$\max \quad z = x_1+2x_2+3x_4-3x_5+0x_6+0x_7-Mx_8-Mx_9-Mx_{10}$$

$$\begin{aligned}
\text{s.t.} \quad & x_1+ x_2+ x_4- x_5+ x_6 \quad\quad\quad + x_8 \quad\quad\quad\quad\quad =8 \\
& x_1- x_2+ x_4- x_5 \quad\quad - x_7 \quad\quad\quad + x_9 \quad\quad =1 \\
& 2x_1- x_2+2x_4-2x_5 \quad\quad\quad\quad\quad\quad\quad\quad + x_{10} =6 \\
& x_1, \quad x_2, \quad x_4, \quad x_5, \quad x_6, \quad x_7, \quad x_8, \quad x_9, \quad x_{10} \geqslant 0
\end{aligned}$$

其中，x_8, x_9, x_{10} 都是人工变量，并且它们在目标函数中的系数都是 $-M$，这是因为我们不希望让这些变量取值为非零。人工变量的加入，使得我们可以很容易就找到模型的初始可行基，可以继续单纯形法迭代。另外，人工变量还可以作为判断模型是否可行的依据。如果在单纯形法迭代完成（max 问题），也就是所有变量的检验数都非正时，基变量中仍然存在非零的人工变量，则该模型无可行解。

写出模型的标准形式以后，我们就可以开始单纯形法的迭代了。由于本书力求简要介绍原理，所以对于单纯形法的详细理论论证不做过多阐述，而是直接给出单纯形法的算法框图，并以一个小例子展示算法迭代的过程，然后给出算法伪代码和 Python 实现。

8.2　单纯形法流程图及详细案例

对于目标函数为最大化的 max 问题，单纯形法的算法框图如图 8.1 所示（见文献《运筹学》教材编写组，2012）。

值得注意的是，用 θ 表示单纯形算法某一步迭代中最小比值原则中的最小比值，则根据最小比值原则选择出基变量 x_l，并选择检验数为负（$\sigma_j < 0$，针对 min 问题）的 x_j 为入基变量（对于 max 问题，选择 $\sigma_j > 0$ 的变量 x_j 为入基变量），在执行出基和入基操作之后，目标函数的改进量为（详细论证见文献胡运权，郭耀煌，2012）

$$\Delta z = \theta(c_j - \boldsymbol{c}_B^{\mathrm{T}}\boldsymbol{B}^{-1}\boldsymbol{N}_j) = \theta\sigma_j \tag{8.1}$$

由上式可知，当 $\sigma_j > 0$ 时，执行入基操作，可以使目标函数增大；当 $\sigma_j < 0$ 时，执行入基操作，可以使目标函数减小。这也是为什么选择符合相应条件的变量（min 问题选检验数为负的变量，max 问题选检验数为正的变量）作为入基变量，以及将检验数作为判断是否达到最优解的标准的理论依据。这一点在之后的例子中也得到了验证。

根据上述算法框图，下面以一个小例子，用单纯形表的方法，完整地进行一遍迭代操作。考虑下面的模型：

$$\max \quad z =2x_1+4x_2+3x_3$$

$$\text{s.t.} \quad x_1+3x_2+2x_3 \leqslant 80$$

$$3x_1+4x_2+2x_3 \leqslant 60$$
$$2x_1+ x_2+2x_3 \leqslant 40$$
$$x_1, \quad x_2, \quad x_3 \geqslant 0$$

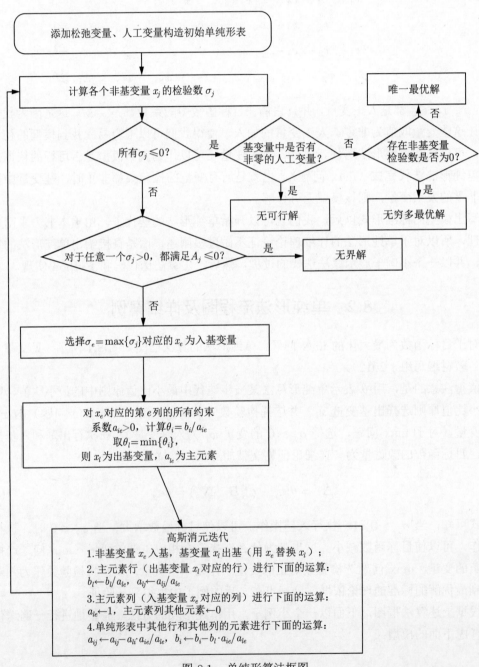

图 8.1　单纯形算法框图

上述问题对应的对偶问题为

$$\min \quad W = 80y_1 + 60y_2 + 40y_3$$
$$\text{s.t.} \quad y_1 + 3y_2 + 2y_3 \geqslant 2$$
$$3y_1 + 4y_2 + y_3 \geqslant 4$$
$$2y_1 + 2y_2 + 2y_3 \geqslant 3$$
$$y_1, \quad y_2, \quad y_3 \geqslant 0$$

加入松弛变量，将其变成如下标准形式：

$$\max \quad z = 2x_1 + 4x_2 + 3x_3 + 0x_4 + 0x_5 + 0x_6$$
$$\text{s.t.} \quad x_1 + 3x_2 + 2x_3 + x_4 = 80$$
$$3x_1 + 4x_2 + 2x_3 + x_5 = 60$$
$$2x_1 + x_2 + 2x_3 + x_6 = 40$$
$$x_1, \quad x_2, \quad x_3, \quad x_4, \quad x_5, \quad x_6 \geqslant 0$$

接下来可以用单纯形表的方法来进行算法迭代。关于单纯形表的形式，这里需要强调一下，国内一些教材中的单纯形表的形式和国外教材的有一些区别。例如按照运筹学编写组的《运筹学》教材中的方法，本算例的初始单纯形表就是如表 8.1 所示的形式。

表 8.1　初始单纯形表：形式 1

	c_j		2	4	3	0	0	0	θ_i
c_B	x_B	b	x_1	x_2	x_3	x_4	x_5	x_6	
0	x_4	80	1	3	2	1	0	0	$\frac{80}{3}$
0	x_5	60	3	4	2	0	1	0	15
0	x_6	40	2	1	2	0	0	1	40
	$c_j - z_j$		2	4	3	0	0	0	

其中几点说明如下。

（1）最后一行 $c_j - z_j = c_j - \sum_{i=1}^{m} c_i a_{ij} = c_j - \boldsymbol{c}_B^{\mathrm{T}}(\boldsymbol{B}^{-1}\boldsymbol{A}_j) = \sigma_j$，表示所有变量对应的列的检验数。

（2）最后一行中，松弛变量 x_4, x_5, x_6 的检验数的相反数，就是该次迭代对应的对偶问题的解；在原问题未达到最优解时，单纯形表中对应的对偶问题的解是非可行解，在最优单纯形表中，如果原问题可行，那么对偶问题的解就是可行的，同时该解也是对偶问题的最优解。

（3）最后一列是最小比值准则（minimum ratio test）的部分。

上面的形式非常直观，但是还有另外一种形式。我们先来看一下上述标准形式的目

标函数

$$z = 2x_1 + 4x_2 + 3x_3$$

该式可以变成

$$z - 2x_1 - 4x_2 - 3x_3 = 0 \qquad (8.2)$$

我们将 (8.2) 与模型的 3 个约束放在一起，组成如下 4 个方程：

$$z - 2x_1 - 4x_2 - 3x_3 - 0x_4 - 0x_5 - 0x_6 = 0 \qquad \text{(Row 0)}$$

$$x_1 + 3x_2 + 2x_3 + x_4 \qquad\qquad = 80 \qquad \text{(Row 1)}$$

$$3x_1 + 4x_2 + 2x_3 \qquad + x_5 \qquad = 60 \qquad \text{(Row 2)}$$

$$2x_1 + x_2 + 2x_3 \qquad\qquad + x_6 = 40 \qquad \text{(Row 3)}$$

很多英文教材中会把这 4 个方程分别称为 Row 0、Row 1 等。其中 Row 0 对应目标函数行，其余行代表约束。我们将这个方程组变成表格的形式，再将基变量放在第 1 列，就可以写出另外一种形式的单纯形表，如表 8.2 所示。

表 8.2　初始单纯形表：形式 2

Iteration	Basic	Eq.	Coefficient of							RHS	θ_i
			z	x_1	x_2	x_3	x_4	x_5	x_6		
0	z	(0)	1	-2	-4	-3	0	0	0	0	
	x_4	(1)	0	1	3	2	1	0	0	80	$\frac{80}{3}$
	x_5	(2)	0	3	4	2	0	1	0	60	15
	x_6	(3)	0	2	1	2	0	0	1	40	40

其中几点说明如下。

（1）Row 0 行中，变量对应的系数的相反数就是该变量的检验数。例如表 8.2 的 Row 0 中，x_1 的系数为 -2，则 x_1 的检验数为 2。

（2）Row 0 行中，松弛变量对应的系数的值就是对偶变量的取值。例如表 8.2 的 Row 0 中，x_4 的系数为 0，则当前主问题第一个约束对应的对偶变量 y_1 的取值为 0；同理，y_2, y_3 取值也为 0；此时，对偶问题不可行（因为 $y_1 + 3y_2 + 2y_3 = 0 < 2$），但是原问题可行（$x_1 = x_2 = x_3 = 0, x_4 = 80, x_5 = 60, x_6 = 40$）。通过单纯形法迭代，最终会得到原问题和对偶问题都可行，此时原问题和对偶问题同时取到最优解。

（3）Row 0 行的 RHS 列的数字，就是当前的目标函数 z 的值。

（4）同样地，最后一列是最小比值准则（minimum ratio test）的部分。

我们用第二种形式的单纯形表，将算法完整地迭代一遍。下面直接给出完整步骤，具体细节不再赘述，详细迭代过程如表 8.2～表 8.5 所示。

表 8.3 初始单纯形表

Iteration	Basic	Eq.	Coefficient of							RHS	θ_i
			z	x_1	x_2	x_3	x_4	x_5	x_6		
0	z	(0)	1	-2	-4	-3	0	0	0	0	
	x_4	(1)	0	1	3	2	1	0	0	80	$\frac{80}{3}$
	x_5	(2)	0	3	4	2	0	1	0	60	15
	x_6	(3)	0	2	1	2	0	0	1	40	40

表 8.4 第 1 步迭代

Iteration	Basic	Eq.	Coefficient of							RHS	θ_i
			z	x_1	x_2	x_3	x_4	x_5	x_6		
1	z	(0)	1	1	0	-1	0	1	0	60	
	x_4	(1)	0	-1.25	0	0.5	1	-0.75	0	35	70
	x_2	(2)	0	0.75	1	0.5	0	0.25	0	15	30
	x_6	(3)	0	1.25	0	1.5	0	-0.25	1	25	16.67

经过第 1 步迭代，发现目标函数从 0 增加到 60，变化量正好与之前介绍的结论一致。即 $\Delta z = \theta \sigma_2 = 15 \times 4 = 60$。

表 8.5 第 2 步迭代

Iteration	Basic	Eq.	Coefficient of							RHS	θ_i
			z	x_1	x_2	x_3	x_4	x_5	x_6		
2	z	(0)	1	1.83	0	0	0	0.83	0.67	76.67	
	x_4	(1)	0	-1.67	0	0	1	-0.67	-0.33	26.67	—
	x_2	(2)	0	0.33	1	0	0	0.33	-0.33	6.67	—
	x_3	(3)	0	0.83	0	1	0	-0.17	0.67	16.67	—

迭代之后，目标函数的改进量为 $\Delta z = 76.67 - 60 = 16.67 = \theta \sigma_2 = 16.67 \times 1$。又一次验证了之前介绍的结论。

经过 2 步迭代，Row 0 中所有非基变量的系数均大于 0，说明所有非基变量的检验数均为负数。此时达到了算法停止条件，我们得到了最优解 $z^* = 76.67, x_1 = 0, x_2 = 6.67, x_3 = 16.67$。

从上述迭代中看到，每步迭代中，原问题都是可行的。我们来查看每步迭代相应的对偶问题的情况。

在第 1 步迭代中，$y_1 = y_3 = 0, y_2 = 1$，对偶问题约束 1 和约束 2 成立，但是约束 3 不满足（$2y_1 + 2y_2 + 2y_3 = 0 + 2 + 0 = 2 < 3$），因此对偶问题不可行。

在第 2 步迭代中，$y_1 = 0, y_2 = 0.83, y_3 = 0.67$，对偶问题约束 1：$y_1 + 3y_2 + 2y_3 = 0 + 2.49 + 1.34 = 3.83 > 2$，成立；约束 2：$3y_1 + 4y_2 + y_3 = 0 + 3.32 + 0.67 = 4$（数值精

度问题）；约束 3：$2y_1 + 2y_2 + 2y_3 = 0 + 1.66 + 1.34 = 3$，成立。因此对偶问题可行。此时原问题和对偶问题都可行，原问题和对偶问题均达到最优解。

下面是单纯形法的另一种理解。单纯形法是以一个原问题（Primal）的可行解作为起始（此时对偶问题不可行），逐步迭代，更新原问题的解，迭代过程中对偶问题的解也同时被不断地更新，一直到对偶问题也变得可行，算法终止。此时，原问题和对偶问题同时得到了最优解。

这种单纯形法被称为原始单纯形法（Primal Simplex）。相应地，还有一种对偶单纯形法（Dual Simplex），该方法以一个对偶问题的可行解开始（此时原问题不可行），逐步迭代，直到原问题也可行，算法终止。另外，还有一种衍生的算法，叫作原对偶法（Primal-Dual Algorithm），是根据互补松弛条件（Complementary Slackness Condition）设计的一种算法。原对偶法是从对偶可行解出发，在满足互补松弛条件的前提下，使得原问题变量的取值不断向可行解的方向更新。

定理 8.2.1 互补松弛条件（**Complementary Slackness Condition**）如果有线性规划 $\max\{c^{\mathrm{T}}x | Ax \geqslant b, x \geqslant 0\}$，$y$ 是其对应的对偶问题的决策变量，则有以下结论。

（1）原始互补松弛条件：如果 $x_j > 0$，则 $[A^{\mathrm{T}}y]_j = c_j$；

（2）对偶互补松弛条件：如果 $y_i > 0$，则 $[Ax]_i = b_i$。

根据互补松弛性定理（Complementary Slackness Property），在原问题和对偶问题均达到最优的时候，原问题决策变量和对偶问题对应的松弛变量的乘积为 0，原问题的松弛变量和对偶问题对应的决策变量的乘积也为 0。在原问题和对偶问题不都是最优解时，这个性质并不一定成立。

而 Primal-Dual 算法在迭代的过程中，以互补松弛条件为桥梁，不断地让原问题的取值向着可行解的方向更新，非常巧妙地利用了互补松弛定理。当然，也有一些基于 Primal-Dual 方法设计的近似算法，感兴趣的读者可以阅读相关文献进行深入学习。

8.3 大 M 法和两阶段法

除了最基本的单纯形法之外，还有很多拓展版本的单纯形法。包括大 M 法、两阶段法、对偶单纯形法、改进单纯形法等。我们在这里简要介绍大 M 法与两阶段法，至于其余方法，读者可以参阅其他运筹学书籍。

大 M 法其实和基本单纯形法一致。只是在一些原本就有等式约束的模型中，通过加入人工变量的方法构造初始可行基。但是这些人工变量是为了求解问题方便而额外添加的，我们并不希望这些变量影响到目标函数的取值。因此在 max 问题中，我们将这些人工变量的目标函数系数设置成 $-M$，其中 M 是一个很大的正数。这样，如果原问题要得到最优解，这些人工变量必须要从基变量中替换出。因为如果人工变量是基变量，目标函数就会得到一个很大的负项，一定不可能取到最优。将设置好目标系数后的模型，用 8.2 节中讲述的单纯形表进行迭代，就可以求解原模型。

而两阶段法是一种区别于大 M 法的方法，它也是用于求解加入了人工变量之后的线性规划问题的。下面考虑之前介绍过的模型：

$$\max \quad z = x_1+2x_2+3x_4-3x_5+0x_6+0x_7-Mx_8-Mx_9-Mx_{10}$$

$$
\begin{aligned}
\text{s.t.} \quad & x_1+ x_2+ x_4- x_5+ x_6 + x_8 =8 \\
& x_1- x_2+ x_4- x_5 - x_7 + x_9 =1 \\
& 2x_1- x_2+2x_4-2x_5 + x_{10} =6 \\
& x_1, \quad x_2, \quad x_4, \quad x_5, \quad x_6, \quad x_7, \quad x_8, \quad x_9, \quad x_{10} \geqslant 0
\end{aligned}
$$

其中，x_8, x_9, x_{10} 都是人工变量。两阶段法分为两个阶段。

第一个阶段：在原问题中添加人工变量，将其变成标准形式。然后构造一个新的线性规划问题。这个问题的约束就是标准形式中的所有约束，但是目标函数中仅包含所有人工变量，并且目标函数为最小化。对于上述模型，我们构造

$$\min \quad w = x_8+ x_9+x_{10}$$

$$
\begin{aligned}
\text{s.t.} \quad & x_1+x_2+ x_4- x_5+x_6 + x_8 =8 \\
& x_1- x_2+ x_4- x_5 - x_7 + x_9 =1 \\
& 2x_1- x_2+2x_4-2x_5 +x_{10} =6 \\
& x_1, \quad x_2, \quad x_4, \quad x_5, \quad x_6, \quad x_7, \quad x_8, \quad x_9, \quad x_{10} \geqslant 0
\end{aligned}
$$

用单纯形法求解上述问题，如果得到最优解为 $w = 0$，这说明原问题存在可行解，可以进行下一阶段的迭代；否则原问题不可行，无须进行接下来的计算。

第二个阶段：在第一个阶段迭代得到的最优单纯形表中，删除所有人工变量对应的列。将目标函数行对应的系数全部替换为原问题的目标函数系数，并且问题也改为 max 问题。也就是将目标函数更改为

$$\max \quad z = x_1 + 2x_2 + 3x_4 - 3x_5$$

将更换了目标函数，删除了人工变量之后的单纯形表作为第二阶段的初始单纯形表，重新进行单纯形算法迭代，最终得到最优解。即完成了两阶段法的所有步骤。对两阶段法，在之后的 Dantzig-Wolfe Decomposition 部分还会有所涉及。

8.4 单纯形法伪代码

下面给出单纯形算法的伪代码，方便读者进行代码实现，也方便理解后文提供的代码。

Algorithm 1 单纯形算法

1: 初始化：约束个数 m，变量个数 n, 约束系数矩阵 $\boldsymbol{A} \in \mathbb{R}^{m \times n}$, 成本列向量 $\boldsymbol{c} \in \mathbb{R}^n$, 变量列表 $\boldsymbol{x} \in \mathbb{R}^n$, $\epsilon = 0.001$

2: 添加松弛变量 $\boldsymbol{x}_s$，并将 $\boldsymbol{A}\boldsymbol{x} \leqslant \boldsymbol{b}$ 转化为标准形 $\boldsymbol{A}'\boldsymbol{x} = \boldsymbol{b}$

3: 设置初始基为 $B \leftarrow \{x_s\}$，其成本向量为 c_B

4: 设置非基变量 $NB \leftarrow \{x\}$，对应的成本向量和约束矩阵 c_N, A_N

5: 设置初始 $B^{-1} \leftarrow I$(I 表示单位矩阵)

6: solutionStatus $\leftarrow$ NULL

7: $x^* \leftarrow$ NULL

8: $z^* \leftarrow -\infty$

9: reducedCost $\leftarrow c_N - c_B^T B^{-1} A_N$

10: $\sigma^* \leftarrow \max\{\text{reducedCost}\}$

11: **while** $\sigma^* \geqslant \epsilon$ **do**

12:    **for** 对每个 j，若满足 reducedCost$_j > 0$ **do**

13:       **if** $A' \leqslant 0$ **then**

14:          solutionStatus $\leftarrow$ UNBOUNDED

15:          **return** z^*, x^*, solutionStatus

16:       **end if**

17:    **end for**

18:    选择入基变量

19:    入基变量 $x_e \leftarrow \max\{\text{reducedCost}\}$

20:    更新当前基变量和非基变量 $B \leftarrow B \cup \{x_e\}, NB \leftarrow NB \setminus \{x_e\}$

21:    选择出基变量：最小比值原则

22:    出基变量 $x_l \leftarrow \min\limits_i \left\{ \dfrac{b_i}{a_i^e} \right\}$

23:    更新当前基变量和非基变量 $B \leftarrow B \setminus \{x_l\}, NB \leftarrow NB \cup \{x_l\}$

24:    高斯消元

25:    用高斯消元法更新 A', b

26:    (最终使主元素为 1，主元所在列的其他系数变为 0)

27:    用 B, NB, A' 更新 c_N, c_B, A_N 和 B^{-1}

28:    reducedCost $\leftarrow c_N^T - c_B^T B^{-1} A_N$

29:    $\sigma^* \leftarrow \max\{\text{reducedCost}\}$

30: **end while**

31: 检查解的状态

32: **if** 在当前基 B 中存在非零人工变量 **then**

33:    solutionStatus $\leftarrow$ INFEASIBLE

34:    **return** z^*, x^*, solutionStatus

35: **else if** 非基变量中存在检验数为零的变量 **then**

36:    solutionStatus $\leftarrow$ 多个最优解

37: **end if**

38: solutionStatus $\leftarrow$ OPTIMAL

39: $x^* \leftarrow B^{-1}b$

40: $z^* \leftarrow c_B^T B^{-1}b$

41: **return** z^*, x^*, solutionStatus

8.5 Python 实现单纯形法

Python 实现单纯形法代码如下：

Simplex Algorithm

```
1   #!/usr/bin/env python
2   # coding: utf-8
3   '''
4   @ author :          Liu Xinglu
5   @ institute :       Tsinghua University
6   @ date :            2020 年 9 月 27 日
7   '''
8
9   # # Simplex Algorithm
10
11
12  # the maximization problem :
13  '''
14  max Z = 2 * x_1 + 3 * x_2
15          x_1 + 2 * x_2 <= 8
16      4 * x_1 < = 16
17              4 * x_2 <= 12
18      x_1, x_2 >= 0
19
20
21  '''
22
23  # add slack variables and tranform the problem into standard form
24  '''
25  max Z = 2 * x_1 + 3 * x_2
26          x_1 + 2 * x_2 + x_3      == 8
27      4 * x_1 + x_4 == 16
28              4 * x_2 + x_5 == 12
29      x_1, x_2, x_3, x_4, x_ >= 0
30
31  '''
32  import numpy as np
```

```python
33  import pandas as pd
34  import copy
35
36  Basic = [2, 3, 4]
37  Nonbasic = [0, 1]
38  c = np.array([2, 3, 0, 0, 0]).astype(float)
39  c_B = np.array([0, 0, 0]).astype(float)
40  c_N = np.array([2, 3]).astype(float)
41  A = np.array([[1, 2, 1, 0, 0]
42              , [4, 0, 0, 1, 0]
43              , [0, 4, 0, 0, 1]]).astype(float)
44  A_N = np.array([[1, 2]
45              , [4, 0]
46              , [0, 4]]).astype(float)
47  b = np.array([8, 16, 12]).astype(float)
48  B_inv = np.array([[1, 0, 0]
49          , [0, 1, 0]
50          , [0, 0, 1]]).astype(float)
51
52  x_opt = np.array([0, 0, 0, 0, 0]).astype(float)
53  z_opt = 0
54
55  solutionStatus = None
56
57  row_num = len(A)
58  column_num = len(A[0])
59
60  reducedCost = c_N - np.dot(np.dot(c_B, B_inv), A_N)
61  reducedCost
62
63  max_sigma = max(reducedCost)
64  # print(np.argmax(reducedCost))
65  eps = 0.001
66
67
68  iterNum = 1
69  while(max_sigma >= eps):
70      # indetify unbounded
71      '''
72      pass
73      '''
74      # Determine the entering basic variable
```

```
75    enter_var_index =  Nonbasic[np.argmax(reducedCost)]
76    print('enter_var_index:', enter_var_index)
77
78    # Determine the leaving basic variable : Minimum ratio test
79    min_ratio = 1000000
80    leave_var_index = 0
81    for i in range(row_num):
82        print('b:', b[i], '\t A:', A[i][enter_var_index], '\t ratio:', b[i]/
          A[i][enter_var_index])
83        if(A[i][enter_var_index] == 0):
84            # solutionStatus = 'Model is infeasible'
85            continue
86            # return solutionStatus
87        elif(b[i]/A[i][enter_var_index] < min_ratio and b[i]/A[i][enter_var_
          index] > 0):
88            min_ratio = b[i]/A[i][enter_var_index]
89            leave_var_index = i
90            # print(min_ratio)
91
92    # process entering basis and leaving basis
93    leave_var = Basic[leave_var_index]
94    Basic[leave_var_index] = enter_var_index
95    Nonbasic.remove(enter_var_index)
96    Nonbasic.append(leave_var)
97    Nonbasic.sort()
98
99    # Gaussian elimination
100   # update pivot row
101   pivot_number = A[leave_var_index][enter_var_index]
102   print('pivot_number : ', pivot_number)
103   for col in range(column_num):
104       A[leave_var_index][col] = A[leave_var_index][col]/pivot_number
105   b[leave_var_index] = b[leave_var_index] / pivot_number
106   # update other rows
107   for row in range(row_num):
108       if(row != leave_var_index):
109           factor = -A[row][enter_var_index] / 1.0
110           for col in range(column_num):
111               A[row][col] = A[row][col] + factor * A[leave_var_index][col]
112           b[row] = b[row] + factor * b[leave_var_index]
113
114   # update c_N, c_B, A_N and B_inv
```

```python
115    for i in range(len(Nonbasic)):
116        var_index = Nonbasic[i]
117        c_N[i] = c[var_index]
118    for i in range(len(Basic)):
119        var_index = Basic[i]
120        c_B[i] = c[var_index]
121    for i in range(row_num):
122        for j in range(len(Nonbasic)):
123            var_index = Nonbasic[j]
124            A_N[i][j] = A[i][var_index]
125    for i in range(len(Basic)):
126        col = Basic[i]
127        for row in range(row_num):
128            B_inv[row][i] = A[row][col]
129
130
131    # update reduced cost
132    reducedCost = c_N - np.dot(np.dot(c_B, B_inv), A_N)
133    max_sigma = max(reducedCost)
134    iterNum += 1
135
136
137 # check the solution status
138 for i in range(len(reducedCost)):
139     if(reducedCost[i] == 0):
140         solution_status = 'Alternative optimal solution'
141         break
142     else:
143         solution_status = 'Optimal'
144 # get the solution
145 x_basic = np.dot(B_inv, b)
146 x_opt = np.array([0.0] * column_num).astype(float)
147 for i in range(len(Basic)):
148     basic_var_index = Basic[i]
149     x_opt[basic_var_index] = x_basic[i]
150 z_opt = np.dot(np.dot(c_B, B_inv), b)
151
152 print('Simplex iteration:', iterNum)
153 print('objective:', z_opt)
154 print('optimal solution:', x_opt)
```

执行结果如下：

Results

```
1  Simplex iteration: 4
2  objective: 14.0
3  optimal solution: [4. 2. 0. 0. 4.]
```

第9章 Dijkstra算法

9.1 Dijkstra 算法求解最短路问题详解

在图论中，最短路问题（Shortest Path Problem，SPP）是一个非常重要而且基础的问题。该问题在诸多其他运筹学问题中经常涉及。前面的章节探讨了 SPP 的数学模型，但是求解是直接调用求解器进行求解的。其实这个问题并不是 NP-hard 问题。有一些非常好的算法可以在多项式时间内将其求解到最优解。本节将要介绍的 Dijkstra 算法就是其中一个非常著名的算法，该算法由荷兰计算机科学家 Edsger W. Dijkstra 于 1959 年提出（Dijkstra et al., 1959）。关于 Dijkstra 算法，网上也有很多高质量的资料可供参考 [1]~[3]。本章详细介绍该算法的原理、伪代码及代码实现。

我们仍然采取之前的例子，如图 9.1 所示，以点 1 为起点，点 7 为终点，最短路为 $1 \rightarrow 2 \rightarrow 4 \rightarrow 3 \rightarrow 6 \rightarrow 7$，总距离为 45。

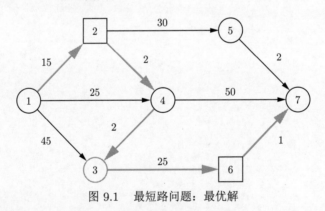

图 9.1   最短路问题：最优解

上述最短路径可以利用 Dijkstra 算法轻松得到，对于规模更大、网络结构更复杂的算例，Dijkstra 算法也可以快速找到最短路径。为了介绍简便，我们引入另一个更简单的网络详细地执行一遍 Dijkstra 算法。图 9.2 所示示例网络，我们定义该图为 G_0。

---

[1] https://www.codingame.com/playgrounds/1608/shortest-paths-with-dijkstras-algorithm/dijkstras-algorithm.

[2] https://brilliant.org/wiki/dijkstras-short-path-finder/.

[3] http://www.gitta.info/Accessibiliti/en/html/Dijkstra_learningObject1.html.

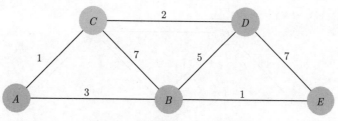

图 9.2　最短路问题: 示例网络

我们选定点 C 作为出发点。首先,我们用每一个点到点 C 的最小距离为该点进行标号。对于点 C,我们将初始化距离标号为 0,对于其余的点,我们暂且不知道它们距离点 C 的最短距离是多少,因此姑且用 ∞ 来标号。执行完这一步初始化以后,图 G_0 变为如图 9.3 所示的形式。

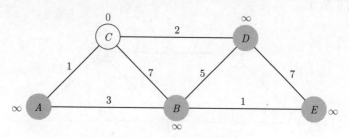

图 9.3　Dijkstra 算法: 初始化

为了记录当前位置,用 ◯ 来表示当前节点的位置。

然后以任意顺序对当前节点邻接节点依次进行探索。C 的邻接节点有 3 个,它们是 $\{A, B, D\}$,按照这个顺序来检查,首先从 A 开始,将当前节点 C 的最小距离(此时为 0)与当前节点与 A 点连接的边上的权重(为 1)相加,得到 $0 + 1 = 1$;然后将该值与 A 点当前的最小距离 ∞ 相比较,然后取 $\{1, \infty\}$ 内的最小值 1,并将点 A 的最小距离更新为 1,如图 9.4 所示。

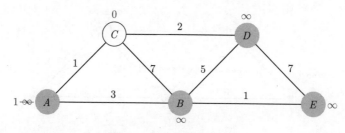

图 9.4　更新节点 A(1)

利用同样的方法更新点 B 的最小距离为 $\min\{0 + 7, \infty\} = 7$;更新点 D 的最小距离为 $\min\{0 + 2, \infty\} = 2$。至此,我们已经探索了点 C 的所有邻接节点。因此,将 C 标记为已探索,用 ✓ 表示,如图 9.5 所示。

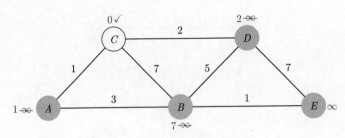

图 9.5 更新节点 B 和 D（2）

现在需要选择一个新的当前点。这个节点必须是所有未被探索的节点中最小距离最小的那个点。此时，未被探索的点集为 $\{A,B,D,E\}$，它们的最小距离的最小值为 $\min\{1,7,2,\infty\}=1$，因此选择点 A 为新的当前点。这里仍用 ○ 标识。对于已经被探索的节点，用 ● 来标记，如图 9.6 所示。

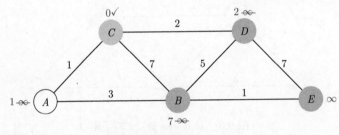

图 9.6 当前节点 A（1）

现在重复该算法。检查当前节点的邻居，而忽略已被探索的节点。这意味着只检查点 B。对于点 B，用该点的当前最短距离 1 加上 A,B 之间连线的权重，得到 $1+3=4$，然后与点 B 的当前最小距离做比较取最小值，得到 $\min\{1+3,7\}=4$，因此将点 B 的最短距离更新为 4。此时，点 A 已经没有其他邻接点，也就意味着已经完成了点 A 的探索，将点 A 标记为已探索，如图 9.7 所示。

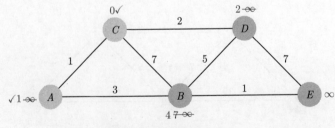

图 9.7 当前节点 A（2）

之后继续进行探索。我们在所有未被探索的点中，选择一个最小距离最小的点，作为新的当前点，未被探索的点集为 $\{B,D,E\}$，它们的最小距离的最小值为 $\min\{4,2,\infty\}=2$，因此选择点 D 为新的当前点，如图 9.8 所示。

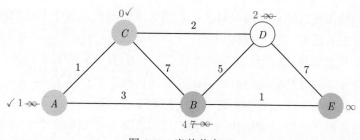

图 9.8 当前节点 D

重复执行算法，D 点的未被探索的邻接节点为 $\{B, E\}$，因此，依次检查 B 和 E。

对于 B，将当前点 D 的当前最短距离 2 加上 D 到 B 的权重，再与点 B 的当前最小距离做比较取最小值，得到 $\min\{2+5, 4\} = 4$。对点 E，做同样的操作，得到 $\min\{2+7, \infty\} = 9$。保持点 B 的最小距离为 4，然后更新点 E 的最小距离为 9。至此，点 D 的所有未探索的邻接节点都已经检查完毕。我们将点 D 标记为已探索。

然后又需要确定新的当前点。在未探索的所有节点中，选择最小距离最小的点 B 作为新的当前点，如图 9.9 所示。

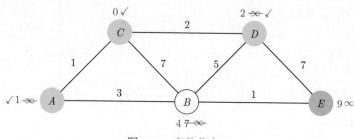

图 9.9 当前节点 B

这里，除了点 B 以外，剩余的未被探索的点只有 E，只需要检查点 E，还是执行同样的操作 $\min\{4+1, 9\} = 5$，因此将点 E 的最短距离更新为 5。然后点 B 的未被探索的邻接节点也已被检查完毕。标记点 B 为已探索，设置点 E 为新的当前节点，如图 9.10 所示。

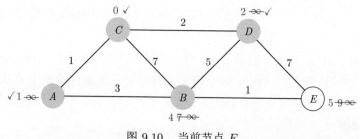

图 9.10 当前节点 E

点 E 没有任何未被探索的邻接点，因此不用做任何检查操作，直接将点 E 标记为已探索。

由于没有未被探索的节点，所以算法执行结束了。现在，每个节点的最小距离实际上表示该节点到出发节点 C 之间的最小距离。

从而得到了从起始点 C 到达所有其他节点 $\{A,B,D,E\}$ 的最小距离。但是我们没办法提取相应的路径。也就是根据当前的图，并不能提取出最短路 $C \to A \to B \to E$，因为只知道每个节点的最小距离，却不知道它们之前的节点是谁。

这个问题也是很久之前就被解决的，我们可以在算法中增加一个小细节，在每个节点更新最短距离时，同时更新它的前一个节点。这样，就可以从任意点开始回溯，得到到达该点的相应的最短路。

例如，我们由图 9.11 就可以通过存储当前节点的前一个节点的信息，得到如图 9.12 所示的图。

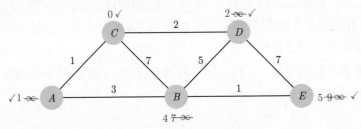

图 9.11　算法迭代完成

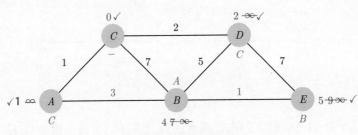

图 9.12　存储前序节点

图 9.12 中，以点 E 为例，向后回溯，点 E 的前一个点是 B，点 B 的前一个点是点 A，点 A 的前一个点是 C，C 点是我们选择的起点。因此得到最短路径 $C \to A \to B \to E$，相应的最短距离为点 E 的标签信息里面存储的最短距离 5。

该算法还有一些其他版本的解释。一般也把上述算法用 T（temporarily）标号和 P（permanent）标号来表示（临时标号和永久标号）。未被探索的节点的最短距离等信息对应 T 标号，已探索的节点的信息对应 P 标号。当图中所有节点的标号都被修改成 P 标号时，算法结束。

9.2　Dijkstra 算法步骤及伪代码

下面给出 Dijkstra 算法的详细描述。

（1）选择一个起始点，将该点作为当前点并将其最短距离标记为 0，将其余所有点的最短距离标记为 ∞，将所有节点的前一个节点标记为 null。

（2）选择所有未被探索的节点中最短距离最小的节点作为新的当前点 C。

（3）对当前节点 C 的所有邻居 $i \in N$ 进行下面的操作：将当前节点 C 的最小距离加上 C 与邻居 i 之间的边的权重。如果两者的和小于当前邻居 i 的最小距离，则修改邻居 i 的最短距离为之前两者的和，并更新该邻居 i 的前一个节点为当前节点 C。

（4）将当前节点 C 标记为已探索。

（5）如果图中还存在未被访问的节点，则转向步骤 2。否则算法结束。

其伪代码如下：

Algorithm 2 Dijkstra Algorithm

```
1:  function Dijkstra Algorithm(Graph, source s)
2:      for 点 v ∈ Graph do
3:          d_v ← ∞
4:          p_v ← undefined
5:      end for
6:      d_s ← 0
7:      Q ← Graph 中的所有点的集合
8:      while Q 非空 do
9:          u ← Q 中 d 最小的点
10:         Q ← Q\{u}
11:         for u 的每个邻居节点 v do
12:             d_temp ← d_u + c_{u,v}
13:             if d_temp < d_v then
14:                 d_v ← d_temp
15:                 p_v ← u
16:             end if
17:         end for
18:     end while
19:     return p
20: end function
```

其中，图中每个节点 i 对应的 d_i 表示点 i 的最短距离；p_i 表示点 i 的前一个节点。$c(u,v)$ 表示点 u,v 之间的距离或者成本。

9.3 Python 实现 Dijkstra 算法

9.3.1 网络数据准备

下面用之前介绍 SPP 的对偶那一章的例子作为测试数据，网络图如图 9.13 所示。

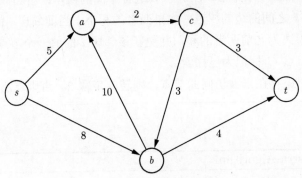

图 9.13 SPP：小算例

实现代码如下：

DataPreparation

```python
import pandas as pd
import numpy as np
import networkx as nx
import matplotlib.pyplot as plt
import copy
import re
import math

Nodes = ['s', 'a', 'b', 'c', 't']

Arcs = {('s','a'): 5
        ,('s','b'): 8
        ,('a','c'): 2
        ,('b','a'): 10
        ,('c','b'): 3
        ,('b','t'): 4
        ,('c','t'): 3
        }

# 构建有向图对象
Graph = nx.DiGraph()
cnt = 0
pos_location = {}
```

```
24  for name in Nodes:
25      cnt += 1
26      X_coor = np.random.randint(1, 10)
27      Y_coor = np.random.randint(1, 10)
28      Graph.add_node(name
29                     , ID = cnt
30                     , node_type = 'normal'
31                     , demand = 0
32                     , x_coor = X_coor
33                     , y_coor = Y_coor
34                     , min_dis = 0
35                     , previous_node = None
36                     )
37
38      pos_location[name] = (X_coor, Y_coor)
39  # 增加图的边界
40  for key in Arcs.keys():
41      Graph.add_edge(key[0], key[1]
42                      , length = Arcs[key]
43                      , travelTime = 0
44                      )
```

9.3.2 Dijkstra 算法实现

这里的 Dijkstra 算法的代码逻辑基于前面给出的伪代码。

Dijkstra Algorithm

```
1   def Dijkstra(Graph, org, des):
2       # 定义 bigM
3       bigM = 1000000
4       # 将每个点对应的最小距离初始化为无穷大以及初始化队列
5       Queue = []
6       for node in Graph.nodes:
7           Queue.append(node)
8           if(node == org):     # 注意, 这里的 node 就直接是 node 的名字
9               Graph.nodes[node]['min_dis'] = 0
10          else:
11              Graph.nodes[node]['min_dis'] = bigM
12      # 循环开始
13      while(len(Queue) > 0):
14          # 选取下一个节点 : 寻找具有最小 min_dis 的节点
15          current_node = None
```

```
16      min_dis = bigM
17      for node in Queue:
18          if(Graph.nodes[node]['min_dis'] < min_dis):
19              current_node = node
20              min_dis = Graph.nodes[node]['min_dis']
21      if(current_node != None):
22          Queue.remove(current_node)
23      # 对每个邻居进行循环
24      for child in Graph.successors(current_node):
25          # 更新每个节点的 min_dis
26          arc_key = (current_node, child)
27          dis_temp = Graph.nodes[current_node]['min_dis'] + Graph.edges
        [arc_key]['length']
28          if(dis_temp < Graph.nodes[child]['min_dis']):
29              Graph.nodes[child]['min_dis'] = dis_temp
30              Graph.nodes[child]['previous_node'] = current_node
31
32  opt_dis = Graph.nodes[des]['min_dis']
33  current_node = des
34  opt_path = [current_node]
35  while(current_node != org):
36      current_node = Graph.nodes[current_node]['previous_node']
37      opt_path.insert(0, current_node)
38
39  return Graph, opt_dis, opt_path
```

9.3.3 算例测试

测试结果如下：

results

```
1 Graph, opt_dis, opt_path = Dijkstra(Graph, 's', 't')
2 print('optimal distance : ', opt_dis)
3 print('optimal path : ', opt_path)
4
5 [Out]:
6 optimal distance : 10
7 optimal path : ['s', 'a', 'c', 't']
```

测试较大的算例，只需要将代码中的网络数据替换就可以。

9.4 拓展

Dijkstra 算法实际上是一种标号算法（Label setting algorithm），该算法不能求解网络中含有负环的算例，因为 Dijkstra 算法中，标签一旦被设置成永久标签（P 标签）就无法更改。针对网络中有负环的案例，我们可以采用 Bellman-Ford 算法进行求解。Bellman-Ford 算法属于 Label correction algorithm。Label setting algorithm 和 Label correction algorithm 都是基于动态规划思想的算法，且都是精确算法，得到的一定是最优解。这些算法在运筹优化精确算法中有着非常重要的地位，也频繁地出现在一些顶级期刊论文当中。关于它们更多的拓展，这里不做展开，感兴趣的读者可以阅读相关的参考文献（Zhan and Noom, 1998; Cherkassky et al., 1996; Dial et al., 1979）。

第10章 分支定界算法

大家对线性规划都非常熟悉了，但是实际生产活动中，许多问题都是离散的，因此更常见的是整数规划或者混合整数规划。从本章开始，我们就聚焦在混合整数规划的精确求解算法及其实现上。本书介绍的所有精确算法中，分支定界算法是最基本、最底层的算法，其他若干算法都是以分支定界算法为基础的拓展。分支定界算法由伦敦政治经济学院 Ailsa Land 和 Alison Doig 于 1960 年提出（Land and Doig 1960），但是当时她们并没有称其为分支定界算法。而后 John D. C. Little 等在 1963 年发表的关于 TSP 的研究中，首次使用了分支定界方法（branch and bound method）的名称（Little it et al., 1963）。到了今天，分支定界算法已经成为运筹优化领域最著名的算法之一。

10.1 整数规划和混合整数规划

我们使用文献（Winston 和 Goldberg, 2004）的第 516 页的例子来开始本章的论述。

某家具公司需要生产一批桌子和椅子。一张桌子需要 1 小时的劳动力和 9 平方英尺的木板，一把椅子需要 1 小时的劳动力和 5 平方英尺的木板。目前，公司可供使用的资源为 6 小时的劳动力和 45 平方英尺的木板。生产每张桌子可以获得 8 美元的利润，生产每把椅子可以获得 5 美元的利润。请将上述问题建模成为整数规划模型，使得该公司的利润达到最大。

要求解该问题，首先引入下面 2 个决策变量：

$$x_1 = 生产桌子的数量$$
$$x_2 = 生产椅子的数量$$

由于桌子和椅子数量必须是整数，因此可以将该模型表示为下面的整数规划：

$$
\begin{aligned}
\max \ z =\ & 8x_1 + 5x_2 \\
\text{s.t.} \quad & x_1 + x_2 \leqslant 6 \\
& 9x_1 + 5x_2 \leqslant 45 \\
& x_1, x_2 \geqslant 0, \ x_1, x_2 \ 为整数
\end{aligned}
\tag{10.1}
$$

模型 (10.1) 中，决策变量全部是整数，这种类型的整数规划叫作纯整数规划（Pure Integer Programming）。但是如果将上面模型中的变量 x_2 设置为连续变量，该模型就变成

下面的形式：

$$\max\ z = 8x_1 + 5x_2 \tag{10.2}$$
$$\text{s.t.}\quad x_1 + x_2 \leqslant 6$$
$$9x_1 + 5x_2 \leqslant 45$$
$$x_1, x_2 \geqslant 0,\ x_1\ \text{integer}$$

模型 (10.2) 中既有连续变量，又有整数变量，我们把它称为混合整数规划（Mixed Integer Programming）。

如果我们将模型 (10.1) 中的变量全部设置成 0-1 变量，那么模型将变成一个 0-1 整数规划。

假如不考虑模型 (10.1) 中的整数约束，那么模型被松弛为

$$\max\ z = 8x_1 + 5x_2 \tag{10.3}$$
$$\text{s.t.}\quad x_1 + x_2 \leqslant 6$$
$$9x_1 + 5x_2 \leqslant 45$$
$$x_1, x_2 \geqslant 0$$

模型 (10.3) 是一个线性规划，并且除了变量的取值范围之外，其他约束完全一致，我们将模型 (10.3) 称为模型 (10.1) 的线性松弛（LP relaxation）。

定义 10.1.1 将整数规划的整数约束和 0-1 约束全部去掉，将得到一个线性规划。该线性规划称为原来整数规划的线性松弛。

由于 IP 的线性松弛约束更少，因此 LP relaxation 的可行域一定包含 IP 的可行域。对于 max 问题，一定有

$$z^*_{\text{IP}} \leqslant z^*_{\text{LP relaxation}} \tag{10.4}$$

整数规划和混合整数规划的可行域都包含一系列离散的点，是极度非凸的。整数规划和混合整数规划都已经被证明是 NP-Complete 问题（虽然在某些特定问题背景下也许不是 NP-Complete）。随着问题规模不断增大，求解难度呈指数级或更剧烈地上升。处理 MIP 的一个最基本、最经典的算法就是分支定界算法。本章我们首先以一个简单的例子来梳理分支定界算法的基本流程，然后给出分支定界算法的完整流程和详细伪代码。最后以分支定界算法求解 VRP 为例，介绍 Python 调用 Gurobi 如何实现分支定界算法。

10.2 分支定界算法求解混合整数规划

分支定界算法是一种通过将可行域分成较小的子区域的方法 [①]。在具体介绍分支定界算法之前，我们首先给出一个非常重要但是基础的发现。如果求解一个 IP 的线性松弛，得到了一个变量全是整数的解，那这个线性松弛的最优解也同时是 IP 的最优解。

① 本章部分参考 http://web.tecnico.ulisboa.pt/mcasquilho/compute/_linpro/TaylorB_module_c.pdf.

接下来简单描述一下分支定界算法的大体思想。假设我们考虑一个 max 问题的 IP, 该 IP 的线性松弛称为 LPr。我们不直接求解 IP, 而是先求解 LPr, 如果 LPr 的解不满足 IP 的整数约束，则 LPr 的目标函数 z_{LPr} 一定是 IP 的最优目标值的一个上界，记为 z^u（因为 LPr 少了整数约束，其可行域一定包含了 IP 的所有可行解，因此 LPr 的最优解一定大于或等于 IP 的最优解）；而 IP 的任意一个可行解（整数解）的目标函数必然小于或等于其最优解的目标函数，因此是 IP 的最优目标函数的一个下界，记作 z^l。假设 IP 的最优目标函数值为 z^*，则必有 $z^l \leqslant z^* \leqslant z^u$。分支定界法就是将 LPr 的可行域经过不断地分支，划分成小的子区域，并求解每个子区域对应的问题，利用它们的目标函数信息，不断增大 z^l、减小 z^u，最终使其相遇（或者足够靠近），从而得到 IP 的最优解 z^*。总体上来讲，该方法就是一种分而治之的方法（divide and conquer）。

我们考虑下面的 IP （Russell and Taylor-Iii, 2008）：

$$\max \ z = 100x_1 + 150x_2 \tag{10.5}$$

$$\text{s.t.} \quad 2x_1 + x_2 \leqslant 10 \tag{10.6}$$

$$3x_1 + 6x_2 \leqslant 40 \tag{10.7}$$

$$x_1, x_2 \geqslant 0 \tag{10.8}$$

$$x_1, x_2 \ \text{integer} \tag{10.9}$$

首先将上述模型的整数约束 (10.9) 松弛掉，变成该问题的线性松弛。我们将该问题称为子问题 1 （Subproblem 1），如下：

$$\max \ z = 100x_1 + 150x_2 \tag{10.10}$$

$$\text{s.t.} \quad 2x_1 + x_2 \leqslant 10 \tag{10.11}$$

$$3x_1 + 6x_2 \leqslant 40 \tag{10.12}$$

$$x_1, x_2 \geqslant 0 \tag{10.13}$$

尝试求解子问题 1, 如果最优解是整数，则该最优解也同时是 IP 的最优解，但是很遗憾, 子问题 1 的最优解为

$$x_1 = 2.22, \ x_2 = 5.56, \ Z = 1055.56$$

将其圆整, 发现也是一个可行解, 如下：

$$x_1 = 2, \ x_2 = 5, \ Z = 950$$

分支定界方法就是使用节点（Nodes）和分支（Branches）的树形图（Tree）来分割可行域的, 利用这些节点和分支来控制求解的过程。我们把这个树形图叫作分支定界树（Branch and Bound tree, BB tree 或者 B&B tree 或者 BnB tree）。这里把 BB tree 中的每个节点叫作一个节点（Node），每次划分可行域的操作叫作分支（Branching）。

BB tree 的第一个节点对应的上界（Upper Bound，UB）和下界（Lower Bound，LB）就是 IP 的线性松弛的小数解和经过圆整的整数解，因此有 $z^l = 950, z^u = 1055.56$。IP 的最优解一定在 z^l 和 z^u 之间。本节统一用 UB 和 LB 分别表示上界和下界，如图 10.1 所示。图 10.1 中的 UB 和 LB 指的是每个节点的 UB 和 LB，并不是全局的 UB 和 LB。当然，根节点的 UB 和 LB 同时也是全局的 UB 和 LB，但其他节点的就不是了。

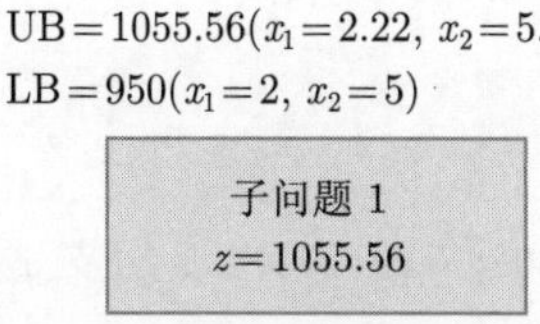

$$UB = 1055.56(x_1 = 2.22, x_2 = 5.56)$$
$$LB = 950(x_1 = 2, x_2 = 5)$$

子问题 1
$z = 1055.56$

图 10.1　BB tree 1：初始节点（根节点）

IP 的线性松弛解给出了 IP 的一个上界，IP 的最优解一定不可能比这个值更大。而我们通过向下取整获得的解，给出了 IP 的解的一个下界，我们忽略比这个下界还小的整数解，因为比这个下界还小的整数解，一定不是最优解。下面进行分支定界算法的操作。

分支定界算法的第一步是从当前松弛解中创建两个当前节点线性松弛问题的可行域的子集。这是通过考查每个决策变量的松弛解的取值来完成的，我们来看看哪一个变量距离舍入后的整数值最远（即哪个变量的分数部分最大）。在本例的根节点中，比较 x_1 和 x_2 的取值，发现 5.56 的 0.56 部分是最大的分数部分；因此，x_2 将是我们要"分支"的变量。

由于 x_2 必须是一个整数，因此我们可以创建如下 2 个互斥的约束：

$$x_2 \leqslant 5$$
$$x_2 \geqslant 6$$

换句话说，x_2 可以是 0、1、2、3、4、5 或 6、7、8 等，但不能是 5 到 6 之间的值，例如 5.56。这 2 个新的约束表示我们的问题的可行域的 2 个子集。这些约束中的每一个都将添加到相应的子问题（子节点）对应的线性规划模型中。这一个分支，只是割掉了 $5 < x_2 < 6$ 的部分，也就是割去了非可行解的部分，并没有割去任何整数可行解。因此，该分支操作不影响最优性。

分支的顺序如图 10.2 所示。我们为根节点 1 创建 2 个子节点 2 和 3。

首先节点 2（或者子问题 2）是通过求解添加了约束 $x_2 \leqslant 5$ 的下述线性规划问题：

$$\max \ z = 100x_1 + 150x_2 \tag{10.14}$$
$$\text{s.t.} \quad 2x_1 + x_2 \leqslant 10 \tag{10.15}$$
$$3x_1 + 6x_2 \leqslant 40 \tag{10.16}$$
$$\boxed{x_2 \leqslant 5} \tag{10.17}$$
$$x_1, x_2 \geqslant 0 \tag{10.18}$$

上述松弛了整数约束的线性规划的最优解为 $x_1 = 2.5, x_2 = 5, z = 1000$。

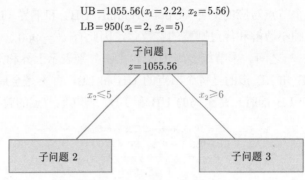

$$\text{UB} = 1055.56 (x_1 = 2.22, \; x_2 = 5.56)$$
$$\text{LB} = 950 (x_1 = 2, \; x_2 = 5)$$

图 10.2　BB tree 2：分支 x_2

类似地，节点 3 的解是将子问题 1 添加分支约束 $x_2 \geqslant 6$，得到下面的松弛了整数约束的线性规划：

$$\max \; z = 100x_1 + 150x_2 \tag{10.19}$$
$$\text{s.t.} \quad 2x_1 + x_2 \leqslant 10 \tag{10.20}$$
$$3x_1 + 6x_2 \leqslant 40 \tag{10.21}$$
$$\boxed{x_2 \geqslant 6} \tag{10.22}$$
$$x_1, x_2 \geqslant 0 \tag{10.23}$$

其最优解为 $x_1 = 1.33$，$x_2 = 6$，$z = 1033.33$。

可以得知，上面的分支操作，将子问题 1 的可行域，分割成了 2 个子区域。然后通过添加分支约束重新求解子问题 2 和 3，分别得到了 2 个子区域的最优解。

注意图 10.2 中的子问题 2 节点，最优解为 $x_1 = 2.5, x_2 = 5, z = 1000$，因此该节点的上界为 1000。在子问题 3 对应的节点上，$x_1 = 1.33, x_2 = 6, z = 1033.33$，因此节点 3 的上界为 1033.33。由于这些松弛问题的解都不是整数，因此下界依然是 950 不变，还是在节点 1 获得的下界，如图 10.3 所示。

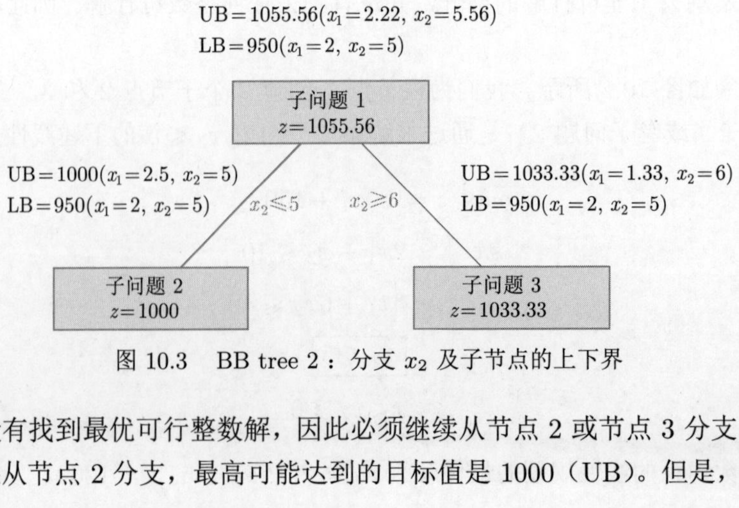

$$\text{UB} = 1055.56 (x_1 = 2.22, \; x_2 = 5.56)$$
$$\text{LB} = 950 (x_1 = 2, \; x_2 = 5)$$

图 10.3　BB tree 2：分支 x_2 及子节点的上下界

由于还没有找到最优可行整数解，因此必须继续从节点 2 或节点 3 分支。从图 10.3 可以发现，如果从节点 2 分支，最高可能达到的目标值是 1000（UB）。但是，如果从节点 3

分支，则可能会有更高的最大值 1033。因此，可以从节点 3 分支。通常，人们总是从具有最大上界的节点开始分支。

这也是分支定界算法中的一个重要步骤，在前一次分支之后，首先求解新产生的 2 个子节点的线性松弛问题，然后通过比较更新每个节点的 UB 和 LB。更新完之后，再次通过比较各个节点的 UB 选出下一步需要分支的节点。

现在，在节点 3 上重复先前在节点 1 上执行的分支步骤。首先，选择具有最大小数部分值的变量。由于 x_2 是整数，因此只能选择 x_1，从 x_1 发展出 2 个新的约束

$$x_1 \leqslant 1$$

$$x_1 \geqslant 2$$

该步骤将会生成新的 BB tree，如图 10.4 所示。

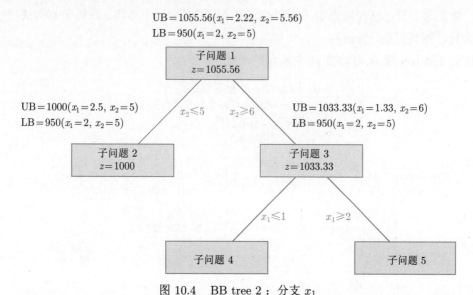

图 10.4 BB tree 2：分支 x_1

接下来需要在节点 4 和 5 处求解添加了新约束的线性松弛问题。（但是，不要忘记该模型不是原始模型，而是先前添加了约束 $x_2 \geqslant 6$ 的原始模型）。首先是节点 4 的模型：

$$\max\ z = 100x_1 + 150x_2 \tag{10.24}$$

$$\text{s.t.}\quad 2x_1 + x_2 \leqslant 10 \tag{10.25}$$

$$3x_1 + 6x_2 \leqslant 40 \tag{10.26}$$

$$\boxed{x_2 \geqslant 6} \tag{10.27}$$

$$\boxed{x_1 \leqslant 1} \tag{10.28}$$

$$x_1, x_2 \geqslant 0 \tag{10.29}$$

该问题的最优解是 $x_1 = 1, x_2 = 6.17, z = 1025.5$。

接下来是节点 5 的模型：

$$\max \ z = 100x_1 + 150x_2 \tag{10.30}$$

$$\text{s.t.} \quad 2x_1 + x_2 \leqslant 10 \tag{10.31}$$

$$3x_1 + 6x_2 \leqslant 40 \tag{10.32}$$

$$\boxed{x_2 \geqslant 6} \tag{10.33}$$

$$\boxed{x_1 \geqslant 2} \tag{10.34}$$

$$x_1, x_2 \geqslant 0 \tag{10.35}$$

该问题无解。可以得知，节点 5 已经不可能再往下分支了，因此称节点 5 已被查明 (或洞悉)，英文术语为 fathomed。当对一个节点对应的子问题的进一步分支不能产生任何有用信息时，就说这个节点已经被查明（或洞悉）了。为了表示这个事实，在该节点旁边用 ✖ 表示。并且，将其剪枝（prune）。

因此 BB tree 变化为如图 10.5 所示的形式。

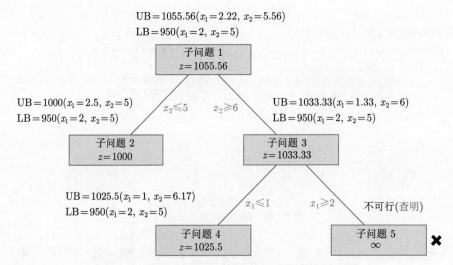

图 10.5　BB tree 3：分支 x_1 及子节点的上下界

图 10.5 中的 BB tree 表明仍未达到最佳整数解；因此，必须重复之前的分支步骤。由于节点 5 不可行，因此在节点 4 和 5 的上限之间没有比较。比较节点 4 和 2，由于节点 4 的 UB 更大，表示节点 4 更有可能获得更大的整数解，因此选择从节点 4 分支。接下来，由于 x_1 是整数值，因此默认选择 x_2。分支 x_2 产生的 2 个新约束是

$$x_2 \leqslant 6$$

$$x_2 \geqslant 7$$

这一步分支产生的新的 BB tree 如图 10.6 所示。

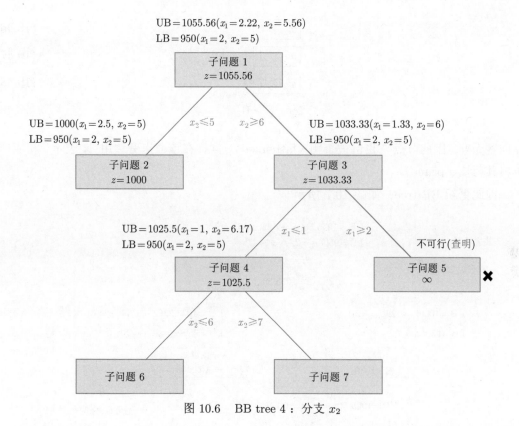

图 10.6　BB tree 4：分支 x_2

接下来需要在节点 6 和 7 处求解添加了新约束的线性松弛问题。（同样地，需要注意该模型不是原始模型，而是先前添加了约束 $x_2 \geqslant 6$ 和约束 $x_1 \leqslant 1$ 的原始模型。）首先是节点 6 的模型：

$$\max z = 100x_1 + 150x_2 \tag{10.36}$$

$$\text{s.t. } 2x_1 + x_2 \leqslant 10 \tag{10.37}$$

$$3x_1 + 6x_2 \leqslant 40 \tag{10.38}$$

$$\boxed{x_2 \geqslant 6} \tag{10.39}$$

$$\boxed{x_1 \leqslant 1} \tag{10.40}$$

$$\boxed{x_2 \leqslant 6} \tag{10.41}$$

$$x_1, x_2 \geqslant 0 \tag{10.42}$$

该分支的最优解为 $x_1 = 1, x_2 = 6, z = 1000$。

接下来是节点 7 的模型：

$$\max z = 100x_1 + 150x_2 \tag{10.43}$$

$$\text{s.t. } 2x_1 + x_2 \leqslant 10 \tag{10.44}$$

$$3x_1 + 6x_2 \leqslant 40 \tag{10.45}$$

$$\boxed{x_2 \geqslant 6} \tag{10.46}$$

$$\boxed{x_1 \leqslant 1} \tag{10.47}$$

$$\boxed{x_2 \geqslant 7} \tag{10.48}$$

$$x_1, x_2 \geqslant 0 \tag{10.49}$$

该问题无解。因此节点 7 也已被查明（fathomed），同样在该节点旁边用 ✖ 表示。相应地，也将其剪枝（prune）。

因此更新 BB tree，如图 10.7 所示。

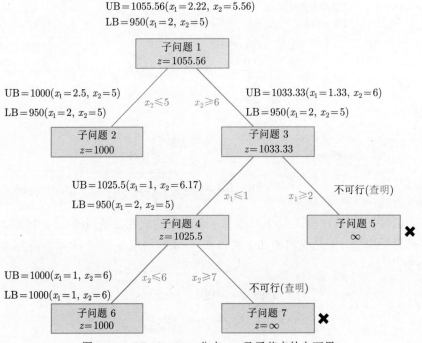

图 10.7　BB tree 4：分支 x_2 及子节点的上下界

该步的左分支节点 6 得到了一个整数解 $x_1 = 1, x_2 = 6, z = 1000$，该解也是该点的线性松弛模型的最优解。因此，$z = 1000$ 也表示节点 6 可以取得的上界或者整数解目标值的上界。而该解也是一个整数解，整数解一定是 IP 的一个 LB，并且该值大于当前的 LB（950），因此需要更新该点的下界为 LB = 1000，这也是目前为止 BB tree 得到的最佳整数解 $x_1 = 1, x_2 = 6, z = 1000$。此时 LB = UB = 1000，并且其他所有叶子节点 2,5,7 显示不可能通过分支得到更好的解。节点 5 和 7 不可行，将其剪枝（Pruned by infeasibility）。节点 2 处的 UB = 1000，所以通过分支不可能获得更好的整数解，也将其剪枝（Pruned by bound）。通过剪枝过程，我们在节点 6 处得到最优整数解 $x_1 = 1, x_2 = 6, z = 1000$。当然，得到最优整数解后，节点 6 也被剪枝（Pruned by optimality）。所有叶子节点都被剪枝，算法终止。

一般来讲，当一个节点得到了一个整数解，并且该节点的 UB 大于或者等于其他任何叶子节点（即分支结束的节点）的 UB 时，该点的整数解就是全局最优整数解。

这里需要强调一下查明（洞悉，fathomed）这个概念。查明（洞悉）的节点需要经过查明条件测试，也就是如果节点满足以下任意一个条件，则此节点可查明而不再被考虑。之前介绍时，当对一个节点对应的子问题的进一步分支不能产生任何有用信息时，我们就说这个节点已经被查明了。但是这个定义很模糊。现在我们给出一个判断一个节点已查明的判断条件。对于下面 3 个条件（Winston and Goldberg，2004）：

（1）该节点不可行；

（2）此节点得到了一个整数解；

（3）该节点的线性松弛问题的最优值 z 不超过当前的全局 LB。

满足 3 个条件中的任意一个，则可断定该节点是已查明的。查明的节点无须再进行分支，我们就可以将其剪枝（prune）。

根据分支定界算法的过程，可以有一些发现，在整个迭代的过程中，UB 下降，LB 上升，直到 UB = LB 或者 UB − LB < ϵ （ϵ 为很小的数）时，算法停止。此外，还有下面的一些发现。

（1）当前节点的最优解是一个局部最优解。

（2）全局最紧的 LB 等于所有剩余叶子节点的局部最优解的最大值（因为 max 问题的 LB 都是整数可行解，因此是最大值）。

（3）当前节点的线性松弛解是一个局部 UB。

（4）全局最紧的 UB 是所有剩余的节点的局部 UB 的最大值（因为每一个子问题中都有可能包含整数可行解，因此就有得到更大目标函数值的可能性）。

总结上面的观察，就会得到下面的定理。

定理 10.2.1 （Wolsey，1998）假设一个整数规划 $z = \max\{cx, x \in S\}$ 的可行域 S 被分成 K 个小的子集，即 $S = S_1 \cup S_2 \cup \cdots \cup S_k$，并且令 $z^k = \max\{cx, x \in S_k\}, \forall k \in K$，$\bar{z}^k$ 是 z^k 的一个上界，$\underline{z}^k$ 是 z^k 的一个下界，则 $\bar{z} = \max_k \bar{z}^k$ 是 z 的一个上界，且 $\underline{z} = \max_k \underline{z}^k$ 是 z 的一个下界。

定理 10.2.1 中 S 可以是根节点，也可以是 BB tree 中某几个子节点的父节点。

结合上面的定理和查明的定义，能够帮助我们做剪枝（prune）。这里给出下面 3 个剪枝的情况（max 问题）。

（1）**根据最优性剪枝**（Pruned by optimality）：对于子问题 k，$z^k = \max\{cx, x \in S_k\}$ 得到了整数可行解；此时该子问题同时也是被查明的。

（2）**根据 bound 剪枝**（Pruned by bound）：如果子问题 k 的上界不大于全局下界，即 $\bar{z}^k \leqslant \underline{z}$；这也表明该节点继续分支不会产生比当前 LB 更好的解，因此该节点也是属于被查明的节点。

（3）**根据是否可行剪枝**（Pruned by feasibility/infeasibility）：如果子问题 k 是非可行的，可以将其剪枝；当然，非可行节点同样属于被查明的节点。

下面给出 3 个具体例子, 让大家更直观地理解剪枝。分别如图 10.8 ~ 图 10.10 所示。

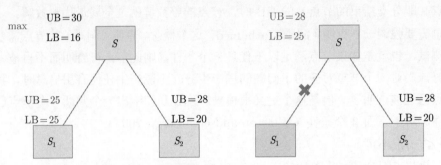

图 10.8   剪枝: 根据最优性剪枝 (Pruned by optimality)

在图 10.8 中, 将父节点 S 分割成了 2 个子集, 并且给出了每个节点的 UB 和 LB。根据上述定理, 父节点的 UB 为 $\bar{z} = \max_k \bar{z}^k = \max_k\{25, 28\} = 28$, LB 为 $\underline{z} = \max_k \underline{z}^k = \max_k\{25, 20\} = 25$, 另外注意到 S_1 的 UB 和 LB 相等, 因此该节点已被查明, 因此可以根据最优性将其剪枝。

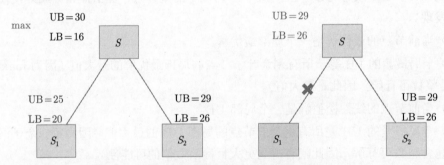

图 10.9   剪枝: 根据界限剪枝 (Pruned by bound)

在图 10.9 中, 仍然将父节点 S 分割成了 2 个子集, 同样给出了每个节点的 UB 和 LB。因此, 父节点的 UB 为 $\bar{z} = \max_k \bar{z}^k = \max_k\{25, 29\} = 29$, LB 为 $\underline{z} = \max_k \underline{z}^k = \max_k\{20, 26\} = 26$, 注意到 S 的 LB (最优解的 LB) 为 26, 而点 S_1 的 UB 仅为 25, 也就是说 S_1 中不可能有最优解, 该节点已被查明, 因此可以根据 bound 将其剪枝。

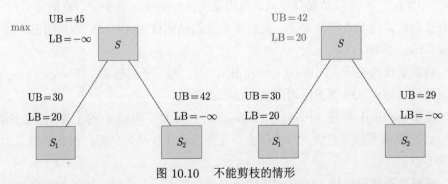

图 10.10   不能剪枝的情形

在图 10.10 中, 将父节点 S 分割成了 2 个子集, 也给出了每个节点的 UB 和 LB。同理, 父节点的 UB 为 $\bar{z} = \max_k \bar{z}^k = \max_k\{30, 42\} = 42$, LB 为 $\underline{x} = \max_k \underline{z}^k = \max_k\{20, -\infty\} = 20$。根据现在的信息，无法得到其他结论，因此需要继续对 S_1 和 S_2 进行分支探索。

另外，在上述几个例子中，在选择分支节点的时候，是比较随意的，直接选择了剩余的并且未被查明的节点中 UB 最大的节点作为分支节点。但是这个方法并不一定是最好的，还有很多其他的选择方法。在变量数量比较多时，不同的选择下一个分支节点的方法有时候会导致运算时间有巨大的差异。具体更加全面的总结在后面的内容再予以介绍。

1. max 问题中的上界和下界

在 max 问题中，原问题的任意可行解是最优解的一个下界（LB），假设可行解的目标函数为 y，则最优值 y^* 一定有 $y^* \geqslant y$。

迄今为止获得的最好可行解就是最紧的 LB，英文文献中叫作 incumbent。

只考虑一部分约束 $X' \subset X$ 的解，是原问题的一个上界（UB）。如果 UB 小于或等于目前得到的最好的 LB，就没有必要继续分支，也说明得到了最优解，这个 UB 也就是最优 UB。

2. min 问题中的上界和下界

在 min 问题中，原问题的任意可行解是最优解的一个上界（UB），假设可行解的目标函数为 y，则最优值 y^* 一定有 $y^* \leqslant y$。

迄今为止获得的最好解就是最紧的 UB，同样，称其为 incumbent。

只考虑一部分约束 $X' \subset X$ 的解，是原问题的一个下界（LB）。如果 LB 大于或等于目前得到的最好的 UB，就没有必要继续分支，也说明得到了最优解，这个 LB 也就是最优 LB。

10.3 分支定界算法的一般步骤和伪代码

用分支定界算法求解 max 的 IP 问题的一般步骤如下（$\leqslant$ 约束）。

（1）求得原问题线性松弛模型的最优解，作为节点 1；

（2）在节点 1 处，将线性松弛的最优解作为 UB，将线性松弛的解向下圆整获得的解作为 LB；

（3）选择分数部分最大的小数变量进行分支，构建两个将可行域按照变量的整数限制分割成两个子区域的分支约束。也就是构造一个 $\leqslant$ 约束和一个 $\geqslant$ 约束；

（4）在 BB tree 里创建两个新的节点，一个是对应 $\geqslant$ 约束的节点，另一个是对应 $\leqslant$ 约束的节点；

（5）求解这两个新的节点处的线性松弛模型；

（6）这个松弛的解是每个点的 UB，并且已经得到的整数解（在任意节点上）是 LB；并且根据查明的条件，判断该节点是否已被查明；

（7）当一个节点得到了一个整数解，并且该节点的 LB 大于或者等于其他任何叶子节点的 UB 时（也就是大于或等于全局 UB 时），我们就求得了全局最优整数解；如果该节点的解不是整数解，我们就从所有节点中 UB 最大的节点处开始分支；

（8）回到步骤（3）。

对于最小化模型，可以在根节点（root node）将线性松弛的解四舍五入得到初始整数可行解，并将上下界颠倒即可。

分支定界算法也有另外版本的解释，可供参考（参考自 https://baike.baidu.com/item）。

（1）如果问题的目标为最小化，则设定最优解的初始值 $z = \infty$；

（2）根据分支法则（Branching rule），从尚未被查明节点（局部解）中选择一个节点，并在此节点创建几个新的子节点；

（3）计算每一个新分支出来的子节点的下界；

（4）对每一节点进行洞悉条件测试，若节点满足以下任意一个条件，则此节点可查明而不再被考虑：

① 此节点的下界值大于或等于 z 值；

② 在此节点已找到该节点的最优可行整数解（如果该条件成立，则需比较此可行解与 z 值，若前者较小，则需更新 z 值为该可行解的目标值）；

③ 此节点不可行；

（5）判断是否仍有尚未被洞悉的节点，如果有，则进行步骤二；如果已无尚未被查明的节点，则算法停止，得到最优解。

分支定界算法是针对组合优化问题的非常有效的求解方法。

还有一些文献中将分支定界过程中未被查明的节点称为 active node，这些 active node 就是等待被探索的节点。分支（Branching）就是指探索一个 active node 节点的子树（subtree），而定界（Bounding）则是指评估 active node 的子树的解的界限。

下面给出一个非常基础版本的分支定界算法的伪代码。

Algorithm 3 分支定界算法 1

1: rootNode ← 求解 IP 的线性松弛

2: activeNodeSet ← ∅

3: **if** rootNode 的解是可行整数解 **then**

4:     bestValue ← rootNode 的目标值

5:     currentBest ← rootNode 的解

6:     算法停止, **return** bestValue, currentBest

7: **else**

8:     activeNodeSet ← { rootNode }

9: **end if**

10: bestValue ← Null

11: currentBest ← Null

12: **while** activeNodeSet 非空 **do**

13:　　　　选择一个分支节点, 节点 $k \in$ activeNodeSet
14:　　　　将分支节点 k 从 activeNodeSet 中删去
15:　　　　生成分支节点 k 的子节点 $i, i = 1, 2, \cdots, n_k(n_k \geqslant 2)$ 及其各自的最优界限 z_i
16:　　　　**for** $i = 1, \cdots, n_k$ **do**
17:　　　　　　**if** z_i 劣于当前最好界限或为空 **then**
18:　　　　　　　　节点 i 被剪枝 (根据界限剪枝或根据不可行性剪枝)
19:　　　　　　**else if** 子节点的最优解是整数可行解且优于当前最好解 **then**
20:　　　　　　　　bestValue $\leftarrow z_i$
21:　　　　　　　　currentBest $\leftarrow$ 子节点 i
22:　　　　　　**else**
23:　　　　　　　　将子节点 i 添加到 activeNodeSet 中
24:　　　　　　**end if**
25:　　　　**end for**
26:　　**end while**
27:　**return** bestValue, currentBest

在上述代码中, currentBest 存储了到目前为止最好的整数解, 也就是之前介绍的 incumbent。currentBest 这个解对应的目标函数值就是 bestValue。这个值用于辅助查看每个节点是否有继续分支的必要。节点的上界和下界用来评估一个节点有多好。如果该节点的界限比 currentBest 差, 则无须评估该节点的子节点 (因此我们不会将其添加到 activeSet)。

或者可以借鉴课本 (Wolsey, 1998) 的算法流程图, 整理出分支定界算法的伪代码 (max 问题)。算法流程图如图 10.11 所示。

我们整理出的伪代码如下 (max 问题)。

Algorithm 4 分支定界算法 2

1: 初始化: 初始问题 S 及其模型 P, 将其加入列表 Q

2: $\underline{z} \leftarrow -\infty$

3: incumbent $x^* \leftarrow$ Null

4: **while** Q 非空 **do**

5:　　选择问题 $S^i \in Q$, 其模型为 P^i

6:　　求解 P^i 的 LP 松弛

7:　　对偶边界 $\bar{z}^i \leftarrow$ LP 的目标函数值

8:　　x^i (LP) $\leftarrow$ LP 的解

9:　　**if** P^i 空 **then**

10:　　　　根据不可行性剪枝

11:　　**else if** $z^i \leqslant \underline{z}$ **then**

12:　　　　根据界限剪枝

13: **else if** $x^i(\mathrm{LP})$ 是整数解 **then**

14:     更新原界限 $\underline{z} = \bar{z}^i$

15:     更新 incumbent $x^* = x^i(\mathrm{LP})$

16:     根据最优性剪枝

17: **else**

18:     返回两个子问题 S_1^i 和 S_1^i，其子问题为 P_1^i 和 P_1^i

19:     $Q \leftarrow Q \cup \{S_1^i, S_1^2\}$

20: **end if**

21: **end while**

22: **return** incumbent x^* optimal

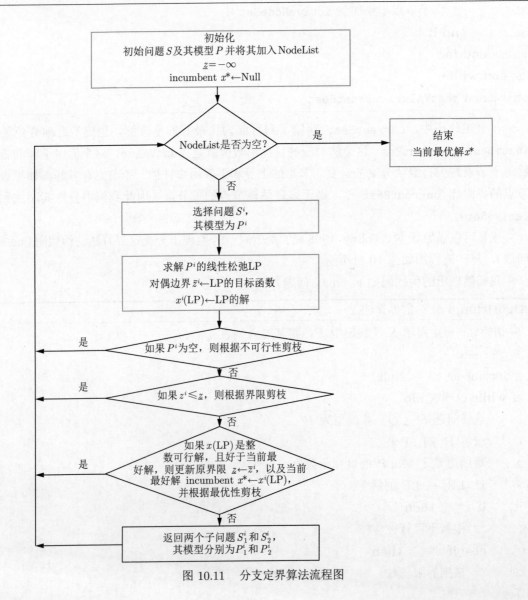

图 10.11 分支定界算法流程图

混合整数线性规划问题也可以使用分支定界算法来解决。只需要将上文中介绍的针对纯整数规划的算法做一些小的改变，就可以用来求解混合整数规划问题。也就是说，我们在求解混合整数规划时，只需对整数约束的变量进行四舍五入以达到初始下界，并且仅对整数变量进行分支即可。

对于 0-1 整数规划，只需要在节点处针对要分支的变量，添加

$$x = 0$$
$$x = 1$$

这样的约束即可。在实际的代码实现中，可以通过设置决策变量的 UB 和 LB 快速完成。比如在 Java 调用 CPLEX 自己动手实现 Branch and Bound 时，就可以调用 `setLB(double lb)` 和 `setUB(double ub)` 来完成分支定界的过程。而 Gurobi 也有同样功能的函数，即 `var.lb = 0.0` 或者 `var.ub = 1.0`，其中 `var` 是决策变量对象。

10.4　分支定界算法执行过程的直观展示

本节以一些图例来直观展示 Branch and Bound 算法的执行过程（以 min 问题为例）。在算法刚开始时，设置好初始的上界 UB 和下界 LB，此时上下界之间的 Gap 非常大，如图 10.12 所示。

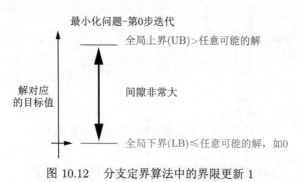

图 10.12　分支定界算法中的界限更新 1

紧接着，在算法执行过程中，我们找到了一些可行解，UB 逐渐缩小，如图 10.13 所示。我们找到的任意一个整数解都可以作为上界。

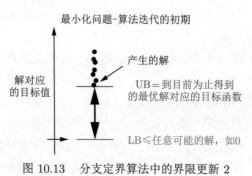

图 10.13　分支定界算法中的界限更新 2

同时，我们可以通过其他手段获得原问题的下界，加快算法收敛。

LB 可以通过线性松弛或者其他方法获得。另外，LB 必须对某些候选集可能实现的最优解进行低估或精确估计。比如可以简单地用叶子节点的线性松弛解作为 LB，或者说，可以通过拉格朗日松弛（后续章节会介绍）来获得一些更紧、质量更好的 LB。随着 LB 的不断更新，UB 和 LB 不断靠近，如图 10.14 所示。

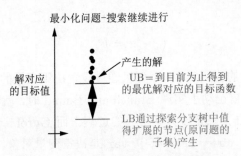

图 10.14   分支定界算法中的界限更新 3

当问题的所有未探索子集的 LB ⩾ UB（到目前为止找到的最好解）时，算法就可以终止了。此时就得到了最优解，如图 10.15 所示。

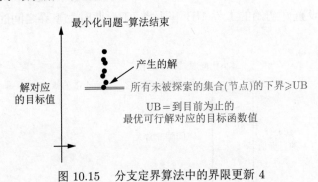

图 10.15   分支定界算法中的界限更新 4

10.5   分支定界算法的分支策略

之前例子中执行第一次分支时，由于 $x_1 = 2.22, x_2 = 5.56$，于是我们选分数部分较大的 x_2 作为分支变量进行分支。但是，是不是一定要选 x_2 呢？以及选 x_2 效果一定更好吗？答案是不一定。分支时，根据不同的规则选择分支变量，会影响求解效率。下面给出几种常见的可选分支策略。

（1）最不可行分支（Most Infeasible Branching）：选取变量取值的分数部分最接近 0.5 的变量作为下一个分支变量。

（2）最大分数值分支（Max Fractional Value Branching）：取最大分数值对应的变量作为分支变量。该方法甚至比随机选取还差。

（3）伪检验数分支（Pseudo Reduced Cost Branching）：通过用启发式的方法近似评估约束的对偶价格，从而近似评估变量的检验数（因此叫伪检验数），最后根据伪检验数来评估变量分支对目标的影响，以影响大小为基准来选择分支变量。

（4）强分支（Strong branching）：在分支之前首先估计哪个分支会给目标函数带来最大的改进，然后选该变量进行分支。

（5）伪成本分支（Pseudo cost branching）：该策略的基本思想是，在分支的过程中记录每个被选择的分支变量 x_i 分支前后的目标函数的变化，在当前时刻选择下一个分支变量时，根据每个取值为小数的变量的以往的分支相关信息，选择预期会给目标函数带来最大单位改善的变量作为下一个分支变量。

注意：伪成本分支在最初搜索中是没有任何可用信息的，因为在初期几乎没有分支变量。

基于模型的决策变量本身的分支称为 LP based branch and bound。除此之外，还可以针对问题特性或针对其他综合指标进行分支。

10.6 分支定界算法的搜索策略

在 Gurobi 中，可以通过修改混合整数规划模型的参数 VarBranch 的值来改变分支策略，语法为 m.setParam('VarBranch',0)。VarBranch 的取值和含义如下。

- 0，表示伪检验数分支（Pseudo Reduced Cost Branching）；
- 1，表示伪影子价格分支（Pseudo Shadow Price Branching）；
- 2，表示最大不可行分支（Maximum Infeasibility Branching）；
- 3，表示强分支（Strong Branching）。

除此之外，还可以对单个变量的分支优先级进行修改。具体来讲就是修改变量的属性 BranchPriority。该属性是一个 int 类型的值，默认情况下，取值越大的变量，分支优先级越高。

在 BB tree 搜索的过程中，我们之前介绍到，选择 UB 最大的未被探明的叶子节点为下一个分支节点。但是我们观察到，这样做并不总是最好的。也有一些其他的遍历策略。常见的 BB tree 策略如下[1]。

（1）深度优先搜索（Depth first search）：该策略能够更快地找到可行解。

（2）广度优先搜索（Breadth first search）：该策略可以更快地剪掉更多的分支。

（3）最好界限优先搜索（Best first search）：LB 或者 UB 最好的节点首先被探索。

（4）其他的启发式规则。

10.7 分支定界算法的剪枝策略

剪枝策略包括如下几个。

（1）**查明一个节点**（Fathoming a Node）：跟之前的描述一样，满足 3 个查明条件之一的节点，可以被判定为查明，可以用来剪枝。

---

[1] 参见 https://www.sciencedirect.com/topics/computer-science/branch-and-bound-algorithm-design，这里介绍了分支定界搜索策略的一些相关内容，供读者参考。

（2）**优超关系**（Dominance Relations）：如果可以在任何时候确定节点 y 的最佳子节点至少与节点 x 的最佳后代一样好，那么就说 y 优超了 x。

关于分支定界算法的最新进展，参见文献（Morrison it et al., 2016）。

10.8 Python 调用 Gurobi 实现分支定界算法的简单案例

为方便读者理解，我们首先以前文中的简单整数规划为例来实现分支定界算法，然后再以 TSP 和 VRPTW 为例，介绍分支定界算法求解复杂（混合）整数规划的代码实现。

整数规划模型如下所示。

$$\max \ z = 100x_1 + 150x_2 \tag{10.50}$$

$$\text{s.t.} \quad 2x_1 + x_2 \leqslant 10 \tag{10.51}$$

$$3x_1 + 6x_2 \leqslant 40 \tag{10.52}$$

$$x_1, x_2 \geqslant 0 \tag{10.53}$$

$$x_1, x_2 \in \mathbb{Z} \tag{10.54}$$

下面给出分支定界算法求解上述整数规划模型的 Python 代码（调用 Gurobi）。为了方便读者理解，我们首先给出下面的详细伪代码。该伪代码与前面章节介绍的伪代码大体相同，只是细节上略有改动。

Algorithm 5 分支定界算法 3

1: 初始化: 根据 (10.50)~(10.54) 初始化模型, 创建根节点 S, 且设置其对应的模型为 IP 的线性松弛

2: 设置 UB $\leftarrow \infty$, LB $\leftarrow 0$

3: 设置节点集合 $Q \leftarrow \{S\}$ 和当前最优解 $x^* \leftarrow$ Null

4: **while** Q 非空且 UB $-$ LB $> \epsilon$ **do**

5:     选择当前节点 $S^i \leftarrow Q.\text{pop}()$ (对应的模型为 P^i)

6:     status $\leftarrow$ 求解模型 P^i 的线性松弛模型

7:     更新对偶界限 $\bar{z}^i \leftarrow$ 线性松弛模型的目标函数

8:     $x^i(\text{LP}) \leftarrow$ 线性松弛模型的解

9:     **if** status 不是最优 **then**

10:         根据不可行性剪枝

11:     **else if** $z^i \leqslant$ LB **then**

12:         根据界限剪枝

13:     **else if** $x^i(\text{LP})$ 是整数解 **then**

14:         更新原界限 LB $\leftarrow \bar{z}^i$

15:         更新当前最优解 $x^* \leftarrow x^i(\text{LP})$

16:         根据最优性剪枝

17:　　　**else if** status 是最优且 $x^i(\mathrm{LP})$ 是小数解 **then**

18:　　　　将当前解 $x^i(\mathrm{LP})$ 圆整为整数解 $x^i_{int}(\mathrm{LP})$

19:　　　　**if** 圆整后整数解的目标函数 $x^i_{int}(\mathrm{LP}) > \mathrm{LB}$ **then**

20:　　　　　更新 $\mathrm{LB} \leftarrow x^i_{int}(\mathrm{LP})$ 对应的目标函数

21:　　　　　更新当前最优解 $x^* \leftarrow x^i_{int}(\mathrm{LP})$

22:　　　　**end if**

23:　　　　选择 $x^i(\mathrm{LP})$ 中第一个小数变量为分支变量

24:　　　　创建两个子节点 S^i_1 和 S^i_2，其对应的模型分别为 P^i_1 和 P^i_2

25:　　　　更新节点的集合 $Q \leftarrow Q \cup \{S^i_1, S^2_1\}$

26:　　　　tempUB $\leftarrow$ 剩余叶子节点集合 Q 中节点的线性松弛模型的目标函数的最大值

27:　　　　更新 $\mathrm{UB} \leftarrow$ tempUB

28:　　　**end if**

29: **end while**

30: **return** 最优解 x^*

在上述伪代码中，为了快速得到一些可行解，我们在每个小数解的节点执行了向下圆整的操作，向下圆整操作对于该模型来讲一定可以得到一个整数可行解（注意，该操作对其他模型不一定适用），这对更新 LB 很有帮助。另外，为了更快地更新 UB，我们在分支操作后求解了所有叶子节点的线性松弛模型。

Branch and Bound

```
1  # Liu Xinglu
2  # hsinglul@163.com
3  # Tsinghua University
4  # 2021-3-11
5
6  # Branch and Bound Algorithm
7  # max 100x_1 + 150x_2
8  # 2x_1 + x_2 ⩽ 10
9  # 3x_1 + 6x_2 ⩽ 40
10 # x_1, x_2 ⩾ 0, and integer
11
12 # Creat LP
13 from gurobipy import *
14 import numpy as np
15 import copy
16 import matplotlib.pyplot as plt
17
18 RLP = Model('relaxed MIP')
19 x = {}
```

```python
20  for i in range(2):
21      x[i] = RLP.addVar(lb = 0
22                          ,ub = GRB.INFINITY
23                          ,vtype = GRB.CONTINUOUS
24                          ,name = 'x_' + str(i)
25                          )
26
27  RLP.setObjective(100 * x[0] + 150 * x[1], GRB.MAXIMIZE)
28
29  RLP.addConstr(2 * x[0] + x[1] <= 10, name = 'c_1')
30  RLP.addConstr(3 * x[0] + 6 * x[1] <= 40, name = 'c_2')
31
32  RLP.optimize()
33
34  # Node class
35  class Node:
36      # this class defines the node
37      def __init__(self):
38          self.local_LB = 0
39          self.local_UB = np.inf
40          self.x_sol = {}
41          self.x_int_sol = {}
42          self.branch_var_list = []
43          self.model = None
44          self.cnt = None
45          self.is_integer = False
46
47      def deepcopy_node(node):
48          new_node = Node()
49          new_node.local_LB = 0
50          new_node.local_UB = np.inf
51          new_node.x_sol = copy.deepcopy(node.x_sol)
52          new_node.x_int_sol = copy.deepcopy(node.x_int_sol)
53          new_node.branch_var_list = []
54          new_node.model = node.model.copy()
55          new_node.cnt = node.cnt
56          new_node.is_integer = node.is_integer
57
58          return new_node
59
60  # Branch and Bound
61  def Branch_and_bound(RLP):
```

```
62      # initialize the initial node
63      RLP.optimize()
64      global_UB = RLP.ObjVal
65      global_LB = 0
66      eps = 1e-3
67      incumbent_node = None
68      Gap = np.inf
69
70      '''
71          Branch and Bound starts
72      '''
73      # creat initial node
74      Queue = []
75      node = Node()
76      node.local_LB = 0
77      node.local_UB = global_UB
78      node.model = RLP.copy()
79      node.model.setParam("OutputFlag", 0)
80      node.cnt = 0
81      Queue.append(node)
82
83      cnt = 0
84      Global_UB_change = []
85      Global_LB_change = []
86      while (len(Queue) > 0 and global_UB - global_LB > eps):
87          # select the current node
88          current_node = Queue.pop()
89          cnt += 1
90
91          # solve the current model
92          current_node.model.optimize()
93          Solution_status = current_node.model.Status
94
95          '''
96          OPTIMAL = 2
97          INFEASIBLE = 3
98          UNBOUNDED = 5
99          '''
100
101         # check whether the current solution is integer and execute prune
             # step
102         '''
```

```
        is_integer : mark whether the current solution is integer solution
        Is_Pruned : mark whether the current solution is pruned
    '''
    is_integer = True
    Is_Pruned = False
    if (Solution_status == 2):
        for var in current_node.model.getVars():
            current_node.x_sol[var.varName] = var.x
            print(var.VarName, ' = ', var.x)


            # # round the solution to get an integer solution
            current_node.x_int_sol[var.varName] = (int)(var.x)  # round
# the solution to get an integer solution
            if (abs((int)(var.x) - var.x) >= eps):
                is_integer = False
                current_node.branch_var_list.append(var.VarName)  # to
# record the candidate branch variables


        # update the LB and UB
        if (is_integer == True):
        # For integer solution node, update the LB and UB
            current_node.is_integer = True
            current_node.local_LB = current_node.model.ObjVal
            current_node.local_UB = current_node.model.ObjVal
            if (current_node.local_LB > global_LB):
                global_LB = current_node.local_LB
                incumbent_node = Node.deepcopy_node(current_node)
        if (is_integer == False):
            # For integer solution node, update the LB and UB also
            current_node.is_integer = False
            current_node.local_UB = current_node.model.ObjVal
            current_node.local_LB = 0
            for var_name in current_node.x_int_sol.keys():
                var = current_node.model.getVarByName(var_name)
                current_node.local_LB+=current_node.x_int_sol[var_name]
        * var.Obj
            if (current_node.local_LB > global_LB or (
                    current_node.local_LB == global_LB and current_node.
        is_integer == True)):
                global_LB = current_node.local_LB
                incumbent_node = Node.deepcopy_node(current_node)
                incumbent_node.local_LB = current_node.local_LB
```

```
141                         incumbent_node.local_UB = current_node.local_UB
142
143             '''
144                 PRUNE step
145             '''
146         # prune by optimility
147         if (is_integer == True):
148             Is_Pruned = True
149
150         # prune by bound
151         if (is_integer == False and current_node.local_UB < global_LB):
152             Is_Pruned = True
153
154         Gap = round(100 * (global_UB - global_LB) / global_LB, 2)
155         print('\n ------------ \n', cnt, '\t Gap  = ', Gap, '  %')
156     elif (Solution_status != 2):
157         # the current node is infeasible or unbound
158         is_integer = False
159         '''
160             PRUNE step
161         '''
162         # prune by infeasiblity
163         Is_Pruned = True
164         continue
165
166     '''
167       BRANCH step
168     '''
169     if (Is_Pruned == False):
170         # selecte the branch variable
171         branch_var_name = current_node.branch_var_list[0]
172         left_var_bound = (int)(current_node.x_sol[branch_var_name])
173         right_var_bound = (int)(current_node.x_sol[branch_var_name]) + 1
174
175         # creat two child nodes
176         left_node = Node.deepcopy_node(current_node)
177         right_node = Node.deepcopy_node(current_node)
178
179         # creat left child node
180         temp_var = left_node.model.getVarByName(branch_var_name)
181         left_node.model.addConstr(temp_var <= left_var_bound, name=
        'branch_left_' + str(cnt))
```

```
182        left_node.model.setParam("OutputFlag", 0)
183        left_node.model.update()
184        cnt += 1
185        left_node.cnt = cnt
186
187        # creat right child node
188        temp_var = right_node.model.getVarByName(branch_var_name)
189        right_node.model.addConstr(temp_var >= right_var_bound, name=
           'branch_right_' + str(cnt))
190        right_node.model.setParam("OutputFlag", 0)
191        right_node.model.update()
192        cnt += 1
193        right_node.cnt = cnt
194
195        Queue.append(left_node)
196        Queue.append(right_node)
197
198        # update the global UB, explor all the leaf nodes
199        temp_global_UB = 0
200        for node in Queue:
201            node.model.optimize()
202            if(node.model.status == 2):
203                if(node.model.ObjVal >= temp_global_UB):
204                    temp_global_UB = node.model.ObjVal
205
206
207        global_UB = temp_global_UB
208        Global_UB_change.append(global_UB)
209        Global_LB_change.append(global_LB)
210
211    # all the nodes are explored, update the LB and UB
212    global_UB = global_LB
213    Gap = round(100 * (global_UB - global_LB) / global_LB, 2)
214    Global_UB_change.append(global_UB)
215    Global_LB_change.append(global_LB)
216
217    print('\n\n\n\n')
218    print('--------------------------------------------')
219    print('        Branch and Bound terminates      ')
220    print('         Optimal solution found        ')
221    print('--------------------------------------------')
222    print('\nFinal Gap = ', Gap, ' %')
```

```
223    print('Optimal Solution:', incumbent_node.x_int_sol)
224    print('Optimal Obj:', global_LB)
225
226    return incumbent_node, Gap, Global_UB_change, Global_LB_change
227
228
229  # Solve the IP model by branch and bound
230  incumbent_node, Gap, Global_UB_change, Global_LB_change = Branch_and_bound
         (RLP)
231
232
233  # plot the results
234  # fig = plt.figure(1)
235  # plt.figure(figsize=(15,10))
236  font_dict = {"family":'Arial',    #"Kaiti",
237       "style":"oblique",
238       "weight":"normal",
239       "color":"green",
240       "size": 20
241       }
242
243  plt.rcParams['figure.figsize'] = (12.0, 8.0) # 单位是 inches
244  plt.rcParams["font.family"] = 'Arial' #"SimHei"
245  plt.rcParams["font.size"] = 16
246
247  x_cor = range(1, len(Global_LB_change) + 1)
248  plt.plot(x_cor, Global_LB_change, label = 'LB')
249  plt.plot(x_cor, Global_UB_change, label = 'UB')
250  plt.legend()
251  plt.xlabel('Iteration', fontdict=font_dict)
252  plt.ylabel('Bounds update', fontdict=font_dict)
253  plt.title('Bounds update during branch and bound procedure \n', fontsize =
         23)
254  plt.savefig('Bound_updates.eps')
255  plt.show()
```

算法迭代过程中，Bounds 的更新过程如图 10.16 所示。

10.9 Python 调用 Gurobi 实现分支定界算法求解 TSP

本节尝试使用分支定界算法求解 TSP。基本的分支定界算法求解 TSP 的效率并不高。为了方便，我们仍然用 Solomon VRP benchmark 中的数据作为 TSP 的测试数据。

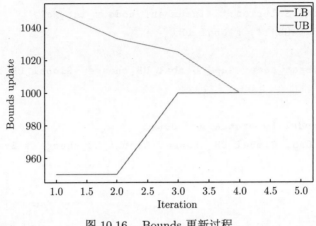

图 10.16   Bounds 更新过程

选取 C101 的前 5 个客户点为测试数据，加上仓库点，共 6 个点。求解过程中的 UB 和 LB 的更新如图 10.17 所示。

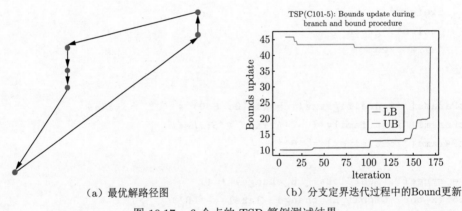

（a）最优解路径图   （b）分支定界迭代过程中的Bound更新

图 10.17   6 个点的 TSP 算例测试结果

当客户点为 10 个及以上时，求解就比较困难了。因此用分支定界算法求解 TSP 效率并不高。不过本节的主要目的是学习分支定界算法本身，而不是如何提升求解效率。感兴趣的读者可以继续深入探索如何加速求解。关于加快分支定界算法求解 TSP 的速度，一个比较可行的加速方法就是利用拉格朗日松弛提供较好的下界，具体介绍见第 12 章。

10.10   Python 调用 Gurobi 实现分支定界算法求解 VRPTW

本节尝试用分支定界算法求解 VRPTW。本节代码使用深度优先对 BB tree 进行搜索。在每个小数解的节点，选择取值最接近 0.5 的变量 x_{ij} 进行分支（详细代码见附配资源）。

我们选取 Solomon VRP benchmark 中的 C101 的前 10 个点作为算例进行测试，设置车辆数为 2。分支定界算法迭代过程中，UB 和 LB 的迭代如图 10.18 所示。

由图 10.18 可知，最基本的分支定界算法求解 VRPTW 是非常困难的，即使是 10 个客户点、2 辆车的小算例，迭代次数也要将近 12 万次，求解时间为 17 分钟左右。此外，算法迭代过程中，LB 更新非常缓慢。

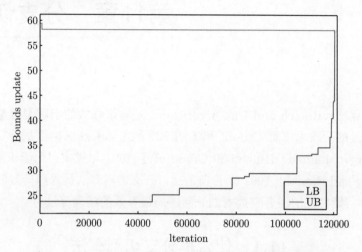

图 10.18　VRPTW：算例 C101-10 的 Bounds 更新过程

为了加速求解，在建模之前，可以先对网络拓扑图进行预处理，删除容量、时间窗明显不满足要求的弧。经过预处理之后，我们发现，基本的分支定界算法求解 VRPTW 的效率有显著的提升。就 C101 而言，提取前 25、前 50 个客户点作为测试算例，求解都比较快。对于 100 个客户点的算例，也可以在几小时之内得到最优解。其中 50 个点的算例迭代过程中的 UB 和 LB 更新如图 10.19 所示（设置车辆数为 6），求解时间仅为 4.3 秒。求解较快的原因是，C 类算例容易求解，预处理之后变量个数明显减少。对于 C101-50，原本的 0-1 变量为 $52 \times 51 \times 6 = 15912$ 个，经过预处理之后，缩减为 7308 个。

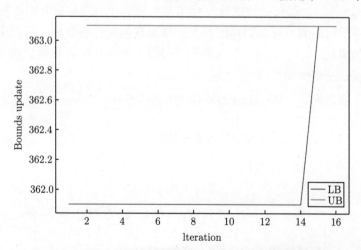

图 10.19　VRPTW: 算例 C101-50 的 Bounds 更新过程

第11章 分支切割算法

分支切割算法（Branch and Cut Algorithm）是非常强大的求解混合整数规划的精确算法，本书涉及的两款求解器 Gurobi 和 CPLEX 的主体算法框架都是分支切割算法。该算法由 Padberg、Manfred、Rinaldi 和 Giovanni 于 1991 年提出，用于求解大规模 STSP 问题（Padberg and Rinaldi, 1991）。目前为止，分支切割算法是求解一般的混合整数规划（即不依赖具体问题特性的混合整数规划）问题的最有效的精确算法。

11.1 什么是分支切割算法

之前我们介绍了分支定界算法，分支定界算法的主要思想是将根节点的线性松弛问题的可行域通过切割，分成小的子区域，然后一步一步搜寻获得整数规划的最优解。但是仅仅使用分支定界算法，在很多情况下是不够的，我们需要加入其他技术来加速算法，提高算法的性能。本节要讲述的分支切割算法就是一种非常强大的算法。分支切割算法也是目前流行的优秀求解器采用的算法框架，例如 Gurobi、CPLEX 等求解器，核心框架都是分支切割算法。

分支切割算法就是在分支定界算法的基础上，在分支的同时，根据节点的解的信息以及其他有用信息（例如一些问题特性等），给节点对应的子问题构造并添加割平面（Cutting plane），在缩小子问题的可行域的同时，又不排除任何可行整数解，从而更快地找到最优解的一种高效的算法。也正是由于加入的割平面没有割去任何可行整数解，所以分支切割算法也是可以保证最优性的。

我们来看下面的例子（Winston and Goldberg, 2004）：

$$\max \ z = 8x_1 + 5x_2 \tag{11.1}$$

$$\text{s.t.} \quad x_1 + x_2 \leqslant 6 \tag{11.2}$$

$$9x_1 + 5x_2 \leqslant 45 \tag{11.3}$$

$$x_1, x_2 \geqslant 0, x_1, x_2 \in \mathbb{Z} \tag{11.4}$$

其线性松弛问题的可行域如图 11.1 所示，线性松弛问题的最优解为 $x_1 = 3.75, x_2 = 2.25$，$z_{\text{LP}} = 41.25$，而整数规划的最优解为 $x_1 = 5, x_2 = 0, z^* = 40$。

如果我们用分支定界算法求解该问题，第一步首先选取分数部分最大的 x_1 进行分支，将其分成 $x_1 \leqslant 3$ 和 $x_1 \geqslant 4$ 两个子区域，如图 11.2 所示。

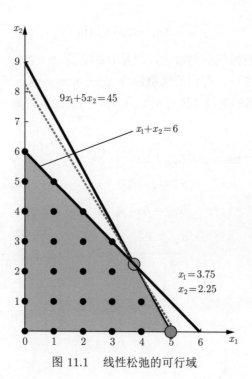

图 11.1 线性松弛的可行域

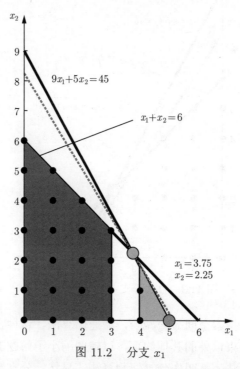

图 11.2 分支 x_1

在这里,分支后我们发现右边的区域包含着最优解,但是并不能一次性找出来,此时如果我们把这个子区域切一刀,只保留包含几个整数解的区域,把不包含整数可行解的部分切掉。如图 11.3 所示,我们在右边的子区域添加一条割平面

$$3x_1 + 2x_2 \leqslant 15$$

这里，我们并没有割掉任何整数解，但是目标函数 $z = 8x_1 + 5x_2$ 却可以直接在右边区域对应的子问题 11.1.5 中，得到最优整数解 $x_1 = 5, x_2 = 0, z^* = 40$，从而使得该子节点变成已查明，而整个问题的全局 LB 被更新为 40，当前的最好解（current best）也被更新为该解。

$$\max \ z = 8x_1 + 5x_2 \tag{11.5}$$

$$\text{s.t.} \qquad x_1 + x_2 \leqslant 6 \tag{11.6}$$

$$9x_1 + 5x_2 \leqslant 45 \tag{11.7}$$

$$x_2 \geqslant 4 \qquad\qquad \text{分支约束} \tag{11.8}$$

$$\boxed{3x_1 + 2x_2 \leqslant 15} \qquad \text{割平面} \tag{11.9}$$

$$x_1, x_2 \geqslant 0 \tag{11.10}$$

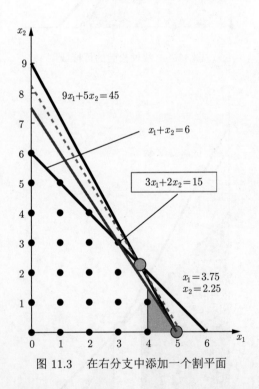

图 11.3　在右分支中添加一个割平面

这无疑使得整个算法搜索空间显著减少，加速了算法。这种在执行分支定界算法的过程中同时添加除了分支约束以外的其他约束，以辅助缩小子问题的可行域，又不剔除任何原问题的可行整数解的方法，就叫作分支切割算法。显然，分支定界算法是分支切割算法的一个特例，也就是分支的时候在子节点只添加一条分支约束（也就是割平面）。

在讲解分支切割算法之前，我们首先来介绍一个重要的概念：**有效不等式**（Valid Inequality）。

11.2 有效不等式

首先，我们考虑下面的整数规划（IP）：

$$\text{IP} \qquad \max\{\boldsymbol{c}^{\mathrm{T}}\boldsymbol{x} : \boldsymbol{x} \in X\} \tag{11.11}$$

其中，$X = \{\boldsymbol{x} : \boldsymbol{A}\boldsymbol{x} \leqslant \boldsymbol{b}, \boldsymbol{x} \in \mathbb{Z}_+^n\}$。

这里的符号 $X = \{\boldsymbol{x} : \boldsymbol{A}\boldsymbol{x} \leqslant \boldsymbol{b}, \boldsymbol{x} \in \mathbb{Z}_+^n\}$ 可能对于一些初学者有些陌生。这样的写法是为了简略，省去了烦琐的约束表达式，而直接用 X 表示该整数规划的可行域，X 就是该整数规划的一系列约束构成的可行域。而 $\boldsymbol{x} \in X$ 则是该可行域内的任意可行解。

定理 11.2.1 （Wolsey，1998）IP 的所有整数可行解构成的可行域（离散的点）的凸包 $\mathbf{Conv}(X) = \{\boldsymbol{x} : \widetilde{\boldsymbol{A}}\boldsymbol{x} \leqslant \widetilde{\boldsymbol{b}}, \boldsymbol{x} \geqslant \boldsymbol{0}\}$ 是一个多面体。

其中，$\mathbf{Conv}(X)$ 表示可行域 X 的凸包（Convex Hull）。$\widetilde{\boldsymbol{A}}\boldsymbol{x} \leqslant \widetilde{\boldsymbol{b}}$ 精确地刻画出了可行域 X 的凸包。

举一个非常简单的例子，对于整数规划 (11.1)，其可行域如下：

$$x_1 + x_2 \leqslant 6 \tag{11.12}$$

$$9x_1 + 5x_2 \leqslant 45 \tag{11.13}$$

$$x_1, x_2 \geqslant 0 \tag{11.14}$$

$$x_1, x_2 \in \mathbb{Z} \tag{11.15}$$

这些约束的可行域为一些离散的点。如图 11.4（a）中的黑点，而该图中对应的解集的凸包的一个精确刻画可以为

$$x_1 + x_2 \leqslant 6 \tag{11.16}$$

$$9x_1 + 5x_2 \leqslant 45 \tag{11.17}$$

$$-x_1 \leqslant 0 \tag{11.18}$$

$$-x_2 \leqslant 0 \tag{11.19}$$

$$\boxed{3x_1 + 2x_2 \leqslant 15} \tag{11.20}$$

因此有

$$\widetilde{\boldsymbol{A}} = \begin{bmatrix} 1 & 1 \\ 9 & 5 \\ -1 & 0 \\ 0 & -1 \\ 3 & 2 \end{bmatrix}, \widetilde{\boldsymbol{b}} = \begin{bmatrix} 6 \\ 45 \\ 0 \\ 0 \\ 15 \end{bmatrix}$$

因此 $\widetilde{\boldsymbol{A}}\boldsymbol{x} \leqslant \widetilde{\boldsymbol{b}}$ 就是整数规划 (11.1) 的凸包，是对其可行域的凸包的一个刻画，如图 11.4（b）所示。

对于 IP 来讲，最优整数解同样也一定在凸包中，因此在可行域内搜索最优解和在凸包内搜索最优解是等价的。根据这一点，我们可以将原问题重新建模（Reformulation）成下面的线性规划：

$$LP \quad \max\{c^{\mathrm{T}}x : \tilde{A}x \leqslant \tilde{b}, x \geqslant 0\} \tag{11.21}$$

并且，对于所有的 c（也就是任意线性目标函数），LP 的最优极点就是 IP 的最优解。对于混合整数规划，该结论也成立。

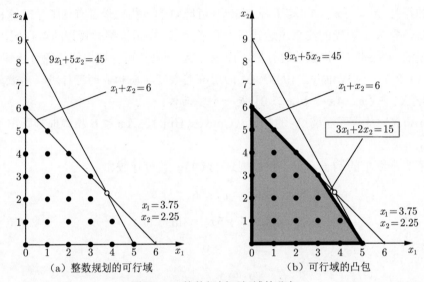

图 11.4　整数规划可行域的凸包

有了上面的结论，我们很容易就可以有一个很大胆的想法。既然凸包对应的 LP 的最优极点就是 IP 的最优解，那我们只要找到 IP 的所有可行解的凸包，然后求解一个线性规划就可以完美地解决整数规划了。

对于最小生成树问题和指派问题来讲，凸包的刻画比较容易，这两类问题都不是 NP-hard 问题。但是对于 NP-hard 问题，找到它们的凸包的清晰刻画基本是不可能的。因此，只能采取一些办法去逼近它们的凸包。

因此本章介绍的有效不等式（Valid Inequality）以及割平面，就是来完成这一任务的。它们的功能就是不断地切割可行域，不断地逼近凸包。

为了寻找凸包，需要将原来问题的约束进行加强。或者说，在原有的约束中，有些约束不够紧，使得可行域距离凸包很远。而我们可以将其转化，生成一些比较紧的、更靠近凸包的约束，以更好地逼近凸包。这就是有效不等式的作用。

根据之前的描述得知，要想逼近凸包，就需要尽可能地将线性松弛问题的不包含任何整数可行解的部分切掉。这表明很多时候当前的约束并不够紧。可以通过改写约束，使得约束变紧，但整数规划的解依然不变。比如下面的例子：

$$X = \{(x, y) : x \leqslant 100y, 0 \leqslant x \leqslant 10, y = 0 \text{ or } 1\}$$

可以很容易得到上述问题更紧的一个版本，比如我们可以添加约束

$$x \leqslant 10y$$

这里，$x \leqslant 10y$ 就是 X 的一个有效不等式（Valid Inequality）。之后将有效不等式用 $\boldsymbol{\pi}^{\mathrm{T}}\boldsymbol{x} \leqslant \pi_0$ 的形式来表示，例如 $3x_1 + 2x_2 \leqslant 15$ 这样的形式。

下面给出有效不等式的定义。

定义 11.2.1 （Wolsey, 1998）任给 $\boldsymbol{x} \in X$，不等式 $\boldsymbol{\pi}^{\mathrm{T}}\boldsymbol{x} \leqslant \pi_0$ 都成立，则不等式 $\boldsymbol{\pi}^{\mathrm{T}}\boldsymbol{x} \leqslant \pi_0$ 是 $X \subseteq \mathbb{R}^n$ 的有效不等式。

如果有整数规划的可行域 $X = \{\boldsymbol{x} \in \mathbb{Z}^n : \boldsymbol{A}\boldsymbol{x} \leqslant \boldsymbol{b}\}$ 和其凸包 $\mathbf{Conv}(X) = \{\boldsymbol{x} \in \mathbb{R}^n : \widetilde{\boldsymbol{A}}\boldsymbol{x} \leqslant \widetilde{\boldsymbol{b}}\}$，不难得出，约束 $\boldsymbol{a}^i \boldsymbol{x} \leqslant \boldsymbol{b}_i$ 和 $\widetilde{\boldsymbol{a}}^i \boldsymbol{x} \leqslant \widetilde{\boldsymbol{b}}^i$ 就是 X 的有效不等式。

关于有效不等式的更多详细解释，参见文献（Wolsey, 1998）。这里仅给出一个定理，该定理在之后介绍 Gomory 割平面时也会用到。

定理 11.2.2 （Wolsey, 1998）设有 $X = \{y \in \mathbb{Z}^1 : y \leqslant b\}$，则不等式 $y \leqslant \lfloor b \rfloor$ 是 X 的一个有效不等式。

在详细介绍分支切割算法之前，我们首先来介绍割平面算法（Cutting Plane Algorithms）。割平面算法是除了分支定界算法以外，求解整数规划的又一个著名的经典算法。

11.3 割平面算法

割平面算法有很多种，本节仅对基本的割平面进行详细阐述。为了便于读者更好地理解割平面算法，我们首先给出割平面算法的一个通用框架。

假设初始模型为 $P = \{\boldsymbol{x} : \boldsymbol{A}\boldsymbol{x} \leqslant \boldsymbol{b}, \boldsymbol{x} \geqslant 0\}$，且 $X = P \cap \mathbb{Z}^n$。（注意，这里的符号可能会引起困惑，P 指的是线性规划的可行域；$\mathbb{Z}^n$ 指的是整数约束。$P \cup \mathbb{Z}^n$ 就表示整数规划的可行域。）

假设有 $X = P \cap \mathbb{Z}^n$ 和 X 的一系列的有效不等式族 $\mathcal{F} : \boldsymbol{\pi}^{\mathrm{T}}\boldsymbol{x} \leqslant \pi_0, (\boldsymbol{\pi}, \pi_0) \in \mathcal{F}$。通常 $\mathcal{F}$ 会包含非常多的不等式（2^n 或者更多）。我们不是为了真正寻找到精确的凸包，而是想要尽可能地逼近它。

下面先来给出一个整数规划 $\mathrm{IP} : \max\{\boldsymbol{c}^{\mathrm{T}}\boldsymbol{x} : \boldsymbol{x} \in X\}$ 的基本的割平面算法，同时，假定已经生成了该 IP 的一个有效不等式族 $\mathcal{F}$。下面就是一个比较简洁的割平面算法的伪代码。（注：该伪代码就是循环找出一个问题的有效割平面，并添加到原模型中，使得原模型更紧。并不能保证一定得到整数最优解。）

Algorithm 6 割平面算法

1: 初始化：设置 $t \leftarrow 0$，$P^0 \leftarrow P$，最大迭代次数 `maxCnt`
2: **while** 未找到整数最优解或 $t < $ `maxCnt` **do**
3:     求解 LP：$\bar{z}^t \leftarrow \max\{cx : x \in P^t\}$
4:     令 x^t 为 LP 的一个最优解
5:     **if** $x^t \in \mathbb{Z}^n$ **then**
6:         停止，x^t 是 IP 的一个最优解，**return** x^t

7:　　　**else if** $x^t \notin \mathbb{Z}^n$ **then**

8:　　　　求解 x^t 和不等式族 $\mathcal{F}$ 构成的分割问题，即寻找割平面

9:　　　**end if**

10:　　　**if** 存在有效不等式 $(\pi^t, \pi_0^t) \in \mathcal{F}$，且 $\pi^t x^t > \pi_0^t$ 割去小数最优解 x^t **then**

11:　　　　$P^{t+1} \leftarrow P^t \cap \{x : \pi^t x \leqslant \pi_0^t\}$

12:　　　　$t \leftarrow t+1$

13:　　　**else**

14:　　　　停止 and **return** P^t

15:　　　**end if**

16:　**end while**

17: **return** P^t

如果上述算法结束时，并没有找到 IP 的一个整数解，则模型

$$P^t = P \cap \{x : (\pi^{\mathrm{T}})^i x \leqslant \pi_0^i, \forall i = 1, 2, \cdots, t\} \tag{11.22}$$

就是 IP 的一个改进模型，约束更紧。可以将 P^t 放入分支定界算法中再继续求解。

注意：在每一次迭代中，不是只能添加一条割，而是可以添加很多条割。

至此就介绍完了上述通用框架，下面具体地介绍一些割平面算法。由于割平面算法有很多种，而且有一些割平面算法涉及很复杂的数学推导，讲解比较困难。为了读者更容易理解割平面算法，我们首先以最基础的 Gomory 割平面算法作为开始（Gomory, 1958）。

11.3.1　Gomory's 分数割平面算法

考虑下面的整数规划：

$$\max\{c^{\mathrm{T}} x : A x = b, x \geqslant 0, x \in \mathbb{Z}^n\}$$

该方法的基本思路是，首先求解上述问题的线性松弛问题，得到线性松弛问题的最优基。如果该最优基对应的最优解不是整数解，用 Gomory 割的方法生成一条割，把这个非整数最优解从可行域中切掉。假设已经得到了最优基，该最优基对应的单纯形表可以写成下面的形式：

$$\max \quad \bar{a}_{00} + \sum_{j \in \mathrm{NB}} \bar{a}_{0j} x_j \tag{11.23}$$

$$\mathrm{s.t.} \quad x_{B_u} + \sum_{j \in \mathrm{NB}} \bar{a}_{uj} x_j = \bar{a}_{u0}, \quad \forall u = 1, 2, \cdots, m \tag{11.24}$$

$$x \geqslant 0, \ x \in \mathbb{Z}^n \tag{11.25}$$

这里，m 是约束的个数，也是约束系数矩阵的行数。我们知道，最优基中的变量的个数是 m（暂时不考虑退化的情况），且 NB 指的是非基变量的集合，B 是基变量的集合。$\bar{a}_{0j} \leqslant 0, \forall j \in \mathrm{NB}$, 且 $\bar{a}_{u0} \geqslant 0, \forall u = 1, 2, \cdots, m$。这里 $\bar{a}_{u0}$ 其实就是这个 LP 线性松弛模型的最优解中决策变量 x_{B_u} 的具体取值，因为约束了 $x \geqslant 0$, 因此有 $\bar{a}_{u0} \geqslant 0$。

如果上面的最优基解 x^* 不是整数解，那就一定存在一行 u 在最优基单纯形表中的右端常数项 $\bar{a}_{u0} \notin \mathbb{Z}^1$（即 $\bar{a}_{u0}$ 是小数）。下面任选一个这样的行，该行的 Gomory 割可以表示为

$$x_{B_u} + \sum_{j\in\text{NB}} \lfloor \bar{a}_{uj} \rfloor \cdot x_j \leqslant \lfloor \bar{a}_{u0} \rfloor \tag{11.26}$$

把式 (11.24) 和式 (11.26) 相减，消除 x_{B_u} 即可得到下面的式子：

$$\sum_{j\in\text{NB}} (\bar{a}_{uj} - \lfloor \bar{a}_{uj} \rfloor) \cdot x_j \geqslant \bar{a}_{u0} - \lfloor \bar{a}_{u0} \rfloor \tag{11.27}$$

令

$$f_{uj} = \bar{a}_{uj} - \lfloor \bar{a}_{uj} \rfloor$$
$$f_{u0} = \bar{a}_{u0} - \lfloor \bar{a}_{u0} \rfloor$$

则表达式 (11.27) 可以表示成

$$\sum_{j\in\text{NB}} f_{uj} x_j \geqslant f_{u0} \tag{11.28}$$

根据上述的描述可知，对于任意一行，比如第 u 行，均有 $0 \leqslant f_{uj} < 1$，且 $0 < f_{u0} < 1$。并且在最优解中，所有非基变量 $x_j^* = 0, \forall j \in \text{NB}$，因此表达式 (11.28) 的左端项 $\sum_{j\in\text{NB}} f_{uj} x_j = \sum_{j\in\text{NB}} f_{uj} \cdot 0 = 0$。因此这个割可以割掉小数最优解 x^*。原因是如果 x^* 是小数，且因为 $x_j^* = 0, \forall j \in \text{NB}$，根据上面的讨论，约束表达式 (11.27) 中的左边 $= 0$，右边 $f_{u0} = \bar{a}_{u0} - \lfloor \bar{a}_{u0} \rfloor > 0$，约束表达式 (11.27) 不成立。因此 x^* 这个小数解不符合这个割约束，所以小数解 x^* 就被割平面割掉了，不可能出现在最优解中。

另外，可以看到式 (11.26) 中的左端项和右端项的差，也就是式 (11.28) 的左端项和右端项的差，即

$$s = -f_{u0} + \sum_{j\in\text{NB}} f_{uj} x_j \tag{11.29}$$

实际上 s 就是这一条约束的松弛变量。其类型同样也是一个非负的整数变量（如果整数规划的右端常数和约束系数都是整数，整数和整数的和、差都是整数，那么松弛变量 s 也必须是非负的整数变量）。

下面用一个例子来更具体了解 Gomory 割平面算法。

$$\max \quad z = 4x_1 - x_2 \tag{11.30}$$
$$\text{s.t.} \quad 7x_1 - 2x_2 \leqslant 14 \tag{11.31}$$
$$x_2 \leqslant 3 \tag{11.32}$$
$$2x_1 - 2x_2 \leqslant 3 \tag{11.33}$$
$$x_1, x_2 \geqslant 0 \text{ 且} \in \mathbb{Z} \tag{11.34}$$

添加松弛变量 x_3, x_4, x_5，这里松弛变量也必须是非负的整数变量，因为该整数规划的约束系数和右端项都是整数，因此松弛变量也必须是非负的整数。求解这个整数规划，得到下面的最优单纯形表：

$$\max \ z = \frac{59}{7} \qquad\qquad -\frac{4}{7}x_3 - \frac{4}{7}x_4$$

$$\text{s.t.} \qquad x_1 \qquad +\frac{1}{7}x_3 + \frac{2}{7}x_4 \qquad = \frac{20}{7}$$

$$x_2 \qquad + x_4 \qquad = 3 \qquad\qquad (11.35)$$

$$-\frac{2}{7}x_3 + \frac{10}{7}x_4 + x_5 = \frac{23}{7}$$

$$x_1, \quad x_2, \quad x_3, \quad x_4, \quad x_5 \geqslant 0 \quad \text{且} \in \mathbb{Z}$$

该线性松弛问题的最优解为 $\boldsymbol{x} = (20/7, 3, 0, 0, 23/7) \notin \mathbb{Z}_+^5$，选取第一行，第一行对应的基变量 x_1 的取值是分数，因此可以生成一条割

$$\frac{1}{7}x_3 + \frac{2}{7}x_4 \geqslant \frac{6}{7}$$

其中 6/7 是右端常数 20/7 的小数部分。即松弛变量为

$$s = -\frac{6}{7} + \frac{1}{7}x_3 + \frac{2}{7}x_4$$

且 $s, x_3, x_4 \geqslant 0$ 为整数。将这条约束加进去，继续用单纯形法求解添加割平面后的模型，得到下面的最优单纯形表：

$$\max \ z = \frac{15}{2} \qquad\qquad\qquad -\frac{1}{2}x_5 - 3s$$

$$x_1 \qquad\qquad +s = \frac{20}{7}$$

$$x_2 \qquad -\frac{1}{2}x_5 + s = \frac{1}{2}$$

$$x_3 \qquad -x_5 -5s = 1$$

$$x_4 + \frac{1}{2}x_5 + 6s = \frac{5}{2}$$

$$x_1, \quad x_2, \quad x_3, \quad x_4, \quad x_5, \quad s \geqslant 0 \quad \text{且} \in \mathbb{Z}$$

现在最优解为 $\boldsymbol{x} = (20/7, 1/2, 1, 5/2, 0) \notin \mathbb{Z}_+^5$。取小数变量 x_2 构造 Gomory 割平面，得

$$\frac{1}{2}x_5 \geqslant \frac{1}{2}$$

或者说，得到松弛变量

$$t = -\frac{1}{2}x_5 + \frac{1}{2}$$

且 $t \geqslant 0$ 为整数。继续求解得

$$\max \ z = 7 \qquad\qquad\qquad -3s - t$$

$$x_1 \qquad\qquad +s = 2$$

$$x_2 \qquad +s -t = 1$$

$$x_3 \qquad -5s -2t = 2$$

$$x_4 \quad\quad +6s+t = 2$$
$$x_5 \quad\quad -t = 1$$
$$x_1, \ x_2, \ x_3, \ x_4, \ x_5, \ s, \ t \ \geqslant 0 \ 且 \in \mathbb{Z}$$

此时，模型得到了整数解 $(x_1, x_2) = (2, 1)$。

继续上面的讨论，下面为第一个割平面：

$$\frac{1}{7}x_3 + \frac{2}{7}x_4 \geqslant \frac{6}{7}$$

从最优单纯形表 (11.35) 中，得知 $x_2 + x_4 = 3 \to x_4 = 3 - x_2$，且 $x_1 + \frac{1}{7}x_3 + \frac{2}{7}x_4 = \frac{20}{7}$，因此 $7x_1 + x_3 + 2x_4 = 20$，所以 $x_3 = 20 - 7x_1 - 2x_4 = 20 - 7x_1 - 2(3 - x_2) = 14 - 7x_1 + 2x_2$。因此可以得到

$$\frac{1}{7}(14 - 7x_1 + 2x_2) + \frac{2}{7}(3 - x_2) \geqslant \frac{6}{7}$$

化简得

$$x_1 \leqslant 2$$

读者可以自行画出该问题的可行域进行验证。$x_1 \leqslant 2$ 确实是一个有效不等式，并且确实将第一次迭代产生的小数最优解 $(x_1, x_2) = (20/7, 3)$ 给切掉了。同理，在第二次迭代中，加入下面的割平面：

$$\frac{1}{2}x_5 \geqslant \frac{1}{2}$$

也可以通过替换，合并化简得

$$x_1 - x_2 \leqslant 1$$

同样，也是将对应的小数解 $(x_1, x_2) = (2, 1/2)$ 给割掉了。

但是，每次都这样去替换非常麻烦，如果有一个通用的规则，能够直接找到这样一个割平面的表达式，并且这个割平面中涉及的变量全部都是最原始的决策变量，而不涉及后来加入的松弛变量，那就非常方便了。下面的定理就给出了找出 Gomory 割平面的一般方式。

定理 11.3.1 （Wolsey, 1998）如果 B 是线性松弛问题的最优基的约束矩阵，B^{-1} 是 B 的逆矩阵，$\boldsymbol{\lambda}$ 是 B^{-1} 的第 u 行，且 $q_i = \lambda_i - \lfloor \lambda_i \rfloor, \forall i = 1, 2, \cdots, m$，则 Gomory 割平面 $\sum_{j \in \mathrm{NB}} f_{uj}x_j \geqslant f_{u0}$ 用原始变量可以表示为

$$\sum_{j}^{n} \lfloor \boldsymbol{q}\boldsymbol{a}_j \rfloor x_j \leqslant \lfloor \boldsymbol{q}\boldsymbol{b} \rfloor \tag{11.36}$$

该不等式的英文名称为 Chvátal-Gomory inequality。这里 $\boldsymbol{q}$ 是 B^{-1} 的其中一行，是个行向量，而 $\boldsymbol{a}_j$ 是原始约束矩阵 $\boldsymbol{A}$ 中的第 j 列，是个列向量。$\boldsymbol{b}$ 是右端常数对应的列向量，其中 $\boldsymbol{q}\boldsymbol{a}_j, \boldsymbol{q}\boldsymbol{b}$ 都是向量相乘，这一点一定注意。

上例中的第一个割平面，见最优单纯形表 (11.35)，这里选择了第一行，而 B^{-1} 是由松弛变量 x_3, x_4, x_5 对应的列给出的，也就是

$$B^{-1} = \begin{bmatrix} \frac{1}{7} & \frac{2}{7} & 0 \\ 0 & 1 & 0 \\ -\frac{2}{7} & \frac{10}{7} & 1 \end{bmatrix}$$

这个割平面对应第一行，也就是 $(1/7, 2/7, 0)$，因此 $\boldsymbol{q} = (1/7, 2/7, 0)$，而上面定理中 n 为原始变量的个数，该例子中 $n = 2$，因此可以得到一个用原始的变量表示的 Gomory 割平面为

$$\sum_{j=1}^{n=2} \lfloor \boldsymbol{q} \boldsymbol{a}_j \rfloor x_j \leqslant \lfloor \boldsymbol{q} \boldsymbol{b} \rfloor$$

$$\Rightarrow \left\lfloor \begin{bmatrix} \frac{1}{7} & \frac{2}{7} & 0 \end{bmatrix} \begin{bmatrix} 7 \\ 0 \\ 2 \end{bmatrix} \right\rfloor \cdot x_1 + \left\lfloor \begin{bmatrix} \frac{1}{7} & \frac{2}{7} & 0 \end{bmatrix} \begin{bmatrix} -2 \\ 1 \\ -2 \end{bmatrix} \right\rfloor \cdot x_2 \leqslant \left\lfloor \begin{bmatrix} \frac{1}{7} & \frac{2}{7} & 0 \end{bmatrix} \begin{bmatrix} 14 \\ 3 \\ 3 \end{bmatrix} \right\rfloor$$

$$\Rightarrow \left\lfloor \frac{11}{7} \right\rfloor x_1 + \lfloor 0 \rfloor \cdot x_2 \leqslant \left\lfloor \frac{20}{7} \right\rfloor$$

最终得到的割平面为

$$1 \cdot x_1 + 0 \cdot x_2 \leqslant 2$$

可以看到，这种方法得出的 Gomory 割平面和之前用变量替换化简的方式得出的割平面是一致的。

到这里，Gomory 割平面算法我们就介绍完毕了。

11.3.2 其他割平面算法

还有很多其他的割平面算法或者有效不等式，我们就不做详细介绍了，仅在这里列出名称，感兴趣的读者可以自行探索。

（1）BQP cut （Boolean Quadric Polytope cut）。

（2）Clique cut。

（3）Cover cut。

（4）Flow cover cut。

（5）Flow path cut。

（6）Gomory cut （Chvátal-Gomory cut）。

（7）GUB cover cut （Generalized Upper Bound cover cuts）。

（8）Implied bound cut。

（9）Infeasibility proof cut。

（10）MIP separation cut。

（11）MIR cut （Mixed Integer Rounding cut）。

（12）Mod-k cut。

（13）Network cut。

（14）Projected implied bound cut。

（15）Relax-and-lift cut。

（16）RLT cut （Reformulation Linearization Technique cut）。

（17）Strong-CG cut （Strong Chvátal-Gomory cut）。

（18）Sub-MIP cut。

（19）Zero-half cut。

上述 19 个 cut 也是 Gurobi 中几乎所有的 cut。到这里，割平面算法的部分就告一段落了。这些 cut 都是针对一般的 MIP 的 cut。对于特定问题，还有特定问题的 cut，比如 VRP 中的 robust cut 等（Costa et al., 2019），这些都需要根据问题的特性去设计。有时找到很有效的 cut 会对求解速度有非常大的提升。关于 VRP 的一些 cut，可以参考文献（Costa et al., 2019）。其中，介绍了鲁棒割平面（robust cuts），包括 k-路径割平面（k-path cuts）、子环路消除约束（subtour elimination constraints，SECs）和容量圆整割平面（rounded capacity cuts）；非鲁棒割平面（Non-robust cuts），包括子集行割平面（Subset Row Cuts，SRCs）、限制记忆的子集行割平面（Limited-memory SRCs）、基本割平面（Elementary cuts）、增强容量割平面（Strengthened capacity cuts）、团割平面（Clique cuts）、k 环消除割平面（k-cycle elimination cuts）、强度割平面（strong degree cuts）等。

接下来，我们就来探讨本章的重头戏，即分支切割算法，看看割平面算法如何与分支定界算法结合更有效地提升整数规划的求解效率。

11.4 分支切割算法：分支定界 ＋ 割平面

11.4.1 分支切割算法伪代码

根据上述描述，可得分支切割（Branch and Cut）算法就是在执行分支定界算法时，在整个 BB tree 中的所有子节点都添加割平面的一种方法。虽然跟分支定界算法相比，似乎只有很小的不同，但是从整体思想来讲是有很大区别的。分支定界算法追求在每个节点尽快重新求解优化模型，努力去逼近凸包，从而更快地探索节点。而分支切割算法在每个节点处都争取做更多的事情，努力去割掉不可能存在整数可行解的区域，更快逼近凸包，去获得更好的 bound。因此，我们的目标不仅是利用割平面提升模型，让模型变得更紧，从而显著地减少 BB tree 中节点的个数，而且尝试一些其他的方法来帮助提升 bound。

在算法实际执行中，分支和割平面明显需要做一个权衡。如果在一个节点添加了过多的割平面，在求解节点的子问题时，就会花费很多时，并且存储整个 BB tree 的信息也是比较困难的。在分支定界算法中，在每个节点处，我们只增加了分支界限的约束。但是在分支切割算法中，我们就会使用一个叫作割平面池（Cut Pool）的集合来存储所有的割平面。另外，为了在节点处存储 bound 和比较好的可行基，我们需要说明哪些约束需要在哪些给定的点进行重新构建，为此我们需要在节点处存储指针信息，这些指针又指向割平面池中的哪些割平面。

为了让大家对分支切割算法的框架有一个更加系统的理解，我们参照文献（Wolsey, 1998），给出分支切割算法框图，如图 11.5 所示。

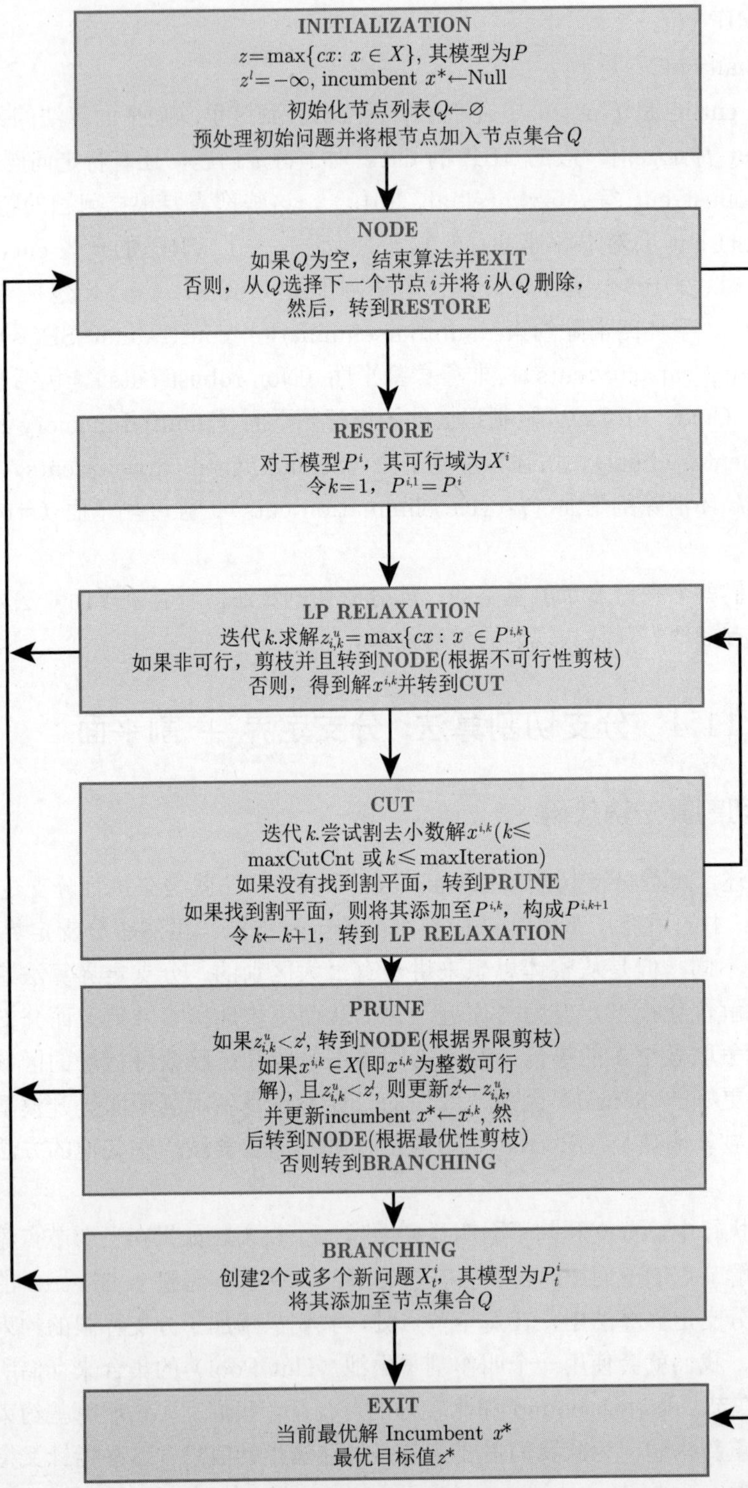

INITIALIZATION

$z = \max\{cx : x \in X\}$，其模型为P

$z^i = -\infty$, incumbent $x^* \leftarrow$ Null

初始化节点列表 $Q \leftarrow \varnothing$

预处理初始问题并将根节点加入节点集合 Q

NODE

如果Q为空，结束算法并**EXIT**

否则，从Q选择下一个节点i并将i从Q删除，

然后，转到**RESTORE**

RESTORE

对于模型P^i，其可行域为X^i

令$k=1$，$P^{i,1} = P^i$

LP RELAXATION

迭代k.求解$z_{i,k}^u = \max\{cx : x \in P^{i,k}\}$

如果非可行，剪枝并且转到**NODE**(根据不可行性剪枝)

否则，得到解$x^{i,k}$并转到**CUT**

CUT

迭代k.尝试割去小数解$x^{i,k}$($k \leqslant$

maxCutCnt 或 $k \leqslant$ maxIteration)

如果没有找到割平面，转到**PRUNE**

如果找到割平面，则将其添加至$P^{i,k}$，构成$P^{i,k+1}$

令$k \leftarrow k+1$，转到 **LP RELAXATION**

PRUNE

如果$z_{i,k}^u < z^i$, 转到**NODE**(根据界限剪枝)

如果$x^{i,k} \in X$(即$x^{i,k}$为整数可行

解)，且$z_{i,k}^u < z^i$，则更新$z^i \leftarrow z_{i,k}^u$,

并更新incumbent $x^* \leftarrow x^{i,k}$，然

后转到**NODE**(根据最优性剪枝)

否则转到**BRANCHING**

BRANCHING

创建2个或多个新问题X_t^i，其模型为P_t^i

将其添加至节点集合Q

EXIT

当前最优解 Incumbent x^*

最优目标值z^*

图 11.5　分支切割算法框图

上述算法框图给出了清晰的思路，参照上面的框图，我们总结出分支切割算法的详细

伪代码。伪代码对于代码实现可以提供更加直接的帮助。

Algorithm 7 Branch and Cut 算法

1: (***** INITIALIZATION *****)

2: 初始化: $z = \max\{\boldsymbol{c}^{\mathrm{T}}\boldsymbol{x} : \boldsymbol{x} \in X\}$, 其模型为 P (P 是线性松弛)

3: $\underline{z} \leftarrow -\infty$

4: 当前最优解 $\boldsymbol{x}^* \leftarrow \text{Null}$

5: 节点列表 $Q \leftarrow P$

6: **while** Q 非空 **do**

7:     (***** NODE *****)

8:     从 Q 中选择节点 i, 并删除

9:     (RESTORE)

10:     获得节点 i 的模型, 其可行域为 X^i

11:     (X^i 就是第 i 个节点整数规划原模型约束加上 cut 之后的模型)

12:     $k \leftarrow 1, P^{i,1} \leftarrow P^i$

13:     (***** LP RELAXATION *****)

14:     **for** $k \leqslant \text{maxIteration}$ **do**

15:         求解 $P^{i,k}$, 并令 $\bar{z}^{i,k} = \max\{\boldsymbol{c}^{\mathrm{T}}\boldsymbol{x} : \boldsymbol{x} \in P^{i,k}\}$

16:         **if** $P^{i,k}$ 非可行 **then**

17:             **break** (转到 **NODE**)

18:         **else if** $P^{i,k}$ 可行 **then**

19:             解 $x^{i,k} \leftarrow$ 提取 $P^{i,k}$ 的解

20:             (***** CUT *****)

21:             尝试割去小数解 $x^{i,k}$

22:             **if** 没有找到割平面 **then**

23:                 (***** PRUNE *****)

24:                 **if** $\bar{z}^{i,k} \leqslant \underline{z}$ (此时可以根据界限剪枝) **then**

25:                     根据界限剪枝

26:                     **break** (转到 **NODE**)

27:                 **else if** $\boldsymbol{x} \in X$ (也就是 $\boldsymbol{x}$ 是整数解) **then**

28:                     $\underline{z} \leftarrow \bar{z}^{i,k}$

29:                     incumbent $\boldsymbol{x}^* \leftarrow x^{i,k}$

30:                     **break** (转到 **NODE**)

31:                 **else**

32:                     (***** BRANCHING *****)

33:                     创建两个或更多新问题 X^i_t, 其模型为 P^i_t

34:                     将 $\{P^i_t\}$ 添加至节点列表 $Q \leftarrow Q \cup \{P^i_t\}$

```
35:            end if
36:        else
37:            $P^{i,k+1} \leftarrow$ 将割平面添加至 $P^{i,k}$
38:            $k \leftarrow k+1$
39:        end if
40:        end if
41:    end for
42: end while
43: return 最优解 $x^*$, 最优目标值 $z^*$
```

11.4.2　分支切割算法: 一个详细的例子

为了更直观地理解分支切割算法,我们以广义指派问题(Generalized Assignment Problem)为例,来大致进行一遍分支切割算法的过程,例子来源于文献(Wolsey,1998)。广义指派问题的模型如下:

$$\max \sum_{i=1}^{m} \sum_{j=1}^{n} c_{ij} x_{ij} \tag{11.37}$$

$$\sum_{j=1}^{n} x_{ij} \leqslant 1, \qquad\qquad \forall i = 1, 2, \cdots, m \tag{11.38}$$

$$\sum_{i=1}^{m} a_{ij} x_{ij} \leqslant b_j, \qquad\qquad \forall j = 1, 2, \cdots, n \tag{11.39}$$

$$x \in \{0,1\}^{m \times n} \tag{11.40}$$

其中, $m = 10, n = 5, \boldsymbol{b} = (91, 87, 109, 88, 64)^{\mathrm{T}}$, 且

$$[c_{ij}] = \begin{bmatrix} 110 & 16 & 25 & 78 & 59 \\ 65 & 69 & 54 & 28 & 71 \\ 19 & 93 & 45 & 45 & 9 \\ 89 & 31 & 72 & 83 & 20 \\ 62 & 17 & 77 & 18 & 39 \\ 37 & 115 & 87 & 59 & 97 \\ 89 & 102 & 98 & 74 & 61 \\ 78 & 96 & 87 & 55 & 77 \\ 74 & 27 & 99 & 91 & 5 \\ 88 & 97 & 99 & 99 & 51 \end{bmatrix}, [a_{ij}] = \begin{bmatrix} 95 & 1 & 21 & 66 & 59 \\ 54 & 53 & 44 & 26 & 60 \\ 3 & 91 & 43 & 42 & 5 \\ 72 & 30 & 56 & 72 & 9 \\ 44 & 1 & 71 & 13 & 27 \\ 20 & 99 & 87 & 52 & 85 \\ 72 & 96 & 97 & 73 & 49 \\ 75 & 82 & 83 & 44 & 59 \\ 68 & 8 & 87 & 74 & 4 \\ 69 & 83 & 98 & 88 & 45 \end{bmatrix}$$

我们用分支定界算法来生成 lifted cover inequalities(该割平面的具体解释见 Wolsey,1998)。在该实例中,程序一共为根节点传了 3 次参数,每一次传参都设置最多添加 5 个割平面。对于其他节点,只传一次参数,每次至多添加 5 个割平面。操作完成之后,获得的分支切割树(Branch and Cut Tree)如图 11.6 所示。

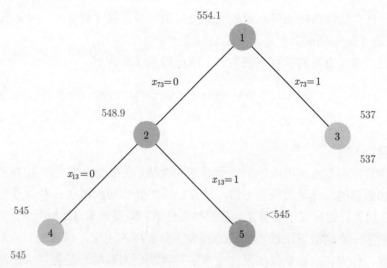

图 11.6 分支切割树

初始化：求解器的预求解部分直接删除了下面 5 个变量 $x_{11}, x_{32}, x_{62}, x_{72}, x_{65}$，因为 $a_{ij} > b_j$。例如 x_{11}，对应的 $a_{11} = 95$，而 $b_1 = 91$，这明显违背约束而导致问题不可行，因此直接将它们删除。

节点 1：节点 1 对应根节点。初始的线性规划的最优值为 595.6。循环 3 次添加割平面之后，一共添加了 14 个割平面，并且加强后的线性规划的最优值为 554.1，且对应的线性规划的解为

$$x_{12} = 1, x_{23} = 0.5, x_{25} = 0.5, x_{31} = 0.76, x_{33} = 0.24,$$
$$x_{43} = 0.5, x_{45} = 0.5, x_{52} = 0.74, x_{54} = 0.26, x_{61} = 1$$
$$x_{73} = 0.5, x_{75} = 0.5, x_{82} = 1, x_{91} = 0.76, x_{94} = 0.24$$
$$x_{10,1} = 0.24, x_{10,4} = 0.76$$

其余的决策变量取值均为 0。

这里取最接近于 0.5 的其中一个决策变量 x_{73} 作为分支变量，构建两个新的子节点，子节点 2 对应 $x_{73} = 0$，子节点 3 对应 $x_{73} = 1$。

节点 3：在子节点 3，算法调用了一次 cut 的函数，加入了 3 个割平面。获得了一个整数解，最优值为 537。因此把当前最优值（incumbent）的下界 $\underline{z}$ 和最优解 x^* 更新一下。另外，该点根据最优性被剪枝（Pruned by optimality）。

节点 2：在节点 2 处，算法调用了一次生成 cut 的函数，生成了一个割平面。这导致该点的加强的线性松弛问题的解为小数解，目标值为 548.9。选择 x_{13} 为分支变量，令 $x_{13} = 0$ 创建子节点 4，令 $x_{13} = 1$ 创建子节点 5。

节点 4：该子节点的子问题求到了整数解，目标值为 545。更新当前最优值和当前最优解。该点因为最优性被剪枝。

节点 5：该点的线性松弛问题的最优解没有超过当前最优值 545，因此根据 bound 将其剪枝（Pruned by bound）。

算法终止：未被查明的节点列表为空，因此得到了最优解

$$x_{12} = x_{23} = x_{31} = x_{43} = x_{52} = x_{61}$$
$$= x_{75} = x_{82} = x_{91} = x_{10,4} = 1$$

其余决策变量均为 0。

如果不设置在根节点调用产生割平面算法的次数，在根节点将会产生 18 个割平面。这样根节点的加强后的目标函数降为 546，并且之后的分支切割树也只有 3 个节点，节点数非常少。但是如果只用分支定界算法，要得到最优解，需要探索 4206 个节点才能获得最优解。这也说明了分支切割算法确实显著地减少了分支树的规模，探索的节点数也明显减少了。很多时候，分支切割算法确实是比分支定界算法更为有效，是更强大的算法。

11.5　Java 调用 CPLEX 实现分支切割算法求解 VRPTW

我们以 VRPTW 为例，来讲解如何使用分支切割算法求解 MIP。VRPTW 的标准模型见第 2.9 节。本节我们主要针对 VRPTW 的标准模型，设计分支策略（Branching Strategy）和割平面（Cutting Plane），然后将分支定界和割平面结合起来使用，组成本章介绍的分支切割。下面我们分别对分支定界和割平面进行单独介绍。

11.5.1　分支定界

关于分支定界的部分中上界、下界如何更新等细节问题，这里不再做详细阐述。本节主要介绍分支策略的设计。在分支定界的过程中，对于 BB tree 的每一个叶子节点，都对应一个 LP（该 LP 是原始 MIP 加上到该节点为止添加的所有分支约束和 Cut 之后，组成的新模型的线性松弛），我们求解该 LP，如果最优解为小数解，则需要进行分支操作。值得注意的是，分支不仅可以根据单个变量进行分支（整数变量和连续变量均可），还可以按照一些综合指标或者规则进行分支。本章的代码中，仅实现了针对单个决策变量进行了分支。但是我们在文中会介绍一些其他的分支策略。

回顾 VRPTW 的 MIP 模型，决策变量有两组，即为

（1）x_{ijk}：0-1 变量；

（2）s_i^k：连续型变量。

我们可以直接根据整数决策变量 x_{ijk} 进行分支，也可以针对连续变量 s_i^k 设计分支，还可以根据车辆数等综合指标分支。在这里，我们仅给出 3 种可选的分支策略：

（1）针对 x_{ijk} 进行分支；

（2）针对车辆数进行分支；

（3）针对资源窗口进行分支。

下面仅给出前 2 条分支策略的详细介绍。对于第 3 条分支策略，只给出粗略的描述。

可以将资源窗口分成若干更小的资源窗口，根据这些更小的资源窗口对模型进行分支，配合其他分支策略，加速整个求解过程，详见文献（Desaulniers et al., 2006）。

1. 对 x_{ijk} 进行分支

如果父节点的线性松弛后的 LP 的解不是整数可行解，我们任意选择一个取值为小数的 x_{ijk}，对其进行分支，创建两个子节点。其中左子节点加入约束 $x_{ijk} = 0$，右子节点加入约束 $x_{ijk} = 1$。之后就继续进行分支定界的迭代。也可以选择取值最接近 0.5 的 x_{ijk} 进行分支。

由于 x_{ijk} 是 0-1 变量，因此在 Java 调用 CPLEX 实现该分支操作的过程中，可以简单地通过改变 x_{ijk} 的上界或者下界来完成分支约束的添加。相应的函数为 `setLB()` 和 `setUB()`。当然，也可以通过构建新的约束，添加到子节点的 LP 中的方法实现。不过后者就需要特别注意，创建左子节点和右子节点时，一定要对父节点的 LP 做深拷贝，不能直接简单的赋值，否则有可能会导致左子节点添加完分支约束、右子节点由于没有做深拷贝而添加了两条互斥的分支约束，最终导致右子节点的 LP 不可行。

2. 对车辆数进行分支

除了对单个的决策变量进行分支，我们还可以对一些综合指标进行分支。使用的总车辆数就是一个非常有用的指标。这里，我们只关注单个弧段 (i, j) 上的车辆数。弧段 (i, j) 上的车辆数的总和为

$$f_{ij} = \sum_{k \in K} x_{ijk} \tag{11.41}$$

不难得出，弧段 (i, j) 上使用的车辆数一定是整数，否则该解必然不是可行解。假设 $f_{ij} = n_0$，n_0 为小数。则我们可以根据该信息创建两个子节点，同时也相应地创建 2 个互斥的分支约束

$$f_{ij} = \sum_{k \in K} x_{ijk} \leqslant \lfloor n_0 \rfloor \tag{11.42}$$

$$f_{ij} = \sum_{k \in K} x_{ijk} \geqslant \lceil n_0 \rceil \tag{11.43}$$

并将其分别添加到左右子节点中。

11.5.2 割平面

分支切割算法的另外一个重要部分就是割平面。割平面的作用就是在子节点处寻找到更紧的约束，添加到模型中，进而更好地逼近该节点 LP 的可行域中所有整数可行解构成的凸包。需要特别指出的是，这些约束必须要保证不会割去任何整数可行解。根据之前的介绍，割平面的加入，很多时候可以减少分支的次数，从而减少探索的节点的个数，进而加快求解速度。

事实上，分支定界算法的过程中加入的分支约束，就可以看作一种特殊的割平面。而分支切割算法中，只是在分支时，除了加入分支约束，还需要加入额外的 Cut。

本章仅采用最直观、最易理解的一种割，即 k-路径割平面（k-path Cuts）。

k-路径割平面是基于下面的观察提出的。给定一个顾客点的子集 $S \subset V$，我们可以评估出，服务完这些顾客最少需要的车辆数 $k(S)$。因此，在最优解中，对于子集 S 组成的部分图而言，进入集合 S 的车辆数必定大于或等于 $k(S)$。因此对于 VRPTW （和 CVRP）而言，我们就可以给出下面的有效不等式（Valid Inequality），或者说 Cuts：

$$X(S) = \sum_{(i,j)\in \text{in}(S)} x_{ij} \geqslant k(S) \tag{11.44}$$

其中,$(i,j) \in \text{in}(S)$ 表示进入集合 S 的所有弧，$X(S)$ 表示当前解中进入集合 S 的流量的总和，也就是进入集合 S 的车辆数。关于如何估计 $k(S)$，这里给出一个非常直观的方法。我们用集合 S 中的所有顾客的总需求，除以车辆的容量，取上界即可，即

$$k(S) = \left\lceil \frac{d(S)}{Q} \right\rceil = \left\lceil \frac{\sum\limits_{i\in S} q_i}{Q} \right\rceil \tag{11.45}$$

上述评估方法仅仅是给出了 $k(S)$ 的一个上界，实际上该上界是不够紧的，有一些研究针对此做了一些加强，提出了更紧的 $k(S)$ 的上界，详见文献 Baldacci et al., 2008 和 Costa et al., 2019。

本书提供了上述内容的完整代码实现，详见附配资源。

11.6 Python 调用 Gurobi 实现分支切割算法求解 VRPTW 完整代码

我们也提供了 Python 版本的分支切割算法的代码，包括手动实现分支定界以及割平面的版本和使用 callback 添加割平面的版本。同样，我们选取取值最接近 0.5 的决策变量 x 进行分支，在每个子节点处，最多添加 5 条 k-路径割平面。

我们取 C101 中前 60 个客户点作为测试算例，设置车辆数为 8，对比分支定界算法和分支切割算法的求解效果。如图 11.7 所示，分支切割算法的迭代次数较少，探索的节点数也更少。

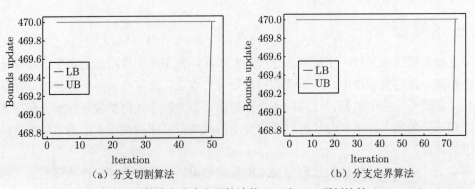

(a) 分支切割算法   (b) 分支定界算法

图 11.7 分支切割算法和分支定界算法的 UB 和 LB 更新比较 (C101-60)

在 callback 版本的代码中，首先要注意，一定要将参数 PreCrush 设置为 1，语法为 model.Params.PreCrush=1。因为在 Gurobi 中，想要添加自己设计的 Cut，必须要设置该参数。构造自己设计的 Cut 之前，首先需要在 callback 函数中判断 where 等于 GRB.Callback.MIPNODE，也就是我们要在 BB tree 的节点处添加 Cut。然后我们判断该节点的线性松弛模型是有最优解的，即用语句 model.cbGet(GRB.Callback.MIPNODE_STATUS) 得到该点的求解状态，当状态为 GRB.OPTIMAL 时，我们就可以添加 Cut 了。此时，先通过调用函数 cbGetNodeRel 获得当前节点的松弛解，然后根据松弛解和外部变量 model._vars 构造 Cut 的左端线性表达式，最后调用函数 cbCut 将该 Cut 添加到当前模型中。注意，函数 cbCut 的参数中没有 name 这个参数。按照上述操作，就完成了使用 callback 构造用户自己设计的 Cut。

11.7　Java 调用 CPLEX 实现分支切割算法求解 CVRP：回调函数添加割平面

本节提供了一种基于求解器提供的 callback 函数来实现分支切割的方法。这种方法省去了自己实现分支定界算法的过程，便于研究者将主要精力集中在如何构建 Cut 上，并且实现起来更容易。

我们以 Capacitated Vehicle Routing Problem（CVRP）为例，介绍结合 callback 函数的分支切割算法的实现。本代码通过简单的修改之后，也可以用于求解 VRPTW。接下来，我们首先给出 CVRP 的基本模型，然后给出割平面的详细介绍，最后附以完整的代码。

11.7.1　CVRP 的基本模型

CVRP 可以看作 VRPTW 的一个松弛版本。只要将 VRPTW 中的时间窗约束去掉，VRPTW 就退化成了 CVRP。在本节中，我们考虑所有的车都是同质的。

本节中用到的模型来自文献（Toth and Vigo, 2014），模型所需的符号定义如下。客户集为 $N=\{1,2,\cdots,n\}$，其中每个客户 i 都具有已知的非负需求 q_i。中央仓库，即 depot，用 0 点表示。K 辆相同的车辆被停放在 depot，每辆车的容量为 Q。

设 $G=(V,E)$ 是一个完全图，其中，$V=\{0\}\cup N$, 且 $E=\{(i,j):i,j\in V,i\neq j\}$，这里，我们考虑 E 是无向的。c_{ij} 是每个边 $(i,j)\in E$ 的成本。

给定一个客户集 $S\subseteq N$，设 $q(S)=\sum_{i\in S}q_i$ 表示集合的总需求量。$\delta(S)$ 表示在 S 中只有一个端点的边的集合。$e\in E$ 为所有弧的集合。当考虑单顶点 $i\in V$ 时，写作 $\delta(i)$。$A(S)$ 表示 S 中的所有边。

我们用 $\gamma(S)$ 表示需要为 S 中所有客户提供服务车辆的最小数量，它可以被当作装箱问题来计算。我们通常取 $\gamma(S)=\lceil q(S)/Q\rceil$。

基于上面的介绍,我们给出 CVRP 的基本模型如下:

$$\min \quad \boldsymbol{c}^{\mathrm{T}}\boldsymbol{x} \tag{11.46}$$

$$\text{s.t.} \quad x(\delta(i)) = 2, \qquad \forall i \in N \tag{11.47}$$

$$x(\delta(0)) = 2|K| \tag{11.48}$$

$$x(\delta(S)) \geqslant 2\gamma(S), \quad \forall S \subseteq N, \forall S \neq \varnothing \tag{11.49}$$

$$x_e \in \{0,1,2\}, \qquad \forall e \in \delta(0) \tag{11.50}$$

$$x_e \in \{0,1\}, \qquad \forall e \in E除去\delta(0) \tag{11.51}$$

其中,约束 (11.47) 和 (11.48) 保证了每个客户点均被访问一次,有且仅有 K 辆车从 depot 出发并回到 depot。约束 (11.49) 则保证了容量及回路约束(Subtour Elimination Constraints,SECs)。

由于约束 (11.49) 数量非常庞大,在建模的时候就全部列举并且加入非常耗时。因此我们用惰性约束(lazy constraint)的方式添加该约束。也就是说,在 CVRP 的分支切割算法代码中,约束 (11.49) 将先被松弛掉,在松弛后的模型解出整数解时,做出当前解是否违背该约束的判断,再以惰性约束的方式加入模型中重新求解。同时,在模型解出小数解时也可以用同样的方式加入一些 user cut 到模型中,使模型的解空间缩小来进行加速。需要注意的是,在某一节点加入过多的用户定义割平面(user cut)也会占用不少的处理时间,影响模型的求解速度。但我们不用为此担心,CPLEX 和 Gurobi 均提供了十分好用的 callback 函数,可以直接用于用户自定义割平面和惰性约束的设置,在模型求解的过程中这些约束会自动选择合适的时机加入模型中,省去了手动进行分支定界的过程,十分方便。

11.7.2 割平面

本节中所采用的 Cut 依然是上节所提到的 k 路径割平面,即约束 (11.49)。其中约束右端项中对于最少所需车辆数的估计,可以直接用集合 S 中的所有顾客的总需求除以车辆的容量,取上界即可。

1. 单个割平面的生成

对于松弛模型求得的解,需要使所有的客户集子集 $S \subseteq N$ 都满足容量及回路约束,才能得到最优解。所以要判断当前解是否违背约束,需要快速找出客户集 S,才能进一步生成 Cut 加入模型中。一种简单的寻找方式如下。

(1)首先找到当前解中取值最大的一条边 $(i,j) \in E$,将对应的客户点 i,j 合并得到 S。

(2)再依次寻找与合并后的 S 相连取值最大的边,并将对应的点加入 S,直到找不到任意一条取值大于 0 的边与 S 相连。

(3)将 S 中所有点到 depot 和其他不在 S 中的点对应的边的取值相加得到 $x(\delta(S))$,并求得 S 所需的最小车辆数 $\lceil q(S)/Q \rceil$。

（4）判断约束 (11.49) 是否满足，若不满足则将生成的约束加入模型中。

2. CPLEX 中 callback 函数的调用方法

CPLEX 提供了 IloCplex.UserCutCallback 和 IloCplex.LazyConstraintCallback 两个类。用户可以通过自定义类来继承这两个父类来完成 callback 函数的设置。

本节中调用 UserCutCallback 加 Cut 的代码如下。继承后的类会自动生成一个 main() 函数，在 main() 函数中即可调用 Cut 的生成函数，并将生成的 Cut 通过 addLocal() 函数加入模型中。

UserCutCallback

```
1   public static class Callback extends IloCplex.UserCutCallback{
2   Cut cut;
3   ArrayList<IloNumExpr> cutLhs;
4   ArrayList<Integer> cutRhs;
5   IloNumVar[] x;
6   IloCplex ilcplex;
7   int nCus;
8   Instance instance;
9   Callback(IloNumVar[] x0,IloCplex ilcplex0,int nCus0,Instance
    instance0){
10          x=x0;
11          ilcplex=ilcplex0;
12          nCus=nCus0;
13          instance=instance0;
14  }
15
16  public void main() throws IloException{
17          double[] xSol = getValues(x);
18          //生成Cut
19          cut = makecuts(x, xSol, nCus, ilcplex, instance);
20          //添加Cut
21          cutLhs = cut.getLhsExprs();
22          cutRhs= cut.getRight();
23          for(int i = 0; i< cutLhs.size(); i++) {
24                  addLocal(ilcplex.ge(cutLhs.get(i), cutRhs.get(i)));
25          }
26  }
27 }
```

调用 LazyConstraintCallback 的代码 UserCutCallback 几乎相同，其中需要注意的是生成的 Cut 是通过 add() 函数加入模型中，而不是 addLocal() 函数。代码如下：

LazyConstraintCallback

```
1    public static class LazyCallback extends IloCplex.
     LazyConstraintCallback {
2            Cut cut;
3            ArrayList<IloNumExpr> cutLhs;
4            ArrayList<Integer> cutRhs;
5            IloNumVar[] x;
6            IloCplex ilcplex;
7            int nCus;
8            Instance instance;
9            LazyCallback(IloNumVar[] x0,IloCplex ilcplex0,int nCus0,
     Instance instance0){
10                   x=x0;
11                   ilcplex=ilcplex0;
12                   nCus=nCus0;
13                   instance=instance0;
14           }
15
16           public void main() throws IloException{
17                   double[] xSol = getValues(x);
18                   cut = makecuts(x, xSol, nCus, ilcplex, instance);
19                   cutLhs = cut.getLhsExprs();
20                   cutRhs= cut.getRight();
21                   for(int i = 0; i< cutLhs.size(); i++) {
22                       add(ilcplex.ge(cutLhs.get(i), cutRhs.get(i)));
23                   }
24           }
25    }
```

在完成模型的其他基本约束及目标函数定义后,将两个定义好的类加入模型中,然后进行求解即可。代码如下:

LazyConstraintCallback

```
1    ilcplex.use(new Callback(x,ilcplex,nodeNum,instance));
2    ilcplex.use(new LazyCallback(x,ilcplex,nodeNum,instance));
```

本节的完整代码见附配资源。

第12章 拉格朗日松弛

拉格朗日松弛（Lagrangian Relaxation）是一个非常重要的算法。该算法在运筹优化领域通常与分支定界算法、分支切割算法、分支定价算法等联合使用，一般用来为算法提供较好的上界或者下界，以加快算法收敛。本章我们首先介绍最优性（Optimality）和松弛（Relaxation）的相关理论，然后详细介绍拉格朗日松弛的原理、伪代码和代码实现。本章的大部分内容均参考自文献（Wolsey，1998）第 2 章和第 10 章，感兴趣的读者可以参考相应章节阅读完整内容。另外，本章中涉及较多的定理，为了提高可读性，我们仅给出了部分定理的证明。

12.1 最优性和松弛

给定一个整数规划（Integer Programming，IP）或者组合优化问题（Combinatorial Optimization Problem，COP）模型

$$z = \max\{c(\boldsymbol{x}) : \boldsymbol{x} \in X \subseteq \mathbb{Z}^n\} \tag{12.1}$$

我们如何能够证明一个给定的解 $\boldsymbol{x}^*$ 是最优解呢？为了证明这一点，我们需要给出一些最优性的判定条件，这能够为我们的 IP 算法的停止条件提供一些帮助。

一个比较基本的想法就是，我们找到一个下界 $\underline{z} \leqslant z$ 以及一个上界 $\bar{z} \geqslant z$，使得 $\underline{z} = \bar{z} = z$。这意味着在实际的算法迭代中，我们将会找到一个目标函数 UB 的递减序列

$$\bar{z}_1 > \bar{z}_2 > \cdots > \bar{z}_s \geqslant z$$

以及一个下界的递增序列

$$\underline{z}_1 < \underline{z}_2 < \cdots < \underline{z}_t \leqslant z$$

当上界和下界的差值小于我们给定的一个容差界限 ϵ（$\epsilon > 0$, 例如 0.001）时，算法就可以停止了。如图 12.1所示，也就是

$$\bar{z}_s - \underline{z}_t \leqslant \epsilon$$

因此，我们需要找出些能够产生这样的上界和下界的方法。

如果说能够找到一些非常好的界限，这将为我们的算法收敛起到很明显的帮助。从理论上来讲，找到一些比较好的上界或者下界，也是比较好的理论贡献。有些时候，虽然说

得到最优解很困难，大规模问题也较难求解，但是如果能通过理论推导，得出比较紧的界限，可能对算法的收敛有较大的帮助。而拉格朗日松弛有时就会用于得到原问题的一个边界。

图 12.1　整数规划的解的界限

12.1.1　原始边界

我们知道，对于 LP 而言，一个原问题（Primal Problem），会有与之对应的对偶问题（Dual Problem）。如果原问题为 max，那么对偶问题就为 min。并且对偶问题 min 的任意一个可行解，都是原问题 max 的一个上界。这是弱对偶性定理。另外，如果 LP 的原问题和对偶问题的可行域均为非空，则原问题和对偶问题的最优解的最优值是一样的（强对偶性定理）。因此，对偶理论在推导界限方面，有非常大的作用。原问题的解的信息，就可以为原问题提供界限。

具体来讲，每一个可行解 $x^* \in X$ 都是原问题的一个下界 $\underline{z} = c(x^*) \leqslant z$，我们称这种界限为原始边界（Primal Bounds），简称原界。这是我们唯一知道的能够获得下界的方法。对于一些 IP 而言，找到一个可行解是非常容易的，但是关键的问题是如何找到比较高质量的可行解。比如说 TSP，如果任意两个节点之间都可以直接到达，那么交换任意两个节点的访问顺序，就可以得到一个可行解。我们通过评估这个可行解，就可以得到全局最优

值 z 的一个原界。另外一些比较难的 IP，我们就需要更复杂的获得可行解的办法，比如用启发式算法获得可行解，从而获得下界。

12.1.2 对偶边界

获得 max 问题的上界（或者 min 问题的下界）是非常困难的事情。这些界限叫作对偶边界（Dual Bounds）。称其为对偶边界的原因是，对于 max 问题，其对偶问题（min）的任意一个可行解就是原问题（max）的一个上界（因此通过求解对偶问题，得到原问题的上界是一个可选的方法）。基于此，我们将 max 问题的上界，或者 min 问题的下界称为对偶边界。获得对偶边界的最重要的方法就是 "松弛"，其主要思想就是，用一个比较简单的优化模型来替代一个比较困难的 max（min）IP，这个简单的优化模型的最优值大于或等于（小于或等于）原来 IP 的最优值 z。为了让松弛问题有如上所述的性质，我们可以做下面两类操作。

（1）松弛问题扩大了可行解的集合，因此是在一个更大的集合上做优化；

（2）将原来的 max（min）目标函数替换为一个取值永远大于或等于（小于或等于）原目标函数的函数。

定义 12.1.1 （Wolsey, 1998）问题（RP）$z^R = \max\{f(\boldsymbol{x}) : \boldsymbol{x} \in T \subseteq \mathbb{R}^n\}$ 是原问题（IP）$z = \max\{c(\boldsymbol{x}) : \boldsymbol{x} \in X \subseteq \mathbb{R}^n\}$ 的一个松弛，当满足下列条件：

（1）$X \subseteq T$；

（2）$f(\boldsymbol{x}) \geqslant c(\boldsymbol{x}), \forall \boldsymbol{x} \in X$。

定理 12.1.1 （Wolsey, 1998）如果 RP 是 IP 的一个松弛，则 $z^R \geqslant z$。

证明： 如果 $\boldsymbol{x}^*$ 是 IP 的一个最优解，则 $\boldsymbol{x}^* \in X \subseteq T$，且 $z = c(\boldsymbol{x}^*) \leqslant f(\boldsymbol{x}^*)$。由于 $\boldsymbol{x}^* \in T$，$f(\boldsymbol{x}^*)$ 是 z^R 的一个下界，因此 $z \leqslant f(\boldsymbol{x}^*) \leqslant z^R$。

12.2 对　　偶

由于对偶理论（Duality Theory）是获得线性规划（max 问题）的上界的一个标准方法，因此我们就要问，我们有没有可能获得整数规划的对偶呢？虽然整数规划不能像线性规划一样，可以直接写出对偶问题的模型，但是我们可以通过其他方法获得一些信息。对偶的一个很好的性质就是，对偶问题的任意一个可行解，就是原问题目标函数值 z 的一个上界（max 问题）。

定义 12.2.1 （Wolsey, 1998）假设有 2 个问题

$$(\text{IP}): \qquad z = \max\{c(\boldsymbol{x}) : \boldsymbol{x} \in X\}$$

$$(D): \qquad w = \min\{w(\boldsymbol{u}) : \boldsymbol{u} \in U\}$$

当 $c(\boldsymbol{x}) \leqslant w(\boldsymbol{u})$，对所有 $\boldsymbol{x} \in X$ 和 $\boldsymbol{u} \in U$ 都成立时，IP 和 D 是一对弱对偶对（weak-dual pair）。当 $z = w$ 时，它们是一对强对偶对（strong-dual pair）。

对偶问题相比于松弛的方法的好处在于，任意一个对偶问题的可行解都是原问题的最优值 z 的一个上界，而对于原问题 IP 而言，必须要求解 IP 的线性松弛，得到最优解，才能获得一个上界。二者相比，求解对偶问题，得到一个可行解显然更容易。对偶问题的这个优势是非常棒的。但问题是，IP 的对偶真的存在吗？根据之前的介绍，我们知道，IP 的强对偶我们不确定其存在与否，但幸运的是，IP 的弱对偶却是存在的，且可以直接写出来。

不难得出，原问题 IP 的线性松弛的对偶可以为原问题提供一个弱对偶。因为 $z^R \geqslant z^{\mathrm{IP}}$，而线性松弛问题的对偶的任意可行解（目标值用 z^{DR} 表示）是原问题 IP 的线性松弛的上界，因此 $z^{\mathrm{DR}} \geqslant z^R \geqslant z^{\mathrm{IP}}$。

定理 12.2.1 （Wolsey，1998）整数规划 $z = \max\{c^{\mathrm{T}}x : Ax \leqslant b, x \in \mathbb{Z}_+^n\}$ 和线性规划 $w^{\mathrm{LP}} = \min\{u^{\mathrm{T}}b, u^{\mathrm{T}}A \geqslant c, u \in \mathbb{R}_+^m\}$ 组成一个弱对偶对。

根据文献（Wolsey，1998）的命题 2.3，不难得出，对偶问题有时候可以辅助我们验证解的最优性。

定理 12.2.2 （Wolsey，1998）假设 IP 和 D 是一对弱对偶对，则

（1）如果 D 是无界的，则 IP 是非可行的；

（2）如果 $x^* \in X$，且 $u^* \in U$ 满足 $c(x^*) = w(u^*)$，则 x^* 是 IP 的最优解，且 u^* 是 D 的最优解。

12.3 拉格朗日松弛

12.3.1 拉格朗日松弛介绍

介绍完上面的基础理论，下面来正式介绍拉格朗日松弛。首先，我们假设有下面的整数规划（IP）。

$$z = \max \quad c^{\mathrm{T}}x \qquad \text{(IP)}$$
$$\text{s.t.} \quad Ax \leqslant b$$
$$Dx \leqslant d$$
$$x \in \mathbb{Z}_+^n$$

假如只考虑约束 $Ax \leqslant b$，模型非常容易求解，而加入了约束 $Dx \leqslant d$ 之后，就非常难求解。如果说我们将比较难求解的约束 $Dx \leqslant d$ 松弛掉，那么剩余的问题相对于原来的 IP 就容易多了。这种情况非常常见，例如 TSP 中消除子环路的约束比较复杂，如果将其删除，剩余的部分将变成一个指派问题，非常容易求解。或者既有整数变量、也有连续变量的模型中，将整数变量参与的约束松弛掉，问题也会变得非常容易求解。

但是，如果直接将比较复杂的约束 $Dx \leqslant d$ 删除，那得到的界限就会非常弱，因为忽略了很重要的约束。不过可以通过拉格朗日松弛来改善这个缺陷。

下面考虑 IP：

$$z = \max \quad c^{\mathrm{T}}x$$

$$\text{s.t.} \quad \boldsymbol{Dx} \leqslant \boldsymbol{d}$$
$$\boldsymbol{x} \in X$$

其中，$\boldsymbol{Dx} \leqslant \boldsymbol{d}$ 是 m 个比较复杂的约束。

注意：这里的 $\boldsymbol{x} \in X$ 指的是 $\boldsymbol{x}$ 落在 $\boldsymbol{Ax} \leqslant \boldsymbol{b}$ 和 $\boldsymbol{x} \in \mathbb{Z}_+^n$ 共同约束的可行域里。

对于任意的 $\boldsymbol{u} = (u_1, u_2, \cdots, u_m), u_i \geqslant 0, \forall i = 1, 2, \cdots, m$，我们定义下面的问题：

$$\text{IP}(\boldsymbol{u}) \quad z(\boldsymbol{u}) = \max \quad \boldsymbol{c}^\mathrm{T}\boldsymbol{x} + \boldsymbol{u}^\mathrm{T}(\boldsymbol{d} - \boldsymbol{Dx})$$
$$\text{s.t.} \quad \boldsymbol{x} \in X$$

定理 12.3.1 （Wolsey，1998）对于任意的 $\boldsymbol{u} \geqslant \boldsymbol{0}$，问题 IP($\boldsymbol{u}$) 是问题 IP 的一个松弛问题。

证明：回忆之前讲过的，问题 IP($\boldsymbol{u}$) 是问题 IP 的一个松弛，需要满足下面两个条件：

（1）两者的可行域至少要一样大。上述命题中，因为 $\{\boldsymbol{x} : \boldsymbol{Dx} \leqslant \boldsymbol{d}, \boldsymbol{x} \in X\} \subseteq X$，所以两者的可行域满足该条件。

（2）对于处在 IP 的可行域中的任意可行解，对应的 IP($\boldsymbol{u}$) 的目标函数，要大于或者等于 IP 的目标函数。由于 $\boldsymbol{u} \geqslant \boldsymbol{0}$，且 $\boldsymbol{Dx} \leqslant \boldsymbol{d}$，因此对于任意的 $\boldsymbol{x} \in X, \boldsymbol{c}^\mathrm{T}\boldsymbol{x} + \boldsymbol{u}^\mathrm{T}(\boldsymbol{d} - \boldsymbol{Dx}) \geqslant \boldsymbol{c}^\mathrm{T}\boldsymbol{x}$。问题 IP($\boldsymbol{u}$) 和 IP 同时满足上面两条，因此命题得证。

可以发现，对于每一个复杂约束 $\boldsymbol{Dx} \leqslant \boldsymbol{d}$，处理它们的方式就是将它们加入目标函数中，再乘以一个权重 $\boldsymbol{u}$，构成一个惩罚项 $\boldsymbol{u}^\mathrm{T}(\boldsymbol{d} - \boldsymbol{Dx})$。这个惩罚因子 $\boldsymbol{u}$ 其实就是约束 $\boldsymbol{Dx} \leqslant \boldsymbol{d}$ 的影子价格（Shadow Price）或者对偶变量（Dual Variable），我们称其为拉格朗日乘子（Lagrange Multiplier）。

将 IP($\boldsymbol{u}$) 称为原问题 IP 的参数为 $\boldsymbol{u}$ 的拉格朗日松弛的子问题。由于 IP($\boldsymbol{u}$) 是 IP 的一个松弛，因此 $z(\boldsymbol{u}) \geqslant z$，于是就获得了 IP 的一个上界。我们的目标是找到最好的上界，也就是找到最佳的 $\boldsymbol{u}$ 值，使得拉格朗日松弛的目标函数尽可能小，这样才能更好地逼近 IP 的目标函数。

12.3.2 拉格朗日对偶问题

为了获得最佳的 $\boldsymbol{u}$，我们需要解决下面的拉格朗日对偶问题（Lagrangian Dual Problem）：

$$\text{(LD)} \quad w_{\text{LD}} = \min\{z(\boldsymbol{u}) : \boldsymbol{u} \geqslant \boldsymbol{0}\}$$

我们观察到，当 m 个复杂约束都取到了等号，也就是 $\boldsymbol{Dx} = \boldsymbol{d}$ 时，对应的拉格朗日乘子 $\boldsymbol{u}$ 就可以变成无符号限制的，即此时 $\boldsymbol{u} \in \mathbb{R}^m$。相应地，拉格朗日对偶问题就变成了

$$w_{\text{LD}} = \min_{\boldsymbol{u}} z(\boldsymbol{u})$$

求解上面的拉格朗日松弛 IP($\boldsymbol{u}$) 有时可能会得到原问题 IP 的最优解。

定理 12.3.2 （Wolsey，1998）如果 $u \geqslant 0$，且有

（1）$x(u)$ 是 IP(u) 的一个最优解；

（2）$Dx(u) \leqslant d$；

（3）对于所有的 $u_i > 0$，都有 $[Dx(u)]_i = d_i$（互补松弛性），

则 $x(u)$ 是 IP 的最优解。

证明：根据定理第（1）条，我们有 $w_{\mathrm{LD}} \leqslant z(u) = c^{\mathrm{T}}x(u) + u^{\mathrm{T}}(d - Dx(u))$。根据定理第（3）条，我们有 $c^{\mathrm{T}}x(u) + u^{\mathrm{T}}(d - Dx(u)) = c^{\mathrm{T}}x(u)$。根据定理第（2）条，我们有 $x(u)$ 是 IP 的一个可行解，因此 $c^{\mathrm{T}}x(u) \leqslant z$。因此我们有 $w_{\mathrm{LD}} \leqslant c^{\mathrm{T}}x(u) + u^{\mathrm{T}}(d - Dx(u)) = c^{\mathrm{T}}x(u) \leqslant z$。但是由于 $w_{\mathrm{LD}} \geqslant z$，因此此时 $w_{\mathrm{LD}} = z$，所以得到，$x(u)$ 是 IP 的最优解。

注意到如果约束 $Dx \leqslant d$ 都取到了等号，那么条件（3）就会自动成立。且此时如果 IP(u) 的一个最优解同时也是 IP 的可行解，那么该解同时也是 IP 的最优解。

这里来直观解释互补松弛性。互补松弛性定理的内容是，若原问题和对偶问题均得到了最优解，则原问题第 i 个约束的松弛变量 s_i 与其对偶变量 y_i 的乘积为 0，即 $s_i y_i = 0$。而松弛变量为 $s_i = d_i - (Dx)_i$，因此有 $y_i(d_i - (Dx)_i) = 0$。

互补松弛性并不难理解，约束 $(Dx)_i \leqslant d_i$ 是第 i 种资源的限制，该资源是有限的。如果该资源是紧缺的，那么该资源一定供不应求，也就是在最优解中，一定有 $(Dx)_i = d_i$，即该种资源全部都被使用了。此时，如果资源 i 能够再增加一些，目标函数还能继续增大。这就说明，该资源的边际收益或者影子价格就大于 0。影子价格反映了单位资源的增加会给目标函数带来的收益。此时，影子价格和第 i 个松弛变量满足 $s_i y_i = 0$。

反之，如果资源 i 是不紧缺的或者是充足的，那么最优解一般会满足 $(Dx)_i < d_i$，该资源 i 会剩余 $d_i - (Dx)_i$。因此剩余变量为 $s_i = d_i - (Dx)_i > 0$。既然该资源是充足的、剩余的，那么再增加该资源的供应，也不会改善目标函数，因此其影子价格就为 0，即 $y_i = 0$。此时，亦有 $s_i y_i = 0$。这就是互补松弛性的直观理解。

下面我们以一个经典问题的整数规划模型来介绍拉格朗日松弛的用法。

12.3.3　拉格朗日松弛应用案例：无容量限制的设施选址问题

我们以无容量限制的设施选址问题（Uncapacitated Facility Location Problem，UFLP）为例来介绍拉格朗日松弛的应用。

首先，我们给出 UFLP 的问题描述：给定一个可选设施点的集合 $N = \{1, 2, \cdots, n\}$ 和一个客户点的集合 $M = \{1, 2, \cdots, m\}$。假设每一个设施点都对应固定成本 f_j，即如果设施 j 被开通，则会产生固定成本 f_j。并且，如果顾客 i 的需求需要被设施 j 满足，则会相应地产生收益 c_{ij}。UFLP 就是要决策开通哪些设施点，使得所有客户的需求都被满足，并且要最大化总净收益（等于总收益减去总成本）。

首先，我们引入下面的决策变量：

（1）y_j：如果设施 $j \in N$ 被使用，则 $y_j = 1$，否则 $y_j = 0$；

（2）x_{ij}：顾客点 i 的需求被设施 j 满足的比例。

下面我们给出 UFLP 的模型。

$$\text{(IP)} \qquad \max \ z = \sum_{i \in M} \sum_{j \in N} c_{ij} x_{ij} - \sum_{j \in N} f_j y_j \tag{12.2}$$

$$\text{s.t.} \qquad \sum_{j \in N} x_{ij} = 1, \qquad\qquad \forall i \in M \tag{12.3}$$

$$x_{ij} \leqslant y_j, \qquad\qquad \forall i \in M, \forall j \in N \tag{12.4}$$

$$x \in \mathbb{R}^{|M| \times |N|}, y \in \mathbb{B}^{|N|} \tag{12.5}$$

我们将需求约束 (12.3) 对偶上去（松弛掉），则目标函数变化为

$$\sum_{i \in M} \sum_{j \in N} c_{ij} x_{ij} - \sum_{j \in N} f_j y_j + \sum_{i \in M} u_i \left(1 - \sum_{j \in N} x_{ij} \right) \tag{12.6}$$

$$= \sum_{i \in M} \sum_{j \in N} \left(c_{ij} - u_i \right) x_{ij} - \sum_{j \in N} f_j y_j + \sum_{i \in M} u_i \tag{12.7}$$

因此拉格朗日松弛即为

$$\text{IP}(\boldsymbol{u}) \qquad \max \ z(\boldsymbol{u}) = \sum_{i \in M} \sum_{j \in N} \left(c_{ij} - u_i \right) x_{ij} - \sum_{j \in N} f_j y_j + \sum_{i \in M} u_i \tag{12.8}$$

$$\text{s.t.} \qquad x_{ij} \leqslant y_j, \qquad\qquad \forall i \in M, \forall j \in N \tag{12.9}$$

$$x \in \mathbb{R}^{|M| \times |N|}, y \in \mathbb{B}^{|N|} \tag{12.10}$$

我们发现，对于约束而言，约束 (12.9) 和 (12.10) 都含有 $\forall j \in N$，因此可以将模型 $\text{IP}(\boldsymbol{u})$ 按照下标 $j \in N$ 分解成 N 个子问题，即每一个候选地址都对应一个子问题。

因此有 $z(\boldsymbol{u}) = \sum\limits_{j \in N} z_j(\boldsymbol{u}) + \sum\limits_{i \in M} u_i$，其中子问题为

$$\text{IP}(\boldsymbol{u})_j \qquad z_j(\boldsymbol{u}) = \max \sum_{i \in M} \left(c_{ij} - u_i \right) x_{ij} - f_j y_j \tag{12.11}$$

$$\text{s.t.} \qquad x_{ij} - y_j \leqslant 0, \qquad\qquad \forall i \in M \tag{12.12}$$

$$x_{ij} \geqslant 0, y_j \in \{0, 1\}, \qquad\qquad \forall i \in M \tag{12.13}$$

子问题 $\text{IP}_j(\boldsymbol{u})$ 是非常容易求解的。如果 $y_j = 0$，则 $x_{ij} = 0, \forall i \in M$，因此目标函数就为 0。如果 $y_j = 1$，所有满足 $c_{ij} - u_i \geqslant 0$ 的顾客将会把全部需求都交给设施 j 满足。此时目标函数值等价为 $\sum\limits_{i \in M} \max \left[c_{ij} - u_i, 0 \right] - f_j$。因此，有

$$z_j(\boldsymbol{u}) = \max \left\{ 0, \sum_{i \in M} \max \left[c_{ij} - u_i, 0 \right] - f_j \right\}$$

下面以一个具体的算例来解释该问题。考虑一个 $m=6, n=5$ 的 UFLP。其中，m 是客户的数量，n 是候选设施的数量。固定费用为 $\boldsymbol{f}^{\mathrm{T}} = [2,4,5,3,3]$，且收益矩阵为

$$\{\boldsymbol{c}_{ij}\} = \begin{bmatrix} 6 & 2 & 1 & 3 & 5 \\ 4 & 10 & 2 & 6 & 1 \\ 3 & 2 & 4 & 1 & 3 \\ 2 & 0 & 4 & 1 & 4 \\ 1 & 8 & 6 & 2 & 5 \\ 3 & 2 & 4 & 8 & 1 \end{bmatrix}$$

这里取 $\boldsymbol{u}^{\mathrm{T}} = [5,6,3,2,5,4]$，则可以得到修改后的收益矩阵为

$$\{\boldsymbol{c}_{ij} - \boldsymbol{u}_j\} = \begin{bmatrix} 1 & -3 & -4 & -2 & 0 \\ -2 & 4 & -4 & 0 & -5 \\ 0 & -1 & 1 & -2 & 0 \\ 0 & -2 & 2 & -1 & 2 \\ -4 & 3 & 1 & -3 & 0 \\ -1 & -2 & 0 & 4 & -3 \end{bmatrix}$$

这里，所有 $\boldsymbol{u}$ 的和 $\sum_{i \in M} u_i = 25$。因此拉格朗日松弛 $\mathrm{IP}(\boldsymbol{u})$ 就可以用观察法求解。例如，对于 $j=2$，如果 $y_2 = 0$，则我们得到目标函数为 0。如果 $y_2 = 1$，则在 $x_{22} = 1$ 时，由于 $c_{22} - u_2 = 4$，所以可以使得目标函数增加 4，并且因为 $c_{52} - u_5 = 3$，相应地可以使得目标函数增加 3，并且 $f_j y_j$ 的值即为 $f_2 = 4$。所以 $z_2(\boldsymbol{u}) = 4 + 3 - 4 = 3$。综上，对于设施 2，最优方案就是设置 $y_2 = 1$，且 $z_2(\boldsymbol{u}) = 3$。

按照同样的方法，我们依次计算每个设施的情况。最终得到 $\mathrm{IP}(\boldsymbol{u})$ 的最优解为

$$y_2 = 1, x_{22} = 1, x_{52} = 1,$$
$$y_4 = 1, x_{64} = 1$$

其余决策变量取值均为 0。最优目标函数值为

$$z(\boldsymbol{u}) = 3 + 1 + \sum_{i \in M} u_i = 29$$

12.4 拉格朗日对偶的加强

上文我们介绍到，如果将复杂约束直接松弛掉，得到的上界（max 问题）太差，但是拉格朗日松弛可以改善这一点，获得一个更紧的上界。接下来我们的问题就是：

（1）通过拉格朗日松弛得到的上界质量有多好？

（2）如何去求解拉格朗日对偶问题？

为了理解拉格朗日对偶问题（LD），可以简单地假设集合 X 中包含大量的有限个点 $\{x_1, x_2, \cdots, x_T\}$。那么有

$$w_{\mathrm{LD}} = \min_{\boldsymbol{u} \geqslant \boldsymbol{0}} \ z\left(\boldsymbol{u}\right) \tag{12.14}$$

$$= \min_{\boldsymbol{u} \geqslant \boldsymbol{0}} \left\{ \max_{\boldsymbol{x} \in X} \left[\boldsymbol{c}^{\mathrm{T}} \boldsymbol{x} + \boldsymbol{u}^{\mathrm{T}} \left(\boldsymbol{d} - \boldsymbol{D}\boldsymbol{x} \right) \right] \right\} \tag{12.15}$$

$$= \min_{\boldsymbol{u} \geqslant \boldsymbol{0}} \left\{ \max_{t=1,2,\cdots,T} \left[\boldsymbol{c}^{\mathrm{T}} \boldsymbol{x}^t + \boldsymbol{u}^{\mathrm{T}} \left(\boldsymbol{d} - \boldsymbol{D}\boldsymbol{x}^t \right) \right] \right\} \tag{12.16}$$

式 (12.16) 就等价于

$$\min \quad \eta \tag{12.17}$$

$$\mathrm{s.t.} \quad \eta \geqslant \boldsymbol{c}^{\mathrm{T}} \boldsymbol{x}^t + \boldsymbol{u}^{\mathrm{T}} \left(\boldsymbol{d} - \boldsymbol{D}\boldsymbol{x}^t \right), \quad \forall t = 1, 2, \cdots, T \tag{12.18}$$

$$\boldsymbol{u} \in \mathbb{R}_+^T, \quad \eta \in \mathbb{R}^1 \tag{12.19}$$

其中，η 是引入的一个变量，是为了表示 $z(\boldsymbol{u})$ 的一个上界。上述涉及 η 的问题是一个线性规划问题。我们用 μ_t 表示约束 (12.18) 的第 t 条约束的对偶变量，则其对偶问题为

$$w_{\mathrm{LD}} = \max \quad \sum_{t=1}^{T} \mu_t \left(\boldsymbol{c}^{\mathrm{T}} \boldsymbol{x}^t \right) \tag{12.20}$$

$$\mathrm{s.t.} \quad \sum_{t=1}^{T} \mu_t \left(\boldsymbol{D}\boldsymbol{x}^t - \boldsymbol{d} \right) \leqslant 0 \tag{12.21}$$

$$\sum_{t=1}^{T} \mu_t = 1 \tag{12.22}$$

$$\boldsymbol{u} \in \mathbb{R}_+^T \tag{12.23}$$

现在，我们令 $\boldsymbol{x} = \sum_{t=1}^{T} \mu_t \boldsymbol{x}^t$，且满足 $\sum_{t=1}^{T} \mu_t = 1, \boldsymbol{u} \in \mathbb{R}_+^T$，我们得到

$$w_{\mathrm{LD}} = \max \quad \boldsymbol{c}^{\mathrm{T}} \boldsymbol{x} \tag{12.24}$$

$$\mathrm{s.t.} \quad \boldsymbol{D}\boldsymbol{x} \leqslant \boldsymbol{d} \tag{12.25}$$

$$\boldsymbol{x} \in \mathrm{Conv}\left(X\right) \tag{12.26}$$

注意：上述描述中，$\boldsymbol{x}^t, \forall t = 1, 2, \cdots, T$ 为集合 X 的所有极点，而 $\boldsymbol{x} = \sum_{t=1}^{T} \mu_t \boldsymbol{x}^t$，且满足 $\sum_{t=1}^{T} \mu_t = 1, \boldsymbol{u} \in \mathbb{R}_+^T$，根据凸包的定义，所有 $\boldsymbol{x}$ 组成的集合即为 X 的凸包 $\mathrm{Conv}(X)$。更一般地，我们可以得到，当 X 在任意整数规划 $X = \{\boldsymbol{x} \in \mathbb{Z}_+^n : \boldsymbol{A}\boldsymbol{x} \leqslant \boldsymbol{b}\}$ 的可行域中，上述结果依旧成立。

定理 12.4.1 （Wolsey, 1998）$w_{\mathrm{LD}} = \max\{\boldsymbol{c}^{\mathrm{T}}\boldsymbol{x} : \boldsymbol{D}\boldsymbol{x} \leqslant \boldsymbol{d}, \boldsymbol{x} \in \mathrm{Conv}(X)\}$。

这个定理精确地给出了从拉格朗日对偶问题获得的界限有多紧。而在特定的情形下，直接用线性松弛获得的界限并不紧。上述定理提到，我们从拉格朗日对偶问题得到的界限，是

我们考虑约束 $Dx \leqslant d$，且 x 在约束集 $X = \{x \in \mathbb{Z}_+^n : Ax \leqslant b\}$ 的所有整数可行解构成的凸包 $\mathbf{Conv}(X)$ 中的所有可行解的目标函数的最大值。即原问题 IP 的可行域为 $X' = \{x \in \mathbb{Z}_+^n : Ax \leqslant b, Dx \leqslant d\}$，而拉格朗日对偶问题的可行域被扩大为 $\mathbf{Conv}(X) \cap \{x | Dx \leqslant d\}$，且二者的目标函数是一致的，均为 $\max\ c^{\mathrm{T}}x$。不难看出，拉格朗日对偶问题得到的上界相比直接删去复杂约束 $Dx \leqslant d$ 得到的上界要提升许多。

定理 12.4.2 （Wolsey, 1998）如果有 $X = \{x \in \mathbb{Z}_+^n : Ax \leqslant b\}$ 和凸包 $\mathbf{Conv}(X) = \{x \in \mathbb{R}_+^n : Ax \leqslant b\}$，那么 $w_{\mathrm{LD}} = \max\{c^{\mathrm{T}}x : Ax \leqslant b, Dx \leqslant d, x \in \mathbb{R}_+^n\}$。

这是非常有趣的，因为这意味着已经找到了一种求解具有复杂约束的问题的方法，即在求解时并不把这些约束明显地考虑进来，而是将它们加到目标函数中。

上述介绍证明拉格朗日对偶问题已被凸化。即

$$w_{\mathrm{LD}} = \min_{u \geqslant 0} \left\{ \max_{t=1,2,\cdots,T} \left[c^{\mathrm{T}}x^t + u^{\mathrm{T}}\left(d - Dx^t\right) \right] \right\} \tag{12.27}$$

因此，拉格朗日对偶问题也可以看作一个寻找分段线性凸函数的最小值的问题，但是该凸函数 $z(u)$ 是不可微的。因为对一个给定的 $t = t_0$，我们是最小化 $t = t_0$ 时的函数

$$w_{\mathrm{LD}}^{t=t_0} = \min_{u \geqslant 0} \left\{ c^{\mathrm{T}}x^{t_0} + u^{\mathrm{T}}\left(d - Dx^{t_0}\right) \right\}$$

在这里，D, d, c, x^{t_0} 都是已知量（因为 x^{t_0} 是一个极点），只有 u 是未知量，所以上述函数其实是一个线性函数。针对不同的 t，拉格朗日对偶问题对应不同的线性函数，因此拉格朗日对偶问题是一个分段线性函数，如图 12.2 所示。拉格朗日对偶的目的就是找到使该分段线性函数最小的 u。

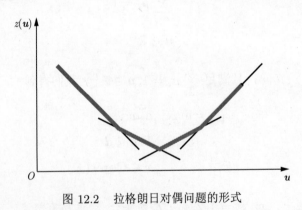

图 12.2　拉格朗日对偶问题的形式

12.5　求解拉格朗日对偶

12.5.1　次梯度算法求解拉格朗日对偶

定理 12.4.1 中给出的线性规划描述了计算 w_{LD} 的方法，该方法需要生成相应的约束（或者割平面），这些约束是用来刻画 $\mathbf{Conv}(X)$ 的。除此之外，还有另外一种可选的方法，那就是次梯度算法（Subgradient Algorithm）。次梯度算法不需要找到凸包，原理更简单且

实现起来更容易。次梯度算法可以用于求解一个分段线性凸函数的最优值。该分段线性凸函数的通用形式如下：

$$\min_{\boldsymbol{u} \geqslant 0} \quad f(\boldsymbol{u}) \tag{12.28}$$

$$\text{s.t.} \quad f(\boldsymbol{u}) = \max_{t=1,2,\cdots,T} \left[(\boldsymbol{a}^{\mathrm{T}})^t \boldsymbol{u} - b_t \right] \tag{12.29}$$

在上面介绍的具体的问题中，拉格朗日对偶的形式为

$$w_{\mathrm{LD}} = \min_{\boldsymbol{u} \geqslant 0} z(\boldsymbol{u}) \tag{12.30}$$

$$z(\boldsymbol{u}) = \max_{t=1,2,\cdots,T} \left[\boldsymbol{c}^{\mathrm{T}} \boldsymbol{x}^t + \boldsymbol{u}^{\mathrm{T}} (\boldsymbol{d} - \boldsymbol{D} \boldsymbol{x}^t) \right] \tag{12.31}$$

二者的形式是相同的。

次梯度（Subgradient）就是梯度（Gradient）的一种广义化。梯度就是导数，是函数值差值除以自变量差值取极限。但是拉格朗日对偶不可微。因此我们用相邻两次的变化率来代替梯度，这种计算方法类似于梯度的计算方法，计算出来的变化率叫作次梯度。次梯度算法有很多改进版本，这里仅介绍最基本的版本。

定义 12.5.1 （Wolsey，1998）凸函数 $f : \mathbb{R}^m \to \mathbb{R}^1$ 关于 $\boldsymbol{u}$ 的次梯度是一个向量 $\boldsymbol{\gamma}(\boldsymbol{u}) \in \mathbb{R}^m$，满足 $f(\boldsymbol{v}) \geqslant f(\boldsymbol{u}) + \boldsymbol{\gamma}(\boldsymbol{u})^{\mathrm{T}} (\boldsymbol{v} - \boldsymbol{u}), \forall \boldsymbol{v} \in \mathbb{R}^m$。

对于一个连续可微的凸函数 f，则 $\boldsymbol{\gamma}(\boldsymbol{u}) = \boldsymbol{\nabla} f(\boldsymbol{u}) = \left[\frac{\partial f}{\partial u_1}, \cdots, \frac{\partial f}{\partial u_m} \right]^{\mathrm{T}}$ 是 f 在 $\boldsymbol{u}$ 处的梯度。

下面我们给出次梯度算法的较为简略的伪代码。

Algorithm 8 拉格朗日对偶问题的次梯度算法

1: 初始化: 设置拉格朗日乘子的初始值 $\boldsymbol{u} \leftarrow \boldsymbol{u}^0$
2: $k \leftarrow 0$
3: **while** $k <$ maxIter **do**
4:     $\boldsymbol{u} \leftarrow \boldsymbol{u}^k$
5:     /* IP($\boldsymbol{u}^k$) 带有整数约束 */
6:     求解拉格朗日松弛问题 IP($\boldsymbol{u}^k$)，其解为 $\boldsymbol{x}(\boldsymbol{u}^k)$
7:     (**** 计算次梯度和步长 ****)
8:     用 $\boldsymbol{x}(\boldsymbol{u}^k)$ 计算次梯度: $\boldsymbol{\gamma}^k \leftarrow [\boldsymbol{d} - \boldsymbol{D} \boldsymbol{x}(\boldsymbol{u}^k)]$
9:     步长 $\mu^k \leftarrow$ 任意步长函数
10:     更新拉格朗日乘子: $\boldsymbol{u}^{k+1} \leftarrow \max\{\boldsymbol{u}^k - \mu^k(\boldsymbol{d} - \boldsymbol{D} \boldsymbol{x}(\boldsymbol{u}^k)), \boldsymbol{0}\}$
11:     $k \leftarrow k + 1$
12: **end while**

注意：在上述伪代码中，向量 $\boldsymbol{d} - \boldsymbol{D} \boldsymbol{x}(\boldsymbol{u}^k)$ 是函数 $z(\boldsymbol{u})$ 在 $\boldsymbol{u}^k$ 的次梯度。

在每一次迭代中，我们都是从当前点 $\boldsymbol{u}^k$ 出发，逆着次梯度的方向，一步一步更新，也就是每一步的更新量为 $-\mu^k(\boldsymbol{d} - \boldsymbol{D} \boldsymbol{x}(\boldsymbol{u}^k))$，其中，$\mu^k$ 是第 k 步迭代的步长。上述伪代码

是非常简洁明了的，只是给出了大致的思路，但是对于一些具体细节，如怎样设置更新步长 μ^k 等，并没有给出详细的阐述。而如何设置每一步的步长 $\{\mu^k\}_{k=1}^{\infty}$，对于次梯度算法是非常重要的。

下面介绍有关步长设置的内容。在这之前，首先来看下面的定理。

定理 12.5.1 （Wolsey, 1998）（1）如果 $\sum\limits_{k} \mu^k \to \infty$，且当 $k \to \infty$，$\mu^k \to 0$，则 $z(\boldsymbol{u}^k) \to w_{\mathrm{LD}}$，其中，$w_{\mathrm{LD}}$ 是拉格朗日对偶（LD）的最优值。

（2）如果对于某个参数 $\rho < 1$，有 $\mu^k = \mu^0 \rho^k$，当 μ^0 和 ρ 足够大时，则有 $z(\boldsymbol{u}^k) \to w_{\mathrm{LD}}$。

（3）如果 $\bar{w} \geqslant w_{\mathrm{LD}}$，且 $\mu^k = \dfrac{\epsilon_k \left[z\left(\boldsymbol{u}^k\right) - \bar{w}\right]}{\|\boldsymbol{d} - \boldsymbol{D}\boldsymbol{x}\left(\boldsymbol{u}^k\right)\|^2}$，且 $0 < \epsilon_k < 2$，则 $z(\boldsymbol{u}^k) \to \bar{w}$。或者算法将会找到对于有限的 k 及对应的 $\boldsymbol{u}^k$，满足 $\bar{w} \geqslant z(\boldsymbol{u}^k) \geqslant w_{\mathrm{LD}}$。

上述规则 (1) 中的步长设置思路保证了算法可以收敛，但是由于序列 $\{\mu^k\}$ 必须是发散的，例如 $\mu^k = 1/k$。算法收敛非常缓慢，不太实用。

另一方面，第 (2) 和 (3) 条规则设置步长的思路收敛速度就快很多，但是每次计算新的更新步长可能不是很方便。注意，$\|\boldsymbol{b} - \boldsymbol{D}\boldsymbol{x}(\boldsymbol{u}^k)\|^2$ 是对其所有元素的平方加和。

使用规则 (2)，则 μ^0 和 ρ 的初始值就需要足够大。否则几何级数 $\mu^0 \rho^k$ 很快就会趋近于 0，而且很可能 $\boldsymbol{u}^k$ 在没有得到最优值点之前就已经收敛了。在实际中，我们并不是每次都去减小 μ^k，而是在好几次迭代之后，再去减小 μ^k。为此，我们可以设置一个参数 λ，每迭代 λ 次，我们更新一次 μ^k。

如果用规则 (3)，一个困难就是一个对偶上界 $\bar{w} \geqslant w_{\mathrm{LD}}$ 一般是不知道的。在实际中很有可能我们知道一个原问题的比较好的下界 $\underline{w} \leqslant w_{\mathrm{LD}}$。因此，这样的下界 $\underline{w}$ 在初始阶段就被用来代替 $\bar{w}$。但是，如果出现 $\underline{w} < w_{\mathrm{LD}}$，且式 $z(\boldsymbol{u}^k) - \underline{w}$ 在更新的过程中，μ_k 始终不趋向于 0，因而序列 $\{\mu^k\}$ 和 $\{z(\boldsymbol{u}^k)\}$ 也就无法收敛。出现上述情况时，我们必须增大 $\underline{w}$ 的值。

上述内容提供了设置步长 μ^k 的具体方法，为我们实现次梯度算法求解拉格朗日对偶提供了极大帮助。另外，文献（Kalvelagen, 2002）提供了一种更为详细的次梯度算法的伪代码，其中 θ_0 为参数。

Algorithm 9 拉格朗日对偶问题的次梯度算法

1: 输入：初始上界 UB, 拉格朗日乘子初始值 $\boldsymbol{u}_0 \geqslant \boldsymbol{0}$

2: 初始化：$\theta_0 \leftarrow 2$

3: (****** 次梯度迭代 ******)

4: **for** $k < \mathrm{maxIter}$ **do**

5: $\quad \boldsymbol{\gamma}^k \leftarrow g(\boldsymbol{x}^k)$ （$\boldsymbol{\gamma}^k$ 就是 $z(\boldsymbol{u}^k)$ 的次梯度，一般用对应约束的松弛变量作为次梯度）

6: $\quad t_k \leftarrow \dfrac{\theta_k \left[\mathrm{UB} - z\left(\boldsymbol{u}^k\right)\right]}{\|\boldsymbol{\gamma}^k\|^2}$ （步长）

7: $\quad \boldsymbol{u}^{k+1} \leftarrow \max\{0, \boldsymbol{u}^k + t_k \boldsymbol{\gamma}^k\}$

8: $\quad$ **if** $\|\boldsymbol{u}^{k+1} - \boldsymbol{u}^k\| < \epsilon$ **then** /*$\|\boldsymbol{u}^{k+1} - \boldsymbol{u}^k\|$ 是对向量的所有分量加和 */

9: $\quad\quad$ Stop

10: $\quad$ **end if**

11:     **if** 超过 K 步迭代还没有改进 **then**

12:        $\theta_{k+1} \leftarrow \dfrac{\theta_k}{2}$

13:     **else**

14:        $\theta_{k+1} \leftarrow \theta_k$

15:     **end if**

16:     $k \leftarrow k+1$

17: **end for**

12.5.2 应用案例：拉格朗日松弛求解 TSP

本节介绍如何使用拉格朗日松弛求解对称旅行商问题（Symmetric Traveling Salesman Problem，STSP）。

STSP 的标准模型见 2.8 节。下面将每个节点的度均为 2 的约束松弛掉，即下面的约束：

$$\sum_{e \in \delta(i)} x_e = 2, \quad \forall i \in V$$

因此，拉格朗日乘子 u_i^k 的更新方程为

$$u_i^{k+1} = u_i^k + \mu^k \left(2 - \sum_{e \in \delta(i)} x_e \left(\boldsymbol{u}^k \right) \right)$$

这里，u_i^{k+1} 表示第 $k+1$ 次迭代时次梯度中第 i 个维度的取值。这里，步长更新如果用第 (3) 种规则，则步长 μ_k 即为

$$\mu_k = \frac{\epsilon_k \left[\bar{w} - z \left(\boldsymbol{u}^k \right) \right]}{\sum_{i \in V} \left(2 - \sum_{e \in \delta(i)} x_e \left(\boldsymbol{u}^k \right) \right)^2}$$

上式中由于 STSP 是一个 min 问题，因此其拉格朗日对偶也是一个 min 问题，所以分子中用 $\bar{w} - z \left(\boldsymbol{u}^k \right)$。

下面以一个非常具体的算例来解释拉格朗日松弛求解 STSP 的完整过程（Wolsey，1998）。令距离矩阵为

$$\{\boldsymbol{c}_e\} = \begin{bmatrix} - & 30 & 26 & 50 & 40 \\ - & - & 24 & 40 & 50 \\ - & - & - & 24 & 26 \\ - & - & - & - & 30 \\ - & - & - & - & - \end{bmatrix}$$

假设已经用启发式算法找到了一个环路 $(1,2,3,4,1)$，总距离为 148。但是并没有任何下界。用规则 (3) 更新对偶变量 $\boldsymbol{u}$。并且取 $\epsilon = 1$，由于没有可用的下界，就只能用 $\bar{w} = 148$，这点在前文中也有相应的介绍。

第 1 次迭代：设置 $u^1 = [0,0,0,0,0]^T$。修正的成本矩阵为 $\bar{c}^1 = c$。下面给出一个最优的 1-tree，如图 12.3所示。并且 $z(u^1) = 130 \leqslant z$，由于 $2 - \sum\limits_{e \in \delta(i)} x_e(u^k) = (0,0,-2,1,1)$。我们有

$$u^2 = u^1 + \left[\frac{148 - 130}{6}\right][0,0,-2,1,1]^T$$

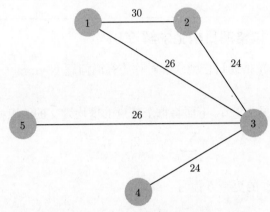

图 12.3 $\bar{c}^1$ 对应的最优 1-tree

第 2 次迭代：设置 $u^2 = [0,0,-6,3,3]^T$。新的修正的成本矩阵为

$$\{\bar{c}_e^2\} = \begin{bmatrix} - & 30 & 32 & 47 & 37 \\ - & - & 30 & 37 & 47 \\ - & - & - & 27 & 29 \\ - & - & - & - & 24 \\ - & - & - & - & - \end{bmatrix}$$

得到 $z(u^2) = 143 + \sum\limits_i u_i^2 = 143$，并且

$$u^3 = u^2 + \left[\frac{148 - 143}{2}\right][0,0,-1,0,1]^T$$

新的最优 1-tree 如图 12.4 所示。

第 3 次迭代：设置 $u^3 = \left[0,0,-\dfrac{17}{2},3,\dfrac{11}{2}\right]^T$。新的修正的成本矩阵为

$$\{\bar{c}_e^3\} = \begin{bmatrix} - & 30 & 34.5 & 47 & 34.5 \\ - & - & 32.5 & 37 & 44.5 \\ - & - & - & 29.5 & 29 \\ - & - & - & - & 21.5 \\ - & - & - & - & - \end{bmatrix}$$

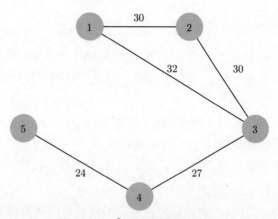

图 12.4 $\bar{c}^2$ 对应的最优 1-tree

新的 1-tree 如图 12.5 所示，我们得到了一个下界 $z(\boldsymbol{u}^3) = 147.5$。由于参数 c 都是整数的，所以可知，原模型的最优值 z 一定是整数，因此 $z \geqslant \lceil 147.5 \rceil = 148$。由于之前已经知道了一个成本为 148 的整数解，综合以上信息，易得，成本为 148 的这条路径就是最优路径。

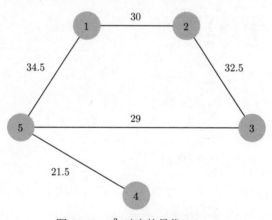

图 12.5 $\bar{c}^3$ 对应的最优 1-tree

由于次梯度算法常常在拉格朗日对偶的目标值 w_{LD} 到达最优之前就结束了，并且由于在很多时候也会存在一个对偶 Gap $(w_{\mathrm{LD}} > z)$，因此拉格朗日松弛经常被嵌入分支定界算法中使用。

12.6 如何选择拉格朗日松弛

假设需要求解的问题是下面的形式：

$$(\mathrm{IP}) \qquad \max \quad z = \boldsymbol{c}^{\mathrm{T}} \boldsymbol{x} \tag{12.32}$$

$$\mathrm{s.t.} \qquad \boldsymbol{A}^1 \boldsymbol{x} \leqslant \boldsymbol{b}^1 \tag{12.33}$$

$$\boldsymbol{A}^2 \boldsymbol{x} \leqslant \boldsymbol{b}^2 \tag{12.34}$$

$$x \in \mathbb{Z}_+^n \tag{12.35}$$

如果想用拉格朗日松弛来处理这个问题，就需要做一个决定，是将两组约束都松弛，还是只松弛一组？如果只松弛一组，那么选择哪一组进行松弛？我们必须要在下面的几个指标中做一个权衡：

（1）产生的拉格朗日对偶的 Bound w_{LD} 的强度；

（2）求解拉格朗日松弛问题 IP$(\boldsymbol{u})$ 的难易程度；

（3）求解产生的拉格朗日对偶：$w_{\mathrm{LD}} = \min\limits_{\boldsymbol{u} \geqslant 0} z(\boldsymbol{u})$ 的难易程度。

对于第（1）点，定理 12.4.1 已经给出了答案。

对于第（2）点，求解 IP$(\boldsymbol{u})$ 的难易程度需要根据具体问题具体分析。但是，如果我们知道 IP$(\boldsymbol{u})$ 是非常容易的，比如 IP$(\boldsymbol{u})$ 变成了一个线性规划。

对于第（3）点，用次梯度算法或者其他算法无法提前预估该问题的难易程度。但是可以根据对偶变量的个数做一个估计。

为了说明上面那些权衡，这里以一个非常具体的问题加以说明。以广义指派问题（Generalized Assignment Problem，GAP）为例，首先，其数学模型如下：

$$\max z = \sum_{j=1}^{n} \sum_{i=1}^{m} c_{ij} x_{ij} \tag{12.36}$$

$$\sum_{j=1}^{n} x_{ij} \leqslant 1, \qquad \forall i = 1, 2, \cdots, m \tag{12.37}$$

$$\sum_{i=1}^{m} a_{ij} x_{ij} \leqslant b_j, \qquad \forall j = 1, 2, \cdots, n \tag{12.38}$$

$$\boldsymbol{x} \in \{0, 1\}^{m \times n} \tag{12.39}$$

这里考虑 3 种拉格朗日松弛。在第 1 种情况下，将两组约束 (12.37) 和 (12.38) 都对偶到目标函数中，有 $w_{\mathrm{LD}}^1 = \min\limits_{\boldsymbol{u} \geqslant 0, \boldsymbol{v} \geqslant 0} w^1(\boldsymbol{u}, \boldsymbol{v})$，其中，

$$w^1(\boldsymbol{u}, \boldsymbol{v}) = \max_{\boldsymbol{x}} \sum_{j=1}^{n} \sum_{i=1}^{m} (c_{ij} - u_i - a_{ij} v_j) x_{ij} + \sum_{i=1}^{m} u_i + \sum_{j=1}^{n} v_j b_j$$

$$\boldsymbol{x} \in \{0, 1\}^{m \times n}$$

如果只选择对偶指派的相关约束 (12.37)，则会得到 $w_{\mathrm{LD}}^2 = \min\limits_{\boldsymbol{u} \geqslant 0} w^2(\boldsymbol{u})$，其中，

$$w^2(\boldsymbol{u}) = \max_{\boldsymbol{x}} \sum_{j=1}^{n} \sum_{i=1}^{m} (c_{ij} - u_i) x_{ij} + \sum_{i=1}^{m} u_i$$

$$\mathrm{s.t.} \sum_{i=1}^{m} a_{ij} x_{ij} \leqslant b_j, \quad \forall j = 1, 2, \cdots, n$$

$$\boldsymbol{x} \in \{0, 1\}^{m \times n}$$

如果选择对偶背包约束 (12.38)，则得到 $w_{\mathrm{LD}}^3 = \min\limits_{\boldsymbol{v} \geqslant 0} w^3(\boldsymbol{v})$，其中，

$$w^3(\boldsymbol{u}) = \max_{\boldsymbol{x}} \sum_{j=1}^{n} \sum_{i=1}^{m} (c_{ij} - a_{ij}v_j)\, x_{ij} + \sum_{j=1}^{n} v_j b_j$$

$$\mathrm{s.t.} \sum_{j=1}^{n} x_{ij} \leqslant 1, \quad \forall i = 1, 2, \cdots, m$$

$$\boldsymbol{x} \in \{0,1\}^{m \times n}$$

基于定理 12.4.1，可得 $w_{\mathrm{LD}}^1 = w_{\mathrm{LD}}^3 = z_{\mathrm{LP}}$，由于对任意的 i

$$\mathbf{Conv}\left\{ \boldsymbol{x} : \sum_{j=1}^{n} x_{ij} \leqslant 1, x_{ij} \in \{0,1\}, \forall j = 1, 2, \cdots, n \right\}$$

$$= \left\{ \boldsymbol{x} : \sum_{j=1}^{n} x_{ij} \leqslant 1, 0 \leqslant x_{ij} \leqslant 1, \forall j = 1, 2, \cdots, n \right\}$$

计算 $w^1(\boldsymbol{u}, \boldsymbol{v})$ 和 $w^3(\boldsymbol{v})$ 都可以使用观察法。对于 $w^1(\boldsymbol{u}, \boldsymbol{v})$，我们发现该问题可以按照变量分解，而 $w^3(\boldsymbol{v})$ 是根据 $\forall j = 1, 2, \cdots, n$ 来分解的。就求解拉格朗日对偶问题而言，w_{LD}^3 比 w_{LD}^1 更容易，因为 w_{LD}^3 只有 m 个对偶变量，但是 w_{LD}^1 却有 $m+n$ 个对偶变量。

第二个松弛其实会提供一个更紧的界限 $w_{\mathrm{LD}}^2 \leqslant z_{\mathrm{LP}}$，由于对于特定的 j 来讲，有

$$\mathbf{Conv}\left\{ \boldsymbol{x} : \sum_{i=1}^{m} a_{ij} x_{ij} \leqslant b_j, x_{ij} \in \{0,1\}^m \right\}$$

$$\subseteq \left\{ \boldsymbol{x} : \sum_{i=1}^{m} a_{ij} x_{ij} \leqslant b_j, 0 \leqslant x_{ij} \leqslant 1, \forall i = 1, 2, \cdots, m \right\}$$

然而，这样做会使得拉格朗日子问题包含 m 个 0-1 背包问题。

12.7 Python 调用 Gurobi 实现拉格朗日松弛求解选址–运输问题

本章将详细介绍用拉格朗日松弛求解选址–运输问题（Location Transport Problem，LTP）的模型重构、伪代码及其 Python 实现。本部分主要内容参考自文献 Kalvelagen，2002。

12.7.1 拉格朗日松弛应用案例：选址–运输问题

本节以选址–运输问题（LTP）为例来介绍拉格朗日松弛算法的应用。回顾第 2 章中对该问题的介绍，引入下面两个决策变量：

（1）x_{ij}：从配送中心 $i \in D$ 到客户点 $j \in C$ 的配送量；

（2）y_i：配送中心 i 是否被选，如果被选则为 1，否则为 0。

基于此，LTP 可以建模为下面的混合整数规划模型：

$$\min \quad \sum_{i \in D} \sum_{j \in C} c_{ij} x_{ij} \tag{12.40}$$

$$\text{s.t.} \quad \sum_{j \in C} x_{ij} \leqslant s_i y_i, \qquad \forall i \in D \tag{12.41}$$

$$\sum_{i \in D} x_{ij} \geqslant d_j, \qquad \forall j \in C \tag{12.42}$$

$$\sum_{i \in D} y_i \leqslant P \tag{12.43}$$

$$x_{ij} \geqslant 0 \text{且为整数}, y_i \in \{0,1\}, \quad \forall i \in D, \forall j \in C \tag{12.44}$$

将约束 (12.42) 松弛，则可以得到拉格朗日松弛函数

$$L(\boldsymbol{\mu}) = \sum_{i \in D} \sum_{j \in C} c_{ij} x_{ij} + \sum_{j \in C} u_j \left(d_j - \sum_{i \in D} x_{ij} \right) \tag{12.45}$$

$$= \sum_{i \in D} \sum_{j \in C} c_{ij} x_{ij} + \sum_{j \in C} u_j d_j - \sum_{i \in D} \sum_{j \in C} u_j x_{ij} \tag{12.46}$$

相应地，拉格朗日对偶问题即为

$$\min \quad \sum_{i \in D} \sum_{j \in C} c_{ij} x_{ij} + \sum_{j \in C} u_j d_j - \sum_{i \in D} \sum_{j \in C} u_j x_{ij} \tag{12.47}$$

$$\text{s.t.} \quad \sum_{j \in C} x_{ij} \leqslant s_i y_i, \qquad \forall i \in D \tag{12.48}$$

$$\sum_{i \in D} y_i \leqslant P \tag{12.49}$$

$$x_{ij} \geqslant 0 \text{且为整数}, y_i \in \{0,1\}, \qquad \forall i \in D, \forall j \in C \tag{12.50}$$

其中，拉格朗日乘子（或者说对偶变量）u_j 需要一个初始值，然后再在算法迭代中根据次梯度更新。而对偶变量 u_j 的次梯度可以用原问题约束 (12.42) 的松弛变量（$\leqslant$ 约束）或者剩余变量（$\geqslant$ 约束）来衡量，本例中对应的是剩余变量。即

$$u_j = \texttt{slack}_j \tag{12.51}$$

$$= \sum_{i \in D} x_{ij} - d_j \tag{12.52}$$

由于在模型 (12.47) 中将约束 $\sum\limits_{i \in D} x_{ij} \geqslant d_j, \forall j \in C$ 松弛了，因此直接从模型得到约束 (12.42) 的松弛变量是不能实现的。因此需要求解模型 (12.47)，得到其解 $\bar{x}_{ij}$，然后根据 $\bar{x}_{ij}$ 计算得到剩余变量 $\texttt{slack}_j$。

得到剩余变量 slack_j 之后，还需要确定用来更新拉格朗日乘子 u_j 的步长 t_j。这里采用下面的方法来设置步长（k 表示第 k 步迭代）：

$$t_j^k = \frac{\theta_k \left[\text{UB} - z(\boldsymbol{u})\right]}{\|\boldsymbol{\gamma}\|^2} = \frac{\theta_k \left[\text{UB} - z(\boldsymbol{u})\right]}{\sum\limits_{j \in C} \text{slack}_j^2} \tag{12.53}$$

其中，θ 是一个标量，也是随着迭代更新的。UB 是当前最好的上界，$z(\boldsymbol{u})$ 是当前目标值。这些都准备好之后，用下面的式子来更新拉格朗日乘子：

$$u_j^{k+1} = \max\left\{0,\ u_j^k + t_j^k \text{slack}_j\right\} \tag{12.54}$$

> 由于 u_j 是拉格朗日乘子，必须满足非负条件，也就是 $u_j \geqslant 0$，因此我们让 u_j 取大括号中二者最大值，避免 u_j 取负值。

因此，用次梯度算法求解 LTP 的拉格朗日对偶问题的伪代码如下。

Algorithm 10 拉格朗日对偶问题的次梯度算法

Input: 初始化拉格朗日乘子 $\boldsymbol{u}_0 \leftarrow \boldsymbol{0}$

Input: 初始化上界 $\text{UB} \leftarrow \sum\limits_{i \in D} c_i = \sum\limits_{i \in D} \max\limits_{j} \{c_{ij}\}$

Output: $z(\boldsymbol{u}^*)$ 和拉格朗日乘子 $\boldsymbol{u}^*$

1: 初始化：$\theta_0 \leftarrow 2$
2: **次梯度迭代**
3: **for** $k < \text{maxIter}$ **do**
4:     $\bar{x}_{ij}, z(\boldsymbol{u}^k) \leftarrow$ 求解松弛模型 (12.47)
5:     计算次梯度：$\gamma_j^k \leftarrow \sum\limits_{i \in D} \bar{x}_{ij} - d_j$ (γ_j^k 是 $z(\boldsymbol{u}^k)$ 的次梯度)
6:     (一般用对应约束的松弛变量作为次梯度)
7:     更新步长：$t_k \leftarrow \dfrac{\theta_k \left[\text{UB} - z(\boldsymbol{u}^k)\right]}{\sum\limits_{j \in C} \left(\gamma_j^k\right)^2}$
8:     $\boldsymbol{u}^{k+1} \leftarrow \max\{0, \boldsymbol{u}^k + t_k \boldsymbol{\gamma}^k\}$
9:     **if** $\|\boldsymbol{u}^{k+1} - \boldsymbol{u}^k\| < \epsilon$ **then**
10:         Stop
11:     **end if**
12:     **if** 超过 K 步迭代还没有任何改进 **then**
13:         $\theta_{k+1} \leftarrow \dfrac{\theta_k}{2}$
14:     **else**
15:         $\theta_{k+1} \leftarrow \theta_k$
16:     **end if**
17:     $k \leftarrow k + 1$

```
18:  end for
```

下面用 Python 调用 Gurobi 实现上述算法。

12.7.2 Python 代码实现

注意，在算例文件 location_transport_instance.txt 中：第 1 行为可选设施的数量上限；第 2 行为客户个数；第 3 行为 30 个候选设施 (配送中心或者仓库) 的供应量；第 4 行为 30 个客户点的需求量；第 5~34 行为配送费用矩阵 $c_{ij}, \forall i \in D, \forall j \in C$。

算例测试代码如下：

test instance

```
 1 data = Data()
 2 data = readData(data, 'location_transport_instance.txt')
 3
 4 # initialize parameters
 5 maxIter = 200
 6 noChangeCntLimit = 5
 7 stepSizeLog = []
 8 thetaLog = []
 9 LBlog = []
10 UBlog = []
11
12 var_x = []
13 var_y = []
14 relaxedCons = []      # relaxed constraints
15
16 LTP_model, var_x, var_y, relaxedCons = creatModel(data, var_x, var_y,
       relaxedCons)
17
18 subGradientSolve(data, LTP_model, var_x, var_y, relaxedCons, maxIter,
       noChangeCntLimit, LBlog, UBlog,thetaLog, stepSizeLog)
```

运行结果如下。

test instance

```
1 [Out]:
2
3   -------------- Iteration log information --------------
4
5   Iter        LB              UB           theta        stepSize
6   ...................................................................
7      8     1084.122883     2684.000000     1.000000     1.259523
```

8	9	1084.122883	2684.000000	1.000000	0.679221
9	10	1093.244186	2684.000000	1.000000	2.367196
10	11	1093.244186	2684.000000	1.000000	1.279174
11	12	1093.244186	2684.000000	1.000000	0.622132
12	13	1258.238295	2684.000000	1.000000	1.087538
13	. . . .				
14	20	1317.915751	2684.000000	0.500000	1.112446
15	21	1317.915751	2684.000000	0.500000	1.062753
16	22	1317.915751	2684.000000	0.500000	0.296870
17	23	1465.210699	1592.000000	0.500000	2.199981
18	24	1465.210699	1592.000000	0.500000	0.191505
19	25	1465.210699	1592.000000	0.500000	0.150506
20	. . . .				
21	177	1547.479347	1592.000000	0.000244	0.000111
22	178	1547.479347	1592.000000	0.000244	0.000069
23	179	1547.479347	1592.000000	0.000244	0.000061
24	180	1547.479347	1592.000000	0.000244	0.000101
25	181	1547.479347	1592.000000	0.000122	0.000049
26	182	1547.480336	1592.000000	0.000122	0.000062
27	. . . .				
28	193	1547.481684	1592.000000	0.000122	0.000051
29	194	1547.481684	1592.000000	0.000122	0.000049
30	195	1547.481941	1592.000000	0.000122	0.000020
31	196	1547.482079	1592.000000	0.000122	0.000057
32	197	1547.482079	1592.000000	0.000122	0.000055
33	198	1547.482171	1592.000000	0.000122	0.000042
34	199	1547.482171	1592.000000	0.000122	0.000019

完整代码见附配资源。

第13章 列生成算法

列生成算法（Column Generation Algorithm）是混合整数规划中一个非常强大的精确算法。该算法由 Gilmore 和 Gomory 于 1961 年在研究下料问题（Cutting Stock Problem）的文章中首次提出（Gilmore and Gomory, 1961），其基本原理与单纯形法迭代过程中选择入基变量的原理基本相同。列生成算法也经常与之前章节介绍过的分支定界算法，还有之后章节将要介绍的 DW 分解（Dantzig-Wolfe Decomposition）算法组合使用，即所谓的分支定价（Branch and Price）算法。本章我们就来详细介绍列生成算法。

13.1 为什么用列生成算法

下面考虑这个只有 2 个决策变量的简单线性规划问题：

$$\begin{aligned}
\max\ z &= 7x_1 + 5x_2 \qquad\qquad (13.1)\\
\text{s.t.}\quad x_1 + x_2 &\leqslant 5\\
7x_1 + 3x_2 &\leqslant 21\\
x_1,\quad x_2 &\geqslant 0
\end{aligned}$$

使用 Python 调用 Gurobi 建模，代码如下：

simple LP

```python
from gurobipy import *
import pandas as pd
import numpy as np

model = Model('LP')
X = {}
for i in range(2):
    X[i+1] = model.addVar(lb=0, ub=GRB.INFINITY, vtype=GRB.CONTINUOUS, name=
        'x' + str(i+1))

model.setObjective(7 * X[1] + 5 * X[2], GRB.MAXIMIZE)
model.addConstr(X[1] + X[2] <= 5)
model.addConstr(7 * X[1] + 3 * X[2] <= 21)
model.optimize()
```

```
14 print('Objective = \t', model.ObjVal)
15 for var in model.getVars():
16     print(var.varName, '= \t', var.x)
17
18 [Out]:
19 Objective =        28.0
20 x1 =       1.5
21 x2 =       3.5
```

由最优解可知，约束个数为 2，最终 2 个决策变量都大于 0。这是约束个数等于变量个数的情况。但是在现实世界应用场景中，约束个数和变量个数往往不相等。假设考虑下面这个变量个数远大于约束个数的线性规划：

$$\max \ z = 7x_1 + 5x_2 - x_3 - x_4 - x_5 - x_6 \tag{13.2}$$

$$\text{s.t.} \quad x_1 + x_2 + x_3 \qquad + x_5 \quad \leqslant 5$$

$$7x_1 + 3x_2 \qquad + x_4 \qquad + x_6 \leqslant 21$$

$$x_1, \quad x_2, \quad x_3, \quad x_4, \quad x_5, \quad x_6 \geqslant 0$$

Python 代码如下：

simple LP2

```
1 from gurobipy import *
2 import pandas as pd
3 import numpy as np
4
5 model = Model('LP2')
6 X = {}
7 for i in range(6):
8     X[i+1] = model.addVar(lb=0, ub=GRB.INFINITY, vtype=GRB.CONTINUOUS, name=
        'x' + str(i+1))
9
10 model.setObjective(7 * X[1] + 5 * X[2] - X[3] - X[4] - X[5] - X[6], GRB.
        MAXIMIZE)
11 model.addConstr(X[1] + X[2] + X[3] + X[5] <= 5)
12 model.addConstr(7 * X[1] + 3 * X[2] + X[4] + X[6] <= 21)
13 model.optimize()
14 print('Objective = \t', model.ObjVal)
15 for var in model.getVars():
16     print(var.varName, '= \t', var.x)
17
18 [Out]:
19 Objective =        28.0
```

```
20  x1  =        1.5
21  x2  =        3.5
22  x3  =        0.0
23  x4  =        0.0
24  x5  =        0.0
25  x6  =        0.0
```

从结果可得，$x_1 = 1.5, x_2 = 3.5$，但是其余变量取值均为零，并且该解与 (13.1) 的最优解完全相同。我们容易得出，约束矩阵为

$$A = \begin{bmatrix} 1 & 1 & 1 & 0 & 1 & 0 \\ 7 & 3 & 0 & 1 & 0 & 1 \end{bmatrix}$$

该矩阵的秩为 2，因此在单纯形法的迭代中，每一步迭代的基变量集合中仅有 2 个变量。其余 4 个均为非基变量。另外，该问题为 max 问题，目标函数中，变量 x_3, x_4, x_5, x_6 的系数为 −1，因此这几个变量在最终的最优单纯形表中一定都不是基变量，也就是说，这几个变量是冗余的，根本不参与实际的有效的计算。这样的决策变量以及决策变量对应的列，可以直接将其从模型中删除，并且删除之后不影响整个问题的最优解。就像上面的例子，线性规划 (13.2) 删除了变量 x_3, x_4, x_5, x_6 之后，就变成模型 (13.1)，二者的最优解是相同的，并且模型 (13.1) 更简洁，求解起来更容易。事实上，模型 (13.1) 中的两个变量 x_1, x_2 就是模型 (13.2) 的最优基。

由此可以联想到，在一些实际问题中，也许没有必要将所有的决策变量都加入最终模型中，而只是添加那些在单纯形法迭代中一定会入基或者有很大潜力会入基的变量，从而使被加入的变量（也就是列）真正参与到改进目标函数的过程中。在整个过程中，我们将忽略那些在单纯形法的迭代中不会入基的变量。按照这种操作获得的模型就更轻量，求解也更快。换句话说，我们可以通过加入一部分很有潜力的变量组成新的模型，这些变量的集合包含了原来问题的最优基（也就是包含了原问题最优解中的所有基变量），这个新的模型就等价于原来的模型，而且更容易求解。我们本章要介绍的列生成算法，正是这样一种强大的算法。有别于我们一般熟知的按行建模的方法（变量固定，根据变量构建约束），列生成算法是一种按列建模的方法，变量数量（模型的列数）刚开始是未知的，需要通过一个定价子问题（Pricing Problem）去动态地生成，然后添加到主问题（Master Problem）中去。这种建模方法也被广泛地应用到 TSP、VRP、MCNF 等问题中。本章就来详细地介绍这种方法。

13.2 下 料 问 题

13.2.1 引例

讲到列生成算法，就不得不提及一个列生成算法的经典案例：下料问题（Cutting Stock Problem）。实际上，列生成算法就是 Gilmore 和 Gomory 在研究下料问题时提出来的

（Gilmore and Gomory，1961）。该问题经常作为列生成算法的入门例子。下料问题的描述如下。

这里考虑某工厂生产一批金属棒材，原材料均为等长的圆柱形金属，而客户需要的棒材长度大小不一，数量相异。作为该工厂管理人员，我们应该如何去制定棒材的切割策略，才能最大限度地减少原料棒材的浪费，或者切割尽量少的原料棒材去满足客户的需求？

为了方便读者理解，下面给出如图 13.1 所示的棒材切割示意图。

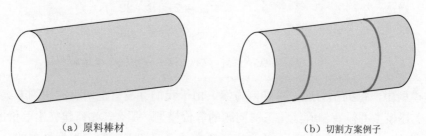

（a）原料棒材 　　　　　　　　　　　　　（b）切割方案例子

图 13.1　棒材和切割方案

下面以一个具体的算例来作为引入，如下。

> 一家棒料销售公司销售 10 英寸、11 英寸和 19 英寸的棒料产品。客户需要 46 个 10 英寸、22 个 11 英寸和 43 个 19 英寸的产品。棒料销售公司需要截断 80 英寸的原材料棒料来满足客户的需求，同时最小化使用棒材的根数。问该公司最少需要多少棒材，以及如何切割棒材？

每一条长为 80 英寸的棒材都有若干种切割成所需棒材的方法，例如一根棒材可以刚好切成 8 个 10 英寸的棒料；也可以切成 4 个 10 英寸的和 2 个 19 英寸的棒材，剩余 2 英寸废料……还有很多其他切割方案。

这里给出一些很容易想到的切割方案，如表 13.1 所示。表中给出了 5 种待选的切割方案，但是这仅仅是所有可能的切割方案中的一小部分。

表 13.1　一些候选切割方案

	数　量			浪 费 的 量	切割的 80 英寸的棒料的数量
	10 英寸	11 英寸	19 英寸		
Pattern1	8	0	0	0	x_1
Pattern2	6	1	0	9	x_2
Pattern3	6	0	1	1	x_3
Pattern4	5	1	1	0	x_4
Pattern5	5	2	0	8	x_5
总需求	**46**	**22**	**43**		

对于规模较大的问题，很难穷举所有的切割方案。假如棒材足够长，所需棒材长度的

种类也比较多时，切割种类就呈指数级增长。此时如果试图穷举所有方案，那么，仅仅穷举方案的时间也许都会比求解问题本身的时间更长。所以穷举的方法是不可行的。

回到上面的例子，针对表 13.1 中列出的 5 种切割方案给出下料问题的模型：

$$\min \ z = x_1 + x_2 + x_3 + x_4 + x_5 \qquad (13.3)$$

$$\text{s.t.} \quad 8x_1 + 6x_2 + 6x_3 + 5x_4 + 5x_5 \geqslant 46$$

$$x_2 \qquad + x_4 + 2x_5 \geqslant 22$$

$$x_3 + x_4 \qquad \geqslant 43$$

$$x_1, \quad x_2, \quad x_3, \quad x_4, \quad x_5 \geqslant 0 \ 且为整数$$

上述模型中，每列都对应一种切割方案。由于我们并没有把所有的切割方案都包括进来，所以上述模型并没有精确给出下料问题的等价模型。那么，如何建立出等价的模型呢？一种很直观的方法就是之前提到过的，穷举所有的可行切割方案。根据之前的介绍，这种方法并不可行。那么，我们真的有必要将所有可能的切割方案都囊括进来吗？并不是的。实际上，我们只需要将比较优质的切割方案包括进来就可以。

从单纯形法的迭代过程中可以得知，在目标函数为 min 的 LP 中，若一列的检验数 (Reduced Cost) 为负值，则该列入基以后，会使得 LP 的目标函数变小，也就是目标函数更优。当所有列中不存在检验数为负的列时，LP 就达到了最优解。因此，对于 min 问题而言，那些检验数为正的列实际上是冗余的，即使它们不参加整个运算过程，LP 同样也可以达到最优解。基于这个想法，我们就把下料问题转化为下面的问题：寻找检验数为负的列，并一一加入模型，直到找不到任何其他检验数为负的列为止。

我们将下料问题模型 (13.3) 称为下料问题的主问题（Master Problem），将寻找新列的问题叫作子问题（Subproblem）或者定价问题（Pricing Problem），或者定价子问题。

但是如何去找这些检验数为负的列，或者说找那些检验数为负的切割方案呢？又或者说如何去构建定价子问题呢？这就要用到单纯形算法中检验数的计算方法了。线性规划中，任给第 j 列对应的决策变量 x_j 的检验数为

$$(\text{Reduced Cost})_j = \sigma_j = c_j - \boldsymbol{c}_B^{\mathrm{T}} \boldsymbol{B}^{-1} \boldsymbol{N}_j \qquad (13.4)$$

其中，c_j 是变量 x_j 的目标函数系数，$\boldsymbol{c}_B$ 是基变量的目标函数系数向量，而 $\boldsymbol{B}^{-1}$ 则是当前单纯形表对应的可行基中的决策变量对应的初始单纯形表中约束系数矩阵的逆，$\boldsymbol{N}_j$ 是线性规划原问题的约束系数矩阵的第 j 列。我们根据对偶理论得知 $\boldsymbol{c}_B^{\mathrm{T}} \boldsymbol{B}^{-1}$ 就是线性规划原问题中资源的影子价格。也就是对偶变量的取值。因此线性规划原问题的约束对应的对偶变量 $\boldsymbol{y}$（或影子价格）即为

$$\boldsymbol{y}^{\mathrm{T}} = \boldsymbol{c}_B^{\mathrm{T}} \boldsymbol{B}^{-1} \qquad (13.5)$$

而在本例中，我们是要寻找检验数为负的切割方案，我们用 a_1, a_2, a_3 分别表示一个切割方案中 10 英寸、11 英寸、19 英寸的数量，因此主问题中的一列，就可以表示为 $\boldsymbol{N}_j =$

$(a_1, a_2, a_3)^T$。所以主问题中一列（或者一种切割方案，或者一个决策变量）的检验数就可以表示为

$$\sigma_j = c_j - \boldsymbol{c}_B^T \boldsymbol{B}^{-1} (a_1, a_2, a_3)^T \tag{13.6}$$

但是 a_1, a_2, a_3 的取值必须是整数，且需要满足三者的长度之和不能超过棒材的长度的约束。至此，我们明确了接下来的目标，即不断地找到检验数为负的列，然后加到主问题中，一直循环，直到找不到检验数为负的列为止。具体做法就是，我们可以每次都去寻找检验数最小的切割方案，查看其检验数是否为负。如果检验数最小的切割方案对应的检验数都为正，那说明我们找列的过程就结束了，可以直接去求解最终主问题了。根据上述描述，我们的定价问题就可以表示为

$$\begin{aligned} \min \ z \ &= \ 1 - \boldsymbol{c}_B^T \boldsymbol{B}^{-1} (a_1, a_2, a_3)^T \\ \text{s.t.} \quad &10a_1 + 11a_2 + 19a_3 \leqslant 80 \\ &a_1, a_2, a_3 \geqslant 0 \ \text{且为整数} \end{aligned} \tag{13.7}$$

将 $\boldsymbol{c}_B^T \boldsymbol{B}^{-1}$ 替换成对偶变量，即为

$$\begin{aligned} \min \ z \ &= 1 - \boldsymbol{y}^T (a_1, a_2, a_3)^T \\ \text{s.t.} \quad &10a_1 + 11a_2 + 19a_3 \leqslant 80 \\ &a_1, a_2, a_3 \geqslant 0 \ \text{且为整数} \end{aligned} \tag{13.8}$$

其中，$\boldsymbol{y}$ 是 3×1 的列向量，是主问题 (13.3) 中 3 个约束的对偶变量。这些对偶变量可以通过调用求解器中相应的函数获得。在 Gurobi 中，可以通过 cons.Pi（其中 cons 是约束类的一个实例）获得；或者通过 rmp.getAttr("Pi", rmp.getConstrs()) 获得，其中 rmp 是一个模型实例。在 CPLEX 中，可以通过 masterProblem.getDuals(Fill) 获得，其中 masterProblem 是模型实例，Fill 是约束实例。

这里还需要提醒读者，检验数为负的列，并不是指将该列加入主问题中，求解主问题之后，得到该新加入的列的检验数为负，而是指假设我们将该新列加入主问题中，基于当前的主问题的最优单纯形表的信息，我们评估该新列的检验数为负。

使用列生成算法求解下料问题，可以通过 Python 调用 Gurobi 比较顺利地完成。具体实现代码见后文。

13.2.2 列生成求解下料问题的一般模型及其伪代码

根据上述描述，我们知道，在列生成算法的过程中，主问题和定价问题/子问题之间是有交互的，交互关系如图 13.2 所示。

上文中是以列生成算法的思路对下料问题进行建模求解的。接下来不用列生成算法的思想，直接对下料问题进行建模，然后再用列生成算法的思想对下料问题的模型进行转化（关于本部分更详细的介绍，见文献（Desaulniers et al., 2006））。

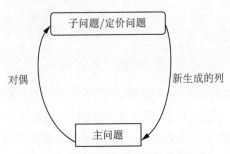

图 13.2　主问题和子问题之间的交互

下料问题的一般描述为：给定长度为 L 的 K 个棒材，以及 $i \in I$ 种长度的棒材需求，每种需求的长度为 s_i，需求量为 d_i，问应该如何切割，使得使用的棒材原料最少？

下面引入决策变量。

（1）$y_k \in \{0,1\}, k \in K$，表示如果第 $k \in K$ 个棒材被使用，则 $y_k = 1$，否则 $y_k = 0$；

（2）$x_{ik} \geqslant 0$ 且为整数，$k \in K, i \in I$，表示切割棒材 k 能够获得的第 i 种需求尺寸材料的数量。

因此，下料问题可以建模为下面的整数规划：

$$z(\text{CSP}) = \min \sum_{k \in K} y_k \tag{13.9}$$

$$\text{s.t.} \sum_{k \in K} x_{ik} \geqslant d_i, \quad \forall i \in I \tag{13.10}$$

$$\sum_{i \in I} s_i x_{ik} \leqslant L y_k, \quad \forall k \in K \tag{13.11}$$

$$\boldsymbol{x} \in \mathbb{Z}_+^n, \quad \boldsymbol{y} \in \{0,1\}^{|K|} \tag{13.12}$$

其中，(13.9) 是最小化使用的棒材数量，约束 (13.10) 表示每种需求必须要被满足；约束 (13.11) 表示如果棒材 k 被切割了，则切割该棒材产生的小棒材的长度之和不超过原棒材的长度。

根据上文的介绍，模型 (13.9) 可以通过列生成的方法，转化为一个主问题和一个子问题，从而将问题化成两个阶段，第 1 个阶段决策出要使用哪些切割方案（产生哪些列）；第 2 个阶段决策出按照每一种切割方案去切割的棒材数量为多少（每一列对应的决策变量的取值是多少）。前者为子问题，后者为主问题。

1. 主问题

首先引入下面的决策变量和参数。引入决策变量 $\lambda_p, \forall p \in P$，表示使用切割方案 p 的棒材的数量。另外，我们引入参数 $a_i^p \geqslant 0$ 且为整数，$\forall i \in I, p \in P$，表示在切割方案 p 中第 i 种尺寸的棒材的数量，该参数可由子问题获得。

准备好上面的参数和变量，我们的主问题就可以写成下面的形式：

$$\min \sum_{p \in P} \lambda_p \tag{13.13}$$

$$\text{s.t.} \quad \sum_{p \in P} a_i^p \lambda_p \geqslant d_i, \qquad\qquad \forall i \in I \qquad\qquad (13.14)$$

$$\lambda_p \geqslant 0 \text{且为整数}, \qquad\qquad \forall p \in P \qquad\qquad (13.15)$$

2. 子问题

接下来就是给出定价子问题。定价子问题的任务就是选出检验数为负的切割方案。首先引入下面的参数和决策变量：

（1）π_i：主问题 (13.13) 中第 i 个约束 (13.14) 的对偶变量（第 i 种需求的数量约束的对偶变量），在定价子问题中，π_i 为已知参数；

（2）$a_i^p \geqslant 0$ 且为整数，$\forall i \in I$：表示在切割方案 p 中第 i 种尺寸的棒材的数量。

注意，这里上标 p 可以省去，因为对于子问题而言，p 实际上是已经被固定了的。

$$\min \quad 1 - \sum_{i \in I} \pi_i a_i^p \qquad\qquad (13.16)$$

$$\text{s.t.} \quad \sum_{i \in I} s_i a_i^p \leqslant L \qquad\qquad (13.17)$$

$$a_i^p \geqslant 0 \text{且为整数}, \quad \forall i \in I \qquad\qquad (13.18)$$

在求解的过程中，我们首先需要初始化主问题，添加一些初始的列。一般来讲，可以用启发式算法生成初始可行列，但是如果简单实现，也可以随意加一些观察就能得到的可行列。完成初始可行列的生成之后，就可以重复上述列生成算法的过程，不断生成检验数为负的列，添加到主问题中，直到没有检验数为负的列为止。最后我们就会得到最终的主问题，求解该主问题即可。

下面我们给出列生成算法的伪代码。

Algorithm 11 列生成算法

1: 初始化：生成一系列的初始列 Ω_1（例如，用简单的启发式算法）

2: 令 $\epsilon \leftarrow$ 非常小的负数容差（例如 -0.001）

3: 求解 $\mathrm{MP}(\Omega_1)$，得到对偶变量 π

4: 构建 subproblem（pricing problem）$\mathrm{SP}(\pi)$

5: 得到 subproblem 的目标函数 $\sigma \leftarrow$ 求解 $\mathrm{SP}(\pi)$

6: **while** $\sigma \leqslant \epsilon$ **do**

7:     $a \leftarrow$ 根据 subproblem 的解生成新列（一列或多列）

8:     $\Omega_1 \leftarrow \Omega_1 \cup a$

9:     $\pi \leftarrow$ 求解 $\mathrm{MP}(\Omega_1)$ 并得到对偶变量

10:     更新 subproblem $\mathrm{SP}(\pi)$

11:     $\sigma \leftarrow$ 求解 $\mathrm{SP}(\pi)$

12: **end while**

13: 求解最终的带整数约束的 MP

13.2.3　列生成最优性的几个小问题

通过前文的介绍，我们了解到列生成算法可以通过模型转化，将大规模的问题转化成主问题和子问题（或者若干子问题），而主问题和子问题相较原问题而言，求解起来更容易。因此这种转化可以提高求解效率。但是这里有几点需要注意。一般来讲，主问题实际上是一个整数规划，但是在生成新列的过程中，我们暂时将主问题的整数约束松弛掉，变成一个线性规划，求解该线性松弛问题，并获得主问题所有约束的对偶变量的取值，然后将对偶变量的取值传给子问题。循环上述过程，直到没有新列产生，我们就得到了最终的主问题的形式。在求解最终的主问题时，我们可以将主问题中的所有决策变量设置成整数变量，然后再求解，因为在下料问题中，棒材的切割数量必须是整数。在上述整个过程中，由于我们先将主问题做了松弛处理，最终又把主问题修改成了整数规划，这些操作很可能会导致加入的列会有遗漏，也就是在最优解对应的基（最优基）中的基变量对应的列没有被全部加进来，进而导致得到的解不一定是最优解。导致这个结果的原因是我们用线性规划中变量的检验数去近似评估整数规划的解是否会有改进，这一步近似带来了误差。与前文描述的一致，以下料问题为例，我们用 Ω 表示所有可行的切割方案的集合，用列生成算法得到的列的集合为 Ω'，很明显 $\Omega' \subset \Omega$。如果穷举了所有的可行列，也就是直接得到了完整的 Ω，那么此时形成的主问题一定能保证主问题的解是最优解。如果只是挑出了一些"比较好的"列，最终得到的主问题被称为限制性主问题（Restricted Master Problem，RMP）。

实际上很多时候，RMP 并不一定能等价地代表主问题，因此 RMP 并不能保证最优性。不过，当列生成算法结束时得到的最终 RMP 的线性松弛问题的最优解也是正整数解时，此时 RMP 的最优解同时也是原问题的最优解。从另一个角度理解，就是此时 RMP 的凸包 **Conv**(Ω') 包含了原问题的最优解。当 RMP 的线性松弛最优解是小数，且全局上下界仍存在差距时，说明我们遗漏了一些原问题的最优基中的基变量，也就是说 **Conv**(Ω') 没有包含原问题的最优解。此时我们需要采取其他的办法，来获得最优解。例如，在生成所有检验数为负的列之后，继续用一种被称为定界方法（Bounding method）的办法，将符合界限要求的还未被加入的列添加到 Ω' 中，从而保证最优性，具体的定界方法见文献（Baldacci and Mingozzi，2009）。或者将列生成算法和分支定界算法嵌套在一起使用，变成所谓的分支定价算法（Branch and Price Algorithm）。分支定价算法是能保证求得的解是原问题的最优解的。关于分支定价算法更细节的介绍，我们放在后面的章节。

关于列生成算法的最优性，还有另外一种角度的解释。我们记完备主问题的线性松弛问题为 LMP，记限制性主问题（Restricted Master Problem）的线性松弛问题为 RLMP。注意主问题是和原问题完全等价的，但是限制性主问题不一定和原问题等价。所以主问题的下界一定是原问题的下界，但是限制性主问题的下界不一定是原问题的下界。不同问题，下界的计算方式也不相同。我们以 VRPTW 为例来介绍列生成算法中原问题下界的计算。根据文献（Archetti et al.，2011）中的论述，类似的论述见文献（Desaulniers et al.，2006），LMP 和 RLMP 的最优值和原问题最优值 z^* 满足下面的关系：

$$\underline{z}^* = z_{\mathrm{LMP}}^* \geqslant z_{\mathrm{RLMP}}^* + \sum_{s \in S} \tilde{c}_s^* \tag{13.19}$$

其中，z_{LMP}^* 是 LMP 的最优值（注意，LMP 的最优解不一定是整数解，但它提供的界限可以给原问题提供全局最优性证明。），z_{RLMP}^* 是当前迭代步骤中对应的 RLMP 的最优值，$\tilde{c}_s^*$ 是第 s 个子问题中找到的最优的列的检验数（也就是第 s 个子问题的目标函数），$\underline{z}^*$ 为全局最优解的下界。而 RMP 的整数最优解，就是全局最优解的上界（同时也是 MP 的上界），即

$$\bar{z}^* = z_{\mathrm{RMP}}^* \tag{13.20}$$

因此，在列生成算法的每步迭代中，最优值 z^* 均满足

$$z_{\mathrm{RLMP}}^* + \sum_{s \in S} \tilde{c}_s^* \leqslant z^* \leqslant z_{\mathrm{RMP}}^* \tag{13.21}$$

在列生成算法结束后，最终形式的 RMP 的线性松弛 RLMP 的最优解如果是整数解，即 $z_{\mathrm{RLMP}}^* = z_{\mathrm{RMP}}^*$，且由于列生成算法已经结束了，所以每个子问题的目标值均为非负值（接近于 0），即 $\tilde{c}_s^* \approx 0, \ \forall s \in S$。此时全局最优解 z^* 满足 $z_{\mathrm{RLMP}}^* + \sum_{s \in S} \tilde{c}_s^* = z_{\mathrm{RLMP}}^* + 0 \leqslant z^* \leqslant z_{\mathrm{RMP}}^*$，进而有 $z_{\mathrm{RLMP}}^* = z^* = z_{\mathrm{RMP}}^*$，即此时 RMP 的整数最优解，同时也是原问题的最优解。如果 RMP 的线性松弛 RLMP 的最优解不是整数解，就一定有 $z_{\mathrm{RLMP}}^* < z_{\mathrm{RMP}}^*$，此时，虽然有 $\tilde{c}_s^* \approx 0, \ \forall s \in S$，但是全局最优值 z^* 的最优界限却为 $z_{\mathrm{RLMP}}^* + 0 < z^* \leqslant z_{\mathrm{RMP}}^*$。由于下界和上界之间仍然存在差距（即 Gap > 0），因此此时并不能保证 RMP 的整数解就是原问题的最优解。这种从界限角度的解释，也许更容易理解。

13.3 列生成求解下料问题的实现

本节我们会给出若干版本的下料问题的实现代码，供读者参考。在给出代码前，我们首先来回顾前面部分介绍的例子。

限制性主问题为最小化使用的棒材原料的数量，即

$$
\begin{aligned}
\min z ={} & x_1 + x_2 + x_3 + x_4 + x_5 && \text{(RMP)} \\
\text{s.t.} \quad & 8x_1 + 6x_2 + 6x_3 + 5x_4 + 5x_5 \geqslant 46 \\
& x_2 \phantom{{}+6x_3} + x_4 + 2x_5 \geqslant 22 \\
& \phantom{8x_1 + 6x_2 +{}} x_3 + x_4 \phantom{{}+2x_5} \geqslant 43 \\
& x_1, \quad x_2, \quad x_3, \quad x_4, \quad x_5 \geqslant 0 \text{ 且为整数}
\end{aligned}
$$

子问题为

$$
\begin{aligned}
\min z ={} & 1 - \boldsymbol{y}^{\mathrm{T}}(a_1, a_2, a_3)^{\mathrm{T}} && \text{(SP)} \\
\text{s.t.} \quad & 10a_1 + 11a_2 + 19a_3 \leqslant 80 \\
& a_1, a_2, a_3 \geqslant 0 \text{ 且为整数} \tag{13.22}
\end{aligned}
$$

其中，$\boldsymbol{y}$ 是 3×1 的列向量，是 RMP 中 3 个约束的对偶变量。

13.3.1 Python 调用 Gurobi 实现列生成求解下料问题示例算例：版本 1

cutstockExampleInstance.py 代码如下：

cutstockExampleInstance.py

```
 1 from gurobipy import *
 2 # Number of different width products
 3 itemNum = 3
 4
 5 # Base width of the rolls
 6 Length = 80
 7
 8 # item width and demand
 9 l = {0: 10, 1: 19, 2: 11}  # width of each item
10 d = {0: 46, 1: 43, 2: 22}  # demand of each item
11
12 # construct the subproblem
13 SP = Model('subproblem')
14 SPvars = SP.addVars(itemNum, obj=-1, vtype=GRB.INTEGER, name='w')
          # set objective - a1 - a2 - a3
15 SP.addConstr(SPvars.prod(l) <= Length) # set objective 10 a1 + 11 a2 + 19
          # a3 <= 80
16 SP.write('subproblem.lp')
17 SP.update()
18
19 # Construct initial master problem
20 MP = Model('Master Problem')
21 x = {}
22 for i in range(5):
23     x[i] = MP.addVar(obj=1, vtype=GRB.CONTINUOUS, name='x_' + str(i))
24 cons = {}
25 cons[0] = MP.addConstr(8 * x[0] + 6 * x[1] + 6 * x[2] + 5 * x[3] + 5 * x[4]
          >= 46, name = 'c_1')    # set constraint 1
26 cons[1] = MP.addConstr(x[1] + x[3] + 2 * x[4] >= 22, name = 'c_2')
          # set constraint 2
27 cons[2] = MP.addConstr(x[2] + x[3] >= 43, name = 'c_3')
          # set constraint 3
28 MP.write('initial_MP.lp')
29 # We have just set-up the initial master problem with initial variables
30 MP.optimize()
31
32 # We will loop as long as we find interesting variables
33 MP.Params.OutputFlag = 0
```

```
34  Iter = 0
35  eps = -0.0001    # tolerance
36  while(MP.Status == GRB.OPTIMAL):
37      pi = { i : -cons[i].Pi for i in range(itemNum)}
38      SP.setObjective(SPvars.prod(pi))
39      SP.optimize()
40      # This should not happen... but better safe than sorry
41      if(SP.Status != GRB.OPTIMAL):
42          raise('Unexpected optimization status')
43      # Reduced cost is c_i - pi * A_{*i}
44      # - in our case, A_{*i} is the proposed solution in SP
45      # - pi comes from the duals in MP
46      # - c_i is the cost in the master problem for the column, which in this
            # case is just # If improvement is too small, just stop
47      if(1 + SP.ObjVal > eps):    # notice that the model built above ignore a
            # constant 1
48          break
49      # Log
50      if(Iter % 10 == 0):
51          print('Iteration MasterValue PricingValue')
52      print('%8d %12.5g %12.5g' % (Iter, MP.ObjVal, SP.ObjVal))
53      Iter += 1
54
55      # Using solution, build new variable
56      col = Column()
57      for j in range(itemNum):
58          col.addTerms(SPvars[j].X, cons[j])
59      MP.addVar(obj=1, column=col, name = 'new_x' + str(Iter))
60      MP.optimize()
61  MP.write('final_MP.lp')
62  rootbound = MP.ObjVal
63
64  MP.Params.OutputFlag = 1
65  Mvars = MP.getVars()
66  for v in Mvars:
67      v.VType = GRB.INTEGER    # change the variable's type to INTEGER
68  MP.optimize()
```

根据上述代码的输出，我们最终的 RMP 存储在 final_MP.lp 文件中，其具体信息如下：

final MP.py

```
1  \ Model Master Problem
2  \ LP format - for model browsing. Use MPS format to capture full model
         detail.
3  Minimize
4    x_0 + x_1 + x_2 + x_3 + x_4 + new_x1 + new_x2 + new_x3
5  Subject To
6   c_1: 8 x_0 + 6 x_1 + 6 x_2 + 5 x_3 + 5 x_4 >= 46
7   c_2: x_1 + x_3 + 2 x_4 + 7 new_x2 + 2 new_x3 >= 22
8   c_3: x_2 + x_3 + 4 new_x1 + 3 new_x3 >= 43
9  Bounds
10 End
```

我们将所有变量均设置成整数变量，即变成下面的整数规划模型：

$$\min z = x_1 + x_2 + x_3 + x_4 + x_5 + x_6 + x_7 + x_8 \qquad \text{(RMP)}$$

$$
\begin{aligned}
\text{s.t.} \quad & 8x_1 + 6x_2 + 6x_3 + 5x_4 + 5x_5 && \geqslant 46 \\
& x_2 \qquad + x_4 + 2x_5 \qquad + 7x_7 + 2x_8 && \geqslant 22 \\
& x_3 + x_4 \qquad + 4x_6 \qquad + 3x_8 && \geqslant 43 \\
& x_1, \quad x_2, \quad x_3, \quad x_4, \quad x_5, \quad x_6, \quad x_7, \quad x_8 \geqslant 0 \text{ 且为整数}
\end{aligned}
$$

我们继续调用 Gurobi 求解，运行结果如下：

final MP.py

```
1  Objective =        20.0
2  x_0 =     5.0
3  x_1 =     0.0
4  x_2 =     2.0
5  x_3 =     0.0
6  x_4 =     0.0
7  new_x1 =         2.0
8  new_x2 =         0.0
9  new_x3 =        11.0
```

根据结果，我们得知最终 RMP 的最优解中选择的切割方式有 4 种，如图 13.3 所示。

我们观察到，最终 RMP 中仅有 3 个约束，但是带有整数约束的 RMP 的最优解中有 4 个变量为正。这说明最终 RMP 的线性松弛问题的最优解不是整数解，因此上述 RMP 的解并不一定是原问题的最优解。若要证明该解是否为最优解，需要计算此时的全局下界。

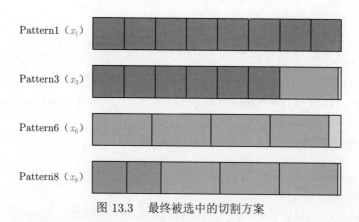

图 13.3 最终被选中的切割方案

13.3.2 Python 调用 Gurobi 实现列生成求解下料问题示例算例：版本 2（以人工变量为初始列的方式）

在上述章节中，我们的做法是，在列生成算法迭代开始前，首先在主问题中添加了一些初始的列，以此来完成主问题的初始化。当然，主问题列的产生也可以通过启发式算法完成，还可以通过添加一些无用的初始列的办法完成（这些列是绝对不会出现在最优解里面的，加入它们的唯一目的就是使得算法能够进行下去）。

本节我们就来展示如何用添加人工变量的方法，为主问题构造初始可行列，初始化主问题，并完成整个列生成算法的实现。

我们将初始的限制性主问题设置成下面的形式：

$$\min \quad z = 1000s_1 + 1000s_2 + 1000s_3 \qquad (13.23)$$

$$\text{s.t.} \quad s_1 \qquad\qquad\qquad \geqslant 46$$

$$s_2 \qquad\qquad \geqslant 22$$

$$s_3 \geqslant 43$$

$$s_1, \qquad s_2, \qquad s_3 \geqslant 0$$

其中，变量 s_1, s_2, s_3 其实相当于松弛变量，一定不会出现在最优解中。

我们可以将代码写得更通用一些，自动地生成各种参数的算例，并且求解。具体代码如下。

cutStock Example Instance 2.py

```
1  from gurobipy import *
2  from random import randint
3  from math import floor
4
5  # Number of different width products
6  itemNum=3   # 50
```

```python
7
8  # Set Length of the rolls
9  Length=80  # 750
10 # Length or width of each product
11 item_length={i:randint(10,floor(Length/3)) for i in range(itemNum)}
12 # Demand for each product
13 demand={i:randint(5,50) for i in range(itemNum)}   # 5, 200
14
15 # construct the subproblem
16 SP = Model('SubProblem')
17 SPvars = SP.addVars(itemNum, obj=-1, vtype=GRB.INTEGER, name='w')
18 SP.addConstr(SPvars.prod(item_length) <= Length) # set objective 10 a1 + 11
       # a2 + 19 a3 <= 80
19 SP.update()
20
21 # construct the master problem
22 MP = Model('Master Problem')
23 slack = MP.addVars(itemNum, name='slackVar',obj=10000 )
24 cons = MP.addConstrs( slack[i] >= demand[i] for i in range(itemNum))
25 MP.write('initialMP.lp')
26 # Solve the initial master problem
27 MP.optimize()
28
29 # We will loop as long as we find interesting variables
30 MP.Params.OutputFlag = 0
31 Iter = 0
32 eps = -0.0001   # tolerance
33 while(MP.Status == GRB.OPTIMAL):
34     pi = { i : -cons[i].Pi for i in range(itemNum)}
35     SP.setObjective(SPvars.prod(pi))
36     SP.optimize()
37     # This should not happen... but better safe than sorry
38     if(SP.Status != GRB.OPTIMAL):
39         raise('Unexpected optimization status')
40     # Reduced cost is c_i - pi * N_{*i}
41     # - N_{*i} is the cutting pattern corrsponding to subproblem
42     # - pi comes from the duals in MP
43     if(1 + SP.ObjVal > eps):   # notice that the model built above ignore a
           # constant 1
44         break
45     # print Log each 10 iterations
46     if(Iter % 10 == 0):
```

```
47          print('Iteration MasterValue PricingValue')
48      print('%8d %12.5g %12.5g' % (Iter, MP.ObjVal, SP.ObjVal))
49      Iter += 1
50
51      # Using solution, build new variable
52      col = Column()
53      for j in range(itemNum):
54          col.addTerms(SPvars[j].X, cons[j])
55      MP.addVar(obj=1, column=col, name = 'new_x' + str(Iter))
56      MP.optimize()
57  MP.write('final_MP.lp')
58  RelaxedMP = MP.ObjVal
59
60  MP.Params.OutputFlag = 1
61  Mvars = MP.getVars()
62  for v in Mvars:
63      v.VType = GRB.INTEGER    # change the variable's type to INTEGER
64  MP.optimize()
65  print('Objective = \t', MP.ObjVal)
66  for var in MP.getVars():
67      print(var.varName, '= \t', var.x)
```

13.3.3　Python 调用 Gurobi 实现列生成求解下料问题：版本 3

本节是第 3 个版本的 Python 调用 Gurobi 实现列生成算法求解下料问题的代码。该代码补充了若干功能性函数，如下。

（1）reportRMP(model)：打印 RMP 的目标函数、变量取值和约束的对偶变量；

（2）reportSUB(model)：打印 Subproblem 的目标函数和变量取值；

（3）reportMIP(model)：打印 MIP 的目标函数和变量取值。

代码其余部分与前两个版本大同小异，主要是给读者提供参考。

cutstock.py 代码如下：

cutstock.py

```
1  from __future__ import division, print_function
2
3  from gurobipy import *
4
5
6  rollwidth = 115
7  size = [25, 40, 50, 55, 70]
8  amount = [50, 36, 24, 8, 30]
```

```python
 9 nwidth = 5
10
11 MAX_CGTIME = 1000
12
13 def reportRMP(model):
14     if model.status == GRB.OPTIMAL:
15         print("Using ", model.objVal, " rolls\n")
16
17         var = model.getVars()
18         for i in range(model.numVars):
19             print(var[i].varName, " = ", var[i].x)
20         print("\n")
21
22         con = model.getConstrs()
23         for i in range(model.numConstrs):
24             print(con[i].constrName, " = ", con[i].pi)
25         print("\n")
26
27
28 def reportSUB(model):
29     if model.status == GRB.OPTIMAL:
30         print("Pi: ", model.objVal, "\n")
31
32         if model.objVal <= 1e-6:
33             var = model.getVars()
34
35             for i in range(model.numVars):
36                 print(var[i].varName, " = ", var[i].x)
37             print("\n")
38
39 def reportMIP(model):
40     if model.status == GRB.OPTIMAL:
41         print("Best MIP Solution: ", model.objVal, " rolls\n")
42
43         var = model.getVars()
44         for i in range(model.numVars):
45             print(var[i].varName, " = ", var[i].x)
46
47 try:
48     rmp = Model("rmp")
49     sub = Model("sub")
50
```

```
51    rmp.setParam("OutputFlag", 0)
52    sub.setParam("OutputFlag", 0)
53
54    # construct RMP
55    rmp_var = []
56    for i in range(nwidth):
57        rmp_var.append(rmp.addVar(0.0, GRB.INFINITY, 1.0, GRB.CONTINUOUS, "
      rmp_" + str(i)))
58
59    rmp_con = []
60    row_coeff = [0.0] * nwidth
61    for i in range(nwidth):
62        row_coeff[i] = int(rollwidth / size[i])
63        rmp_con.append(rmp.addConstr(quicksum(rmp_var[j] * row_coeff[j] for
      j in range(nwidth)) >= amount[i], "rmpcon_" + str(i)))
64        row_coeff[i] = 0.0
65
66    rmp.setAttr("ModelSense", GRB.MINIMIZE)
67    # end RMP
68
69    # construct SUB
70    sub_var = []
71    for i in range(nwidth):
72        sub_var.append(sub.addVar(0.0, GRB.INFINITY, 0.0, GRB.INTEGER, "sub_
      " + str(i)))
73
74    sub.addConstr(quicksum(sub_var[i] * size[i] for i in range(nwidth)) <=
      rollwidth, "subcon")
75    # end SUB
76
77    print("                    *** Column Generation Loop ***                    \n")
78    for i in range(MAX_CGTIME):
79        print("Iteration: ", i, "\n")
80
81        rmp.optimize()
82        reportRMP(rmp)
83
84        rmp_pi = rmp.getAttr("Pi", rmp.getConstrs())
85
86        sub.setObjective(1 - quicksum(sub_var[i] * rmp_pi[i] for i in range(
      nwidth)), GRB.MINIMIZE)
87        sub.optimize()
```

```
88          reportSUB(sub)
89
90          if sub.objVal > -1e-6:
91              break
92
93          rmp_coeff = sub.getAttr("X", sub.getVars())
94          rmp_col = Column(rmp_coeff, rmp_con)
95          rmp.addVar(0.0, GRB.INFINITY, 1.0, GRB.CONTINUOUS, "cg_" + str(i),
            rmp_col)
96
97      print("              *** End Loop ***              \n")
98
99      mip_var = rmp.getVars()
100     for i in range(rmp.numVars):
101         mip_var[i].setAttr("VType", GRB.INTEGER)
102
103     rmp.optimize()
104     reportMIP(rmp)
105
106 except GurobiError as e:
107     print('Error code ' + str(e.errno) + ": " + str(e))
108
109 except AttributeError:
110     print('Encountered an attribute error')
```

13.4 列生成求解 TSP

13.4.1 TSP 的 1-tree 建模及列生成求解

之前的章节探讨了如何从 1-tree 的角度对 TSP 建模。用 1-tree 建模的前提是：TSP 必须是对称 TSP（Symmetric TSP，STSP），边 (i,j) 和边 (j,i) 的成本（或距离）是一样的。

首先从图论的角度来描述 TSP，然后利用图论为 TSP 重新建模。我们知道，TSP 的可行解是一条闭环，满足图中所有节点的度（degree）均为 2。并且加入消除子环路的约束，模型如下：

$$\min \sum_{e \in E} c_e x_e \tag{13.24}$$

$$\text{s.t.} \sum_{e \in E(i)} x_e = 2, \qquad \forall i \in V \tag{13.25}$$

$$\sum_{e \in E(S)} x_e \leqslant |S| - 1, \qquad 2 \leqslant |S| \leqslant n - 1, S \subset V \tag{13.26}$$

$$x_e \in \{0,1\}, \qquad \forall e \in E \tag{13.27}$$

其中，$E(i)$ 表示经过点 i 的边的集合；$E(S)$ 表示起点和终点都在点集 S 中的边的集合。

上面的模型可以再加强一些，把第一组 $|V|$ 个约束 (13.25)，即

$$\sum_{e \in E(i)} x_e = 2, \; \forall i \in V$$

全部加起来，然后除以 2，得到

$$\sum_{e \in E} x_e = |V|$$

这个约束可以加强原来的模型。加强后的模型变为

$$\min \sum_{e \in E} c_e x_e \tag{13.28}$$

$$\text{s.t.} \sum_{e \in E(i)} x_e = 2, \qquad \forall i \in V \tag{13.29}$$

$$\sum_{e \in E(S)} x_e \leqslant |S| - 1, \qquad 2 \leqslant |S| \leqslant n - 1, S \subset V \tag{13.30}$$

$$\sum_{e \in E} x_e = |V| \tag{13.31}$$

$$x_e \in \{0,1\}, \qquad \forall e \in E \tag{13.32}$$

根据前面章节介绍的 1-tree 的定义，TSP 的解是一个特殊的 1-tree。而我们可以穷举所有的 1-tree，然后挑选出成本最小的，且是 TSP 解的 1-tree 即可。因此 TSP 问题可以通过列生成算法求解，而且对应的主问题为一个集分割问题（Set Partitioning Problem）。其 Subproblem 即为寻找高质量的 1-tree。

13.4.2 主问题

根据以上描述，RMP 可以看作已经有一系列的候选 1-tree 的模型，需要从中选出一个成本最小的且符合 TSP 解的 1-tree。假设候选的 1-tree 的集合为 T，则主问题可以写成

$$\min \sum_{t \in T} \left(\sum_{e \in E} c_e x_e^t \right) \lambda^t \tag{13.33}$$

$$\text{s.t.} \sum_{t \in T} \left(\sum_{e \in E(i)} x_e^t \right) \lambda^t = 2, \quad \forall i \in V \tag{13.34}$$

$$\sum_{t \in T} \lambda^t = 1, \tag{13.35}$$

$$\lambda^t \geqslant 0, \qquad \qquad \forall t \in T \qquad\qquad (13.36)$$

在上面模型中，$\sum\limits_{e \in E} c_e x_e^t$ 其实就是第 $t(t \in T)$ 个 1-tree 中的所有边的总成本 c_t，即

$$c_t = \sum_{e \in E} c_e x_e^t$$

并且，$\sum\limits_{e \in E(i)} x_e^t$ 就表示点 i 在第 $t(t \in T)$ 个 1-tree 中的度（degree），用 d_i^t 表示，即

$$d_i^t = \sum_{e \in E(i)} x_e^t$$

经过整理，RMP 可以写成

$$\min \sum_{t \in T} c_t \lambda^t \qquad\qquad (13.37)$$

$$\text{s.t.} \sum_{t \in T} d_i^t \lambda^t = 2, \quad \forall i \in V \qquad\qquad (13.38)$$

$$\sum_{t \in T} \lambda^t = 1, \qquad\qquad (13.39)$$

$$\lambda^t \geqslant 0, \qquad \forall t \in T \qquad\qquad (13.40)$$

这里总结一下，RMP 就是从一个候选的 1-tree 的集合中，选取出 1 条能够符合 TSP 解的 1-tree，并使得成本最小。

13.4.3 子问题

子问题就是生成一条检验数为负的 1-tree。首先我们需要建立一个生成 1-tree 的数学模型。我们根据 1-tree 的如下图论特性构建数学模型：

（1）有且仅有一个环；

（2）图中每个点的度（degree）$\geqslant 1$；

（3）一共有 $|V|$ 条边。

模型如下所示：

$$\min \sum_{e \in E} c_e x_e \qquad\qquad (13.41)$$

$$\text{s.t.} \sum_{e \in \delta(1)} x_e = 2 \qquad\qquad (13.42)$$

$$\sum_{e \in E(S)} x_e \leqslant |S| - 1, \quad \varnothing \subset S \subseteq V \setminus \{1\} \qquad\qquad (13.43)$$

$$\sum_{e \in E} x_e = n \qquad\qquad (13.44)$$

$$x_e \in \{0,1\}, \qquad \forall e \in E \tag{13.45}$$

其中，$\delta(1)$ 表示经过点 1 的边的集合，我们需要将其变成子问题/定价问题。为此，我们需要利用主问题的对偶变量来更新子问题的目标函数。

首先，主问题可以简写为

$$\min \ \boldsymbol{c}^{\mathrm{T}}\boldsymbol{\lambda} \tag{13.46}$$

$$\text{s.t.} \ \boldsymbol{A}\boldsymbol{\lambda} = \boldsymbol{b} \qquad \to \boldsymbol{\pi} \tag{13.47}$$

$$\boldsymbol{\lambda} \geqslant \boldsymbol{0} \tag{13.48}$$

其中，$\boldsymbol{\lambda}$ 是一个列向量，其中每一个元素 λ_i，$\forall i \in T$ 表示第 i 个 1-tree 对应的决策变量，表示该 1-tree 是否出现在最优解中。理论上来说它应当是一个 0-1 变量，但是这里我们做了松弛，是为了能够让主问题变成线性规划，从而可以得到约束的对偶变量。$\boldsymbol{\pi}$ 为约束 $\boldsymbol{A}\boldsymbol{\lambda}=\boldsymbol{b}$ 的对偶变量。每一列的检验数为

$$\text{reduced cost}_j = c(\boldsymbol{x}) - \boldsymbol{\pi}^{\mathrm{T}}\boldsymbol{a}(\boldsymbol{x}) \tag{13.49}$$

其中，参数如下：

（1）$\boldsymbol{x}$ 表示一个 1-tree，也就是其中有哪些边，由子问题求解得来；

（2）$c(\boldsymbol{x}) = \sum_{e \in E} c_e x_e$ 表示 1-tree $i \in T$ 的总成本或总长度；

（3）$\boldsymbol{a}(\boldsymbol{x})$：1-tree $i \in T$ 中每个节点的度（degree）组成的列向量，且有

$$\boldsymbol{a}(\boldsymbol{x}) = \begin{pmatrix} \sum_{i=1 \text{ or } j=1} x_{ij} \\ \sum_{i=2 \text{ or } j=2} x_{ij} \\ \vdots \\ \sum_{i=n \text{ or } j=n} x_{ij} \end{pmatrix}$$

其中，第 $i(i \in V)$ 行代表点 i 的度（degree）。

因此，子问题（SP）可以写为

$$\min \ c(\boldsymbol{x}) - \boldsymbol{\pi}^{\mathrm{T}}\boldsymbol{a}(\boldsymbol{x}) \tag{13.50}$$

$$\text{s.t.} \ \boldsymbol{x} \in X \tag{13.51}$$

其中，$x \in X$ 表示 $\boldsymbol{x}$ 是一个 1-tree。X 表示所有 1-tree 的集合。

根据上面的式子，我们将检验数进一步改写为

$$c(\boldsymbol{x}) - \boldsymbol{\pi}^{\mathrm{T}}\boldsymbol{a}(\boldsymbol{x}) \tag{13.52}$$

$$= \sum_{e \in E} c_e x_e - \left(\sum_{i \in V} \pi_i \left[\sum_{j \in V} x_{ij} + \sum_{j \in V} x_{ji} \right] \right) \tag{13.53}$$

$$= \sum_{i \in V} \sum_{i \in V} c_{ij} x_{ij} - \left(\sum_{i \in V} \pi_i \left[\sum_{j \in V} x_{ij} + \sum_{j \in V} x_{ji} \right] \right) \tag{13.54}$$

$$= \sum_{i \in V} \sum_{j \in V} x_{ij} \left(c_{ij} - \pi_i - \pi_j \right) \tag{13.55}$$

因此，子问题的最终形式为

$$\min \sum_{i \in V} \sum_{j \in V} x_{ij} \left(c_{ij} - \pi_i - \pi_j \right) \tag{13.56}$$

$$\text{s.t.} \sum_{e \in \delta(1)} x_e = 2 \tag{13.57}$$

$$\sum_{e \in E(S)} x_e \leqslant |S| - 1, \qquad \varnothing \subset S \subseteq V \setminus \{1\} \tag{13.58}$$

$$\sum_{e \in E} x_e = n \tag{13.59}$$

$$x_e \in \{0, 1\}, \qquad \forall e \in E \tag{13.60}$$

至此，我们完成了主问题和子问题的推导，接下来就可以尝试编程实现了，完整代码见附配资源。

13.5 列生成求解 VRPTW

13.4 节我们介绍了列生成算法求解 TSP，本节将介绍列生成算法求解 VRPTW 的基本原理及其 Java 和 Python 实现。

首先来介绍列生成算法求解 VRPTW 的基本原理（参考自文献 Desaulniers et al.，2006）。

我们回顾之前章节的内容，VRPTW 的解是一系列车辆的路径，每一辆车都对应唯一的一条路径，一条路径实际上就是所有客户的一个子集中所有客户的访问序列。比如某辆车需要访问的客户点的序号集合为 $\{3, 7, 2\}$，其最优访问顺序为 $0 \longrightarrow 3 \longrightarrow 7 \longrightarrow 2 \longrightarrow 0$，这表示该辆车从起始点 0（或者仓库 depot）出发，依次经过客户点 3、7、2，最终返回起始点。这样一条路径，在图上对应一个环（cycle）。也就是一辆车的路径就是一个环。由于车与车之间没有重复访问的客户，因此在可行解中，环与环之间除了起始点，没有其他共同的点。由于一辆车的可行解是非常多的，因此，VRPTW 又可以描述为从一系列的可行环中，为每一辆车选出唯一与之匹配的环，并且这些环满足以下几个条件：

（1）环与环之间除了起始点，没有其他共同点；

（2）所有环恰好覆盖了所有的客户点一次。

基于以上描述，我们可以将求解 VRPTW 问题的过程转化为下面 2 个步骤。第 1 步，为每一辆车找出所有可行的环。第 2 步，从这些可行的环中为每一辆车分配一个环，且满足上面 2 个条件。

那么如何为每一辆车寻找所有的可行环呢？

假设所有的车均是同质的，也就是容量和其他参数都是一致的，容易得出，此时所有车的可行环集合都是相同的。我们只需要找出一辆车的所有可行环即可。假设一辆车的所有可行环的集合为 Ω，为了列举出 Ω 中的所有元素，我们可以通过穷举，找出 Ω 中的所有可行环。但是这些可行环的集合的元素个数可能是随着算例的增大呈指数级增长的，要想将它们全部找到，很多时候并不可行。我们不妨换一种思路，不去暴力枚举所有的可行环，而只是尝试去找那些比较优质的环。跟之前介绍的下料问题和 TSP 的列生成算法求解的思路一致，我们只选择那些检验数为负的可行环即可。我们用 Ω' 表示这些检验数为负的可行环的集合。显然，$\Omega' \subset \Omega$。

确定了集合 Ω' 之后，我们就可以为每一辆车安排一个环且使得总的行驶距离最小。该问题可被建模成为一个集分割问题，这也正是 VRPTW 对应的 RMP。

而找到这些检验数为负的可行环集合的问题，就是子问题。该子问题可以转化成一个带资源约束的基本最短路问题（Elementary Shortest Path Problem with Resource Constraints, ESPPRC）。即，一辆车从起始点出发，访问客户点中的一部分（至多访问一次），并且满足这些客户点的需求和时间窗约束，最终回到起始点。

下面给出主问题和子问题的数学模型。注意，本章忽略了车辆数限制，在实际问题中，读者可将其加入到模型中。

13.5.1 主问题

用 P^k 表示车辆 $k \in V$ 的所有可行环，则对于 P^k 中任意一条 cycle p 都对应一组 0-1 变量 x_{ijp}^k，当 $x_{ijp}^k = 1$ 表示车辆 k 在 cycle p 上从 i 点到 j 点；当 $x_{ijp}^k = 0$ 表示车辆 k 不经过 cycle p 上的弧 (i, j)。因此，我们可以得到下面的等式：

$$x_{ij}^k = \sum_{p \in P^k} x_{ijp}^k y_p^k, \qquad \forall k \in V, \forall (i,j) \in A \tag{13.61}$$

$$\sum_{p \in P^k} y_p^k = 1, \qquad \forall k \in V \tag{13.62}$$

$$y_p^k \geqslant 0, \qquad \forall k \in V, \forall p \in P^k \tag{13.63}$$

其中，x_{ij}^k 为 VRPTW 中的路径决策 0-1 变量，表示车辆 k 是否经过弧 (i,j)。这里，y_p^k 表示第 k 辆车是否选择经过 cycle p。我们也可以定义出 cycle p 的成本 c_p^k 和顾客 i 在路径 p 被车辆 k 拜访的次数 $a_{ip}^k \in \{0, 1\}$，即

$$c_p^k = \sum_{(i,j) \in A} c_{ij}^k x_{ijp}^k, \qquad \forall k \in V, \forall p \in P^k \tag{13.64}$$

$$a_{ip}^k = \sum_{j \in N} x_{ijp}^k, \qquad \forall k \in V, \forall i \in C, \forall p \in P^k \tag{13.65}$$

下面用这些信息来给出 VRPTW 的主问题的模型如下：

$$\min \quad \sum_{k \in V} \sum_{p \in P^k} c_p^k y_p^k \tag{13.66}$$

$$\text{s.t.} \quad \sum_{k \in V} \sum_{p \in P^k} a_{ip}^k y_p^k = 1, \qquad \forall i \in C \tag{13.67}$$

$$\sum_{p \in P^k} y_p^k = 1, \qquad \forall k \in V \tag{13.68}$$

$$y_p^k \geqslant 0, \qquad \forall k \in V, \forall p \in P^k \tag{13.69}$$

由于考虑所有车都是同质的，所以所有的 P^k 都是相同的，也就是说 $P^k = P$。不难得出，所有的子问题也都是等价的。因此，约束 (13.68) 可以消除下标 k，从而被简化。于是我们得到了 VRPTW 的主问题的模型，该模型是一个集分割问题模型。这里直接给出主问题的线性松弛形式，即

$$\min \quad \sum_{k \in V} \sum_{p \in P} c_p y_p \tag{13.70}$$

$$\text{s.t.} \quad \sum_{p \in P} a_{ip} y_p = 1, \qquad \forall i \in C \tag{13.71}$$

$$y_p \geqslant 0, \qquad \forall p \in P \tag{13.72}$$

与前文类似，考虑在列生成算法中，主问题中的列的集合是被限制成了已经被生成的列。下面用 $P' \subset P$ 表示列生成算法产生的 cycle 的集合，则 VRPTW 的主问题可以写成 RMP 的形式，即

$$\min \quad \sum_{k \in V} \sum_{p \in P} c_p y_p \tag{13.73}$$

$$\text{s.t.} \quad \sum_{p \in P} a_{ip} y_p = 1, \qquad \forall i \in C \tag{13.74}$$

$$y_p \geqslant 0, \qquad \forall p \in P' \tag{13.75}$$

其中，每个决策变量 y_p 表示路径 p 被使用的次数。这个决策变量不一定是整数，但是是非负的任意实数。a_{ip} 表示客户 i 在路径 p 上被服务的次数，并且 c_p 表示 cycle p 的成本。参数 a_{ip} 原则上应该取 0 或者 1，但是由于子问题可以是松弛后的问题，所以它可以取大一点的整数。这里有一点需要特别说明，上述 RMP 中，约束 (13.75) 做了一步松弛，本来应该是 $0 \leqslant y_p \leqslant 1$，但是我们将其松弛成了 $y_p \geqslant 0$。这一步松弛是等价的转化，因为在上述 RMP 模型的最优解中，y_p 的取值不可能大于 1，换句话说，如果 RMP 的一个解对应的 y_p 取值大于 1，则该解一定不是 RMP 的最优解。

13.5.2 子问题

VRPTW 的每个子问题，就是获得一条具有负检验数的 cycle，根据前文介绍，该问题是一个 ESPPRC。即，每一辆车只访问所有客户点中的一部分点，并且在满足载重、时间窗等约束的情况下，使得目标函数最小。子问题的目标函数就是新列（新 cycle）的检验数，即

$$
\begin{aligned}
\mathrm{obj} = \min \quad & c_p - \sum_{i \in C} \lambda_i a_i \\
= & \sum_{i \in N} \sum_{j \in N} c_{ij} x_{ij} - \sum_{i \in C} \lambda_i a_i \\
= & \sum_{i \in N} \sum_{j \in N} c_{ij} x_{ij} - \sum_{i \in C} \lambda_i \sum_{j \in N} x_{ij} \\
= & \sum_{i \in N} \sum_{j \in N} \left(c_{ij} - \lambda_i \right) x_{ij}
\end{aligned}
\tag{13.76}
$$

其中，a_i 就是 RMP 中的 a_{ip}。因为子问题就是得到一条满足资源约束的最短路，而不必强调车辆的编号 k，因此我们可以去掉下标 k。此时 $a_{ip}^k = a_{ip} = \sum_{j \in N} x_{ij} = 0 \text{ or } 1$，$a_{ip}$ 也正是添加到主问题中的列的约束系数。此外，λ_i 是 RMP 的第 i 条约束的对偶变量。

因此，ESPPRC 的模型如下：

$$
\min \quad \sum_{i \in N} \sum_{j \in N} \left(c_{ij} - \lambda_i \right) x_{ij} \tag{13.77}
$$

$$
\sum_{i \in C} d_i \sum_{j \in N} x_{ij} \leqslant q, \tag{13.78}
$$

$$
\sum_{j \in N} x_{0j} = 1, \tag{13.79}
$$

$$
\sum_{i \in N} x_{ih} - \sum_{j \in N} x_{hj} = 0, \qquad \forall h \in C \tag{13.80}
$$

$$
\sum_{i \in N} x_{i,n+1} = 1, \tag{13.81}
$$

$$
s_i + t_{ij} - M \left(1 - x_{ij} \right) \leqslant s_j, \qquad \forall i,j \in N, i \neq j \tag{13.82}
$$

$$
a_i \leqslant s_i \leqslant b_i, \qquad \forall i \in N \tag{13.83}
$$

$$
x_{ij} \in \{0,1\}, \qquad \forall i,j \in N, i \neq j \tag{13.84}
$$

可以看到，子问题的约束中没有了 $\forall k \in K$ 这个要求，因此从规模上来讲，ESPPRC 比 VRPTW 缩小了 K 倍，也更容易求解。但是 ESPPRC 仍旧是 NP-hard 问题，虽然相比 VRPTW 更容易，但是一旦规模加大，也并不能保证很快得到最优解。幸运的是，ESPPRC 可以使用动态规划的方法高效地求解，具体来说就是标签算法（Labeling Algorithm）。求解 ESPPRC 的标签算法实际上是一种标签校正算法，对应地，还有一种被称为标签设定算法

的算法，比如 Dijkstra 算法。标签算法本身是一种穷举的思想，但是由于加入了优超准则（Dominance Rule），使得它在求解特定问题时有较高的效率。正因为如此，如果 ESPPRC 使用标签算法去求解（而不是直接调用求解器求解），那么我们可以求解规模稍微大一些的 VRPTW 算例。但是在本章，暂时不涉及标签算法的部分。本章的代码中，子问题的求解全部直接调用求解器求解，旨在展示列生成算法的过程。关于标签算法的详细介绍，以及用列生成算法结合标签算法求解 VRPTW 的代码，请参照动态规划部分的内容。

13.5.3　详细案例演示

为了让读者更直观地理解列生成算法求解 VRPTW 的完整流程，我们以 Solomon VRP Benchamrk 算例中的 C101 为例，使用 Python 调用 Gurobi 来逐步展示整个算法迭代过程。为了方便展示，我们只提取前 5 个顾客点为输入数据，并且设置车辆数为 5。

首先，我们需要构造初始 RMP，即添加初始可行列。初始 RMP 的构造一定要保证问题有可行解。为了简化处理，我们让每辆车只经过一个顾客点，即为每个顾客分配一辆车（这种构造初始可行列的方法非常低效，在实际科研中，我们一般用其他方法构造初始可行列，比如使用启发式算法生成初始可行列）。RMP 模型的行数等于顾客的数量，即 5 行，对应 5 个约束，每个约束表示对应顾客一定要被访问一次。按照上述方法操作完成后，初始 RMP 可以写成下面的形式。

$$\min \quad c_1 y_1 + c_2 y_2 + c_3 y_3 + c_5 y_4 + c_5 y_5 \tag{13.85}$$

$$
\begin{array}{llllll}
\text{node 1} & y_1 & & & & =1 \\
\text{node 2} & & y_2 & & & =1 \\
\text{node 3} & & & y_3 & & =1 \\
\text{node 4} & & & & y_4 & =1 \\
\text{node 5} & & & & & y_5 =1 \\
& y_1, & y_2, & y_3, & y_4, & y_5 \in \{0,1\}
\end{array}
$$

其中，第 1 列对应路径 1，为 $(0-1-0)$，其路径长度为 c_1。第 2 列对应路径 2，为 $(0-2-0)$，其路径长度为 c_2。其他列类似。

我们将上述 RMP 松弛成线性规划，然后使用 Python 调用 Gurobi 对其求解。为了方便实现，我们添加虚拟点 6，作为 depot 0 的副本，即点 1 到点 5 为顾客点，点 0 和点 6 为同一个点，都代表 depot。相应地，路径 $(0-1-0),(0-2-0)$ 就变成了 $(0-1-6),(0-2-6)$。为了节省篇幅，我们省略读入数据的部分，仅展示算法核心部分的代码。

首先，我们初始化 RMP，代码如下：

VRPTW Column Generation small instance

```
1  RMP = Model('RMP')
2  customerNum = data.customerNum
```

```
 3
 4  path_set = {}
 5
 6  # define decision variable
 7  y = {}
 8  for i in range(customerNum):
 9      var_name = 'y_' + str(i+1)
10      temp_obj = round(data.disMatrix[0][i+1] + data.disMatrix[i+1][0], 1)
11      y[i] = RMP.addVar(lb = 0, ub = 1, obj = temp_obj, vtype = GRB.CONTINUOUS
            , name = var_name)
12      path_set[var_name] = [[0, i + 1, data.customerNum + 1], temp_obj]
13
14  rmp_con = []
15  row_coeff = [1] * customerNum
16  for i in range(customerNum):
17      rmp_con.append(RMP.addConstr(y[i] == 1))
18
19  # export the model
20  RMP.write('RMP_initial.lp')
```

在求解之前，我们将模型导出为.lp 文件。具体模型信息如下：

VRPTW Column Generation small instance

```
 1  \ Model RMP
 2  \ LP format - for model browsing. Use MPS format to capture full model
        detail.
 3  Minimize
 4    37.4 y_1 + 41.2 y_2 + 32.2 y_3 + 36.2 y_4 + 30.3 y_5
 5  Subject To
 6   R0:    y_1                                           = 1
 7   R1:            y_2                                    = 1
 8   R2:                    y_3                            = 1
 9   R3:                            y_4                    = 1
10   R4:                                    y_5    = 1
11  Bounds
12   y_1 <= 1
13   y_2 <= 1
14   y_3 <= 1
15   y_4 <= 1
16   y_5 <= 1
17  End
```

我们将所有初始可行列对应的具体路径存储到了字典 path_set 中，方便最后提取最终的解及对应的路径。

1. 第 1 次迭代

我们求解 RMP 的线性松弛，然后得到 RMP 的最优解及 5 个约束的对偶变量的取值，具体代码和运行结果如下。由结果可知，初始解质量并不好，路径总长度为 177.3。

Get Duals

```python
RMP.optimize()
print('RMP Obj = ', RMP.ObjVal)
for var in RMP.getVars():
    if(var.x > 0):
        print(var.VarName, ' = ', var.x, '\t path :', path_set[var.VarName])

rmp_pi = RMP.getAttr("Pi", RMP.getConstrs())
rmp_pi

[Out]:
RMP Obj =   177.3
y_1  =  1.0        path : [[0, 1, 6], 37.4]
y_2  =  1.0        path : [[0, 2, 6], 41.2]
y_3  =  1.0        path : [[0, 3, 6], 32.2]
y_4  =  1.0        path : [[0, 4, 6], 36.2]
y_5  =  1.0        path : [[0, 5, 6], 30.3]
Duals =  [37.4, 41.2, 32.2, 36.2, 30.3]
```

接下来我们初始化子问题。子问题的模型见 (13.77)~(13.84)。我们调用 Gurobi 建立子问题的模型，并导出为.lp 文件，具体代码如下：

Subproblem

```python
# build subproblem
SP = Model('SP')
# decision variables
x = {}
s = {}
# mu = {}
big_M = 1e5
for i in range(data.nodeNum):
    name = 's_' + str(i)
    s[i] = SP.addVar(lb = data.readyTime[i]
                    , ub = data.dueTime[i]
                    , vtype = GRB.CONTINUOUS
```

```
13                              , name = name
14                              )
15      for j in range(data.nodeNum):
16          if(i != j):
17              name = 'x_' + str(i) + '_' + str(j)
18              x[i, j] = SP.addVar(lb = 0
19                                      , ub = 1
20                                      , vtype = GRB.BINARY
21                                      , name = name)
22
23  # set objective function of SP
24  sub_obj = LinExpr(0)
25  for key in x.keys():
26      node_i = key[0]
27      node_j = key[1]
28      sub_obj.addTerms(round(data.disMatrix[node_i][node_j],1), x[key])
29      sub_obj.addTerms(-rmp_pi[node_i-1], x[key])
30
31  SP.setObjective(sub_obj, GRB.MINIMIZE)
32
33  # constraints 1
34  lhs = LinExpr(0)
35  for key in x.keys():
36      node_i = key[0]
37      node_j = key[1]
38      lhs.addTerms(data.demand[node_i], x[key])
39  SP.addConstr(lhs <= data.capacity, name = 'cons_1')
40
41  # constraints 2
42  lhs = LinExpr(0)
43  for key in x.keys():
44      if(key[0] == 0):
45          lhs.addTerms(1, x[key])
46  SP.addConstr(lhs == 1, name = 'cons_2')
47
48  # constraints 3
49  for h in range(1, data.nodeNum - 1):
50      lhs = LinExpr(0)
51      for i in range(data.nodeNum):
52          temp_key = (i, h)
53          if(temp_key in x.keys()):
54              lhs.addTerms(1, x[temp_key])
```

```
55      for j in range(data.nodeNum):
56          temp_key = (h, j)
57          if(temp_key in x.keys()):
58              lhs.addTerms(-1, x[temp_key])
59      SP.addConstr(lhs == 0, name = 'cons_3' + '_' + str(h))
60
61  # constraints 4
62  lhs = LinExpr(0)
63  for key in x.keys():
64      if(key[1] == data.nodeNum - 1):
65          lhs.addTerms(1, x[key])
66  SP.addConstr(lhs == 1, name = 'cons_4')
67
68  # constraints 5
69  for key in x.keys():
70      node_i = key[0]
71      node_j = key[1]
72      SP.addConstr(s[node_i] + data.disMatrix[node_i][node_j] - s[node_j] -
73          big_M + big_M * x[key] <= 0, name = 'cons_5' + '_' + str(key))
    SP.write('SP_iter_1.lp')
```

导出的子问题的模型的具体信息如下（约束较多，我们仅展示部分信息）。

initial Subproblem Model

```
1  \ Model SP
2  \ LP format - for model browsing. Use MPS format to capture full model
       detail.
3  Minimize
4    18.7 x_0_1 + 20.6 x_0_2 + 16.1 x_0_3 + 18.1 x_0_4 + 15.1 x_0_5
5    - 18.7 x_1_0 - 35.4 x_1_2 - 33.8 x_1_3 - 34.4 x_1_4 - 33.2 x_1_5
6    - 18.7 x_1_6 - 20.6 x_2_0 - 39.2 x_2_1 - 36.2 x_2_3 - 37.6 x_2_4
7    - 35.4 x_2_5 - 20.6 x_2_6 - 16.1 x_3_0 - 28.6 x_3_1 - 27.2 x_3_2
8    - 30.2 x_3_4 - 31.2 x_3_5 - 16.1 x_3_6 - 18.1 x_4_0 - 33.2 x_4_1
9    - 32.6 x_4_2 - 34.2 x_4_3 - 33.2 x_4_5 - 18.1 x_4_6 - 15.2 x_5_0
10   - 26.1 x_5_1 - 24.5 x_5_2 - 29.3 x_5_3 - 27.3 x_5_4 - 15.2 x_5_6
11   + 18.7 x_6_1 + 20.6 x_6_2 + 16.1 x_6_3 + 18.1 x_6_4 + 15.1 x_6_5
12  Subject To
13   cons_1: 10 x_1_0 + 10 x_1_2 + 10 x_1_3 + 10 x_1_4 + 10 x_1_5 + 10 x_1_6
14    + 30 x_2_0 + 30 x_2_1 + 30 x_2_3 + 30 x_2_4 + 30 x_2_5 + 30 x_2_6
15    + 10 x_3_0 + 10 x_3_1 + 10 x_3_2 + 10 x_3_4 + 10 x_3_5 + 10 x_3_6
16    + 10 x_4_0 + 10 x_4_1 + 10 x_4_2 + 10 x_4_3 + 10 x_4_5 + 10 x_4_6
17    + 10 x_5_0 + 10 x_5_1 + 10 x_5_2 + 10 x_5_3 + 10 x_5_4 + 10 x_5_6
18    <= 200
```

```
19   cons_2: x_0_1 + x_0_2 + x_0_3 + x_0_4 + x_0_5 + x_0_6 = 1
20   cons_3_1: x_0_1 - x_1_0 - x_1_2 - x_1_3 - x_1_4 - x_1_5 - x_1_6 + x_2_1
21     + x_3_1 + x_4_1 + x_5_1 + x_6_1 = 0
22   ...........................................
23   ...........................................
24   cons_4: x_0_6 + x_1_6 + x_2_6 + x_3_6 + x_4_6 + x_5_6 = 1
25   cons_5_(0,_1): s_0 + 100000 x_0_1 - s_1 <= 99981.31845830772
26   ...........................................
27   cons_5_(6,_5): - s_5 + s_6 + 100000 x_6_5 <= 99984.86725404958
28   Bounds
29   s_0 <= 1236
30   912 <= s_1 <= 967
31   825 <= s_2 <= 870
32   65 <= s_3 <= 146
33   727 <= s_4 <= 782
34   15 <= s_5 <= 67
35   s_6 <= 1236
36   Binaries
37   x_0_1 x_0_2 x_0_3 x_0_4 x_0_5 x_0_6 x_1_0 x_1_2 x_1_3 x_1_4 x_1_5 x_1_6
38   x_2_0 x_2_1 x_2_3 x_2_4 x_2_5 x_2_6 x_3_0 x_3_1 x_3_2 x_3_4 x_3_5 x_3_6
39   x_4_0 x_4_1 x_4_2 x_4_3 x_4_5 x_4_6 x_5_0 x_5_1 x_5_2 x_5_3 x_5_4 x_5_6
40   x_6_0 x_6_1 x_6_2 x_6_3 x_6_4 x_6_5
41   End
```

接下来我们求解子问题，并且获取子问题产生的新路径及对应的新列。具体代码如下：

Obtain new column and new path

```
1   SP.optimize()
2   print('Reduced Cost:', SP.ObjVal)
3   '''
4       ADD NEW COLUMN
5   '''
6
7   # compute path length
8   path_length = 0
9   for key in x.keys():
10      node_i = key[0]
11      node_j = key[1]
12      path_length += x[key].x * data.disMatrix[node_i][node_j]
13  path_length = round(path_length, 2)
14  path_length
15
16  # creat new column
```

```
17  col_coef = [0] * data.customerNum
18  for key in x.keys():
19      if(x[key].x > 0):
20          node_i = key[0]
21          if(node_i > 0 and node_i < data.nodeNum - 1):
22              col_coef[node_i - 1] = 1
23
24  print('new path length :', path_length)
25  print('new column :', col_coef)
26
27  # extract the corrsponding path for current column
28  new_path = []
29  current_node = 0
30  new_path.append(current_node)
31  while(current_node != data.nodeNum - 1):
32      for key in x.keys():
33          if(x[key].x > 0 and key[0] == current_node):
34              current_node = key[1]
35              new_path.append(current_node)
36  print('new path :', new_path)
```

求解得到子问题的目标函数（即新列的检验数）和对应的新列及相应的路径，具体代码如下：

New column and new path

```
1  Reduced Cost: -134.9
2  new path length : 42.42
3  new column : [1, 1, 1, 1, 1]
4  new path : [0, 5, 3, 4, 2, 1, 6]
```

其中，new path length 即为路径 [0, 5, 3, 4, 2, 1, 6] 的总长度。由于 Reduced Cost 为 -134.9，小于 0，因此该列可以被加入 RMP 中。

我们根据产生的新列，更新 RMP，具体代码如下：

Iter 1: Update RMP

```
1  # Update RMP
2  rmp_col = Column(col_coef, rmp_con)
3
4  cnt = 1
5  var_name = "cg_" + str(cnt)
6  RMP.addVar(lb = 0.0, ub = 1, obj = path_length, vtype = GRB.CONTINUOUS, name
           = var_name, column = rmp_col)
```

```
7  RMP.update()
8  path_set[var_name] =  new_path
9
10 print('current column number :', RMP.NumVars)
11 # export the model
12 RMP.write('RMP_iter_1.lp')
13 RMP.optimize()
14 print('RMP Obj = ', RMP.ObjVal)
15 for var in RMP.getVars():
16     if(var.x > 0):
17         print(var.VarName, ' = ', var.x, '\t path :', path_set[var.VarName])
18
19 # get the dual variable of RMP constraints
20 rmp_pi = RMP.getAttr("Pi", RMP.getConstrs())
21 print('Duals = ', rmp_pi)
```

导出的更新后的 RMP 如下。其中，`cg_1` 即为新加入的列对应的决策变量。

Iter 1: Updated RMP

```
1  \ Model RMP
2  \ LP format - for model browsing. Use MPS format to capture full model
       detail.
3  Minimize
4    37.4 y_1 + 41.2 y_2 + 32.2 y_3 + 36.2 y_4 + 30.3 y_5 + 42.42 cg_1
5  Subject To
6   R0:    y_1                                          + cg_1 = 1
7   R1:             y_2                                  + cg_1 = 1
8   R2:                      y_3                         + cg_1 = 1
9   R3:                               y_4                + cg_1 = 1
10  R4:                                        y_5       + cg_1 = 1
11 Bounds
12  y_1 <= 1
13  y_2 <= 1
14  y_3 <= 1
15  y_4 <= 1
16  y_5 <= 1
17  cg_1 <= 1
18 End
```

求解更新后的 RMP，得到更新后 RMP 的最优解及每个约束的对偶变量的值，具体如下。经过一次迭代，RMP 的解由 177.3 降低到 42.42，车辆数也从 5 辆减少为 1 辆，解的提升非常显著。

Iter 1: Duals and solution of RMP

```
1  RMP Obj =  42.42
2   ----- RMP Optimal Solution -----
3  cg_1 = 1.0      path : [[0, 5, 3, 4, 2, 1, 6], 42.42]
4   -----------------------------
5  Duals =  [37.4, 41.2, 32.2, 36.2, 30.3]
```

2. 第 2 次迭代

由于用列生成算法求解 VRPTW 的过程中，子问题的约束是完全相同的，只是目标函数会有变化。我们根据第 1 次迭代之后的对偶变量，更新 Subproblem 的目标函数，然后再次对其求解，并获得新的列和相应的信息，具体代码如下（获得路径、新列的代码与上面展示的完全相同，这里不再重复展示）。

Iter 2: Update the objective of Subproblem

```python
1  # Update objective of SP
2  sub_obj = LinExpr(0)
3  for key in x.keys():
4      node_i = key[0]
5      node_j = key[1]
6      sub_obj.addTerms(data.disMatrix[node_i][node_j], x[key])
7      sub_obj.addTerms(-rmp_pi[node_i], x[key])
8
9  SP.setObjective(sub_obj, GRB.MINIMIZE)
```

更新后的子问题的目标函数如下：

Iter 2: Objective of Subproblem

```
1  \ Model SP
2  \ LP format - for model browsing. Use MPS format to capture full model
        detail.
3  Minimize
4    18.7 x_0_1 + 20.6 x_0_2 + 16.1 x_0_3 + 18.1 x_0_4 + 15.1 x_0_5
5    - 18.7 x_1_0 - 35.4 x_1_2 - 33.8 x_1_3 - 34.4 x_1_4 - 33.2 x_1_5
6    - 18.7 x_1_6 - 20.6 x_2_0 - 39.2 x_2_1 - 36.2 x_2_3 - 37.6 x_2_4
7    - 35.4 x_2_5 - 20.6 x_2_6 - 16.1 x_3_0 - 28.6 x_3_1 - 27.2 x_3_2
8    - 30.2 x_3_4 - 31.2 x_3_5 - 16.1 x_3_6 - 18.1 x_4_0 - 33.2 x_4_1
9    - 32.6 x_4_2 - 34.2 x_4_3 - 33.2 x_4_5 - 18.1 x_4_6 - 15.2 x_5_0
10   - 26.1 x_5_1 - 24.5 x_5_2 - 29.3 x_5_3 - 27.3 x_5_4 - 15.2 x_5_6
11   + 18.7 x_6_1 + 20.6 x_6_2 + 16.1 x_6_3 + 18.1 x_6_4 + 15.1 x_6_5
12 Subject To
13 ..............................
```

　　求解子问题，结果如下。我们发现，该子问题的目标函数（即检验数）仍然为 −134.9，路径也和第 1 次迭代产生的路径相同。原因是第 1 次迭代后 RMP 线性松弛问题的对偶变量和初始化步骤中的完全相同（均为 [37.4, 41.2, 32.2, 36.2, 30.3]）。这导致在两次迭代中，子问题的目标函数完全相同，最优解也相同，从而产生了相同的列。

New column and new path

```
1  Reduced Cost: -134.9
2  new path length : 42.42
3  new column : [1, 1, 1, 1, 1]
4  new path : [0, 5, 3, 4, 2, 1, 6]
```

　　虽然产生了与之前重复的列，我们仍然可以将其加入 RMP 中，继续更新 RMP 并求解。

Update RMP

```
1  # Update RMP
2  rmp_col = Column(col_coef, rmp_con)
3
4  cnt = 2
5  var_name = "cg_" + str(cnt)
6  RMP.addVar(lb = 0.0, ub = 1, obj = path_length, vtype = GRB.CONTINUOUS, name
            = var_name, column = rmp_col)
7  RMP.update()
8  path_set[var_name] =  new_path
9
10 print('current column number :', RMP.NumVars)
11 # export the model
12 RMP.write('RMP_iter_2.lp')
13 RMP.optimize()
14 print('RMP Obj:', RMP.ObjVal)
15 RMP.optimize()
16 for var in RMP.getVars():
17     if(var.x > 0):
18         print(var.VarName, ' = ', var.x, '\t path :', path_set[var.VarName])
19
20 # get the dual variable of RMP constraints
21 rmp_pi = RMP.getAttr("Pi", RMP.getConstrs())
22 rmp_pi
```

　　导出更新后的 RMP，模型具体信息如下：

Iter 2: Updated RMP

```
1  \ Model RMP
```

```
 2 \ LP format - for model browsing. Use MPS format to capture full model
       detail.
 3 Minimize
 4   37.4 y_1 + 41.2 y_2 + 32.2 y_3 + 36.2 y_4 + 30.3 y_5 + 42.42 cg_1 + 42.42
       cg_2
 5 Subject To
 6  R0:    y_1                                              + cg_1 +
        cg_2 = 1
 7  R1:               y_2                                   + cg_1 +
        cg_2 = 1
 8  R2:                         y_3                          + cg_1 +
        cg_2 = 1
 9  R3:                                   y_4                + cg_1 +
        cg_2 = 1
10  R4:                                             y_5      + cg_1 +
        cg_2 = 1
11 Bounds
12  y_1 <= 1
13  y_2 <= 1
14  y_3 <= 1
15  y_4 <= 1
16  y_5 <= 1
17  cg_1 <= 1
18  cg_2 <= 1
19 End
```

求解更新后的 RMP，得到更新后 RMP 的最优解及每个约束的对偶变量的值，具体如下。由结果得知，RMP 的目标值并没有改进，仍然为 42.42，但是对偶变量却变为 [37.4, 41.2, 32.2, 36.2, -104.58]，所以下一步迭代中，子问题的最优解也许会产生变化。

Iter 2: Duals and solution of RMP

```
1 RMP Obj =  42.42
2  ----- RMP Optimal Solution -----
3 cg_2  = 1.0       path : [[0, 5, 3, 4, 2, 1, 6], 42.42]
4  -----------------------------
5 Duals =  [37.4, 41.2, 32.2, 36.2, -104.58]
```

3. 第 3 次迭代

根据第 2 次迭代之后 RMP 的对偶变量，更新子问题的目标函数。更新后子问题的目标函数如下：

Iter 3: Objective of Subproblem

```
 1 \ Model SP
 2 \ LP format - for model browsing. Use MPS format to capture full model
     detail.
 3 Minimize
 4   18.7 x_0_1 + 20.6 x_0_2 + 16.1 x_0_3 + 18.1 x_0_4 + 15.1 x_0_5
 5   - 18.7 x_1_0 - 35.4 x_1_2 - 33.8 x_1_3 - 34.4 x_1_4 - 33.2 x_1_5
 6   - 18.7 x_1_6 - 20.6 x_2_0 - 39.2 x_2_1 - 36.2 x_2_3 - 37.6 x_2_4
 7   - 35.4 x_2_5 - 20.6 x_2_6 - 16.1 x_3_0 - 28.6 x_3_1 - 27.2 x_3_2
 8   - 30.2 x_3_4 - 31.2 x_3_5 - 16.1 x_3_6 - 18.1 x_4_0 - 33.2 x_4_1
 9   - 32.6 x_4_2 - 34.2 x_4_3 - 33.2 x_4_5 - 18.1 x_4_6 + 119.68 x_5_0
10   + 108.78 x_5_1 + 110.38 x_5_2 + 105.58 x_5_3 + 107.58 x_5_4
11   + 119.68 x_5_6 + 18.7 x_6_1 + 20.6 x_6_2 + 16.1 x_6_3 + 18.1 x_6_4
12   + 15.1 x_6_5
13 Subject To
14 ...................................
```

求解子问题，结果如下。相较第 2 步迭代，子问题得到的路径有所变化。另外，检验数也变为 −104.6，小于 0，说明该列可以加入 RMP 中。

Iter 3: New column and new path

```
1 Reduced Cost: -104.6
2 new path length : 42.41
3 new column : [1, 1, 1, 1, 0]
4 new path : [0, 3, 4, 2, 1, 6]
```

我们创建新决策变量 cg_3，并将新列 [1, 1, 1, 1, 0] 加入 RMP 并求解，导出的更新后的 RMP 如下：

Iter 3: Updated RMP

```
1 \ Model RMP
2 \ LP format - for model browsing. Use MPS format to capture full model
     detail.
3 Minimize
4   37.4 y_1 + 41.2 y_2 + 32.2 y_3 + 36.2 y_4 + 30.3 y_5 + 42.42 cg_1 + 42.42
     cg_2 + 42.41 cg_3
5 Subject To
6  R0:  y_1                                           + cg_1 +
     cg_2 +        cg_3 = 1
7  R1:            y_2                                  + cg_1 +
     cg_2 +        cg_3 = 1
8  R2:                          y_3                    + cg_1 +
     cg_2 +        cg_3 = 1
```

```
 9  R3:                                  y_4                    + cg_1 +
        cg_2 +           cg_3 = 1
10  R4:                                            y_5          + cg_1 +
        cg_2                   = 1
11 Bounds
12  y_1 <= 1
13  y_2 <= 1
14  y_3 <= 1
15  y_4 <= 1
16  y_5 <= 1
17  cg_1 <= 1
18  cg_2 <= 1
19  cg_3 <= 1
20 End
```

求解更新后的 RMP，得到更新后 RMP 的最优解及每个约束的对偶变量的值，具体如下。虽然 RMP 的目标值依旧保持为 42.42，没有任何改进，但是对偶变量的值又一次发生了变化。这说明，下一步迭代中，Subproblem 很有可能再次产生新的不同的列。

Iter 3: Duals and solution of RMP

```
1 RMP Obj =  42.42
2  ----- RMP Optimal Solution -----
3 cg_2 = 1.0      path : [[0, 5, 3, 4, 2, 1, 6], 42.42]
4  ------------------------------
5 Duals = [37.4, 41.2, 32.2, -68.39000000000001, 0.010000000000019327]
```

4. 第 4 次迭代

根据第 3 次迭代之后 RMP 的对偶变量，更新子问题的目标函数。更新后子问题的目标函数如下：

Iter 4: Objective of Subproblem

```
1 \ Model SP
2 \ LP format - for model browsing. Use MPS format to capture full model
        detail.
3 Minimize
4   18.7 x_0_1 + 20.6 x_0_2 + 16.1 x_0_3 + 18.1 x_0_4 + 15.1 x_0_5
5   - 18.7 x_1_0 - 35.4 x_1_2 - 33.8 x_1_3 - 34.4 x_1_4 - 33.2 x_1_5
6   - 18.7 x_1_6 - 20.6 x_2_0 - 39.2 x_2_1 - 36.2 x_2_3 - 37.6 x_2_4
7   - 35.4 x_2_5 - 20.6 x_2_6 - 16.1 x_3_0 - 28.6 x_3_1 - 27.2 x_3_2
8   - 30.2 x_3_4 - 31.2 x_3_5 - 16.1 x_3_6 + 86.49 x_4_0 + 71.39 x_4_1
9   + 71.99 x_4_2 + 70.39 x_4_3 + 71.39 x_4_5 + 86.49 x_4_6 + 15.09 x_5_0
```

```
10    + 4.19 x_5_1 + 5.79 x_5_2 + 0.99 x_5_3 + 2.99 x_5_4 + 15.09 x_5_6
11    + 18.7 x_6_1 + 20.6 x_6_2 + 16.1 x_6_3 + 18.1 x_6_4 + 15.1 x_6_5
12 Subject To
13 ..................................
```

求解上述子问题，得到下面的结果。这一次，子问题又产生了一个与之前的列不重复的列，检验数也变为 −69，为负，因此该列也可以加入 RMP。

Iter 4: New column and new path

```
1 Reduced Cost: -69.01000000000002
2 new path length : 41.81
3 new column : [1, 1, 1, 0, 1]
4 new path : [0, 5, 3, 2, 1, 6]
```

继续更新 RMP 并求解，导出的更新后的 RMP 如下：

Iter 4: Updated RMP

```
1 \ Model RMP
2 \ LP format - for model browsing. Use MPS format to capture full model
       detail.
3 Minimize
4   37.4 y_1 + 41.2 y_2 + 32.2 y_3 + 36.2 y_4 + 30.3 y_5 + 42.42 cg_1 + 42.42
       cg_2 + 42.41 cg_3 + 41.81 cg_4
5 Subject To
6  R0:    y_1                                       + cg_1 +
       cg_2 +      cg_3 +      cg_4 = 1
7  R1:            y_2                               + cg_1 +
       cg_2 +      cg_3 +      cg_4 = 1
8  R2:                    y_3                        + cg_1 +
       cg_2 +      cg_3 +      cg_4 = 1
9  R3:                           y_4                 + cg_1 +
       cg_2 +      cg_3           = 1
10 R4:                                  y_5          + cg_1 +
       cg_2 +             cg_4 = 1
11 Bounds
12 y_1 <= 1
13 y_2 <= 1
14 y_3 <= 1
15 y_4 <= 1
16 y_5 <= 1
17 cg_1 <= 1
18 cg_2 <= 1
19 cg_3 <= 1
```

```
20  cg_4 <= 1
21 End
```

求解更新后的 RMP，得到更新后 RMP 的最优解及每个约束的对偶变量的值，具体如下。RMP 的松弛问题的目标值还是没有变化，但是对偶变量有所变化。

Iter 4: Duals and solution of RMP

```
1 RMP Obj =   42.42
2  ----- RMP Optimal Solution -----
3 cg_2  = 1.0     path : [[0, 5, 3, 4, 2, 1, 6], 42.42]
4  -----------------------------
5 Duals =  [37.4, 41.2, -36.800000000000004, 0.6099999999999994,
         0.010000000000005116]
```

5. 第 5 次迭代

根据第 4 次迭代之后 RMP 的对偶变量，更新子问题的目标函数。更新后子问题的目标函数如下：

Iter 5: Objective of Subproblem

```
1 \ Model SP
2 \ LP format - for model browsing. Use MPS format to capture full model
        detail.
3 Minimize
4   18.7 x_0_1 + 20.6 x_0_2 + 16.1 x_0_3 + 18.1 x_0_4 + 15.1 x_0_5
5   - 18.7 x_1_0 - 35.4 x_1_2 - 33.8 x_1_3 - 34.4 x_1_4 - 33.2 x_1_5
6   - 18.7 x_1_6 - 20.6 x_2_0 - 39.2 x_2_1 - 36.2 x_2_3 - 37.6 x_2_4
7   - 35.4 x_2_5 - 20.6 x_2_6 + 52.9 x_3_0 + 40.4 x_3_1 + 41.8 x_3_2
8   + 38.8 x_3_4 + 37.8 x_3_5 + 52.9 x_3_6 + 17.49 x_4_0 + 2.39 x_4_1
9   + 2.99 x_4_2 + 1.39 x_4_3 + 2.39 x_4_5 + 17.49 x_4_6 + 15.09 x_5_0
10  + 4.19 x_5_1 + 5.79 x_5_2 + 0.99 x_5_3 + 2.99 x_5_4 + 15.09 x_5_6
11  + 18.7 x_6_1 + 20.6 x_6_2 + 16.1 x_6_3 + 18.1 x_6_4 + 15.1 x_6_5
12 Subject To
13 ..................................
```

求解结果如下。检验数比上一次更靠近 0，但仍然为负，算法需要继续迭代。

Iter 5: New column and new path

```
1 Reduced Cost: -37.3
2 new path length : 41.3
3 new column : [1, 1, 0, 0, 0]
4 new path : [0, 2, 1, 6]
```

继续更新 RMP 并求解，导出的更新后的 RMP 如下：

Iter 5: Updated RMP

```
1  \ Model RMP
2  \ LP format - for model browsing. Use MPS format to capture full model
        detail.
3  Minimize
4    37.4 y_1 + 41.2 y_2 + 32.2 y_3 + 36.2 y_4 + 30.3 y_5 + 42.42 cg_1
5    + 42.42 cg_2 + 42.41 cg_3 + 41.81 cg_4 + 41.3 cg_5
6  Subject To
7   R0: y_1 + cg_1 + cg_2 + cg_3 + cg_4 + cg_5 = 1
8   R1: y_2 + cg_1 + cg_2 + cg_3 + cg_4 + cg_5 = 1
9   R2: y_3 + cg_1 + cg_2 + cg_3 + cg_4         = 1
10  R3: y_4 + cg_1 + cg_2 + cg_3               = 1
11  R4: y_5 + cg_1 + cg_2         + cg_4       = 1
12 Bounds
13  y_1 <= 1
14  y_2 <= 1
15  y_3 <= 1
16  y_4 <= 1
17  y_5 <= 1
18  cg_1 <= 1
19  cg_2 <= 1
20  cg_3 <= 1
21  cg_4 <= 1
22  cg_5 <= 1
23 End
```

求解更新后的 RMP，得到更新后 RMP 的最优解及每个约束的对偶变量的值，具体如下：

Iter 5: Duals and solution of RMP

```
1 RMP Obj =  42.42
2  ----- RMP Optimal Solution -----
3 cg_2  = 1.0       path : [[0, 5, 3, 4, 2, 1, 6], 42.42]
4  ----------------------------
5 Duals = [0.09999999999999432, 41.2, 0.5, 0.6099999999999994,
       0.010000000000005116]
```

6. 第 6 次迭代

根据第 5 次迭代之后 RMP 的对偶变量，更新子问题的目标函数。更新后子问题的目标函数如下：

Iter 6: Objective of Subproblem

```
1  \ Model SP
2  \ LP format - for model browsing. Use MPS format to capture full model
       detail.
3  Minimize
4    18.7 x_0_1 + 20.6 x_0_2 + 16.1 x_0_3 + 18.1 x_0_4 + 15.1 x_0_5
5    + 18.6 x_1_0 + 1.9 x_1_2 + 3.5 x_1_3 + 2.9 x_1_4 + 4.1 x_1_5
6    + 18.6 x_1_6 - 20.6 x_2_0 - 39.2 x_2_1 - 36.2 x_2_3 - 37.6 x_2_4
7    - 35.4 x_2_5 - 20.6 x_2_6 + 15.6 x_3_0 + 3.1 x_3_1 + 4.5 x_3_2
8    + 1.5 x_3_4 + 0.5 x_3_5 + 15.6 x_3_6 + 17.49 x_4_0 + 2.39 x_4_1
9    + 2.99 x_4_2 + 1.39 x_4_3 + 2.39 x_4_5 + 17.49 x_4_6 + 15.09 x_5_0
10   + 4.19 x_5_1 + 5.79 x_5_2 + 0.99 x_5_3 + 2.99 x_5_4 + 15.09 x_5_6
11   + 18.7 x_6_1 + 20.6 x_6_2 + 16.1 x_6_3 + 18.1 x_6_4 + 15.1 x_6_5
12 Subject To
13 .....................................
```

求解结果如下。这一次，检验数仅为 -0.02，已经非常接近 0。

Iter 6: New Column and new path

```
1  Reduced Cost: -0.020000000000006235
2  new path length : 42.35
3  new column : [0, 1, 1, 1, 1]
4  new path : [0, 5, 3, 4, 2, 6]
```

继续更新 RMP 并求解，导出的更新后的 RMP 如下：

Iter 6: Updated RMP

```
1  \ Model RMP
2  \ LP format - for model browsing. Use MPS format to capture full model
       detail.
3  Minimize
4    37.4 y_1 + 41.2 y_2 + 32.2 y_3 + 36.2 y_4 + 30.3 y_5 + 42.42 cg_1
5    + 42.42 cg_2 + 42.41 cg_3 + 41.81 cg_4 + 41.3 cg_5 + 42.35 cg_6
6  Subject To
7  R0: y_1 + cg_1 + cg_2 + cg_3 + cg_4 + cg_5        = 1
8  R1: y_2 + cg_1 + cg_2 + cg_3 + cg_4 + cg_5 + cg_6 = 1
9  R2: y_3 + cg_1 + cg_2 + cg_3 + cg_4        + cg_6 = 1
10 R3: y_4 + cg_1 + cg_2 + cg_3        + cg_6 = 1
11 R4: y_5 + cg_1 + cg_2        + cg_4        + cg_6 = 1
12 Bounds
13 y_1 <= 1
14 y_2 <= 1
15 y_3 <= 1
```

```
16  y_4 <= 1
17  y_5 <= 1
18  cg_1 <= 1
19  cg_2 <= 1
20  cg_3 <= 1
21  cg_4 <= 1
22  cg_5 <= 1
23  cg_6 <= 1
24  End
```

求解更新后的 RMP，得到更新后 RMP 的最优解及每个约束的对偶变量的值，具体如下：

Iter 6: Duals and solution of RMP

```
1  RMP Obj =  42.42
2   ----- RMP Optimal Solution -----
3  cg_2 = 1.0      path : [[0, 5, 3, 4, 2, 1, 6], 42.42]
4  ----------------------------
5  Duals = [0.09999999999999432, 41.2, 0.5, 0.6099999999999994,
           0.010000000000005116]
```

7. 第 7 次迭代

根据第 6 次迭代之后 RMP 的对偶变量，更新子问题的目标函数，并求解子问题，得到如下的解：

Iter 7: Subproblem Solution

```
1  Reduced Cost: -0.020000000000006235
2  new path length : 42.35
3  new column : [0, 1, 1, 1, 1]
4  new path : [0, 5, 3, 4, 2, 6]
```

我们发现，检验数非常小，接近 0，并且之后的几次迭代，子问题的目标函数都不再变化。因此，可以认为列生成算法的过程已经结束。我们可以直接求解最终的 RMP，获得相应的解。

8. 最终 RMP 的求解

我们将 RMP 中的所有变量设置成 binary 类型，然后对其求解，代码如下：

Final: Solve the final RMP

```
1  mip_var = RMP.getVars()
2  for i in range(RMP.numVars):
```

```
 3        mip_var[i].setAttr("VType", GRB.BINARY)
 4
 5  # export the model
 6  RMP.write('RMP_Final.lp')
 7  # solve the final RMP
 8  RMP.optimize()
 9  print('RMP Obj = ', RMP.ObjVal)
10  print(' ----- RMP Optimal Solution ----- ')
11  for var in RMP.getVars():
12      if(var.x > 0):
13          print(var.VarName, ' = ', var.x, '\t path :', path_set[var.VarName])
```

最终的 RMP 的模型如下:

Final: Solve the final RMP

```
 1  \ Model RMP
 2  \ LP format - for model browsing. Use MPS format to capture full model
        detail.
 3  Minimize
 4    37.4 y_1 + 41.2 y_2 + 32.2 y_3 + 36.2 y_4 + 30.3 y_5 + 42.42 cg_1
 5     + 42.42 cg_2 + 42.41 cg_3 + 41.81 cg_4 + 41.3 cg_5 + 42.35 cg_6
 6     + 42.35 cg_7
 7  Subject To
 8   R0: y_1 + cg_1 + cg_2 + cg_3 + cg_4 + cg_5                 = 1
 9   R1: y_2 + cg_1 + cg_2 + cg_3 + cg_4 + cg_5 + cg_6 + cg_7 = 1
10   R2: y_3 + cg_1 + cg_2 + cg_3 + cg_4       + cg_6 + cg_7 = 1
11   R3: y_4 + cg_1 + cg_2 + cg_3              + cg_6 + cg_7 = 1
12   R4: y_5 + cg_1 + cg_2       + cg_4       + cg_6 + cg_7 = 1
13  Bounds
14  Binaries
15   y_1 y_2 y_3 y_4 y_5 cg_1 cg_2 cg_3 cg_4 cg_5 cg_6 cg_7
16  End
```

根据上述模型，可知 RMP 中一共有 12 列，分别对应 12 条路径和 12 个决策变量，下面是这些决策变量对应的路径信息。

Paths of final RMP

```
 1  {'y_1': [[0, 1, 6], 37.4],
 2   'y_2': [[0, 2, 6], 41.2],
 3   'y_3': [[0, 3, 6], 32.2],
 4   'y_4': [[0, 4, 6], 36.2],
 5   'y_5': [[0, 5, 6], 30.3],
```

```
6   'cg_1': [[0, 5, 3, 4, 2, 1, 6], 42.42],
7   'cg_2': [[0, 5, 3, 4, 2, 1, 6], 42.42],
8   'cg_3': [[0, 3, 4, 2, 1, 6], 42.41],
9   'cg_4': [[0, 5, 3, 2, 1, 6], 41.81],
10  'cg_5': [[0, 2, 1, 6], 41.3],
11  'cg_6': [[0, 5, 3, 4, 2, 6], 42.35],
12  'cg_7': [[0, 5, 3, 4, 2, 6], 42.35]}
```

求解最终 RMP，得到的结果如下，由结果可知，RMP 的目标值为 42.42，所用车辆数为 1，其路径为 [0, 5, 3, 4, 2, 1, 6]。

Final: Final RMP

```
1  RMP Obj =  42.42
2   ----- RMP Optimal Solution -----
3  cg_2  =  1.0       path : [0, 5, 3, 4, 2, 1, 6]
```

根据之前的介绍，RMP 的松弛问题的最优值（即 z_{RLMP}），加上 5 个子问题（每辆车对应一个子问题）目标函数的值（即 $\tilde{c}_i^*, \forall i = 1, 2, \cdots, 5.$），是原问题的一个下界，即 $\text{LB} = z_{\text{RLMP}} + \sum_{i=1}^{5} \tilde{c}_i^*$。而 RMP 的最优解是原问题的一个上界，即 $\text{UB} = z_{\text{RMP}}$。由求解结果得知，$z_{\text{RLMP}} = 42.42$，$\tilde{c}_i^* = -0.02, \forall i = 1, 2, \cdots, 5$（因为 5 辆车是同质的，它们的子问题实际上是相同的，因此目标函数也相同），$z_{\text{RMP}} = 42.42$，因此，原问题最优值 z^* 的范围为

$$\text{LB} = 42.42 - (5 \times 0.02) \leqslant z^* \leqslant 42.42 = \text{UB}$$

LB 和 UB 之间的 Gap 仅为 $(\text{UB} - \text{LB})/\text{UB} = 0.10/42.42 \approx 0.236\%$，因此该解的质量已经相当高，可以大致认为就是最优解（因为语言本身是有数值精度问题的）。

到这里，我们已经向读者展示了列生成算法求解 VRPTW 的完整过程。可以观察到，在算法迭代过程中，子问题的目标函数是不断变化的，因此每次生成的列一般都不相同，这也就使得在迭代过程中会生成很多不同的列，从而使得 RMP 也在不断变化。

注意： 由于最终 RMP 的模型中只包含了每列访问的客户点，并不包含访问顺序的信息，因此仅仅依靠 RMP 的解，是不能获得具体的路径信息的。为了获得具体的路径信息，我们需要在列生成算法的过程中存储相应的路径信息，这样才能在最后对应地将路径提取出来，这也正是代码中 path_set 的作用。

第14章 动态规划

动态规划（Dynamic Programming，DP）是运筹学中的一种重要的最优化数学方法，主要用来求解多阶段决策问题。20 世纪 50 年代初，美国数学家 R. Bellman 等在研究多阶段决策过程的优化问题时，提出了著名的最优化原理，从而创立了动态规划（Bellman 1952，Bellman 1966）。动态规划算法可以非常高效地求解 SPPRC，从而加快 VRPTW 的求解。同时，也可以用于提高其他子问题为 SPPRC 的相关问题的求解效率。

14.1 动 态 规 划

动态规划分为前向动态规划、后向动态规划和双向动态规划。动态规划的应用非常广泛，包括工程技术、经济、工业生产、军事以及自动化控制等领域，并在最短路问题、Lot-Sizing 问题、背包问题、资金管理问题、资源分配问题和复杂系统可靠性等问题中取得了显著的应用效果。

运用动态规划求解的问题一般具备如下特点：① 无后效性：某个阶段的状态一旦确定后，就不会受该状态之后的决策影响，同时，该阶段之后的决策和状态发展不受该阶段之前的各状态的影响。② 最优子结构：如果某个问题的最优解可以由其子问题的最优解推出，那么该问题就具备最优子结构。简言之，一个最优策略的子策略总是最优的，就叫作最优子结构，也叫作最优化原理。③ 子问题的重叠性：动态规划在实现过程中需要存储各种状态，这些状态会占用计算空间，如果要使得动态规划算法能够比较高效，那么各种状态就要有较高的复用性，以便减少计算空间的占用。但该性质不是必需的，只是在一定程度上决定了算法的效率。

动态规划的求解思路如下。

（1）划分阶段：将问题按照时间或者空间特征分为若干相互联系的阶段，这些阶段需要有序或者可排序，否则不便于动态规划过程的递推。其中描述阶段的变量称为阶段变量，阶段变量一般是离散变量。

（2）状态表示：状态主要用来描述问题各阶段所处的客观情况或自然条件，这些情况或条件具备无后效性，即当前状态不会受决策者后续决策的影响。

（3）状态转移：状态表示确定之后，问题从一个阶段向下一个阶段转移时，伴随着状态的跳转，状态的跳转需要状态转移方程（又叫状态递推方程）来表示，状态转移方程一般需要在划分阶段、状态表示之后，根据状态之间的跳转关系进行决策分析确定。

（4）确定边界：初始状态和最终状态的确定，以限制问题的开始和结束。

14.1.1 动态规划求解最短路问题

给定有向图 $D = (V, A)$，V 是图中的点集，A 是弧集，每个弧段都有一个相应的非负距离（权值），要求从一个初始点 s 开始到另一个终止点 t 之间，找到一条使得距离最短（权值最小）的路，就是最短路问题（Shortest Paths Problem）。下面用一个例子详细解释 DP 的过程。

假设小明要驾车从城市 1 去城市 10，中间有多条路径可以选择，每条路径途经的城市（城市 2~9）和路程长度是不一样的，如图 14.1 所示。其中城市 2、3、4 可以驾车在一天内到达，城市 5、6、7 需要驾车两天才能到达，城市 8、9 需要三天时间到达，到达城市 10 则需要四天时间。要使得总行驶距离最小，小明应该如何规划这四天的行程？

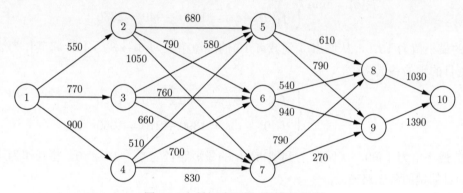

图 14.1 最短路问题：网络结构图

14.1.2 问题建模和求解

接下来我们运用上面理论部分所讲的动态规划的思路来分析这个例题。首先划分阶段，题目中提及各城市到达的时间是不一样的，从一天到四天不等，因此很明显我们可以将时间（天数）作为划分阶段的标准，即将问题划分为四个阶段（$t = \{1, 2, 3, 4\}$）。然后确定状态，我们将状态设定为某一天开始时小明从某个城市出发到达目的地时所驾车驶过的累积路程，我们定义为 $f_t(i), i \in V$。接下来分析状态转移过程，每一天的结束将伴随小明从一个城市去到另一个城市，他所驾车驶过的路程就进行了跳转。我们采用后向的动态规划思路来分析递推公式，假定后一个阶段一定取得最短路，那么当前阶段的状态转移方程可以写为 $f_t(i) = \min\{f_{t+1}(j) + c_{ij}\}$，其中，$j$ 是从 t 到 $t+1$ 阶段所有可以从 i 到达的点，c_{ij} 是点 i 与点 j 之间的距离。最后确定开始和结束条件，因为是后向动态规划，所以开始于第四阶段，结束于第一阶段。

下面我们从第 4 阶段开始分别进行分析动态规划的整个决策求解过程。

第 4 阶段：小明将从城市 8 或者城市 9 出发去往城市 10，因此我们需要分别计算 $f_4(8)$ 和 $f_4(9)$。

$$f_4(8) = \min\{f_5(10) + c_{8,10}\} = \min\{0 + 1030\} = 1030$$

$$f_4(9) = \min\{f_5(10) + c_{9,10}\} = \min\{0 + 1390\} = 1390$$

其中，$f_5(10)$ 已经到达目的地，所以其值为 0。

第 3 阶段：小明将从城市 5 或者城市 6 或者城市 7，去往城市 8 或者城市 9，因此要获得从当前城市到达城市 10 的最短路，需要对城市 5、6、7 分别计算状态转移方程。

$$f_3(5) = \min \begin{cases} f_4(8) + c_{58} = 1030 + 610 = 1640* \\ f_4(9) + c_{59} = 1390 + 790 = 2180 \end{cases}$$

其中，* 表示 $f_3(5)$ 的最小值，即从城市 5 到城市 10 的最短路径为 $5 \to 8 \to 10$，将其作为备选路径，以下 * 表示相同含义。

$$f_3(6) = \min \begin{cases} f_4(8) + c_{68} = 1030 + 540 = 1570* \\ f_4(9) + c_{69} = 1390 + 940 = 2330 \end{cases}$$

$f_3(6)$ 的最小值为 1570，从城市 6 到城市 10 的最短路径为 $6 \to 8 \to 10$，将其作为途经城市 6 到目的地的备选路径。

$$f_3(7) = \min \begin{cases} f_4(8) + c_{78} = 1030 + 790 = 1820 \\ f_4(9) + c_{79} = 1390 + 270 = 1660* \end{cases}$$

$f_3(7)$ 的最小值为 1660，从城市 7 到城市 10 的最短路径为 $7 \to 9 \to 10$，将其作为途经城市 7 到目的地的备选路径。

第 2 阶段：现在我们已经知道了从第 3 阶段的城市 5、6、7 分别到达目的地城市 10 的最优路线，那么继续进行后向动态规划的公式递推，我们将获得从第 2 阶段各城市到达目的地的最短路径。第 2 阶段的城市有 2、3、4，因此需要我们分别计算 $f_2(2)$、$f_2(3)$、$f_2(4)$。

$$f_2(2) = \min \begin{cases} f_3(5) + c_{25} = 1640 + 680 = 2320* \\ f_3(6) + c_{26} = 1570 + 790 = 2360 \\ f_3(7) + c_{27} = 1660 + 1050 = 2710 \end{cases}$$

$f_2(2)$ 的最小值为 2320，从城市 2 到城市 10 的最短路径可从 $f_3(5)$ 进行追溯，此路径即为 $2 \to 5 \to 8 \to 10$，我们将其作为途经城市 2 到目的地的备选路径。

$$f_2(3) = \min \begin{cases} f_3(5) + c_{35} = 1640 + 580 = 2220* \\ f_3(6) + c_{36} = 1570 + 760 = 2330 \\ f_3(7) + c_{37} = 1660 + 660 = 2320 \end{cases}$$

$f_2(3)$ 的最小值为 2220，从城市 3 到城市 10 的最短路径为 $3 \to 5 \to 8 \to 10$，将其作为途经城市 3 到目的地的备选路径。

$$f_2(4) = \min \begin{cases} f_3(5) + c_{45} = 1640 + 510 = 2150* \\ f_3(6) + c_{46} = 1570 + 700 = 2270 \\ f_3(7) + c_{47} = 1660 + 830 = 2490 \end{cases}$$

$f_2(4)$ 的最小值为 2150,从城市 4 到城市 10 的最短路径为 $4 \to 7 \to 8 \to 10$,将其作为途经城市 4 到目的地的备选路径。

第 1 阶段:我们目前已经知道了从城市 2、3、4 到达目的地 10 的最短路径,接下来只需要继续进行后向动态规划过程求解 $f_1(1)$ 就可以获得从 1 到 10 的最短路径。

$$f_1(1) = \min \begin{cases} f_2(2) + c_{12} = 2320 + 550 = 2870* \\ f_2(3) + c_{13} = 2220 + 770 = 2990 \\ f_2(4) + c_{14} = 2150 + 900 = 3050 \end{cases}$$

至此,我们已经探明了从城市 1 到城市 10 的最短距离为 2870,其路径可以通过追溯 $f_2(2)$ 获得,即为 $1 \to 2 \to 5 \to 8 \to 10$。所得最短路如图 14.2 中粗线条所示路径。

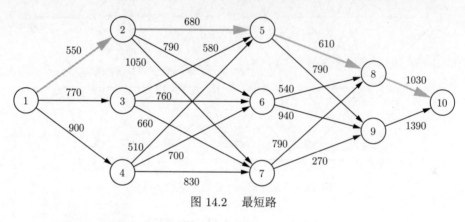

图 14.2 最短路

14.1.3 一个较大规模的例子

上面的例子比较简单,仅用来展示动态规划解决问题的思路,但它可能无法有效地展示运用动态规划的优势所在。其实,对于较大规模的问题,动态规划也能够比较有效地进行求解,比如再举一个稍大规模的例子。

如图 14.3 所示,从点 0 到点 26 的一个分阶段的网络,各相邻两阶段之间互通,任意可通达的两点 (i, j) 之间的距离已知 (c_{ij}),求从初始点 0 到终止点 26 的最短路径。

一种很容易想到的方法就是枚举其中的所有路径,然后对比得出最短路径。但我们注意到,该网络中,从 0 到 26 有 5^5 条可行路径,每条路径的计算都要进行 5 条弧的加和,因此总共需要进行 $5 \times 5^5 = 15625$ 次加和计算,以及 $5^5 - 1 = 3124$ 次比较运算,才能获得最短路径。很明显这种方法不太实用,尤其在实际应用中,网络规模比这个大得多。而如果我们运用上面分析的动态规划的思路进行求解,首先将问题划分为 0~6 共 7 个阶段,$f_6(26)$ 已经到达目的地不需要进行决策,运用后向动态规划从阶段 5 开始,$f_5(i), i \in \{21, 22, 23, 24, 25\}$ 不需要进行计算,只需要计算 4 次,阶段 4 至阶段 1 的计算可以用通用递推公式 $f_t(j) = \min\{f_{t+1}(k) + c_{jk}, t \in \{1, 2, 3, 4\}, j \in \{5t-4, 5t-3, 5t-2, 5t-1, 5t\}, k \in \{5t+1, 5t+2, 5t+3, 5t+4, 5t+5\}\}$ 进行计算,对于每个 t, j, k 进行组合,总共有 $4 \times 5 \times 5 = 100$ 次求和计算以及 $4 \times 5 \times 4 = 80$ 次比较运算,最后阶段 0 从点 0 到 1、2、3、4、5 共有

5 次计算即可探索清晰总的路径信息，选取最短路径只需再进行 4 次比较，因此总的计算次数为 $100 + 5 = 105$ 次求和计算以及 $80 + 4 = 84$ 次比较。这些计算仅仅占据枚举法的 $189/18749 \approx 0.01$，因此动态规划在较大规模问题上具有显著的优势。

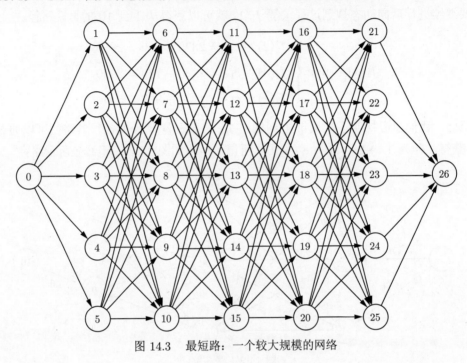

图 14.3   最短路：一个较大规模的网络

14.2   动态规划的实现

14.2.1   伪代码

下面给出用动态规划求解上述例子的伪代码和代码。首先给出伪代码如下。

Algorithm 12 Dynamic Programming 算法

Input: 网络中的孤矩阵

Output: 最短距离和路径信息

1: 输入网络数据，初始化 nodeNum, stageNum, nodeNumInOneStage

2: 定义数据结构 PathData，其包含 pathInfo, pathDistance 等

3: 初始化：pathList ← ∅

4: **for** int i =nodeNum−1−nodeNumInOneStage; i <nodeNum−1; i + + **do**

5:     t=stageNum

6:     new PathData pd

7:     pd.pathDistance=$f_t(i) = c_{i,\text{nodeNum}-1}$ and pd.pathInfo.add(nodeNum−1)

8:     pathList.add(pd)

9: **end for**

10: **for** int t =stageNumber-1; $t > 0$; $t - -$ **do**

11:     **for** int i =nodeNumInOneStage$*t - (nodeNumberInOneStage - 1)$;

12:     $i <$nodeNumInOneStage$*t + 1$; $i + +$ **do**

13:         new PathData pd1

14:         pd1.pathDistance$=f_t(i) = \min\{f_{t+1}(j) + c_{ij}\}$,

15:         $\forall j \in \{$nodeNumInOneStage$*t + 1, \cdots,$nodeNumInOneStage$*t + 5\}$

16:         pd1.pathInfo.add(i)

17:         pathList.add(pd1)

18:     **end for**

19: **end for**

20: **for** int $i = 1$; $i <$nodeNumInOneStage$+1$; $i + +$ **do**

21:     new PathData pd2

22:     pd2.pathDistance$=f_0(0) = \min\{f_1(i) + c_{0i}\}$ and pd2.pathInfo.add(i)

23:     pathList.add(pd2)

24: **end for**

25: **return** pathList.get(lastElement).pathDistance & pathInfo

14.2.2 Java 代码

1. PathData 类

先构建路径拓展所需的数据结构，即 PathData 类，代码如下：

Path Data.java

```
/**
* @author: Yongsen Zang
* @School: Tsinghua University
* @操作说明: 动态规划求解最短路问题之定义数据结构
*
*/
package dynamicProgrammingForSP;
import java.util.ArrayList;

public class PathData {
        int t;
        int nodeID;
        double pathDistance;
        ArrayList<Integer> pathInfo = new ArrayList<>();
}
```

2. GenerateRandomData 类

由于网络图没有给定各弧段的长度，我们为每个弧段随机生成一个长度，即 GenerateRandomData 类，代码如下：

GenerateRandomData.java

```java
/**
* @author: Yongsen Zang
* @School: Tsinghua University
* @操作说明：动态规划求解最短路问题之生成随机矩阵
*
*/
package dynamicProgrammingForSP;
import java.math.BigDecimal;

public class GenerateRandomData {

    public static double[][] GenerateDistanceMatrix(int nodeNumber, int
    stageNumber, int nodeNumberInOneStage){
            double arcDistance[][] = new double[nodeNumber][nodeNumber];

            for(int i=0; i<nodeNumber; i++){
                    for(int j=0; j<nodeNumber; j++){
                            arcDistance[i][j] = Integer.MAX_VALUE;
                    }
            }
            for(int t=1; t<stageNumber; t++){
                    for(int i=nodeNumberInOneStage*t-(
    nodeNumberInOneStage-1); i<=nodeNumberInOneStage*t; i++){
                            for(int j=nodeNumberInOneStage*t+1; j<=
    nodeNumberInOneStage*t+nodeNumberInOneStage; j++){
                                    arcDistance[i][j] =
    GenerateRandomArcDistance();
                            }
                    }
            }
            for(int i=1; i<nodeNumberInOneStage+1; i++){
                    arcDistance[0][i] = GenerateRandomArcDistance();
                    arcDistance[nodeNumberInOneStage*(stageNumber-1)+i][
    nodeNumber-1] = GenerateRandomArcDistance();
            }
            return arcDistance;
    }
```

```
33
34          /**
35          * 生成300～1500的随机数
36          * @return 随机数
37          */
38          public static double GenerateRandomArcDistance() {
39                  int max=1500,min=300;
40                  double ran = (Math.random()*(max-min)+min);
41                  BigDecimal b = new BigDecimal(ran);
42                  ran = b.setScale(2, BigDecimal.ROUND_HALF_UP).doubleValue();
43                  return ran;
44          }
45
46  }
```

3. DynamicProgrammingForSP 类

动态规划求解的主要过程,即 main 方法,代码如下:

DynamicProgrammingForSP.java

```
1   /**
2   * @author: Yongsen Zang
3   * @School: Tsinghua University
4   * @操作说明: 动态规划求解最短路问题
5   *
6   */
7   package dynamicProgrammingForSP;
8   import java.util.ArrayList;
9
10  public class DynamicProgrammingForSP {
11
12          static int nodeNumber = 27;
13          static int stageNumber = 5;
14          static int nodeNumberInOneStage = 5;
15          static double[][] cij = new double[nodeNumber][nodeNumber];
16          public static void main(String[] args){
17                  //获取算例数据
18                  cij = GenerateRandomData.GenerateDistanceMatrix(nodeNumber,
        stageNumber, nodeNumberInOneStage);
19                  for(int i=0; i<nodeNumber; i++){
20                          for(int j=0; j<nodeNumber; j++){
21                                  System.out.print(cij[i][j]+ ", ");
22                          }
```

```java
23                        System.out.println();
24                    }
25
26                    //定义一个ArrayList用来存储各个阶段生成的路径信息
27                    ArrayList<PathData> pathList = new ArrayList<PathData>();
28
29                    //按阶段进行后向动态规划
30                    //先进行最后一个阶段，即第5阶段
31                    for(int i=nodeNumber-1-nodeNumberInOneStage; i<nodeNumber-1;
       i++){
32                            PathData pada = new PathData();
33                            pada.t = stageNumber;
34                            pada.nodeID = i;
35                            pada.pathDistance = cij[i][nodeNumber-1];//
       nodeNumber-1==26 in this example
36                            pada.pathInfo.add(nodeNumber-1);
37                            pada.pathInfo.add(i);
38                            pathList.add(pada);
39                    }
40                    //进行第4阶段到第1阶段的递推计算
41                    for(int t=stageNumber-1; t>0; t--){
42                            for(int i=nodeNumberInOneStage*t-(
       nodeNumberInOneStage-1); i<nodeNumberInOneStage*t+1; i++){
43                                    PathData pd = new PathData();
44                                    pd = FindShortestSubpath(pathList, i, t);
45                                    pathList.add(pd);
46                            }
47                    }
48                    //进行第0阶段的计算，即从点0到点1～5的计算
49                    for(int i=1; i<nodeNumberInOneStage+1; i++){
50                            PathData pd = FindShortestSubpath(pathList, 0, 0);
51                            pathList.add(pd);
52                    }
53                    //输出最终结果
54                    System.out.println("The shortest path distance is: " +
       pathList.get(pathList.size()-1).pathDistance);
55                    System.out.print("The shortest path is: ");
56                    for(int i=pathList.get(pathList.size()-1).pathInfo.size()-1;
       i>=0; i--){
57                            System.out.print(pathList.get(pathList.size()-1).
       pathInfo.get(i) + "->");
58                    }
```

```
59              }

60

61          /**
62           * 计算每个出发节点到达目的地的最短路径，当前出发节点就是要拓展的节点
63           * @param pathList
64           * @param i，当前要扩展的节点
65           * @param t，当前的阶段
66           * @return PathData
67           */
68          public static PathData FindShortestSubpath(ArrayList<PathData>
            pathList, int i, int t){

69

70                  PathData pathdata = new PathData();
71                  double newLength = 0;
72                  int nodeID = 0;
73                  ArrayList<Integer> jpath = new ArrayList<Integer>();
74                  ArrayList<Integer> extendPath = new ArrayList<Integer>();
75                  double agency = Integer.MAX_VALUE;
76                  for(int j=nodeNumberInOneStage*t+1; j<nodeNumberInOneStage*t
                    +6; j++){
77                          double subdis =0;

78

79                          for(PathData pa: pathList){
80                                  if(pa.nodeID == j){
81                                          subdis = pa.pathDistance;
82                                          jpath = pa.pathInfo;
83                                          break;
84                                  }
85                          }

86

87                          newLength = subdis + cij[i][j];
88                          if(newLength <= agency){
89                                  agency = newLength;
90                                  nodeID = i;
91                                  extendPath = DeepCopy(jpath);
92                          }
93                  }
94                  pathdata.nodeID = nodeID;
95                  pathdata.pathDistance = agency;
96                  for(int node: extendPath){
97                          pathdata.pathInfo.add(node);
98                  }
```

```
99                  pathdata.pathInfo.add(nodeID);
100                 pathdata.t = t;
101
102                 return pathdata;
103         }
104
105         //深拷贝路径信息的方法
106         public static ArrayList<Integer> DeepCopy(ArrayList<Integer> arr){
107                 ArrayList<Integer> newArr = new ArrayList<Integer>();
108                 for(int a: arr){
109                         newArr.add(a);
110                 }
111                 return newArr;
112         }
113
114 }
```

注意：需要注意的是，在实际应用中，有些时候会遇到不太容易划分阶段的情况，这时也可以不进行阶段的划分，但在确定状态转移方程时会稍微复杂点，同时所需的计算次数也会相应增加，即计算复杂度可能会有一定的增加，如果读者感兴趣，可以自己尝试不划分阶段求解上述最短路问题，这里不做详细阐述。此外，本章只是抛砖引玉地针对最短路问题设计了动态规划算例进行讲解，其应用场景还有很多，比如背包问题、TSP、排程问题等，感兴趣的读者可以自行探索研究。

14.3 动态规划求解 TSP

上文我们介绍了动态规划求解最短路问题的基本原理和代码实现。本节我们以 TSP 问题为例，继续深入探讨动态规划。

14.3.1 一个简单的 TSP 算例

我们以一个非常简单的例子开始。考虑有 4 个点的网络（例子和原理介绍参考自 https://www.youtube.com/watch?v=XaXsJJh-Q5Y），如图 14.4 所示。

其对应的距离矩阵为

$$D = \begin{bmatrix} 0 & 8 & 12 & 17 \\ 4 & 0 & 10 & 9 \\ 7 & 14 & 0 & 13 \\ 9 & 7 & 11 & 0 \end{bmatrix}$$

注意：上述距离矩阵不是对称的。

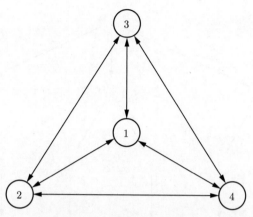

图 14.4   TSP：一个小例子

如果我们把点 1 作为起始点，枚举所有的路径，就如图 14.5 中展示的那样。如果从上到下枚举，复杂度为 $\mathcal{O}(n!)$，其中 n 为顾客点的个数。

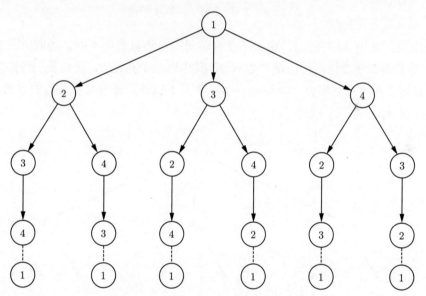

图 14.5   TSP 小例子：枚举所有路径

但是如果我们从下往上逆推，问题的复杂度就会有所不同。容易得出，当顾客点为 4 的时候，任意一个解对应的路径中的节点个数为 5，例如 $1 \rightarrow 2 \rightarrow 4 \rightarrow 3 \rightarrow 1$。另外，任意一个解，其最后到达的点一定是起点 1。因此我们可以将整个过程分为 5 个阶段，每个阶段的状态，就是该阶段所在的顾客点。

第 5 阶段，最终到达的一定是点 1。

第 4 阶段，剩余还没有访问的点集就是 {1}，但是在第 4 阶段当前所处的位置却有 3 种不同的情况，即 {2,3,4}。如果第 4 阶段在点 4，则从 4 出发，到达终点 1 的距离为 $d_{4,1} = 9$；同理，从 2 和 3 出发的距离分别为 $d_{2,1} = 4$ 和 $d_{3,1} = 7$。图 14.6 中第 4 层虽然有 6 个节点，但实际上我们只计算 3 次。

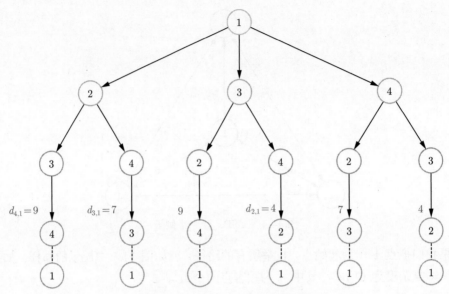

图 14.6　TSP 小例子：第 4 阶段

第 3 阶段，如图 14.7 所示。剩余还没有访问的点集就有所不同。当前所在的点 $v_c \in \{2,3,4\}$。并且剩余还没访问的点的个数为 2，其中有一个点是 1，因此我们考虑除了 1 以外，还没有被访问的点的集合。如果 $v_c = 3$，除了 1 以外，还没有被访问的点的集合大小为 1，集合 S_l 可以为 $\{2\}$ 或者 $\{4\}$。

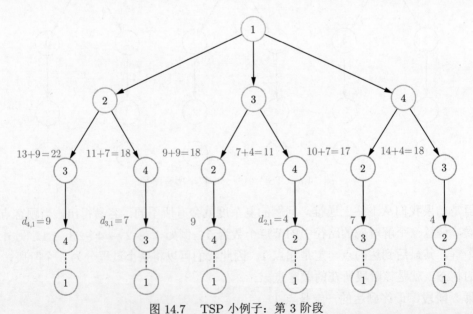

图 14.7　TSP 小例子：第 3 阶段

（1）如果 $v_c = 3, S_l = \{4\}$，则第 3 个点访问顾客点 3，然后经过顾客点 4，回到顾客点 1 的最小距离为 $d_{3,4} + d_{4,1} = 13 + 9 = 22$。

（2）如果 $v_c = 4, S_l = \{3\}$，则第 3 个点访问顾客点 4，然后经过顾客点 3，回到顾客点 1 的最小距离为 $d_{4,3} + d_{3,1} = 11 + 7 = 18$。

（3）如果 $v_c = 2, S_l = \{4\}$，则第 3 个点访问顾客点 2，然后经过顾客点 4，回到顾客点 1 的最小距离为 $d_{2,4} + d_{4,1} = 9 + 9 = 18$。

（4）如果 $v_c = 4, S_l = \{2\}$，则第 3 个点访问顾客点 4，然后经过顾客点 2，回到顾客点 1 的最小距离为 $d_{4,2} + d_{2,1} = 7 + 4 = 11$。

（5）如果 $v_c = 2, S_l = \{3\}$，则第 3 个点访问顾客点 2，然后经过顾客点 3，回到顾客点 1 的最小距离为 $d_{2,3} + d_{3,1} = 10 + 7 = 17$。

（6）如果 $v_c = 3, S_l = \{2\}$，则第 3 个点访问顾客点 3，然后经过顾客点 2，回到顾客点 1 的最小距离为 $d_{3,2} + d_{2,1} = 14 + 4 = 18$。

第 2 阶段，如图 14.8 所示。当前所在的点 $v_c \in \{2,3,4\}$。并且剩余还没访问的点（除了顾客点 1 以外）的个数为 2。

（1）如果 $v_c = 2, S_l = \{3,4\}$，即第 2 个点访问顾客点 2，然后以任意顺序访问顾客集合 $\{3\ 4\}$，回到顾客点 1 的最小距离为 $d_{\min}^2 = \min\{10 + 22, 9 + 18\} = 27$。

（2）如果 $v_c = 3, S_l = \{2,4\}$，即第 2 个点访问顾客点 2，然后以任意顺序访问顾客集合 $\{2\ 4\}$，回到顾客点 1 的最小距离为 $d_{\min}^3 = \min\{14 + 18, 13 + 11\} = 24$。

（3）如果 $v_c = 4, S_l = \{2,3\}$，即第 2 个点访问顾客点 2，然后以任意顺序访问顾客集合 $\{2,3\}$，回到顾客点 1 的最小距离为 $d_{\min}^4 = \min\{7 + 17, 11 + 18\} = 24$。

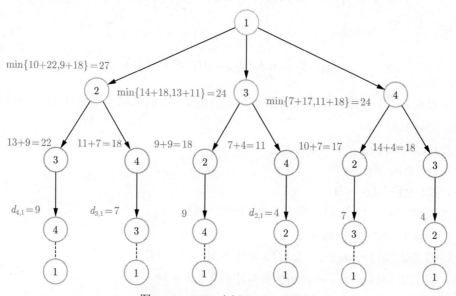

图 14.8　TSP 小例子: 第 2 阶段

第 1 阶段，如图 14.9 所示。当前所在的点只能是点 1，因此 $v_c = 1$。并且剩余还没访问的点（除了顾客点 1 以外）的个数为 3，集合为 $S_l = \{2,3,4\}$，因此最小距离为 $d_{\min} = \min\{d_{\min}^2 + d_{1,2}, d_{\min}^3 + d_{1,3}, d_{\min}^4 + d_{1,4}\} = \min\{8 + 27, 12 + 24, 17 + 24\} = 35$。

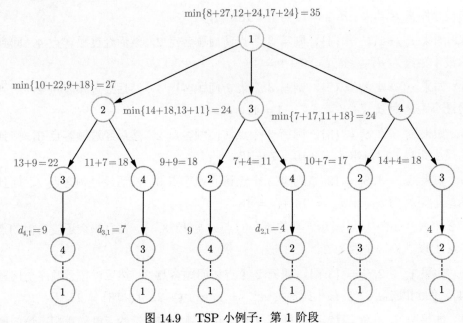

图 14.9　TSP 小例子：第 1 阶段

接下来我们就可以给出通项公式。我们用 $f(v_c, S_l)$ 表示当前节点为 v_c、剩余未访问的节点集合为 S_l 时的最小距离，则有

$$f(1, \{2,3,4\}) = \min\{d_{1,k} + f(k, \{2,3,4\} - \{k\}), \quad k = 2,3,4\}$$

更一般地，有

$$f(i, S) = \min_{k \in S}\{d_{i,k} + f(k, S - \{k\})\} \tag{14.1}$$

接下来我们用上述递推公式来求解一遍上述例子。我们从第 4 阶段开始，$v_c \in \{2,3,4\}$，$S_l = \varnothing$，则计算如下：

（1）$f(2, \varnothing) = d_{2,1} = 4$；

（2）$f(3, \varnothing) = d_{3,1} = 7$；

（3）$f(4, \varnothing) = d_{4,1} = 9$。

第 3 阶段，$v_c \in \{2,3,4\}$，则分下面的情况讨论。

（1）$v_c = 2$，$S_l = \{3\}$ 或 $\{4\}$：

　　① $f(2, \{3\}) = d_{2,3} + \min\{f(3, \varnothing)\} = 10 + 7 = 17$；

　　② $f(2, \{4\}) = d_{2,4} + \min\{f(4, \varnothing)\} = 9 + 9 = 18$。

（2）$v_c = 3$，$S_l = \{2\}$ 或 $\{4\}$：

　　① $f(3, \{2\}) = d_{3,2} + \min\{f(2, \varnothing)\} = 14 + 4 = 18$；

　　② $f(3, \{4\}) = d_{3,4} + \min\{f(4, \varnothing)\} = 13 + 9 = 22$。

（3）$v_c = 4$，$S_l = \{2\}$ 或 $\{3\}$：

　　① $f(4, \{2\}) = d_{4,2} + \min\{f(2, \varnothing)\} = 7 + 4 = 11$；

② $f(4,\{3\}) = d_{4,3} + \min\{f(3,\varnothing)\} = 11 + 7 = 18$。

第 2 阶段，$v_c \in \{2,3,4\}$，则分下面的情况讨论：

（1）$v_c = 2$，$S_l = \{3,4\}$，则 $f(2,\{3,4\}) = \min\{d_{2,3} + f(3,\{4\}), d_{2,4} + f(4,\{3\})\} = \min\{10 + 22, 9 + 18\} = 27$；

（2）$v_c = 3$，$S_l = \{2,4\}$，则 $f(3,\{2,4\}) = \min\{d_{3,2} + f(2,\{4\}), d_{3,4} + f(4,\{2\})\} = \min\{14 + 18, 13 + 11\} = 24$；

（3）$v_c = 4$，$S_l = \{2,3\}$，则 $f(4,\{2,3\}) = \min\{d_{4,2} + f(2,\{3\}), d_{4,3} + f(3,\{2\})\} = \min\{7 + 17, 11 + 18\} = 24$。

第 1 阶段，$v_c = 1$，则计算如下：

$$f(1,\{2,3,4\}) = \min\{d_{1,2} + f(2,\{3,4\}), \quad d_{1,3} + f(3,\{2,4\}), \quad d_{1,4} + f(4,\{2,3\})\}$$
$$= \min\{8 + 27, \quad 12 + 24, \quad 17 + 24\} = 35。$$

至于最优路径，我们顺着第 1 阶段向第 5 阶段回溯，可以得到，最优路径为 $1 \to 2 \to 4 \to 3 \to 1$。

可以明显看出，在上述过程中，我们在第 4 到第 1 阶段的计算次数共为 $3+6+6+1 = 16$ 次。而如果用排列组合的方法，计算次数为 $4! = 24$ 次。显然，使用动态规划的方法，显著降低了计算复杂度。经过分析，不难得出，动态规划求解 TSP 的复杂度为 $\mathcal{O}(n^2 \cdot 2^n)$。非常可惜，虽然动态规划降低了求解复杂度，但是从本质上来讲，动态规划求解 TSP 仍旧是一个指数时间复杂度的算法。

14.3.2　伪代码

前面章节介绍了动态规划求解 TSP 的原理。本节和下一节，我们来探讨如何将其实现。首先，我们根据之前的理论介绍，整理出动态规划求解 TSP 的伪代码。

Algorithm 13 动态规划求解 TSP，算法复杂度 $\mathcal{O}(n^2 \cdot 2^n)$

Input: 图 $G = (V, A)$，起始节点 $s = 1$
Output: 最优路径 r^*，其中每个节点均被访问且只被访问一次

1: **for** $i = 2, 3, \cdots, |V|$ **do**
2: 　　$f(i, \varnothing) \leftarrow d_{i,s}$
3: 　　$(i, \varnothing)$ 的下一个节点 $\leftarrow s$
4: **end for**
5: **for** $k = V, V-1, V-2, \cdots, 2$ **do**
6: 　　**for** 当前节点 $i = 2, 3, \cdots, |V|$ **do**
7: 　　　　**for** $S_l \subset V\backslash\{i\}$ 和 $|S_l| = |V| - k$ **do**
8: 　　　　　　$f(i, S_l) = \min\limits_{v \in S_l}\{d_{i,v} + f(v, S_l - \{v\})\}$
9: 　　　　　　(i, S_l) 的下一个节点 $\leftarrow \arg\min\limits_{v}\min\limits_{v \in S_l}\{d_{i,v} + f(v, S_l - \{v\})\}$
10: 　　　　**end for**

11:　　**end for**

12: **end for**

13: $S_l \leftarrow V - \{s\}$

14: $f(s, S_l) \leftarrow \min\limits_{v \in S_l}\{d_{s,v} + f(v, S_l - \{v\})\}$

15: (s, S_l) 的下一个节点 $\leftarrow \arg\min\limits_{v}\min\limits_{v \in S_l}\{d_{s,v} + f(v, S_l - \{v\})\}$

16: 通过检查当前节点的下一个节点，获得最优路径 r^*

17: **return** 最优路径 r^* 和最优目标值 $f(s, S_l)$

14.3.3　Python 实现：示例算例

Python 实现动态规划求解 TSP 的代码如下：

TSP Dynamic Programming.py

```
'''
    Author      : Liu Xinglu
    Institute   : Tsinghua University
    Date        : 2020-10-21
'''

import copy
import re
import math
import itertools

Nodes = [1, 2, 3, 4]

nodeNum = len(Nodes)

dis_matrix = [[0, 8, 12, 17]
          , [4, 0, 10, 9]
          , [7, 14, 0, 13]
          , [9, 7, 11, 0]  ]


def TSP_Dynamic_Programming(Nodes, dis_matrix):
    Label_set = {}
    nodeNum = len(Nodes)
    org = 1
    # cycle stage : V, V-1, ..., 2
    for stage_ID in range(nodeNum, 1, -1):   # 逆序遍历stage_ID
        print('stage :', stage_ID)
```

```python
        for i in range(2, nodeNum + 1):
            current_node = i
            left_node_list = copy.deepcopy(Nodes)
            left_node_list.remove(i)
            if (org in left_node_list):
                left_node_list.remove(org)
            left_node_set = set(left_node_list)
            # obtain the all the subset of the left node set
            subset_all = list(map(set, itertools.combinations(left_node_set,
    nodeNum - stage_ID)))
            # print('current_node:', current_node, '\t left_node_set : ',
    # left_node_set)
            for subset in subset_all:
                if (len(subset) == 0):
                    key = (stage_ID, current_node, 'None')
                    next_node = org
                    Label_set[key] = [dis_matrix[i - 1][org - 1], next_node]
                else:
                    key = (stage_ID, current_node, str(subset))
                    min_distance = 1000000
                    for temp_next_node in subset:
                        subsub_set = copy.deepcopy(subset)
                        subsub_set.remove(temp_next_node)
                        if (subsub_set == None or len(subsub_set) == 0):
                            subsub_set = 'None'
                        sub_key = (stage_ID + 1, temp_next_node, str(subsub_
    set))
                        if (sub_key in Label_set.keys()):
                            if (dis_matrix[current_node - 1][temp_next_node
    - 1] + Label_set[sub_key][0] < min_distance):
                                min_distance = dis_matrix[current_node - 1][
    temp_next_node - 1] + Label_set[sub_key][0]
                                next_node = temp_next_node
                                Label_set[key] = [min_distance, next_node]


            # print('current_node:', current_node, '\t left_node_set : ',
        # subset)


        # stage 1 :
    stage_ID = 1
    current_node = org
    subset = set(copy.deepcopy(Nodes))
```

```python
        subset.remove(org)
        final_key = (stage_ID, current_node, str(subset))
        min_distance = 1000000
        for temp_next_node in subset:
            subsub_set = copy.deepcopy(subset)
            subsub_set.remove(temp_next_node)
            if (subsub_set == None or len(subsub_set) == 0):
                subsub_set = 'None'
            sub_key = (stage_ID + 1, temp_next_node, str(subsub_set))
            if (sub_key in Label_set.keys()):
                if (dis_matrix[current_node - 1][temp_next_node - 1] + Label_set
        [sub_key][0] < min_distance):
                    min_distance = dis_matrix[current_node - 1][temp_next_node -
        1] + Label_set[sub_key][0]
                    next_node = temp_next_node
                    Label_set[final_key] = [min_distance, next_node]

    # get the optimal solution
    opt_route = [org]
    not_visted_node = set(copy.deepcopy(Nodes))
    not_visted_node.remove(org)
    next_node = Label_set[final_key][1]
    while(True):
        opt_route.append(next_node)
        if(len(opt_route) == nodeNum + 1):
            break
        current_stage = len(opt_route)
        not_visted_node.remove(next_node)
        if (not_visted_node == None or len(not_visted_node) == 0):
            not_visted_node = 'None'
        next_key = (current_stage, next_node, str(not_visted_node))
        next_node = Label_set[next_key][1]

    opt_dis = Label_set[final_key][0]

    print('objective :', Label_set[final_key][0])
    print('optimal route :', opt_route)


    return opt_dis, opt_route



# call function to solve TSP
```

```
105  opt_dis, opt_route = TSP_Dynamic_Programming(Nodes, dis_matrix)
106  print('\n\n --------  optimal solution  --------\n')
107  print('objective :', opt_dis)
108  print('optimal route :', opt_route)
```

运行结果如下：

result

```
1  --------  optimal solution  --------
2
3  objective : 35
4  optimal route : [1, 2, 4, 3, 1]
```

14.3.4 Python 实现：中大规模算例

我们以 Solomon 的 VRP 标杆算例来测试中大规模的情况。完整代码如下：

Dynamic Programming for Solving TSP

```
1   # * author :  Liu Xinglu
2   # * Institute: Tsinghua University
3   # * Date : 2020-9-15
4   # * E-mail : hsinglul@163.com
5
6   # # Read data Function
7   import pandas as pd
8   import numpy as np
9   import networkx as nx
10  import matplotlib.pyplot as plt
11  import copy
12  import re
13  import math
14  import itertools
15
16  class Data:
17      customerNum = 0;
18      nodeNum     = 0;
19      vehicleNum  = 0;
20      capacity    = 0;
21      cor_X       = [];
22      cor_Y       = [];
23      demand      = [];
24      serviceTime = [];
```

```
25    readyTime   = [];
26    dueTime     = [];
27    disMatrix   = [[]]; # 读取数据
28
29 # function to read data from .txt files
30 def readData(data, path, customerNum):
31     data.customerNum = customerNum;
32     data.nodeNum = customerNum + 1;
33     # data.nodeNum = customerNum + 2;
34     f = open(path, 'r');
35     lines = f.readlines();
36     count = 0;
37     # read the info
38     for line in lines:
39         count = count + 1;
40         if(count == 5):
41             line = line[:-1].strip();
42             str = re.split(r" +", line);
43             data.vehicleNum = int(str[0]);
44             data.capacity = float(str[1]);
45         elif(count >= 10 and count <= 10 + customerNum):
46             line = line[:-1];
47             str = re.split(r" +", line);
48             data.cor_X.append(float(str[2]));
49             data.cor_Y.append(float(str[3]));
50             data.demand.append(float(str[4]));
51             data.readyTime.append(float(str[5]));
52             data.dueTime.append(float(str[6]));
53             data.serviceTime.append(float(str[7]));
54
55     # compute the distance matrix
56     data.disMatrix = [([0] * data.nodeNum) for p in range(data.nodeNum)];
           # 初始化距离矩阵的维度,防止浅拷贝
57     # data.disMatrix = [[0] * nodeNum] * nodeNum]; 这个是浅拷贝，容易重复
58     for i in range(0, data.nodeNum):
59         for j in range(0, data.nodeNum):
60             temp = (data.cor_X[i] - data.cor_X[j])**2 + (data.cor_Y[i] -
           data.cor_Y[j])**2;
61             data.disMatrix[i][j] = round(math.sqrt(temp), 1);
62             # if(i == j):
63             # data.disMatrix[i][j] = 0;
64             # print("%6.2f" % (math.sqrt(temp)), end = " ");
```

```
65          temp = 0;
66
67      return data
68
69  def printData(data, customerNum):
70      print("下面打印数据\n");
71      print("vehicle number = %4d" % data.vehicleNum);
72      print("vehicle capacity = %4d" % data.capacity);
73      for i in range(len(data.demand)):
74          print('{0}\t{1}\t{2}\t{3}'.format(data.demand[i], data.readyTime[i],
              data.dueTime[i],  data.serviceTime[i]));
75
76      print("-------距离矩阵-------\n");
77      for i in range(data.nodeNum):
78          for j in range(data.nodeNum):
79              #print("%d   %d" % (i, j));
80              print("%6.2f" % (data.disMatrix[i][j]), end = " ");
81          print()
82
83  # # Read data
84  data = Data()
85  path = 'Solomn标准VRP算例/solomon-100/In/r101.txt'
86  customerNum = 20
87  readData(data, path, customerNum)
88  printData(data, customerNum)
89
90  # # Build Graph
91  # 构建有向图对象
92  Graph = nx.DiGraph()
93  cnt = 0
94  pos_location = {}
95  nodes_col = {}
96  nodeList = []
97  for i in range(data.nodeNum):
98      X_coor = data.cor_X[i]
99      Y_coor = data.cor_Y[i]
100     name = str(i)
101     nodeList.append(name)
102     nodes_col[name] = 'gray'
103     node_type = 'customer'
104     if(i == 0):
105         node_type = 'depot'
```

```
106        Graph.add_node(name
107              , ID = i
108              , node_type = node_type
109              , time_window = (data.readyTime[i], data.dueTime[i])
110              , arrive_time = 10000      # 这个是时间标签1
111              , demand = data.demand
112              , serviceTime = data.serviceTime
113              , x_coor = X_coor
114              , y_coor = Y_coor
115              , min_dis = 0              # 这个是距离标签2
116              , previous_node = None     # 这个是前序节点标签3
117              )
118
119        pos_location[name] = (X_coor, Y_coor)
120  # add edges into the graph
121  for i in range(data.nodeNum):
122      for j in range(data.nodeNum):
123          if(i != j):
124              Graph.add_edge(str(i), str(j)
125                                        , travelTime = data.disMatrix[i][j]
126                                        , length = data.disMatrix[i][j]
127                                        )
128
129  # plt.rcParams['figure.figsize'] = (0.6 * trip_num, trip_num) # 单位是inch
130  nodes_col['0'] = 'red'
131  # nodes_col[str(data.nodeNum-1)] = 'red'
132  plt.rcParams['figure.figsize'] = (10, 10) # 单位是inch
133  nx.draw(Graph
134        , pos=pos_location
135        # , with_labels = True
136        , node_size = 50
137        , node_color = nodes_col.values()    #'y'
138        , font_size = 15
139        , font_family = 'arial'
140        # , edge_color = 'grey'   #'grey' # b, k, m, g,
141        , edgelist = []
142        # , nodelist = nodeList
143        )
144  fig_name = 'network_' + str(customerNum) + '_1000.jpg'
145  plt.savefig(fig_name, dpi=600)
146  plt.show()
147
```

```
148  # # Dynamic Programming
149  Nodes = list(Graph.nodes())
150  for i in range(len(Nodes)):
151      Nodes[i] = (int)(Nodes[i]) + 1
152
153  dis_matrix = np.zeros([len(Nodes), len(Nodes)])
154  for i in range(len(Nodes)):
155      for j in range(len(Nodes)):
156          if(i != j):
157              key = (str(i), str(j))
158              dis_matrix[i][j] = Graph.edges[key]['length']
159
160  def TSP_Dynamic_Programming(Nodes, dis_matrix):
161      Label_set = {}
162      nodeNum = len(Nodes)
163      org = 1
164      # cycle stage : V, V-1, ..., 2
165      for stage_ID in range(nodeNum, 1, -1):    # 逆序遍历stage_ID
166          print('stage :', stage_ID)
167          for i in range(2, nodeNum + 1):
168              current_node = i
169              left_node_list = copy.deepcopy(Nodes)
170              left_node_list.remove(i)
171              if (org in left_node_list):
172                  left_node_list.remove(org)
173              left_node_set = set(left_node_list)
174              # obtain the all the subset of the left node set
175              subset_all = list(map(set, itertools.combinations(left_node_set,
         nodeNum - stage_ID)))
176              # print('current_node:', current_node, '\t left_node_set : ',
         # left_node_set)
177              for subset in subset_all:
178                  if (len(subset) == 0):
179                      key = (stage_ID, current_node, 'None')
180                      next_node = org
181                      Label_set[key] = [dis_matrix[i - 1][org - 1], next_node]
182                  else:
183                      key = (stage_ID, current_node, str(subset))
184                      min_distance = 1000000
185                      for temp_next_node in subset:
186                          subsub_set = copy.deepcopy(subset)
187                          subsub_set.remove(temp_next_node)
```

```
188              if (subsub_set == None or len(subsub_set) == 0):
189                  subsub_set = 'None'
190              sub_key = (stage_ID + 1, temp_next_node, str(subsub_
     set))
191              if (sub_key in Label_set.keys()):
192                  if (dis_matrix[current_node - 1][temp_next_node
     - 1] + Label_set[sub_key][0] < min_distance):
193                      min_distance = dis_matrix[current_node - 1][
     temp_next_node - 1] + Label_set[sub_key][0]
194                      next_node = temp_next_node
195                      Label_set[key] = [min_distance, next_node]
196
197          # print('current_node:', current_node, '\t left_node_set : ',
     # subset)
198
199  # stage 1 :
200  stage_ID = 1
201  current_node = org
202  subset = set(copy.deepcopy(Nodes))
203  subset.remove(org)
204  final_key = (stage_ID, current_node, str(subset))
205  min_distance = 1000000
206  for temp_next_node in subset:
207      subsub_set = copy.deepcopy(subset)
208      subsub_set.remove(temp_next_node)
209      if (subsub_set == None or len(subsub_set) == 0):
210          subsub_set = 'None'
211      sub_key = (stage_ID + 1, temp_next_node, str(subsub_set))
212      if (sub_key in Label_set.keys()):
213          if (dis_matrix[current_node - 1][temp_next_node - 1] + Label_set
     [sub_key][0] < min_distance):
214              min_distance = dis_matrix[current_node - 1][temp_next_node -
     1] + Label_set[sub_key][0]
215              next_node = temp_next_node
216              Label_set[final_key] = [min_distance, next_node]
217
218  # get the optimal solution
219  opt_route = [org]
220  not_visted_node = set(copy.deepcopy(Nodes))
221  not_visted_node.remove(org)
222  next_node = Label_set[final_key][1]
223  while(True):
```

```
224         opt_route.append(next_node)
225         if(len(opt_route) == nodeNum + 1):
226             break
227         current_stage = len(opt_route)
228         not_visted_node.remove(next_node)
229         if (not_visted_node == None or len(not_visted_node) == 0):
230             not_visted_node = 'None'
231         next_key = (current_stage, next_node, str(not_visted_node))
232         next_node = Label_set[next_key][1]
233
234     opt_dis = Label_set[final_key][0]
235
236     print('objective :', Label_set[final_key][0])
237     print('optimal route :', opt_route)
238
239     return opt_dis, opt_route
240
241 opt_dis, opt_route = TSP_Dynamic_Programming(Nodes, dis_matrix)
242 print('\n\n --------  optimal solution  ---------\n')
243 print('objective :', opt_dis)
244 print('optimal route :', opt_route)
```

上述代码中，我们以 R101 作为测试算例，取前 20 个点构建网络，求解了一个 21 个点的 TSP（加上 depot 是 21 个点）。运行结果如下：

result

```
1  stage : 21
2  stage : 20
3  stage : 19
4  stage : 18
5  stage : 17
6  stage : 16
7  stage : 15
8  stage : 14
9  stage : 13
10 stage : 12
11 stage : 11
12 stage : 10
13 stage : 9
14 stage : 8
15 stage : 7
16 stage : 6
17 stage : 5
```

```
18  stage : 4
19  stage : 3
20  stage : 2
21  objective : 262.9
22  optimal route : [1, 14, 7, 6, 18, 17, 15, 16, 3, 5, 13, 4, 10, 21, 2, 11,
        12,
23  20, 8, 9, 19, 1]
24  --------- optimal solution ---------
25  objective : 262.9
26  optimal route : [1, 14, 7, 6, 18, 17, 15, 16, 3, 5, 13, 4, 10, 21, 2, 11,
        12,
27  20, 8, 9, 19, 1]
```

14.4 标签算法求解带资源约束的最短路问题

前面章节介绍了动态规划求解 TSP 的原理，我们讲到，该方法仍旧是一个指数时间复杂度的算法，求解效率并不令人满意。对于 TSP，目前为止也没有能够求解超大规模算例的高效精确算法。但是对于一些其他路径规划相关的问题，却存在伪多项式时间的动态规划算法，或者较为高效的动态规划算法。本节需要讨论的带资源约束的最短路问题（Shortest Path Problem with Resource Constraints，SPPRC）就是一类存在伪多项式时间精确算法的问题。1986 年，Desrochers 博士在其博士论文中第一次提出 SPPRC（Desrochers，1986），之后，该问题被广泛地研究和拓展，也衍生出许多变种。特别地，SPPRC 的一个著名的变种，即带资源约束的基本最短路问题（Elementary Shortest Path Problem with Resource Constraints，ESPPRC），是 VRPTW 的列生成算法框架的子问题。ESPPRC 比 SPPRC 更难求解，因为 ESPPRC 要求路径中的节点至多只被访问一次，而 SPPRC 中允许同一个节点被访问多次。ESPPRC 已经被认定为强 NP-hard 问题（Dror，1994）。求解 SPPRC 和 ESPPRC 的动态规划算法有一个新的名称，即标签算法。在列生成算法的相应章节中，我们讲到，标签算法包括标签校正算法和标签设定算法（例如 Dijkstra）。标签算法本质上也是动态规划算法。本节介绍的标签算法属于标签校正算法。

14.4.1 带资源约束的最短路问题

本节以一个简单案例来介绍 SPPRC。考虑如图 14.10 所示的网络（例子来源于文献（Desaulniers et al.，2006））。其中，点 s 表示起点（source 或 origin），点 t 表示终点（sink 或 destination）。节点 i 上方的数组表示该点的最早开始服务时间 a_i 和最晚结束时间 b_i，即该点的时间窗为 $[a_i, b_i]$，例如点 1 的时间窗为 $[6,14]$。图中弧 (i,j) 上的元组 (t_{ij}, c_{ij})，分别代表弧 (i,j) 上的行驶时间和成本（如距离等），例如，弧 $(s,1)$ 的行驶时间和成本构成的元组为 $(8,3)$。SPPRC 的目标就是找到一条从起点 s 出发到达终点 t 的成本最小的路径，并且该路径中途经的所有点都必须在其时间窗内被访问。

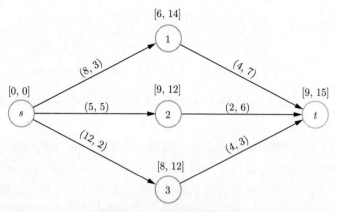

图 14.10　SPPRC 小例子

在上述 SPPRC 中，时间和成本可以看作两个资源，而考虑上述两个资源的 SPPRC，一般又叫作 Shortest Path Problem with Time Windows（SPPTW），该问题由 Desrosiers 等在 1983 年首次提出（Desrosiers et al.，1983；Desrosiers et al.，1984）。其中，时间资源是有限的，而成本资源是无限的。Desrosiers 等学者之后又将其进行了拓展，将其一般化为考虑多种资源（Desrochers，1986）的情形，在那之后，关于 SPPRC 的研究日益增多。例如，文献（Ioachim et al.，1998）提出了考虑节点的时间依赖成本的 SPPTW；文献（Dumas et al.，1991）研究了考虑搭载和配送因素的 SPPTW。

SPPRC 可以描述为：给定一个有向图 $G = (V, A)$，其中 $V = \{1, 2, \cdots, N\}$ 是图中点的集合，$A = \{(i, j) | \forall i, j \in V, i \neq j\}$ 是图中弧的集合。$R = \{1, 2, \cdots, K\}$ 表示所有资源的集合。G 中每条弧 (i, j) 都对应一个资源向量 $(r_1, r_2, \cdots, r_K)$，表示该条弧上的所有资源的消耗量。每个点 i 对应一个资源约束（例如时间窗）。给定起点 s 和终点 t，SPPRC 的目标就是找到一条从起点 s 出发到达终点 t 的成本最小的路径，并且该路径中途经的所有点都必须满足该点的资源约束。

这里以之前介绍过的 VRPTW 的子问题为例，给出 SPPRC 的整数规划模型。根据列生成相关章节的介绍，考虑时间、行驶成本和载重量 3 种资源的 SPPRC 的整数规划模型可以写成

$$\min \quad \sum_{i \in N} \sum_{j \in N} c_{ij} x_{ij} \tag{14.2}$$

$$\text{s.t.} \quad \sum_{i \in C} d_i \sum_{j \in N} x_{ij} \leqslant q \tag{14.3}$$

$$\sum_{j \in N} x_{0j} = 1 \tag{14.4}$$

$$\sum_{i \in N} x_{ih} - \sum_{j \in N} x_{hj} = 0, \qquad \forall h \in C \tag{14.5}$$

$$\sum_{i \in N} x_{i,n+1} = 1 \tag{14.6}$$

$$s_i + t_{ij} - M(1 - x_{ij}) \leqslant s_j, \qquad \forall i, j \in N \qquad (14.7)$$

$$a_i \leqslant s_i \leqslant b_i, \qquad\qquad \forall i \in N \qquad (14.8)$$

$$x_{ij} \in \{0, 1\}, \qquad\qquad \forall i, j \in N \qquad (14.9)$$

根据上述模型，可以调用求解器求解 SPPRC。但是本章并不打算用求解器求解，而是用标签算法求解。

首先回到图 14.10。SPPRC 实际上就是在所有从起始点 s 出发到终点 t 的所有路径当中，选择一条最短的路径，并且满足一系列的资源约束。上述例子中，唯一的资源约束就是时间约束。在其他问题中，可能会有另外的资源，如载重、换班之间的停顿时间、搭载和配送约束等。这些资源都是随着路径的扩展，按照某种函数关系变化的，这种函数我们称为资源扩展函数（Resource Extension Function，REF）。在例子（图 14.10）中，我们用 T_i 表示在点 i 处时间资源的使用量（即到达点 i 的时间），则弧 (i, j) 的 REF 可以定义为

$$f_{ij}(T_i) = T_i + t_{ij}$$

其中，f_{ij} 就是弧 (i, j) 上的 REF。这个 REF 就是根据弧 (i, j) 中点 i 的访问时间，来更新点 j 的访问时间的函数。这个函数可以计算出在 T_i 时刻从点 i 出发，到达点 j 的最早时间。如果一条路径中，到达点 i 的时间超过了 b_i，则这个路径就不可行。但是，如果到达时间在 a_i 之前，则允许在点 i 等待一段时间。也就是说，到达点 i 的时间可以小于访问点 i 的时间。

在图 14.10 中，从起点到终点有 3 条路径。第 1 条路径 $P_1 = (s, 1, t)$ 是资源可行的路径。的确，令 $T_s = 0$（在点 s 处的唯一可行值），我们很容易就可以得到在该条路径下，到达点 1 和 t 的时间（$T_1 = 8, T_t = 12$）。这两个值是根据所有的资源扩展函数（REF）得到的（$f_{s1}(T_s)$ 和 $f_{1t}(T_1)$）。

第 2 条路径 $P_2 = (s, 2, t)$ 也是满足资源约束的路径。然而，在点 2 会有一些等待时间，到达点 2 的时间可以通过 $f_{s2}(T_s) = 5$ 计算，但是 $f_{s2}(T_s) = 5 < a_2 = 9$，在这种情况下，点 2 的访问时间可以设置成 $T_2 = 9$，并且在这条路径中，点 t 的访问时间可以设置成 $T_t = T_2 + 2 = 11$。

第 3 条路径 $P_2 = (s, 3, t)$ 是资源不可行的，在这条路径上，$T_s = 0, T_3 = 12 \geqslant f_{s3} = 12$，到达点 t 的最早时间为 $f_{3t}(T_3) = f_{3t}(12) = 12 + 4 = 16$，由于点 t 的时间窗为 $[9, 15]$，因此这条路径是不可行的。

考核 2 条可行路径 P_1, P_2，P_1 的成本为 $3 + 7 = 10$，比 P_2 的成本 $5 + 6 = 11$ 小，因此只考虑成本的话，P_1 是最优的。由于路径 P_2 有更早的到达时间（到达终点 t），如果图 14.10 只是一个大网络中的一个子网络，在拓展的时候，路径 P_2 有可能是一个可行路径，但是路径 P_1 有可能不是（由于 P_1 使用了更多的资源，可能导致后续拓展违背资源约束）。

以上描述让我们初步了解了 SPPRC 的难度。SPPRC 很接近于多标准问题。仅考虑单一标准的话，无法判断哪条路径是更好的，也就是很多时候，路径之间是不可比的，这也是 SPPRC 的困难之处。

不同类型的 SPPRC 可以根据下面的特征进行分类：

（1）资源累积的方式（不同的累积方式导致资源可行路径（Resource Feasible Path）定义不同）；

（2）是否存在额外的路径结构约束（Path-structural Constraint），如非基本路径、基本路径等；

（3）目标函数；

（4）基础网络结构。

这里用 $P = (v_0, v_1, \cdots, v_p)$ 表示一条路径，其中某个点可能会出现多次。路径 P 的长度为 p。接下来我们针对上面提出的 4 点来进行阐述。

1. 资源可行路径

在接下来的描述中，我们将区分资源的可行性与路径结构约束的可行性。资源约束可以通过资源消耗和资源间隔（也叫资源上下限、资源窗口等，例如 SPPTW 中的行驶时间 t_{ij} 和时间窗 $[a_i, b_i]$）来表示。设资源的数量为 R。向量 $\boldsymbol{T} = (T^1, T^2, \cdots, T^R)^{\mathrm{T}} \in \mathbb{R}^R$ 称为资源向量，对应的资源分配量就是决策变量，称为资源决策变量 $\boldsymbol{x}^{\mathrm{T}}$。所有资源的可用量为 $\boldsymbol{S} = (S^1, S^2, \cdots, S^R)^{\mathrm{T}} \in \mathbb{R}^R$。如果对于每一种资源 i，都有 $\boldsymbol{T}^i \leqslant \boldsymbol{S}^i$，则我们说 $\boldsymbol{T} \leqslant \boldsymbol{S}$。例如，如果资源窗口为 $[\boldsymbol{a}, \boldsymbol{b}]$，则资源向量可以定义为集合 $\{\boldsymbol{T} \in \mathbb{R}^R : \boldsymbol{a} \leqslant \boldsymbol{T} \leqslant \boldsymbol{b}\}$。

接下来要引入的概念是资源间隔（Resource Interval），也叫资源窗口（Resource Window）。每个节点 $i \in V$ 的资源窗口可以表示为 $[\boldsymbol{a}_i, \boldsymbol{b}_i]$，其中 $\boldsymbol{a}_i, \boldsymbol{b}_i \in \mathbb{R}^R, \boldsymbol{a}_i \leqslant \boldsymbol{b}_i$。资源的消耗总是随着弧 (i, j) 变化的，前文中也有所介绍。我们称为资源扩展函数（Resource Extension Function，REF）。弧 (i, j) 的 REF 是一个向量，即 $\boldsymbol{f}_{ij} = (f_{ij}^r)_{r=1}^R$。REF $f_{ij}^r : \mathbb{R}^R \to \mathbb{R}$ 是依赖于资源向量 $\boldsymbol{T}_i \in \mathbb{R}^R$ 的，也就是说，是取决于从起点 s 到点 i 的路径上的资源的累计消耗量的。因此 $\boldsymbol{f}_{ij}(\boldsymbol{T}_i) \in \mathbb{R}^R$ 可以解释为沿着路径 $(s, \cdots, i, j)$ 所累积的资源消耗。这里以之前介绍的 SPPTW 为例，仅考虑时间资源，则其 REF 为

$$f_{ij}^r(\boldsymbol{T}_i) = T_i^r + t_{ij}^r \tag{14.10}$$

其中，t_{ij}^r 是与弧 (i, j) 相关的常数，在 SPPTW 中，就是弧 (i, j) 上的行驶时间。一般情况下，REF 是资源可分离的，即不同资源之间不存在相互依赖关系。

给定路径 $P = (v_0, v_1, v_2, \cdots, v_p)$，该路径中包含 $p + 1$ 个不同的位置 i，即 $i = 0, 1, 2, \cdots, p$。路径 P 是资源可行（Resource-feasible）的条件是：存在资源向量 $\boldsymbol{T}_i \in [\boldsymbol{a}_{v_i}, \boldsymbol{b}_{v_i}], \forall i = 0, 1, 2, \cdots, p$，使得 $\boldsymbol{f}_{v_i, v_{i+1}}(\boldsymbol{T}_i) \leqslant \boldsymbol{T}_{i+1}, \forall i = 0, 1, 2, \cdots, p$。我们定义 $\mathcal{T}(P)$ 为路径 P 的最后一个节点 v_p 的所有可行资源向量的集合，即

$$\mathcal{T}(P) = \{\boldsymbol{T}_p \in [\boldsymbol{a}_{v_p}, \boldsymbol{b}_{v_p}] : \exists \boldsymbol{T}_i \in [\boldsymbol{a}_{v_i}, \boldsymbol{b}_{v_i}], \boldsymbol{f}_{v_i, v_{i+1}}(\boldsymbol{T}_i) \leqslant \boldsymbol{T}_{i+1}, \forall i = 0, 1, 2, \cdots, p-1\} \tag{14.11}$$

令 $\mathcal{F}(u, v)$ 为从节点 u 到节点 v 的所有资源可行路径的集合。

2. 路径结构约束

路径结构约束（Path-structural Constraint）是关于路径可行性的进一步建模需求，是独立于资源约束的。一般情况下，路径结构约束不能简单地通过删除网络中的一些弧和点来等价地处理。通常情况下，我们考虑的路径结构约束都是基本路径（Elementary Path）。Elementary Path 就是路径中没有环路的路径，换句话说，就是所有被访问的点，至多只被访问了一次。相反地，一个环（cycle）就是一条起点和终点相同的路径，即路径 $(v_0, v_1, v_2, \cdots, v_p)$ 是环，则 $v_0 = v_p, p > 1$。我们将路径长度小于或等于 k 的环称为 k-cycle。

这里用 $\mathcal{G}$ 表示满足路径结构约束的所有可行路径。

对于 Elementary SPPRC（ESPPRC），则 $\mathcal{G} = \{\text{Elementary Path}\}$。在无环图中（Acyclic Graph），所有路径都是基本路径，因此 SPPRC 和 ESPPRC 是相同的。但是对于有环图来讲，ESPPRC 已经被证明是强 NP-hard 问题（Dror，1994），并由 Beasley 和 Christofides 于 1989 年首先研究和解决。在许多 VRP 的应用中，其定价问题就是 ESPPRC。

对于 SPPRC，$\mathcal{G} = \{\text{All Path}\}$，即不考虑路径结构约束。许多车辆和人员排班问题的子问题都是 SPPRC（Desrosiers et al.，1984）。

由于 ESPPRC 很难求解（在某些情况下是非常困难的），在有环图上建模的 VRP 也常常用求解 SPPRC 的方法代替，因为 SPPRC 可以用伪多项式时间的精确算法进行求解。用 SPPRC 代替 ESPPRC 实际上是对 VRP 子问题的一种松弛。将 ESPPRC 松弛成 SPPRC 虽然会使得子问题更容易求解，但是这种松弛不一定总是好的。比如在使用分支定价算法求解 VRP 时，子问题如果松弛成 SPPRC，很可能会导致获得的下界比较松，而且很有可能导致分支树（Branch and Bound tree）变得非常大，反而对求解效率造成不利的影响（Desaulniers et al.，2006）。

除了 ESPPRC 和 SPPRC，还有一些路径结构约束，例如：

（1）k 环消除的 SPPRC（SPPRC with k-cycle elimination，SPPRC-k-cyc）；

（2）带禁止路径的 SPPRC（SPPRC with forbidden paths，SPPRCFP）；

（3）带先后顺序和配对约束的 SPPRC（SPPRC with Precedence constraints and pairing constraints），这一类问题主要针对取货和送货的路径结构约束。

这里我们仅介绍 k 环消除约束的 SPPRC。

对于 k 环消除约束的 SPPRC，则 $\mathcal{G} = \{k\text{-cycle-free path}\}$，即没有 k-cycle 的所有路径的集合。这也是解决 ESPPRC 比较难求解的一个折中方案，即禁止长度较短的环。根据 Solomon VRP 标杆算例的测试结果，仅取 k 比较小的值，也可以比较显著地提升 Master Problem 的下界。这说明，除了求解纯 SPPRC 之外，还需要对 SPPRC 的解进行额外的约束，也就是删除一些环，这相对于直接求解 ESPPRC 来讲会容易很多。Houck et al.，1980 首次讨论了 $k = 2$ 的情况，而这种做法也被之后的研究广泛采用（Kolen et al.，1987；Desrochers et al.，1992）。

对于目标函数的分类，这里不做解释，感兴趣的读者可以阅读文献（Desaulniers et al.，2006）。

3. 基础网络

SPPRC 还可以根据其基础网络（Underlying Network）是无环的还是有环的加以区分。有环的网络意味着在 G 中存在无穷多个不同的路径（不一定是资源可行路径和满足路径结构约束的路径）。因此，SPPRC 可能是无界的（如果网络中存在负环，则 SPPRC 可能是无界的）。这里不考虑无界的情况。

对于一些特殊的情况，可以通过离散化的手段，将有环图转化为无环图，而求解原网络图上的 ESPPRC，就等价于求解离散化之后的网络图上的 SPPRC。如果存在至少一个非递减资源 r（即 $f_{ij}^r - T_i^r > 0$，或者 $t_{ij}^r > 0$），该网络图 $G = (V, A)$ 就有可能被转化成一个无环的时空网络（Acyclic Time-space Network）。对于每个节点 $v \in V$，我们将该点对应的资源 r 的资源窗口（Resource Interval）离散化成 p 段，用一些副本 $\text{copy}^1(v), \text{copy}^2(v), \cdots, \text{copy}^p(v)$ 来代替 G 中的点 v。然而，这种转换只是一种形式手段，转换完成后，仍然可以套用文献（Desaulniers et al., 1998）中提出的方法进行建模。当然，按照这种方法转化之后，求解转化后的无环的时空网络上的 SPPRC，就等价于求原网络图上的 ESPPRC。

14.4.2 标签算法

求解 SPPRC 的动态规划算法又叫标签算法。该算法从一个初始路径 $P = (s)$ 开始，一步一步地沿着所有的可行方向拓展初始路径，从而生成所有的可行路径。该算法的效率取决于识别和舍弃那些对于构建或者生成帕累托最优（Pareto-optimal）路径集合无用的路径的能力。识别无用路径是通过优超准则（Dominance Rule）实现的，该准则非常依赖于路径结构约束和 REF 的特性。

为了方便描述，标签算法中的路径及其资源向量用 label（标签）进行编码或者表示，通常将一个部分路径及其资源向量称为一个标签（label）。

对于给定的路径 $P = (v_0, v_1, v_2, \cdots, v_p)$，我们用 $v(P) = v_p$ 表示路径 P 的最后一个节点。如果路径 P 是路径 $Q = (w_0, w_1, w_2, \cdots, w_q)$ 的一个可行拓展，则有

$$(Q, P) = (w_0, w_1, w_2, \cdots, w_q, v_0, v_1, v_2, \cdots, v_p) \in \mathcal{F}(w_0, v_p) \cup \mathcal{G}$$

Q 的所有可行拓展的集合表示为 $\mathcal{E}(Q) = \{P : (Q, P) \in \mathcal{F}(w_0, v(P)) \cup \mathcal{G}\}$。

标签算法依赖于对两个集合的操作。第一个集合表示为 $\mathcal{U}$，是未处理的路径的集合，$\mathcal{U}$ 中的路径都是未被扩展的。第二个集合 $\mathcal{P}$ 是有用路径的集合。有用的路径 $P \in \mathcal{P}$ 是已经被处理过的。它们已经被确定为是帕累托最优路径或可能是帕累托最优路径的前缀（注意，帕累托最优路径可能会有非帕累托最优的前缀）。集合 $\mathcal{U}$ 和 $\mathcal{P}$ 在标签算法过程中都是动态变化的。最终 $\mathcal{U}$ 变为空时，算法结束，而最优解一定在集合 $\mathcal{P}$ 中，我们只需要将其筛选出来即可。

标签算法中，我们首先初始化集合 $\mathcal{U} = P_0, \mathcal{P} = \varnothing$，其中 $P_0 = (s)$ 是初始路径。每一条路径 $P = (v_0, v_1, v_2, \cdots, v_p) \in \mathcal{F}$ 都是从初始路径 P_0 拓展而来的，即 $(v_1, v_2, \cdots, v_p) \in \mathcal{E}(P_0)$。

在处理完所有拓展后，我们需要执行最后的筛选，也就是从有用路径集合 $\mathcal{P}$ 中，筛选出帕累托最优解 $\mathcal{S}$（有可能会有多个）。在每一轮的循环中，拓展步骤结束之后，我们可以对 $\mathcal{U}$ 和 $\mathcal{P}$ 中的标签（也就是路径）进行优超（Dominance）。这一步往往是加速算法的关键。

14.4.3 标签算法的伪代码

上一节我们详细介绍了标签算法的原理，本节我们根据之前的介绍，整理出标签算法的伪代码。

Algorithm 14 SPPRC/ESPPRC 的通用动态规划算法（标签算法）

Input: 网络数据（弧集，距离信息）和客户数据（时间窗），起始点 s, 终止点 t

Output: 最短路 optPath

1: 初始化: 设置 U $\leftarrow \{(s)\}$ 和 P $\leftarrow \varnothing$
2: **while** U 非空 **do**
3:    (**** 拓展路径 ****)
4:    选择一条部分路径 $Q \in$ U 并将 Q 从 U 中删除
5:    **for** 弧 $(v_Q, w) \in A$ 是从点 v_Q 出去的 **do**
6:       **if** (Q, w) 是可行拓展 **then**
7:          将 (Q, w) 添加至 U
8:       **end if**
9:    **end for**
10:    P $\leftarrow$ P $\cup \{Q\}$
11:    (**** 优超 ****)
12:    **if** 任意的条件（可自己定义）**then**
13:       对 U $\cup$ P 中最后一个节点为 v 的部分路径执行优超算法
14:    **end if**
15: **end while**
16: (**** 筛查 ****)
17: optPath $\leftarrow$ 对 P 进行筛查，识别出最优解
18: **return** optPath

如果求解的问题是 ESPPRC，则只需将伪代码中第 6 行改为"如果拓展 (Q, w) 是可行的，且满足基本路径约束"。另外，优超准则部分也需要做相应的修改。

针对以上伪代码，有以下几点需要注意的地方。

（1）如果只执行路径扩展步骤，而不执行优超步骤，我们将得到所有的可行路径，即 $\mathcal{P} = \mathcal{F}$。

（2）在路径扩展时，可以根据不同的规则选择下一个被拓展的路径，也就是说，在选择 $Q \in \mathcal{U}$ 时，可以有不同的策略。不同的选择策略、基础网络和 REF 将会使得算法变成标签设定算法或者标签校正算法。

（3）在算法进行过程中，优超算法（Dominance Algorithm）可以随时被调用。为了减少计算量，可以设置优超算法被调用的时机，以便于优超算法能够同时删除多条路径。

（4）对于筛选步骤，是有一些比较有效的算法的，例如从 $\mathcal{P}$ 中识别出帕累托最优路径（Bentley，1980；Kung et al.，1975）。

14.4.4 标签设定算法和标签校正算法

上一节我们提到了标签设定（Label Setting）和标签校正（Label Correction）算法。二者都是动态规划算法，但是又有一些区别。

在标签设定算法中，那些选择要扩展的标签（在路径扩展步骤中）一直保留到标记过程结束。在后续的优超算法调用中，它们将不会被识别为可删除或者可丢弃的。Dijkstra 算法就是一种典型的标签设定算法。不能保证这种行为的标签算法称为标签校正算法。也就是说，被扩展的标签在算法调用中可能会被丢弃。

14.4.5 优超准则和优超算法

优超准则（Dominance Rule）和优超算法（Dominance Algorithm）是提升 SPPRC 和 ESPPRC 求解的重要武器。如果一条路径 Q 既不能产生帕累托最优解 $\mathrm{PO}(v(Q))$，也不能产生可行扩展 $Q' \in \mathcal{E}(Q)$，使得路径 (Q, Q') 可以产生帕累托最优解 $\mathrm{PO}(v(Q'))$，则路径 Q 就可以被删除。如果引入的优超准则和优超算法非常有效，则在迭代过程中 $\mathcal{U}$ 和 $\mathcal{P}$ 的集合中的元素的个数会明显减少，从而可以显著地加快求解速度。

一般来讲，优超准则是通过比较两个具有相同尾节点的路径 P 和 $Q(v(P) = v(Q))$ 的资源向量 $\boldsymbol{T}(P)$、$\boldsymbol{T}(Q)$ 和可行拓展集 $\mathcal{E}(P)$、$\mathcal{E}(Q)$ 来识别无用路径的。本节来探讨 SPPRC、ESPPRC 和 SPPRC-2-cyc 共 3 种情况下的优超准则。还有一种是 SPPRC-k-cyc，本章不做详细阐述，感兴趣的读者可以参考文献（Desaulniers et al.，2006）。

1. SPPRC

给定两个不同的路径 $P, Q \in \mathcal{U} \cup \mathcal{P}$，$v(P) = v(Q)$，且 $\boldsymbol{T}(P) \leqslant \boldsymbol{T}(Q)$，并且满足下面两种情况，那么我们就可以删除路径 Q。

（1）$\boldsymbol{T}(P) \leqslant \boldsymbol{T}(Q)$ 表示 $\boldsymbol{T}(Q)$ 不可能产生更好的帕累托最优解。

（2）如果通过探索 Q 的所有可行扩展，得出 $\mathcal{E}(Q) \subseteq \mathcal{E}(P)$，则可以删除 Q。特别的，如果没有任何路径结构约束，并且 REF 都是非递减的，则显然有 $\mathcal{E}(Q) \subseteq \mathcal{E}(P)$。

例如，在 SPPTW 中，$\boldsymbol{T}(P) \leqslant \boldsymbol{T}(Q)$ 就表示与 Q 相比，P 所用时间短，花费成本也小。并且由于 SPPTW 中资源全是非递减的，因此就有 $\mathcal{E}(Q) \subseteq \mathcal{E}(P)$。根据上文介绍，我们得知，$Q$ 可以被删除。

2. ESPPRC

对于 ESPPRC 来讲，$\boldsymbol{T}(P) \leqslant \boldsymbol{T}(Q)$ 并不能说明 $\mathcal{E}(Q) \subseteq \mathcal{E}(P)$。原因是，在 ESPPRC 中，路径 $P \in \mathcal{G}$ 只能被拓展到那些还没有被访问的点处。我们用 $V(P)$ 表示已经被访问的

点的集合。因此，ESPPRC 中，删除 Q 的条件为 $\boldsymbol{T}(P) \leqslant \boldsymbol{T}(Q)$，且 $V(P) \subseteq V(Q)$（这两个条件同时满足，就可以说明 $\mathcal{E}(Q) \subseteq \mathcal{E}(P)$）。其他详细解释见文献（Desaulniers et al., 2006）。

3. SPPRC-2-cyc

对于 2-cycle Elimination 的情形，优超准则的一种直观描述如下：只保留一条帕累托最佳路径 P_1 和一条次优路径 P_2，这两条路径是从不同的前序节点（Predecessor node）扩展而来的。对于任意路径 $P = (v_0, v_1, v_2, \cdots, v_p), p \geqslant 1$，节点 v_{p-1} 被称为前序节点，用 $\mathrm{pred}(P)$ 表示。则任给三条路径 P_1, P_2, Q，满足 $v(P_1) = v(P_2) = v(Q)$，且 $\boldsymbol{T}(P_1), \boldsymbol{T}(P_2) \leqslant \boldsymbol{T}(Q), \mathrm{pred}(P_1) \neq \mathrm{pred}(P_2)$，则我们可以删除 Q 而保留 P_1, P_2。原因是 $\mathrm{pred}(P_1) \neq \mathrm{pred}(P_2)$ 表明 $\mathcal{E}(P) \subseteq \mathcal{E}(P_1) \cup \mathcal{E}(P_2)$。

14.4.6 Python 实现标签算法求解 SPPRC

介绍完算法理论细节之后，现在进入实战环节。本节我们给出 Python 实现标签算法求解 SPPRC 的完整代码。我们用 Solomon VRPTW 标杆算例来测试算法。本代码为入门代码，不保证效率，读者需要自行改进。

1. 读取算例数据

读取算例数据代码如下。

readData

```
1  class Data:
2      customerNum = 0;
3      nodeNum     = 0;
4      vehicleNum  = 0;
5      capacity    = 0;
6      cor_X       = [];
7      cor_Y       = [];
8      demand      = [];
9      serviceTime = [];
10     readyTime   = [];
11     dueTime     = [];
12     disMatrix   = [[]];# 读取数据
13
14  # function to read data from .txt files
15  def readData(data, path, customerNum):
16      data.customerNum = customerNum;
17      data.nodeNum = customerNum + 2;
18      f = open(path, 'r');
19      lines = f.readlines();
20      count = 0;
```

```
21    # read the info
22    for line in lines:
23        count = count + 1;
24        if(count == 5):
25            line = line[:-1].strip();
26            str = re.split(r" +", line);
27            data.vehicleNum = int(str[0]);
28            data.capacity = float(str[1]);
29        elif(count >= 10 and count <= 10 + customerNum):
30            line = line[:-1];
31            str = re.split(r" +", line);
32            data.cor_X.append(float(str[2]));
33            data.cor_Y.append(float(str[3]));
34            data.demand.append(float(str[4]));
35            data.readyTime.append(float(str[5]));
36            data.dueTime.append(float(str[6]));
37            data.serviceTime.append(float(str[7]));
38
39    data.cor_X.append(data.cor_X[0]);
40    data.cor_Y.append(data.cor_Y[0]);
41    data.demand.append(data.demand[0]);
42    data.readyTime.append(data.readyTime[0]);
43    data.dueTime.append(data.dueTime[0]);
44    data.serviceTime.append(data.serviceTime[0]);
45
46
47    # compute the distance matrix
48    data.disMatrix = [([0] * data.nodeNum) for p in range(data.nodeNum)];
          # 初始化距离矩阵的维度,防止浅拷贝
49    # data.disMatrix = [[0] * nodeNum] * nodeNum]; 这个是浅拷贝,容易重复
50    for i in range(0, data.nodeNum):
51        for j in range(0, data.nodeNum):
52            temp = (data.cor_X[i] - data.cor_X[j])**2 + (data.cor_Y[i] -
          data.cor_Y[j])**2;
53            data.disMatrix[i][j] = math.sqrt(temp);
54            # if(i == j):
55            # data.disMatrix[i][j] = 0;
56            # print("%6.2f" % (math.sqrt(temp)), end = " ");
57            temp = 0;
58
59    return data;
60
```

```python
61  def printData(data, customerNum):
62      print("下面打印数据\n");
63      print("vehicle number = %4d" % data.vehicleNum);
64      print("vehicle capacity = %4d" % data.capacity);
65      for i in range(len(data.demand)):
66          print('{0}\t{1}\t{2}\t{3}'.format(data.demand[i], data.readyTime[i],
            data.dueTime[i],  data.serviceTime[i]));
67
68      print("-------距离矩阵-------\n");
69      for i in range(data.nodeNum):
70          for j in range(data.nodeNum):
71              # print("%d    %d" % (i, j));
72              print("%6.2f" % (data.disMatrix[i][j]), end = " ");
73          print();
74
75  # reading data
76  data = Data()
77
78  path = 'Solomn标准VRP算例/solomon-100/In/c101.txt'
79  customerNum = 100
80  readData(data, path, customerNum)
81  printData(data, customerNum)
```

2. 构建网络图

我们用 Python 的 networkx 包来构建网络图，实现数据的可视化。代码如下。

buildGraph

```python
1   # 构建有向图对象
2   Graph = nx.DiGraph()
3   cnt = 0
4   pos_location = {}
5   nodes_col = {}
6   for i in range(data.nodeNum):
7       X_coor = data.cor_X[i]
8       Y_coor = data.cor_Y[i]
9       name = str(i)
10      nodes_col[name] = 'gray'
11      node_type = 'customer'
12      if(i == 0):
13          node_type = 'depot'
14      Graph.add_node(name
15                  , ID = i
```

```
16                         , node_type = node_type
17                         , time_window = (data.readyTime[i], data.dueTime[i])
18                         , arrive_time = 10000      # 这个是时间标签1
19                         , demand = data.demand
20                         , serviceTime = data.serviceTime
21                         , x_coor = X_coor
22                         , y_coor = Y_coor
23                         , min_dis = 0              # 这个是距离标签2
24                         , previous_node = None     # 这个是前序节点标签3
25                         )
26
27        pos_location[name] = (X_coor, Y_coor)
28   # add edges into the graph
29   for i in range(data.nodeNum):
30        for j in range(data.nodeNum):
31            if(i == j or (i == 0 and j == data.nodeNum - 1) or (j == 0 and i ==
             data.nodeNum - 1)):
32                pass
33            else:
34                Graph.add_edge(str(i), str(j)
35                             , travelTime = data.disMatrix[i][j]
36                             , length = data.disMatrix[i][j]
37                             )
38
39   # 画出图
40   # plt.rcParams['figure.figsize'] = (0.6 * trip_num, trip_num) # 单位是inch
41   nodes_col['0'] = 'red'
42   nodes_col[str(data.nodeNum-1)] = 'red'
43   plt.rcParams['figure.figsize'] = (10, 10) # 单位是inch
44   nx.draw(Graph
45        , pos=pos_location
46        , with_labels = True
47        , node_size = 200
48        , node_color = nodes_col.values()    #'y'
49        , font_size = 15
50        , font_family = 'arial'
51        , edge_color = 'grey'    #'grey'  # b, k, m, g,
52        )
53   fig_name = 'network_' + str(customerNum) + '.jpg'
54   plt.savefig(fig_name, dpi=600)
55   plt.show()
```

网络图如图 14.11 所示。

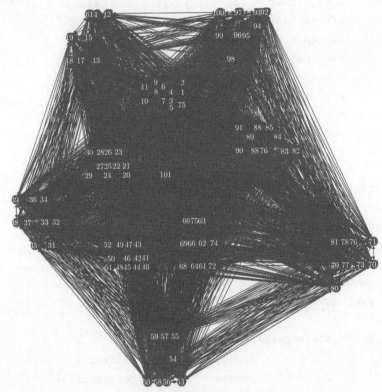

图 14.11　网络图：100 个顾客

3. 标签算法

标签算法代码如下。

Labelling Algorithm

```python
class Label:
    path = []
    time = 0
    dis = 0


def labelling_SPPRC(Graph, org, des):
    # initialize Queue
    Queue = []
    # creat initial label
    label = Label()
    label.path = [org]
    label.dis = 0
    label.time = 0
```

```
15      Queue.append(label)
16      Paths = {}
17      cnt = 0
18      while(len(Queue) > 0):
19          cnt += 1
20          current_path = Queue[0]
21          Queue.remove(current_path)
22          # extend the label
23          last_node = current_path.path[-1]
24          for child in Graph.successors(last_node):
25              extended_path = copy.deepcopy(current_path)
26              arc_key = (last_node, child)
27              # justify whether the extension is feasible
28              arrive_time = current_path.time + Graph.edges[arc_key]['
        travelTime']
29              time_window = Graph.nodes[child]['time_window']
30              if((child not in extended_path.path) and arrive_time >= time_
        window[0] and arrive_time <= time_window[1]):
31                  # the extension is feasible
32                  # print('extension is feasible', 'arc :', arc_key)
33                  extended_path.path.append(child)
34                  extended_path.dis += Graph.edges[arc_key]['length']
35                  extended_path.time += Graph.edges[arc_key]['travelTime']
36                  Queue.append(extended_path)
37                  print('extended_path : ', extended_path.path)
38              else:
39                  pass
40                  # print('extension is infeasible', 'arc :', arc_key)
41          Paths[cnt] = current_path
42
43          # dominate step
44          '''
45          Add dominate rule function
46          '''
47          Queue, Paths = dominate(Queue, Paths)
48
49      # filtering Paths, only keep solutions from org to des, delete other
        # paths
50      PathsCopy = copy.deepcopy(Paths)
51      for key in PathsCopy.keys():
52          if(Paths[key].path[-1] != des):
53              Paths.pop(key)
```

```
54
55    # choose optimal solution
56    opt_path = {}
57    min_distance = 10000000
58    for key in Paths.keys():
59        if(Paths[key].dis < min_distance):
60            min_distance = Paths[key].dis
61            opt_path['1'] = Paths[key]
62
63    return Graph, Queue, Paths, PathsCopy, opt_path
```

4. 优超准则

我们加入优超准则（Dominate rule）。若路径 P, Q 满足

$$t(P) \leqslant t(Q) \tag{14.12}$$

$$c(P) \leqslant c(Q) \tag{14.13}$$

$$v(P) = v(Q) \tag{14.14}$$

则 Q 被删除。其中，$t(P)$ 和 $c(P)$ 分别表示路径 P 的时间和成本，$v(P)$ 和 $v(Q)$ 分别表示路径 P 和 Q 访问的最后一个节点。优超准则的具体实现函数如下：

dominate rule

```
1  def dominate(Queue, Paths):
2      QueueCopy = copy.deepcopy(Queue)
3      PathsCopy = copy.deepcopy(Paths)
4
5      # dominate Queue
6      for label in QueueCopy:
7          for another_label in Queue:
8              if(label.path[-1] == another_label.path[-1] and label.time <
      another_label.time and label.dis < another_label.dis):
9                  Queue.remove(another_label)
10                 print('dominated path (Q) : ', another_label.path)
11
12     # dominate Paths
13     for key_1 in PathsCopy.keys():
14         for key_2 in PathsCopy.keys():
15             if(PathsCopy[key_1].path[-1] == PathsCopy[key_2].path[-1]
16                 and PathsCopy[key_1].time < PathsCopy[key_2].time
17                 and PathsCopy[key_1].dis < PathsCopy[key_2].dis
18                 and (key_2 in Paths.keys())):
```

```
19                Paths.pop(key_2)
20                print('dominated path (P) : ', PathsCopy[key_1].path)
21
22        return Queue, Paths
```

5. 算例测试

取算例 C101 中的前 10 个点作为测试数据对标签算法进行测试。

Test Labelling Algorithm

```
1  org = '0'
2  des = str(data.nodeNum - 1)
3  Graph, Queue, Paths, PathsCopy, opt_path = labelling_SPPRC(Graph, org, des)
4
5  for key in Paths.keys():
6      print(Paths[key].path)
7
8  print('optimal path : ', opt_path['1'].path )
9  print('optimal path (distance): ', opt_path['1'].dis)
10 print('optimal path (time): ', opt_path['1'].time)
```

最终结果如下。

Result of Labelling Algorithm

```
1  optimal path :   ['0', '5', '11']
2  optimal path (distance):   30.2
3  optimal path (time):   30.2
```

运行时间为 5 秒。

接着测试 600 个点的大算例。用 c600 为例，结果如下。

Result of 600 customers instance

```
1  optimal path :   ['0', '59', '13', '173', '90', '86', '490', '391', '572', '
       322', '267', '492', '551', '599']
2  optimal path (distance):   512.0103739069432
3  optimal path (time):   512.0103739069432
4
5  running time : 20min 12s
```

接着测试 1000 个点的最大算例。用 c1000 为例，结果如下。

```
                    Result of 1000 customers instance
1 optimal path :  ['0', '183', '1001', '997', '836', '638', '155', '87', '69',
       '1', '755', '976', '70', '704', '458', '629', '107', '99', '798', '
       829', '289', '51', '515', '649', '591', '1000']
2 optimal path (distance):  827.3615049912353
3 optimal path (time):  827.3615049912353
4
5 Running Time: 1h 31min 33s
```

14.5 Python 实现标签算法结合列生成求解 VRPTW

在第 13 章中介绍了用列生成算法求解 VRPTW。我们用列生成算法的思想,将 VRPTW 分解成为主问题和子问题,其中,子问题是一个 ESPPRC。在第 13 章,我们直接调用求解器对 ESPPRC 进行了求解,但是由于 ESPPRC 也是 NP-hard 问题,所以求解效果并不理想。本节我们尝试用前文介绍过的标签算法来加速子问题的求解。当然我们也可以直接将子问题松弛成 SPPRC,也就是去掉每条路径中节点至多只能被访问一次的约束。执行松弛操作的目的就是为了加速子问题求解,但是同时可能会导致主问题得到的下界非常差。关于这点,我们不做详细讨论。为了进一步加速整个求解过程,我们采用一种常见的启发式算法——最近邻居(Nearest Neighbor)算法来生成 RMP 的初始可行列。

14.5.1 初始化 RMP

我们用最近邻居算法生成初始可行列,其伪代码如下。其主要思想就是首先创建一条初始路径 $[0,0]$,然后不断地寻找最近的节点,插入当前的路径中,直到违背载重约束为止,就生成了一辆车的路径。重复该过程,直到所有的客户都被访问。

Algorithm 15 最近邻居算法

Input: 给定: 图 $G = (V, E)$, vehicle_num, customer_num, 车场点 O, 车容量 Q

Output: R

1: (***** 初始化 *****)
2: 客户集合 $C \leftarrow \{1, 2, \cdots, \text{customer\_num}\}$ 和 $t_c \leftarrow 0$
3: 路径集合 $R \leftarrow \varnothing$
4: **while** C 非空 **do**
5:     单条路径 $P \leftarrow [0, 0]$
6:     (***** 插入步骤 *****)
7:     **while** $P.\text{load} < Q$ 且 C 非空 **do**
8:         找到最佳插入客户 v 和对应的插入位置 pos
9:         $v, \text{pos}, \text{arrive\_time} \leftarrow \text{Insertion Position}(G, C, P, t_c)$
10:         **if** $P.\text{load} + v.\text{demand} > Q$ 且 pos 为空 **then**

11:    break

12:   **else**

13:    $P.$ insert $(v,$ pos$)$

14:    $C.$ remove (v)

15:    更新 $t_c \leftarrow$ arrive_time $+$ inserted_customer. service_time

16:    更新车辆载重 $P.$ load $\leftarrow P.$ load $+ v.$ demand

17:   **end if**

18: **end while**

19: $R \leftarrow R \cup P$

20: **end while**

21: **return** R

其中，Insertion Position(G, C, P) 是为了找到最佳的插入位置和最佳的插入顾客。其输入参数为网络图 G、未被访问的顾客集合 C 和当前路径 P。其伪代码如下。

Algorithm 16 插入位置（Insertion Position）选择算法

Input: 图 $G = (V, E)$，候选顾客集合 C，路径 P（将要执行插入操作），当前时间 t_c

Output: inserted_customer, inserted_position, arrive_time

 1: (***** 初始化 *****)

 2: inserted_position $\leftarrow$ NULL

 3: inserted_customer $\leftarrow$ NULL

 4: 最近距离 $d_{\min} \leftarrow \infty$

 5: **if** len$(P) \leqslant 2$ **then**

 6: inserted_customer $\leftarrow$ 距离车场最远的客户点 (需要满足时间窗约束)

 7: inserted_position $\leftarrow 1$

 8: arrive_time $\leftarrow \max\{t_c + t_{0,\text{inserted\_customer}}, a_{\text{inserted\_customer}}\}$

 9: **return** inserted_customer, inserted_position, arrive_time

10: **end if**

11: **for** 顾客 $p \in C$ **do**

12: $v \leftarrow$ 路径 P 的最后一个客户点

13: **if** $d_{v,p} < d_{\min}$ 并且满足时间窗约束 **then**

14:   $d_{\min} \leftarrow d_{v,p}$

15:   inserted_customer $\leftarrow p$

16:   inserted_position $\leftarrow$ len$(P) - 1$

17:   arrive_time $\leftarrow \max\{t_c + t_{0,\text{inserted\_customer}}, a_{\text{inserted\_customer}}\}$

18: **end if**

19: **end for**

20: **return** inserted_customer, inserted_position, arrive_time

---

利用最近邻居算法可以非常快地找到一个较好的可行解，作为初始列加入 RMP 中。

14.5.2 标签算法求解子问题

VRPTW 的子问题是一个 ESPPRC，我们利用前文介绍的标签算法求解该问题。在列生成算法的每一步迭代中，我们首先通过求解 RLMP，得到 RLMP 所有约束的对偶变量 λ_i，然后利用 λ_i 更新子问题（ESPPRC）的目标函数，即

$$\min \quad \sum_{i \in N} \sum_{j \in N} (c_{ij} - \lambda_i) \, x_{ij} \tag{14.15}$$

求解子问题得到的解，就构成新列，加入 RLMP 中，重复此过程，直到没有 Reduced Cost 为负的列产生为止。

初始列的生成也可以采用其他启发式算法，例如 Solomon 提出的 I1 和 I2 算法（Solomon and Marius，1987），Saving Heuristic（节约算法）等（Clarke and Wright，1964）。

第15章 分支定价算法

之前我们介绍了列生成算法,这是一种强大的求解大规模整数规划的算法。但是,我们也指出了列生成算法的缺陷。就是我们在生成新列的过程中,暂时将 RMP 松弛成 LP (即 RLMP),但是在最终形式的 RMP 中,我们将所有变量均设置成 0-1 变量,然后进行求解。我们提到,求解整数规划版本的 RMP 得到的整数解,是原问题最优解的一个上界,但并不一定是原问题的最优解。因此仅仅用列生成算法,并不能保证得到原问题的全局最优解。不过在下面这种情况下,是可以确定列生成算法的解同时也是全局最优解的,那就是当我们将最终形式 RMP 的整数约束去掉,将其松弛成 RLMP,如果 RLMP 的最优解同时也是整数解,则此时列生成算法得到的解就是全局最优解。

遗憾的是,最终形式的 RMP 的线性松弛 RLMP 不总是存在整数最优解。那么,我们不禁要问,如何能够保证总是得到全局最优解呢?一个比较好的解决方法就是将列生成算法与分支定界算法嵌套在一起使用。当最终 RLMP 的解是小数时,我们对取值为小数的变量进行分支,然后在 BB tree 的每个叶子节点处,在执行了分支操作的基础上,继续执行列生成算法,得到新的最终 RMP,紧接着,再次求解这个新的 RMP 对应的 RLMP。我们不断地分支、更新上界和下界,直到算法结束,最终得到的解一定是原问题的最优解。上面的思想,正是著名的分支定价算法(Branch and Price Algorithm)。本章就来详细介绍该算法。

15.1 分支定价算法基本原理概述

分支定价算法就是将列生成算法和分支定界算法嵌套在一起使用,共同配合,从而得到原问题的最优解的一种强大的算法。因此,分支定价算法可以简单理解为列生成算法 + 分支定界算法。

接下来我们简要介绍分支定价算法的原理,然后以 VRPTW 为例,详细介绍分支定价算法的完整流程。

我们知道,列生成算法的目的是找出那些具有负检验数的列(这些列相当于线性规划的单纯形法迭代过程中可以进基的基变量),并动态地将这些列添加到 RMP 中。可惜的是,该过程并不能保证没有任何漏列的情况,即,完备主问题的最优基中基变量对应的列有一部分没有被加进 RMP。这也是为什么最基本的列生成算法很多时候不能保证最优性,只能得到一个比较接近最优解的解的原因。在列生成算法一章中,我们也给了两种更为理论的解释。

第 1 种解释。假定所有列的集合为 Ω，RMP 中的列的集合为 Ω'，且主问题（MP）的解必须是整数，则 $MP(\Omega)$ 与 $RMP(\Omega')$ 的最优解相同的条件是：$MP(\Omega)$ 的最优解被包含在 $RMP(\Omega')$ 的所有整数可行解构成的凸包 $\mathbf{Conv}(\Omega')$ 中。但是如果上述条件不成立，即 Ω' 对应的列构成的模型的整数可行解构成的凸包没有囊括 $MP(\Omega)$ 的最优解，则 $RMP(\Omega')$ 的解就不是全局最优解。其直接原因就是有一些最优解中被选中的列没有被加进 RMP。

第 2 种解释。全局最优解 z^* 的下界为 $LB = z_{RLMP} + \sum_i \tilde{c}_i^*$，其中 $\tilde{c}_i^*$ 为第 i 个子问题的目标函数值；上界为整数规划 RMP 的最优解，即 $UB = z_{RMP}$。如果列生成算法结束后，对应的最终的 RLMP 的最优解不是整数解，则有 $z_{RLMP} < z_{RMP}$，而由于列生成算法已经结束，因此 $\tilde{c}_i^* \approx 0$，所以 $LB < UB$，这说明当前目标值 z_{RMP} 不一定是全局最优值。

根据第 1 种解释，要找到最优解的关键就在于，如何找到那些在列生成过程中的漏网之鱼（即被遗漏的最优基中的基变量），并加进 RMP 中。我们的做法仍旧是用列生成算法去找，但是基于当前的最终 RMP，是无法再找到新的具有负检验数的列的。不过，我们可以将目前的最终 RMP 中的"捣蛋鬼"识别出来，将其剔除，形成新的最终 RMP，然后接着用列生成算法，基于新的最终 RMP，再生成若干新列。这些"捣蛋鬼"指的就是当前 RMP 的线性松弛的最优解中取值为小数的列。这里有一点非常关键，就是这些取值为小数的列就一定不是完备主问题最优基中的基变量吗？答案是不一定。也就是取值为小数的列也有可能会出现在全局最优整数解中，只是因为我们没有完整地将最优基中的基变量生成出来，导致这部分最优基变量与非最优基变量组成的 RMP 的整数可行解的凸包没有包含 $MP(\Omega)$ 的最优解，所以这部分最优基变量取值为小数。

上述描述中，我们提到，我们可以将"捣蛋鬼"从当前 RMP 中剔除掉，然后继续用列生成算法生成若干新列。那么我们又要问，如此操作之后，新生成的最终 RMP 一定能保证得到最优整数解吗？答案依然是不能。原因也在上文中提到了，就是当前 RMP 中取值为小数的列，同样有可能是 $MP(\Omega)$ 的最优基中的基变量，我们将其删去并且禁止之后的列生成过程中不能再生成该列，一旦禁止的这一列正好是 $MP(\Omega)$ 最优基中的基变量，那么最终得到的 RMP 的整数可行解的凸包就不能包含 $MP(\Omega)$ 的最优整数解，所以，按照这种做法最终不会得到最优解。因此，为了保证最优性，我们还需要进行另外一种互补情况的讨论，即，在另一种情况下，我们规定取值为小数且被上一种情况禁止的列一定包含在该种情况下的最终 RMP 中。以上两种情况就包含了所有的可能，也就保证了没有排除任何整数可行解。当然，在上述两种情况的每种情况下，还有可能再次产生小数解，此时我们可以用相同的方法再执行一次。我们循环上述过程，直到遍历完成所有的可能，就可以得到整数最优解。上述过程实际上就是分支定界算法的思想，每次产生小数解之后，我们分两种情况讨论，就是执行分支操作。在每个节点处，我们首先基于父节点的 RMP 做分支操作，然后接着执行列生成算法的操作，生成一些额外的列。经过不断地更新上界、下界和分支，我们最终可以得到原问题的最优解。这就是分支定价算法的原理。

这里需要特别说明的是，上面的描述中提到的对列进行分支的方法，一般会导致 BB

tree 极不平衡，降低求解效率，因此实际科研中，我们一般采取更巧妙的办法进行分支。

为了方便介绍，我们还是以 VRPTW 为例来详细介绍分支定价算法。注意，本章模型忽略了车辆数限制，在实际问题中，读者可将其加入到模型中。

15.2　分支定价算法求解 VRPTW

15.2.1　VRPTW 的通用列生成建模方法

本节中，我们采取基于路径的建模方式对 VRPTW 进行建模。模型中的每一列都对应一条可行路径。我们用 $C = \{1, 2, \cdots, n\}$ 表示所有顾客的集合。假设所有的车都是同质的，即容量等参数均相同。用 R 表示所有的可行路径的集合，也就是说 R 中的所有路径都是满足时间窗约束和车辆的载重约束的。这里需要特别说明，R 中的元素可能非常多。如果每个节点的时间窗都非常大，那么 R 中的元素个数会随着顾客数量的增大呈现阶乘级别的增大。对于可行路径集合中的任意一条可行路径 $r \in R$，我们引入下面的 0-1 变量：

$$y_r = \begin{cases} 1, & \text{如果路径 } r \text{ 在最优解中被选中} \\ 0, & \text{其他} \end{cases} \tag{15.1}$$

其中，$r = (0, i_1, i_2, \cdots, 0)$ 是一条完整的从 depot（点 0）出发，最终回到 depot 的闭合路径。并且，路径 $r \in R$ 的成本（长度）为 c_r。那么 VRPTW 的基于路径的模型则可以写成下面的集分割问题（Set Partitioning Problem）：

$$\min \quad \sum_{r \in R} c_r y_r \tag{15.2}$$

$$\text{s.t.} \quad \sum_{r \in R} \theta_{ir} y_r = 1, \quad \forall i \in C \tag{15.3}$$

$$y_r \in \{0, 1\}, \quad \forall r \in R \tag{15.4}$$

其中，θ_{ir} 是一个参数，该参数可以根据每一条路径 $r \in R$ 的具体信息获得。即，如果顾客 $i \in C$ 在路径 r 中被访问到了，那么 $\theta_{ir} = 1$，否则 $\theta_{ir} = 0$。

上述建模方法非常简洁，但是当所有可行路径集合 R 中的元素数量非常庞大的时候，我们很难直接穷举出完整的 R。一个可行的做法是，先列出一些初始的可行路径，然后再使用列生成算法的思想，用循环的方式，动态地寻找新的可行路径，并将其添加到 RMP 和 R 中。

根据上述思路，可以将 VRPTW 分解成为一个主问题和一个子问题（定价问题）。主问题的模型是基于当前已经列出的可行路径集合 R' 构造出来的，且 $R' \subset R$。我们在之前的章节提到过，由于该主问题仅包含了一部分可行路径，因此又称作限制性主问题（Restricted Master Problem，RMP）。RMP 的模型可以写成

$$\min \quad \sum_{r \in R'} c_r y_r \tag{15.5}$$

$$\text{s.t.} \quad \sum_{r \in R'} \theta_{ir} y_r = 1, \quad \forall i \in C \tag{15.6}$$

$$y_r \in \{0, 1\}, \quad \forall r \in R' \tag{15.7}$$

为了给子问题提供对偶变量的取值信息，需要将 RMP 松弛成线性规划，也就是将约束 (15.7) 松弛成下面的形式：

$$0 \leqslant y_r \leqslant 1, \quad \forall r \in R' \tag{15.8}$$

事实上，该约束还可以进一步松弛为

$$y_r \geqslant 0, \quad \forall r \in R' \tag{15.9}$$

从 (15.8) 到 (15.9) 的松弛是等价的转化，具体解释见文献（Feillet，2010）。为方便读者理解，本文中依然采用 (15.8) 的形式。根据上文的介绍，RMP 的线性松弛可以写成

$$\min \quad \sum_{r \in R'} c_r y_r \tag{15.10}$$

$$\text{s.t.} \quad \sum_{r \in R'} \theta_{ir} y_r = 1, \quad \forall i \in C \tag{15.11}$$

$$0 \leqslant y_r \leqslant 1, \quad \forall r \in R' \tag{15.12}$$

求解 (15.10)，我们可以得到约束 (15.11) 对应的 $|C|$ 个对偶变量 $\pi_i, \forall i \in C$。

VRPTW 的子问题就是寻找一条检验数为最小且为负的列，即子问题的目标函数为

$$\min_{r \in R} \quad c_r - \sum_{i \in C} \pi_i \theta_{ir} \tag{15.13}$$

注意，这里是在所有可行路径 R 中去寻找检验数最小的路径。

所有可行路径的集合 R 其实是由一系列约束的可行域描述的，更具体地说，就是由子问题的模型描述的。该子问题就是一个带资源约束的基本最短路问题（Elementary Shortest Path Problem with Resource Constraints，ESPPRC）。根据之前列生成算法章节中的描述，可以将上面的子问题（ESPPRC）的模型写成

$$\min \quad \sum_{i \in N} \sum_{j \in N} (c_{ij} - \pi_i) x_{ij} \tag{15.14}$$

$$\text{s.t.} \quad \sum_{i \in C} d_i \sum_{j \in N} x_{ij} \leqslant q \tag{15.15}$$

$$\sum_{j \in N} x_{0j} = 1 \tag{15.16}$$

$$\sum_{i \in N} x_{ih} - \sum_{j \in N} x_{hj} = 0, \quad \forall h \in C \tag{15.17}$$

$$\sum_{i \in N} x_{i,n+1} = 1 \tag{15.18}$$

$$s_i + t_{ij} - M\left(1 - x_{ij}\right) \leqslant s_j, \qquad \forall i, j \in N, i \neq j \tag{15.19}$$

$$a_i \leqslant s_i \leqslant b_i, \qquad \forall i \in N \tag{15.20}$$

$$x_{ij} \in \{0,1\}, \qquad \forall i, j \in N, i \neq j \tag{15.21}$$

15.2.2　分支定价算法完整流程及伪代码

前面章节简单回顾了 VRPTW 的列生成细节。下面详细介绍分支定价算法的具体流程和相应的伪代码。

显然，当 RLMP 的解中所有 x_r 取值均为整数时，该解才是原问题的可行解。根据前文中的描述，我们用分支定价算法来求解该问题。分支定价算法的主要思路如下：

（1）首先为 RMP 生成一些初始的列。并构建初始 RMP(15.5)；

（2）求解 RMP 的松弛问题 (15.10)，得到对偶变量；

（3）根据对偶变量更新子问题目标函数，求解子问题，得到一些检验数为负的路径，将其加入 RMP 中；

（4）循环步骤（2）和（3），直到没有新的检验数为负的路径生成为止；

（5）求解最终的 RMP 的线性松弛 (15.10)，如果得到了整数解，则算法结束，返回最优解；如果解不是整数解，则进行分支，创建子节点以及对应的子节点的模型，更新上界和下界，并在每个节点循环步骤（2）和（3）。直到 BB tree 中的叶子节点集合为空，或者上界和下界相等，算法终止。

注意： 在创建分支子节点时，首先需要执行分支约束对应的操作（比如说将分支的列从 RMP 中删除），并在该节点的子问题中加入相应的分支约束。然后，可以保留该子节点的 RMP 中剩余的列，在此基础上，继续执行列生成算法，生成新的列，并加入该子节点的 RMP 中。

图 15.1 是分支定价算法的程序框图。

注意： 上面框图中，在分支中做的事情比较多。主要分为下面的几部分。

（1）根据分支策略，创建子节点。

（2）在每个子节点中，添加对应的分支约束。以分左支为例（分支变量不能再出现）。我们首先需要将分支变量涉及的列从 RMP 中删除，更新 RMP，并将更新后的 RMP 作为该节点的 RMP（有时候，由于问题本身的特性，还需要在 RMP 中添加其他相应的约束）。然后，还需要在子问题中也添加由于分支产生的相关约束，并将更新后的子问题作为该节点的子问题。

（3）执行完上述操作后，还需要将加入了分支约束且删除了分支列的 RMP 和加入了分支约束的 Subproblem 的两个新的节点，加入 BB tree 的队列中。

由于假设所有车辆都是同质的，因此所有车辆的子问题都是相同的，所以可以认为只有一个子问题。下面给出分支定价算法的伪代码。

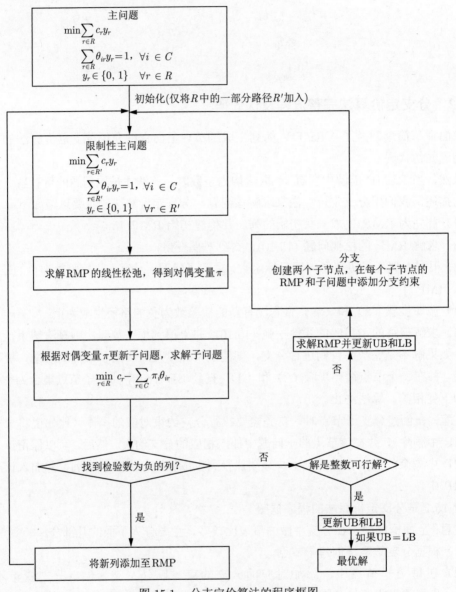

图 15.1 分支定价算法的程序框图

下面，我们给出分支定价算法的伪代码。

Algorithm 17 分支定价算法
___

1: 初始化: 生成初始列 A (例如用启发式), 构建 RMP_0

2: 设置 $\epsilon \leftarrow$ 一个小的负容差 (如, -0.001)

3: 设置 BB tree 的节点集合 $Q \leftarrow \varnothing$

4: $UB \leftarrow \infty$

5: $LB \leftarrow -\infty$(or 0)

6: 当前最优解 incumbent ← Null

7: 对偶变量 π ← 求解 RMP_0 的线性松弛, 即, $RLMP_0$

8: 求解 Subproblem(s) SP_0 (已包含对偶变量 π)

9: 创建 BB tree 的根节点 $N_0 \leftarrow \{RMP_0, SP_0\}$

10: 将根节点加入 BB tree 的节点集合中 $Q \leftarrow Q \cup \{N_0\}$

11: **while** Q 非空或 $UB - LB > |\epsilon|$ **do**

12:     $P \leftarrow Q.\text{pop}()$ /* 深度优先 */

13:     RMP ← P.RMP

14:     SP ← P.SP

15:     σ ← 求解 SP 并得到目标值

16:     **while** $\sigma < \epsilon$ **do**   /* 列生成算法开始 */

17:         得到新列 (可多列) 并加入 RMP 中

18:         对偶变量 π ← 求解 RMP

19:         用对偶变量 π 更新 SP

20:         σ ← 求解 $SP(\pi)$ 并得到目标值

21:     **end while**   /* 列生成算法结束 */

22:     y^* ← 求解最终 RMP 的线性松弛 (RLMP) 并得到解

23:     **if** y^* 是整数可行解 **then**

24:         **if** $UB > y^*$ 对应的目标函数 **then**

25:             $UB \leftarrow y^*$ 对应的目标函数

26:             incumbent ← y^*

27:         **end if**

28:         点 P 被剪枝 (根据最优性剪枝)

29:     **else if** y^* 为空 **then**

30:         点 P 被剪枝 (根据非可行性剪枝)

31:     **else if** y^* 是小数解 **then**

32:         **if** $UB < y^*$ 对应的目标函数 **then**

33:             点 P 被剪枝 (根据界限剪枝)

34:     **else**

35:         (**** Branch Scheme ****)

36:         根据分支策略创建子节点, 其集合为 N

37:         **for** 每个子节点 $i \in N$ **do**

38:             更新 RMP_i (加入分支约束)

39:             更新 SP_i (加入分支约束导致的相关约束)

40:             $N_i \leftarrow \{RMP_i, SP_i\}$

41:         **end for**

42:　　　　end if

43:　　　　$Q \leftarrow Q \cup N$

44:　　　　$LB_{\text{temp}} \leftarrow$ 所有叶子节点的最小局部下界 $\min\limits_{i \in Q}\left\{\left(z_{\text{RLMP}}^* + \sum\limits_{k=1}^{K} \tilde{\sigma}_k^*\right)_i\right\}$

45:　　　　if $LB_{\text{temp}} > LB$ then

46:　　　　　　更新 $LB \leftarrow LB_{\text{temp}}$

47:　　　　end if

48:　　end if

49: end while

50: return incumbent

上述伪代码中，incumbent就是当前最优解。我们通过优先队列来存储 BB tree 的节点，并且每次pop()都弹出优先队列队首元素，并将其从队列中删除。

15.2.3　分支策略

前面的章节中我们详细描述了分支定价算法的具体流程。但是在分支策略的部分并没有进行详细的阐述。本节具体介绍几种典型的分支策略。分支定价算法中的分支操作和一般的分支定界算法中的分支策略还是有一些不同的。在分支定价算法中，主问题的变量和子问题是有一定关联的。我们求解 RLMP，得到了小数解，如果针对 RLMP 中的变量进行分支，要想在子节点中被禁止的列不再出现，那就需要在子问题中也加入相应的分支约束。因此，分支定价算法中的分支，是牵一发而动全身的。

在 VRPTW 中 BB tree 的一个节点处，用列生成算法生成了所有检验数为负的列，然后求解最终的 RMP 的线性松弛，得到了最优解 y^*。如果 y^* 是整数，则不用分支；如果 y^* 是小数，我们就需要针对 y^* 进行分支。我们令

$$r_0 = \{i_0 = \text{depot} \rightarrow i_1 \rightarrow i_2 \rightarrow \cdots \rightarrow i_{p+1} = \text{depot}\}$$

是当前 RMP 的所有决策变量取值中分数部分最不可行的决策变量对应的路径（也可以是取值最接近 0.5 的路径）。假定 y_{r_0} 的取值为 $\bar{y}_{r_0}$，我们就取变量 y_{r_0} 为分支变量。下面我们来介绍 2 种分支策略。

1. 基于路径的分支

前文中已经介绍了一种很直观的分支方法，即在左分支中禁止路径 r_0 被生成，右分支中一定要生成 r_0。对于左分支，只需要加入一个约束即可，即

$$\sum_{e \in r_0} x_e \leqslant |S_{r_0}| - 1$$

其中，$|S_{r_0}|$ 为路径 r_0 中包含的顾客点的个数，并且要将 r_0 对应的列以及 y_{r_0} 从左分支的 RMP 中删去。

对于右分支，为了保证 r_0 一定被生成，我们可以将 r_0 保留在右分支的 RMP 中，并且在右分支的子问题中，删去 S_{r_0} 中的所有顾客点。

在前文提到，这种分支方法非常不好，会导致左右子树非常不平衡。这点不难理解，我们在左分支中仅加入了一条约束，但是在右分支中却删去了若干顾客点，这导致左分支的模型仅仅发生了微小的变化，而右分支的问题规模明显减小，求解难度明显减小，从而导致左右子树极不平衡。正是由于这个原因，基于路径的分支一般不被采用。

2. 基于弧段的分支

基于弧段的分支是实际中常用的一种分支策略，该分支策略下，左右子树相对较为平衡。接下来我们来详细地介绍该分支策略（Desaulniers et al., 2006）。

由于 $0 < \bar{y}_{r_0} < 1$，且 RMP 的约束右端项全部为 1，因此在 RMP 的其他所有列中，一定至少存在一列，该列对应的路径中至少包含了路径 r_0 中一个客户点。即，RMP 中一定有至少一条其他路径至少包含了客户集合 $S(r_0) = \{i_1, i_2, \cdots, i_p\}$ 中的一个客户点。

接下来以一个简单的例子来介绍分支定价算法求解 VRPTW 时，是如何分支的。假设我们从 RMP 中抽取出 4 列，且这 4 列对应的路径为

$$\text{route}_1 = \{0 - 3 - 2 - 5 - 6 - 0\}$$
$$\text{route}_2 = \{0 - 1 - 2 - 4 - 6 - 0\}$$
$$\text{route}_3 = \{0 - 1 - 3 - 5 - 4 - 0\}$$
$$\text{route}_4 = \{0 - 1 - 6 - 5 - 3 - 0\}$$

它们对应的决策变量 y^* 的取值为

$$(\boldsymbol{y}^*)^{\mathrm{T}} = [0,\ 0.6,\ 0.4,\ 0]$$

依照上面的描述，选择的分支变量即为 $y_2 = 0.6$。相应地，y_2 对应的路径为

$$\text{route}_2 = \{0 - 1 - 2 - 4 - 6 - 0\}$$

下面写出 RMP 中跟这 4 列相关的部分，即

$$\begin{array}{rllllll}
\min & c_1 y_1 + & c_2 y_2 + & c_3 y_3 + & c_4 y_4 & \cdots \\
\text{s.t.} & & y_2 + & y_3 + & y_4 & \cdots = 1 \\
& y_1 + & y_2 + & & & \cdots = 1 \\
& y_1 + & & y_3 + & y_4 & \cdots = 1 \\
& & y_2 + & y_3 & & \cdots = 1 \\
& y_1 + & & y_3 + & y_4 & \cdots = 1 \\
& y_1 + & y_2 + & & y_4 & \cdots = 1 \\
0 \leqslant & y_1, & y_2, & y_3, & y_4, & \cdots \leqslant 1
\end{array} \tag{15.22}$$

容易观察到，route_2 中访问的所有点的集合为 $\{1,2,4,6\}$，其中客户点 2 除了在 route_2 中，在 route_1 中也被访问到了。

由于 $0 < y_2 = 0.6 < 1$，因此对于除了路径 r_0 以外的路径，一定存在一条路径 r，满足 $y_r > 0$，并且至少与路径 r_0 经过了一个相同的点。因此，一定存在 $q \in \{1,2,\cdots,p\}$，满足路径 r 包含客户 i_q 但是不包含弧 (i_q, i_{q+1}) 或者弧 (i_{q-1}, i_q)。换句话说，就是路径 r_0 与路径 r 不完全相同。

我们已经选出了分支路径 y_{r_0}，具体来讲就是 y_2。接下来穷举 RMP 中所有已经生成的列，选择第一条满足下面条件的路径 r 作为要生成分支弧段的路径：

（1）$\bar{y}_r > 0$；

（2）与路径 r_0 至少有一个重合的顾客点。

然后选择 (i_q, i_{q+1}) 作为分支弧段，其中，$q \in \{1,2,\cdots,p\}$ 是满足 $(i_q, i_{q+1}) \notin r$ 的最小的下标（或者如果有 $(i_q, i_{q+1}) \in r, \forall q \in \{1,2,\cdots,p\}$，可以选择弧 $(i_0 = \text{depot}, i_1)$）。

我们用上面的例子来解释这个过程。我们选取 $r_0 = \text{route}_2 = \{0-1-2-4-6-0\}$ 作为分支路径，另外的 3 条路径中 route_1 也包含 $\{2\}$ 这个客户点。我们发现 route_1 和 route_2 有不重合的点，正好满足上面的所有条件，因此选择 route_1 作为 r。

接下来，子节点将会按照以下规则产生：在第 1 个分支中，弧 (i_q, i_{q+1}) 被禁止访问。在第 2 个分支中，如果在一个解对应的路径中同时访问了点 i_q 和 i_{q+1}，则这两个点只有在被弧 (i_q, i_{q+1}) 连接的情况下，这条路径才能被产生，否则这条路径不能被产生。换句话说，在第 2 个分支中，我们将禁止下列弧被最优解选中：

（1）$(i_q, t), \text{where } t \neq i_{q+1}$；

（2）$(s, i_{q+1}), \text{where } s \neq i_q$。

或者可以理解为，在该分支的子问题中，我们将上述弧直接删除。

继续上面的例子：

$$r_0 = \text{route}_2 = \{0-1-2-4-6-0\}$$

选择第一个与其至少共享一个节点并且至少有一个点不同的路径，因此选择

$$r = \text{route}_1 = \{0-3-2-5-6-0\}$$

路径 r 和路径 r_0 共享客户点 2，路径 r 包含点 2 但是不包含弧段 $(1,2)$ 和 $(2,4)$，我们可以选择弧段 $(1,2)$ 当作分支弧段（当然也可以选择 $(2,4)$）。

在第 1 个分支中，弧 $(1,2)$ 是被禁止的。因此我们需要对 RMP 和子问题都做相应的操作。首先在第 1 个分支的 RMP_1 中，将列 y_2 及对应的列删去。并且在对应的子问题 Subproblem_1 中，将弧 $(1,2)$ 禁止，也就是在 ESPPRC 问题中添加分支约束如下：

$$x_{12} = 0$$

这样操作以后，在第 1 个分支子节点中，基于 RMP_1 调用列生成生算法，生成新的列，就不会再出现 $\text{route}_2 = \{0-1-2-4-6-0\}$ 这一列了。

在第 2 个分支中，必须要保证顾客点 1 和顾客点 2 只有被连续访问（也就是弧 $(1,2)$ 被选中时）时，顾客点 1 和顾客点 2 才能被同时加入子问题的最优解对应的路径当中，否则顾客点 1 和顾客点 2 就不能被同时访问到。例如，如果访问顺序是 $1 \to 5 \to 2$，顾客点 1 和顾客点 2 在同一路径中被访问了，但是顾客点 1 的后序节点不是顾客点 2，那么这条路径就不能被 Subproblem$_2$ 生成，并被添加到 RMP$_2$ 中。此外，我们需要将第 2 个分支的 RMP 中用到弧 $(1,2)$ 的其他列全部删除。由于上述例子中不存在这样的列，该步操作可略过。继续后面的分支操作，在 Subproblem$_2$ 中，我们必须禁止满足以下两种情况的弧段被选中：

（1）进入顾客点 2，但是不是从顾客点 1 进入的；

（2）从顾客点 1 出去，但是不是从顾客点 1 到顾客点 2 的。

因此，在这个分支子节点处的 RMP$_2$ 中，我们要保留列 route$_2 = \{0 - 1 - 2 - 4 - 6 - 0\}$，也就是保留决策变量 y_2。并且在分支节点对应的子问题 Subproblem$_2$ 中，我们需要添加一系列的分支约束，即

$$x_{i2} = 0, \qquad \forall (i,2) \in E, i \neq 1$$
$$x_{1j} = 0, \qquad \forall (1,j) \in E, j \neq 2$$

这样就能保证在第 2 个分支节点中，只要顾客点 1 或者 2 被添加到了一个新列中，那么在这个新列中，顾客点 1 和 2 一定是被连续访问的，并且是先访问顾客点 1，再访问顾客点 2。当然，上述操作也可以通过直接从底层网络中删除相关弧实现。

这个分支策略是非常实用的，因为该策略很好地利用了主问题和子问题之间的联系。通过上述介绍可以看到，在分支定价算法中，分支的步骤是同时涉及主问题和子问题的，在分支的时候，需要根据相应的分支规则，同时对节点处的 RMP 和子问题都做处理。

上面这种基于弧段的分支略微有些烦琐，接下来我们介绍另一种更易理解的基于弧段的分支策略（Feillet，2010）。与前文介绍的分支策略不同，我们令左分支中的弧 (i_q, i_{q+1}) 被禁止访问，右分支中的弧 (i_q, i_{q+1}) 被强制访问。为了方便描述，我们首先引入下面的参数：

（1）a_{ij}^r：如果路径 r 中包含弧 (i,j)，则 $a_{ij}^r = 1$，否则 $a_{ij}^r = 0$；

（2）$\bar{f}_{ij}$：$\bar{f}_{ij} = \sum_{r \in R'} a_{ij}^r \bar{y}_r$，表示弧 (i,j) 在当前节点的 RMP 线性松弛问题的最优解中被选中的次数，或者弧 (i,j) 上的流量（有可能是小数），显然 $0 \leqslant f_{ij} \leqslant 1, \forall (i,j) \in E$。

选取分支弧段的方法也略有不同。这里我们选取 $\bar{f}_{ij}$ 最接近 0.5 的弧段作为分支弧段，并令该弧段为 (i_q, i_{q+1})。基于此，令左子节点中 $\bar{f}_{i_q, i_{q+1}} = 0$，即在左子节点的 RMP 中加入分支约束

$$\sum_{r \in R'} a_{i_q, i_{q+1}}^r y_r = 0$$

相应地，令右子节点中 $\bar{f}_{i_q, i_{q+1}} = 1$，即在右子节点的 RMP 中加入分支约束

$$\sum_{r \in R'} a_{i_q, i_{q+1}}^r y_r = 1$$

这种分支约束更易于理解和实现，也更简洁，仅在左右分支节点中各添加了一条约束，并且子问题不用做任何改动。相比第一种基于弧段的分支策略而言，第二种分支策略中左右子树更加平衡。因此，在实际中更建议使用第二种基于弧段的分支策略。

实际上，在第二种基于弧段的分支策略下，子问题也可以做相应的改动，以加快求解。即，在左子节点的子问题中，删去弧 (i_q, i_{q+1})。在右子节点的子问题中，删去弧 (i_q, t), where $t \neq i_{q+1}$ 和 (s, i_{q+1}), where $s \neq i_q$。

15.2.4 界限更新

在分支定界的过程中，采用最基本的界限 (Bounds) 更新，具体来讲，在每步的迭代中，令

$$\text{UB} = z^*_{\text{RMP}} \tag{15.23}$$

$$\text{LB} = z^*_{\text{RLMP}} + \sum_{k=1}^{K} \tilde{\sigma}^*_k \tag{15.24}$$

其中，z^*_{RMP} 为 RMP 的整数可行解对应的目标值，z^*_{RLMP} 为 RMP 的线性松弛问题 RLMP 的最优解对应的目标值，$\tilde{\sigma}^*_k$ 为子问题 k 的最优目标值，即子问题 k 的检验数。

因为篇幅所限，不在此处给出分支定价算法求解 VRPTW 的完整代码。在附配的资源中提供了相关开源代码的链接，请感兴趣的读者自行查阅。

第16章 Dantzig-Wolfe分解算法

Dantzig-Wolfe 分解算法（Dantzig-Wolfe Decomposition Algorithm）由 George B. Dantzig 和 Philip Wolfe 于 1960 年首次提出，并用于求解大规模线性规划（Dantzig and Wolfe, 1960）。Dantzig-Wolfe 分解算法是一种通过将大规模问题分解成若干较小规模的问题，从而提升求解效率的方法。通常，该算法都是与列生成算法结合使用的。

16.1 引　例

在有些线性规划中，约束和变量可以按照如下方式进行分解：

集合 1 中的约束只涉及在变量集合 1 中的变量；

集合 2 中的约束只涉及在变量集合 2 中的变量；

……

集合 k 中的约束只涉及在变量集合 k 中的变量；

集合 $k+1$ 中的约束条件可以涉及任何变量。集合 $k+1$ 中的约束条件称为中心约束条件。

下面举个例子进一步理解这一点，该例子参考文献（Winston, 2004; Winston, 2006）。

某公司在 2 家工厂（工厂 1 和工厂 2）生产 2 种钢材（钢材 1 和钢材 2）。生产钢材需要铁、煤和鼓风炉。每家工厂都有自己的煤矿，工厂 1 每天可以使用 12 吨煤，工厂 2 每天可以使用 15 吨煤。每家工厂都有自己的鼓风炉，由于类型不同所以生产 1 吨钢材需要的相关资源也不同，如表 16.1 所示。工厂 1 每天可以使用 10 小时的鼓风炉，工厂 2 每天可以使用 4 小时的鼓风炉。铁矿厂位于 2 家工厂的中间，每天一共可以提供 80 吨铁。

表 16.1　公司生产资源需求表

产品/吨	需要的铁/吨	需要的煤/吨	需要的鼓风炉工时/时
工厂 1 生产的钢材 1	8	3	2
工厂 1 生产的钢材 2	6	1	1
工厂 2 生产的钢材 1	7	3	1
工厂 2 生产的钢材 2	5	2	1

设该公司生产的所有钢材都运送给同一个客户，每吨钢材 1 的售价是 170 美元，每吨钢材 2 的售价是 160 美元。从工厂 1 运输 1 吨钢材需要 80 美元，从工厂 2 运输 1 吨钢

材需要 100 美元。假设运输成本是唯一可变的成本，建立使该公司利润最大的线性规划模型并求解。

首先定义如下变量：

x_1= 工厂 1 每天生产的钢材 1 的吨数；

x_2= 工厂 1 每天生产的钢材 2 的吨数；

x_3= 工厂 2 每天生产的钢材 1 的吨数；

x_4= 工厂 2 每天生产的钢材 2 的吨数。

公司的总收入是 $170(x_1+x_3)+160(x_2+x_4)$，运输成本是 $80(x_1+x_2)+100(x_3+x_4)$。因此，目标函数利润 z 是：

$$z = 170(x_1+x_3)+160(x_2+x_4)-[80(x_1+x_2)+100(x_3+x_4)]$$
$$= 90x_1+80x_2+70x_3+60x_4$$

公司面临如下 5 个约束条件：

约束 1：工厂 1 每天使用的煤不能超过 12 吨；

约束 2：工厂 1 每天使用的鼓风炉时间不能超过 10 小时；

约束 3：工厂 2 每天使用的煤不能超过 15 吨；

约束 4：工厂 2 每天使用的鼓风炉时间不能超过 4 小时；

约束 5：工厂 1 和工厂 2 每天使用的铁矿石不能超过 80 吨。

上述 5 个约束条件对应如下 5 条约束：

$$3x_1+x_2 \leqslant 12$$
$$2x_1+x_2 \leqslant 10$$
$$3x_3+2x_4 \leqslant 15$$
$$x_3+x_4 \leqslant 4$$
$$8x_1+6x_2+7x_3+5x_4 \leqslant 80$$

再加上变量取值范围约束 $x_i \geqslant 0$，我们得到该问题的线性规划模型如下：

$$\max \quad z = 90x_1+80x_2+70x_3+60x_4 \tag{16.1}$$
$$\text{s.t.} \quad 3x_1+x_2 \leqslant 12$$
$$2x_1+x_2 \leqslant 10$$
$$3x_3+2x_4 \leqslant 15$$
$$x_3+x_4 \leqslant 4$$
$$8x_1+6x_2+7x_3+5x_4 \leqslant 80$$
$$x_1,\quad x_2,\quad x_3,\quad x_4 \geqslant 0$$

上述模型约束结构可以用图 16.1 表示。

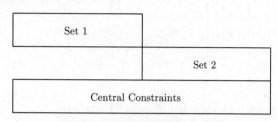

图 16.1 模型约束结构示意图

约束条件集合 1 和变量集合 1 涉及工厂 1 的活动，而不涉及 x_3 和 x_4。约束条件集合 2 和变量集合 2 涉及工厂 2 的活动，而不涉及 x_1 和 x_2。约束条件集合 3 可以看作一个中心约束条件，它和两个变量集合都有耦合。

对于上述问题模型结构，Dantzig 和 Wolfe 开发了 Dantzig-Wolfe 分解算法。利用 Dantzig-Wolfe 分解算法通常可以求解按照这种方式分解的 LP。

分解算法依赖于如下定理的结论。

假设一个 LP 的可行域是有界的，并且这个 LP 可行域的极点（或基本可行解）是 $P_1, P_2, \cdots, P_k$。那么这个 LP 可行域中的任意一个点 x 都可以被表示为 $P_1, P_2, \cdots, P_k$ 的线性组合。也就是说，存在一组权重 $\mu_1, \mu_2, \cdots, \mu_k$ 满足：

$$x = \mu_1 P_1 + \mu_2 P_2 + \cdots + \mu_k P_k \tag{16.2}$$

同时，这组权重必须满足下面的条件：

$$\mu_1 + \mu_2 + \cdots + \mu_k = 1, \quad \forall i = 1, 2, \cdots, k \tag{16.3}$$

$$\mu_i \geqslant 0 \tag{16.4}$$

满足 (16.3) 的权重向量的任意组合称为凸组合。因此该定理表明，如果一个 LP 的可行域是有界的，那么其中的点就可以被表示为该 LP 可行域中极点的凸组合。

为了解释 Dantzig-Wolfe 分解算法的基本思想，假设变量集合被分解成集合 1 和集合 2。Dantzig-Wolfe 分解算法的步骤如下。

1. 第 1 步

设变量集合 1 中的变量是 $x_1, x_2, \cdots, x_{n_1}$。我们把变量表示成约束条件集合 1（只涉及变量集合 1 中变量的约束条件）的可行域中极点的凸组合。如果设 $P_1, P_2, \cdots, P_k$ 是这个可行域的极点，那么可以把约束条件集合 1 中的可行域中的点

$$\begin{bmatrix} x_1 \\ x_2 \\ .. \\ x_{n_1} \end{bmatrix} \tag{16.5}$$

记作如下形式:

$$\begin{bmatrix} x_1 \\ x_2 \\ .. \\ x_{n_1} \end{bmatrix} = \mu_1 P_1 + \mu_2 P_2 + \cdots + \mu_k P_k \tag{16.6}$$

其中,$\mu_1 + \mu_2 + \cdots + \mu_k = 1$ 且 $\mu_i \geqslant 0, i = 1, 2, \cdots, k$。

2. 第 2 步

把变量集合 2 中的变量 $x_{n_1+1}, x_{n_2+1}, \cdots, x_n$ 表示成约束条件集合 2 的可行域中极点的凸组合。如果设这个可行域中的极点为 $Q_1, Q_2, \cdots, Q_m$,那么可以把约束条件集合 2 的可行域中的点记作

$$\begin{bmatrix} x_{n_1+1} \\ x_{n_2+2} \\ \vdots \\ x_n \end{bmatrix} = \lambda_1 Q_1 + \lambda_2 Q_2 + \cdots + \lambda_m Q_m \tag{16.7}$$

其中,$\lambda_1 + \lambda_2 + \cdots + \lambda_m = 1$ 且 $\lambda_i \geqslant 0(i = 1, 2, \cdots, m)$。

3. 第 3 步

利用 (16.6) 和 (16.7) 把 LP 的目标函数和约束条件表示为关于 μ_i 和 λ_i 的方程。在增加了约束条件(称作凸性约束条件)$\mu_1 + \mu_2 + \cdots + \mu_k = 1$ 和 $\lambda_1 + \lambda_2 + \cdots + \lambda_m = 1$ 以及符号约束条件 $\mu_i \geqslant 0(i = 1, 2, \cdots, k)$ 和 $\lambda_i \geqslant 0, i = 1, 2, \cdots, m$ 后,我们可以得到如下通常称作限制主问题的 LP(RMP):

$$\begin{aligned} \max(\text{or min}) \quad & [\text{关于 } \mu_i \text{ 和 } \lambda_i \text{ 的目标函数}] \\ \text{s.t.} \quad & [\text{关于 } \mu_i \text{ 和 } \lambda_i \text{ 的中心约束条件}] \\ & \mu_1 + \mu_2 + \cdots + \mu_k = 1 \\ & \lambda_1 + \lambda_2 + \cdots + \lambda_m = 1 \\ & \mu_i \geqslant 0, \quad & \forall i = 1, 2, \cdots, k \\ & \lambda_i \geqslant 0, \quad & \forall i = 1, 2, \cdots, m \end{aligned}$$

在大规模线性规划问题中,限制主问题(RMP)可能有很多个变量(对应于每组约束条件中的很多个基本可行解)。一般情况下,我们只需要产生特定的 μ_i 或 λ_i 对应的列,而不需要写出完整的限制主问题。

4. 第 4 步

假设限制主问题(RMP)基本可行解可以通过启发式算法或者求解器比较容易得到。接下来使用前文介绍的列生成方法就可以求解限制主问题 (RMP)。

5. 第 5 步

将第 4 步中求出的 μ_i 或 λ_i 的值代入 (16.6) 和 (16.7)。我们就可以得到 $x_1, x_2, \cdots, x_n$ 的最优值。

我们给出 Dantzig-Wolfe 分解算法的伪代码如下。

Algorithm 18 Dantzig-Wolfe 分解算法

1: 初始化: 设置 $x_i \leftarrow$ 极点的凸组合
2: **while** RMP 的解不是最优 **do**
3:    用列生成算法求解 RMP
4: **end while**
5: **return** x_i

16.2 块角模型与 Dantzig-Wolfe 分解

上面我们用了一个比较简单的例子引入了 DW 分解算法的具体步骤。本节我们以一个更通用的角度来解释 DW 分解（参考文献（kalvelagen, 2003））。

16.2.1 块角模型

我们考虑下面的线性规划问题:

$$\begin{aligned} \min \quad & \boldsymbol{c}^{\mathrm{T}}\boldsymbol{x} \\ \text{s.t.} \quad & \boldsymbol{A}\boldsymbol{x} \leqslant \boldsymbol{b} \\ & \boldsymbol{x} \in \mathbb{R}^n \end{aligned}$$

其中，约束矩阵 $\boldsymbol{A}$ 具有如下特定结构:

$$\boldsymbol{A}\boldsymbol{x} = \begin{pmatrix} \boldsymbol{B}_0 & \boldsymbol{B}_1 & \boldsymbol{B}_2 & \cdots & \boldsymbol{B}_K \\ & \boldsymbol{A}_1 & & & \\ & & \boldsymbol{A}_2 & & \\ & & & \ddots & \\ & & & & \boldsymbol{A}_K \end{pmatrix} \begin{pmatrix} \boldsymbol{x}_0 \\ \boldsymbol{x}_1 \\ \boldsymbol{x}_2 \\ \vdots \\ \boldsymbol{x}_K \end{pmatrix} = \begin{pmatrix} \boldsymbol{b}_0 \\ \boldsymbol{b}_1 \\ \boldsymbol{b}_2 \\ \vdots \\ \boldsymbol{b}_K \end{pmatrix}$$

约束

$$\sum_{k=0}^{K} \boldsymbol{B}_k \boldsymbol{x}_k = \boldsymbol{b}_0$$

对应着上述约束矩阵的第 1 行，称作中心约束。

Dantzig-Wolfe 分解算法的思想就是将上述模型进行分解，而不是考虑所有约束一起求解。将问题分解为主问题和若干子问题进行求解，主问题考虑中心约束条件，子问题进行分开求解，从而只有一系列更小规模的问题需要我们求解。

16.2.2　Minkowski 表示定理

考虑线性规划问题的可行域：

$$P = \{x | Ax = b, x \geqslant 0\}$$

如果 P 是有界的，那么可以将点 $x \in P$ 表示成 P 的极点 $x^{(j)}$ 的线性组合形式，如下：

$$x = \sum_j \lambda_j x^{(j)}$$

$$\sum_j \lambda_j = 1$$

$$\lambda_j \geqslant 0$$

如果可行域不是有界的情况，那需要引入极射线，如下：

$$x = \sum_j \lambda_j x^{(j)} + \sum_i \mu_i r^{(i)}$$

$$\sum_j \lambda_j = 1$$

$$\lambda_j \geqslant 0$$

$$\mu_i \geqslant 0$$

其中，$r^{(i)}$ 是 P 的极射线。上述表述被称作 Minkowski 表示定理。约束 $\sum_j \lambda_j = 1$ 即上文提到的凸约束。

也可以把上述表述写作如下统一的形式：

$$x = \sum_j \lambda_j x^j$$

$$\sum_j \delta_j \lambda_j = 1$$

$$\lambda_j \geqslant 0$$

$$\mu_i \geqslant 0 \tag{16.8}$$

其中

$$\delta_j = \begin{cases} 1, & x^j \text{ 是一个极点} \\ 0, & x^j \text{ 是一条极射线} \end{cases}$$

通过上述形式就可以把原问题关于变量 x 的形式转换为关于变量 λ 的形式。实际上，随着变量 λ_j 的数量增多，此模型逐渐变得不能直接求解。

16.2.3　模型分解

下面将模型分解成主问题和 K 个子问题，K 个子问题有如下约束形式：

$$A_k x_k = b_k$$

$$x_k \geqslant 0$$

而主问题形式如下:

$$\min \quad \sum_k c_k^T x_k$$

$$\text{s.t.} \quad \sum_k B_k x_k = b_0$$

$$x_0 \geqslant 0$$

我们将 (16.8) 代入上述主问题, 得到

$$\min \quad c_0^T x_0 + \sum_{k=1}^K \sum_{j=1}^{p_k} \left(c_k^T x_k^{(j)} \right) \lambda_{k,j}$$

$$\text{s.t.} \quad B_0 x_0 + \sum_{k=1}^K \sum_{j=1}^{p_k} \left(B_k x_k^{(j)} \right) \lambda_{k,j} = b_0$$

$$\sum_{j=1}^{p_k} \delta_{k,j} \lambda_{k,j} = 1, \forall \, k = 1, 2, \cdots, K$$

$$x_0 \geqslant 0$$

$$\lambda_{k,j} \geqslant 0$$

其中, p_k 是第 k 个子问题的极点个数。这仍是一个大规模的线性规划问题。虽然行的数量减少了, 但是每个子问题的极点和极射线的数量是很多的, 这就导致变量 $\lambda_{k,j}$ 的数量很多。然而一开始很多变量是非基变量, 我们就不需要把它们纳入进来。我们的想法是应用列生成的思想, 只考虑那些检验数有希望为负的变量。

由此得到限制性主问题（Restricted Master Problem）, 模型如下:

$$\min \quad c_0^T x_0 + c^T \lambda'$$

$$\text{s.t.} \quad B_0 x_0 + B \lambda' = b_0$$

$$\Delta \lambda' = 1$$

$$x_0 \geqslant 0$$

$$\lambda' \geqslant 0$$

缺失的变量定义为 0。限制主问题的列是不固定的, 随着列生成, 会有新的列加入该模型中。变量 $\lambda_{k,j}$ 的潜力可以由其检验数来衡量。我们把中心约束 $B_0 x_0 + B \lambda' = b_0$ 对应的对偶变量记作 π_1, 把凸约束 $\sum_j \delta_{k,j} \lambda'_{k,j} = 1$ 的对偶变量记作 π_2^k, 则主问题中变量 $\lambda'_{k,j}$ 的检验数可以写作

$$\sigma_{k,j} = (\boldsymbol{c}_k^{\mathrm{T}} \boldsymbol{x}_k^{(j)}) - \boldsymbol{\pi}^{\mathrm{T}} \begin{pmatrix} \boldsymbol{B}_k \boldsymbol{x}_k^{(j)} \\ \delta_{k,j} \end{pmatrix} = (\boldsymbol{c}_k^{\mathrm{T}} - \boldsymbol{\pi}_1^{\mathrm{T}} \boldsymbol{B}_k) \boldsymbol{x}_k^{(j)} - \pi_2^k \delta_{k,j} \tag{16.9}$$

如果子问题是有界的，那么最有潜力的加入主问题的基本可行解 $\boldsymbol{x}_k$ 可以通过求解下面以检验数为目标函数的模型得到：

$$\min_{\boldsymbol{x}_k} \quad \sigma_k = (\boldsymbol{c}_k^{\mathrm{T}} - \boldsymbol{\pi}_1^{\mathrm{T}} \boldsymbol{B}_k) \boldsymbol{x}_k - \pi_2^k$$
$$\text{s.t.} \quad \boldsymbol{A}_k \boldsymbol{x}_k = \boldsymbol{b}_k$$
$$\boldsymbol{x}_k \geqslant \boldsymbol{0}$$

寻找这些检验数的过程通常称作 pricing。如果 $\sigma_k^* \leqslant 0$，就可以将新列 $\lambda_{k,j}$ 加入主问题中，该列的成本系数是 $\boldsymbol{c}_k^{\mathrm{T}} \boldsymbol{x}_k^*$。

DW 分解中主问题和子问题的交互可以参见图 16.2。

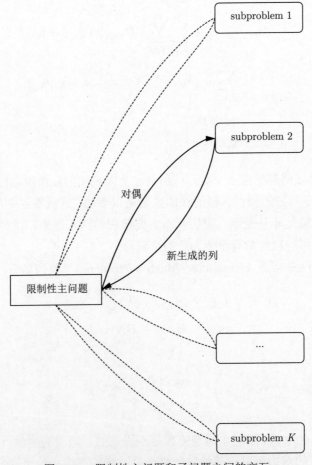

图 16.2　限制性主问题和子问题之间的交互

DW 分解的伪代码如下（kalvelagen，2003）。

Algorithm 19 Dantzig-Wolfe 分解算法

1: {初始化}：选择初始变量的子集

2: **while** true **do**

3:     {Master problem}

4:     求解 RMP.

5:     $\pi_1 \leftarrow$ 中央约束的对偶变量

6:     $\pi_2^k \leftarrow$ 第 k 个凸组合约束的对偶变量

7:     {Sub problems}

8:     **for** $k = 1, \cdots, K$ **do**

9:         将 π_1 和 π_2^k 代入 subproblem k

10:         求解 subproblem k

11:         **if** $\sigma_k^* \leqslant 0$ **then**

12:             将新的候选极点 x_k^* 加入 RMP

13:         **end if**

14:     **end for**

15:     **if** 没有新的候选极点产生 **then**

16:         Stop:optimal

17:     **end if**

18: **end while**

关于分解算法的初始化需要根据不同的问题具体实际地分析。在求解子问题过程中，如果子问题不可行，那么原问题即是不可行的。

16.2.4 两阶段法

有时候，一开始的解可能不满足中心约束条件。我们可以通过 Phase I/II Algorithm 来解决（实际上就是单纯形法中的两阶段法）。首先，通过引入人工变量并且最小化它来形成第一阶段问题。关于人工变量的解释本书不再赘述，不熟悉的读者可参考线性规划的相关教材。需要注意的是，第一阶段问题的检验数和第二阶段问题的检验数是有些差别的。

比如说，我们考虑如下中心约束条件：

$$\sum_j x_j \leqslant b$$

加入人工变量 $x_a \geqslant 0$，得

$$\sum_j x_j - x_a \leqslant b$$

这时第一阶段的目标函数是

$$\min \quad x_a$$

变量 x_j 的检验数如 (16.9) 所示，但是需要 $\boldsymbol{c}_k^{\mathrm{T}} = \boldsymbol{0}$。

需要提醒的是，在第二阶段开始时需要将人工变量移除。在下面的例子中采取的做法是使该人工变量为 0。

16.3　详 细 案 例

接下来继续求解本章开头提到的例子。

和上文定义的集合 1 和集合 2 一致，可以得到约束条件集合 1 和约束条件集合 2 的可行域，如图 16.3 所示，其中阴影部分是可行域。

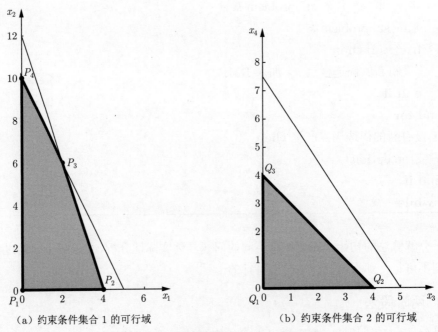

（a）约束条件集合 1 的可行域　　　　　（b）约束条件集合 2 的可行域

图 16.3　约束条件集合 1 和 2 的可行域

于是，可以把约束条件集合 1 的极点记作

$$P_1 = (0,\ 0),\ P_2 = (4,\ 0),\ P_3 = (2,\ 6),\ P_4 = (0,\ 10)$$

把约束条件集合 2 的极点记作

$$Q_1 = (0,\ 0),\ Q_2 = (4,\ 0),\ Q_3 = (0,\ 4)$$

已知变量集合 1＝$\{x_1, x_2\}$，则有

$$约束条件集合 1 = \begin{cases} 3x_1 + x_2 \leqslant 12 \\ 2x_1 + x_2 \leqslant 10 \end{cases}$$

接下来可以得到约束条件集合 1 的可行点，记作

$$\begin{bmatrix} x_1 \\ x_2 \end{bmatrix} = \mu_1 \begin{bmatrix} 0 \\ 0 \end{bmatrix} + \mu_2 \begin{bmatrix} 4 \\ 0 \end{bmatrix} + \mu_3 \begin{bmatrix} 2 \\ 6 \end{bmatrix} + \mu_4 \begin{bmatrix} 0 \\ 10 \end{bmatrix} = \begin{bmatrix} 4\mu_2 + 2\mu_3 \\ 6\mu_3 + 10\mu_4 \end{bmatrix} \tag{16.10}$$

其中，$\mu_1 + \mu_2 + \mu_3 + \mu_4 = 1, \mu_i \geqslant 0, i = 1, 2, 3, 4$。

变量集合 2=$\{x_3, x_4\}$，则有

$$约束条件集合 2 = \begin{cases} 3x_3 + 2x_4 \leqslant 15 \\ x_3 + x_4 \leqslant 4 \end{cases}$$

得到约束条件集合 2 的可行点，记作

$$\begin{bmatrix} x_3 \\ x_4 \end{bmatrix} = \lambda_1 \begin{bmatrix} 0 \\ 0 \end{bmatrix} + \lambda_2 \begin{bmatrix} 4 \\ 0 \end{bmatrix} + \lambda_3 \begin{bmatrix} 0 \\ 4 \end{bmatrix} = \begin{bmatrix} 4\lambda_2 \\ 4\lambda_3 \end{bmatrix} \tag{16.11}$$

其中，$\lambda_1 + \lambda_2 + \lambda_3 = 1, \lambda_i \geqslant 0, i = 1, 2, 3$。

将 (16.10) 和 (16.11) 代入目标函数和中心约束条件中，得到限制主问题。目标函数整理为

$$360\mu_2 + 660\mu_3 + 800\mu_4 + 280\lambda_2 + 240\lambda_3$$

中心约束条件整理为

$$32\mu_2 + 52\mu_3 + 60\mu_4 + 28\lambda_2 + 20\lambda_3 \leqslant 80$$

将该约束条件加入松弛变量 s_1，得到限制主问题模型如下：

$$\begin{aligned} \max \quad z = \quad & 360\mu_2 + 660\mu_3 + 800\mu_4 \quad + 280\lambda_2 + 240\lambda_3 \\ \text{s.t.} \quad & 32\mu_2 + 52\mu_3 + 60\mu_4 \quad + 28\lambda_2 + 20\lambda_3 + s_1 = 80 \\ & \mu_1 + \mu_2 + \mu_3 + \mu_4 \quad\quad\quad\quad = 1 \\ & \quad\quad\quad\quad\quad\quad \lambda_1 + \lambda_2 + \lambda_3 \quad = 1 \\ & \mu_1, \quad \mu_2, \quad \mu_3, \quad \mu_4, \lambda_1, \quad \lambda_2, \quad \lambda_3, s_1 \geqslant 0 \end{aligned} \tag{16.12}$$

这一步转化模型之后，我们需要解释一下。模型 (16.12) 和模型 (16.1) 已经是完全等价了。直接求解 (16.12) 得到的解，和 (16.1) 的解是等价的。目标函数相同，只是变量不同。但是原始变量可以通过 (16.12) 中的变量转化得到。

接下来使用改进单纯形法和列生成法求解限制主问题。把初始单纯形表称作单纯形表 0。BV(0)=$\{s_1, \mu_1, \lambda_1\}$。

$$\boldsymbol{B}_0 = \begin{bmatrix} 1 & 0 & 0 \\ 0 & 1 & 0 \\ 0 & 0 & 1 \end{bmatrix}, \boldsymbol{B}_0^{-1} = \begin{bmatrix} 1 & 0 & 0 \\ 0 & 1 & 0 \\ 0 & 0 & 1 \end{bmatrix}$$

由于 s_1, μ_1, λ_1 没有出现在限制主问题目标函数中，所以 $\boldsymbol{c}_{\mathrm{BV}}=[0\ \ 0\ \ 0]$，单纯形表 0 的影子价格是

$$\boldsymbol{c}_{\mathrm{BV}}^{\mathrm{T}}\boldsymbol{B}_0^{-1} = \begin{bmatrix} 0 & 0 & 0 \end{bmatrix} \begin{bmatrix} 1 & 0 & 0 \\ 0 & 1 & 0 \\ 0 & 0 & 1 \end{bmatrix} = \begin{bmatrix} 0 & 0 & 0 \end{bmatrix}$$

我们分两个阶段应用列生成的方法。首先确定是否存在与约束条件集合 1 相关且价格有利的 μ_i（由于求解的是最大化问题，第 0 行中系数为负的列是有利的）。与约束条件集合 1 的极点 $\begin{bmatrix} x_1 \\ x_2 \end{bmatrix}$ 相关的系数 μ_i 在限制主问题中具有如下列：

$$\mu_i \text{ 的目标函数系数} = 90x_1 + 80x_2$$

$$\mu_i \text{在约束条件中的列} = \begin{bmatrix} 8x_1 + 6x_2 \\ 1 \\ 0 \end{bmatrix}$$

由以上信息可知，在单纯形表 0 中，对应于 $\begin{bmatrix} x_1 \\ x_2 \end{bmatrix}$ 的 μ_i 的列具有如下价格：

$$\boldsymbol{c}_{\mathrm{BV}}^{\mathrm{T}}\boldsymbol{B}_0^{-1}\begin{bmatrix} 8x_1 + 6x_2 \\ 1 \\ 0 \end{bmatrix} - (90x_1 + 80x_2) = -90x_1 - 80x_2$$

由于 $\begin{bmatrix} x_1 \\ x_2 \end{bmatrix}$ 需要满足约束条件集合 1（或工厂 1 的约束条件），所以具有最大负价格的加权 μ_i 是与作为下面 LP 最优解的极点相关的加权。

工厂 1 子问题如下：

$$\min \quad z = -90x_1 - 80x_2$$
$$\text{s.t.} \quad 3x_1 + x_2 \leqslant 12$$
$$2x_1 + x_2 \leqslant 10$$
$$x_1, x_2 \geqslant 0$$

求解工厂 1 子问题，得解 $z = -800, x_1 = 0, x_2 = 10$。这说明，与极点 $\begin{bmatrix} 0 \\ 10 \end{bmatrix}$ 相关的加权 μ_i 将有最大负价格。由于 $\boldsymbol{P}_4 = \begin{bmatrix} 0 \\ 10 \end{bmatrix}$，这意味着 μ_4 在限制主问题中具有系数 -800。

现在分析和约束条件集合 2 相关的加权，并设法确定具有最大负价格的加权 λ_i。对应于约束条件集合 2 的极点 $\begin{bmatrix} x_3 \\ x_4 \end{bmatrix}$ 的 λ_i 在限制主问题中具有以下列：

$$\lambda_i \text{ 的目标函数系数} = 70x_3 + 60x_4$$

$$\lambda_i \text{在约束条件中的列} = \begin{bmatrix} 7x_3 + 5x_4 \\ 0 \\ 1 \end{bmatrix}$$

这说明对应于极点 $\begin{bmatrix} x_3 \\ x_4 \end{bmatrix}$ 的 λ_i 的价格是

$$\boldsymbol{c}_{\mathrm{BV}}^{\mathrm{T}} \boldsymbol{B}_0^{-1} \begin{bmatrix} 7x_3 + 5x_4 \\ 0 \\ 1 \end{bmatrix} - (70x_3 + 60x_4) = -70x_3 - 60x_4$$

由于 $\begin{bmatrix} x_3 \\ x_4 \end{bmatrix}$ 需要满足约束条件集合 2(或工厂 2 的约束条件)，所以具有最大负价格的 λ_i 将是与下列 LP 最优解的极点相关的加权。

工厂 2 的子问题如下：

$$\min \quad z = -70x_3 - 60x_4$$
$$\text{s.t.} \quad 3x_3 + 2x_4 \leqslant 15$$
$$x_3 + x_4 \leqslant 4$$
$$x_3, x_4 \geqslant 0$$

求解工厂 2 的子问题，得解 $z = -280, x_3 = 4, x_4 = 0$。这意味着，与极点 $\boldsymbol{Q}_2 = \begin{bmatrix} 4 \\ 0 \end{bmatrix}$ 相关的 λ_2 在所有 λ_i 中具有最大负价格。由于 μ_4 的价格比 λ_2 还要负，所以把 μ_4 换入基。

μ_4 在单纯形表 0 中的列是

$$\boldsymbol{B}_0^{-1} \begin{bmatrix} 8x_1 + 6x_2 \\ 1 \\ 0 \end{bmatrix} = \begin{bmatrix} 60 \\ 1 \\ 0 \end{bmatrix}$$

单纯形表 0 的右端项是

$$\boldsymbol{B}_0^{-1} \boldsymbol{b} = \begin{bmatrix} 1 & 0 & 0 \\ 0 & 1 & 0 \\ 0 & 0 & 1 \end{bmatrix} \begin{bmatrix} 80 \\ 1 \\ 1 \end{bmatrix} = \begin{bmatrix} 80 \\ 1 \\ 1 \end{bmatrix}$$

比值测试表明，μ_4 应在第二个约束条件中换入基。因此 BV(1)=$\{s_1, \mu_4, \lambda_1\}$。由于

$$\boldsymbol{E}_0 = \begin{bmatrix} 1 & -60 & 0 \\ 0 & 1 & 0 \\ 0 & 0 & 1 \end{bmatrix}, \boldsymbol{B}_1^{-1} = \boldsymbol{E}_0 \boldsymbol{B}_0^{-1} = \begin{bmatrix} 1 & -60 & 0 \\ 0 & 1 & 0 \\ 0 & 0 & 1 \end{bmatrix}$$

所以 μ_4 的目标函数系数是 800。根据

$$c_{\mathrm{BV}}^{\mathrm{T}} B_1^{-1} = \begin{bmatrix} 0 & 800 & 0 \end{bmatrix} \begin{bmatrix} 1 & -60 & 0 \\ 0 & 1 & 0 \\ 0 & 0 & 1 \end{bmatrix} = \begin{bmatrix} 0 & 800 & 0 \end{bmatrix}$$

可以求出影子价格的新集合。接下来求当前单纯形表中具有最大负价格的加权。和前面一样，先求当前单纯形表的工厂 1 和工厂 2 的子问题，不断求出新的影子价格，直至得不到一个 μ_i 和 λ_i 具有有利的价格（子问题目标函数值大于或等于 0）。

最终得到限制主问题的最优解是 $\lambda_3 = 1, \mu_4 = 1, \lambda_1 = 0$，其他加权值都为 0。

下面把约束条件集合 1 可行域的表达式作为其极点的凸组合，来确定 $\begin{bmatrix} x_1 \\ x_2 \end{bmatrix}$ 的最优值

$$\begin{bmatrix} x_1 \\ x_2 \end{bmatrix} = 0P_1 + 0P_2 + 0P_3 + P_4 = \begin{bmatrix} 0 \\ 10 \end{bmatrix}$$

同样地，把约束条件集合 2 可行域的表达式作为其极点的凸组合，来确定 $\begin{bmatrix} x_3 \\ x_4 \end{bmatrix}$ 的最优值

$$\begin{bmatrix} x_3 \\ x_4 \end{bmatrix} = 0Q_1 + 0Q_2 + Q_3 = \begin{bmatrix} 0 \\ 4 \end{bmatrix}$$

所以该问题的最优解是 $x_2 = 10, x_4 = 4, x_1 = x_3 = 0$，即在工厂 1 生产 10 吨钢材 2，在工厂 2 生产 4 吨钢材 2，该公司能达到最大利润值 1040。

这里用 Python 调用 Gurobi 来验证上面的解，代码如下：

PythonGurobiDWExample

```
1  DW_model = Model('DW Decomposition')
2  mu = {}
3  lam = {}
4  s = {}
5  s[1] = DW_model.addVar(lb=0, ub=GRB.INFINITY, vtype=GRB.CONTINUOUS ,name= 's
       _1')
6  for i in range(4):
7      mu[i+1] = DW_model.addVar(lb=0, ub=GRB.INFINITY, vtype=GRB.CONTINUOUS ,
         name= 'mu_' + str(i+1))
8  for i in range(3):
9      lam[i+1] = DW_model.addVar(lb=0, ub=GRB.INFINITY, vtype=GRB.CONTINUOUS ,
         name= 'lam_' + str(i+1))
10
11  obj = LinExpr(0)
```

```python
12 obj = 360 * mu[2] + 660 * mu[3] + 800 * mu[4] + 280 * lam[2] + 240 * lam[3]
13 DW_model.setObjective(obj, GRB.MAXIMIZE)
14 DW_model.addConstr(32*mu[2] + 52*mu[3] + 60*mu[4] + 27*lam[2] + 20*lam[3] +
        s[1] == 80, name = 'c1')
15 DW_model.addConstr(mu[1] + mu[2] + mu[3] + mu[4] == 1, name = 'c2')
16 DW_model.addConstr(lam[1] + lam[2] + lam[3] == 1, name = 'c3')
17 DW_model.optimize()
18
19 for var in DW_model.getVars():
20     if(var.x > 0):
21         print(var.varName, '\t', var.x)
```

得到的解如下。

PythonGurobiDWExampleOutput

```
1 Solved in 3 iterations and 0.02 seconds
2 Optimal objective  1.040000000e+03
3 mu_4      1.0
4 lam_3     1.0
```

可以看到，目标函数是相同的，也是 1040。并且最优解是 $\mu_4 = 1, \lambda_3 = 1$。跟上面的解也是相同的。

16.4 Dantzig-Wolfe 分解求解大规模混合整数规划

DW 分解算法的主要优点是将原问题分解成几个规模较小的子问题。而求解几个较小的 LP 问题通常比求解一个大型 LP 问题要容易得多。模型 (16.1) 是一个非常小的算例。如果说模型规模比较大的时候，比如对于 100 个客户点的 TSP，其变量个数要成千上万个，因此问题的可行域的极点数量就非常多。要想一开始就全部穷举出所有的极点就不太现实。我们观察到，模型 (16.12) 非常有规律，每一列都对应一个极点，比如 μ_1 就对应极点 $\begin{bmatrix} 0 \\ 0 \end{bmatrix}$ 而 μ_2 就对应极点 $\begin{bmatrix} 4 \\ 0 \end{bmatrix}$。每一个极点，例如 $\begin{bmatrix} 0 \\ 0 \end{bmatrix}$ 和 $\begin{bmatrix} 4 \\ 0 \end{bmatrix}$ 其实就是子问题的一个基可行解。所以只要找到每个子问题的可行域的所有极点（也就是该子问题的所有基可行解），DW 分解之后的完整的等价形式就可以写出来。规模较大时，不用完整地列举出所有的极点，也能找到问题的等价形式。该方法就是使用列生成算法。我们之前介绍过，列生成算法其实就是要找到将要进基的变量（一个进基变量就对应一个极点），因此我们用列生成的办法，将那些检验数为正（max 问题）的极点（也就是列）添加进限制性主问题 RMP，这就可以实现求解大规模线性规划或者整数规划的目的。

我们就以模型 (16.1) 为例，一步一步详细地展示这个过程。

16.4.1 两阶段法实现 Dantzig-Wolfe 分解算法介绍

首先将问题初始化，一般情况下我们需要用启发式算法生成一些初始的列。但是如果我们没有初始的列怎么办呢？文献（kalvelagen，2003）提供了一种用两阶段法求解的思路。两阶段法是线性规划求解中为人熟知的方法。

由于有凸组合约束和中心约束，因此我们刚开始添加的列可能会违反中心约束。因此我们可以在第 1 阶段引入人工变量，目标函数是最小化人工变量的和。引入人工变量的目的是判断该问题是否有可行解，如果第 1 阶段最小化人工变量的和的目标函数到达了 0，就说明该问题有解。我们就可以删去人工变量，进行第 2 阶段的算法，最终得到原问题的最优解。

本问题中，中心约束为

$$\sum_{i \in I} \alpha_i \mu_i + \sum_{j \in J} \beta_j \lambda_j \leqslant b \tag{16.13}$$

的形式，我们可以引入一个单独的人工变量 $x_a \geqslant 0$，并且将约束改写为

$$\sum_{i \in I} \alpha_i \mu_i + \sum_{j \in J} \beta_j \lambda_j - x_a \leqslant b \tag{16.14}$$

设置第 1 阶段的目标函数为

$$\min \quad x_a \tag{16.15}$$

此时，子问题产生的变量在目标函数中的系数全部为 0。当第 1 阶段的目标函数 (16.15) 为 0 时，我们开启第 2 阶段的算法。将人工变量的值固定为 0，继续迭代算法即可。

16.4.2 第 1 阶段

初始化问题的时候模型是空列。我们添加人工变量 s，将主问题初始化为

$$\max \quad z = \quad s \tag{16.16}$$
$$\text{s.t.} \quad -s \leqslant \quad 80 \quad \rightarrow \pi_1 \tag{16.17}$$
$$\text{Null} = \text{Null} \quad \rightarrow \pi_2 \tag{16.18}$$
$$\text{Null} = \text{Null} \quad \rightarrow \pi_3 \tag{16.19}$$
$$s \geqslant \quad 0 \tag{16.20}$$
$$\tag{16.21}$$

1. Iteration 0

模型 (16.16) 中，人工变量 s 就是为了算法能够进行下去才引入的，2 个凸组合的约束也需要初始化。我们先将其初始化为 Null。

相应的初始化代码如下。

DWInstancePhase1Step0

```
 1  RMP = Model('DW Master Problem')
 2
 3  #   RMP.setParam("OutputFlag", 0)
 4
 5  #---------------------- start initialize RMP----------------------
 6
 7  #   initialize column : Null column
 8
 9  row_num = 3
10
11  #  because vars in RMP is added into RMP dynamicly, thus we creat an array
            #  to store the variable set
12  rmp_vars = []
13  rmp_vars.append(RMP.addVar(lb=0.0
14                               , ub=1000
15                               , obj= 1
16                               , vtype=GRB.CONTINUOUS    #   GRB.BINARY, GRB.INTEGER
17                               , name='s_1'
18                               , column=None
19                             ))
20
21  rmp_cons = []
22  var_names = []
23  col = [-1, 0.001, 0.001]
24  var_names.append('s_0')
25
26  #  column to add constraints into RMP
27  rmp_cons.append(RMP.addConstr(lhs = rmp_vars[0] * col[0]
28                                  , sense= "<="
29                                  , rhs= 80
30                                  , name='rmp_con_central'
31                                  )
32                 )
33
34  rmp_cons.append(RMP.addConstr(lhs = rmp_vars[0] * col[1]
35                                  , sense= "=="
36                                  , rhs= 1
37                                  , name='rmp_con_convex_combine_mu'
38                                  )
39                 )
40
```

```
41 rmp_cons.append(RMP.addConstr(lhs = rmp_vars[0] * col[2]
42                                , sense= "=="
43                                , rhs= 1
44                                , name='rmp_con_convex_combine_lam'
45                                )
46                )
47
48
49 RMP.setAttr("ModelSense", GRB.MAXIMIZE)
50 #------------------------ RMP initialize end---------------------
51 RMP.chgCoeff(rmp_cons[1], rmp_vars[0], 0.0)
52 RMP.chgCoeff(rmp_cons[2], rmp_vars[0], 0.0)
53 rmp_cons[1].setAttr('RHS', 0)
54 rmp_cons[2].setAttr('RHS', 0)
55
56 RMP.write('DW.lp')
57 RMP.optimize()
58 rmp_dual = RMP.getAttr("Pi", RMP.getConstrs())
59 print('rmp_dual = ', rmp_dual)
```

运行上述模型，得到对偶变量如下。

DWInstancePhase1Step0Output

```
1 Optimal objective   1.000000000e+03
2 rmp_dual =  [0.0, 0.0, 0.0]
```

对偶变量是 $\boldsymbol{\pi}^{\mathrm{T}} = [0, 0, 0]$。这里有一个细节。我们得到的对偶变量全为 0，这样就会使得子问题的目标函数为 0。为了刚开始能够产生新列，我们需要将两个 Null 的凸组合约束 (16.18) 和 (16.19) 的对偶变量 π_2, π_3 初始化为一个非零的数。这里我们初始化为 $\pi_2 = \pi_3 = -1$。因此对偶变量为 $\boldsymbol{\pi}^{\mathrm{T}} = [0, -1, -1]$。

接下来我们需要构建子问题。子问题就是获得检验数为正的列。但是在该阶段，我们的目标函数只能是 max s，因此所有的即将新加入的列在目标函数的系数全为 0。

对于子问题 1 产生的列，检验数（Reduced cost）的表达式就可以写为

$$c_j - \boldsymbol{c}_B^{\mathrm{T}} \boldsymbol{B}^{-1} \boldsymbol{N}_j = 0 - \boldsymbol{c}_B^{\mathrm{T}} \boldsymbol{B}^{-1} \cdot \begin{bmatrix} 8x_1^i + 6x_2^i \\ 1 \\ 0 \end{bmatrix}$$

$$= 0 - \boldsymbol{\pi}^{\mathrm{T}} \cdot \begin{bmatrix} 8x_1^i + 6x_2^i \\ 1 \\ 0 \end{bmatrix}$$

$$= 0 - \begin{bmatrix} 0 & -1 & -1 \end{bmatrix} \begin{bmatrix} 8x_1^i + 6x_2^i \\ 1 \\ 0 \end{bmatrix}$$

$$= 1$$

因此，子问题 1 的模型可以写成

$$\max \quad 1$$
$$\text{s.t.} \quad 3x_1^i + x_2^i \leqslant 12$$
$$\quad 2x_1^i + x_2^i \leqslant 10$$
$$\quad x_1^i, x_2^i \geqslant 0$$

求解上述模型的代码如下。

DWInstancePhase1Step0SP1

```
1  SP1 = Model('SubProblem 1')
2  x = {}
3  for i in range(2):
4      x[i+1] = SP1.addVar(lb=0, ub=GRB.INFINITY, vtype=GRB.CONTINUOUS, name= '
       x' + str(i+1))
5
6  SP1.setObjective(0 * x[1] + 0 * x[2] + 1, GRB.MAXIMIZE)
7  # SP1.setObjective(90 * x[1] + 80 * x[2], GRB.MAXIMIZE)
8  SP1.addConstr(3 * x[1] + x[2]   <= 12)
9  SP1.addConstr(2 * x[1] + x[2]   <= 10)
10 SP1.optimize()
11 print('Objective = \t', SP1.ObjVal)
12 for var in SP1.getVars():
13     print(var.varName, '= \t', var.x)
14
15 [Out]:
16 Objective =        1.0
17 x1 =       0.0
18 x2 =       0.0
```

目标函数 $1 > 0$，因此有新列加入。由于此时是第 1 阶段，因此目标函数的系数为 0。然后我们构造列

$$\begin{bmatrix} 0 \\ 8x_1^i + 6x_2^i \\ 1 \\ 0 \end{bmatrix} = \begin{bmatrix} 0 \\ 8 \times 0 + 6 \times 0 \\ 1 \\ 0 \end{bmatrix} = \begin{bmatrix} \text{obj} \\ \text{central constraint} \\ \text{convex constraint 1} \\ \text{convex constraint 2} \end{bmatrix} = \begin{bmatrix} 0 \\ 0 \\ 1 \\ 0 \end{bmatrix}$$

此时主问题变化为

$$\max \ z = \qquad s \qquad\qquad (16.22)$$
$$-s \ \leqslant \ \ 80 \qquad\qquad (16.23)$$
$$\mu_1 \ \ = \ \ 1 \qquad\qquad (16.24)$$
$$\mathrm{Null} \ = \mathrm{Null} \qquad\qquad (16.25)$$
$$\mu_1, \ \ s \ \geqslant \ \ 0 \qquad\qquad (16.26)$$

然后我们求解子问题 2。类似地，子问题 2 的定价问题可以写成（假设可行域极点的集合为 J）。

$$\max \ \ 1$$
$$\mathrm{s.t.} \ \ \ 3x_3^j + 2x_4^j \leqslant 15$$
$$x_3^j + x_4^j \leqslant 4$$
$$x_3^j, x_4^j \geqslant 0$$

求解该问题的代码如下。

DWInstancePhase1Step0SP2

```
SP2 = Model('SubProblem 2')
xx = {}
for i in range(2):
    xx[i+1] = SP2.addVar(lb=0, ub=GRB.INFINITY, vtype=GRB.CONTINUOUS, name=
    'xx' + str(i+1))

SP2.setObjective(0 * xx[1] + 0 * xx[2] + 1, GRB.MAXIMIZE)
SP2.addConstr(3 * xx[1] + 2 * xx[2]   <= 15)
SP2.addConstr(xx[1] + xx[2]   <= 4)
SP2.optimize()
print('Objective = \t', SP2.ObjVal)
for var in SP2.getVars():
    print(var.varName, '= \t', var.x)

[Out]:
Objective =       1.0
xx1 =     0.0
xx2 =     0.0
```

目标函数 $1 > 0$，因此有新列加入。同样地，由于此时是第一阶段，因此目标函数的系

数为 0。然后我们构造列

$$\begin{bmatrix} 0 \\ 7x_3^j + 5x_4^j \\ 0 \\ 1 \end{bmatrix} = \begin{bmatrix} 0 \\ 7 \times 0 + 5 \times 0 \\ 0 \\ 1 \end{bmatrix} = \begin{bmatrix} \text{obj} \\ \text{central constraint} \\ \text{convex constraint 1} \\ \text{convex constraint 2} \end{bmatrix} = \begin{bmatrix} 0 \\ 0 \\ 0 \\ 1 \end{bmatrix}$$

此时主问题变化为

$$\max \quad z = \qquad\qquad s \qquad\qquad\qquad (16.27)$$
$$-s \leqslant 80 \qquad\qquad\qquad (16.28)$$
$$\mu_1 \qquad = \quad 1 \qquad\qquad\qquad (16.29)$$
$$\lambda_1 \qquad = \quad 1 \qquad\qquad\qquad (16.30)$$
$$\mu_1, \quad \lambda_1, \quad s \geqslant 0 \qquad\qquad\qquad (16.31)$$

2. Iteration 1

我们求解更新后的主问题代码如下。

DWInstancePhase1Step1RMP

```
new_columns = [[0, 0, 1, 0]
              ,[0, 0, 0, 1]
              ]
for i in range(2):
    rmp_col = Column(new_columns[i][1:], rmp_cons)
    rmp_vars.append(RMP.addVar(lb=0.0
                        , ub=GRB.INFINITY
                        , obj=new_columns[i][0]   # obj=new_obj_coef
                        , vtype=GRB.CONTINUOUS
                        , name='y'+ str(i+1) # name='y\_' + str(len(rmp\_
    vars))
                        , column=rmp_col
                    ))
#   RMP.remove(rmp_vars[0])
#   del rmp_vars[0]
RMP.update()
RMP.write('DW.lp')
RMP.optimize()
rmp_dual = RMP.getAttr("Pi", RMP.getConstrs())
print('rmp_dual = ', rmp_dual)
print('Objective = \t', RMP.ObjVal)
for var in RMP.getVars():
```

```
22      print(var.varName, '= \t', var.x)
23
24  [Out]:
25  rmp_dual =  [0.0, 0.0, 0.0]
26  Objective =        1000.0
27  s_1 =     1000.0
28  y1 =      0.0
29  y2 =      0.0
```

新的对偶变量为 $\boldsymbol{\pi}^{\mathrm{T}} = [0,0,0]$，目标函数为 1000，因此还需要继续进行第 1 阶段的迭代。此时两个凸组合约束已经非空，此时我们就使用真实的对偶变量的值即可。

此时根据对偶变量更新子问题 1 的目标函数。子问题 1 的目标函数更新为

$$
\begin{aligned}
c_j - \boldsymbol{c}_B^{\mathrm{T}} \boldsymbol{B}^{-1} \boldsymbol{N}_j &= 0 - \boldsymbol{c}_B^{\mathrm{T}} \boldsymbol{B}^{-1} \cdot \begin{bmatrix} 8x_1^i + 6x_2^i \\ 1 \\ 0 \end{bmatrix} \\
&= 0 - \boldsymbol{\pi}^{\mathrm{T}} \cdot \begin{bmatrix} 8x_1^i + 6x_2^i \\ 1 \\ 0 \end{bmatrix} \\
&= 0 - \begin{bmatrix} 0 & 0 & 0 \end{bmatrix} \begin{bmatrix} 8x_1^i + 6x_2^i \\ 1 \\ 0 \end{bmatrix} \\
&= 0
\end{aligned}
$$

因此子问题变化为

$$
\begin{aligned}
\max \quad & 0 \\
\text{s.t.} \quad & 3x_1^i + x_2^i \leqslant 12 \\
& 2x_1^i + x_2^i \leqslant 10 \\
& x_1^i, x_2^i \geqslant 0
\end{aligned}
$$

目标函数为 0，因此没有新列加入。

对于子问题 2，目标函数也为 0。两个子问题都没有新的列产生。因此，第 1 阶段结束。然后将主问题中的人工变量删除，或者将其设置为 0。

16.4.3 第 2 阶段

首先我们设置第 1 阶段结束时的主问题中的人工变量为 0，主问题变化为

$$
\max \quad z = \qquad\qquad s \tag{16.32}
$$

$$-s \leqslant 80 \tag{16.33}$$

$$\mu_1 \quad = \quad 1 \tag{16.34}$$

$$\lambda_1 \quad = \quad 1 \tag{16.35}$$

$$\mu_1, \ \lambda_1, \ s \ \geqslant \ 0 \tag{16.36}$$

$$s \ = \ 0$$

首先求解该问题，代码如下。

DWInstancePhase2Step1RMP

```
1  new_columns = [[0, 0, 1, 0]
2               ,[0, 0, 0, 1]
3               ]
4  for i in range(2):
5      rmp_col = Column(new_columns[i][1:], rmp_cons)
6      rmp_vars.append(RMP.addVar(lb=0.0
7                          , ub=GRB.INFINITY
8                          , obj=new_columns[i][0]   #  obj=new_obj_coef
9                          , vtype=GRB.CONTINUOUS
10                         , name='y'+ str(i+1) #name='y_' + str(len(rmp_vars))
11                         , column=rmp_col
12                      ))
13 # RMP.remove(rmp_vars[0])
14 # del rmp_vars[0]
15 rmp_cons[1].setAttr('RHS', 1)
16 rmp_cons[2].setAttr('RHS', 1)
17 RMP.update()
18 RMP.write('DW.lp')
19 RMP.optimize()
20 rmp_dual = RMP.getAttr("Pi", RMP.getConstrs())
21 print('rmp_dual = ', rmp_dual)
22 print('Objective = \t', RMP.ObjVal)
23 for var in RMP.getVars():
24     print(var.varName, '= \t', var.x)
25
26 [Out]:
27 rmp_dual =  [0.0, 0.0, 0.0]
28 Objective =        -0.0
29 s_1 =      0.0
30 y1 =       1.0
31 y2 =       1.0
```

新的对偶变量为 $\boldsymbol{\pi}^{\mathrm{T}} = [0, 0, 0]$。

第 2 阶段的子问题形式有所变化。假设工厂 1 对应的子问题 1 的约束的可行域的极点（2 维）有 I 个，其中每一个极点 $i \in I$ 的坐标为 (x_1^i, x_2^i)，我们知道，子问题 1 的可行域内的任何一点都是由极点集合 I 的坐标线性组合而成的，那么最优解 (x_1^*, x_2^*) 同样也是由极点集合 I 中的所有点的线性组合表示的。继续上面的过程，用 μ_i 表示子问题 1 中的第 i 个极点在最优解中贡献的比例。则子问题 1 对应的比例 μ_i 对 (16.32) 的目标函数系数的贡献为

$$90x_1^i + 80x_2^i = \text{对应决策变量在目标函数中的系数}$$

且对中心约束的约束系数贡献为

$$8x_1^i + 6x_2^i = \text{对应决策变量在中央约束中的约束系数}$$

因此，检验数（Reduced cost）的表达式就可以写为

$$
\begin{aligned}
c_j - \boldsymbol{c}_B^{\mathrm{T}} \boldsymbol{B}^{-1} \boldsymbol{N}_j &= \left(90x_1^i + 80x_2^i\right) - \boldsymbol{c}_B^{\mathrm{T}} \boldsymbol{B}^{-1} \cdot \begin{bmatrix} 8x_1^i + 6x_2^i \\ 1 \\ 0 \end{bmatrix} \\
&= \left(90x_1^i + 80x_2^i\right) - \boldsymbol{\pi}^{\mathrm{T}} \cdot \begin{bmatrix} 8x_1^i + 6x_2^i \\ 1 \\ 0 \end{bmatrix}
\end{aligned}
$$

因此，子问题 1 的模型可以写成

$$
\begin{aligned}
\max \quad & \left(90x_1^i + 80x_2^i\right) - \boldsymbol{\pi}^{\mathrm{T}} \cdot \left[8x_1^i + 6x_2^i, \quad 1, \quad 0\right]^{\mathrm{T}} \\
\text{s.t.} \quad & 3x_1^i + x_2^i \leqslant 12 \\
& 2x_1^i + x_2^i \leqslant 10 \\
& x_1^i, x_2^i \geqslant 0
\end{aligned}
$$

其中，$\boldsymbol{\pi}$ 是主问题约束的对偶变量，$\boldsymbol{\pi}^{\mathrm{T}} = [\pi_1, \pi_2, \pi_3]$。同理，子问题 2 的定价问题可以写成（假设可行域极点的集合为 J）：

$$
\begin{aligned}
\max \quad & \left(70x_3^j + 60x_4^j\right) - \boldsymbol{\pi}^{\mathrm{T}} \cdot \left[7x_3^j + 5x_4^j, \quad 0, \quad 1\right]^{\mathrm{T}} \\
\text{s.t.} \quad & 3x_3^j + 2x_4^j \leqslant 15 \\
& x_3^j + x_4^j \leqslant 4 \\
& x_3^j, x_4^j \geqslant 0
\end{aligned}
$$

1. Iteration 1

新的对偶变量为 $\pi^{\mathrm{T}} = [0, 0, 0]$。我们根据对偶变量更新子问题 1。子问题 1 更新为

$$
\begin{aligned}
\max \quad & \left(90x_1^i + 80x_2^i\right) - \begin{bmatrix} 0, & 0, & 0 \end{bmatrix} \cdot \begin{bmatrix} 8x_1^i + 6x_2^i, & 1, & 0 \end{bmatrix}^{\mathrm{T}} \\
& = 90x_1^i + 80x_2^i \\
\text{s.t.} \quad & 3x_1^i + x_2^i \leqslant 12 \\
& 2x_1^i + x_2^i \leqslant 10 \\
& x_1^i, x_2^i \geqslant 0
\end{aligned}
$$

用 Gurobi 求解该子问题，代码及结果如下。

DWInstancePhase2Step1SP1

```
1  SP1 = Model('SubProblem 1')
2  x = {}
3  for i in range(2):
4      x[i+1] = SP1.addVar(lb=0, ub=GRB.INFINITY, vtype=GRB.CONTINUOUS, name= '
       x' + str(i+1))
5
6  SP1.setObjective(90 * x[1] + 80 * x[2], GRB.MAXIMIZE)
7  SP1.addConstr(3 * x[1] + x[2]  <= 12)
8  SP1.addConstr(2 * x[1] + x[2]  <= 10)
9  SP1.optimize()
10 print('Objective = \t', SP1.ObjVal)
11 for var in SP1.getVars():
12     print(var.varName, '= \t', var.x)
13
14 [Out]:
15 Objective =        800.0
16 x1 =       0.0
17 x2 =       10.0
```

子问题目标函数 $800 > 0$，因此可以产生新列。新列的目标函数系数为 $90x_1^i + 80x_2^i = 80 \times 10 = 800$。然后我们构造列

$$
\begin{bmatrix} 90x_1^i + 80x_2^i \\ 8x_1^i + 6x_2^i \\ 1 \\ 0 \end{bmatrix} = \begin{bmatrix} 800 \\ 60 \\ 1 \\ 0 \end{bmatrix} = \begin{bmatrix} \text{obj} \\ \text{central constraint} \\ \text{convex constraint 1} \\ \text{convex constraint 2} \end{bmatrix}
$$

所以，主问题中就可以将该列加入，如下：

$$
\max \ z = \quad 800\mu_2 \quad + s \tag{16.37}
$$

$$60\mu_2 \qquad -s \;\leqslant\; 80 \qquad\qquad (16.38)$$

$$\mu_1 + \quad \mu_2 \qquad\qquad = \; 1 \qquad\qquad (16.39)$$

$$\lambda_1 \qquad = \; 1 \qquad\qquad (16.40)$$

$$\mu_1, \qquad\qquad \lambda_1, \; s \;\geqslant\; 0 \qquad\qquad (16.41)$$

$$s \;=\; 0$$

然后接着求解如下子问题 2:

$$\max \quad (70x_3^j + 60x_4^j) - \begin{bmatrix} 0, & 0, & 0 \end{bmatrix} \cdot \begin{bmatrix} 7x_3^j + 5x_4^j, & 0, & 1 \end{bmatrix}^{\mathrm{T}}$$

$$\text{s.t.} \quad 3x_3^j + 2x_4^j \leqslant 15$$

$$x_3^j + x_4^j \leqslant 4$$

$$x_3^j, x_4^j \geqslant 0$$

用 Gurobi 求解该子问题，代码及结果如下：

DWInstancePhase2Step1SP2

```
SP2 = Model('SubProblem 2')
xx = {}
for i in range(2):
    xx[i+1] = SP2.addVar(lb=0, ub=GRB.INFINITY, vtype=GRB.CONTINUOUS, name=
        'xx' + str(i+1))

SP2.setObjective(70 * xx[1] + 60 * xx[2], GRB.MAXIMIZE)
SP2.addConstr(3 * xx[1] + 2 * xx[2]   <= 15)
SP2.addConstr(xx[1] + xx[2]   <= 4)
SP2.optimize()
print('Objective = \t', SP2.ObjVal)
for var in SP2.getVars():
    print(var.varName, '= \t', var.x)

[Out]:
Objective =      280.0
xx1 =    4.0
xx2 =    0.0
```

子问题目标函数 $280 > 0$，因此可以产生新列。新列的目标函数系数为 $70x_3^j + 60x_4^j =$

$70 \times 4 = 280$。然后我们构造列

$$\begin{bmatrix} 70x_3^j + 60x_4^j \\ 7x_3^j + 5x_4^j \\ 0 \\ 1 \end{bmatrix} = \begin{bmatrix} 280 \\ 28 \\ 0 \\ 1 \end{bmatrix} = \begin{bmatrix} \text{obj} \\ \text{central constraint} \\ \text{convex constraint 1} \\ \text{convex constraint 2} \end{bmatrix}$$

所以，主问题中就可以将该列加入。主问题模型变化为

$$\max \quad z = \quad 800\mu_2 \quad + \quad 280\lambda_2 + s \tag{16.42}$$

$$60\mu_2 \quad + \quad 28\lambda_2 - s \leqslant 80 \tag{16.43}$$

$$\mu_1 + \quad \mu_2 \qquad\qquad = 1 \tag{16.44}$$

$$\lambda_1 + \quad \lambda_2 \quad = 1 \tag{16.45}$$

$$\mu_1, \quad \mu_2, \ \lambda_1, \quad \lambda_2, \ s \ \geqslant \ 0 \tag{16.46}$$

$$s = 0$$

求解更新后的主问题的代码如下：

PythonGurobiDWExampleStep2RMP

```
new_columns = [[800, 60, 1, 0]
              ,[280, 28, 0, 1]
              ]
for i in range(2):
    rmp_col = Column(new_columns[i][1:], rmp_cons)
    rmp_vars.append(RMP.addVar(lb=0.0
                              , ub=1
                              , obj=new_columns[i][0]    # obj=new_obj_coef
                              , vtype=GRB.CONTINUOUS
                              , name='y'  #name='y_' + str(len(rmp_vars))
                              , column=rmp_col
                              ))
RMP.remove(rmp_vars[0])      # remove slack variable
del rmp_vars[0]
RMP.update()                 # update model
RMP.write('DW.lp')
RMP.optimize()
rmp_dual = RMP.getAttr("Pi", RMP.getConstrs())
print('rmp_dual = ', rmp_dual)

[Out]:
rmp_dual = [10.0, 200.0, 0.0]
```

```
23 Objective =        1000.0
24 s_1 =      0.0
25 y1 =       0.0
26 y2 =       0.2857142857142858
27 y5 =       1.0
28 y6 =       0.7142857142857143
```

新的对偶变量为 $\boldsymbol{\pi}^{\mathrm{T}} = [10, 200, 0]$。

2. Iteration 2

继续更新子问题 1，首先，目标函数更新为

$$\left(90x_1^i + 80x_2^i\right) - \begin{bmatrix} 10, & 200, & 0 \end{bmatrix} \cdot \begin{bmatrix} 8x_1^i + 6x_2^i, & 1, & 0 \end{bmatrix}^{\mathrm{T}} = 90x_1^i + 80x_2^i - 80x_1^i - 60x_2^i - 200$$
$$= 10x_1^i + 20x_2^i - 200$$

子问题 1 更新为

$$\max \quad 10x_1^i + 20x_2^i - 200$$
$$\text{s.t.} \quad 3x_1^i + x_2^i \leqslant 12$$
$$2x_1^i + x_2^i \leqslant 10$$
$$x_1^i, x_2^{i} \geqslant 0$$

求解该子问题的代码及结果如下：

DWInstancePhase2Step2SP1

```
1  SP1 = Model('SubProblem 1')
2  x = {}
3  for i in range(2):
4      x[i+1] = SP1.addVar(lb=0, ub=GRB.INFINITY, vtype=GRB.CONTINUOUS, name= '
       x' + str(i+1))
5
6  SP1.setObjective(10 * x[1] + 20 * x[2] - 200, GRB.MAXIMIZE)
7  SP1.addConstr(3 * x[1] + x[2]   <= 12)
8  SP1.addConstr(2 * x[1] + x[2]   <= 10)
9  SP1.optimize()
10 print('Objective = \t', SP1.ObjVal)
11 for var in SP1.getVars():
12     print(var.varName, '= \t', var.x)
13
14 [Out]:
15 Objective =       0
16 x1 =      0.0
```

```
17  x2 =          10.0
```

因为目标函数为 0，也就是检验数为 0，所以不会产生新列。之后的迭代中，可以直接跳过子问题 1。

接着求解子问题 2。子问题 2 的目标函数更新为

$$\left(70x_3^j + 60x_4^j\right) - \begin{bmatrix} 10, & 200, & 0 \end{bmatrix} \cdot \begin{bmatrix} 7x_3^j + 5x_4^j, & 0, & 1 \end{bmatrix}^{\mathrm{T}} = 10x_4^j$$

子问题 2 更新为

$$
\begin{aligned}
\max \quad & 10x_4^j \\
\text{s.t.} \quad & 3x_3^j + 2x_4^j \leqslant 15 \\
& x_3^j + x_4^j \leqslant 4 \\
& x_3^j, x_4^j \geqslant 0
\end{aligned}
$$

求解该子问题的代码及结果如下：

PythonGurobiDWExampleStep1SP2

```
1   SP2 = Model('SubProblem 2')
2   xx = {}
3   for i in range(2):
4       xx[i+1] = SP2.addVar(lb=0, ub=GRB.INFINITY, vtype=GRB.CONTINUOUS, name=
            'xx' + str(i+1))
5
6   SP2.setObjective(0 * xx[1] + 10 * xx[2], GRB.MAXIMIZE)
7   SP2.addConstr(3 * xx[1] + 2 * xx[2]   <= 15)
8   SP2.addConstr(xx[1] + xx[2]   <= 4)
9   SP2.optimize()
10  print('Objective = \t', SP2.ObjVal)
11  for var in SP2.getVars():
12      print(var.varName, '= \t', var.x)
13
14  [Out]:
15  Objective =          40.0
16  xx1 =      0.0
17  xx2 =      4.0
```

子问题目标函数 $40 > 0$，因此可以产生新列。新列的目标函数系数为 $70x_3^j + 60x_4^j = 60 \times 4 = 240$。然后构造列

$$
\begin{bmatrix}
70x_3^j + 60x_4^j \\
7x_3^j + 5x_4^j \\
0 \\
1
\end{bmatrix}
=
\begin{bmatrix}
240 \\
20 \\
0 \\
1
\end{bmatrix}
=
\begin{bmatrix}
\text{obj} \\
\text{central constraint} \\
\text{convex constraint 1} \\
\text{convex constraint 2}
\end{bmatrix}
$$

所以，主问题中就可以将该列加入。主问题模型变化为

$$\max \quad z = \quad 800\mu_2 \quad\quad +280\lambda_2+240\lambda_3+s \tag{16.47}$$

$$\text{s.t.} \quad\quad 60\mu_2 \quad\quad + 28\lambda_2+ 20\lambda_3-s \leqslant 80 \tag{16.48}$$

$$\mu_1+ \quad \mu_2 \quad\quad\quad\quad\quad\quad\quad\quad = 1 \tag{16.49}$$

$$\lambda_1+ \quad \lambda_2+ \quad \lambda_3 \quad\quad = 1 \tag{16.50}$$

$$\mu_1, \quad\quad \mu_2, \quad \lambda_1, \quad\quad \lambda_2, \quad\quad \lambda_3, \quad s \geqslant 0 \tag{16.51}$$

$$s = 0$$

下面求解更新后的主问题，代码及结果如下：

DWInstancePhase2Step2RMP

```python
new_columns = [[240, 20, 0, 1]
              ]
for i in range(1):
    rmp_col = Column(new_columns[i][1:], rmp_cons)
    rmp_vars.append(RMP.addVar(lb=0.0
                    , ub=GRB.INFINITY
                    , obj=new_columns[i][0]    # obj=new_obj_coef
                    , vtype=GRB.CONTINUOUS
                    , name='y'+ str(i+1) #name='y_' + str(len(rmp_vars))
                    , column=rmp_col
                    ))
# RMP.remove(rmp_vars[0])
# del rmp_vars[0]
RMP.update()
RMP.write('DW.lp')
RMP.optimize()
rmp_dual = RMP.getAttr("Pi", RMP.getConstrs())
print('rmp_dual = ', rmp_dual)
print('Objective = \t', RMP.ObjVal)
for var in RMP.getVars():
    print(var.varName, '= \t', var.x)

[Out]:
rmp_dual =  [10.0, 0.0, 40.0]
Objective =      840.0
s_1 =      0.0
y1 =      0.25
y2 =      0.0
y1 =      0.75
```

```
30 y2 =        0.0
31 y1 =        1.0
```

新的对偶变量为 $\boldsymbol{\pi}^{\mathrm{T}} = [10, 0, 40]$。

3. Iteration 3

由于之前子问题 1 已经没有新列产生，我们直接来看子问题 2。

子问题 2 的目标函数更新为

$$\left(70x_3^j + 60x_4^j\right) - \begin{bmatrix} 10, & 0, & 40 \end{bmatrix} \cdot \begin{bmatrix} 7x_3^j + 5x_4^j, & 0, & 1 \end{bmatrix}^{\mathrm{T}} = 10x_4^j - 40$$

子问题 2 更新为

$$
\begin{aligned}
\max \quad & 10x_4^j - 40 \\
\text{s.t.} \quad & 3x_3^j + 2x_4^j \leqslant 15 \\
& x_3^j + x_4^j \leqslant 4 \\
& x_3^j, x_4^j \geqslant 0
\end{aligned}
$$

求解该子问题的代码及结果如下：

PythonGurobiDWExampleStep3SP2

```
1  SP2 = Model('SubProblem 2')
2  xx = {}
3  for i in range(2):
4      xx[i+1] = SP2.addVar(lb=0, ub=GRB.INFINITY, vtype=GRB.CONTINUOUS, name=
           'xx' + str(i+1))
5
6  SP2.setObjective(0 * xx[1] + 10 * xx[2] - 40, GRB.MAXIMIZE)
7  SP2.addConstr(3 * xx[1] + 2 * xx[2]   <= 15)
8  SP2.addConstr(xx[1] + xx[2]   <= 4)
9  SP2.optimize()
10 print('Objective = \t', SP2.ObjVal)
11 for var in SP2.getVars():
12     print(var.varName, '= \t', var.x)
13
14 [Out]:
15 Objective =        -0.0
16 xx1 =        0.0
17 xx2 =        4.0
```

没有新列产生。迭代终止。最终的主问题变成

$$\max \quad z = \quad 800\mu_2 \quad +280\lambda_2+240\lambda_3+s \tag{16.52}$$

$$60\mu_2 \quad + 28\lambda_2 + 20\lambda_3 - s \leqslant 80 \quad\quad (16.53)$$

$$\mu_1 + \quad \mu_2 \quad\quad\quad\quad = 1 \quad\quad (16.54)$$

$$\lambda_1 + \quad \lambda_2 + \quad \lambda_3 \quad = 1 \quad\quad (16.55)$$

$$\mu_1, \quad \mu_2, \lambda_1, \quad \lambda_2, \quad \lambda_3, \ s \geqslant 0 \quad\quad (16.56)$$

$$s = 0$$

求解该主问题的代码及结果如下：

DWInstancePhase2Step2RMPFinal

```python
new_columns = [[240, 20, 0, 1]
              ]
for i in range(1):
    rmp_col = Column(new_columns[i][1:], rmp_cons)
    rmp_vars.append(RMP.addVar(lb=0.0
                        , ub=GRB.INFINITY
                        , obj=new_columns[i][0]   # obj=new_obj_coef
                        , vtype=GRB.CONTINUOUS
                        , name='y'+ str(i+7)  #name='y_' + str(len(rmp_vars))
                        , column=rmp_col
                        ))
# RMP.remove(rmp_vars[0])
# del rmp_vars[0]
RMP.update()
RMP.write('DW.lp')
RMP.optimize()
rmp_dual = RMP.getAttr("Pi", RMP.getConstrs())
print('rmp_dual = ', rmp_dual)
print('Objective = \t', RMP.ObjVal)
for var in RMP.getVars():
    print(var.varName, '= \t', var.x)

[Out]:
rmp_dual =  [12.0, 80.0, 0.0]
Objective =      1040.0
s_1 =      0.0
y1 =      0.0
y2 =      0.0
y5 =      1.0
y6 =      0.0
y7 =      1.0
```

因此，得到最优值为 1040。其中 y_5 对应的极点为 $[0, 10]$，是属于子问题 1 产生的极点，因此 $[x_1, x_2] = y_5 \cdot [0, 10] = [0, 10]$。$y_7$ 对应的极点为 $[0, 4]$，是属于子问题 2 产生的极点，因此 $[x_3, x_4] = y_7 \cdot [0, 4] = [0, 4]$。因此原问题的最优解为 $[x_1, x_2, x_3, x_4] = [0, 10, 0, 4]$。

至此，用列生成的方法结合 Gurobi 的 Python 接口，实现了 Dantzig-Wolfe 分解算法的详细迭代过程。在实际大规模问题中，我们可以将上述过程写成循环，以实现自动化运行整个算法的目的。

在后面的章节中将利用上述思路，用 Dantzig-Wolfe 分解算法求解多商品网络流问题（MCNF）以及带时间窗的车辆路径规划问题（Vehicle Routing Problem with Time Windows，VRPTW）。

16.5 Python 调用 Gurobi 实现 Dantzig-Wolfe 分解求解多商品流运输问题

16.5.1 多商品网络流模型的区块结构

我们以多商品网络流（Multicommodity Network Flow，MCNF）问题为例，阐述用 DW 分解算法求解该问题的整体思路。

首先参照第 2 章相关内容，给出 MCNF 的模型（点-弧模型，Node-Arc Model）如下：

$$\min \quad \sum_{k \in K} \sum_{k} c_{ij}^k x_{ij}^k \tag{16.57}$$

$$\sum_{j \in V} x_{ij}^k - \sum_{i \in V} x_{ji}^k = \begin{cases} d_k, & i = s_k, \ \forall i \in V \\ -d_k, & i = t_k, \ \forall i \in V \\ 0, & \text{其他}, \ \forall i \in V \end{cases} \tag{16.58}$$

$$\sum_{k \in K} x_{ij}^k \leqslant u_{ij}, \quad \forall (i,j) \in A \tag{16.59}$$

$$x_{ij}^k \geqslant 0, \quad \forall (i,j) \in A, k \in K \tag{16.60}$$

为了方便分解，我们将模型改写为

$$\min \quad \sum_{k \in K} \sum_{(i,j) \in A} c_{ij}^k x_{ij}^k \tag{16.61}$$

$$\sum_{j \in V} x_{ij}^k - \sum_{i \in V} x_{ji}^k = b_i^k, \quad \forall i \in V, \ \forall k \in K \tag{16.62}$$

$$\sum_{k} x_{ij}^k \leqslant u_{ij}, \quad \forall (i,j) \in A \tag{16.63}$$

$$x_{ij}^k \geqslant 0, \quad \forall (i,j) \in A, \ \forall k \in K \tag{16.64}$$

其中，当 $i = s_k$ 时，$b_i^k = d_k$；当 $i = t_k$ 时，$b_i^k = -d_k$；其余情况 $b_i^k = 0$。

观察得知约束 (16.62) 中是针对 $\forall k \in K$ 的，而约束 (16.63) 却只针对 $\forall (i,j) \in A$，因此可以判断，该模型是符合块角矩阵形式的。其中，约束 (16.63) 是每一条弧 (i,j) 上所有商品流 k 的加和。而约束 (16.62) 则可以按照商品流序号 k 分成 $|K|$ 个块。正好可以使用 DW 分解算法来求解。

也许上述描述对于初学者来讲并不是很清楚，那么我们继续以文献（Cappanera and Scaparra，2011）中的例子来讲解。示例网络如图 16.4所示。

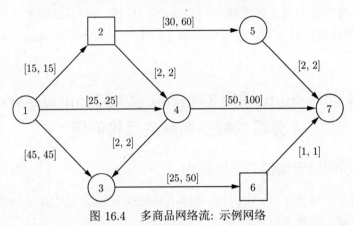

图 16.4　多商品网络流: 示例网络

假设我们考虑有 2 个商品流，分别表示如下：

（1）commodity 1：[1, 7, 25]；

（2）commodity 2：[2, 6, 2]；

其中，[1, 7, 25] 表示起点为 1、终点为 7、需求是 25 单位。我们继续用 Excel 将其具体模型写出来。整理可以得出如图 16.5所示的表格。

根据图 16.5中的信息，我们就很清楚地看到 MCNF 的区块结构。

16.5.2　多商品流运输问题: Dantzig-Wolfe 分解求解

本章的实践中我们不做 MCNF 的具体实现，我们仅做多商品流运输问题（Multicommodity Transportation Problem, MCTP）的实现。回顾第 2 章的内容，我们知道 MCNF 和 MCTP 的区别在于，MCTP 中货物并没有网络中间点的转运，而是直接从起点运输到终点。我们首先在此给出 MCTP 的数学模型如下：

$$\min \sum_{k \in K} \sum_{(i,j) \in A} c_{ij}^k x_{ij}^k \tag{16.65}$$

$$\sum_{j \in C} x_{ij}^k = s_i^k \qquad \forall i \in S,\ \forall k \in K \tag{16.66}$$

$$\sum_{i \in S} x_{ij}^k = d_j^k, \qquad \forall j \in C,\ \forall k \in K \tag{16.67}$$

$$\sum_{k \in K} x_{ij}^k \leqslant u_{ij}, \qquad \forall (i,j) \in A \tag{16.68}$$

$$x_{ij}^k \geqslant 0, \qquad \forall (i,j) \in A,\ \forall k \in K \tag{16.69}$$

	A	B	C	D	E	F	G	H	I	J	K	L	M	N	O	P	Q	R	S	T	U	V	W
1	cost	15	25	45	30	2	50	2	25	1		15	25	45	30	2	50	2	25	1		
2	min	x.1.2.0	x.1.4.0	x.1.3.0	x.2.5.0	x.4.7.0	x.4.7.0	x.3.6.0	x.6.7.0		x.1.2.1	x.1.4.1	x.1.3.1	x.2.5.1	x.2.4.1	x.5.7.1	x.4.7.1	x.4.3.1	x.3.6.1	x.6.7.1		RHS
3	org, 1,0																					=	25
4	inter, 2,0	-1																				=	0
5	inter, 3,0			-1																		=	0
6	inter, 4,0		-1																			=	0
7	inter, 5,0				-1																	=	0
8	inter, 6,0																					=	0
9	des, 7,0								-1													=	-25
10	inter, 1,1																					=	0
11	org, 2,1											-1										=	2
12	inter, 3,1																					=	0
13	inter, 4,1																					=	0
14	inter, 5,1																					=	0
15	des, 6,1																			-1		=	-2
16	inter, 7,1																				-1	=	0
17	capacity, 1,2	1																				<=	15
18	capacity, 1,4		1																			<=	25
19	capacity, 1,3			1																		<=	45
20	capacity, 2,5				1																	<=	60
21	capacity, 2,4					1																<=	2
22	capacity, 5,7						1															<=	2
23	capacity, 4,7							1														<=	100
24	capacity, 4,3								1													<=	2
25	capacity, 3,6																			1		<=	50
26	capacity, 6,7																				1	<=	1

图 16.5　MCNF 模型的表格形式：2 个区块

可以看出，约束 (16.66) 和约束 (16.67) 都是带有 $\forall k \in K$ 的，是很明显的分块矩阵，而约束 (16.68) 则是中心约束。

我们将模型 (16.65) 按照商品流 $k \in K$ 分解为 $|K|$ 个子问题，每一个子问题中我们固定了商品流 k，因此子问题中下标 k 可以省略，子问题的具体形式为

$$\min \quad \sum_{(i,j)\in A} c_{ij} x_{ij} \tag{16.70}$$

$$\text{s.t.} \quad \sum_{j\in C} x_{ij} = s_i, \qquad \forall i \in S \tag{16.71}$$

$$\sum_{i\in S} x_{ij} = d_j, \qquad \forall j \in C \tag{16.72}$$

$$x_{ij} \geqslant 0, \qquad \forall (i,j) \in A \tag{16.73}$$

而主问题就只保留中心约束，即为

$$\min \quad \sum_{k\in K}\sum_{(i,j)\in A} c_{ij}^k x_{ij}^k \tag{16.74}$$

$$\text{s.t.} \quad \sum_{k\in K} x_{ij}^k \leqslant u_{ij}, \qquad \forall (i,j) \in A \tag{16.75}$$

$$x_{ij}^k \geqslant 0, \qquad \forall (i,j) \in A,\ \forall k \in K \tag{16.76}$$

但是由于我们使用了 DW 分解，就不能继续沿用原变量 x_{ij}^k 了，我们这里把 DW 分解产生的列对应的变量叫作 $\boldsymbol{\lambda}$，而第 k 个子问题产生的第 v 个极点对应的列产生的变量则为 $\lambda_{k,v}$。假设我们使用启发式算法或者两阶段法首先初始化了主问题，产生了一些初始的列 $\boldsymbol{y}_0$（或者人工变量），这些列对应的约束系数矩阵为 $\boldsymbol{B}_0$，则初始主问题可以写成

$$\min \quad \boldsymbol{c}_0^{\mathrm{T}} \boldsymbol{y}_0 \tag{16.77}$$

$$B_{ij}^0 \boldsymbol{y}_0 \leqslant u_{ij}, \qquad \forall (i,j) \in A \tag{16.78}$$

$$\text{Null} = \text{Null} \qquad \forall k \in K \rightarrow \text{ 凸组合约束} \tag{16.79}$$

$$\boldsymbol{y}_0 \geqslant \boldsymbol{0} \tag{16.80}$$

当产生了一系列 $\boldsymbol{\lambda}$ 以后，我们的主问题中的凸组合约束（convex combination constraints）就不再为空。我们用 $\bar{x}$ 表示子问题的解（或者子问题的极点），因此主问题就更新为

$$\min_{\boldsymbol{\lambda}} \quad \boldsymbol{c}_0^{\mathrm{T}} \boldsymbol{y}_0 + \sum_{k \in K} \sum_{v=1}^{\mathrm{SP}_k} \left(\boldsymbol{c}_k^{\mathrm{T}} \bar{\boldsymbol{x}}_k^{(v)} \right) \lambda_{k,v} \tag{16.81}$$

$$\text{s.t.} \quad B_{ij}^0 \boldsymbol{y}_0 + \sum_{k \in K} \sum_{v=1}^{\mathrm{SP}_k} \left(\boldsymbol{B}_k \bar{\boldsymbol{x}}_k^{(v)} \right) \lambda_{k,v} \leqslant u_{ij}, \quad \forall (i,j) \in A \tag{16.82}$$

$$\sum_{v=1}^{\mathrm{SP}_k} \delta_{k,v} \lambda_{k,v} = 1, \qquad\qquad \forall k \in K \tag{16.83}$$

$$\boldsymbol{y}_0 \geqslant \boldsymbol{0} \tag{16.84}$$

$$\lambda_{k,v} \geqslant 0, \qquad\qquad \forall k \in K, \forall v \in \mathrm{SP}_k \tag{16.85}$$

其中，SP_k 表示由第 k 个子问题产生的极点的个数或者极射线的集合的大小。$\boldsymbol{c}_k^{\mathrm{T}} \bar{\boldsymbol{x}}_k^{(v)}$ 表示第 k 个子问题产生的第 v 个极点或者极射线对应的解产生的总成本（一个极点就对应子问题的一个基可行解，其实就是子问题中 x_{ij} 的取值 $\bar{x}_{ij}$，这里为了简略直接将子问题 k 的解写成了 $\bar{\boldsymbol{x}}_k$，但是其实 $\bar{\boldsymbol{x}}_k$ 是一个 $|A|$ 维的向量）。也就是这个极点 j（或者解）如果被选择，会对主问题的目标函数贡献多少。而这个极点对应的主问题的决策变量（或者主问题的列）就是 $\lambda_{k,v}$；并且有

$$\boldsymbol{c}_k^{\mathrm{T}} \bar{\boldsymbol{x}}_k^{(v)} = \sum_{(i,j) \in A} c_{ij} \bar{x}_{ij}$$

这里 x_{ij} 是第 k 个子问题中的决策变量，$\bar{x}_{ij}$ 就是子问题的一个解（或者极点）。

$\lambda_{k,v}$ 在中心约束中的约束系数就是对应第 k 个子问题对弧段 (i,j) 贡献的总流量，也就是 $\boldsymbol{B}_k \bar{\boldsymbol{x}}_k^{(v)}$，且在主问题第 (i,j) 个中心约束中，$\lambda_{k,v}$ 的约束系数为

$$\lambda_{k,v} \text{在中央约束中的约束系数} = \boldsymbol{B}_k \bar{\boldsymbol{x}}_k^{(v)} = \bar{x}_{ij}$$

因为只有 x_{ij} 才是弧 (i,j) 上的流量。

另外，参数 $\delta_{k,v}$ 是 $\lambda_{k,v}$ 在凸组合约束中的系数。$\lambda_{k,v}$ 只有在对应的第 k 个子问题对应的凸组合约束中，系数才为 1，其他情况均为 0。也就是

$$\delta_{k,v} = \begin{cases} 1, & k = k_0 \\ 0, & \text{其他} \end{cases}$$

其中，k_0 是当前子问题的 ID。

因此，主问题的形式可以进一步写成更具体的形式，如下：

$$\min_{\boldsymbol{\lambda}} \quad \boldsymbol{c}_0^{\mathrm{T}} \boldsymbol{y}_0 + \sum_{k \in K} \sum_{v=1}^{\mathrm{SP}_k} \left(\sum_{(i,j) \in A} c_{ij}^k \bar{x}_{ij}^{(v)} \right) \lambda_{k,v} \tag{16.86}$$

$$\boldsymbol{B}_{ij}^0 \boldsymbol{y}_0 + \sum_{k \in K} \sum_{v=1}^{\mathrm{SP}_k} \left(\bar{x}_{ij}^{(v)} \right) \lambda_{k,v} \leqslant u_{ij}, \qquad \forall (i,j) \in A \tag{16.87}$$

$$\sum_{v=1}^{\mathrm{SP}_k} \delta_{k,v} \lambda_{k,v} = 1, \qquad \forall k \in K \tag{16.88}$$

$$\boldsymbol{y}_0 \geqslant \boldsymbol{0} \tag{16.89}$$

$$\lambda_{k,v} \geqslant 0 \tag{16.90}$$

如果我们将其展开，就是下面的形式：

$$\min_{\boldsymbol{\lambda}} \; \boldsymbol{c}_0^{\mathrm{T}} \boldsymbol{y}_0 + \left(\sum_{(i,j)} c_{ij}^1 \bar{x}_{ij}^{(1)} \right) \lambda_{1,1} + \left(\sum_{(i,j)} c_{ij}^1 \bar{x}_{ij}^{(2)} \right) \lambda_{1,2} + \cdots + \left(\sum_{(i,j)} c_{ij}^2 \bar{x}_{ij}^{(1)} \right) \lambda_{2,1} + \left(\sum_{(i,j)} c_{ij}^2 \bar{x}_{ij}^{(2)} \right) \lambda_{2,2} + \cdots$$

$$\begin{array}{llllll}
\boldsymbol{y}_0 & + \left(\bar{x}_{12}^{(1)} \right) \lambda_{1,1} & + \left(\bar{x}_{12}^{(2)} \right) \lambda_{1,2} & + \cdots + \left(\bar{x}_{12}^{(1)} \right) \lambda_{2,1} & + \left(\bar{x}_{12}^{(2)} \right) \lambda_{2,2} & + \cdots \leqslant u_{12} \\
\boldsymbol{y}_0 & + \left(\bar{x}_{23}^{(1)} \right) \lambda_{1,1} & + \left(\bar{x}_{23}^{(2)} \right) \lambda_{1,2} & + \cdots + \left(\bar{x}_{23}^{(1)} \right) \lambda_{2,1} & + \left(\bar{x}_{23}^{(2)} \right) \lambda_{2,2} & + \cdots \leqslant u_{23} \\
\vdots & \vdots & \vdots & \vdots & \vdots & \vdots \\
& \lambda_{1,1} & + \lambda_{1,2} & + \cdots & & = 1 \\
& & & \lambda_{2,1} & + \lambda_{2,2} & + \cdots = 1 \\
\boldsymbol{y}_0, & \lambda_{1,1}, & \lambda_{1,2}, & \cdots \lambda_{2,1}, & \lambda_{2,2}, & \cdots \geqslant 0 \\
& & & & & \boldsymbol{y}_0 = \boldsymbol{0}
\end{array}$$

由于子问题规模也不小，因此极点数量较多，直接一开始就列举出来是不现实的。要用列生成的办法来做。

首先来推导子问题的目标函数。子问题就是找到检验数为负的列。用 π_1^{ij} 表示约束 (16.87) 的对偶变量，用 π_2^k 表示约束 (16.88) 的对偶变量，则主问题中一列的检验数为

$$\sigma_{k,v} = \left(\boldsymbol{c}_k^{\mathrm{T}} \bar{\boldsymbol{x}}_k^{(v)} \right) - \boldsymbol{\pi}^{\mathrm{T}} \begin{bmatrix} \boldsymbol{B}_k \bar{\boldsymbol{x}}_k^{(v)} \\ \boldsymbol{\delta}_{k,v} \end{bmatrix} \tag{16.91}$$

$$= \left(\boldsymbol{c}_k^{\mathrm{T}} - \boldsymbol{\pi}_1^{\mathrm{T}} \boldsymbol{B}_k \right) \bar{\boldsymbol{x}}_k^{(v)} - \boldsymbol{\pi}_2^{\mathrm{T}} \boldsymbol{\delta}_{k,v} \tag{16.92}$$

$$= \left(\sum_{(i,j) \in A} \left(c_{ij}^k - \pi_1^{ij} \right) \bar{x}_{ij}^{(v)} \right) - \pi_2^k \tag{16.93}$$

因此，子问题就更新为

$$\min_{\boldsymbol{x}} \sigma_k = \left(\sum_{(i,j) \in A} \left(c_{ij} - \pi_1^{ij} \right) x_{ij} \right) - \pi_2 \tag{16.94}$$

$$\text{s.t.} \sum_{j \in C} x_{ij} = s_i, \qquad \forall i \in S \tag{16.95}$$

$$\sum_{i \in S} x_{ij} = d_j, \qquad\qquad \forall j \in C \qquad\qquad (16.96)$$

$$x_{ij} \geqslant 0, \qquad\qquad \forall (i,j) \in A \qquad\qquad (16.97)$$

若子问题目标函数为负，则可以产生如下新列（假设针对子问题 1，此时 $k = 1$）：

$$\text{new column} = \begin{bmatrix} \sum_{(i,j)} c_{ij}^1 \bar{x}_{ij}^{(v)} \\ \bar{x}_{12}^{(v)} \\ \bar{x}_{23}^{(v)} \\ \vdots \\ 1 \\ 0 \\ \vdots \\ 0 \end{bmatrix} \cdot \lambda_{1,v} = \begin{bmatrix} \text{目标函数中的系数} \\ \text{弧}(1,2)\text{对应中央约束中的约束系数} \\ \text{弧}(2,3)\text{对应中央约束中的约束系数} \\ \vdots \\ \text{子问题 1 对应凸约束中的约束系数} \\ \text{子问题 2 对应凸约束中的约束系数} \\ \vdots \\ \text{子问题 } K \text{ 对应凸约束中的约束系数} \end{bmatrix} \cdot \lambda_{1,v}$$

16.5.3 Python 调用 Gurobi 实现 Dantzig-Wolfe 分解求解多商品流运输问题

本节尝试用 Python 调用 Gurobi 实现 Dantzig-Wolfe 分解求解 MCTP。具体来讲，就是结合 16.4 节介绍的两阶段法，结合列生成的思想来实现整个 Dantzig-Wolfe 分解算法的框架。最后用一个实际的算例来测试算法，以展示算法的正确性。本章代码很大程度上参考了杉数科技算法工程师伍健[①] 共享在 github 上的代码。该代码实现的算法也正是 16.5.2 节介绍的 MCTP 的模型，具体细节参考自文献（Kalvelagen，2003）。

16.5.4 完整代码

完整代码如下：

MCTP.py

```python
from __future__ import division, print_function
from gurobipy import *

class MCTP:
    def __init__(self):
        # initialize data
        self.NumOrg = 0
        self.NumDes = 0
        self.NumProduct = 0
```

---

① 伍健 E-mail 地址为 wujianjack2@163.com。

```
10          self.Supply = []
11          self.Demand = []
12          self.Capacity = []
13          self.Cost = []
14
15          # initialize variables and constraints in RMP
16          self.CapacityCons = []      # capacity constraints
17          self.var_lambda = []        # decision variable of RMP, i.e., columns
18
19          # initialize variables in subproblem
20          self.var_x = []
21
22          # initialize parameters
23          self.Iter = 0
24          self.dual_convexCons = 1
            # 凸组合约束的对偶变量，更新子问题目标函数使用
25          # 这里赋予一个初值1，为了在第一次迭代的时候，子问题目标函数能小于0,
            # 能有新的检验数为负的列产生
26          self.dual_CapacityCons = []
            # 容量约束的对偶变量，更新子问题目标函数使用
27          self.SP_totalCost = []
            # 子问题的解产生的总运输成本，在添加新列的时候，是新变量的目标函数
            # 系数
28
29      def readData(self, filename):
30          # input data
31          with open(filename, "r") as data:
32              self.NumOrg = int(data.readline())
33              self.NumDes = int(data.readline())
34              self.NumProduct = int(data.readline())
35
36              for i in range(self.NumOrg):
37                  col = data.readline().split()
38                  SupplyData = []
39                  for k in range(self.NumProduct):
40                      SupplyData.append(float(col[k]))
41                  self.Supply.append(SupplyData)
42
43              for j in range(self.NumDes):
44                  col = data.readline().split()
45                  DemandData = []
46                  for k in range(self.NumProduct):
```

```
47                    DemandData.append(float(col[k]))
48                self.Demand.append(DemandData)
49
50        for i in range(self.NumOrg):
51            col = data.readline().split()
52            CapacityData = []
53            for j in range(self.NumDes):
54                CapacityData.append(float(col[j]))
55            self.Capacity.append(CapacityData)
56
57        for i in range(self.NumOrg):
58            CostData = []
59            for j in range(self.NumDes):
60                col = data.readline().split()
61                CostData_temp = []
62                for k in range(self.NumProduct):
63                    CostData_temp.append(float(col[k]))
64                CostData.append(CostData_temp)
65            self.Cost.append(CostData)
66
67    def initializeModel(self):
68        # initialize master problem and subproblem
69        self.RMP = Model("RMP")
70        self.subProblem = Model("subProblem")
71
72        # close log information
73        self.RMP.setParam("OutputFlag", 0)
74        self.subProblem.setParam("OutputFlag", 0)
75
76        # add initial artificial variable in RMP, in order to start the algorithm
77        self.var_Artificial = self.RMP.addVar(lb = 0.0
78                                              , ub = GRB.INFINITY
79                                              , obj = 0.0
80                                              , vtype = GRB.CONTINUOUS
81                                              , name = 'Artificial'
82                                              )
83
84        # add temp capacity constraints in RMP, in order to start the algorithm
85        for i in range(self.NumOrg):
86            CapCons_temp = []
87            for j in range(self.NumDes):
88                CapCons_temp.append(self.RMP.addConstr(-self.var_Artificial
```

```
                <= self.Capacity[i][j], name = 'capacity cons'))
89          self.CapacityCons.append(CapCons_temp)
90
91      # initialize the convex combination constraints
92      self.convexCons = self.RMP.addConstr(1 * self.var_Artificial == 1,
       name = 'convex cons')
93
94      # add variables to subproblem, x is flow on arcs
95      for i in range(self.NumOrg):
96          var_x_array = []
97          for j in range(self.NumDes):
98              var_x_temp = []
99              for k in range(self.NumProduct):
100                 var_x_temp.append(self.subProblem.addVar(lb = 0.0
101                                             , ub = GRB.INFINITY
102                                             , obj = 0.0
103                                             , vtype = GRB.CONTINUOUS))
104             var_x_array.append(var_x_temp)
105         self.var_x.append(var_x_array)
106
107     # add constraints supply to subproblem
108     for i in range(self.NumOrg):
109         for k in range(self.NumProduct):
110             self.subProblem.addConstr(quicksum(self.var_x[i][j][k] for j
       in range(self.NumDes)) \
111                                             == self.Supply[i][k], name
       = 'Supply_' + str(i) + '_' + str(k))
112
113     # add constraints demand for subproblem
114     for j in range(self.NumDes):
115         for k in range(self.NumProduct):
116             self.subProblem.addConstr(quicksum(self.var_x[i][j][k] for i
       in range(self.NumOrg)) \
117                                             == self.Demand[j][k], name
       = 'Demand_' + str(j) + '_' + str(k))
118     # export the initial RMP with artificial variable
119     self.RMP.write('initial_RMP.lp')
120
121 def optimizePhase_1(self):
122     # initialize parameters
123     for i in range(self.NumOrg):
124         dual_capacity_temp = [0.0] * self.NumDes
```

```python
125             self.dual_CapacityCons.append(dual_capacity_temp)
126
127         obj_master_phase_1 = self.var_Artificial
128         obj_sub_phase_1 = -quicksum(self.dual_CapacityCons[i][j] * self.var_
    x[i][j][k] \
129                                     for i in range(self.NumOrg) \
130                                     for j in range(self.NumDes) \
131                                     for k in range(self.NumProduct)) - self.
    dual_convexCons
132
133         # set objective for RMP of Phase 1
134         self.RMP.setObjective(obj_master_phase_1, GRB.MINIMIZE)
135
136         # set objective for subproblem of Phase 1
137         self.subProblem.setObjective(obj_sub_phase_1, GRB.MINIMIZE)
138
139         # in order to make initial model is feasible, we set initial convex
            # constraints to Null
140         # and in later iteration, we set the RHS of convex constraint to 1
141         self.RMP.chgCoeff(self.convexCons, self.var_Artificial, 0.0)
142
143         # Phase 1 of Dantzig-Wolfe decomposition : to ensure the initial
            # model is feasible
144         print(" --------- start Phase 1 optimization ---------  ")
145
146         while True:
147             print("Iter: ", self.Iter)
148             # export the model and check whether it is correct
149             self.RMP.write('solve_master.lp')
150             # solve subproblem of phase 1
151             self.subProblem.optimize()
152
153             if self.subProblem.objval >= -1e-6:
154                 print("No new column will be generated, coz no negative
    reduced cost columns")
155                 break
156             else:
157                 self.Iter =  self.Iter + 1
158
159                 # compute the total cost of subproblem solution
160                 # the total cost is the coefficient of RMP when new column is added
161                 totalCost_subProblem = sum(self.Cost[i][j][k] * self.var_x[i
```

```
162                                             ][j][k].x \
163                                             for i in range(self.NumOrg) \
164                                             for j in range(self.NumDes) \
                                                for k in range(self.NumProduct))
165
166             self.SP_totalCost.append(totalCost_subProblem)
167
168             # update constraints in RMP
169             col = Column()
170             for i in range(self.NumOrg):
171                 for j in range(self.NumDes):
172                     col.addTerms(sum(self.var_x[i][j][k].x for k in
        range(self.NumProduct)), self.CapacityCons[i][j])
173
174             col.addTerms(1.0, self.convexCons)
175
176             # add decision variable lambda into RMP, i.e., extreme point
            # obtained from subproblems
177             self.var_lambda.append(self.RMP.addVar(lb = 0.0
178                                                 , ub = GRB.INFINITY
179                                                 , obj = 0.0
180                                                 , vtype = GRB.
CONTINUOUS
181                                                 , name = "lam_phase1_
        " + str(self.Iter)
182                                                 , column = col))
183
184             # solve RMP in Phase 1
185             self.RMP.optimize()
186
187             # update dual variables
188             if self.RMP.objval <= 1e-6:
189                 print("---obj of phase 1 reaches 0, phase 1 ends---")
190                 break
191             else:
192                 for i in range(self.NumOrg):
193                     for j in range(self.NumDes):
194                         self.dual_CapacityCons[i][j] = self.CapacityCons
        [i][j].pi
195
196                 self.dual_convexCons = self.convexCons.pi
197
```

```
198            # reset objective for subproblem in 'Phase 1'
199            obj_sub_phase_1 = -quicksum(self.dual_CapacityCons[i][j] *
        self.var_x[i][j][k] \
200                                        for i in range(self.NumOrg) \
201                                        for j in range(self.NumDes) \
202                                        for k in range(self.NumProduct))
        - self.dual_convexCons
203
204            self.subProblem.setObjective(obj_sub_phase_1, GRB.MINIMIZE)
205
206    def updateModelPhase_2(self):
207        # update model of Phase 2
208        print(" ----start update model of Phase 2 ----")
209
210        # set objective of RMP in Phase 2
211        obj_master_phase_2=quicksum(self.SP_totalCost[i]*self.var_lambda[i]
        for i in range(len(self.SP_totalCost)))
212
213        self.RMP.setObjective(obj_master_phase_2, GRB.MINIMIZE)
214
215        # fix the value of artificial variable to 0
216        self.var_Artificial.lb = 0
217        self.var_Artificial.ub = 0
218
219        # solve RMP in Phase 2
220        self.RMP.optimize()
221
222        # update dual variables
223        for i in range(self.NumOrg):
224            for j in range(self.NumDes):
225                self.dual_CapacityCons[i][j] = self.CapacityCons[i][j].pi
226
227        self.dual_convexCons = self.convexCons.pi
228
229        # update objective of subproblem by dual variables of RMP
230        obj_sub_phase_2 = quicksum((self.Cost[i][j][k] - self.dual_
        CapacityCons[i][j]) * self.var_x[i][j][k] \
231                                    for i in range(self.NumOrg) \
232                                    for j in range(self.NumDes) \
233                                    for k in range(self.NumProduct)) - self.
        dual_convexCons
234
```

```
235          self.subProblem.setObjective(obj_sub_phase_2, GRB.MINIMIZE)
236
237          # update iteration info
238          self.Iter = self.Iter + 1
239
240      def optimizePhase_2(self):
241          # start Phase 2 of dantzig-wolfe decomposition
242          print(" --------- start Phase 2 optimization ---------  ")
243
244          while True:
245              print("---Iter: ", self.Iter)
246
247              # solve subproblem in Phase 2
248              self.subProblem.optimize()
249
250              if self.subProblem.objval >= -1e-6:
251                  print("--- obj of subProblem reaches 0, no new columns---")
252                  break
253              else:
254                  self.Iter = self.Iter + 1
255
256                  # compute the total cost of subproblem solution
257                  # the total cost is the coefficient of RMP when new column is added
258                  totalCost_subProblem = sum(self.Cost[i][j][k] * self.var_x[i
      ][j][k].x \
259                                      for i in range(self.NumOrg) \
260                                      for j in range(self.NumDes) \
261                                      for k in range(self.NumProduct))
262
263                  # update RMP : add new column into RMP
264                  # 1. creat new column
265                  col = Column()
266                  for i in range(self.NumOrg):
267                      for j in range(self.NumDes):
268                          col.addTerms(sum(self.var_x[i][j][k].x for k in
      range(self.NumProduct)), self.CapacityCons[i][j])
269
270                  col.addTerms(1.0, self.convexCons)
271
272                  # 2. add new columns to RMP
273                  self.var_lambda.append(self.RMP.addVar(lb = 0.0
274                                                  , ub = GRB.INFINITY
```

```
275                                                              , obj = totalCost_
       subProblem
276                                                              , vtype = GRB.
       CONTINUOUS
277                                                              , name = "lam_phase2_
       " + str(self.Iter)
278                                                              , column = col))
279
280                # solve RMP of Phase 2
281                self.RMP.optimize()
282
283                # update dual variables
284                for i in range(self.NumOrg):
285                    for j in range(self.NumDes):
286                        self.dual_CapacityCons[i][j] = self.CapacityCons[i][
       j].pi
287
288                self.dual_convexCons = self.convexCons.pi
289
290                # update objective of subproblem
291                obj_sub_phase_2 = quicksum((self.Cost[i][j][k] - self.dual_
       CapacityCons[i][j]) * self.var_x[i][j][k] \
292                                            for i in range(self.NumOrg) \
293                                            for j in range(self.NumDes) \
294                                            for k in range(self.NumProduct))
         - self.dual_convexCons
295
296                self.subProblem.setObjective(obj_sub_phase_2, GRB.MINIMIZE)
297
298    def optimizeFinalRMP(self):
299        # obtain the initial solution according the RMP solution
300        opt_x = []
301        for i in range(self.NumOrg):
302            opt_x_commodity = [0.0] * self.NumDes
303            opt_x.append(opt_x_commodity)
304
305        # Dantzig-Wolfe decomposition : solve the final model
306        print(" --------- start optimization final RMP ---------  ")
307
308        # update objective for RMP
309        for i in range(self.NumOrg):
310            for j in range(self.NumDes):
```

```
311         opt_x[i][j] = self.Capacity[i][j] + self.var_Artificial.x -
      self.CapacityCons[i][j].slack
312
313         obj_master_final=quicksum(self.Cost[i][j][k] * self.var_x[i][j][k]\
314                                   for i in range(self.NumOrg) \
315                                   for j in range(self.NumDes) \
316                                   for k in range(self.NumProduct))
317
318         self.subProblem.setObjective(obj_master_final, GRB.MINIMIZE)
319
320         for i in range(self.NumOrg):
321             for j in range(self.NumDes):
322                 self.subProblem.addConstr(quicksum(self.var_x[i][j][k] for k
      in range(self.NumProduct)) == opt_x[i][j])
323
324         # solve
325         self.subProblem.setParam("OutputFlag", 1)
326         self.subProblem.optimize()
327
328     def solveMCTP(self):
329         # initialize the RMP and subproblem
330         self.initializeModel()
331
332         # Dantzig-Wolfe decomposition
333         print(" -------------------------------------------")
334         print("      Dantzig-Wolfe Decomposition starts      ")
335         print(" -------------------------------------------")
336         self.optimizePhase_1()
337
338         self.updateModelPhase_2()
339
340         self.optimizePhase_2()
341
342         self.optimizeFinalRMP()
343         print(" -------------------------------------------")
344         print("      Dantzig-Wolfe Decomposition ends        ")
345         print(" -------------------------------------------")
346
347     def reportSolution(self):
348         # report the optimal solution
349         print(" ------------------- solution info ------------------    "
      )
```

```
350        print("Objective: ", self.subProblem.objval)
351        print("Solution: ")
352        for i in range(self.NumOrg):
353            for j in range(self.NumDes):
354                for k in range(self.NumProduct):
355                    if abs(self.var_x[i][j][k].x) > 0:
356                        print("  x[%d, %d, %d] = %10.2f" % (i, j, k, round(
           self.var_x[i][j][k].x, 2)))
357
358  if __name__ == "__main__":
359      MCTP_instance = MCTP()
360      MCTP_instance.readData("MCTP.dat")
361      MCTP_instance.solveMCTP()
362      MCTP_instance.reportSolution()
```

16.5.5 算例格式说明

算例格式说明如下：

算例格式 multicommodity

```
1   3          供应商个数
2   7          客户点个数
3   3          商品种类数
4
5   400   800  200
6   700  1600  300        # supply[i, j] = sᵢⱼ, i 是供应商编号, j 是产品编号
7   800  1800  300
8
9   300   500  100
10  300   750  100
11  100   400    0
12   75   250   50                    # demand[i][j] = dᵢⱼ 需求点 i 对产品 j 的需求
13  650   950  200
14  225   850  100
15  250   500  250
16
17  625  625  625  625  625  625  625
18  625  625  625  625  625  625  625
            #容量 capacity[i][j] = uᵢⱼ, i 是起始点编号, j 是目的地编号
19  625  625  625  625  625  625  625
20
21   30   39   41
22   10   14   15
```

```
23  8  11  12
24  10  14  16
25  11  16  17
26  71  82  86
27  6  8  8
28  22  27  29
29  7  9  9
30  10  12  13        #cost[i][j][k] = c_{ij}^{k}：每一行是1个s-t对，表示3种产品的需求量
31  7  9  9
32  21  26  28                       起点1    终点1    30, 39, 41
33  82  95  99                       起点1    终点2    10, 14, 15
34  13  17  18
35  19  24  26
36  11  14  14
37  12  17  17
38  10  13  13
39  25  28  31
40  83  99  104
41  15  20  20
```

16.5.6 算例运行结果

算例运行结果如下：

Results

```
1   ------------------------------------------
2    Dantzig-Wolfe Decomposition starts
3   ------------------------------------------
4   --------- start Phase 1 optimization ---------
5   Iter:  0
6   Iter:  1
7   Iter:  2
8   Iter:  3
9   Iter:  4
10  ---obj of phase 1 reaches 0, phase 1 ends---
11   ----start update model of Phase 2 ----
12  --------- start Phase 2 optimization ---------
13  ---Iter:  6
14  ---Iter:  7
15  ---Iter:  8
16  ---Iter:  9
17  ---Iter:  10
```

```
18 ---Iter:   11
19 ---Iter:   12
20 ---Iter:   13
21 ---Iter:   14
22 ---Iter:   15
23 ---Iter:   16
24 ---Iter:   17
25 ---Iter:   18
26 ---Iter:   19
27 ---Iter:   20
28 ---Iter:   21
29 ---Iter:   22
30 ---Iter:   23
31 ---Iter:   24
32 ---Iter:   25
33 ---Iter:   26
34 --- obj of subProblem reaches 0, no new columns---
35 --------- start optimization final RMP ----------
36 Changed value of parameter OutputFlag to 1
37    Prev: 0  Min: 0  Max: 1  Default: 1
38 Gurobi Optimizer version 9.0.1 build v9.0.1rc0 (win64)
39 Optimize a model with 51 rows, 63 columns and 189 nonzeros
40 Coefficient statistics:
41   Matrix range      [1e+00, 1e+00]
42   Objective range   [6e+00, 1e+02]
43   Bounds range      [0e+00, 0e+00]
44   RHS range         [5e+01, 2e+03]
45 Iteration    Objective       Primal Inf.     Dual Inf.      Time
46        0   -1.4000000e+31   2.400000e+31   1.400000e+01      0s
47       20    1.9950000e+05   0.000000e+00   0.000000e+00      0s
48
49 Solved in 20 iterations and 0.01 seconds
50 Optimal objective  1.995000000e+05
51 ----------------------------------------
52    Dantzig-Wolfe Decomposition ends
53 ----------------------------------------
54 ----------------- solution info ------------------
55 Objective:  199500.00000000003
56 Solution:
57   x[0, 4, 0] =      400.00
58   x[0, 4, 1] =       75.00
59   x[0, 4, 2] =      150.00
```

```
60   x[0, 5, 1]  =      625.00
61   x[0, 6, 1]  =      100.00
62   x[0, 6, 2]  =       50.00
63   x[1, 0, 0]  =      275.00
64   x[1, 1, 1]  =      525.00
65   x[1, 1, 2]  =      100.00
66   x[1, 2, 1]  =      400.00
67   x[1, 3, 1]  =      234.87
68   x[1, 3, 2]  =       50.00
69   x[1, 4, 0]  =      250.00
70   x[1, 4, 1]  =      250.00
71   x[1, 4, 2]  =       50.00
72   x[1, 5, 1]  =      140.13
73   x[1, 5, 2]  =      100.00
74   x[1, 6, 0]  =      175.00
75   x[1, 6, 1]  =       50.00
76   x[2, 0, 0]  =       25.00
77   x[2, 0, 1]  =      500.00
78   x[2, 0, 2]  =      100.00
79   x[2, 1, 0]  =      300.00
80   x[2, 1, 1]  =      225.00
81   x[2, 2, 0]  =      100.00
82   x[2, 3, 0]  =       75.00
83   x[2, 3, 1]  =       15.13
84   x[2, 4, 1]  =      625.00
85   x[2, 5, 0]  =      225.00
86   x[2, 5, 1]  =       84.87
87   x[2, 6, 0]  =       75.00
88   x[2, 6, 1]  =      350.00
89   x[2, 6, 2]  =      200.00
```

16.6 Dantzig-Wolfe 分解求解 VRPTW

本节介绍 Dantzig-Wolfe 分解算法求解车辆路径规划问题（Vehicle Routing Problem，VRP），为了跟之前的章节统一，我们仍以 VRPTW 为例来讨论，具体细节参考文献 (Feillet，2010 和 Desaulniers et al., 2006)。

首先来看 VRPTW 的一般模型，即

$$\min \sum_{k\in K}\sum_{i\in V}\sum_{j\in V} c_{ij}x_{ijk} \tag{16.98}$$

$$\text{s.t.} \sum_{k\in K}\sum_{j\in V} x_{ijk} = 1, \qquad \forall i \in C \tag{16.99}$$

$$\sum_{j \in V} x_{0jk} = 1, \qquad\qquad \forall k \in K \qquad\qquad (16.100)$$

$$\sum_{i \in V} x_{ihk} - \sum_{j \in V} x_{hjk} = 0, \qquad\qquad \forall h \in C, \forall k \in K \qquad\qquad (16.101)$$

$$\sum_{i \in V} x_{i,n+1,k} = 1, \qquad\qquad \forall k \in K \qquad\qquad (16.102)$$

$$\sum_{i \in C} q_i \sum_{j \in V} x_{ijk} \leqslant Q, \qquad\qquad \forall k \in K \qquad\qquad (16.103)$$

$$s_{ik} + t_{ij} - M(1 - x_{ijk}) \leqslant s_{jk}, \qquad\qquad \forall (i,j) \in A, \forall k \in K \qquad\qquad (16.104)$$

$$e_i \leqslant s_{ik} \leqslant l_i, \qquad\qquad \forall i \in V, \forall k \in K \qquad\qquad (16.105)$$

$$x_{ijk} \in \{0,1\}, \qquad\qquad \forall (i,j) \in A, \forall k \in K \qquad\qquad (16.106)$$

观察 VRPTW 的模型，发现约束 (16.100)~(16.105) 都是对每辆车的单独约束，也就是约束都是针对 $\forall k \in K$ 的，只有约束 (16.99) 是对所有车辆 K 进行求和。因此，如果不考虑约束 (16.99)，VRPTW 的模型其实是区块结构的，即每一辆车 k 都是独立的，是一个单独的子问题。而约束 (16.99) 将不同的车辆联系起来。这正好符合 Dantzig-Wolfe 分解的条件。这里可以将约束 (16.99) 作为中央约束（central constraints），然后将约束 (16.100)~(16.105) 按照车辆编号 k 分解成为 K 个独立的子问题。

其中，每个子问题 $k \in K$ 的模型就是一个考虑资源约束（时间窗、容量）的最短路问题。由于 VRPTW 中考虑所有的车辆属性（容量等）都是相同的（也就是同质的车队），因此如果我们固定车辆的编号 k，则子问题的决策变量 x_{ijk} 的下标 k 就可以省去，简化为 x_{ij}，所以子问题的模型可以写成

$$\min \sum_{i \in V} \sum_{j \in V} c_{ij} x_{ij} \qquad\qquad (16.107)$$

$$\text{s.t.} \quad \sum_{j \in V} x_{0j} = 1, \qquad\qquad (16.108)$$

$$\sum_{i \in V} x_{ih} - \sum_{j \in V} x_{hj} = 0, \qquad\qquad \forall h \in C \qquad\qquad (16.109)$$

$$\sum_{i \in V} x_{i,n+1} = 1, \qquad\qquad (16.110)$$

$$\sum_{i \in C} q_i \sum_{j \in V} x_{ij} \leqslant Q, \qquad\qquad (16.111)$$

$$s_{ik} + t_{ij} - M(1 - x_{ij}) \leqslant s_j, \qquad\qquad \forall (i,j) \in A \qquad\qquad (16.112)$$

$$e_i \leqslant s_i \leqslant l_i, \qquad\qquad \forall i \in V \qquad\qquad (16.113)$$

$$x_{ijk} \in \{0,1\}, \qquad\qquad \forall (i,j) \in A \qquad\qquad (16.114)$$

根据本章前面的介绍，Dantzig-Wolfe 分解中，如果能将每个子问题的所有极点都穷举出来，我们就可以直接将主问题的模型完整地写出来，然后求解主问题，就可以得到最

优解。

注意：子问题的每一个极点，实际上就对应子问题的一个基可行解。但是因为在 VRPTW 中，子问题也是 MIP，所以其极点应该是子问题的 MIP 模型的所有整数可行解的凸包的顶点。

但是在很多情况下，想要穷举出子问题的所有极点是不现实的，因此我们需要用列生成的方式来生成这些极点。每次都求解一个子问题，求得的解就是一个极点。当生成一个极点（基可行解）以后，就会对应的在主问题中产生一个新列，相当于在主问题中添加了一个新的决策变量 θ_i。这个决策变量 θ_i 就表示第 i 个极点对最优解贡献的权重（weight）。并且，在将此列加入主问题的同时，还需要计算 θ_i 对应的这一列（或者这个基可行解）对目标函数的贡献度（即目标函数系数）是多少。

与列生成算法对应章节的介绍一样，我们用 Ω 表示所有子问题的所有基可行解的集合（即所有车辆的所有可行路径集合）。用 Ω' 表示用列生成算法生成的所有基可行解的集合。用 x_{ij}^k 表示第 k 辆车对应的子问题的基可行解，用 θ_u^k 表示第 k 辆车产生的第 u 个基可行解（极点）对最优解贡献的权重系数，也就是路径 $r_u^k \in \Omega'$ 在最优解中对应的系数（被选择的比例）。因此 VRPTW 的 Dantzig-Wolfe 分解方法的主问题（Master Problem）可以写成

$$\min \sum_{k\in K} \sum_{(i,j)\in A} c_{ij}\left(\sum_{r_k^u \in \Omega'} x_{ijk}\theta_k^u\right) \tag{16.115}$$

$$\text{s.t.} \quad \sum_{k\in K} \sum_{(i,j)\in A} c_{ij}\left(\sum_{r_k^u \in \Omega'} x_{ijk}\theta_k^u\right) \geqslant 1, \quad \forall i \in V\setminus\{0\} \tag{16.116}$$

$$\sum_{r_k^u \in \Omega'} \theta_k^u = 1, \qquad\qquad \forall k \in K \tag{16.117}$$

$$\theta_k^u \in \{0,1\}, \qquad\qquad \forall r_k^u \in \Omega', \forall k \in K \tag{16.118}$$

子问题的每一个基可行解（极点）都对应一条完整的路径，因此这一列对目标函数的贡献度就是这条路径的长度，因此为 $\sum_{(i,j)\in A} c_{ij}x_{ijk}$，其中 x_{ijk} 的下标 k 其实也可以没有，只是为了标识这是第 k 个子问题的解。因此该列在目标函数中产生的项就是 $\theta_k^u \cdot \sum_{(i,j)\in A} c_{ij}x_{ijk}$，实际上就是选择该条路径会增加多少行驶距离。

在中央约束 (16.116) 中，该条路径的贡献度即为这条路径访问点 i 的次数（这里我们固定点 i），因此在中央约束中，决策变量 θ_k^u 的约束系数为 $\sum_{(i,j)\in A} x_{ijk}$。

与列生成算法相应章节的做法相同，我们令

$$a_{ik} = \sum_{(i,j)\in A} x_{ijk}, \quad \forall i \in V\setminus\{0\} \tag{16.119}$$

$$c_k^u = \sum_{(i,j)\in A} c_{ij}x_{ijk} \tag{16.120}$$

则限制性主问题可以改写成下面的集分割（Set Partitioning）模型：

$$\min \quad \sum_{r_k \in \Omega'} c_k \theta_k \tag{16.121}$$

$$\text{s.t.} \quad \sum_{r_k \in \Omega'} a_{ik} \theta_k \geqslant 1, \quad \forall i \in V \setminus \{0\} \tag{16.122}$$

$$\sum_{r_k \in \Omega'} \theta_k \leqslant K \tag{16.123}$$

$$\theta_k \in \mathbb{N}, \qquad \forall r_k \in \Omega' \tag{16.124}$$

注意： 因为所有车辆都是同质的，所以所有车辆的子问题都是相同的，我们也不区分产生的路径具体来自哪辆车，直接用下标 k 表示 Ω' 中第 k 条路径。

容易观察到，上述模型和列生成算法求解 VRPTW 的情况是完全相同的。这也是一点比较重要的发现，用 Dantzig-Wolfe 分解求解 VRPTW 和用列生成算法求解 VRPTW 本质上是相同的，因此对于 Dantzig-Wolfe 分解求解 VRPTW 我们不做专门的实现，读者可以参考列生成算法求解 VRPTW 部分的代码即可。

第17章　Benders分解算法

Benders 分解算法是另外一种强大的算法，该算法由 Benders J. F. 于 1962 年首次提出。区别于列生成算法不断地添加新列，Benders 分解不断地添加新的行，是一种 Row Generation（行生成）的方法。当然，在一些鲁棒优化问题中（两阶段鲁棒优化），还会有同时使用列生成和行生成的方法，叫作列与约束生成（Column and Constraint Generation，C&CG）。掌握了本章的读者，可以继续深入研究该算法。本章就来详细地介绍 Benders 分解算法。我们首先介绍 Benders 分解的基本原理，然后以一个非常详细的例子来帮助大家理解该算法的完整过程。本章内容主要参考文献（Taşkin，2011 和 Kalvelagen，2002）。

17.1　分　解　方　法

17.1.1　Benders 分解的原理

考虑如下的问题：

$$\min_{\boldsymbol{x},\boldsymbol{y}}\quad \boldsymbol{c}^{\mathrm{T}}\boldsymbol{x} + \boldsymbol{f}^{\mathrm{T}}\boldsymbol{y} \tag{17.1}$$

$$\text{s.t.}\quad \boldsymbol{A}\boldsymbol{x} + \boldsymbol{B}\boldsymbol{y} = \boldsymbol{b} \tag{17.2}$$

$$\boldsymbol{x} \geqslant \boldsymbol{0} \tag{17.3}$$

$$\boldsymbol{y} \in Y \subseteq \mathbb{R}^q \tag{17.4}$$

其中，$\boldsymbol{x},\boldsymbol{y}$ 分别是 $p \times 1, q \times 1$ 维的决策变量。Y 是一个多面体形状的可行域，$\boldsymbol{A},\boldsymbol{B}$ 是矩阵，并且 $\boldsymbol{b},\boldsymbol{c},\boldsymbol{f}$ 是相应维度的向量。

假设变量 $\boldsymbol{y}$ 是复杂决策变量（比如整数决策变量），如果 $\boldsymbol{y}$ 被固定之后，也许由于矩阵 $\boldsymbol{A}$ 特殊的结构，问题会变得更容易求解，比如，若矩阵 $\boldsymbol{A}$ 是 unimodular 的矩阵（幺模矩阵，见第 2.4 节），则剩余部分的问题就具有整数最优解特性，直接可以松弛成 LP 求解（如果 $\boldsymbol{x}$ 是整数变量）；或者说，$\boldsymbol{y}$ 是整数变量，$\boldsymbol{x}$ 是连续变量，$\boldsymbol{y}$ 固定以后，剩余部分就变成了 LP，就可以很容易求解，从而可以通过这种思想，将原来非常复杂的问题变得更容易求解。

Benders 分解就是基于上述思想的一种分解算法。Benders 分解是将问题 (17.1) 分解成两个问题：

（1）一个主问题：包含变量 $\boldsymbol{y}$；

（2）一个子问题：包含变量 $\boldsymbol{x}$。

这 2 个问题各自求解，就比之前直接求解 (17.1) 容易很多。

首先，我们将问题 (17.1) 写成如下的等价形式：

$$\min_{\boldsymbol{y} \in Y} \quad \boldsymbol{f}^{\mathrm{T}} \boldsymbol{y} + q(\boldsymbol{y}) \qquad \text{(Master problem)}$$

$$\text{s.t.} \quad \boldsymbol{y} \in Y \subseteq \mathbb{R}^q \tag{17.5}$$

其中，$q(y)$ 就是我们所要构建的子问题的目标函数，其定义如下：

$$q(y) = \min_{\boldsymbol{x} \geqslant \boldsymbol{0}} \boldsymbol{c}^{\mathrm{T}} \boldsymbol{x} \qquad \text{(Subproblem)}$$

$$\text{s.t.} \quad \boldsymbol{A}\boldsymbol{x} = \boldsymbol{b} - \boldsymbol{B}\bar{\boldsymbol{y}} \tag{17.6}$$

$q(y)$ 就是给定了 y 以后产生的子问题 (Subproblem) 的目标函数。对于子问题来讲，y 就是一个输入参数，是一个已知的值。

当然，上述主问题 (Master problem) 和子问题也可以简单地写成

$$\min_{\boldsymbol{y} \in Y} \left[\boldsymbol{f}^{\mathrm{T}} \boldsymbol{y} + \min_{\boldsymbol{x} \geqslant \boldsymbol{0}} \left\{ \boldsymbol{c}^{\mathrm{T}} \boldsymbol{x} \,|\, \boldsymbol{A}\boldsymbol{x} = \boldsymbol{b} - \boldsymbol{B}\boldsymbol{y} \right\} \right] \tag{17.7}$$

注意到，如果存在某个 y 使得子问题无界，则可知主问题也无界，因为 $q(y)$ 无界。这就意味着原问题 (17.1)-(17.4) 也无界。

假设子问题有界，我们可以通过求解子问题来计算出 $q(y)$。在本章的代码中我们也是这么做的。这里为了阐述算法原理，先不直接求解子问题，而是取子问题的对偶，通过求解子问题的对偶问题来计算出 $q(y)$。用 $\boldsymbol{\alpha}$ 表示约束 (17.6) 的对偶变量，则子问题的对偶问题可以写成

$$\max_{\boldsymbol{\alpha}} \quad \left(\boldsymbol{b} - \boldsymbol{B}\bar{\boldsymbol{y}} \right)^{\mathrm{T}} \boldsymbol{\alpha} \qquad \text{(Subproblem-Dual)}$$

$$\text{s.t.} \quad \boldsymbol{A}^{\mathrm{T}} \boldsymbol{\alpha} \leqslant \boldsymbol{c} \tag{17.8}$$

$$\boldsymbol{\alpha} \ \text{free} \tag{17.9}$$

这里很多初学者会疑惑，为什么要取对偶？原因是这样的，我们观察对偶问题 (Subproblem-Dual) 的约束，发现该约束与 $\bar{y}$ 无关，这样就更容易处理，每次迭代中，不需要更新子问题的所有约束，只需要更新子问题的目标函数即可。其次，取对偶更重要的作用在于对偶问题可以帮助我们推出一些重要的结论。具体见下文介绍。我们通过提取约束 (17.8) 的对偶变量，就可以得到原来子问题的决策变量 x 的取值。

如果原模型 (17.1) 中的约束是 $\boldsymbol{A}\boldsymbol{x} + \boldsymbol{B}\boldsymbol{y} \geqslant \boldsymbol{b}$，则对偶问题中的对偶变量的取值范围约束 (17.9) 就变成 $\boldsymbol{\alpha} \geqslant \boldsymbol{0}$。

上文介绍到，通过观察可以发现一个关键的现象，决策变量 y 并不影响子问题的对偶问题的可行域，而只影响对偶问题的目标函数。因此，如果对偶问题的可行域为空，则必定会出现下面两种情况之一（对偶问题不可行，原问题要么无界，要么不可行）：

（1）存在某个 $y \in Y$，使得对偶问题的原问题 (Subproblem) 无界（在 y 的这种取值下，初始问题 (17.1) 也是无界的）；

（2）对于所有的 $y \in Y$，子问题 (Subproblem) 均不可行，此时初始问题 (17.1) 也是不可行的。这里为什么变成了对所有的 y 呢？因为子问题的对偶问题 (Subproblem-Dual) 的可行性与 y 的取值无关。所以只要至少存在一个 $\bar{y}$ 使得子问题的对偶问题不可行，则不论 y 取其他任何值，对偶问题也均不可行。实际上，如果不论 y 取什么值都会导致对偶问题不可行，且子问题也均不可行，则说明不存在 y 使得子问题可行，容易得出，初始问题 (17.1) 本身不可行。

以上两种情况是根据对偶定理得到的，即原问题（对偶问题）无可行解，对偶问题（原问题）无界或无可行解。这里我们需要一些对偶理论方面的知识来帮助理解上面的内容，具体参见第 4.3 节。

假设对偶问题 (Subproblem-Dual) 的可行域是非空的，非空的可行域就是由一系列极点（extreme point）或者极射线（extreme ray）构成的。因此，可以穷举出问题 (Subproblem-Dual) 的可行域的所有的极点 $(\boldsymbol{\alpha}_p^1, \cdots, \boldsymbol{\alpha}_p^I)$ 和所有的极射线 $(\boldsymbol{\alpha}_r^1, \cdots, \boldsymbol{\alpha}_r^J)$，其中，$I$ 和 J 是极点和极射线的个数。对偶问题 (Subproblem-Dual) 可以通过以下方法来等价地求解（是一种等价的求解方法，目的是将对偶问题 (Subproblem-Dual) 中的 max 变成 min 问题，从而实现主问题与子问题的交互）。

给定向量 $\bar{y}$，可以通过检查如下事项来求解子问题的对偶问题：

（1）是否存在一条极射线 $\boldsymbol{\alpha}_r^j$ 使得子问题的对偶问题无界。根据对偶定理可得，此时子问题无可行解。对偶问题无界，等价于是否存在极射线 $\boldsymbol{\alpha}_r^j$，使得 $(\boldsymbol{\alpha}_r^j)^{\mathrm{T}}(\boldsymbol{b} - \boldsymbol{B}\bar{y}) > 0$（实际上，这是一个定理，这里可以不加证明地使用这个定理）。若存在，因为对偶问题是 max 问题，所以目标函数就会取到无穷大，进而导致问题无界。对偶问题无界，则子问题的原问题就无可行解。综上，如果对偶问题有有界的可行解，则它必须满足对所有的极射线 $\boldsymbol{\alpha}_r^j$ 都有 $(\boldsymbol{\alpha}_r^j)^{\mathrm{T}}(\boldsymbol{b} - \boldsymbol{B}\bar{y}) \leqslant 0$。因此，这条约束应该被加入重构的对偶问题中。

这里需要进一步解释一下，本部分讨论的前提假设是：初始问题 (17.1) 存在有界的可行解（下同）。基于此前提，如果存在极射线 $\boldsymbol{\alpha}_r^j$ 使得 $(\boldsymbol{\alpha}_r^j)^{\mathrm{T}}(\boldsymbol{b} - \boldsymbol{B}\bar{y}) > 0$，从而使得子问题的对偶问题无界，子问题无可行解，这说明主问题提供的 $\bar{y}$ 不合适。这个不合适的 $\bar{y}$ 使得子问题无可行解。为了让主问题在任何一步迭代中都不要产生使子问题不可行的 $\bar{y}$，可以通过遍历所有可行的 $\bar{y}$，找到所有对应的极射线 $\boldsymbol{\alpha}_r^j$，如果这些 $\bar{y}$ 对应的子问题均有可行解（也就是子问题的对偶问题一定有界），则这些极射线必然均满足 $(\boldsymbol{\alpha}_r^j)^{\mathrm{T}}(\boldsymbol{b} - \boldsymbol{B}\bar{y}) \leqslant 0$。因为对所有可行的 $\bar{y}$，都满足上述表达式，所以可以直接将 $\bar{y}$ 替换成 $\boldsymbol{y}$。因此，加回到主问题的割平面形式就是 $(\boldsymbol{\alpha}_r^j)^{\mathrm{T}}(\boldsymbol{b} - \boldsymbol{B}\boldsymbol{y}) \leqslant 0$。

但是，初始化的主问题中可行的 $\bar{y}$ 非常多，对应的极射线 $\boldsymbol{\alpha}_r^j$ 以及割平面也非常多，一开始就将它们全部识别并加入是无法处理的。不过可以通过迭代，逐步将其识别并加入到主问题中。

由于上述割平面是为了帮助主问题得到使子问题可行的 $\bar{y}$，排除那些导致子问题不可行的 $\bar{y}$，这相当于找到了分解后子问题可行的必要条件，所以这个割平面也被称为 Benders feasibility cut。

（2）找到一个极点 $\boldsymbol{\alpha}_p^i$，使得目标函数 $(\boldsymbol{\alpha}_p^i)^{\mathrm{T}}(\boldsymbol{b} - \boldsymbol{B}\bar{\boldsymbol{y}})$ 取得有界的最大值。此时，子问题的原问题和对偶问题都有有限个有界的最优解。我们从这有限个解中筛选出目标值最大的解 (当然了，多个最优解的目标函数肯定是相同的，不过这不影响上面说法的正确性)，就相当于求解了子问题的对偶问题。具体来讲，可以令子问题的对偶问题的最优目标函数值为 q，则对每个极点 $\boldsymbol{\alpha}_p^i$，q 必然满足 $q \geqslant (\boldsymbol{\alpha}_p^i)^{\mathrm{T}}(\boldsymbol{b} - \boldsymbol{B}\bar{\boldsymbol{y}})$，然后设置目标函数为 $\min q$，就可以得到最优目标函数值 q，达到成功求解子问题的对偶问题的目的。

因为约束 $q \geqslant (\boldsymbol{\alpha}_p^i)^{\mathrm{T}}(\boldsymbol{b} - \boldsymbol{B}\bar{\boldsymbol{y}})$ 和目标函数 $\min q$ 共同作用后，可以达到同时找到子问题的对偶问题和子问题的最优目标值的作用，所以，为了将子问题的解对主问题产生的影响逐渐添加回去 (因为一开始是直接将子问题对主问题的影响全部忽略掉)，我们将识别子问题的最优值的约束加回到主问题中，具体来讲，就是将割平面 $q \geqslant (\boldsymbol{\alpha}_p^i)^{\mathrm{T}}(\boldsymbol{b} - \boldsymbol{B}\boldsymbol{y})$ 加回到主问题中。注意，加回主问题时，$\boldsymbol{y}$ 不再是固定后的 $\bar{\boldsymbol{y}}$，而是变成了决策变量 $\boldsymbol{y}$。这个割平面的意思是，对于给定的 $\bar{\boldsymbol{y}}$，我们通过子问题的对偶问题，得到了一个可以最大化 $(\boldsymbol{\alpha}_p^i)^{\mathrm{T}}(\boldsymbol{b} - \boldsymbol{B}\bar{\boldsymbol{y}})$ 的极点 $\boldsymbol{\alpha}_p^i$，该极点可以帮助我们得出基于 $\bar{\boldsymbol{y}}$ 的子问题的最优性的必要条件 (其实就是识别出子问题的最优目标值)，并且可以识别主问题中决策变量 q 的取值的一个下界，即 $(\boldsymbol{\alpha}_p^i)^{\mathrm{T}}(\boldsymbol{b} - \boldsymbol{B}\bar{\boldsymbol{y}})$ (该下界是确保不会剔除最优解的)。因为该下界对应的割平面是基于子问题的最优性条件得来的，所以被称为 Benders optimality cut。这里可以再做一些直观分析，在刚开始时，主问题中 q 的取值一定为 0，随着 Benders optimality cut(也就是下界) 的不断加入，主问题中 q 的取值逐渐上升，最终得到最优解对应的 q 值。这是一种追索 (recourse)，有一些欲擒故纵的味道。具体来讲，就是先忽略一部分约束的影响，然后在后期的迭代中"秋后算账"，逐渐将子问题的约束对主问题的影响加回来。

接下来，我们再从弱对偶性的角度提供另一种更好的解释，帮助读者进一步理解 Benders optimality cut。记 $q(\bar{\boldsymbol{y}}) = \boldsymbol{c}^{\mathrm{T}}\boldsymbol{x}$ 为基于主问题提供的 $\bar{\boldsymbol{y}}$ 构建的子问题的目标函数。根据弱对偶性，如果子问题和子问题的对偶问题都有有界的可行解，则一定满足 $q(\bar{\boldsymbol{y}}) = \boldsymbol{c}^{\mathrm{T}}\boldsymbol{x} \geqslant (\boldsymbol{\alpha}_p^i)^{\mathrm{T}}(\boldsymbol{b} - \boldsymbol{B}\bar{\boldsymbol{y}})$。这表明，给定 $\bar{\boldsymbol{y}}$，原始问题 (17.1) 的目标函数中 $\boldsymbol{c}^{\mathrm{T}}\boldsymbol{x}$ 的部分的下界是 $(\boldsymbol{\alpha}_p^i)^{\mathrm{T}}(\boldsymbol{b} - \boldsymbol{B}\bar{\boldsymbol{y}})$。如果我们不断改变 $\bar{\boldsymbol{y}}$，则在每个 $\bar{\boldsymbol{y}}$ 处，都必然满足 $q(\bar{\boldsymbol{y}}) = \boldsymbol{c}^{\mathrm{T}}\boldsymbol{x} \geqslant (\boldsymbol{\alpha}_p^i)^{\mathrm{T}}(\boldsymbol{b} - \boldsymbol{B}\bar{\boldsymbol{y}})$，其中 $\boldsymbol{\alpha}_p^i$ 是在对应的 $\boldsymbol{y} = \bar{\boldsymbol{y}}$ 时，子问题的对偶问题的极点。如果我们能够一次性将每个可行解 $\bar{\boldsymbol{y}}$ 对应的 $\boldsymbol{\alpha}_p^i$ 都找到，并构造割平面加到主问题中，则可以直接得到原始问题 (17.1) 的等价形式。但是可行的 $\bar{\boldsymbol{y}}$ 及其对应的极点 $\boldsymbol{\alpha}_p^i$ 和割平面非常多，最终在主问题中真正 binding 的割平面也往往只有一部分。所以我们可以通过迭代的方式，将可能会 binding 的割平面找出来，加到主问题中，这也正是 Benders 分解算法要做的事情。基于上述解释，对于所有的 $\boldsymbol{y}$，表达式

$(\boldsymbol{\alpha}_p^i)^{\mathrm{T}}(\boldsymbol{b}-\boldsymbol{By})$ 都为 $\boldsymbol{c}^{\mathrm{T}}\boldsymbol{x}$ 提供了一个下界，即 $q(\boldsymbol{y})=\boldsymbol{c}^{\mathrm{T}}\boldsymbol{x}\geqslant(\boldsymbol{\alpha}_p^i)^{\mathrm{T}}(\boldsymbol{b}-\boldsymbol{By})$。因此，在将该割平面加回到主问题时，可以直接使用 $\boldsymbol{y}$，而不再使用 $\bar{\boldsymbol{y}}$，所以加回主问题的割平面表达式为 $q\geqslant(\boldsymbol{\alpha}_p^i)^{\mathrm{T}}(\boldsymbol{b}-\boldsymbol{By})$。

此外，如果在子问题中引入一组辅助约束 $\boldsymbol{y}=\bar{\boldsymbol{y}}$，同时，使用拉格朗日松弛方法，构造相应的拉格朗日对偶问题并求解，则可以得到 Benders optimality cut 的另外一种形式，即 $q\geqslant\boldsymbol{c}^{\mathrm{T}}\bar{\boldsymbol{x}}+\boldsymbol{\pi}^{\mathrm{T}}(\boldsymbol{y}-\bar{\boldsymbol{y}})$。其中 $\bar{\boldsymbol{y}}$ 即为主问题向子问题提供的 $\boldsymbol{y}$ 的取值，$\bar{\boldsymbol{x}}$ 是直接求解子问题本身 (Subproblem) 得到的解，$\boldsymbol{\pi}$ 为子问题中约束 $\boldsymbol{y}=\bar{\boldsymbol{y}}$ 的对偶变量。这种方法也叫 Benders 对偶分解。

基于此，子问题的对偶问题 (Subproblem-Dual) 可以等价地写成如下形式：

$$\min \quad q \qquad\qquad \text{(Subproblem-Dual-Reformulated)}$$
$$\text{s.t.} \quad \left(\boldsymbol{\alpha}_r^j\right)^{\mathrm{T}}(\boldsymbol{b}-\boldsymbol{B}\bar{\boldsymbol{y}})\leqslant 0, \qquad \forall j=1,2,\cdots,J \qquad (17.10)$$
$$\left(\boldsymbol{\alpha}_p^i\right)^{\mathrm{T}}(\boldsymbol{b}-\boldsymbol{B}\bar{\boldsymbol{y}})\leqslant q, \qquad \forall i=1,2,\cdots,I \qquad (17.11)$$
$$q \text{ free} \qquad\qquad\qquad\qquad\qquad (17.12)$$

经过如上操作，子问题由原问题 (Subproblem) 的 min 变成了对偶问题 (Subproblem-Dual) 的 max，而这个 max 的对偶问题又等价于问题 Subproblem-Dual-Reformulated的 min 的形式。经过两步等价变换，Master Problem 和 Subproblem 的目标函数优化方向就达成了统一，都是 min，这样原问题和子问题就可以无缝交互，顺畅地使用 Benders 分解了。当然，这些转化是给出原问题和子问题将如何交互以及这样操作的原理。但是，在实际的代码实现中，也可以通过直接求解子问题本身，通过求解器提供的相关函数，直接获得极点和极射线，并构成对应的 Benders optimality cut 和 Benders feasibility cut，传给原问题。

注意到模型 Subproblem-Dual-Reformulated中有一个单独的变量 q，以及非常多的约束（$I+J$ 个约束）。我们将主问题 (Master problem) 中的第二项 $q(\boldsymbol{y})$ 直接用 Subproblem-Dual-Reformulated进行替换，就得到了原问题 (17.1) 或者 Master problem 的等价形式（含有变量 $\boldsymbol{y}$ 和 q）。

因此，我们可以写出原问题（Original Problem）的等价形式：

$$\min \quad \boldsymbol{f}^{\mathrm{T}}\boldsymbol{y}+q \qquad \text{(Benders Original Problem Reformulated)}$$
$$\text{s.t.} \quad \left(\boldsymbol{\alpha}_r^j\right)^{\mathrm{T}}(\boldsymbol{b}-\boldsymbol{By})\leqslant 0, \qquad \forall j=1,2,\cdots,J \qquad (17.13)$$
$$\left(\boldsymbol{\alpha}_p^i\right)^{\mathrm{T}}(\boldsymbol{b}-\boldsymbol{By})\leqslant q \qquad \forall i=1,2,\cdots,I \qquad (17.14)$$
$$\boldsymbol{y}\in Y, \quad q \text{ free} \qquad\qquad\qquad\qquad (17.15)$$

由于问题 Subproblem-Dual的极点和极射线是随着问题规模呈指数级增长的，直接尝试穷举子问题中的所有极点和极射线去构造所有的 Benders optimality cut 和 Benders feasibility cut 是不可行的做法。因此，Benders 分解首先使用这些 Cuts 里面的一个子集（也就是一部分 Cuts），并且求解"松弛的主问题"（因为松弛掉了一部分约束），这会产生一个候选最优解 $(\boldsymbol{y}^*, q^*)$。然后，我们求解子问题的对偶问题 (Subproblem-Dual)，计算出 $q(\boldsymbol{y}^*)$（此时，问题 (Subproblem-Dual) 中的 $\boldsymbol{y}$ 被固定成了 $\boldsymbol{y}^*$）。如果子问题的最优解 $q(\boldsymbol{y}^*) = q^*$，则算法停止，得到了最优解。否则，如果对偶子问题 (Subproblem-Dual) 是无界的，则构造割平面 (17.13)，并加入松弛的主问题 (Benders Original Problem Reformulated) 中去，然后再求解主问题 (Benders Original Problem Reformulated)。其中割平面 (17.13) 指的就是 Benders feasibility cuts，因为它们是问题可行的必要条件。

类似地，如果子问题有最优解 $q(\boldsymbol{y}^*) > q^*$，则构造割平面 (17.14) 并将其加入到主问题 (Benders Original Problem Reformulated) 中，然后再求解新的主问题 (Benders Original Problem Reformulated)。（约束 (17.14) 被称为 Benders optimality cuts，因为它们是主问题达到最优的必要条件）由于 I 和 J 是有限的，并且新的 feasibility cuts 和 optimality cuts 在每次迭代中都会被生成并添加到主问题中，因此，该问题会在有限次迭代之后得到最优解。

17.1.2　Benders 分解的全过程

整个 Benders 分解的流程如下。

（1）首先求解初始主问题

$$\min_{\boldsymbol{y} \in Y} \quad \boldsymbol{f}^{\mathrm{T}} \boldsymbol{y} + q(\boldsymbol{y}) \qquad \text{(Master problem)}$$

$$\text{s.t.} \quad \boldsymbol{y} \in Y \subseteq \mathbb{R}^q \qquad (17.16)$$

这样会得到最优解。最优解中 $\boldsymbol{y}$ 的值 $\bar{\boldsymbol{y}}$ 当作固定值代入下一步的迭代中。

（2）将 Master problem 中的最优解 $\bar{\boldsymbol{y}}$ 代入子问题对偶问题 (Subproblem-Dual) 中，求解 (Subproblem-Dual)

$$\max_{\boldsymbol{\alpha}} \quad (\boldsymbol{b} - \boldsymbol{B}\bar{\boldsymbol{y}})^{\mathrm{T}} \boldsymbol{\alpha} \qquad \text{(Subproblem-Dual)}$$

$$\text{s.t.} \quad \boldsymbol{A}^{\mathrm{T}} \boldsymbol{\alpha} \leqslant c \qquad (17.17)$$

$$\boldsymbol{\alpha} \text{ free} \qquad (17.18)$$

得到 (Subproblem-Dual) 的极点和极射线。如果有最优解，就获得其目标值 $q(\boldsymbol{y}^*) = \boldsymbol{\alpha}^{\mathrm{T}^*}(\boldsymbol{b} - \boldsymbol{B}\bar{\boldsymbol{y}})$。（因为 (Subproblem) 和 (Subproblem-Dual) 互为对偶，故目标值相同。）

（3）求解完子问题的对偶问题以后，将极点和极射线的相关约束加入松弛的主问题中，更新主问题，主问题变成等价的形式 (Benders Original Problem Reformulated)，求解更新后的模型：

$$\min \quad \boldsymbol{f}^{\mathrm{T}} \boldsymbol{y} + q$$

$$\text{s.t.} \quad \left(\boldsymbol{\alpha}_r^j\right)^{\mathrm{T}} (\boldsymbol{b} - \boldsymbol{B}\boldsymbol{y}) \leqslant 0, \qquad \forall j = 1, 2, \cdots, J \qquad (17.19)$$

$$\left(\boldsymbol{\alpha}_p^i\right)^{\mathrm{T}} (\boldsymbol{b} - \boldsymbol{B}\boldsymbol{y}) \leqslant q, \qquad \forall i = 1, 2, \cdots, I \qquad (17.20)$$

$$\boldsymbol{y} \in Y, \quad q \text{ free} \qquad (17.21)$$

获得目标值中 q 的值 q^*。直到 $q(y^*) = q^*$，算法停止，得到最优解。这里的终止条件也可从全局 UB 和全局 LB 得到。Benders 分解中，$f^T y + q$ 提供了一个全局 LB，$f^T y + q(y)$ 提供了一个全局 UB。因此，为 UB=LB 时，有 $q(y) = q$。

17.1.3 算法框架图

Benders 分解算法框架图如图 17.1 所示。

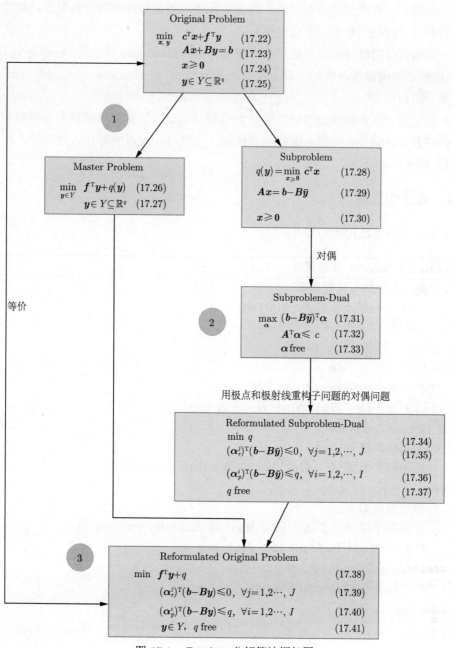

图 17.1 Benders 分解算法框架图

根据算法框图，Benders 分解算法迭代的过程如下。

（1）首先初始化模型①，且令 $q(\boldsymbol{y}) = q$。初始化后的①就等价于初始化的③，然后求解模型③，该模型松弛掉了所有关于简单变量 $\boldsymbol{x}$ 的约束（因为 $\boldsymbol{x}$ 是子问题的变量），仅留下复杂变量 $\boldsymbol{y}$ 以及只跟复杂变量 $\boldsymbol{y}$ 这一组变量相关的约束。求初始化后的模型③我们可以得到固定的 $\bar{\boldsymbol{y}}$，以及 q 的值 $\bar{q}$。(注意：如果确定 $q = \boldsymbol{c}^{\mathrm{T}}\boldsymbol{x}$ 这一项在最优解中的取值为正的话，也可以对应地在初始化的③中添加一个非负约束：$q \geqslant 0$。)

（2）求解②或者求解②的原问题，如果②无界，则得到该问题的极射线；如果②有最优解，则获取该问题的极点（极点坐标）。

（3）根据获得的极射线或者极点，构造 Benders feasibility cut 和 Benders optimality cut。并将极点和极射线产生的 Benders feasibility cut 和 Benders optimality cut 加入模型③，然后求解模型③。

（4）如果前一步求解模型③得到的 $\bar{q}$ 的值与当前迭代步骤中求解模型②得到的目标函数 $q(\bar{\boldsymbol{y}}) = (\boldsymbol{b} - \boldsymbol{B}\bar{\boldsymbol{y}})^{\mathrm{T}}\boldsymbol{\alpha}$ 相等，则得到最优解。否则将③求得的解代入模型②，循环步骤（2），（3）和（4）。

17.1.4 算法伪代码

Benders 分解算法伪代码如下：

Algorithm 20 Benders 分解算法

1: 初始化: $y \leftarrow$ 初始可行整数解
2: 设置 $\epsilon \leftarrow$ 一个小的正数容差 (如 0.001)
3: LB $\leftarrow -\infty$
4: UB $\leftarrow \infty$
5: **while** UB $-$ LB $\geqslant \epsilon$ **do**
6:     (****** Solve Subproblem ******)
7:     $\min\limits_{\alpha}\left\{\boldsymbol{f}^{\mathrm{T}}\bar{\boldsymbol{y}} + (\boldsymbol{b} - \boldsymbol{B}\bar{\boldsymbol{y}})^{\mathrm{T}}\boldsymbol{\alpha} \,\middle|\, \boldsymbol{A}^{\mathrm{T}}\boldsymbol{\alpha} \leqslant c, \boldsymbol{\alpha} \text{ free}\right\}$
8:     **if** Unbounded **then**
9:         得到极射线 $\bar{\alpha}$
10:         添加割平面到 $(\boldsymbol{b} - \boldsymbol{B}\boldsymbol{y})^{\mathrm{T}}\bar{\boldsymbol{\alpha}} \leqslant 0$ 到 master problem 中
11:     **else**
12:         得到极点 $\bar{\alpha}$
13:         添加割平面 $z \geqslant \boldsymbol{f}^{\mathrm{T}}\boldsymbol{y} + (\boldsymbol{b} - \boldsymbol{B}\boldsymbol{y})^{\mathrm{T}}\bar{\boldsymbol{\alpha}}$ 到 master problem 中
14:         UB $\leftarrow \min\left\{\text{UB}, \boldsymbol{f}^{\mathrm{T}}\bar{\boldsymbol{y}} + (\boldsymbol{b} - \boldsymbol{B}\bar{\boldsymbol{y}})^{\mathrm{T}}\bar{\boldsymbol{\alpha}}\right\}$
15:     **end if**
16:     (****** Solve Master Problem ******)
17:     $\min\limits_{y}\{z | \text{cuts}, \boldsymbol{y} \in Y\}$
18:     LB $\leftarrow \bar{z}$
19: **end while**

在用 Benders 分解算法求解 MIP 时，如果子问题和主问题都比较容易求解，但是原始问题不好求解，其求解效率是比较高的。

17.2 详 细 案 例

Benders 分解原理比较复杂，不容易完全理解。这里我们以一个非常详细完整的例子，按照 Benders 分解算法的流程执行一遍，以帮助读者更好地理解。本例来自参考文献（Taşkin，2011）。

17.2.1 问题描述和模型转换

考虑如下的优化问题：

$$\min \quad 7y_1 + 7y_2 + 7y_3 + 7y_4 + 7y_5 + x_1 + x_2 + x_3 + x_4 + x_5 \qquad (17.22)$$

$$\text{s.t.} \quad x_1 \qquad\qquad + x_4 + x_5 = 8 \qquad (17.23)$$

$$x_2 \qquad\qquad + x_5 = 3 \qquad (17.24)$$

$$x_3 + x_4 \qquad = 5 \qquad (17.25)$$

$$x_1 \qquad\qquad \leqslant 8y_1 \qquad (17.26)$$

$$x_2 \qquad\qquad \leqslant 3y_2 \qquad (17.27)$$

$$x_3 \qquad\qquad \leqslant 5y_3 \qquad (17.28)$$

$$x_4 \qquad \leqslant 5y_4 \qquad (17.29)$$

$$x_5 \leqslant 3y_5 \qquad (17.30)$$

$$x_1, \quad x_2, \quad x_3, \quad x_4, \quad x_5 \geqslant 0 \qquad (17.31)$$

$$y_1, \quad y_2, \quad y_3, \quad y_4, \quad y_5 \qquad\qquad \in \{0, 1\} \qquad (17.32)$$

根据 Benders 分解的方法，我们将其分解为主问题和子问题。由于变量 y 是 0-1 变量，相比于 x 是一个较为复杂的变量。因此考虑固定 $\boldsymbol{y}$。

对于给定的 $\bar{\boldsymbol{y}}$ 向量，子问题的原问题可以表示为下面的形式：

$$\min \quad x_1 + x_2 + x_3 + x_4 + x_5 \qquad (\text{Subproblem}(\bar{\boldsymbol{y}} \text{ fixed}))$$

$$\text{s.t.} \quad x_1 \qquad\qquad + x_4 + x_5 = 8 \qquad (17.33)$$

$$x_2 \qquad\qquad + x_5 = 3 \qquad (17.34)$$

$$x_3 + x_4 \qquad = 5 \qquad (17.35)$$

$$x_1 \qquad\qquad \leqslant 8\bar{y}_1 \qquad (17.36)$$

$$x_2 \qquad\qquad \leqslant 3\bar{y}_2 \qquad (17.37)$$

$$x_3 \qquad\qquad \leqslant 5\bar{y}_3 \qquad (17.38)$$

$$x_4 \leqslant 5\bar{y}_4 \tag{17.39}$$

$$x_5 \leqslant 3\bar{y}_5 \tag{17.40}$$

$$x_1, \ x_2, \ x_3, \ x_4, \ x_5 \geqslant 0 \tag{17.41}$$

用 $\alpha_1, \alpha_2, \alpha_3$ 分别表示约束 (17.33)~(17.35) 的对偶变量，用 $\beta_1, \beta_2, \beta_3, \beta_4, \beta_5$ 表示约束 (17.36)~(17.40) 的对偶变量，我们得到子问题 (Subproblem($\bar{y}$ fixed)) 的对偶问题如下：

$$\max \quad 8\alpha_1 + 3\alpha_2 + 5\alpha_3 + 8\bar{y}_1\beta_1 + 3\bar{y}_2\beta_2 + 5\bar{y}_3\beta_3 + 5\bar{y}_4\beta_4 + 3\bar{y}_5\beta_5 \quad \text{(Subproblem($\bar{y}$ fixed)-Dual)}$$

$$\text{s.t.} \quad \alpha_1 \qquad\qquad +\beta_1 \qquad\qquad\qquad \leqslant 1 \tag{17.42}$$

$$\alpha_2 \qquad\qquad +\beta_2 \qquad\qquad \leqslant 1 \tag{17.43}$$

$$\alpha_3 \qquad\qquad +\beta_3 \qquad \leqslant 1 \tag{17.44}$$

$$\alpha_1 \quad +\alpha_3 \qquad\qquad +\beta_4 \quad \leqslant 1 \tag{17.45}$$

$$\alpha_1 +\alpha_2 \qquad\qquad\qquad +\beta_5 \quad \leqslant 1 \tag{17.46}$$

$$\alpha_1, \quad \alpha_2, \quad \alpha_3 \qquad\qquad\qquad \text{free} \tag{17.47}$$

$$\beta_1, \quad \beta_2, \quad \beta_3, \quad \beta_4, \quad \beta_5 \ \leqslant 0 \tag{17.48}$$

构建好了上述主问题和子问题，我们就可以开始执行 Benders 分解算法的迭代了。

17.2.2　第 1 次迭代

首先我们初始化主问题。将主问题中的所有的 Benders cuts 都松弛掉，并且令 $q = x_1 + x_2 + x_3 + x_4 + x_5$，由于 $\boldsymbol{x}$ 为非负变量，因此 $q \geqslant 0$。我们构造出下面的初始主问题：

$$\min \quad 7y_1 + 7y_2 + 7y_3 + 7y_4 + 7y_5 + q \quad \text{(Initial Master Problem Iter 1)}$$

$$\text{s.t.} \qquad\qquad q \geqslant 0 \tag{17.49}$$

$$y_1, \ y_2, \ y_3, \ y_4, \ y_5 \ \in \{0,1\} \tag{17.50}$$

求解 (Initial Master Problem Iter 1)，问题最优解是

$$\bar{\boldsymbol{y}} = \begin{bmatrix} 0 & 0 & 0 & 0 & 0 \end{bmatrix}^{\mathrm{T}}$$

$$\bar{q} = 0$$

这里我们得到了 $\boldsymbol{y}$ 的值 $\bar{\boldsymbol{y}}$，根据 Benders 分解算法的步骤，我们将子问题中的 $\bar{\boldsymbol{y}}$ 替换成上面的值，也就是固定 $\boldsymbol{y} = \bar{\boldsymbol{y}}$，然后将 $\bar{\boldsymbol{y}}$ 代入子问题 (Subproblem($\bar{y}$ fixed)-Dual)，更新子问题。更新后的 (Subproblem($\bar{y}$ fixed)-Dual) 变化为

$$\max \quad 8\alpha_1 + 3\alpha_2 + 5\alpha_3 + 0 \ +0 \ +0 \ +0 \ +0 \quad \text{(SP($\bar{y}$ fixed)-Dual iter 1)}$$

$$\text{s.t.} \quad \alpha_1 \qquad\qquad +\beta_1 \qquad\qquad \leqslant 1 \tag{17.51}$$

$$\alpha_2 \qquad +\beta_2 \qquad\qquad \leqslant 1 \qquad\qquad (17.52)$$

$$\alpha_3 \qquad +\beta_3 \qquad\qquad \leqslant 1 \qquad\qquad (17.53)$$

$$\alpha_1 \qquad +\alpha_3 \qquad +\beta_4 \qquad \leqslant 1 \qquad\qquad (17.54)$$

$$\alpha_1 +\alpha_2 \qquad\qquad +\beta_5 \leqslant 1 \qquad\qquad (17.55)$$

$$\alpha_1, \quad \alpha_2, \quad \alpha_3 \qquad\qquad\qquad\qquad \text{free} \qquad\qquad (17.56)$$

$$\beta_1, \quad \beta_2, \quad \beta_3, \quad \beta_4, \quad \beta_5 \leqslant 0 \qquad\qquad (17.57)$$

求解 (SP($\bar{y}$ fixed)-Dual iter 1)，该问题无界，但是有一个极射线

$$\text{extreme ray} = \begin{bmatrix} 2, & -1, & -1, & -2, & 0, & 0, & -1, & -1 \end{bmatrix}^{\mathrm{T}}$$

也就是说，

$$\alpha_1 = 2, \quad \alpha_2 = -1, \quad \alpha_3 = -1$$
$$\beta_1 = -2, \quad \beta_2 = 0, \quad \beta_3 = 0, \quad \beta_4 = -1, \quad \beta_5 = -1$$

接下来我们要用这个极射线构造一个 Benders Feasibility Cut，也就是下面的数学表达式：

$$\left(\boldsymbol{\alpha}_r^i\right)^{\mathrm{T}} (\boldsymbol{b} - \boldsymbol{B}\boldsymbol{y}) \leqslant 0$$

但是这个式子是一个矩阵相乘的形式。其中，$\boldsymbol{\alpha}_r^i$ 就是我们刚刚得到的极射线。而 $(\boldsymbol{b} - \boldsymbol{B}\bar{\boldsymbol{y}})$ 就是 (Subproblem($\bar{y}$ fixed)) 中的右端常数，同时也是其对偶问题 (Subproblem($\bar{y}$ fixed)-Dual) 中的目标函数的系数，因为 (Subproblem($\bar{y}$ fixed)-Dual) 的目标函数正是 $(\boldsymbol{b}-\boldsymbol{B}\bar{\boldsymbol{y}})^{\mathrm{T}}\boldsymbol{\alpha}$。首先得到（注意，由于要生成割平面，因此 $\boldsymbol{y}$ 变成了决策变量）

$$(\boldsymbol{b} - \boldsymbol{B}\boldsymbol{y})^{\mathrm{T}} = \begin{bmatrix} 8, & 3, & 5, & 8y_1, & 3y_2, & 5y_3, & 5y_4, & 3y_5 \end{bmatrix}$$

然后将极射线的方向向量 $\boldsymbol{\alpha}_r^i$ 以及 $(\boldsymbol{b} - \boldsymbol{B}\boldsymbol{y})$ 代入 Benders Feasibility Cut 的表达式 $(\boldsymbol{\alpha}_r^i)^{\mathrm{T}} (\boldsymbol{b} - \boldsymbol{B}\boldsymbol{y}) \leqslant 0$，得到

$$(\boldsymbol{b} - \boldsymbol{B}\boldsymbol{y})^{\mathrm{T}} \cdot \boldsymbol{\alpha}_r^i = \begin{bmatrix} 8, & 3, & 5, & 8y_1, & 3y_2, & 5y_3, & 5y_4, & 3y_5 \end{bmatrix} \cdot \begin{bmatrix} 2 \\ -1 \\ -1 \\ -2 \\ 0 \\ 0 \\ -1 \\ -1 \end{bmatrix} \leqslant 0$$

因此，产生的新 Benders Feasibility Cut 就是

$$8 - 16y_1 - 5y_4 - 3y_5 \leqslant 0$$

17.2.3 第 2 次迭代

将上一次迭代产生的 Benders Feasibility Cut 添加到我们的松弛主问题 (Initial Master Problem Iter 1) 中，更新后的 (Initial Master Problem Iter 1) 变化为

$$\min \quad 7y_1 +7y_2+7y_3+7y_4+7y_5+q \qquad \text{(Master Problem Iter 2)}$$

$$\text{s.t.} \quad 16y_1 \qquad +5y_4+3y_5 \quad \geqslant 8 \qquad (17.58)$$

$$q \geqslant 0 \qquad (17.59)$$

$$y_1, \quad y_2, \quad y_3, \quad y_4, \quad y_5 \quad \in \{0,1\} \qquad (17.60)$$

求解上述模型 (Master Problem Iter 2) 可以得到一个最优解

$$\bar{\boldsymbol{y}} = \begin{bmatrix} 1, & 0, & 0, & 0, & 0 \end{bmatrix}^{\mathrm{T}}$$

$$\bar{q} = 0$$

注意，这一次迭代中，$\bar{\boldsymbol{y}}$ 的取值发生了变化。将新的固定的 $\bar{\boldsymbol{y}}$ 代入子问题 (Subproblem $(\bar{\boldsymbol{y}}$ fixed)-Dual)，更新子问题 (Subproblem$(\bar{\boldsymbol{y}}$ fixed)-Dual) 为

$$\max \quad 8\alpha_1+3\alpha_2+5\alpha_3+8\beta_1+0 \quad +0 \quad +0 \quad +0 \qquad \text{(SP}(\bar{\boldsymbol{y}} \text{ fixed)-Dual iter 2)}$$

$$\text{s.t.} \quad \alpha_1 \qquad +\beta_1 \qquad\qquad \leqslant 1 \qquad (17.61)$$

$$\alpha_2 \qquad +\beta_2 \qquad\qquad \leqslant 1 \qquad (17.62)$$

$$\alpha_3 \qquad +\beta_3 \qquad\qquad \leqslant 1 \qquad (17.63)$$

$$\alpha_1 \quad +\alpha_3 \qquad\qquad +\beta_4 \qquad \leqslant 1 \qquad (17.64)$$

$$\alpha_1 +\alpha_2 \qquad\qquad\qquad +\beta_5 \leqslant 1 \qquad (17.65)$$

$$\alpha_1, \quad \alpha_2, \quad \alpha_3 \qquad\qquad\qquad \text{free} \qquad (17.66)$$

$$\beta_1, \quad \beta_2, \quad \beta_3, \quad \beta_4, \quad \beta_5 \leqslant 0 \qquad (17.67)$$

求解上述更新后的子问题，依然是无界。但是仍然可以得到新的极射线

$$\text{extreme ray} = \begin{bmatrix} 0, & 0, & 1, & 0, & 0, & -1, & -1, & 0 \end{bmatrix}^{\mathrm{T}}$$

也就是说，

$$\alpha_1 = 0, \quad \alpha_2 = 0, \quad \alpha_3 = 1$$

$$\beta_1 = 0, \quad \beta_2 = 0, \quad \beta_3 = -1, \quad \beta_4 = -1, \quad \beta_5 = 0$$

根据这个极射线，我们仍然可以构造一个 Benders Feasibility Cut，即

$$(\boldsymbol{b} - \boldsymbol{By})^{\mathrm{T}} \cdot \boldsymbol{\alpha}_r^i = \begin{bmatrix} 8, & 3, & 5, & 8y_1, & 3y_2, & 5y_3, & 5y_4, & 3y_5 \end{bmatrix} \cdot \begin{bmatrix} 0 \\ 0 \\ 1 \\ 0 \\ 0 \\ -1 \\ -1 \\ 0 \end{bmatrix} \leqslant 0$$

整理得

$$5 - 5y_3 - 5y_4 \leqslant 0$$

17.2.4　第 3 次迭代

接下来继续更新松弛主问题。加入上一次迭代产生的 Benders Feasibility Cut，将主问题 (Master Problem Iter 2) 更新为

$$
\begin{array}{lll}
\min & 7y_1 + 7y_2 + 7y_3 + 7y_4 + 7y_5 + q & \text{(Master Problem Iter 3)} \\
\text{s.t.} & 16y_1 \qquad\qquad +5y_4 + 3y_5 \geqslant 8 & (17.68) \\
& 5y_3 + 5y_4 \qquad\qquad \geqslant 5 & (17.69) \\
& q \geqslant 0 & (17.70) \\
& y_1, \quad y_2, \quad y_3, \quad y_4, \quad y_5 \quad \in \{0,1\} & (17.71)
\end{array}
$$

求解更新后的主问题 (Master Problem Iter 3)，可以得到一个新的最优解

$$\bar{\boldsymbol{y}} = \begin{bmatrix} 0, & 0, & 0, & 1, & 1 \end{bmatrix}^{\mathrm{T}}$$
$$\bar{q} = 0$$

注意，这次的 $\bar{\boldsymbol{y}}$ 与上一次相比，又发生了变化。继续将固定的 $\bar{\boldsymbol{y}}$ 代入子问题 (Subproblem $(\bar{\boldsymbol{y}}$ fixed)-Dual) 并更新子问题。更新后 (Subproblem$(\bar{\boldsymbol{y}}$ fixed)-Dual) 变化为

$$
\begin{array}{lll}
\max & 8\alpha_1 + 3\alpha_2 + 5\alpha_3 + 0 \ +0 \ +0 \ +5\beta_4 + 3\beta_5 & \text{(SP($\bar{\boldsymbol{y}}$ fixed)-Dual iter 3)} \\
\text{s.t.} & \alpha_1 \qquad\qquad +\beta_1 \qquad\qquad\qquad \leqslant 1 & (17.72) \\
& \alpha_2 \qquad\qquad +\beta_2 \qquad\qquad \leqslant 1 & (17.73) \\
& \alpha_3 \qquad\qquad +\beta_3 \qquad \leqslant 1 & (17.74) \\
& \alpha_1 \quad +\alpha_3 \qquad\qquad +\beta_4 \quad \leqslant 1 & (17.75)
\end{array}
$$

$$\alpha_1 + \alpha_2 \qquad\qquad\qquad +\beta_5 \leqslant 1 \qquad\qquad (17.76)$$

$$\alpha_1, \quad \alpha_2, \quad \alpha_3 \qquad\qquad\qquad \text{free} \qquad\qquad (17.77)$$

$$\beta_1, \quad \beta_2, \quad \beta_3, \quad \beta_4, \quad \beta_5 \leqslant 0 \qquad\qquad (17.78)$$

求解上述模型，与前 2 次的无界不同的是，这次我们终于得到了一个最优解，该最优解对应的极点坐标（也就是最优解的取值）为

$$\text{extreme point} = \begin{bmatrix} 1, & 1, & 1, & 0, & 0, & 0, & -1, & -1 \end{bmatrix}^{\mathrm{T}}$$

$$\text{obj} = q^*(\bar{\boldsymbol{y}}) = 8$$

并且注意到，当前子问题 (SP($\bar{\boldsymbol{y}}$ fixed)-Dual iter 3) 的目标函数 $\text{obj} = q^*(\bar{\boldsymbol{y}}) = 8$，与前一次迭代中主问题 (Master Problem Iter 3) 得到的 $\bar{q} = 0$ 并不相等，因此我们没有得到最优解，继续迭代算法。我们根据极点的坐标，构造出一个 Benders Optimality Cut，其数学表达式如下：

$$\left(\boldsymbol{\alpha}_p^j\right)^{\mathrm{T}} \left(\boldsymbol{b} - \boldsymbol{By}\right) \leqslant q$$

将 $\boldsymbol{\alpha}_p^j$ 和 $\left(\boldsymbol{b} - \boldsymbol{By}\right)^{\mathrm{T}}$ 都代入，得

$$\left(\boldsymbol{b} - \boldsymbol{By}\right)^{\mathrm{T}} \boldsymbol{\alpha}_p^j = \begin{bmatrix} 8, & 3, & 5, & 8y_1, & 3y_2, & 5y_3, & 5y_4, & 3y_5 \end{bmatrix} \cdot \begin{bmatrix} 1 \\ 1 \\ 1 \\ 0 \\ 0 \\ 0 \\ -1 \\ -1 \end{bmatrix} \leqslant q$$

整理得

$$16 - 5y_4 - 3y_5 \leqslant q$$

17.2.5 第 4 次迭代

再次更新松弛主问题。在 (Master Problem Iter 3) 中添加上一次迭代产生的 Benders Optimality Cut，更新后的主问题变为

$$\begin{array}{lll} \min & 7y_1 + 7y_2 + 7y_3 + 7y_4 + 7y_5 + q & \text{(Master Problem Iter 4)} \\ \text{s.t.} & 16y_1 \qquad\qquad +5y_4 + 3y_5 \geqslant 8 & (17.79) \\ & \qquad 5y_3 + 5y_4 \qquad \geqslant 5 & (17.80) \end{array}$$

$$5y_4 + 3y_5 \geqslant 16 - q \tag{17.81}$$

$$q \geqslant 0 \tag{17.82}$$

$$y_1, \quad y_2, \quad y_3, \quad y_4, \quad y_5 \quad \in \{0,1\} \tag{17.83}$$

上述模型 (Master Problem Iter 4) 可以得到一个最优解:

$$\bar{\boldsymbol{y}} = \begin{bmatrix} 0, & 0, & 0, & 1, & 1 \end{bmatrix}^{\mathrm{T}}$$
$$\mathrm{obj} = q^*(\bar{\boldsymbol{y}}) = 8$$

注意到该解 $\bar{\boldsymbol{y}}$ 与上一次迭代之后的值相同,且 $\mathrm{obj} = q^*(\bar{\boldsymbol{y}}) = 8 = \bar{q}$。因此,算法停止,得到了最优解(注意,算法终止的条件是 $q^*(\bar{\boldsymbol{y}}) = \bar{q}$)。

17.3 Benders 分解应用案例

17.3.1 固定费用运输问题

本节我们以固定费用运输问题(Fixed Charge Transportation Problem, FCTP)为例来介绍 Benders 分解算法的应用(本节案例来自参考文献 Kalvelagen,2002)。参照第 2 章的内容,我们写出运输问题的数学模型如下:

$$\min_{\boldsymbol{x}} \quad \sum_{(i,j)\in A} c_{ij} x_{ij} \tag{TP}$$

$$\text{s.t.} \quad \sum_j x_{ij} = s_i, \quad \forall i \in S \tag{17.84}$$

$$\sum_i x_{ij} = d_j, \quad \forall j \in C \tag{17.85}$$

$$x_{ij} \geqslant 0, \qquad \forall (i,j) \in A \tag{17.86}$$

在第 2 章我们介绍到,固定费用运输问题是运输问题的一个拓展,在固定费用运输问题中,我们考虑两点之间的设施是有固定费用的,即对于弧段 $(i,j) \in A$,如果在弧段上运输,则会产生一次性的固定成本 f_{ij}。因此我们需要引入决策变量 y_{ij} 标识弧段 $(i,j) \in A$ 是否被启用或者关闭。根据第 2 章的内容,我们给出固定费用运输问题的数学模型如下:

$$\min_{\boldsymbol{x},\boldsymbol{y}} \quad \sum_{(i,j)\in A} (f_{ij} y_{ij} + c_{ij} x_{ij}) \tag{FCTP}$$

$$\text{s.t.} \quad \sum_j x_{ij} = s_i, \qquad \forall i \in S \tag{17.87}$$

$$\sum_i x_{ij} = d_j, \qquad \forall j \in C \tag{17.88}$$

$$x_{ij} \leqslant M_{ij} y_{ij} \tag{17.89}$$

$$x_{ij} \geqslant 0, y_{ij} \in \{0, 1\}, \quad \forall (i,j) \in A \tag{17.90}$$

其中，M_{ij} 是足够大的正数，这里取

$$M_{ij} = \min\{s_i, d_j\}$$

上述模型可以重写为

$$\min_{\boldsymbol{x}, \boldsymbol{y}} \quad \sum_{(i,j) \in A} (f_{ij}y_{ij} + c_{ij}x_{ij}) \tag{FCTP}$$

$$\text{s.t.} \quad -\sum_{j} x_{ij} \geqslant -s_i, \qquad \forall i \in S \tag{17.91}$$

$$\sum_{i} x_{ij} \geqslant d_j, \qquad \forall j \in C \tag{17.92}$$

$$-x_{ij} + M_{ij}y_{ij} \geqslant 0 \tag{17.93}$$

$$x_{ij} \geqslant 0, \qquad \forall (i,j) \in A \tag{17.94}$$

$$y_{ij} \in \{0, 1\}, \qquad \forall (i,j) \in A \tag{17.95}$$

将主问题变成只有复杂变量 $\boldsymbol{y}$ 的形式，也就是

$$\min_{\boldsymbol{y}} \quad \sum_{(i,j) \in A} f_{ij}y_{ij} + q(\boldsymbol{y}) \tag{FCTP-MP}$$

$$\text{s.t.} \quad y_{ij} \in \{0, 1\}, \qquad \forall (i,j) \in A \tag{17.96}$$

Benders 子问题可以写成

$$\min_{\boldsymbol{x}} \quad \sum_{(i,j) \in A} c_{ij}x_{ij} \tag{FCTP-SP}$$

$$\text{s.t.} \quad -\sum_{j} x_{ij} \geqslant -s_i, \qquad \forall i \in S \tag{17.97}$$

$$\sum_{i} x_{ij} \geqslant d_j, \qquad \forall j \in C \tag{17.98}$$

$$-x_{ij} + M_{ij}\bar{y}_{ij} \geqslant 0, \qquad \forall (i,j) \in A \tag{17.99}$$

$$x_{ij} \geqslant 0, \qquad \forall (i,j) \in A \tag{17.100}$$

该子问题的对偶为

$$\max_{\boldsymbol{u}, \boldsymbol{v}, \boldsymbol{w}} \quad \sum_{i} (-s_i)u_i + \sum_{j} d_jv_j + \sum_{(i,j) \in A} (-M_{ij}\bar{y}_{ij})w_{ij} \tag{FCTP-SP-Dual}$$

$$\text{s.t.} \quad -u_i + v_j - w_{ij} \leqslant c_{ij}, \qquad \forall (i,j) \in A \tag{17.101}$$

$$u_i \geqslant 0, \qquad \forall i \in S \tag{17.102}$$

$$v_j \geqslant 0, \qquad\qquad\qquad \forall j \in C \qquad (17.103)$$

$$w_{ij} \geqslant 0, \qquad\qquad\qquad \forall (i,j) \in A \qquad (17.104)$$

Benders 松弛主问题可以写成

$$\min_{\boldsymbol{y}} \quad \sum_{(i,j) \in A} f_{ij} y_{ij} + z \qquad\qquad\qquad \text{(FCTP-MP-Relaxed)}$$

$$z \geqslant \sum_i (-s_i)\, \bar{u}_i^{(k)} + \sum_j d_j \bar{v}_j^{(k)} + \sum_{(i,j) \in A} (-M_{ij} y_{ij})\, \bar{w}_{ij}^{(k)}, \forall k \in K \qquad (17.105)$$

$$\sum_i (-s_i)\, \bar{u}_i^{(l)} + \sum_j d_j \bar{v}_j^{(l)} + \sum_{(i,j) \in A} (-M_{ij} y_{ij})\, \bar{w}_{ij}^{(l)} \leqslant 0,\ \forall l \in L \qquad (17.106)$$

$$y_{ij} \in \{0,1\}\,, z \text{ free} \qquad\qquad\qquad \forall (i,j) \in A \qquad (17.107)$$

其中，(17.105) 就是根据极点添加的 Benders Optimality Cut，而 (17.106) 就是根据极射线添加的 Benders Feasibility Cut。另外，K 和 L 分别为子问题对偶问题（FCTP-MP-Relaxed）的极点和极射线的集合。

上述问题也可以写成下面的等价形式（用 z 替换 $\sum\limits_{(i,j) \in A} f_{ij} y_{ij} + z$）：

$$\min_{\boldsymbol{y}} \quad z \qquad\qquad\qquad \text{(FCTP-MP-Relaxed)}$$

$$z \geqslant \sum_{(i,j) \in A} f_{ij} y_{ij} + \sum_i (-s_i)\, \bar{u}_i^{(k)} + \sum_j d_j \bar{v}_j^{(k)} + \sum_{(i,j) \in A} (-M_{ij} y_{ij})\, \bar{w}_{ij}^{(k)}, \forall k \in K$$

$$(17.108)$$

$$\sum_i (-s_i)\, \bar{u}_i^{(l)} + \sum_j d_j \bar{v}_j^{(l)} + \sum_{(i,j) \in A} (-M_{ij} y_{ij})\, \bar{w}_{ij}^{(l)} \leqslant 0, \qquad\qquad \forall l \in L$$

$$(17.109)$$

$$y_{ij} \in \{0,1\}\,, z \text{ free} \qquad\qquad\qquad \forall (i,j) \in A$$

$$(17.110)$$

本书提供了该案例的完整代码和测试算例，详见附配资源。

17.3.2　设施选址问题

设施选址问题（Facility Location Problem, FLP）可以使用 Benders 分解算法快速求解。首先给出 FLP 的描述（本例中设施为仓库）。

假设可选的仓库点（Candidate Warehouse）的集合为 $W = \{1, 2, \cdots, n\}$，零售店点（retailer）的可选集合为 $R = \{1, 2, \cdots, m\}$。假设开通仓库 i 的固定成本为 f_i，其供货上限为 S_i。如果仓库 i 要为零售店 j 供货，则会产生相应的运输成本，假设单位运输成本为 c_{ij}。我们需要决策在哪些点建设仓库，并且决定仓库与零售店之间的供货关系，使得所有零售店的需求都被满足，同时要最小化总的设施建设成本和服务成本。

基于上述描述，引入下面的决策变量。

- y_i：如果选择在 $i \in W$ 建设仓库，则 $y_i = 1$，否则 $y_i = 0$；

- x_{ij}：仓库 i 向零售店 j 的供货量。

下面给出 FLP 的模型。

$$\min \quad \sum_{i \in W} f_i y_i + \sum_{i \in W} \sum_{j \in R} c_{ij} x_{ij} \tag{17.111}$$

$$\text{s.t.} \quad \sum_{j \in R} x_{ij} \leqslant s_i y_i, \qquad \forall i \in W \tag{17.112}$$

$$\sum_{i \in W} x_{ij} = d_j, \qquad \forall j \in R \tag{17.113}$$

$$y \in \{0,1\}, x_{ij} \geqslant 0, \qquad \forall i \in W, \forall j \in R \tag{17.114}$$

由于仓库选址变量 y_i 为 0-1 变量，在该问题中属于复杂变量，因此可以将其分成主问题和子问题，利用 Benders 分解算法来求解。

主问题中仅有 y_i，具体模型如下。

$$\min_y \quad \sum_{i \in W} f_i y_i + q(y) \tag{17.115}$$

$$\text{s.t.} \quad y_i \in \{0,1\}, \qquad \forall i \in W \tag{17.116}$$

求解 (17.115)，得到解 $\bar{y}$（本章代码中，在首次迭代时，将所有 y_i 均初始化为 1，这样方便实现），便可以构建 Benders 子问题，具体模型如下。

$$\min_x \quad \sum_{i \in W} \sum_{j \in R} c_{ij} x_{ij} \tag{17.117}$$

$$\text{s.t.} \quad \sum_{j \in R} x_{ij} \leqslant \bar{y}_i s_i, \qquad \forall i \in W \tag{17.118}$$

$$\sum_{i \in W} x_{ij} = d_j, \qquad \forall j \in R \tag{17.119}$$

$$x_{ij} \geqslant 0, \qquad \forall i \in W, \forall j \in R \tag{17.120}$$

模型 (17.117) 的对偶可以写成如下的形式。

$$\max_{\alpha, \beta} \quad \sum_{i \in W} \bar{y}_i s_i \alpha_i + \sum_{j \in R} d_j \beta_j \tag{17.121}$$

$$\text{s.t.} \quad \alpha_i + \beta_j \leqslant c_{ij}, \qquad \forall i \in W, \forall j \in R \tag{17.122}$$

$$\alpha_i \leqslant 0, \qquad \forall i \in W \tag{17.123}$$

$$\beta_j \text{ free}, \qquad \forall j \in R \tag{17.124}$$

因此，Benders 松弛主问题可以写成

$$\min_{y,z} \quad \sum_{i \in W} f_i y_i + z \tag{17.125}$$

$$\text{s.t.} \quad z \geqslant \sum_{i \in W} y_i s_i \bar{\alpha}_i^{(k)} + \sum_{j \in R} d_j \bar{\beta}_j^{(k)}, \qquad \forall k \in K \tag{17.126}$$

$$\sum_{i \in W} y_i s_i \bar{\alpha}_i^{(l)} + \sum_{j \in R} d_j \bar{\beta}_j^{(l)} \leqslant 0, \qquad \forall l \in L \tag{17.127}$$

$$y_i \in \{0,1\}, z \text{ free} \qquad \forall i \in W \tag{17.128}$$

其中，K 和 L 分别为 (17.121) 的极点和极射线的集合。Benders 松弛主问题也可以等价为下面的形式（用 z 替换 $\sum_{(i,j) \in A} f_{ij} y_{ij} + z$）。

$$\min_{y,z} \quad z \tag{17.129}$$

$$\text{s.t.} \quad z \geqslant \sum_{i \in W} f_i y_i + \sum_{i \in W} y_i s_i \bar{\alpha}_i^{(k)} + \sum_{j \in R} d_j \bar{\beta}_j^{(k)}, \qquad \forall k \in K \tag{17.130}$$

$$\sum_{i \in W} y_i s_i \bar{\alpha}_i^{(l)} + \sum_{j \in R} d_j \bar{\beta}_j^{(l)} \leqslant 0, \qquad \forall l \in L \tag{17.131}$$

$$y_i \in \{0,1\}, z \text{ free} \qquad \forall i \in W \tag{17.132}$$

本书提供了本案例的完整代码和测试算例，详见附配资源。

参 考 文 献

[1] ACHTERBERG T, BIXBY R E, GU Z, et al. Presolve reductions in mixed integer programming[J]. Informs journal on computing, 2020, 32(2): 473–506.

[2] BALDACCI R, MINGOZZI A. A unified exact method for solving different classes of vehicle routing problems[J]. Mathematical programming, 2009, 120(2): 347–380.

[3] BALDACCI R, CHRISTOFIDES N, MINGOZZI A. An exact algorithm for the vehicle routing problem based on the set partitioning formulation with additional cuts[J]. Mathematical programming, 2008, 115(2): 351–385.

[4] BEASLEY J E, CHRISTOFIDES N. An algorithm for the resource constrained shortest path problem[J]. Networks, 1989, 19(4): 379–394.

[5] BELLMAN R. On the theory of dynamic programming[J]. Proceedings of the national academy of sciences of the United States of America, 1952, 38(8): 716-719.

[6] BELLMAN R. Dynamic programming[J]. Science, 1966, 153(3731): 34–37.

[7] BENDERS J F. Partitioning procedures for solving mixed-variables programming problems[J]. Computational management science, 2005, 2(1): 238–252.

[8] BENTLEY, LOUIS J. Multidimensional divide-and-conquer[J]. Communications of the ACM, 1980, 23(4): 214-229.

[9] BOYD S, BOYD S P, VANDENBERGHE L. Convex optimization[M]. Cambridge: Cambridge University Press, 2004.

[10] BURKE E K, KENDALL G. Search methodologies: introductory tutorials in optimization and decision support techniques [M]. Berlin: Springer, 2005.

[11] CAPPANERA P, SCAPARRA M P. Optimal allocation of protective resources in shortest-path networks[J]. Transportation science, 2011, 45(1): 64–80.

[12] CHABRIER A. Vehicle routing problem with elementary shortest path based column generation[J]. Computers&operations research, 2006, 33(10): 2972–2990.

[13] CHERKASSKY B V, GOLDBERG A V, RADZIK T. Shortest paths algorithms: theory and experimental evaluation[J]. Mathematical Programming, 1996, 73(2): 129–174.

[14] CLARKE G, WRIGHT J W. Scheduling of vehicles from a central depot to a number of delivery points[J]. Operations research, 1964, 12(4): 568–581.

[15] COSTA L, CONTARDO C, DESAULNIERS G. Exact branch-price-and-cut algorithms for vehicle routing[J]. Transportation science, 2019, 53(4): 946–985.

[16] DANTZIG G B, RAMSER J H. The truck dispatching problem[J]. Management science, 1959, 6(1): 80–91.

[17] DANTZIG G B, WOLFE P. Decomposition principle for linear programs[J]. Operations research, 1960, 8(1): 101–111.

[18] DESAULNIERS G, DESROSIERS J, IOACHIM I, et al. A unified framework for deterministic time constrained vehicle routing and crew scheduling problems[M]. New York: Springer US, 1998.

[19] DESAULNIERS G, DESROSIERS J, SOLOMON M M. Column generation, volume 5[M]. Berlin: Springer Science & Business Media, 2006.

[20] DESROCHERS M. La fabrication d'horaires de travail pour les conducteurs d'autobus par une méthode de génération de colonnes[D]. Montréal: Université de Montréal, 1986.

[21] DESROCHERS M, DESROSIERS J, SOLOMON M M. A new optimization algorithm for the vehicle routing problem with time windows[J]. Operations research, 1992, 40(2): 342–354.

[22] DESROSIERS J, PELLETIER P, SOUMIS F. Plus court chemin avec contraintes d'horaires[J]. RAIRO-operations research, 1983, 17(4): 357–377.

[23] DESROSIERS J, SOUMIS F, DESROCHERS M. Routing with time windows by column genera-tion[J]. Networks, 1984, 14(4): 545–565.

[24] DIAL R, GLOVER F, KARNEY D, KLINGMAN D. A computational analysis of alternative algorithms and labeling techniques for finding shortest path trees[J]. Networks, 1979, 9(3): 215–248.

[25] DIJKSTRA E W. A note on two problems in connexion with graphs[J]. Numerische mathematik, 1959, 1(1): 269–271.

[26] DROR M. Note on the complexity of the shortest path models for column generation in vrptw[J]. Operations research, 1994, 42(5): 977–978.

[27] DUMAS Y, DESROSIERS J, SOUMIS F. The pickup and delivery problem with time windows[J]. European journal of operational research, 1991, 54(1): 7–22.

[28] EDMONDS J, KARP R M. Theoretical improvements in algorithmic efficiency for network flow problems[J]. Journal of the ACM (JACM), 1972, 19(2): 248–264.

[29] EVEN S, ITAI A, SHAMIR A. On the complexity of time table and multicommodity flow prob-lems[C]//Symposium on Foundations of Computer Science, 2008. Philadelphia: IEEE: 184–193.

[30] FEILLET D. A tutorial on column generation and branch-and-price for vehicle routing problems[J]. 4OR, 2010, 8(4): 407–424.

[31] FEILLET D, DEJAX P, GENDREAU M, et al. An exact algorithm for the elementary shortest path problem with resource constraints: Application to some vehicle routing problems[J]. Net-works, 2004, 44(3): 216–229.

[32] GARG N, KOEMANN J. Faster and simpler algorithms for multicommodity flow and other frac-tional packing problems[C]//Proceedings 39th Annual Symposium on Foundations of Computer Science, 1998. Palo Alto: IEEE: 300–309.

[33] GILMORE P C, GOMORY R E. A linear programming approach to the cutting stock problem[J]. Operations research, 1961, 9(6): 849–859.

[34] HILLIER F S. Introduction to operations research[M]. New York: Tata McGraw-Hill Education, 2012.

[35] HOPCROFT J E, KARP R M. An n5/2 algorithm for maximum matchings in bipartite graphs[J]. SIAM Journal on computing, 1973, 2(4): 225–231.

[36] HOUCK D J J, PICARD J C, QUEYRANNE M, et al. The travelling salesman problem as a constrained shortest path problem: theory and computational experience[J]. Opsearch, 1980, 17(2): 93–109.

[37] IOACHIM I, GELINAS S, SOUMIS F, et al. A dynamic programming algorithm for the shortest path problem with time windows and linear node costs[J]. Networks: an international journal,

1998, 31(3): 193–204.

[38] KALVELAGEN E. Dantzig-Wolfe decomposition with gams[OL]. (2003-7-1)[2021-1-11]. https://www. researchgate. net/publication/2416068_Dantzig-Wolfe_Decomposition_With_GAMS.

[39] KALVELAGEN E. Lagrangian relaxation with GAMS[EB/OL].[2022-09-08]. https://www.researchgate.net/publication/250269523_LAGRANGIAN_RELAXATION_WITH_GAMS.

[40] KOLEN A W J, KAN A H G R, TRIENEKENS H W J M. Vehicle routing with time windows[J]. Operations research, 1987, 35(2): 266–273.

[41] KUHN H W. The Hungarian method for the assignment problem[J]. Naval research logistics quarterly, 1955, 2(1-2): 83–97.

[42] KUHN H W, LUCCIO F, PREPARATA F P. On finding the maxima of a set of vectors[J]. Journal of the ACM, 1975, 22(4): 469–476.

[43] LAND A H, DOIG A G. An automatic method of solving discrete programming problems[J]. Econometrica, 1960, 28(3): 497–520.

[44] LITTLE J D C, MURTY K G, SWEENEY D W, et al. An algorithm for the traveling salesman problem[J]. Operations research, 1963, 11(6): 972–989.

[45] MILLER C E, TUCKER A W, ZEMLIN R A. Integer programming formulation of traveling salesman problems[J]. Journal of the ACM, 1960, 7(4): 326–329.

[46] MORRISON D R, JACOBSON S H, SAUPPE J J, et al. Branch-and-bound algorithms: A survey of recent advances in searching, branching, and pruning[J]. Discrete Optimization, 2016, 19(1): 79–102.

[47] MUNKRES J. Algorithms for the assignment and transportation problems[J]. Journal of the society for industrial and applied mathematics, 1957, 5(1): 32–38.

[48] PADBERG M, RINALDI G. A branch-and-cut algorithm for the resolution of large-scale symmetric traveling salesman problems[J]. SIAM review, 1991, 33(1): 60–100.

[49] RUSSELL R S, III B W T. Operations management along the supply chain[M]. Hoboken: John Wiley&Sons, 2008.

[50] SHAPIRO J F. Mathematical programing: structures and algorithms[M]. Hoboken: Wiley, 1979.

[51] SHERALI H D, ALAMEDDINE A. A new reformulation-linearization technique for bilinear programming problems[J]. Journal of Global optimization, 1992, 2(4): 379–410.

[52] SNYDER L V, SHEN Z M. Fundamentals of supply chain theory[M]. Hoboken: Wiley Online Library, 2019.

[53] SOLOMON M M. Algorithms for the vehicle routing and scheduling problems with time window constraints[J]. Operations research, 1987, 35(2): 254-265.

[54] TASKIN Z C. Benders decomposition[M]. Hoboken: John Wiley&Sons, 2011.

[55] TOTH P, VIGO D. The vehicle routing problem[M]. Philadelphia: Society for Industrial and Applied Mathematics, 2002.

[56] TOTH P, VIGO D. Vehicle routing: problems, methods, and applications[M]. Philadelphia: Society for Industrial and Applied Mathematics, 2014.

[57] WANG I L. Multicommodity network flows: A survey, part i: Applications and formulations[J]. International journal of operations research, 2018, 15(4): 145–153.

[58] WINSTON L W, GOLDBERG B. Operations research: applications and algorithms, volume 3[M]. Albany: Thomson Brooks/Cole, 2004.

[59] WOLSEY L A. Integer programming, volume 52[M]. Hoboken: John Wiley&Sons, 1998.

[60] XU Z, LI Z, GUAN Q, ZHANG D, et al. Large-scale order dispatch in on-demand ride-hailing platforms: A learning and planning approach[C]//Proceedings of the 24th ACM SIGKDD, 2018

[61] International Conference on Knowledge Discovery & Data Mining[C]. London: Association for Computing Machinery: 905–913.

[62] ZHAN F B, NOON C E. Shortest path algorithms: an evaluation using real road networks[J]. Transportation science, 1998, 32(1): 65–73.

[63] SHAPIRO J. Mathematical programming: structures and algorithms[M]. New York: Wiley, 1979.

[64] GOMORY R E. Outline of an algorithm for integer solutions to linear programs[J]. Bulletin of the American Mathematical Society, 1958, 64(5): 275–278.

[65] 《运筹学》教材编写组. 运筹学 [M]. 4 版. 北京: 清华大学出版社, 2013.

[66] 陈景良, 陈向晖. 特殊矩阵 [M]. 北京: 清华大学出版社, 2010.

[67] WINSTON W L. 运筹学应用范例与解法 [M]. 杨振凯, 周红, 易兵, 等译. 4 版. 北京: 清华大学出版社, 2006.